教育部高等学校电子信息类专业教学指导委员会规划教材

普通高等教育电子信息类专业系列教材

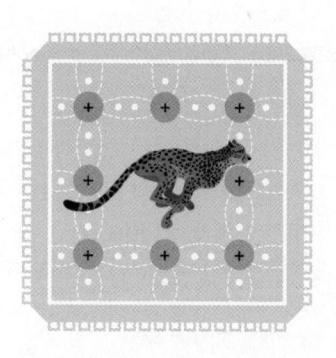

高频电子线路
理论、方法与应用

于洪珍　王刚◎主编
张晓强　王艳芬◎副主编

清华大学出版社
北京

内 容 简 介

本书阐述了高频电子线路的基本原理、分析方法和应用，共包括9章内容，即绪论、高频小信号调谐放大器、高频功率放大器、正弦波振荡器、振幅调制与解调、角度调制与解调、变频器、锁相环及其他反馈控制电路、高频电子线路的应用。第1~8章后有"思考题与习题"部分，书后附有部分习题参考答案。

本书既重视理论的系统性与严密性，又注重内容的先进性与实用性。作为新形态教材，本书配套有微课视频、演示动画、教学课件、教学大纲、Multisim仿真电路，以便读者深入理解。

本书可作为高等院校信息工程、电子科学与技术、通信与信息处理、无线电等专业本科生或研究生教材，也可作为从事通信、电子技术、自动化等方面工作的工程技术人员的参考书。

版权所有，侵权必究。举报：010-62782989，beiqinquan@tup.tsinghua.edu.cn。

图书在版编目（CIP）数据

高频电子线路：理论、方法与应用 / 于洪珍，王刚主编. -- 北京：清华大学出版社，2025.5. --（普通高等教育电子信息类专业系列教材）. -- ISBN 978-7-302-69057-3

Ⅰ．TN710.6

中国国家版本馆CIP数据核字第2025CN2409号

策划编辑：盛东亮
责任编辑：范德一
封面设计：李召霞
责任校对：时翠兰
责任印制：丛怀宇

出版发行：清华大学出版社
网　　址：https://www.tup.com.cn，https://www.wqxuetang.com
地　　址：北京清华大学学研大厦A座　　邮　编：100084
社 总 机：010-83470000　　邮　购：010-62786544
投稿与读者服务：010-62776969，c-service@tup.tsinghua.edu.cn
质量反馈：010-62772015，zhiliang@tup.tsinghua.edu.cn
课件下载：https://www.tup.com.cn，010-83470236

印 装 者：三河市龙大印装有限公司
经　　销：全国新华书店
开　　本：185mm×260mm　　印　张：22.75　　字　数：556千字
版　　次：2025年7月第1版　　印　次：2025年7月第1次印刷
印　　数：1~1500
定　　价：69.00元

产品编号：108122-01

前言
PREFACE

  为了适应我国高等教育改革和新工科人才培养的形势,我们编写了《高频电子线路——理论、方法与应用》。本书配有供课堂教学使用的微课视频、演示动画、教学课件、教学大纲、Multisim 仿真电路,能更有效地服务于线上教学、混合式教学等新型教学模式,满足各类高等学校多样化人才培养需求。

  "高频电子线路"作为工科电子信息类方向一门重要的技术基础课,涉及许多通信理论知识、通信电路中常用的基本功能部件以及实际电路。我们通过多年的教学实践,深深体会到要教好这门课程,一定要针对课程特点,遵循从特殊到一般的认知规律,密切联系实际,不断更新内容。为此,我们在书中通过对典型问题的深入分析,阐明通信系统中带有普遍性的思想方法和重要结论。本书内容取材既重视高频电子线路的基本典型电路理论、设计计算,又注重新理论、新型器件的应用。同时,突出基础理论与实用技术的结合,在编写中重视理论分析,注重讲清物理概念,并将 Multisim 仿真软件引入全书各章节电路设计中。全书在理论分析部分计算详尽,具有启发性,便于自学;同时也重视实践性及科教融合,书中很多实例源于实验的结果,例如锁相环调频、鉴频电路、频率合成及检波电路等。此外,本书还把部分科研成果引入教学,例如在第 9 章中介绍了脉宽调制全集成化载波多路遥讯装置。

  本书在整体安排上保留了高频电子线路的基本内容、基本体系,同时使各章有相对的独立性,便于不同专业、不同学时安排的课程选用。

  本书的出版将为读者开辟一个新的视角,引领学生形成崇尚科学、勤于学习、勇于探索、敢于创新、积极向上的学习价值观。

  本书共包括 9 章内容,书后还附有部分习题参考答案。各章节内容安排如下。

  第 1 章为绪论,主要介绍了通信系统特别是调制的通信系统的基本概念,还介绍了无线电波的传播特性及频段划分、电噪声的基本概念,并给出了抑制电噪声常用的方法,从而引出本书的主要内容。

  第 2 章和第 3 章分别讲述了应用于通信系统接收机和发射机的高频小信号调谐放大器和高频功率放大器。第 2 章在介绍了高频小信号调谐放大器的基本组成、作用和指标后,一方面讨论了组成调谐放大器的重要部分——LC 调谐回路的基本性能,另一方面对单调谐放大器特别是工作在高频情况下的单调谐放大器及其级联电路的放大能力和选频性能进行了重点讨论,阐述了常用的分析高频调谐放大器晶体管的模型,如晶体管混合 Π 型等效电路和晶体管 Y 参数等效电路。此外,第 2 章还讨论了调谐放大器的稳定性问题,并介绍了各类集中选频小信号调谐放大器。第 3 章在比较了高频小信号调谐放大器与高频调谐功率放大器的区别的基础上,详细地分析了丙类高频调谐功率放大器的工作原理、功率和效率问题,重点讨论了高频调谐功率放大器的三种工作状态、负载特性等,还介绍了调谐功率放大器的实用电路。此外,还引出并分析了丙类倍频器的基本概念和工作原理,并对集成高频功率放大电路及其应用和宽带高频功率放大器作了介绍。

第 4 章主要介绍了正弦波振荡器，首先阐述了反馈型正弦波自激振荡器的基本原理，然后讨论了三点式振荡器的电路特点和相位平衡条件的判断准则，重点讨论了改进型电容三点式电路(包括串联改进型和并联改进型振荡器电路)和石英晶体谐振器，最后还分析了集成压控振荡电路和毫米波振荡器的原理。

第 5 章和第 6 章分别讨论了振幅调制与解调、角度调制与解调的基本概念和典型电路原理。第 5 章首先对调幅信号(包括普通调幅波、抑制载波双边带调幅和抑制载波单边带调幅)从时域和频域两个方面进行了较为详细的分析，然后讨论了调幅波的产生电路和解调电路的基本原理，包括大信号基极和集电极调幅电路的工作原理、波形分析和设计要点、大信号包络检波电路的原理和失真波形、模型乘法器的相乘原理和电路，以及环形调制器等。第 6 章对调角波(包括调频和调相信号)进行了数学分析并给出了它们的性质；然后讨论了调频电路(包括变容二极管调频电路和晶体振荡器调频电路)的基本原理，并分析了调频波的解调电路(包括斜率鉴频器、相位鉴频器、比例鉴频器和脉冲计数式鉴频器)的电路组成和工作原理；最后还给出了常用的集成调频与解调电路，如 MC2833 调频电路和 MC3361B、MC3367 解调电路，以及 CMT2300A 调频与解调电路。

第 7 章的主要内容为变频器，在介绍变频器的基本原理和主要技术指标的基础上，重点讨论了晶体三极管变频电路和用模拟乘法器构成的混频电路，并结合超外差接收机的统调与跟踪问题分析了实际变频器的电路特点和工作原理，最后还较为详细地分析了变频干扰问题。

第 8 章讨论了锁相环及其他反馈控制电路，主要阐述了锁相环的构成、基本原理、数学模型，以及锁相环的锁定、捕捉、跟踪、同步带和捕捉带等概念；介绍了常用的集成锁相环芯片如 CC4046、NE564 等；还介绍了锁相环在调制解调技术、频率合成技术、空间技术和稳频技术上的应用；最后讨论了自动增益控制电路和自动频率控制电路等。

第 9 章介绍了高频电子线路的应用，包括通信无线收发系统、移动通信收发信机、脉宽调制全集成化载波多路遥讯装置、蓝牙收发芯片 RF2968 的原理及应用、智能手机射频收发电路、软件无线电的基本概念及应用，以及全球卫星导航系统接收芯片 AT6558R 原理及应用。其中，脉宽调制全集成化载波多路遥讯装置是编者结合科研成果编写的。

本书是在于洪珍教授编著的《通信电子电路》(电子工业出版社，2002 年)及《通信电子电路》(清华大学出版社，2016 年)的基础上修订而成的。此次编写，我们对一些内容进行了修改、调整和扩充，在每章都增添了集成电路或高频电路专用器件，并在章首增加了内容提要，在部分章末增加了知识结构框图，同时在许多重要小节后补充了复习思考题。

本书由中国矿业大学电子信息工程系组织编写，于洪珍、王刚任主编，张晓强、王艳芬任副主编，张晓光、李松、王博文、陈世海等老师参加微课视频录制、数字化资源制作等。于洪珍教授编写第 1、3、6～8 章，9.2～9.4 节及 9.7 节；王刚副教授编写第 4、5 章，9.1 节及 9.5 节，并参与编写第 2 章；张晓强副教授编写 9.6 节；王艳芬教授参与编写第 2 章。

微课视频录制分工：第 1 章、第 4 章、第 5 章、第 8 章和第 9 章由王刚副教授完成；第 2 章由王艳芬教授完成；第 3 章由张晓光教授完成；第 6 章由李松副教授完成；第 7 章由于洪珍教授和王博文副教授完成。全书数字化资源制作和动画制作由张晓强副教授完成。

感谢海宁乐众信息技术股份有限公司董事长陈学强的支持和帮助；感谢清华大学出版社的支持和帮助，特别感谢盛东亮主任提出的宝贵意见。

限于编者水平，书中难免存在不妥之处，诚挚希望广大读者批评指正。

编 者

2025 年 4 月

本书常用符号表

一、基本符号

符号	符号名称	单位符号	单位名称	符号	符号名称	单位符号	单位名称
I, i	电流	A	安培	L	电感	H	亨利
U, u	电压	V	伏特	f, F	频率	Hz	赫兹
P	功率	W	瓦特	ω, Ω	角频率	rad/s	弧度每秒
G, g	电导	S	西门子	M	互感	H	亨利
X, x	电抗	Ω	欧姆	k	耦合系数		
B, b	电纳	S	西门子	η	耦合因数		
Z, z	阻抗	Ω	欧姆	K	放大倍数		
C	电容	F	法拉	A_P	功率增益		

二、电压、电流的符号

符号形式	符号含义
小写 u（或 i）和小写角标	交流电压（或电流）瞬时值（例如：u_o 表示输出交流电压瞬时值）
大写 U（或 I）和小写角标	交流电压（或电流）有效值（例如：U_o 表示输出正弦电压有效值）
大写 U（或 I）和小写角标且加小写 m	交流电压（或电流）幅值（例如：U_{cm} 表示集电极输出电压幅值）
角标 i	输入量（例如：u_i 为输入电压）
角标 o	输出量（例如：u_o 为输出电压）

三、半导体器件及参数的符号

符号	符号含义
V	晶体三极管，场效应管
D	二极管
E_c	集电极电源电压
BV_{ceo}	基极开路时的集电极发射极间的反向击穿电压
BV_{ebo}	集电极开路时的发射极基极间的反向击穿电压
I_{CM}	集电极最大容许电流
P_{CM}	集电极最大容许功耗
U_{ces}	集电极发射极之间的饱和压降
U_j	三极管起始导通电压
g, g_{cr}	伏安特性或转移特性曲线斜率、临界线斜率
g_m	跨导
g_D	鉴频跨导
α	共基极电流放大系数
β	共射极电流放大系数
f_α	α 截止频率
f_β	β 截止频率
f_T	特征频率

四、功率的符号

符 号	符号含义
P_s	直流电源供给功率,信号功率
P_C, P_c	集电极损耗功率、载波功率
P_o	晶体管集电极输出的交流功率
P_L	负载 R_L 获得的交流功率
P_T	槽路(谐振回路)损耗功率
P_{AV}	已调波平均功率或调制一周期的平均功率
P_n	噪声平均功率

五、效率的符号

符 号	符号含义
η_c	集电极效率
η_T	槽路效率
η_d	检波效率(检波电压传输系数)

六、频率的符号

符 号	符号含义
f_0	回路谐振频率,中心频率
f_c	载波频率(载波)
f_I	中频频率(中频)
f_L	本振频率
f_o	输出频率,压控振荡器中心频率

七、其余符号

符 号	符号含义
Q	品质因数,静态工作点
n	接入系数
N_1, N_2	变压器原边、副边线圈(一次、二次线圈)匝数
θ	电流导通角
α	电流分解系数
m_a	调幅指数
m_f	调频指数
m_p	调相指数
B 或 $2\Delta f_{0.7}$	通频带
F	反馈系数
N_F	噪声系数
SNR 或 S/N	信噪比

目录 CONTENTS

第1章 绪论 … 1

▶ 微课视频21分钟

1.1 无线通信的发展 … 1
1.2 通信系统的组成和基本原理 … 2
1.3 无线电波波段的划分 … 3
1.4 无线电波的传播特性 … 4
1.5 调制的通信系统 … 5
1.6 通信系统中的噪声 … 8
1.7 本书的主要内容和特点 … 11
思考题与习题 … 11

第2章 高频小信号调谐放大器 … 12

▶ 微课视频152分钟

2.1 概述 … 12
2.2 LC谐振回路 … 13
   2.2.1 谐振回路的基本特性 … 13
   2.2.2 负载和信号源内阻对谐振回路的影响 … 19
   2.2.3 谐振回路的接入方式 … 20
2.3 晶体管高频等效电路及频率参数 … 26
   2.3.1 晶体管混合Ⅱ型等效电路 … 26
   2.3.2 晶体管Y参数等效电路 … 27
   2.3.3 混合Ⅱ型等效电路参数与Y参数的关系 … 28
   2.3.4 晶体管的高频放大能力及其频率参数 … 29
2.4 高频小信号调谐放大器 … 31
   2.4.1 电路组成 … 31
   2.4.2 电路性能指标 … 32
2.5 高频小信号调谐放大器的级联 … 37
   2.5.1 多级单调谐放大器 … 37
   2.5.2 参差调谐放大器 … 38
   2.5.3 双调谐回路放大器 … 40
2.6 高频小信号调谐放大器的稳定性 … 42

2.6.1 晶体管内部反馈的有害影响 …………………………………………………… 42
2.6.2 解决办法 …………………………………………………………………… 44
2.7 集中选频放大器 ……………………………………………………………………… 45
2.7.1 集中选频放大器的组成 ……………………………………………………… 45
2.7.2 石英晶体滤波器和陶瓷滤波器 ……………………………………………… 46
2.7.3 声表面波滤波器 ……………………………………………………………… 46
2.8 高频小信号调谐放大电路的 Multisim 仿真 ……………………………………… 49
本章小结 …………………………………………………………………………………… 50
思考题与习题 ……………………………………………………………………………… 52

第3章 高频功率放大器 …………………………………………………………………… 56

▶ 微课视频 77 分钟

3.1 概述 …………………………………………………………………………………… 56
3.2 调谐功率放大器的工作原理 ………………………………………………………… 57
3.2.1 基本原理电路 ………………………………………………………………… 57
3.2.2 晶体管特性的折线化 ………………………………………………………… 57
3.2.3 晶体管导通的特点、导通角 ………………………………………………… 58
3.2.4 集电极余弦脉冲电流的分析 ………………………………………………… 59
3.2.5 槽路电压 ……………………………………………………………………… 61
3.3 功率和效率 …………………………………………………………………………… 62
3.4 调谐功率放大器的工作状态分析 …………………………………………………… 67
3.4.1 调谐功率放大器的动态特性 ………………………………………………… 67
3.4.2 调谐功率放大器的三种工作状态及其判别方法 …………………………… 68
3.4.3 R_c、E_c、E_b 和 U_{bm} 变化对放大器工作状态的影响 ……………………… 69
3.5 调谐功率放大器的实用电路 ………………………………………………………… 73
3.5.1 直流馈电电路 ………………………………………………………………… 73
3.5.2 自给偏压环节 ………………………………………………………………… 74
3.5.3 输入、输出匹配网络 ………………………………………………………… 76
3.5.4 高频调谐功率放大器实用电路举例 ………………………………………… 80
3.6 功率晶体管的高频效应 ……………………………………………………………… 81
3.6.1 高频功率晶体管的电流放大倍数 …………………………………………… 81
3.6.2 晶体管高频工作时载流子渡越时间的影响 ………………………………… 81
3.6.3 晶体管高频工作时对饱和压降的影响 ……………………………………… 83
3.7 倍频器 ………………………………………………………………………………… 83
3.7.1 丙类倍频器的电路及波形 …………………………………………………… 84
3.7.2 丙类倍频器的工作原理 ……………………………………………………… 84
3.8 集成无线发射芯片与电路 …………………………………………………………… 85
3.9 宽带高频功率放大器 ………………………………………………………………… 88
3.9.1 传输线变压器 ………………………………………………………………… 88

3.9.2　单级宽频带高频功率放大器 …………………………………………… 91
　　3.9.3　功率合成器 …………………………………………………………… 92
　　3.9.4　实例分析 ……………………………………………………………… 95
本章小结 ……………………………………………………………………………… 97
思考题与习题 ………………………………………………………………………… 100

第4章　正弦波振荡器 …………………………………………………………… 103

▶ 微课视频 83 分钟

4.1　概述 …………………………………………………………………………… 103
4.2　反馈型正弦波自激振荡器基本原理 ………………………………………… 104
　　4.2.1　反馈振荡器的组成 …………………………………………………… 104
　　4.2.2　振荡器的平衡条件 …………………………………………………… 105
　　4.2.3　振荡器的建立和起振条件 …………………………………………… 105
　　4.2.4　振荡器的稳定条件 …………………………………………………… 106
　　4.2.5　振荡器的分析方法 …………………………………………………… 109
4.3　三点式振荡器 ………………………………………………………………… 110
　　4.3.1　三点式振荡器的基本工作原理 ……………………………………… 110
　　4.3.2　电容三点式振荡器 …………………………………………………… 112
　　4.3.3　电感三点式振荡器 …………………………………………………… 114
　　4.3.4　两种振荡电路的比较 ………………………………………………… 115
4.4　改进型电容三点式振荡器 …………………………………………………… 116
　　4.4.1　电容三点式振荡器的主要问题与改进方法 ………………………… 116
　　4.4.2　串联改进型电容三点式振荡器 ……………………………………… 116
　　4.4.3　并联改进型电容三点式振荡器 ……………………………………… 118
　　4.4.4　几种三点式振荡器的比较 …………………………………………… 119
4.5　振荡器的频率稳定问题 ……………………………………………………… 120
　　4.5.1　振荡器的频率稳定度 ………………………………………………… 120
　　4.5.2　造成频率不稳定的因素 ……………………………………………… 121
　　4.5.3　稳频措施 ……………………………………………………………… 121
4.6　石英晶体谐振器 ……………………………………………………………… 123
　　4.6.1　石英晶体的压电效应及等效电路 …………………………………… 123
　　4.6.2　石英晶体的阻抗特性 ………………………………………………… 124
　　4.6.3　石英晶体谐振器的频率-温度特性 …………………………………… 127
　　4.6.4　石英晶体谐振器频率稳定度高的原因 ……………………………… 127
4.7　晶体振荡器电路 ……………………………………………………………… 129
　　4.7.1　并联型晶振电路 ……………………………………………………… 129
　　4.7.2　串联型晶振电路 ……………………………………………………… 131
　　4.7.3　泛音晶振电路 ………………………………………………………… 133
4.8　集成压控振荡电路 …………………………………………………………… 135

  4.9 毫米波振荡器 ……………………………………………………………………… 136

  4.10 正弦波振荡电路的 Multisim 仿真 ………………………………………………… 137

  本章小结 …………………………………………………………………………………… 138

  思考题与习题 ……………………………………………………………………………… 139

第 5 章 振幅调制与解调 …………………………………………………………………… 143

  ▶ 微课视频 91 分钟

  5.1 概述 ………………………………………………………………………………… 143

  5.2 调幅信号的分析 …………………………………………………………………… 144

    5.2.1 普通调幅波 ………………………………………………………………… 144

    5.2.2 抑制载波双边带调幅 ……………………………………………………… 147

    5.2.3 抑制载波单边带调幅 ……………………………………………………… 148

  5.3 调幅波产生原理的理论分析 ……………………………………………………… 150

    5.3.1 非线性器件的相乘作用 …………………………………………………… 150

    5.3.2 模拟乘法器的工作原理分析 ……………………………………………… 153

  5.4 普通调幅波的产生电路 …………………………………………………………… 157

    5.4.1 低电平调幅电路 …………………………………………………………… 157

    5.4.2 高电平调幅电路 …………………………………………………………… 158

  5.5 普通调幅波的解调电路 …………………………………………………………… 164

    5.5.1 检波器的性能指标 ………………………………………………………… 164

    5.5.2 大信号峰值包络检波 ……………………………………………………… 165

    5.5.3 同步解调电路 ……………………………………………………………… 172

  5.6 抑制载波调幅波的产生和解调电路 ……………………………………………… 173

    5.6.1 大信号调幅的数学分析——开关函数近似分析法 ……………………… 173

    5.6.2 抑制载波调幅的产生电路 ………………………………………………… 174

    5.6.3 抑制载波调幅的解调电路 ………………………………………………… 178

    5.6.4 抑制载波调幅电路的应用举例 …………………………………………… 180

  5.7 发射和接收应用电路 ……………………………………………………………… 181

  5.8 振幅调制与解调电路的 Multisim 仿真 ………………………………………… 183

  本章小结 …………………………………………………………………………………… 186

  思考题与习题 ……………………………………………………………………………… 188

第 6 章 角度调制与解调 …………………………………………………………………… 191

  ▶ 微课视频 93 分钟

  6.1 概述 ………………………………………………………………………………… 191

  6.2 角度调制信号分析 ………………………………………………………………… 193

    6.2.1 调频及其数学表达式 ……………………………………………………… 193

    6.2.2 调相及其数学表达式 ……………………………………………………… 194

    6.2.3 调频与调相的关系 ………………………………………………………… 195

    6.2.4 调角波的频谱与有效频带宽度 …………………………………………… 196

- 6.2.5 调角波的功率 ········· 200
- 6.3 调频信号的产生 ········· 201
  - 6.3.1 调频方法 ········· 201
  - 6.3.2 调频电路的性能指标 ········· 202
- 6.4 调频电路 ········· 203
  - 6.4.1 变容二极管调频电路 ········· 203
  - 6.4.2 晶体振荡器调频电路 ········· 210
  - 6.4.3 调相和间接调频电路 ········· 213
- 6.5 调频波的解调 ········· 216
  - 6.5.1 鉴频器的质量指标 ········· 217
  - 6.5.2 斜率鉴频器 ········· 217
  - 6.5.3 相位鉴频器 ········· 220
  - 6.5.4 比例鉴频器 ········· 227
  - 6.5.5 脉冲计数式鉴频器 ········· 230
- 6.6 限幅器 ········· 231
  - 6.6.1 概述 ········· 231
  - 6.6.2 二极管限幅器 ········· 232
  - 6.6.3 三极管限幅器 ········· 233
- 6.7 调制方式的比较 ········· 233
- 6.8 集成调频与解调电路 ········· 235
  - 6.8.1 MC2833 调频电路 ········· 235
  - 6.8.2 MC3361B 与 MC3367 解调电路 ········· 236
  - 6.8.3 CMT2300A 调频与解调电路 ········· 240
- 6.9 角度调制电路的 Multisim 仿真 ········· 241
- 本章小结 ········· 243
- 思考题与习题 ········· 245

第 7 章 变频器 ········· 248

▶ 微课视频 76 分钟

- 7.1 概述 ········· 248
- 7.2 变频器的基本原理 ········· 249
- 7.3 变频器的主要技术指标 ········· 251
- 7.4 晶体三极管变频电路 ········· 251
  - 7.4.1 三极管变频电路的几种形式 ········· 251
  - 7.4.2 变频器工作状态选择 ········· 252
  - 7.4.3 三极管变频电路实例 ········· 253
- 7.5 超外差接收机的统调与跟踪 ········· 255
- 7.6 环形混频电路 ········· 257
- 7.7 模拟乘法器构成的混频电路 ········· 258

7.8 混频的应用与二次混频 259
7.9 变频干扰及其抑制方法 260
 7.9.1 信号与本振的自身组合频率干扰 260
 7.9.2 外来干扰和本振频率产生的副波道干扰 261
 7.9.3 交调和互调干扰 262
本章小结 265
思考题与习题 267

第 8 章 锁相环及其他反馈控制电路 269

▶ 微课视频 44 分钟

8.1 锁相环 269
 8.1.1 基本锁相环的构成 270
 8.1.2 锁相环的基本原理 270
 8.1.3 锁相环的数学模型 270
 8.1.4 环路的锁定、捕捉和跟踪 275
 8.1.5 环路的同步带和捕捉带 275
8.2 集成锁相环芯片 276
 8.2.1 CC4046 集成锁相环芯片 276
 8.2.2 NE564 集成锁相环芯片 279
8.3 锁相环的应用 279
 8.3.1 锁相调频与鉴频 280
 8.3.2 锁相接收机 283
 8.3.3 振荡器的稳定与提纯 283
 8.3.4 频率合成器 283
8.4 自动增益控制电路 288
 8.4.1 产生控制信号的自动增益控制电路 289
 8.4.2 控制放大器的增益 291
8.5 自动频率控制电路 292
 8.5.1 自动频率控制的原理框图 293
 8.5.2 自动频率控制电路的应用举例 293
8.6 静噪电路 294
8.7 锁相环的 Multisim 仿真 296
本章小结 296
思考题与习题 298

第 9 章 高频电子线路的应用 300

▶ 微课视频 10 分钟

9.1 通信无线收发系统 300
 9.1.1 调幅收发信机电路与分析 300
 9.1.2 调频收发信机电路与分析 301

9.2 移动通信收发信机 … 305
   9.2.1 发信机的主要性能指标 … 305
   9.2.2 发信机的组成及电路 … 307
   9.2.3 收信机的主要性能指标 … 310
   9.2.4 收信机的组成及电路 … 313
9.3 脉宽调制全集成化载波多路遥讯装置 … 315
   9.3.1 主要性能特点 … 315
   9.3.2 主要技术指标 … 315
   9.3.3 工作原理 … 315
9.4 蓝牙收发芯片 RF2968 … 321
   9.4.1 概述 … 321
   9.4.2 引脚功能 … 322
   9.4.3 内部结构 … 324
   9.4.4 应用 … 325
9.5 智能手机射频收发电路 … 328
   9.5.1 智能手机原理 … 328
   9.5.2 射频收发电路 … 329
9.6 软件无线电 … 333
   9.6.1 基本概念 … 333
   9.6.2 软件无线电的硬件组成 … 333
   9.6.3 软件无线电的应用 … 334
9.7 全球卫星导航系统接收芯片 AT6558R … 334
   9.7.1 概述 … 334
   9.7.2 卫星定位原理 … 335
   9.7.3 AT6558R 芯片 … 336

参考文献 … 342

附录 A 部分习题参考答案 … 343

视频目录
VIDEO CONTENTS

视 频 名 称	时长/min	位　　置
第1集 通信系统的组成	11	1.2节
第2集 无线通信中的关键技术	10	1.5节
第3集 调谐放大器概述	8	2.1节
第4集 谐振回路的基本特性	13	2.2.1节
第5集 负载和信号源内阻对谐振回路的影响	7	2.2.2节
第6集 谐振回路的接入方式	17	2.2.3节
第7集 晶体管高频等效电路及频率参数(一)	13	2.3.1节
第8集 晶体管高频等效电路及频率参数(二)	9	2.3.4节
第9集 高频小信号调谐放大器(一)	13	2.4节
第10集 高频小信号调谐放大器(二)	14	2.4.2节例2-2
第11集 高频小信号调谐放大器的级联(一)	13	2.5.1节
第12集 高频小信号调谐放大器的级联(二)	13	2.5.3节
第13集 高频小信号调谐放大器的稳定性	10	2.6节
第14集 集中选频放大器(一)	15	2.7节
第15集 集中选频放大器(二)	7	2.7.2节
第16集 高频功率放大器概述	3	3.1节
第17集 调谐功率放大器的工作原理(一)	5	3.2节
第18集 调谐功率放大器的工作原理(二)	7	3.2.3节
第19集 功率和效率	13	3.3节
第20集 调谐功率放大器的动态特性	6	3.4.1节
第21集 调谐功率放大器的三种工作状态及R_c变化对放大器工作状态的影响	11	3.4.2节
第22集 E_c等参数变化对放大器工作状态的影响	7	3.4.3节第2小节
第23集 直流馈电电路和自给偏压环节	10	3.5.1节
第24集 输入、输出匹配网络	12	3.5.3节
第25集 高频调谐功率放大器实用电路举例	3	3.5.4节
第26集 反馈型正弦波自激振荡器基本原理(一)	11	4.2节
第27集 反馈型正弦波自激振荡器基本原理(二)	12	4.2节
第28集 三点式振荡器(一)	9	4.3.1节
第29集 三点式振荡器(二)	9	4.3.3节
第30集 改进型电容三点式振荡器(一)	11	4.4.1节
第31集 改进型电容三点式振荡器(二)	6	4.4.3节
第32集 振荡器的频率稳定问题	5	4.5节
第33集 石英晶体谐振器	10	4.6节

续表

视 频 名 称	时长/min	位　　置
第 34 集　晶体振荡器电路	10	4.7 节
第 35 集　振幅调制与解调概述	7	5.1 节
第 36 集　调幅信号的分析(一)	11	5.2.1 节
第 37 集　调幅信号的分析(二)	7	5.2.2 节
第 38 集　调幅波产生原理的理论分析	11	5.3 节
第 39 集　大信号基极调幅电路	8	5.4.2 节第 1 小节
第 40 集　大信号集电极调幅电路	8	5.4.2 节第 2 小节
第 41 集　普通调幅波的解调电路(一)	17	5.5.1 节
第 42 集　普通调幅波的解调电路(二)	6	5.5.3 节
第 43 集　抑制载波调幅波的产生和解调电路(一)	10	5.6.1 节
第 44 集　抑制载波调幅波的产生和解调电路(二)	6	5.6.3 节
第 45 集　角度调制与解调概述	6	6.1 节
第 46 集　角度调制信号分析	20	6.2 节
第 47 集　调频信号的产生	6	6.3 节
第 48 集　变容二极管调频电路	15	6.4.1 节
第 49 集　晶体振荡器调频电路	9	6.4.2 节
第 50 集　调频波的解调(一)	10	6.5 节
第 51 集　调频波的解调(二)	15	6.5.3 节
第 52 集　调频波的解调(三)	7	6.5.4 节
第 53 集　限幅器	5	6.6 节
第 54 集　变频器总述	34	第 7 章
第 55 集　变频器概述	7	7.1 节
第 56 集　变频器的基本原理	7	7.2 节
第 57 集　晶体三极管变频电路	8	7.4 节
第 58 集　超外差接收机的统调与跟踪	7	7.5 节
第 59 集　环形混频电路	4	7.6 节
第 60 集　变频干扰及其抑制方法	9	7.9 节
第 61 集　锁相环(一)	9	8.1.1 节
第 62 集　锁相环(二)	12	8.1.3 节
第 63 集　集成锁相环芯片	4	8.2 节
第 64 集　锁相环的应用(一)	10	8.3.1 节
第 65 集　锁相环的应用(二)	9	8.3.4 节
第 66 集　调幅收发信机电路与分析	4	9.1.1 节
第 67 集　调频收发信机电路与分析	6	9.1.2 节

第 1 章 绪 论

CHAPTER 1

内 容 提 要

随着科学技术的迅速发展,无线通信系统和基于无线通信系统的 5G 移动通信、物联网、移动互联网等技术已广泛应用于国民经济、军事和人们日常生活的各个领域。高频电路是通信系统特别是无线通信系统的基础,是无线通信设备的重要组成部分。本书将主要结合无线通信来讨论用于各种电子和通信系统及其设备中的高频电子线路,特别是高频电子线路的组成、工作原理、分析方法、应用,以及相关工程技术问题。本章主要介绍无线通信的发展、通信系统的组成和基本原理、无线电波波段的划分、无线电波的传输特性、调制的通信系统、通信系统中的噪声,以及本书的主要内容和特点。

1.1 无线通信的发展

人类进行通信的历史悠久。从古代的烽火狼烟、快马传书、飞鸽传书,到近代大航海中水手交换的旗语,以及现代社会交警的指挥手语,都是人们寻求快速远距离通信的手段。1837 年,美国发明家莫尔斯(F. B. Morse)发明了有线电报,开创了通信的新纪元。1864 年,英国物理学家麦克斯韦(James Clerk Maxwell)发表了《电磁场的动力学理论》,从理论上预见了电磁波的存在,为无线电的发明和发展奠定了坚实的理论基础。1876 年,贝尔(Alexander G. Bell)发明了电话,能够直接将语音信号转换为电能沿导线传送,这些都属于有线通信。1887 年,德国物理学家赫兹(H. Hertz)又在实验中证实了电磁波的存在,从此,许多科学家都在努力研究如何利用电磁波传输信息的问题,这就是无线通信。其中,最著名的是意大利的马可尼(Guglielmo Marconi)于 1901 年 12 月 12 日完成了横跨大西洋的通信,从而使无线通信进入实用阶段,我国古代神话中的"千里眼""顺风耳"得以成为现实。

电子技术的发展推动着无线通信技术发展。在电子技术发展史上,有三个里程碑:一是 1907 年,美国物理学家弗雷斯特(Leede Forest)发明了电子三极管;二是 1948 年,美国物理学家肖克利(W. Shockley)等发明了晶体三极管;三是 20 世纪 60 年代,将"管""路"结合起来的集成电路、数字电路的出现,奠定了现代微电子技术的基础。

20 世纪 90 年代后期,软件无线电技术应运而生。软件无线电主要由天线、射频前端、宽带数模/模数转换器件、通用和专用数字信号处理器,以及各种软件组成。因而,无线通信功能由软件定义并完成。软件无线电技术为通信技术的发展注入了新活力。

在移动通信系统方面,从 1978 年基于频分复用的第一代模拟通信系统、1987 年基于时分复用的第二代数字移动通信系统开始,如今已发展到商用的第五代移动通信系统。我国从第三代移动通信系统开始就提出了自己的 TD-SCDMA 标准；在 4G 时代又与贝尔、诺基亚、大唐电信等共同开发了 TD-LTE 标准,到了如今的 5G 时代,以华为、中兴为领头的中国企业,使得中国的 5G 技术已走在世界前列。在需求牵引以及全球各国发展战略的推动下,我国科技部于 2019 年正式启动了 6G 研究计划。"传邮万里,国脉所系"是周恩来总理对国家邮政事业重要性做出的最好诠释。如今,中国的通信科技人员,正以"筚路蓝缕英雄志,尽将碧血撒清秋"的决心和毅力,向着让全人类互联互通的目标不断奋进!

无线通信技术朝着宽带化、网络化、软件化和智能化方向发展。实现无线通信的通信电路也向着更高集成度、更大规模、更高频率、单片化、数字化、智能化、低功耗和小封装等方向发展。未来太赫兹通信技术、全息通信技术、大规模天线阵列、人工智能技术、量子信息技术以及三维集成电路等技术将为新一代通信设备的研发和应用提供方向。

1.2 通信系统的组成和基本原理

利用"电"来传递消息的方法称之为电信(telecommunication)。在自然科学中,"通信"与"电信"几乎是同名词。通信的任务就是传递各种信息(包括语言、音乐、文本、图像和数据等),传输信息的系统称为"通信系统"。

任何一个通信系统,都是从一个称为信息源的时空点向另一个称为信宿的目的点(用户)传送信息。通信系统是指实现这一通信过程的全部技术设备和信道的总和。通信系统种类很多,它们的具体设备和业务功能可能各不相同,然而经过抽象和概括,一个完整的通信系统均应包括信息源、发送设备、传输信道、接收设备和收信装置五部分,其基本组成框图如图 1-1 所示。

信息源 → 发送设备 → 传输信道 → 接收设备 → 收信装置
                        ↑
                      噪声源

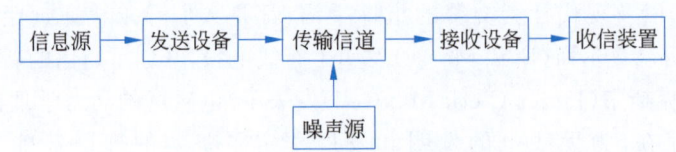

图 1-1 通信系统基本组成框图

信息源是指要传送的原始信息,如文字、数据、语音、音乐、图像等,一般是非电量信号。对于非电量信号,其需要经输入变送器变换为电信号后进入发送设备,例如被传输的是声音信息,就需经声—电换能器—话筒,变换为相应信号的电信号。如果输入信息本身就是电信号(如计算机输出的二进制信号),则该信号可以直接进入发送设备。

发送设备是将电信号变换为适应于信道传输特性的信号的一种装置。

接收设备的功能和发送设备相反,它是将信道传输和接收到的信号恢复成与发送设备输入信号相一致的电信号的一种装置。

收信装置是将电信号还原成原来的信息。例如通过扬声器(喇叭)或耳机把电信号还原成原来的声音信息(语言或音乐)。

信道即传输信息的通道,或称为传输信号的通道。概括起来有两种,即有线信道和无线信道。有线信道包括架空明线、电缆、光缆等,无线信道可以是传输无线电波的自由空间,如地球表面的大气层、水、地层及宇宙空间等。

噪声源是信道中的噪声及分散在通信系统中其他各处噪声的集中表示。

对于被传输的其他信息,如文字、音乐、图像、数据等,也是先设法将其变换为相应的电信号,然后根据上述原理组成相应的通信系统,就可实现各种不同信息的传输。

根据信息传输方式的不同,通信可以分为两大类:无线通信和有线通信。如果电信号是依靠电磁波传送的,称为无线通信;如果电信号是依靠导线(架空明线、电缆、光缆等)传送的,称为有线通信。

1.3 无线电波波段的划分

在各种无线电系统中,信息是依靠高频无线电波来传递的,那么应该如何选择高频载波的频率呢?我们知道,频率处于几十千赫至几万兆赫的电磁波都属于无线电波,它的频率范围是很宽的,所以为了便于分析和应用,习惯上将无线电的频率范围划分为若干个区域,即对频率或波长进行分段,称为频段或波段。

无线电波在空间传播的速度是 $3\times10^8\,\mathrm{m/s}$。无线电波在一个振荡周期 T 内的传播距离叫波长,用符号 λ 表示。波长 λ、频率 f 和电磁波传播速度 c 的关系为

$$\lambda = \frac{c}{f} \tag{1-1}$$

这是电磁波的一个基本关系式。由已知的高频振荡的频率 f,利用上式就可以算出波长 λ。若 c 的单位是 m/s,f 的单位是 Hz,则波长的单位是 m。

国际无线电咨询委员会(International Radio Consultative Committee,CCIR)根据不同无线电波的波长对无线电波的波(频)段进行了划分。无线电波的波段频段划分及其用途如表 1-1 所示。无线电波按波长的不同划分为超长波、特长波、甚长波、长波、中波、短波、超短波(米波)、分米波、厘米波、毫米波、亚毫米波等。其中米波和分米波有时合称为超短波。如果按频率的不同,可划分为超低频、特低频、甚低频、低频、中频、高频、甚高频、特高频、超高频和极高频等频段。

表 1-1 无线电波的波段频段划分及其用途

波段(频段)	符 号	波长范围	频率范围	主要用途或场合
超长波(超低频)	SLF	$10^6\sim10^7$ m	30~300Hz	
特长波(特低频)	ULF	$10^5\sim10^6$ m	300~3000Hz	
甚长波(甚低频)	VLF	$10^4\sim10^5$ m	3~30kHz	音频、电话、数据终端
长波(低频)	LF	$10^3\sim10^4$ m	30~300kHz	电力线通信、海上导航
中波(中频)	MF	$10^2\sim10^3$ m	0.3~3MHz	AM 广播、业余无线电
短波(高频)	HF	10~100m	3~30MHz	短波广播、业余无线电
超短波(甚高频)	VHF	1~10m	30~300MHz	FM 广播、电视、导航、移动通信
微波波段 分米波(特高频)	UHF	0.1~1m	300~3000MHz	TV、遥控遥测、雷达、移动通信
微波波段 厘米波(超高频)	SHF	1~10cm	3~30GHz	微波通信、卫星通信、雷达
微波波段 毫米波(极高频)	EHF	1~10mm	30~300GHz	雷达着陆系统;射电天文
微波波段 亚毫米波(至高频)	THF	0.1~1mm	300~3000GHz	光纤通信

目前,国内一般中波广播的波段大致为 535~1605kHz,短波广播的波段为 2~24MHz,调频广播的波段为 88~108MHz。

电视广播使用的频率,包括"甚高频段"和"特高频段"两个频率区间。甚高频段有12个频道,其频率范围是：1～5频道为48.5～92MHz；6～12频道为167～223MHz；特高频段有56个频道,其频率范围是470～958MHz。

不同频段信号的产生、放大和接收的方法不同,传播的方式也不同,因而它们的应用范围也不同。

应该指出,波段的划分是相对的,各波段之间并没有显著的分界线,但不同的波段在特点上仍然有明显的差别。例如,从使用的元器件、电路结构与工作原理等方面来说,中波、短波和超短波(米波)基本相同,但它们和微波波段则有明显的区别。前者采用的元件大都是通常的电阻器、电容器和电感线圈等,在器件方面主要采用一般的半导体二极管、三极管(晶体管)、场效应管和线性组件等；而后者采用的元件则是同轴线、光纤和波导等,在器件方面除采用晶体管、场效应管和线性组件外,还需要特殊器件如调速管、行波管、磁控管及其他固体器件。

从表1-1中可以看出,频段划分中有一个"高频"段,其频率范围为3～30MHz。这是"高频"的狭义定义,广义"高频"指的是射频(Radio Frequency,RF),其上限位于微波波段的3～5GHz。射频是可以向外辐射电磁信号的频率统称。在电路设计中,当频率较高、电路的尺寸可以与波长相比拟时,电路称为射频电路。一般认为,当频率高于30MHz时电路的设计就需要考虑射频电路理论。射频电路的典型频段为几百兆赫至4GHz。

微波是频率范围为300MHz～3000GHz的电磁波。微波的低频段与射频频率相重合。当频率高于4GHz时,电路常采用微波电路的设计方法。

1.4 无线电波的传播特性

无线电波的传播特性指的是无线电信号的传播方式、传播距离、传播特点等。不同频段的无线电信号,其传播特性不同。同一信道对不同频率的信号传播特性是不同的。例如,在自由空间媒介里,电磁能量是以电磁波的形式传播的,而不同频率的电磁波却有着不同的传播方式。

传播方式主要有绕射(地波传播)、折射和反射(天波传播)及直射(空间波传播)等。决定传播方式和传播特点的关键因素是无线电信号的频率。

1. 绕射(地波传播)

具体地说,绕射是电磁波沿着地球的弯曲表面传播。由于地球不是理想的导体,当电磁波沿其表面传播时,有一部分能量被损耗掉,并且频率越高,损耗越严重,传播的距离就越短,因此频率较高的电磁波不宜采用绕射方式传播,通常只有中、长波范围的信号才采用该方式传播。可以绕着地球的弯曲表面传播的电磁波也被称为地波。电磁波沿地表绕射的传播方式如图1-2(a)所示。另外还应指出,由于地面的电性能在较短时间内的变化不会很大,因此这种电波沿地面的传播比较稳定。

2. 折射和反射(天波传播)

在地球表面存在着具有一定厚度的大气层,由于受到太阳的照射,大气层上部的气体将发生电离而产生自由电子和离子,发生电离的这一部分大气层叫作电离层。由于太阳辐射强度、大气密度及大气成分在空间的分布是不均匀的,因而整个电离层为层状结构。

(a) 电磁波沿地表绕射　　(b) 电磁波的折射与反射　　(c) 电磁波的直射

图 1-2　无线电波传播方式

电离层能反射电磁波,对电磁波也有吸收作用,但对频率很高的电磁波吸收得很少。短波无线电波是利用电离层反射的最佳波段。

1.5~30MHz 的电磁波,由于频率较高,地面吸收较强,用地波传播时衰减很快,它主要靠天空中电离层的折射和反射进行传播,所以折射和反射也被称为天波传播,电磁波折射与反射的传播方式如图 1-2(b)所示。电磁波到达电离层后,一部分能量被吸收,另一部分能量被反射和折射到地面。频率越高,被吸收的能量越小,电磁波穿入电离层也越深,当频率超过一定值后,电磁波就会穿透电离层传播到宇宙空间而不再返回地面。因此频率更高的电磁波不宜用天波传播。

3. 直射(空间波传播)

电波从发射天线发出,沿直线传播到接收天线。30MHz 以上的电磁波,由于频率很高,表面波的衰减很大,电磁波穿入电离层也很深,会穿透电离层传播到宇宙空间而不能反射回来,因此不宜采用地波和天波传播方式,而主要由发射天线直接辐射至接收天线,沿空间直线传播,这种传播方式被称为直射传播,也称为空间波传播。电磁波的直射传播方式如图 1-2(c)所示。

由于地球表面是一个曲面,因此发射和接收天线的高度将影响这种直射传播的距离。也就是说,空间波传播的距离受限于视距范围。发射和接收天线越高,所能进行通信的距离也越远。理论计算和实践经验表明:当发射和接收天线的高度各为 50m 时,利用这种方式传播的通信距离约为 50km。因此,架高发射天线、利用通信卫星可以增大其传输距离。

从以上简述的电波的三种主要传播方式及其特点中可以看出,为了有效地传输信号,不同波段的信号所采用的主要传播方式是不同的。

综上所述,长波信号以绕射(地波传播)为主;中波和短波信号可以通过绕射(地波传播)以及折射和反射(天波传播)两种方式传播,不过,前者以绕射(地波传播)为主,后者以折射和反射(天波传播)为主;超短波以上频段的信号大多以直射方式传播。

还需要强调说明的是,无线电传播一般都要采用高频(射频)才适于天线辐射和无线传播。理论和实践都证明:只有当天线的尺寸大到可以与信号波长相比拟时,天线才具有较高的辐射效率。这也是要把低频的调制(基带)信号调制到较高的载频上的原因之一。

1.5　调制的通信系统

在实际工作中,需要传送的信号是多种多样的。根据要传送的信号是否要采用调制,可将通信系统分为基带传输和调制传输两大类。

基带传输是将基带信号直接传送,由于从消息变换而来的基带信号通常具有较低的频率(有些资料称载波信号为高频信号,称基带信号为低频信号),大多不适宜直接在信道中传输,而必须先经过调制。

所谓调制就是在传送信号的一方(发送端),用所要传送的对象(例如话音信号)去控制载波的幅度(或频率或相位),使载波的幅度(或频率或相位)随所要传送的对象信号线性变化,这里的所要传送的对象信号被称为"调制信号",调制后形成的信号称为"已调信号"。调制使幅度变化的称"调幅",使频率变化的称"调频",使相位变化的称"调相"。图1-3(a)所示为调幅的波形图,图1-3(b)所示为调频的波形图。实际上,在调制的通信系统中,载波只起一个装载和运送信号的作用,相当于"运载工具",而调制信号才是真正需要传送的对象。

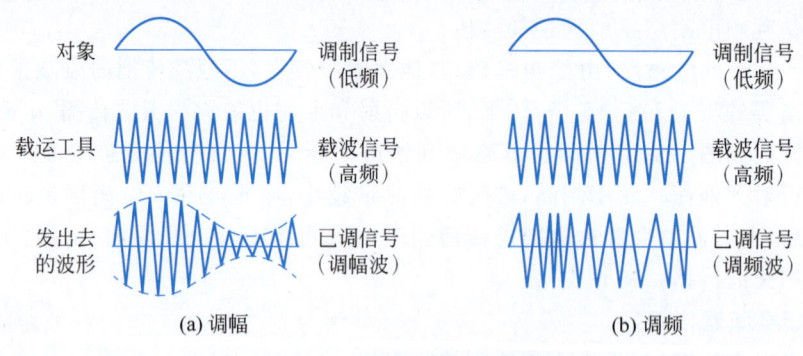

图 1-3　已调信号的波形图

所谓解调,就是在接收信号的一方(接收端),从收到的已调信号中把调制信号恢复出来。调幅波的解调称作"检波",调频波的解调称作"鉴频",解调是检波和鉴频的统称。

调制的通信系统应用广泛,下面以无线电广播的发射系统和超外差式接收系统为例说明它的组成和基本原理。

1. 无线电广播发射系统

图1-4所示为无线电广播发射调幅系统的组成框图,通过各框图之间所示波形可以对各方框的功能一目了然。它由高频、低频和电源三大部分组成。

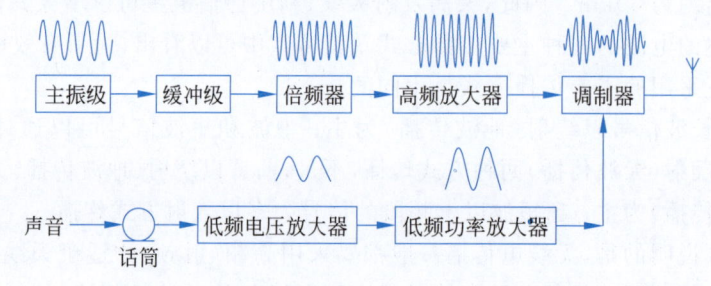

图 1-4　无线电广播发射调幅系统的组成框图

高频部分包括:

主振级——由石英晶体振荡器产生频率稳定度高的载波;

缓冲级——实质上是一种吸收功率小、工作稳定的放大级,其作用是减弱后级对主振级的影响;

倍频器——将载波频率提高到需要的频率值;

高频放大器——高频放大以提高输出功率;

调制器——使高频载波信号幅度按低频信号大小变化的幅度调制,然后使信号经发射天线以电磁波形式向远方辐射。

低频部分有传声器(话筒)或录音设备、低频电压放大器和低频功率放大器。低频部分的作用是使低频电信号通过逐级放大获得所需的功率电平,以便接下来对高频(载波)进行调幅。

2. 超外差式接收系统

无线电信号的接收过程与发射过程相反。为了提高灵敏度和选择性,无线电接收设备目前都采用超外差式,其组成框图如图 1-5 所示。

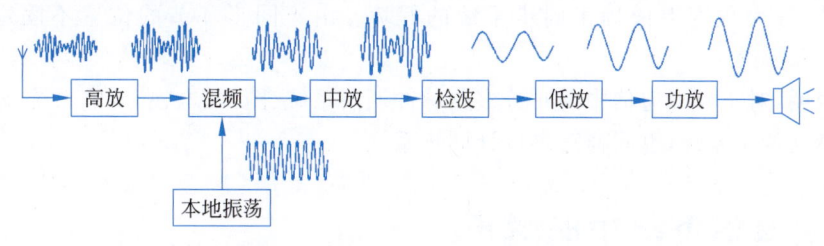

图 1-5 超外差式接收机组成框图

从接收天线收到的微弱高频调幅信号经输入回路选频后,通过高频放大器放大,送到混频器与本机振荡器所产生的等幅高频信号进行混频,在其输出端得到信号包络形状与输入高频信号的波形相同,但频率由原来的高频变化为中频的调幅信号。混频后的调幅信号经中频放大器放大后送到检波器,检出原调制的低频信号,然后再经过低频放大器放大,最后从扬声器还原成原来的声音信息(语言或音乐)。在超外差接收机中,混频器是核心部件。

应当指出,尽管要传输的信息多种多样,如声音、图像和数据等,但把它们转换为电信号后,可以归纳为两大类,一类是模拟信号,另一类是数字信号。模拟信号是指电信号的某一参量的取值范围是连续的,如话筒产生的电压信号。模拟信号通常是时间连续函数,也有时间离散函数的情况,但取值一定是连续的。数字信号是指电信号的某一参量携带着离散信息,其取值是有限个数值,如电报信号、数据信号等。

按照信道中传输的是模拟信号还是数字信号可把通信系统相应分成两类,即模拟通信系统和数字通信系统。

图 1-6 所示为模拟通信系统的基本组成框图。与图 1-1 相比,这里用调制器代替了发送设备,用解调器代替了接收设备。虽然发送设备和接收设备还包括其他电路,但调制器和解调器对信号的变换在模拟通信系统中十分重要,信号变换的质量往往决定了通信质量。

图 1-6 模拟通信系统的基本组成框图

在数字通信系统中,传输的是数字信号。当用数字信号进行调制时,通常称为键控。三种基本的键控方式是振幅键控(ASK)、频率键控(FSK)和相位键控(PSK)。图 1-7 所示为数字通信系统的基本组成框图。除包含调制器(数字调制)和解调器(数字解调)外,它还包括信源编码、信道编码、信道译码、信源译码、加密、解密和同步系统等。

同步系统用于建立通信系统收、发两端相对一致的时间关系。只有这样,接收端才能确

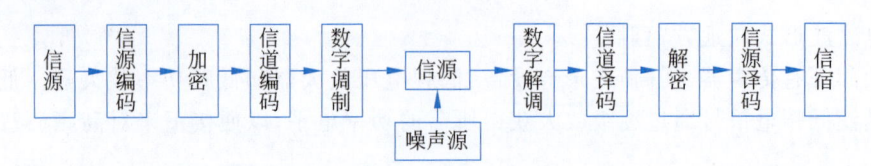

图 1-7 数字通信系统的基本组成框图

定每一位码的起止时刻,并确定接收码组与发送码组的正确对应关系。否则,接收端无法恢复发送端的信息。因此,同步系统是数字通信系统正常工作的前提,通信系统能否有效地、可靠地工作,很大程度上依赖于同步系统的好坏。由于同步环节的位置不固定,因而在图 1-7 中并未标出。

应当说明,对于模拟通信中的时分多路脉冲调制系统、图像(电视)传输系统及采用相干解调的连续波调制系统,也同样需要设计同步系统。

1.6 通信系统中的噪声

通信系统的基本任务是传送信息,由于信息传输过程中会混入一些干扰,导致实际接收到的信息或多或少和发出的信息有些差别。所谓干扰,一般是指叠加(混杂)在被传送的信号之中的各种有害的电振荡。干扰的种类很多,有的是从设备外部来的,常见的有工业干扰、天电干扰和宇宙干扰等;有的则是设备内部产生的噪声。通信系统内部产生的噪声有电阻以及半导体电流引起的热噪声、半导体器件的载流子随时间波动的闪烁噪声等。

1. 电阻噪声

电阻是具有一定阻值的导体,内部存在着大量做杂乱无章运动的自由电子。电阻中每个电子在进行着方向不规则和速度不确定的随机运动,这样就在导体内部形成了无规则且随时间不断变化的电流,习惯上把这种由于热运动产生的噪声称为热噪声。

电阻热噪声是起伏噪声,根据奈奎斯特噪声定理,设电阻为 R,带宽为 B,则噪声电压均方值为

$$\overline{u_n^2} = 4kTRB \tag{1-2}$$

其中,k 是玻耳兹曼常数;T 为电阻的热力学温度,以绝对温度 K 计量,$T(K)=273+t(℃)$。

电阻噪声可以用电阻的噪声等效电路表示,即把一个实际电阻等效为一个噪声电压源 $\overline{u_n^2}$ 和一个无噪声电阻 R 的串联,或者等效为一个噪声电流源 $\overline{i_n^2}$ 和一个无噪声电导 $G\left(=\dfrac{1}{R}\right)$ 并联。电阻噪声等效电路如图 1-8 所示。

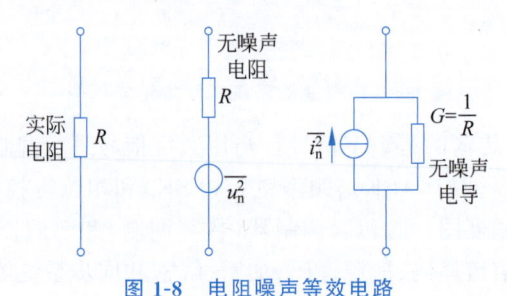

图 1-8 电阻噪声等效电路

2. 晶体管的噪声

除电阻噪声以外,电子器件的噪声也是电子设备内部噪声的一个重要来源。一般在接收机或放大器中,晶体管噪声往往比电阻热噪声强得多。晶体管噪声产生的机理比较复杂,主要有四种,即电阻热噪声、散弹噪声、分配噪声、闪烁噪声$\left(\dfrac{1}{f}\text{噪声}\right)$。

1) 电阻热噪声

它是由晶体管内的损耗电阻产生的。在晶体二极管中,热噪声是由晶体管的等效电阻r_d决定的,其噪声电压的均方值为

$$\overline{u_\text{n}^2} = 4kTr_\text{d}B \tag{1-3}$$

在晶体三极管中,电子不规则的热运动同样会产生热噪声。由于发射极和集电极产生的热噪声一般很小,可以忽略,热噪声主要由基区体电阻$r_{\text{bb}'}$产生,其噪声电压的均方值为

$$\overline{u_\text{n}^2} = 4kTr_{\text{bb}'}B \tag{1-4}$$

2) 散弹噪声

在晶体管中,电流是由无数载流子的迁移形成的。由于各载流子的速度不尽相同,使得单位时间内通过 PN 结的载流子数目有起伏,因而引起通过 PN 结的电流在某一平均值上做不规则的起伏变化。人们把这种噪声现象比拟成靶场上大量射击时子弹对靶心的偏离,称之为散弹噪声。

在晶体三极管中,发射结和集电结都会产生散弹噪声,因为发射结是正向偏置,集电结是反向偏置。前者的散弹噪声电流主要决定于发射工作电流I_e;后者则决定于反向电流I_co,由于I_e远大于I_co,所以晶体三极管发射结产生的散弹噪声起主要作用,其噪声电流的均方值为

$$\overline{i_\text{en}^2} = 2qI_\text{e}B \tag{1-5}$$

其中,q为电子电量。散弹噪声与带宽成正比,也是"白噪声"。应该指出的是,散弹噪声的强度与直流电流成正比,而电阻热噪声则与流过电阻的电流无关,这是两者的区别。

3) 分配噪声

分配噪声只存在于三极管中,它的形成是因为基区载流子的复合率有起伏,使得集电极电流和基极电流的分配有起伏,从而集电极电流有起伏。

分配噪声可用集电极电流的均方值$\overline{i_\text{cn}^2}$表示,即

$$\overline{i_\text{cn}^2} = 2qI_\text{CQ}\left(1 - \dfrac{|\alpha|^2}{\alpha_0}\right)B \tag{1-6}$$

其中,I_CQ是三极管集电极静态电流;α_0是低频时共基极电流放大系数;α是高频时共基极电流放大系数。晶体管的分配噪声不是白噪声,它的功率密度谱随频率而变化,频率越高噪声就越大。

4) 闪烁噪声$\left(\dfrac{1}{f}\text{噪声}\right)$

这种噪声的产生一般认为是由于三极管加工过程中表面清洁处理不好或存在缺陷造成的,其噪声强度还与半导体材料的性质和外加电压大小有关。这种噪声是低频噪声,它的功率密度谱与工作频率成反比,因此也不是白噪声。

当晶体管工作在高频,且接成共发射极电路时,它的噪声等效电路如图 1-9 所示。图中 $\overline{u_{bn}^2}$ 是基区体电阻 $r_{bb'}$ 产生的热噪声,$\overline{i_{en}^2}$ 是发射极散弹噪声,$\overline{i_{cn}^2}$ 是集电极电流分配噪声。应该注意的是,晶体管接法不同,其噪声等效电路也不同。

在晶体管放大器的噪声计算中,常把噪声源都折算到输入端,把晶体管看作理想的无噪声器件,噪声折算到输入端的晶体管电路如图 1-10 所示。图中恒压等效噪声源 $\overline{u_n^2}$ 主要是基区体电阻的热噪声和管子的分配噪声;恒流等效噪声源 $\overline{i_n^2}$ 主要是发射极的散弹噪声和部分管子的分配噪声。实际上任何线性噪声网络(或放大器)都可用无噪声网络和两个噪声源表示。因为当输入端短路或开路时输出端都会存在噪声,所以必须用两个噪声源来等效。

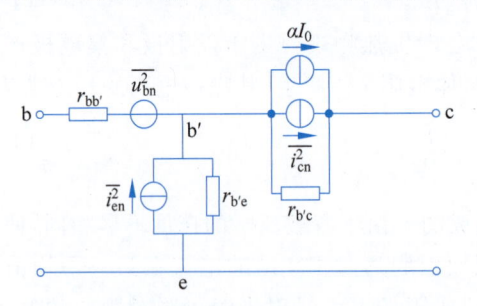

图 1-9 晶体管共发射极噪声等效电路 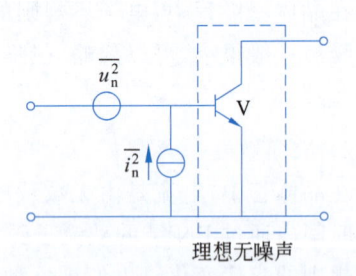   图 1-10 噪声折算到输入端的晶体管电路

3. 噪声度量

1) 信噪比

噪声的有害影响一般是相对于有用信号而言的,为此常用信号和噪声的功率比来衡量一个信号的质量优劣,称为信噪比(SNR),即在指定频带内,同一端口信号功率 P_s 和噪声功率 P_n 的比值,即

$$\mathrm{SNR} = \frac{P_s}{P_n} \tag{1-7}$$

当用分贝表示信噪比时,有

$$\mathrm{SNR(dB)} = 10\lg \frac{P_s}{P_n} \tag{1-8}$$

信噪比越大,信号质量越好。信噪比的最小允许值与设备的接收灵敏度有关。例如,调幅收音机检波器输入端信噪比为 10dB,调频接收机鉴频器输入端信噪比为 12dB,电视接收机检波器输入端信噪比为 40dB。信号通过多级级联放大器时,由于每级都要附加噪声,使信噪比逐级减小,因此,输出端的信噪比总是小于输入端。

2) 噪声系数

信噪比虽能反映信号质量的好坏,但是它不能反映放大器或网络对信号质量的影响,也不能表示放大器本身噪声性能的好坏,因此,人们常用通过放大器(或线性网络)前后信噪比的比值即噪声系数来表示放大器的噪声性能。

噪声系数是指线性四端网络输入端的信噪功率比与输出端的信噪功率比之比值,即

$$N_F(\mathrm{dB}) = 10\lg \frac{输入信噪比}{输出信噪比} = 10\lg \frac{P_{si}/P_{ni}}{P_{so}/P_{no}} \tag{1-9}$$

其中,P_{si} 和 P_{so} 分别为网络输入端和输出端信号功率;P_{ni} 为网络输入端的噪声功率,它

是由信号源内阻产生的,并规定内阻的温度为 290K(即 17℃),此温度被称作标准噪声温度;P_{no} 为网络输出总噪声功率,包括通过网络的输入噪声功率和网络的内部噪声功率。

噪声系数是高频信号放大器特别是低噪声放大器(Low Noise Amplifier,LNA)的重要指标。

1.7　本书的主要内容和特点

《高频电子线路——理论、方法与应用》的主要内容包括高频小信号调谐放大器、高频功率放大器、正弦波振荡器、振幅调制与解调、角度调制与解调、变频器、锁相环及其他反馈控制电路,以及高频电子线路的应用。

本书将着重讨论发送设备和接收设备各单元的工作原理和组成,以及构成各单元电路的工作原理、典型电路和分析方法。本书所列出的电路大多属于非线性电子线路,其特点是电路中产生了新的频率分量。

学习时,要根据不同电路的功能和特点,掌握各个功能电路的分析方法,抓住各种电路之间的共性,并洞悉各种电路之间的内在联系。

思考题与习题

1-1　画出无线电广播调幅发射系统的组成框图,标出各点波形,并说明各部分的作用。

1-2　画出无线电广播超外差接收系统的组成框图,标出各点波形,并说明各部分的作用。

1-3　无线通信为什么要进行调制?

1-4　5G 通信电磁波采用何种传播方式?

1-5　画出用矩形波进行调幅时已调波波形。

1-6　简述在接收设备中,检波器的作用,并画出检波前后的波形。

1-7　简述在接收设备中,混频器的作用以及混频器的组成,并画出混频前后的波形。

1-8　什么是噪声系数?为什么要用它来衡量放大器的噪声性能?

第 2 章 高频小信号调谐放大器
CHAPTER 2

内 容 提 要

高频小信号调谐放大器是构成无线电通信设备的重要电路,其基本类型是选频放大器,工作频率一般从几百千赫到几百兆赫,实际中主要用于无线接收机中的高放和中频选频放大。其中采用 LC 谐振回路作为集电极负载的称为小信号调谐放大器,而采用集中选择滤波器和宽带放大器构成的称为集中选频放大器。高频小信号调谐放大器由于输入信号通常为 μV~mV 级,放大器工作在甲类状态(晶体管在信号的整个周期内均导通),可用小信号等效电路进行分析。本章所涉及的内容主要有 LC 谐振回路、晶体管高频等效电路、高频小信号调谐放大器及其级联电路的分析与计算,以及集中选频放大器等。

2.1 概述

深海、深空和深地探测是国家当前和未来重点发展的科技领域。以深空探测为例,探测器与地球通过分布于地面的高增益的抛物线天线组成的深空网保持联系,这些高增益抛物线天线组成的天线阵列的一个主要功能就是实现高频小信号的放大。

在无线电技术中,经常会遇到所接收到的信号很弱的问题,而这样的信号又往往是与干扰信号同时进入接收机的。借助于选频放大器,可以达到放大有用信号并抑制干扰信号的目的。高频小信号调谐放大器便是这样一种最常用的选频放大器,即有选择地对某一频率的信号进行放大的放大器。

高频小信号调谐放大器是构成无线电通信设备的主要电路,其基本类型是选频放大器。所谓小信号,通常指输入信号电压在 μV~mV 的信号,放大这种信号的放大器工作在线性范围内。所谓选频是指这种放大器对谐振频率 f_0 的信号具有最强的放大作用,而对其他远离 f_0 的频率信号放大作用很差。高频小信号调谐放大器的频率特性如图 2-1 所示。

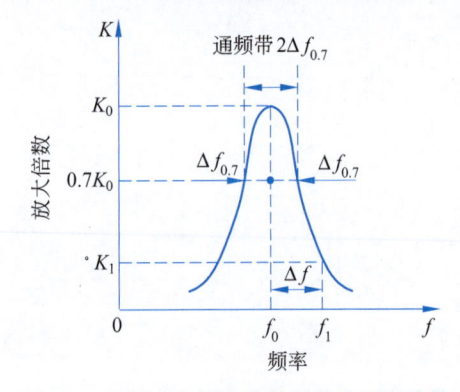

高频小信号调谐放大器主要由放大器和选频回路两部分组成。放大器放大的一般都是已调制的信号,已调制的信号都包含一定的谱宽度,所以放大器必须有一定的通频带,让必要的信号频谱分量通过放大器。从各种不同频率信号的总和(有用的和有害的)中选出有用信号并抑制干扰信号的能

图 2-1 高频小信号调谐放大器的频率特性

力称为放大器的选择性。因此,高频小信号调谐放大器不仅有放大作用,而且还有选频作用。本章讨论的高频小信号调谐放大器一般工作在甲类状态,多用在接收机中做高频和中频放大,对它的主要指标要求是:有足够的增益、满足通频带和选择性要求、工作稳定等。

研究一个高频小信号调谐放大器,应从放大能力和选频性能两方面分析。放大能力可用谐振时的放大倍数 K_0 表示。选频性能通常用通频带和选择性两个指标衡量。高频小信号调谐放大器的主要性能在很大程度上取决于选频网络。一般选频网络是 LC 谐振回路,还有石英晶体滤波器、陶瓷滤波器和声表面波滤波器等。本章先讨论 LC 谐振回路和以 LC 谐振回路作为选频网络的分散选频小信号调谐放大器,然后再讨论其他类型的集中选频小信号调谐放大器。

2.2 LC 谐振回路

谐振回路的主要特点是具有选频作用,当输入信号含有多种频率成分时,经过谐振回路只选出某些频率成分,而对其他频率成分有不同程度的抑制作用。LC 谐振回路由电感和电容组成。按电感、电容与外接信号源连接方式的不同,可分为串联和并联调谐回路两种类型。因为在高频小信号调谐放大器中,谐振回路多以并联的方式出现在电路中,所以下面主要讨论并联谐振回路,而对串联谐振回路只作简单介绍。

2.2.1 谐振回路的基本特性

1. 并联谐振回路

并联谐振回路由电感 L、电容 C 与外接信号源并联而成,如图 2-2 所示。图中,R_0 为电感线圈的固有损耗电阻,为了分析方便,将其以并联电阻 R_0 的形式进行表示。对于电容 C,由于在高频范围内损耗很小,可认为是理想器件。

(1) 并联谐振回路的阻抗特性

设外接信号源的角频率为 ω,由电路理论,回路的等效阻抗为

$$Z = \frac{1}{\frac{1}{R_0} + \mathrm{j}\left(\omega C - \frac{1}{\omega L}\right)} \tag{2-1}$$

回路等效阻抗是频率的函数,当 $\omega C - \dfrac{1}{\omega L} = 0$ 时,回路发生并联谐振。谐振时工作频率用 ω_0 表示,谐振频率为

$$\omega_0 = \frac{1}{\sqrt{LC}} \quad \text{或} \quad f_0 = \frac{1}{2\pi\sqrt{LC}} \tag{2-2}$$

并联谐振回路的阻抗特性曲线如图 2-3 所示。由图可知,谐振时,阻抗最大,回路呈现为纯电阻。回路谐振时的 R_0 也称为谐振电阻,ω_0 称为谐振角频率。

回路谐振时,电容的容抗和电感的感抗大小相等。定义谐振时,回路电抗(感抗或容抗)为谐振回路的特性阻抗,用 ρ 表示,即

$$\rho = \omega_0 L = \frac{1}{\omega_0 C} = \sqrt{\frac{L}{C}} \tag{2-3}$$

第 4 集
微课视频

图 2-2　并联谐振回路

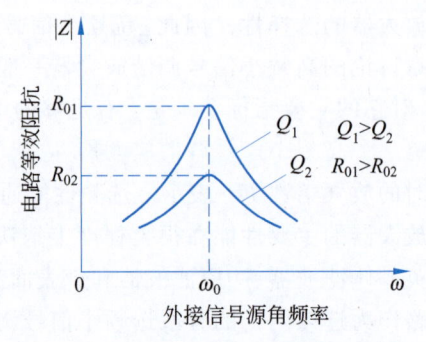

图 2-3　并联谐振回路的阻抗特性曲线

在谐振回路中,常常引入回路的品质因数这一参数,可以非常方便地反映出谐振特性的情况。并联谐振回路的品质因数定义为回路谐振电阻与特性阻抗的比值,即

$$Q = \frac{R_0}{\omega_0 L} = R_0 \omega_0 C \tag{2-4}$$

引入品质因数后,阻抗表达式为

$$|Z| = \frac{1}{\sqrt{\frac{1}{R_0^2} + \left(\omega C - \frac{1}{\omega L}\right)^2}} = \frac{R_0}{\sqrt{1 + Q^2 \left(\frac{\omega}{\omega_0} - \frac{\omega_0}{\omega}\right)^2}} = \frac{R_0}{\sqrt{1 + Q^2 \left(\frac{f}{f_0} - \frac{f_0}{f}\right)^2}} \tag{2-5}$$

由式(2-4)可知,并联谐振回路中 Q 值包含了回路三个元件的参数(R_0、L、C),反映了三个参数对回路特性的影响,是描述回路特性的综合参数。如图 2-3 所示,回路的 R_0 越大,Q 值越大,阻抗特性曲线越尖锐;反之,R_0 越小,Q 值越小,阻抗特性曲线越平坦。

(2) 并联谐振回路的选频特性

下面分析一下并联谐振回路的选频特性。设信号源为恒流源 $\dot{I}_S$,响应为回路电压 $\dot{U}$,则

$$\dot{U} = \dot{I}_S Z = \frac{\dot{I}_S}{\frac{1}{R_0} + j\left(\omega C - \frac{1}{\omega L}\right)} = \frac{\dot{I}_S R_0}{1 + jQ\left(\frac{\omega}{\omega_0} - \frac{\omega_0}{\omega}\right)} = \frac{\dot{U}_m}{1 + jQ\left(\frac{\omega}{\omega_0} - \frac{\omega_0}{\omega}\right)} \tag{2-6}$$

模为

$$U = I_S |Z| = \frac{U_m}{\sqrt{1 + Q^2 \left(\frac{\omega}{\omega_0} - \frac{\omega_0}{\omega}\right)^2}} \tag{2-7}$$

相位角为

$$\varphi = -\arctan Q\left(\frac{\omega}{\omega_0} - \frac{\omega_0}{\omega}\right) \tag{2-8}$$

其中,$U_m = I_S R_0$ 为谐振时的电压幅值。

根据式(2-7)、式(2-8)可得到并联回路响应电压的幅频特性和相频特性曲线,如图 2-4 所示。可见,在谐振点 $\omega = \omega_0$ 处,电压幅值最大,回路呈纯阻;当 $\omega < \omega_0$ 时,回路呈现感性,电压超前电流一个相角,电压幅值减小;当 $\omega > \omega_0$ 时,回路呈现容性,电压滞后电流一个相角,电压幅值也减小。

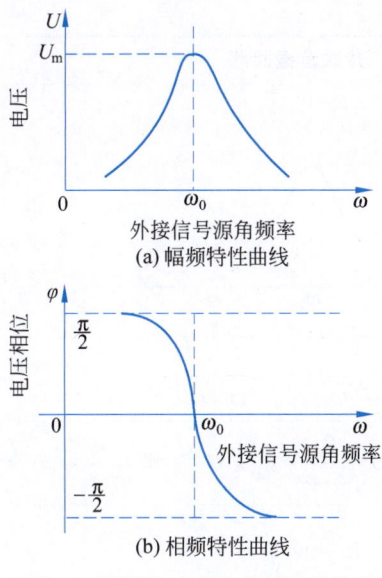

图 2-4　并联回路响应电压特性曲线

(a) 幅频特性曲线

(b) 相频特性曲线

2. 串联谐振回路

串联谐振回路是由电感 L、电容 C 和外接信号源相互串联而成。串联谐振回路适用于信号源内阻等于零或很小的情况(恒压源),因为如果信号源内阻很大,串联谐振回路的通频带将过宽,回路的品质因数将严重降低,选择性显著变坏。所以在调谐放大器中,谐振回路作为放大器的负载常采用并联方式。串联谐振回路中,电感 L 的损耗电阻用 r_0 表示,回路品质因数定义为特性阻抗与回路谐振电阻 r_0 的比值,谐振频率 ω_0 仍为 $\dfrac{1}{\sqrt{LC}}$。需要注意的是,由于串联谐振回路是电感 L、电容 C 串联而成,当 $\omega<\omega_0$ 时,回路呈容性;当 $\omega>\omega_0$ 时,回路呈感性。这一点与并联谐振回路刚好相反。在此不详细讨论串联谐振回路的基本特性,但考虑到内容的完整性,将并联谐振回路和串联谐振回路的基本特性列于表 2-1 中,以便读者对比学习这两种方式的谐振回路,并注意到并联谐振回路和串联谐振回路互为对偶电路。

表 2-1　并联谐振回路和串联谐振回路的基本特性

电气参数	并联谐振回路	串联谐振回路
电路		
导纳或阻抗	$Y=G_0+\mathrm{j}\left(\omega C-\dfrac{1}{\omega L}\right)$	$Z=r_0+\mathrm{j}\left(\omega L-\dfrac{1}{\omega C}\right)$

续表

电气参数	并联谐振回路	串联谐振回路
阻抗特性曲线	(图：$\|Z\|$ 在 ω_0 处峰值 R_0)	(图：$\|Z\|$ 在 ω_0 处最小值 r_0)
谐振频率	$\omega_0 = \dfrac{1}{\sqrt{LC}}$ 或 $f_0 = \dfrac{1}{2\pi\sqrt{LC}}$	$\omega_0 = \dfrac{1}{\sqrt{LC}}$ 或 $f_0 = \dfrac{1}{2\pi\sqrt{LC}}$
品质因数	$Q = \dfrac{R_0}{\omega_0 L} = R_0 \omega_0 C$	$Q = \dfrac{\omega_0 L}{r_0} = \dfrac{1}{\omega_0 C r_0}$
谐振电阻	$R_0 = Q\sqrt{\dfrac{L}{C}}$	$r_0 = \dfrac{1}{Q}\sqrt{\dfrac{L}{C}}$
回路响应频率特性	$U = I_S\|Z\| = \dfrac{U_m}{\sqrt{1+Q^2\left(\dfrac{\omega}{\omega_0}-\dfrac{\omega_0}{\omega}\right)^2}}$ $\varphi = -\arctan Q\left(\dfrac{\omega}{\omega_0}-\dfrac{\omega_0}{\omega}\right)$ 其中，$U_m = I_S R_0$ 为谐振时的电压幅值	$I = \dfrac{U_S}{\|Z\|} = \dfrac{I_m}{\sqrt{1+Q^2\left(\dfrac{\omega}{\omega_0}-\dfrac{\omega_0}{\omega}\right)^2}}$ $\varphi = -\arctan Q\left(\dfrac{\omega}{\omega_0}-\dfrac{\omega_0}{\omega}\right)$ 其中，$I_m = U_S/r_0$ 为谐振时的电流幅值
频率特性曲线	(图：U 在 ω_0 处峰值 U_m)	(图：I 在 ω_0 处峰值 I_m)
谐振点	电压最大，谐振电阻最大	电流最大，谐振电阻最小
失谐时阻抗特性	$\omega > \omega_0$，容性 $\omega < \omega_0$，感性	$\omega > \omega_0$，感性 $\omega < \omega_0$，容性

3. 谐振回路的谐振曲线分析

（1）谐振曲线

下面以并联谐振回路为例，对谐振曲线做具体分析。并联谐振回路的幅频特性曲线表达式为

$$U = \dfrac{U_m}{\sqrt{1+Q^2\left(\dfrac{f}{f_0}-\dfrac{f_0}{f}\right)^2}} \tag{2-9}$$

在谐振点附近，因为 $\dfrac{f}{f_0} - \dfrac{f_0}{f} = \dfrac{(f+f_0)(f-f_0)}{f_0 f} \approx \dfrac{2f}{f}\left(\dfrac{\Delta f}{f_0}\right) = 2\dfrac{\Delta f}{f_0}$，所以式(2-9)可化简为

$$\frac{U}{U_\mathrm{m}} = \frac{1}{\sqrt{1+\left(Q\frac{2\Delta f}{f_0}\right)^2}} = \frac{1}{\sqrt{1+\xi^2}} \qquad (2\text{-}10)$$

其中，Δf 为信号频率偏离谐振点的数量（$\Delta f = f - f_0$），称为失谐量。$\xi = Q\frac{2\Delta f}{f_0}$ 称为广义失谐量，它反映失谐的相对程度。U/U_m 称为谐振曲线的相对抑制比，它反映了回路对偏离谐振频率的抑制能力。

由式(2-10)可以看出 Q 对谐振曲线的影响，对于同样的频偏 Δf，Q 越大，U/U_m 值越小，谐振曲线越尖锐，Q 对谐振曲线的影响如图 2-5(a)所示。

（2）通频带

由于谐振回路具有选频性能，所以在通信系统中，常用作带通滤波器，用来传输或选择已调的高频信号。一个无线电信号占有一定的频带宽度，无线电信号通过谐振回路不失真的条件是：谐振回路的幅频特性是一常数，相频特性正比于角频率。因此，应当研究谐振回路的幅频特性曲线能基本上满足上述要求的频率范围。在无线电技术中，常把 U/U_m 从 1 下降到 $1/\sqrt{2}$（以 dB 表示，则是从 0 下降到 -3dB）处的两个频率 f_1 和 f_2 的范围叫作通频带，以符号 B 或 $2\Delta f_{0.7}$ 表示。即回路的通频带为

$$B = f_2 - f_1 = 2\Delta f_{0.7} \qquad (2\text{-}11)$$

谐振回路通频带如图 2-5(b)所示。只要选择回路的通频带 B 大于或等于无线电信号的通频带，无线电信号通过谐振回路后的失真就是允许的。

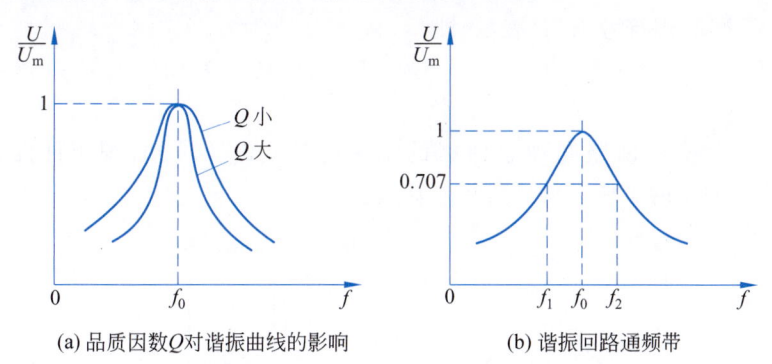

图 2-5 Q 对谐振曲线的影响及谐振回路通频带

(a) 品质因数 Q 对谐振曲线的影响　(b) 谐振回路通频带

根据通频带定义，令

$$\frac{U}{U_\mathrm{m}} = \frac{1}{\sqrt{1+\left(Q\frac{2\Delta f}{f_0}\right)^2}} = \frac{1}{\sqrt{2}}$$

解得

$$B = 2\Delta f = \frac{f_0}{Q} \qquad (2\text{-}12)$$

可见，通频带与回路的品质因数 Q 成反比，回路的品质因数 Q 越高，通频带越窄。

（3）选择性

通频带满足了允许通过的信号频率范围的要求，为了滤除其他频率信号的干扰，在通频

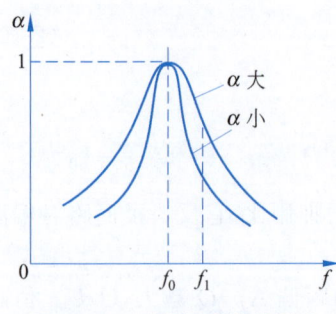

带外，U/U_m 的值越小越好。

通常对某一频率偏差 Δf 下的 U/U_m 值记为 α，称为回路对这一指定频偏下的选择性，即

$$\alpha = \frac{U}{U_m} = \frac{1}{\sqrt{1+\left(Q\dfrac{2\Delta f}{f_0}\right)^2}} \tag{2-13}$$

α 对谐振曲线的影响如图 2-6 所示，显然，α 值越小选择性越高。实际中，常常用分贝来表示

$$\alpha(\text{dB}) = 20\lg\alpha$$

图 2-6 α 对谐振曲线的影响

选择性是谐振回路的另一个重要指标，它表示回路对通频带以外干扰信号的抑制能力。在多路通信中，应根据对相邻频道信号抑制程度的要求来决定 α 的值。

由以上讨论可看到，对同一回路提高通频带和改善选择性是矛盾的。Q 越高，谐振曲线越尖锐，回路的选择性越好，但通频带就越窄。为了保证较宽的通频带就得降低选择性的要求，反之亦然。

(4) 矩形系数

一个理想的谐振回路，其幅频特性应是一个矩形，在通频带内信号可以无衰减地通过，通频带以外衰减为无限大。实际谐振回路选频性能的好坏，应以其幅频特性接近矩形的程度来衡量。为了便于定量比较，引用矩形系数这一指标。

矩形系数的定义为：谐振回路的 α 值下降到 0.1 时频带宽度 $B_{0.1}$ 与 α 值下降到 0.7 时频带宽度 $B_{0.7}$ 之比，用符号 $K_{0.1}$ 表示，即

$$K_{0.1} = \frac{B_{0.1}}{B_{0.7}} \tag{2-14}$$

图 2-7 所示为实际回路和理想回路的幅频特性。由图可知，理想回路的矩形系数 $K_{0.1}=1$，而实际回路的矩形系数显然相差甚远。

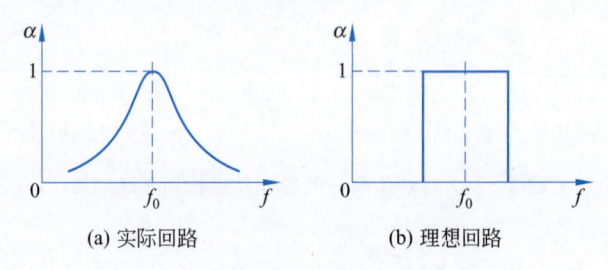

(a) 实际回路　　(b) 理想回路

图 2-7 实际回路和理想回路的幅频特性

令

$$\alpha = 0.1 = \frac{1}{\sqrt{1+\left(Q\dfrac{2\Delta f}{f_0}\right)^2}}$$

得 $B_{0.1} = 2\Delta f = 10\dfrac{f_0}{Q}$，又因为 $B_{0.7} = \dfrac{f_0}{Q}$，得

$$K_{0.1} = \frac{B_{0.1}}{B_{0.7}} = \frac{10f_0/Q}{f_0/Q} = 10$$

理想回路的矩形系数 $K_{0.1}=1$,故矩形系数越接近 1 越好,而对于单谐振回路,不论 Q、f_0 为多大,其矩形系数 $K_{0.1}=10$,远远大于 1,说明单谐振回路的选频性能很差。工程上还可以定义 $K_{0.01}$ 或 $K_{0.001}$。

对于单谐振回路,回路的品质因数越高,谐振曲线越尖锐,回路的通频带越窄,但其矩形系数并不改变,说明对于单谐振回路,通频带和选择性之间的矛盾不能兼顾。

2.2.2 负载和信号源内阻对谐振回路的影响

前面对谐振回路的讨论都没有考虑信号源和负载,下面以并联谐振回路为例,分析考虑信号源和负载后对谐振回路的影响。

考虑负载 R_L 和信号源内阻 R_S 时的并联谐振回路如图 2-8 所示。由图可知,当 R_S、R_L 接入回路时,不影响回路的谐振频率,仍为 $\omega_0=\dfrac{1}{\sqrt{LC}}$。而回路的品质因数为

$$Q_L = \frac{R_\Sigma}{\omega_0 L} \tag{2-15}$$

其中,$R_\Sigma = R_0 // R_S // R_L$。

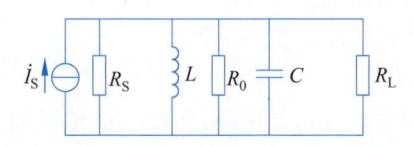

图 2-8 考虑负载和信号源内阻时的并联谐振回路

由于 $R_\Sigma < R_0$,可见 Q_L 相对于回路本身的品质因数 $Q_0 = \dfrac{R_0}{\omega_0 L}$ 减小了。为了区分这两种情况下的 Q 值,把没有接信号源内阻和负载时,回路本身的 Q 值叫作无载或空载 Q 值,以 Q_0 表示。把计入信号源内阻和负载时 Q 值叫作有载 Q 值,以 Q_L 表示。很显然,$Q_L < Q_0$,回路并联接入的 R_S、R_L 越小,Q_L 较 Q_0 下降越多。有载时,回路通频带比无载时要宽,选择性要差。

另外,实际信号源内阻和负载并不一定都是纯电阻,也有可能有电抗成分(一般是容性)。在低频时,电抗成分一般可忽略,但高频时就要考虑它对谐振回路的影响。考虑信号源输出电容 C_S 和负载电容 C_L 时的并联谐振回路如图 2-9 所示。

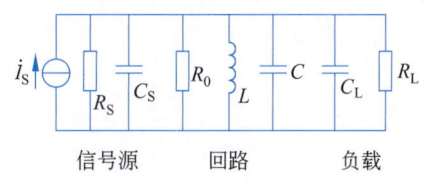

图 2-9 考虑信号源输出电容和负载电容时的并联谐振回路

此时,回路总电容为

$$C_\Sigma = C_S + C + C_L$$

考虑了负载电容和信号源输出电容后,在谐振回路的谐振频率、品质因数等的计算中,各公式中的电容都要以 C_Σ 代入,此时 $\omega_0 = \dfrac{1}{\sqrt{LC_\Sigma}}$,回路有载品质因数 $Q_L = \dfrac{R_\Sigma}{\omega_0 L} =$

$R_\Sigma \omega_\Sigma C_\Sigma$。计入 C_S 和 C_L 后,并联谐振回路谐振频率降低,并且 C_S、C_L 的不稳定将使得回路的频率特性变得不稳定。

在实际应用的谐振回路中,C_S、C_L 常常是晶体管的输出电容和输入电容,当更换晶体管或温度变化时,C_S、C_L 也会变化,这将引起 f_0 的不稳定。显然 C 值越大,C_S、C_L 变化影响就越小。在设计高频谐振回路时应考虑这个问题。

2.2.3 谐振回路的接入方式

上述谐振回路中,信号源和负载都是直接并在电感 L、电容 C 元件上。因此存在以下三个问题:第一,谐振回路 Q 值大大下降,一般不能满足实际要求;第二,信号源和负载电阻常常是不相等的,即阻抗不匹配,当二者相差较多时,负载上得到的功率可能很小;第三,信号源输出电容和负载电容影响回路的谐振频率,在实际问题中,R_S、R_L、C_S、C_L 给定后,不能任意改动。解决这些问题的途径是采用"阻抗变换"的方法,使信号源或负载不直接并入回路的两端,而是跨接在谐振回路的一部分上,经过一些简单的变换电路,再把它们折算到回路两端,称为"部分接入"。这样,通过改变接入系数,从而改变接入电路的参数,达到要求的回路特性。下面,首先介绍阻抗的串并联等效关系,然后引入阻抗变换的基本概念,最后以负载部分接入为例,介绍几种阻抗变换电路。

1. 阻抗的串并联等效关系

图 2-2 中 R_0 为电感线圈的固有损耗电阻,实际上电感线圈中的损耗电阻是以与电感线圈串联的电阻 r_0 的形式体现的,只是为了分析方便,将其以并联电阻 R_0 的形式进行表示。电感线圈的串、并联表现形式如图 2-10 所示,图中 L_S 和 L_P 分别表示等效前后串联回路和并联回路中的电感。由于这两个电路表示的是同一个元件,故它们是等效的。利用等效前后,回路两端的阻抗相等,可导出它们之间的参数关系。

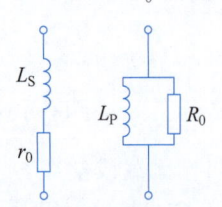

图 2-10 电感线圈的串、并联表现形式

由图 2-10 可得

$$\frac{1}{r_0 + j\omega L_S} = \frac{1}{R_0} + \frac{1}{j\omega L_P}$$

令两边的实部和虚部相等,可得

$$R_0 = \frac{r_0^2 + (\omega L_S)^2}{r_0} \tag{2-16}$$

$$\omega L_P = \frac{r_0^2 + (\omega L_S)^2}{\omega L_S} \tag{2-17}$$

也可将以上公式改换为品质因数 Q 的关系式。等效前,回路品质因数 $Q = \dfrac{\omega L_S}{r_0}$;等效后,回路品质因数 $Q = \dfrac{R_0}{\omega L_P}$。对于同一电感线圈,等效前后回路的 Q 值相等,因此 $Q = \dfrac{\omega L_S}{r_0} = \dfrac{R_0}{\omega L_P}$。式(2-16)和式(2-17)可改写为

$$R_0 = (1 + Q^2) r_0 \tag{2-18}$$

$$L_P = \left(1 + \frac{1}{Q^2}\right)L_S \qquad (2\text{-}19)$$

在高频条件下,电感线圈的 Q 值通常在 $10\sim 200$。在 $Q\gg 1$(例如 $Q>10$)的情况下,$R_0 \approx Q^2 r_0$,$L_P \approx L_S$。这说明,串联回路等效为并联回路后,电抗元件性质相同,大小相等,而等效损耗电阻则增大 Q 倍。

对于图 2-10 所示的串、并联等效电路,若电感换成电容器件,等效关系仍然成立。

$$R_0 = (1+Q^2)r_0 \qquad (2\text{-}20)$$

$$C_P = \frac{1}{1+\dfrac{1}{Q^2}}C_S \qquad (2\text{-}21)$$

其中,C_S 和 C_P 分别表示等效前后串联回路和并联回路中的电容。

2. 阻抗变换的原理

信号源或负载不直接并入回路的两端,而是跨接在谐振回路的一部分上,称为部分接入,部分接入可实现阻抗变换。负载部分接入前和接入后等效电路如图 2-11 所示,其中 Z_1 和 Z_2 为两个同性质电抗元件,它可以是两个电容,也可以是两个电感。负载 R_L 并接在电抗 Z_2 两端。为了分析方便,将 R_L 从 2-2′ 等效到谐振回路 1-1′ 两端。设 $Z_2 \ll R_L$,负载 R_L 不取电流,即 Z_1 和 Z_2 可被看作串联关系,则

$$\frac{\dot{U}_1}{\dot{U}_2} = \frac{Z_1+Z_2}{Z_2}$$

利用等效前后负载 R_L 消耗的功率相等,即

$$\frac{1}{2}\frac{U_2^2}{R_L} = \frac{1}{2}\frac{U_1^2}{R_L'}$$

则

$$R_L' = \left(\frac{U_1}{U_2}\right)^2 R_L = \left(\frac{Z_1+Z_2}{Z_2}\right)^2 R_L = \frac{1}{n^2}R_L \qquad (2\text{-}22)$$

其中,n 为接入系数,为负载接入前后电压之比。$0<n<1$,调节 n 可改变折算电阻 R_L' 数值。n 越小,R_L 与回路接入部分越少,对回路影响越小,R_L' 越大。

(a) 接入前等效电路　　(b) 接入后等效电路

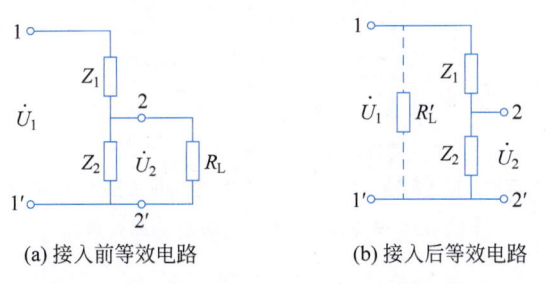

图 2-11　负载部分接入前和接入后等效电路

3. 自耦变压器接入

自耦变压器接入电路如图 2-12(a) 所示。回路总电感为 L,电感抽头接负载 R_L。设电感线圈 1-3 端匝数为 N_1,电压为 $\dot{U}_1$,抽头 2-3 端匝数为 N_2,电压为 $\dot{U}_2$。负载接入前后电

压之比等于匝数之比，接入系数为

$$n = \frac{N_2}{N_1}$$

等效折算到 1-3 端的负载电阻为

$$R'_L = \frac{1}{n^2} R_L = \left(\frac{N_1}{N_2}\right)^2 R_L \tag{2-23}$$

由于 $\frac{N_1}{N_2} > 1$，所以 $R'_L > R_L$。例如 $R_L = 1\text{k}\Omega$，$\left(\frac{N_1}{N_2}\right)^2 = 4$，则 $R'_L = 4\text{k}\Omega$。此结果表明，如果将 1kΩ 电阻直接接到 1-3 端，它对回路影响较大；若接到 2-3 端再折算到 1-3 端就相当于接入一个 4kΩ 的电阻，它对回路的影响就减弱了。折算后的等效电路如图 2-12(b) 所示。由图可知，回路的谐振频率 $\omega_0 = \frac{1}{\sqrt{LC}}$。回路的品质因数为

$$Q_L = \frac{R_\Sigma}{\omega_0 L} \tag{2-24}$$

其中，$R_\Sigma = R_0 // R_S // R'_L$。

(a) 自耦变压器接入电路　　　　(b) 自耦变压器接入电路的等效电路

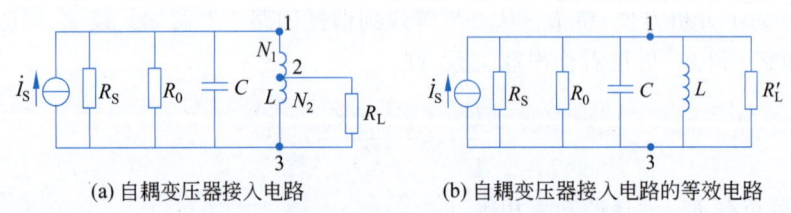

图 2-12　自耦变压器接入电路及其等效电路

自耦变压器接入起到了阻抗变换作用。这种方法的优点是绕制简单，缺点是回路与负载有直流回路。需隔直流时，这种回路不能用。

4. 电容抽头接入

电容抽头接入电路如图 2-13(a) 所示。并联谐振回路由电感 L、分压电容 C_1 和 C_2 并联组成，负载接在电容抽头 2-3 端。利用部分接入公式，将负载 R_L 等效折算到 1-3 端，可变换为标准的并联谐振回路，等效电路如图 2-13(b) 所示。

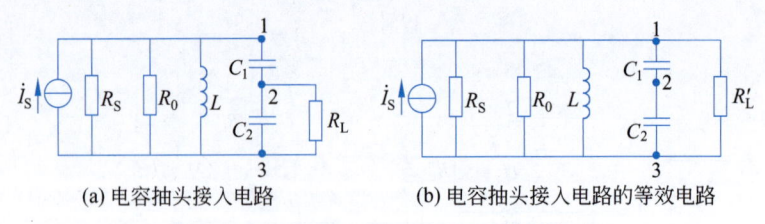

(a) 电容抽头接入电路　　　　(b) 电容抽头接入电路的等效电路

图 2-13　电容抽头接入电路及其等效电路

设 C_1 与 C_2 串联后的电容为 C，则 $C = \frac{C_1 C_2}{C_1 + C_2}$。接入系数 n 为电路 2-3 端与 1-3 端电压之比，即

$$n = \frac{1/C_2}{1/C} = \frac{C_1}{C_1 + C_2} \tag{2-25}$$

等效折算到 1-3 端的负载电阻

$$R'_L = \frac{1}{n^2} R_L = \left(\frac{C_1 + C_2}{C_1}\right)^2 R_L \tag{2-26}$$

由于 $\frac{C_1 + C_2}{C_1} > 1$，所以 $R'_L > R_L$。回路谐振频率 $\omega_0 = \frac{1}{\sqrt{LC}}$，回路的品质因数为

$$Q_L = \frac{R_\Sigma}{\omega_0 L} = R_\Sigma \omega_0 C \tag{2-27}$$

其中，$R_\Sigma = R_0 // R_S // R'_L$。

关于以上分析，做以下几点说明。

(1) 电容抽头接入经变换后的等效回路的谐振频率近似为 $\omega_0 \approx \frac{1}{\sqrt{LC}}$。根据式(2-21)，这个近似是电容在串、并联折算中产生的。由于电容的 Q 值比较大，误差很小，一般可以不考虑。

(2) 由于 $R'_L = \left(\frac{C_1 + C_2}{C_1}\right)^2 R_L$，而 $\frac{C_1 + C_2}{C_1} > 1$，故 $R'_L > R_L$，回路有载品质因数较直接接入增大了。可根据实际情况，选取适当的 C_1 和 C_2 值以得到要求的 Q_L 值。

5. 互感变压器接入方式

互感变压器接入电路如图 2-14(a)所示。变压器的原边线圈（也称一次线圈）就是回路的电感线圈，副边线圈（也称二次线圈）接负载 R_L。设原边线圈匝数为 N_1，副边线圈匝数为 N_2，且原、副边耦合（也称一次侧、二次侧耦合）很紧，损耗很小。

(a) 互感变压器接入电路 (b) 互感变压器接入电路的等效电路

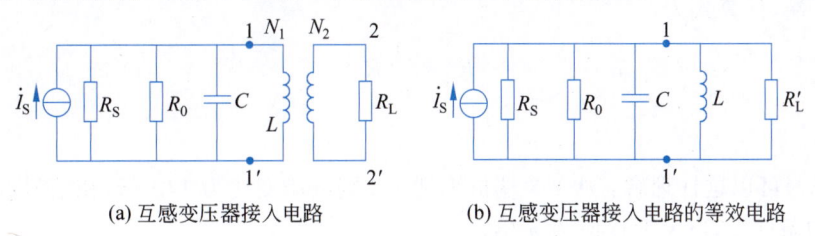

图 2-14 互感变压器接入电路及其等效电路

接入系数为

$$n = \frac{N_2}{N_1}$$

等效折算到 1-1′端的负载电阻为

$$R'_L = \frac{1}{n^2} R_L = \left(\frac{N_1}{N_2}\right)^2 R_L \tag{2-28}$$

变换后的等效回路如图 2-14(b)所示。此时回路的品质因数为

$$Q_L = \frac{R_\Sigma}{\omega_0 L} \tag{2-29}$$

其中，$R_\Sigma = R_0 // R_S // R'_L$。

若选 $\frac{N_1}{N_2} > 1$，则 $R'_L > R_L$，可见通过互感变压器接入方法可提高回路的 Q_L 值。另外，

电路等效后,谐振频率不变,仍为 $\omega_0 = \dfrac{1}{\sqrt{LC}}$。

6. 电容和信号源部分接入的情况

当外接负载不是纯电阻,即包含有电抗成分时,上述等效变换关系仍适用。设负载电容等效折算回路如图 2-15 所示。这时不仅要将 R_L 从副边折算到原边,而且还要将 C_L 折算到原边。对于电容 C_L,可利用等效前后电容的容抗满足式(2-22),这时计算式为

$$R'_L = \frac{1}{n^2} R_L \tag{2-30}$$

$$C'_L = n^2 C_L \tag{2-31}$$

因为 $0 < n < 1$,所以电阻经折算后变大,电容变小。同之前的情况一致,规律是经折算后阻抗变大,对回路的影响减轻。

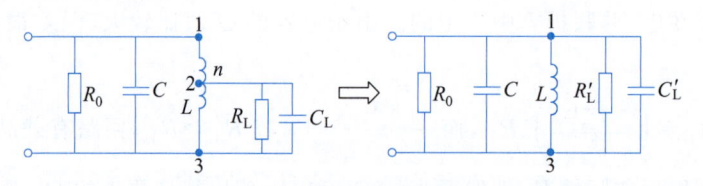

图 2-15 负载电容等效折算回路

前面主要介绍的是负载的接入方式问题,对谐振回路的信号源同样可采用部分接入的方法,折算方法相同,不同点在于,电阻消耗功率,而信号源提供功率。信号源部分接入电路等效折算回路如图 2-16 所示,电路图中信号源内阻 R_S 从 2-3 端折算到 1-3 端,电流源也要折算到 1-3 端,计算式为

$$R'_S = \frac{1}{n^2} R_S \tag{2-32}$$

$$\dot{I}'_S = n \dot{I}_S \tag{2-33}$$

式(2-33)可以这样理解:从 2-3 端折算到 1-3 端电压变比为 $1/n$ 倍,在信号源保持输出功率不变的条件下,电流变比应为 n 倍。

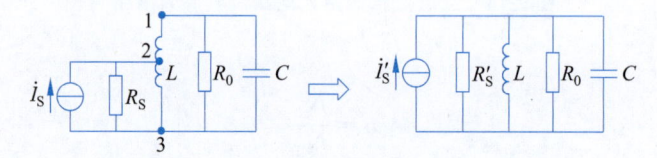

图 2-16 信号源部分接入电路等效折算回路

通过以上讨论得知,采用任何接入方式,都可使回路的有载 Q_L 值提高,而谐振频率 ω_0 不变。同时,只要负载和信号源采用合适的接入系数,即可达到阻抗匹配,输出较大的功率。

例 2-1 电容及信号源部分接入电路如图 2-17(a)所示,假设图中参数均为已知,并已知回路固有品质因数 Q_0,求回路谐振频率 f_0,通频带 B 以及 1 与 2 两点谐振时输出电压。

解 定义接入系数

$$n = \frac{N_2}{N_1}$$

将信号源 I_S 及信号源输出电阻 R_S 和电容 C_S 均等效到谐振回路两端,等效电路图如

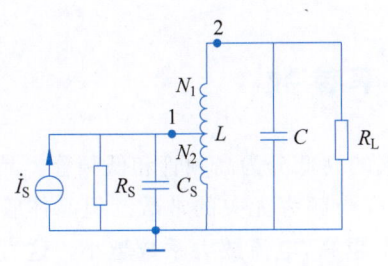

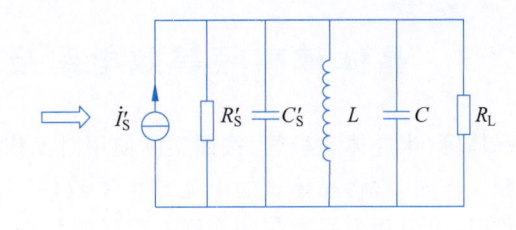

(a) 例2-1电容及信号源部分接入电路 (b) 例2-1接入电路的等效电路

图 2-17 例 2-1 电容及信号源部分接入电路

图 2-17(b)所示,则

$$R'_S = \frac{1}{n^2}R_S, \quad C'_S = n^2 C_S, \quad \dot{I}'_S = n\dot{I}_S$$

回路总电容 $C_\Sigma = C + n^2 C_S$,回路谐振频率为

$$f_0 = \frac{1}{2\pi\sqrt{LC_\Sigma}}$$

回路固有损耗电阻为

$$R_0 = Q_0 \omega_0 L = \frac{Q_0}{\omega_0 C_\Sigma}$$

回路总损耗电阻为

$$R_\Sigma = R_0 \mathbin{/\mkern-5mu/} \frac{1}{n^2}R_S \mathbin{/\mkern-5mu/} R_L$$

回路有载品质因数为

$$Q_L = \frac{R_\Sigma}{\omega_0 L}$$

通频带为

$$B = \frac{f_0}{Q_L}$$

设 1 与 2 两点谐振时输出电压分别为 $\dot{U}_1$ 和 $\dot{U}_2$,则

$$\dot{U}_2 = n\dot{I}_S(R'_S \mathbin{/\mkern-5mu/} R_L \mathbin{/\mkern-5mu/} R_0)$$

$$\dot{U}_1 = n U_2$$

复习思考题

1. 描述高频小信号调谐放大器的主要性能指标是什么?

2. LC 并联回路有何特性,Q 值大小对回路有什么影响? 当 $f > f_0$ 时,回路呈感性还是容性?

3. 考虑了负载电容和信号源输出电容后,谐振回路的谐振频率和品质因数如何变化,固有损耗 R_0 又如何变化?

4. 信号源内阻和负载对谐振回路有什么影响? 为什么要采用部分接入? 接入系数是如何定义的?

2.3　晶体管高频等效电路及频率参数

晶体管(半导体三极管)按照实际使用时工作频率的高低分为高频管和低频管。晶体管在低频工作时,常将晶体管的电流放大系数(α、β)看成与频率无关的常数。但晶体管在高频工作时,电流放大系数与频率则有明显的关系,频率越高,电流放大系数越小。这直接导致管子的放大能力下降,限制了晶体管在高频范围的应用。而限制晶体管在高频范围应用的主要因素为:管子的发射结电容$C_{b'e}$、集电结电容$C_{b'c}$、基区体电阻$r_{bb'}$。高频晶体管的分析常用到两种等效电路:混合Π型等效电路与Y参数等效电路。下面分别讨论。

2.3.1　晶体管混合Π型等效电路

晶体管混合Π型等效电路直接由晶体管内容结构得到,完整的晶体管共发射极高频混合Π型等效电路如图2-18所示。它是在晶体管低频H参数等效电路的基础上考虑了发射结和集电结两个PN结的结电容后的等效电路。图中b、c、e三点分别代表晶体管基极、集电极和发射极三个电极的外部端子,b′是假想的基极内部端子。

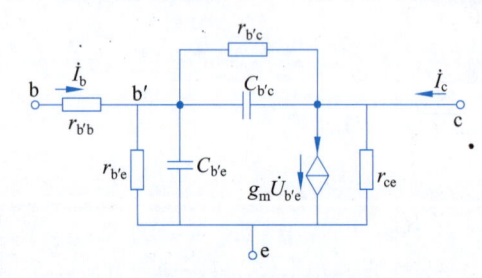

图2-18　晶体管共发射极高频混合Π型等效电路

所谓混合Π型,是因为图中各元件参数具有不同的量纲晶体管的b′、c、e三个电极用一个Π型电路等效,而由b至b′又串联一个基区体电阻$r_{bb'}$,因而称为混合Π型电路。这个等效电路共有7个元件,下面分别介绍各元件参数。

(1) $r_{b'e}$是发射结的结电阻。晶体管作为放大运用时,发射结总是处于正向偏置的状态,所以$r_{b'e}$的数值比较小,一般是几百欧。它的大小随工作点电流而变,可近似表示为

$$r_{b'e} = (1+\beta_0)\frac{U_T}{I_{EQ}} \qquad (2\text{-}34)$$

其中,β_0是晶体管的低频电流放大系数;U_T为温度的电压当量,在室温(300K)时,其值为26mV;I_{EQ}为晶体管发射极静态电流,单位为mA。

(2) $r_{b'c}$是集电结电阻。由于集电结总是处于反向偏置,所以$r_{b'c}$较大,为10kΩ~10MΩ,一般可忽略不计。

(3) $C_{b'e}$是发射结电容。它随工作点电流增大而增大,它的数值范围为20pF~0.01μF。

(4) $C_{b'c}$是集电结电容。它随c、b间反向电压的增大而减小,它的数值在10pF左右。

(5) $r_{bb'}$是基区体电阻。它是指从基极引线端b到有效基区b′的电阻。不同类型的晶体管$r_{bb'}$的数值也不一样,低频小功率管可达几百欧,高频晶体管一般在15~50Ω。

(6) 电流源$g_m\dot{U}_{b'e}$代表晶体管的电流放大作用,它与加到发射结上的实际电压$\dot{U}_{b'e}$成正比,比例系数g_m称为晶体管的跨导。g_m是混合Π型等效电路中最重要的参数,它反映了发射结电压对集电结电流的控制能力,g_m越大,控制能力越强。g_m可表示为

$$g_m = \frac{\beta_0}{r_{b'e}} = \frac{\beta_0}{(1+\beta_0)\dfrac{U_T}{I_{EQ}}} = \frac{\beta_0}{1+\beta_0}\frac{I_{EQ}}{U_T} \approx \frac{I_{EQ}}{U_T} \tag{2-35}$$

可见,跨导与工作点电流 I_{EQ} 成正比,而与管子的 β_0 值无关。

(7) r_{ce} 是集-射极电阻。它表示集电极电压 $\dot{U}_{ce}$ 对电流 $\dot{I}_c$ 的影响。r_{ce} 的数值一般在几万欧以上,典型值为 30~50kΩ。

晶体管的混合 Ⅱ 型等效电路分析法物理概念比较清楚,对晶体管放大作用的描述较全面,各个参量与频率无关。因此,这种电路可以适用于相当宽的频率范围。但这个等效电路比较复杂,在实际应用中,可以根据具体情况,把某些次要因素忽略。例如,高频时,$C_{b'c}$ 的容抗较小,和它并联的集电结电阻 $r_{b'c}$ 就可忽略。此外,r_{ce} 远大于集-射间所接的负载电阻,也可认为 r_{ce} 开路。考虑这些情况,则混合 Ⅱ 型等效电路可简化成如图 2-19 所示的形式。这种简化的等效电路,基本上能满足工程计算的要求。

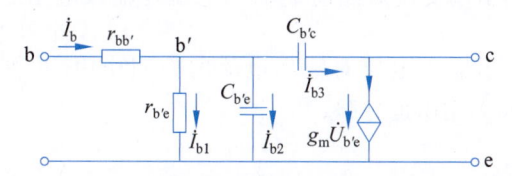

图 2-19 简化的混合 Ⅱ 型等效电路

$r_{bb'}$、$C_{b'c}$ 和 β_0 的数值可以用仪器测量,电阻 $r_{b'e}$ 可以计算。图 2-19 所示的电路比图 2-18 的简单些,但计算起来仍较烦琐,各元件的数值不易测量。高频放大器较常用的是下面要介绍的 Y 参数等效电路。

2.3.2 晶体管 Y 参数等效电路

Y 参数等效电路是把晶体管看作一个有源双口网络。将共射极接法的晶体管等效为有源双口网络,并用虚线将晶体管框起来,晶体管 Y 参数电路如图 2-20(a)所示。图中,$\dot{U}_b$ 和 $\dot{U}_c$ 表示晶体管输入和输出电压,$\dot{I}_b$ 和 $\dot{I}_c$ 为其对应电流。将晶体管看作一个黑盒子,可以先不管虚线框内管子的情况,而只分析外端口情况。对于入口和出口各两个参量,可以任选两个作自变量,另两个作为因变量,从而获得不同的网络参数模型,如 H、Y、Z、S 参数模型。低频放大电路中的三极管常用 H 参数,而高频放大电路中的三极管常用 Y 参数和 S 参数。Y 参数模型是选择两个端电压作为自变量,两个端电流作为因变量,输入端和输出端的电流-电压关系可用网络方程表示为

$$\begin{cases} \dot{I}_b = y_{ie}\dot{U}_b + y_{re}\dot{U}_c \\ \dot{I}_c = y_{fe}\dot{U}_b + y_{oe}\dot{U}_c \end{cases} \tag{2-36}$$

其中,y_{ie}、y_{re}、y_{fe} 和 y_{oe} 是描述这些电流-电压关系的参数,这四个参数具有导纳的量纲,故称为双口网络的导纳参数,即 Y 参数。根据式(2-36)可得晶体管的 Y 参数等效电路如图 2-20(b)所示。

(a) 晶体管 Y 参数电路

(b) 晶体管 Y 参数等效电路

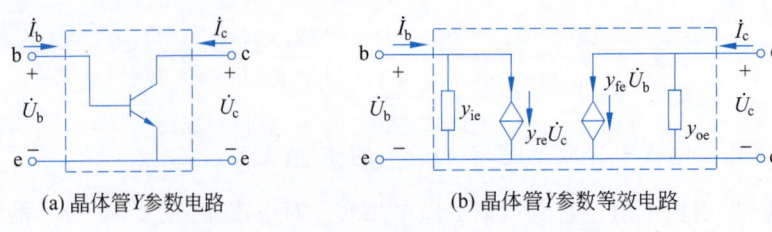

图 2-20　晶体管 Y 参数电路及其等效电路

Y 参数等效电路中,各参数的物理意义如下:

$$y_{ie} = \left.\frac{\dot{I}_b}{\dot{U}_b}\right|_{\dot{U}_c=0}$$

是输出端交流短路时的输入电流与输入电压之比,称为共射极晶体管的输入导纳,表示输入电压对输入电流的控制作用;

$$y_{fe} = \left.\frac{\dot{I}_c}{\dot{U}_b}\right|_{\dot{U}_c=0}$$

是输出端交流短路时的输出电流与输入电压之比,称为正向传输导纳(下标 f 表示正向),它表示输入电压对输出电流的控制作用,并决定晶体管的放大能力,$|y_{fe}|$ 值越大,晶体管的放大作用也越强;

$$y_{re} = \left.\frac{\dot{I}_b}{\dot{U}_c}\right|_{\dot{U}_b=0}$$

是输入端交流短路时输入电流和输出电压之比,称为共射极晶体管的反向传输导纳(下标 r 表示反向),它代表晶体管输出电压对输入电流的反作用;

$$y_{oe} = \left.\frac{\dot{I}_c}{\dot{U}_c}\right|_{\dot{U}_b=0}$$

是输入交流短路时的输出电流与输出电压之比,称为晶体管的输出导纳,它说明输出电压对输出电流的控制作用。

晶体管的 Y 参数等效电路中,$y_{fe}\dot{U}_b$ 和 $y_{re}\dot{U}_c$ 是受控电流源,正向传输导纳 y_{fe} 越大,晶体管的放大能力越强;反向传输导纳 y_{re} 越大,晶体管的内部反馈越强。因此,减小 y_{re} 有利于放大器的稳定工作。晶体三极管的 Y 参数可以通过仪器直接测量得到,也可通过查阅晶体管手册得到。

2.3.3　混合 Π 型等效电路参数与 Y 参数的关系

同一晶体管既然可以用不同的等效电路来描述,则这些不同等效电路必然是等效的。利用混合 Π 型电路参数,可以推导出相应的 Y 参数。如图 2-21(a)所示是求 y_{ie} 和 y_{fe} 的电路,如图 2-21(b)所示是求 y_{re} 和 y_{oe} 的电路。图中,$g_{b'e}=1/r_{b'e}$。

(a) 求 y_{ie} 和 y_{fe} 的电路

(b) 求 y_{re} 和 y_{oe} 的电路

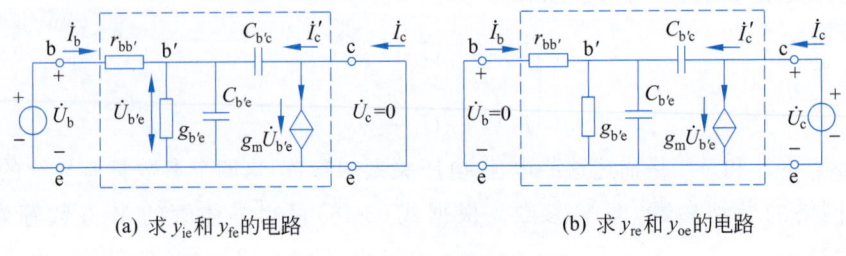

图 2-21　求 Y 参数的电路

y_{ie} 是 c-e 短路从输入端 b-e 向右看的阻抗倒数，因此

$$y_{ie} = \frac{g_{b'e} + j\omega(C_{b'e} + C_{b'c})}{1 + r_{bb'}[g_{b'e} + j\omega(C_{b'e} + C_{b'c})]} = g_{ie} + j\omega C_{ie} \tag{2-37}$$

同理可得

$$y_{fe} = \frac{g_m - j\omega C_{b'c}}{1 + r_{bb'}[g_{b'e} + j\omega(C_{b'e} + C_{b'c})]} \tag{2-38}$$

$$y_{re} = \frac{-j\omega C_{b'c}}{1 + r_{bb'}[g_{b'e} + j\omega(C_{b'e} + C_{b'c})]} \tag{2-39}$$

$$y_{oe} = \frac{j\omega C_{b'c}[1 + r_{bb'}(g_{b'e} + j\omega C_{b'e} + g_m)]}{1 + r_{bb'}[g_{b'e} + j\omega(C_{b'e} + C_{b'c})]} = g_{oe} + j\omega C_{oe} \tag{2-40}$$

其中，g_{ie}、C_{ie} 分别称为晶体管的输入电导和输入电容；g_{oe}、C_{oe} 分别称为晶体管的输出电导和输出电容。

在实际电路中，高频放大器的谐振回路、负载阻抗和晶体管大都是并联关系，因此，在分析放大器时，用 Y 参数等效电路比较适合，因为这时各并联支路的导纳可以直接相加，运算方便。

总之，混合 Π 型等效电路和 Y 参数等效电路是对同一对象（晶体管）的两种不同的等效分析方法，各有特点，在实际中可根据具体情况选择采用哪一种方法。

2.3.4　晶体管的高频放大能力及其频率参数

晶体管在高频情况下的放大能力随频率的增高而下降，下面介绍几个表征晶体管高频放大能力的参数。

（1）β 截止频率 f_β。

共射极电流放大系数为

$$\beta = \left.\frac{\dot{I}_c}{\dot{I}_b}\right|_{\dot{U}_c=0}$$

根据图 2-21(a)的混合 Π 型等效电路，有

$$\dot{I}_c = g_m U_{b'e} = g_m \dot{I}_b \frac{1}{g_{b'e} + j\omega(C_{b'e} + C_{b'c})}$$

由此可得

$$\beta = \frac{\dot{I}_c}{\dot{I}_b} = \frac{g_m r_{b'e}}{1 + j\omega r_{b'e}(C_{b'e} + C_{b'c})} = \frac{g_m r_{b'e}}{1 + j\dfrac{\omega}{\omega_\beta}} = \frac{\beta_0}{1 + j\dfrac{f}{f_\beta}} \tag{2-41}$$

其中，f_β 是 β 下降到 $0.707\beta_0$ 时的频率，称为 β 截止频率，f_β 满足

$$f_\beta = \frac{1}{2\pi r_{b'e}(C_{b'e} + C_{b'c})} \tag{2-42}$$

高频时，β 是一个复数，表明 $\dot{I}_c$ 与 $\dot{I}_b$ 之间有相移。其模为

$$|\beta| = \frac{\beta_0}{\sqrt{1 + (f/f_\beta)^2}}$$

(2) 特征频率 f_T。

β 下降至 1 时的频率，称为特征频率。f_T 是表示晶体管丧失电流放大能力时的极限频率。令

$$|\beta| = \frac{\beta_0}{\sqrt{1 + (f_T/f_\beta)^2}} = 1$$

可得

$$f_T \approx \beta_0 f_\beta \tag{2-43}$$

在实际工作中，为了不使 $|\beta|$ 过小，应选管子的 f_T 远大于工作频率 $f_{工作}$，至少满足 $f_T = (3\sim5)f_{工作}$，此时相当于实际工作情况的 $|\beta| = 3\sim5$。因此，f_β 和 f_T 是晶体管的重要频率参数，是选择高频管子的一个重要依据。

(3) α 截止频率 f_α。

f_α 是共基接法晶体管电流放大系数 α 下降到 $0.707\alpha_0$ 时的频率，称为 α 截止频率。由于

$$\alpha = \frac{\alpha_0}{1 + jf/f_\alpha} \tag{2-44}$$

又

$$\beta = \frac{\alpha}{1 - \alpha} \tag{2-45}$$

将式(2-44)和式(2-45)代入式(2-41)，可得

$$f_\alpha = (1 + \beta_0)f_\beta$$

可见，f_α、f_β、f_T 三个频率的大小关系是

$$f_\beta < f_T < f_\alpha \tag{2-46}$$

f_α 最高，说明在高频情况下共基接法的频率响应优于共射接法。

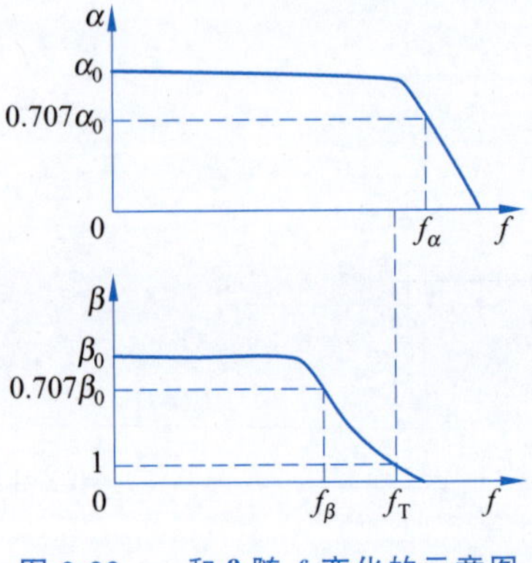

在实际工作中，f_T 用得最多，因为 f_T 不仅表明 $|\beta| = 1$ 时的频率，而且还可由 f_T 推出 $f \gg f_\beta$（实际上只要 $f > 3f_\beta$ 即可）情况下任何频率下的 β 值。图 2-22 所示为 α 和 β 随 f 变化的示意图。

(4) 最高振荡频率 f_{max}。

f_{max} 是晶体管的共射极接法功率放大倍数 A_P（在阻抗匹配的条件下）下降到 1 时的频率。应当指出，当 $|\beta| = 1$ 时，就电流而言，已无放大作用，当 f 进一步提

图 2-22 α 和 β 随 f 变化的示意图

高到 $A_P = 1$ 时，晶体管已完全失去放大作用，此时如果作为振荡器，已不可能起振，故 f_{max} 称为最高振荡频率，它表示一个晶体管所能适用的最高极限频率。

可以证明，f_{max} 与 $r_{bb'}$、$r_{b'e}$、$C_{b'e}$、$C_{b'c}$ 都有关系，可表示为

$$f_{max} = \frac{1}{4\pi}\sqrt{\frac{\beta_0}{r_{bb'}r_{b'e}C_{b'e}C_{b'c}}} \tag{2-47}$$

> **复习思考题**
>
> 1. 晶体管的 Y 参数等效电路中,各参数的含义是什么?反映放大能力的是哪个参数?哪个参数可能会引起放大电路不稳定性?
> 2. 晶体管在高频情况下的放大能力为什么随着频率增高而下降?描述晶体管高频放大能力的三个频率参数 f_α、f_β、f_T 的大小关系是什么?三个频率参数的名称分别是什么?
> 3. 高频情况下共基接法的频率响应为什么优于共射接法?

2.4 高频小信号调谐放大器

高频小信号调谐放大器目前广泛用于无线电广播、电视、通信、雷达等接收设备中,其作用是放大微弱的有用信号并滤除无用的干扰和噪声信号。高频小信号调谐放大器的主要指标是电压放大倍数、通频带、选择性和矩形系数。因为工作频率较高,所以放大性能分析采用 Y 参数高频等效电路。

2.4.1 电路组成

图 2-23 所示为某雷达接收机中频放大器的部分电路(共发射极接法)。它由六级单调谐放大器组成(图中只画出三级),中心频率为 30MHz。下面先讨论单级单调谐放大器的电路和指标,下一节讨论放大器的级联问题。

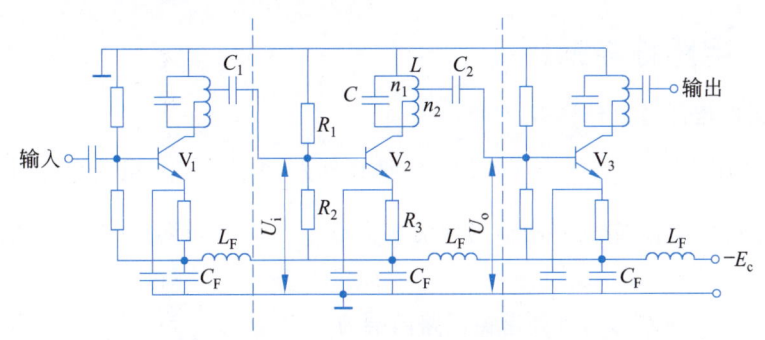

图 2-23 某雷达接收机中频放大器的部分电路

以晶体管 V_2 这一级为例,并采用 Y 参数高频等效电路进行分析。电路从它的基极起(包括偏置电阻 R_1、R_2)至耦合电容 C_2 止(如图 2-23 中两虚线之间的线路)。图 2-23 中,R_1、R_2 组成分压式偏置电阻;L 和 C 组成并联谐振回路;谐振回路和晶体管的输出端采用自耦变压器连接,以减轻晶体管输出电阻对谐振回路 Q 值的影响。后一级放大器的输入导纳是本级的负载阻抗,谐振回路和负载亦采用紧耦合的变压器连接。定义 $n_1 = \dfrac{N_0}{N_1}$ 和 $n_2 = \dfrac{N_2}{N_1}$ 分别为晶体管和负载的接入系数,其中 N_1 为回路线圈匝数,N_0 和 N_2 为晶体管和负载接入线圈匝数。电源 E_c 通过扼流圈 L_F 加到晶体管两端,扼流圈 L_F 和电容 C_F 构成电源滤波电路,其作用是消除各级放大器相互之间的有害影响。

为了分析高频单调谐放大器的电压放大能力,将电路中旁路电容和耦合电容短路,理想直流电压源视为交流短路,可画出如图 2-24(a)所示的其高频等效电路(交流通路)。然后将晶体管采用简化 Y 参数等效电路进行替代,忽略反向传输导纳 y_{re} 的影响,可得如图 2-24(b)所示的简化 Y 参数的高频等效电路。图中,前一级放大器是本级的信号源,其作用由电流源 $\dot{I}_S$ 和放大器输出导纳 Y_S 表示。另外,假定偏置电阻 R_1、R_2 并联后的导纳远小于本级管子的输入导纳 y_{ie},因而忽略了偏置电阻的影响(实际应用中是否考虑其影响要针对具体电路而定)。同理,本级放大器的负载导纳也仅考虑下一级晶体管的输入导纳 y_{ie}。

(a) 高频等效电路(交流通路)

(b) 简化 Y 参数的高频等效电路

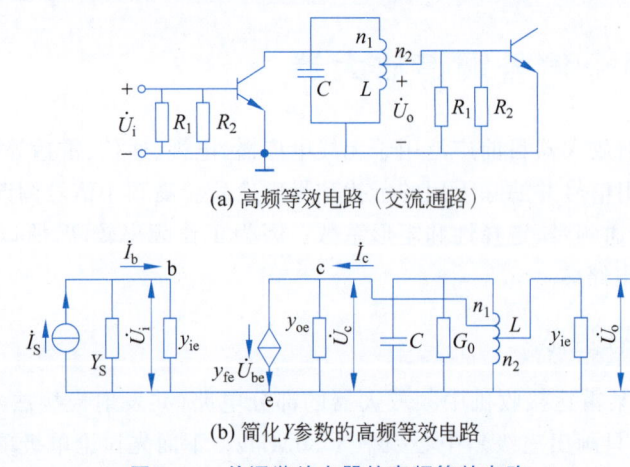

图 2-24 单调谐放大器的高频等效电路

2.4.2 电路性能指标

1. 放大器的电压放大倍数 K_V

将晶体管输出回路和负载均等效到 LC 谐振回路两端,其中,电流源 $y_{fe}\dot{U}_{be}$ 折算到谐振回路两端为 $n_1 y_{fe}\dot{U}_{be}$,放大器的输出导纳 $y_{oe}=g_{oe}+j\omega C_{oe}$,折算到谐振回路两端为

$$y'_{oe}=n_1^2 y_{oe}=n_1^2 g_{oe}+j\omega n_1^2 C_{oe}=g'_{oe}+j\omega C'_{oe} \tag{2-48}$$

负载导纳 $y_{ie}=g_{ie}+j\omega C_{ie}$,折算到谐振回路两端为

$$y'_{ie}=n_2^2 y_{ie}=n_2^2 g_{ie}+j\omega n_2^2 C_{ie}=g'_{ie}+j\omega C'_{ie} \tag{2-49}$$

式(2-48)和式(2-49)中,$n_1^2 y_{oe}$ 为三极管输出导纳等效到谐振回路两端的等效导纳,$n_2^2 y_{ie}$ 为负载导纳等效到谐振回路两端的等效导纳。

这样,可以把图 2-24(b)画成如图 2-25(a)所示的等效电路图的形式。将图 2-25(a)中相同性质的元件进行合并,则得到如图 2-25(b)所示等效电路,在图 2-25(b)中,回路的总电导为

$$g_\Sigma = G_0 + n_1^2 g_{oe} + n_2^2 g_{ie} \tag{2-50}$$

回路总电容为

$$C_\Sigma = C + n_1^2 C_{oe} + n_2^2 C_{ie} \tag{2-51}$$

(a) 折合后的等效电路

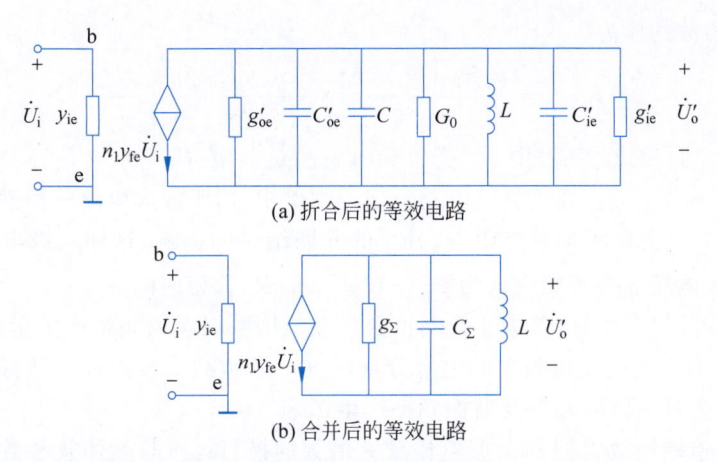

(b) 合并后的等效电路

图 2-25 将晶体管输出回路和负载等效到 *LC* 谐振回路两端后的单调谐放大器的电路图

假设放大器的输入电压为 $\dot{U}_i$，输出电压为 $\dot{U}_o$，则高频小信号调谐放大器的电压放大倍数为

$$K_V = \frac{\dot{U}_o}{\dot{U}_i}$$

$\dot{U}_o$ 为负载 y_{ie} 两端的电压，而 $\dot{U}'_o$ 为 *LC* 谐振回路两端的电压，由图 2-24(b)可得，它们之间的关系为

$$\dot{U}_o = n_2 \dot{U}'_o$$

在等效后的电路图 2-25(b)中，有

$$\dot{U}'_o = -\frac{n_1 y_{fe} \dot{U}_i}{g_\Sigma + j\omega C_\Sigma + \dfrac{1}{j\omega L}}$$

其中，负号表示电压 $\dot{U}'_o$ 与电流 $n_1 y_{fe} \dot{U}_i$ 相位相反。这样

$$K_V = \frac{\dot{U}_o}{\dot{U}_i} = \frac{n_2 \dot{U}'_o}{\dot{U}_i} = -\frac{n_1 n_2 y_{fe}}{g_\Sigma + j\omega C_\Sigma + \dfrac{1}{j\omega L}} \approx \frac{-n_1 n_2 y_{fe}}{g_\Sigma \left(1 + jQ_L \dfrac{2\Delta f}{f_0}\right)}$$

$$= -\frac{n_1 n_2 y_{fe}}{g_\Sigma (1 + j\xi)} \tag{2-52}$$

其中，f_0 为放大器调谐回路的谐振频率，$f_0 = \dfrac{1}{2\pi\sqrt{LC_\Sigma}}$；$\Delta f$ 为工作频率 f 对谐振频率 f_0 的频偏，$\Delta f = f - f_0$；Q_L 为回路的有载品质因数，$Q_L = \dfrac{\omega_0 C_\Sigma}{g_\Sigma}$；$\xi$ 为广义失谐量，$\xi = Q_L \dfrac{2\Delta f}{f_0}$。

可见，调谐放大器的电压增益是工作频率 f 的函数。当 $f = f_0$，即 $\xi = 0$ 时，谐振电压放大倍数 K_{V0} 为

$$K_{V0} = \frac{-n_1 n_2 y_{fe}}{g_\Sigma} = \frac{-n_1 n_2 y_{fe}}{G_0 + n_1^2 g_{oe} + n_2^2 g_{ie}} \tag{2-53}$$

谐振电压放大倍数的模为

$$|K_{V0}| = \frac{n_1 n_2 |y_{fe}|}{g_\Sigma} = \frac{n_1 n_2 |y_{fe}|}{G_0 + n_1^2 g_{oe} + n_2^2 g_{ie}} \tag{2-54}$$

注意，式(2-50)和式(2-54)中 g_{ie} 为放大电路的负载电导，至于它是否等于三极管输入导纳 y_{ie} 中的电导分量 g_{ie} 要视具体电路而定。本例中，由于放大电路的负载为下一级三极管的输入回路，并且忽略了偏置电阻 R_1、R_2 的并联结果的影响，这样负载电导才等于下一级三极管的输入电导 g_{ie}，否则应该为 $g_{ie} + 1/R_1 + 1/R_2$。相应的 $n_2^2 g_{ie}$ 表示负载电导等效到谐振回路两端的等效电导，其大小会对回路的品质因数以及通频带产生影响。同样的，式(2-51)中的 C_{ie} 为放大电路负载中的电容分量，$n_2^2 C_{ie}$ 为负载电容等效到谐振回路两端的等效电容，其大小会对回路电容以及谐振频率产生影响。

可见，高频单调谐放大器的谐振电压放大倍数的模 $|K_{V0}|$ 与晶体管参数、负载电导、回路谐振电导和接入系数都有关系。特别值得注意的是，$|K_{V0}|$ 与接入系数有关系，但不是单调递增或单调递减的关系。因为 n_1 和 n_2 还会影响回路有载品质因数 Q_L，而 Q_L 又将影响通频带，所以对 n_1 和 n_2 的选择应考虑全面，选取一个最佳值。在实际中，应保证在满足通频带和选择性的基础上，尽可能提高电压放大倍数。

2. 功率增益

目标信号通过放大器后，该信号是否得到加强，最终还是要看输出的信号功率是否得到提高。由于非谐振时计算功率增益很复杂，且实际意义不大，所以仅讨论谐振时情况。

此时，电路的输入功率 $P_i = U_i^2 g_{ie}$，输出功率 $P_o = U_o^2 g_L$，功率增益为

$$A_{P0} = \frac{P_o}{P_i} = \frac{U_o^2 g_L}{U_i^2 g_{ie}} = K_{V0}^2 \frac{g_L}{g_{ie}} \tag{2-55}$$

其中，g_L 为负载电导。在回路无损耗以及匹配（$n_1^2 g_{oe} = n_2^2 g_L$）条件下，功率增益为

$$A_{P0max} = \left(\frac{n_1 n_2 |y_{fe}|}{n_1^2 g_{oe} + n_2^2 g_L}\right)^2 \frac{g_L}{g_{ie}} = \left(\frac{n_1 n_2 |y_{fe}|}{2\sqrt{n_1^2 g_{oe} \cdot n_2^2 g_L}}\right)^2 \frac{g_L}{g_{ie}} = \frac{|y_{fe}|^2}{4 g_{oe} g_{ie}} \tag{2-56}$$

可见，最大功率增益由晶体管本身参数决定，与外电路参数无关。

对于多级放大器，当本级晶体管输入电导与下级晶体管输入电导相等时，即 $g_{ie} = g_L$，则有

$$A_{P0} = K_{V0}^2$$

3. 放大器的通频带和增益带宽积

由式(2-52)可知，高频小信号调谐放大器的频率特性与 LC 并联谐振回路相同，因此通频带为

$$B = 2\Delta f_{0.7} = \frac{f_0}{Q_L} \tag{2-57}$$

其中，Q_L 为回路的有载品质因数，$Q_L = \dfrac{1}{g_\Sigma \omega_0 L} = \dfrac{\omega_0 C_\Sigma}{g_\Sigma}$。显然，通频带与工作频率成正比，与回路的有载品质因数成反比。

增益带宽积(Gain Bandwidth Product, GBP)为

$$GBP = K_{V0} \cdot B = \frac{n_1 n_2 |y_{fe}|}{g_\Sigma} \cdot \frac{g_\Sigma}{C_\Sigma} \cdot \frac{1}{2\pi} = \frac{n_1 n_2 |y_{fe}|}{2\pi C_\Sigma} \tag{2-58}$$

可见，放大器的 GBP 取决于晶体管的放大系数 $|y_{fe}|$ 和回路总电容 C_Σ 之比。当 $|y_{fe}|$ 和 C_Σ 确定之后，GBP 是一个常数，即要提高增益，则需要使通频带变窄，而加宽通频带，增益就必定会降低。

4. 放大器的选择性

采用与求通频带类似的方法，令

$$\left|\frac{K_V}{K_{V0}}\right| = \frac{1}{\sqrt{1+\left(Q_L\dfrac{2\Delta f}{f_0}\right)^2}} = 0.1$$

则

$$2\Delta f_{0.1} \approx 10\frac{f_0}{Q_L}$$

故矩形系数

$$K_{0.1} = \frac{2\Delta f_{0.1}}{2\Delta f_{0.7}} = 10 \tag{2-59}$$

由上面讨论可知，高频单调谐放大器的选频性能取决于单个 LC 并联谐振回路，其矩形系数与单个 LC 并联谐振回路相同，通频带则由于受晶体管输出阻抗和负载的影响，$Q_L < Q_0$，因而比单个 LC 并联谐振回路宽。

例 2-2 高频小信号调谐放大器如图 2-26 所示，设工作频率 $f_0=10.7\text{MHz}$，回路电感 $L=4\mu\text{H}$，$Q_0=60$，回路外接电阻 $R_4=10\text{k}\Omega$，接入系数 $n_1=n_2=0.25$。放大器基极偏置电阻 $R_1=15\text{k}\Omega$，$R_2=6.2\text{k}\Omega$。V_1 与 V_2 特性相同，测得的晶体管的 Y 参数如下：$y_{ie}=(0.96+\text{j}1.5)\text{mS}$，$y_{fe}=(37-\text{j}4.1)\text{mS}$，$y_{oe}=(0.058+\text{j}0.72)\text{mS}$，$y_{re}=(0.032-\text{j}0.00058)\text{mS}$。

(1) 画出交流通路；
(2) 求单级谐振电压放大倍数 $|K_{V0}|$；
(3) 求回路电容 C 的值；
(4) 求单级通频带 B_1。

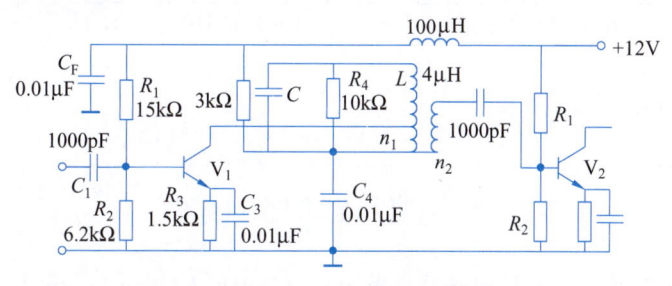

图 2-26 例 2-2 高频小信号调谐放大器

解 (1) 交流通路。

绘制交流通路时，除谐振回路中的电容保留外，其余电容全短路。$100\mu\text{H}$ 电感和 $0.01\mu\text{F}$ 电容为电源滤波元件，与理想电压源一起交流短路。交流通路如图 2-27 所示。

(2) 求单级谐振电压放大倍数。

回路固有损耗电导为

$$G_0 = \frac{1}{Q_0\omega_0 L} = \frac{1}{60\times 2\pi\times 10.7\times 10^6 \times 4\times 10^{-6}} \approx 0.06\text{mS}$$

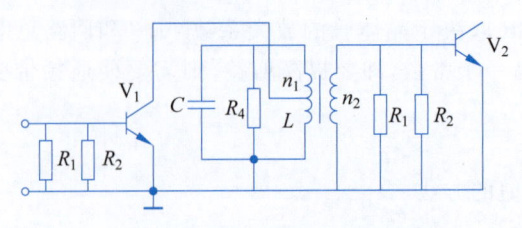

图 2-27　例 2-2(1)交流通路

回路总电导 g_Σ 由回路固有损耗电导 G_0、回路外接并联电导 $1/R_4$、本级晶体管输出电导 g_{oe} 和下级输入电导 g'_{ie} 折合到回路两端的电导 $n_1^2 g_{oe}$ 和 $n_2^2 g'_{ie}$ 四部分构成。其中下级输入电导 g'_{ie} 包括三极管输入电导 g_{ie} 以及基极偏置电阻 R_1、R_2 的并联电导，因此

$$g_\Sigma = G_0 + 1/R_4 + n_1^2 g_{oe} + n_2^2(g_{ie} + 1/R_1 + 1/R_2) \approx 0.24 \text{mS}$$

谐振电压放大倍数为

$$|K_{V0}| = \frac{n_1 n_2 |y_{fe}|}{g_\Sigma} = \frac{0.25 \times 0.25 \times 37 \times 10^{-3}}{0.24 \times 10^{-3}} \approx 9.6$$

(3) 求回路电容 C 的值。

由 $y_{ie} = g_{ie} + j\omega_0 C_{ie}$，可得 $C_{ie} = \frac{1.5}{\omega_0} = 23\text{pF}$。同理，由 $y_{oe} = g_{oe} + j\omega_0 C_{oe}$，可得 $C_{oe} \approx 10\text{pF}$。

由于 $f_0 = \frac{1}{2\pi\sqrt{LC_\Sigma}}$，因此

$$C_\Sigma = \frac{1}{(2\pi f_0)^2 L} = 55.3\text{pF}$$

回路电容为

$$C = C_\Sigma - n_1^2 C_{oe} - n_2^2 C_{ie} = (55.3 - (0.25)^2 \times 10 - (0.25)^2 \times 23)\text{pF} \approx 53.2\text{pF}$$

(4) 求单级通频带 B_1。

$$Q_L = \frac{1}{g_\Sigma \omega_0 L} = \frac{1}{0.24 \times 10^{-3} \times 2\pi \times 10.7 \times 10^6 \times 4 \times 10^{-6}} \approx 15.5$$

$$B_1 = \frac{f_0}{Q_L} = \frac{10.7 \times 10^6}{15.6}\text{Hz} \approx 0.69\text{MHz}$$

复习思考题

1. 高频小信号调谐放大器回路总电导 $g_\Sigma = G_0 + n_1^2 g_{oe} + n_2^2 g_{ie}$ 的表达式中，g_{ie} 代表的含义是什么，是不是就是三极管输入电导？

2. 如图 2-26 所示，高频小信号调谐放大器谐振回路中外接的负载电阻 R_4 的作用是什么？

3. 什么是阻抗匹配？在品质因数一定时，怎样选择接入系数 n_1 和 n_2 使放大器达到匹配？

2.5 高频小信号调谐放大器的级联

在接收设备中,往往需要把接收到的微弱信号放大到几百毫伏,再送入解调器进行解调,这样就要求放大器有很大的放大量。当单级放大器的选频性能和增益不能满足要求时,可采用多级放大器级联的方法,如图 2-23 所示的三级高频单调谐回路放大器和图 2-28 所示的两级放大器。

图 2-28 所示电路是两级放大器,这两个放大电路可调谐于同一频率或调谐于不同频率,后者叫作参差调谐(两个调谐电路的谐振频率一高一低,相互错开)。另外,图中的单调谐回路也可以是双调谐回路。下面分别讨论这几种电路的特性。

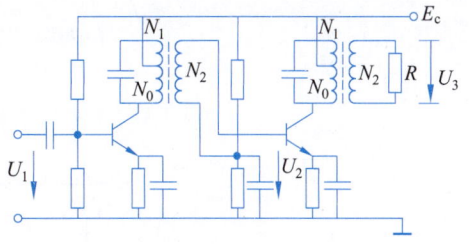

图 2-28 两级放大器

2.5.1 多级单调谐放大器

若多级调谐放大器中的每一级都调谐在同一频率上,则称为多级单调谐放大器或同步调谐放大器。多级单调谐放大器级联后,总放大倍数、总通频带与频率特性和单级单调谐放大器级联的关系如何?下面就对这些问题进行分析。

设各级调谐放大器的电压放大倍数是 K_1、K_2、……,谐振电压放大倍数为 K_{10}、K_{20}、……,则多级调谐放大器总的谐振放大倍数 K_m 等于各级谐振放大器放大倍数之积(或分贝数之和),即有

$$K_m = K_1 K_2 \cdots \quad (2\text{-}60)$$

或

$$K_m(\text{dB}) = K_1(\text{dB}) + K_2(\text{dB}) \cdots \quad (2\text{-}61)$$

设每一级放大器的增益为

$$\dot{K}_V = -\frac{n_1 n_2 y_{fe}}{g_\Sigma (1+j\xi)}$$

则 n 级级联总相对增益为

$$\left|\frac{K_m}{K_{m0}}\right| = \left(\left|\frac{1}{1+j\xi}\right|\right)^n = \frac{1}{\left[1+\left(Q_L \frac{2\Delta f}{f_0}\right)^2\right]^{\frac{n}{2}}}$$

因此,调谐放大器级联后,选择性提高,但总的通频带变窄。这可用下面的简单例子进一步说明。设有两级调谐回路,它们的 Q_L 值相等,单级和两级单调谐回路的频率特性曲线如图 2-29 所示。对于每一个频率,两级的选择性(分贝数)应为单级的 2 倍。例如单级的 -1.5dB(点 a)和 -3dB(点 b)分别对应于两级的 -3dB(点 a')和 -6dB(点 b'),从两条曲线可以看出,两级的选择性提高而通频带变窄。

假如有 n 级 Q_L 相同的单级放大器,并设单级放大器的通频带为 B_1,为求 n 级级联的总通频带 B_n,令

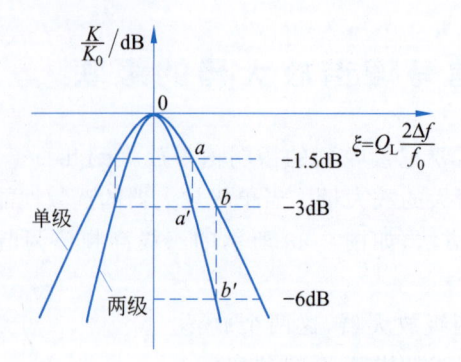

图 2-29 单级和两级单调谐回路的频率特性曲线

$$\frac{1}{\left[1+\left(Q_L \frac{2\Delta f}{f_0}\right)^2\right]^{\frac{n}{2}}} = \frac{1}{\sqrt{2}}$$

可得

$$B_n = 2\Delta f_{0.7(\text{总})} = \sqrt{2^{\frac{1}{n}}-1} \cdot \frac{f_0}{Q_L} = \sqrt{2^{\frac{1}{n}}-1} \cdot B_1 \tag{2-62}$$

由于 n 是大于 1 的正整数,故 $\sqrt{2^{\frac{1}{n}}-1}$ 必小于 1,因此多级调谐放大器级联后,总的通频带比单级放大器通频带缩小了。故 $\sqrt{2^{\frac{1}{n}}-1}$ 也叫缩小系数或缩减因子。

2.5.2 参差调谐放大器

参差调谐放大电路在形式上和多级单调谐放大电路没有什么不同,但在调谐回路的调谐频率上有区别。多级单调谐放大电路的调谐回路是调谐于同一频率,而在参差调谐放大电路中各级回路的谐振频率是参差错开的。

1. 双参差调谐放大器

所谓双参差调谐,是将两级单调谐回路放大器的谐振频率分别调整到比信号的中心频率略高和略低的两个对称频率上。

设信号的中心频率是 f_0,则将第一级调谐于 $f_0 + \Delta f_d$,第二级调谐于 $f_0 - \Delta f_d$(Δf_d 是单个谐振回路的谐振频率与信号中心频率之差)。两级回路的谐振频率参差错开,一高一低,因此称为双参差调谐放大器。对于单个谐振电路而言,它工作于失谐状态,失谐量分别是 $\pm \Delta f_d$,也称为参差失谐量,而对应的 $\pm \xi_0 = \pm Q_L \frac{2\Delta f_d}{f_0}$ 称为广义参差失谐量。

当参差失谐的两个回路的 Q_L 值相同时,可将两个相同的频率特性曲线向左右方向各移动 ξ_0。在统一的广义失谐 ξ 坐标系中,第一级为

$$\left|\frac{K_1}{K_{10}}\right| = \frac{1}{\sqrt{1+(\xi+\xi_0)^2}}$$

第二级为

$$\left|\frac{K_2}{K_{20}}\right| = \frac{1}{\sqrt{1+(\xi-\xi_0)^2}}$$

两级相乘,可得

$$K = \frac{1}{\sqrt{1+(\xi+\xi_0)^2}} \cdot \frac{1}{\sqrt{1+(\xi-\xi_0)^2}} = \frac{1}{\sqrt{(1+\xi^2+\xi_0^2)^2 - 4\xi^2\xi_0^2}}$$

为求出 K 最大值,令 $\frac{\partial K}{\partial \xi} = 0$,解得

$$\xi = 0, \pm\sqrt{\xi_0^2 - 1} \tag{2-63}$$

利用 MATLAB 或 Python 等绘图软件,可得到一组参差调谐放大器的综合频率特性,如图 2-30 中 $K_m(\xi_0=1)$ 和 $K_m(\xi_0=2)$ 所示。图中 K_1、K_2 分别是两个单级调谐放大器的增益曲线,K_m 是两级的综合频率特性。由于在 f_0 处两个回路处于失谐状态,谐振点附近的 K_m 减小,这就使合成的频率曲线较为平坦,使总的通频带展宽。观察两个回路调谐于同一频率 f_0 的情况(即图 2-30 中 $\xi_0=0$ 的一条)可以看出,在 f_0 附近,它要比参差调谐($\xi_0=1$)曲线尖锐得多;但在远离 f_0 处,两者差不多。

参差调谐的综合频率特性与广义参差失谐量 ξ_0 有关。ξ_0 越小则越尖,越大则越平。当 ξ_0 大到一定程度时,由于 f_0 处的失谐太严重,可以出现马鞍形双峰的形状(图 2-30 中 $\xi_0=2$ 的一条)。

理论推导表明,当 $\xi_0<1$ 时,特性曲线为单峰;$\xi_0>1$ 时为双峰;$\xi_0=1$ 为两者的分界线,相当于单峰中最平坦的情况。ξ_0 越大,则双峰的距离越远,且中间下凹越严重。

由于参差调谐在 f_0 处失谐,故其在 f_0 点的放大倍数 K 要比调谐于同一频率的两级放大倍数小。根据式(2-63),设 $\xi_0=1$,则当 $\xi=0$ 时,$K=0.5$,即参差调谐放大的谐振放大倍数等于调谐于同一频率的两级放大倍数的一半,如图 2-30 所示。

2. 三参差调谐放大器

在实际工作中,为了加宽通频带,又不造成谐振点输出显著下凹,通常工作于 $\xi_0=1$ 的情况,但也可以工作于 ξ_0 略大于 1 的情况。例如,对于三参差调谐回路,可使其中的两级工作于参差调谐的双峰状态,第三级调谐于 f_0。三参差调谐放大器的谐振曲线如图 2-31 所示,三级单调谐回路放大器合成的谐振曲线就比较平坦,如图 2-31 中的虚线所示。由合成谐振曲线可见:利用三参差调谐电路,并适当地选择每个回路的有载品质因数 Q_L 和 ξ_0,就可以获得双参差调谐所不能得到的通频带。

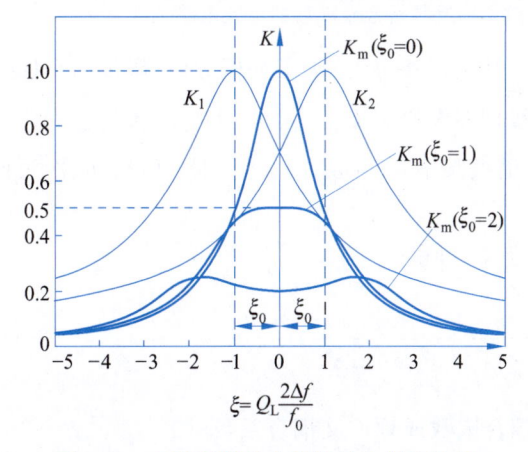

图 2-30 参差调谐放大器的综合频率特性

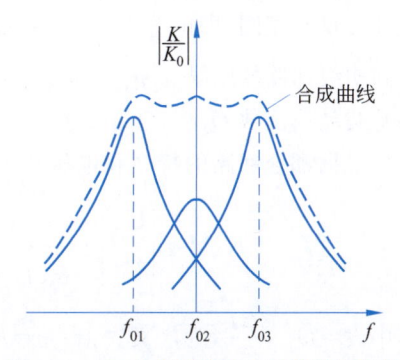

图 2-31 三参差调谐放大器的谐振曲线

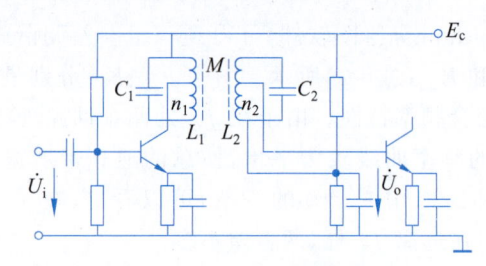

2.5.3 双调谐回路放大器

双调谐回路放大器具有频带宽、选择性好的优点。常用的双调谐回路放大器如图 2-32 所示,其集电极电路采用了互感耦合的双调谐回路,两个回路的参数相同,两回路之间靠互感 M 耦合,调谐于同一频率 f_0,其频率特性不同于两个单独的单调谐回路。下面先讨论单级双调谐放大器,然后给出多级双调谐放大器级联后的特性。

图 2-32 双调谐回路放大器

如图 2-33(a)所示是双调谐放大器的高频等效电路,为讨论方便,把图 2-33(a)的电流源 $y_{fe}\dot{U}_i$、输出导纳以及负载导纳(即下一级的输入导纳 g_{ie} 和电容 C_{ie})都折合到回路 LC 两端。变换后的高频等效电路如图 2-33(b)所示,变换后的元件参量都标在图 2-33(b)中。

(a) 双调谐放大器的高频等效电路

(b) 折合变换后的等效电路

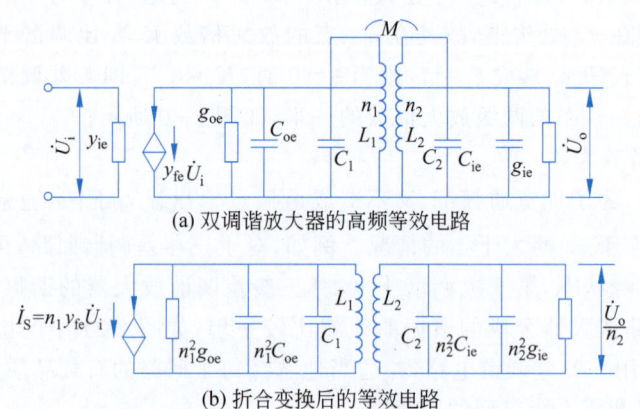

图 2-33 双调谐放大器的高频等效电路及其折合变换后的等效电路

在实际应用中,初、次级回路都调谐到同一中心频率 f_0。为了分析方便,假设两个回路元件参量都相同,即电感 $L_1=L_2=L$,初、次级回路总电容 $C_1+n_1^2C_{oe}=C_2+n_2^2C_{ie}=C$,折合到初级回路的电导 $n_1^2g_{oe}=n_2^2g_{ie}=g$,回路谐振频率 $\omega_0=\omega_{01}=\omega_{02}=1/\sqrt{LC}$,初、次级回路有载品质因数 $Q_{L1}=Q_{L2}=Q_L=1/g\omega_0L$。

根据耦合回路的特性和电压放大倍数的定义,可得

$$|K_V|=\left|\frac{\dot{U}_o}{\dot{U}_i}\right|=\frac{\eta}{\sqrt{(1+\eta^2)^2+2(1-\eta^2)\xi^2+\xi^4}}\cdot\frac{n_1n_2|y_{fe}|}{g} \tag{2-64}$$

其中,$\xi=Q_L\dfrac{2\Delta f}{f_0}$,为广义失谐;$\eta=kQ_L$,为耦合因数或称广义耦合系数。

当初、次级回路都调到谐振时,$\xi=0$。这时,放大倍数为

$$|K_{V0}| = \frac{\eta}{1+\eta^2} \cdot \frac{n_1 n_2 |y_{fe}|}{g} \qquad (2\text{-}65)$$

在临界耦合时，$\eta=1$，放大器达到匹配状态。放大倍数为最大，即

$$|K_{V0}|_{max} = \frac{n_1 n_2 |y_{fe}|}{2g}$$

由此可得双调谐放大器的谐振曲线表达式为

$$\frac{|K_V|}{|K_{V0}|_{max}} = \frac{2\eta}{\sqrt{(1+\eta^2)^2 + 2(1-\eta^2)\xi^2 + \xi^4}} = \frac{2\eta}{\sqrt{(1+\eta^2-\xi^2)^2 + 4\xi^2}} \qquad (2\text{-}66)$$

由式(2-66)可以得到，当 $\eta<1$，即 $k<\dfrac{1}{Q_L}$ 时，称为弱耦合，这时谐振曲线是单峰；当 $\eta>1$，即 $k>\dfrac{1}{Q_L}$ 时，称为强耦合，这时谐振曲线出现双峰。当 $\eta=1$，即 $k=\dfrac{1}{Q_L}$ 时，称为临界耦合，这时谐振曲线仍为单峰，且最大值在 $f=f_0$ 处。双调谐放大器不同耦合程度时的谐振曲线如图 2-34 所示。

在双调谐放大器中，常用的是临界耦合，这时谐振曲线的顶部较平坦，下降部分也较陡，具有较好的选择性。在临界耦合时，$\eta=1$，$\dfrac{|K_V|}{|K_{V0}|_{max}} = \dfrac{2}{\sqrt{4+\xi^4}}$，由此式可求出这时的通频带为

$$B = 2\Delta f_{0.7} = \sqrt{2}\,\frac{f_0}{Q_L} \qquad (2\text{-}67)$$

可见，在回路有载品质因数相同的情况下，临界双调谐放大器的通频带是单调谐放大器的 $\sqrt{2}$ 倍。

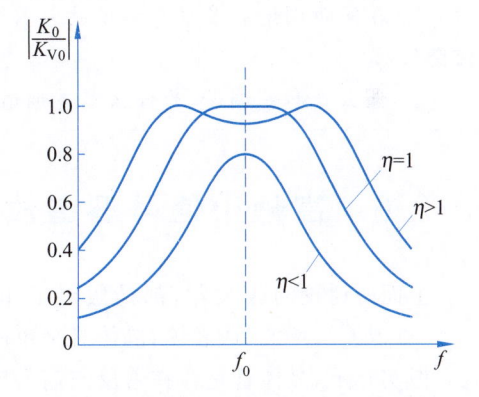

图 2-34 双调谐放大器不同耦合程度时的谐振曲线

同理，按照矩形系数的定义，可以求得

$$K_{0.1} = \frac{2\Delta f_{0.1}}{B} = \sqrt[4]{100-1} = 3.16 \qquad (2\text{-}68)$$

在单调谐放大器中，$K_{0.1} \approx 10$。可见双调谐放大器在临界耦合时，其矩形系数较小，谐振曲线更接近于矩形，这是双调谐放大器的主要优点。

若有 n 级相同的双调谐放大器依次级联，设每一级都是临界耦合，则总谐振特性可表示为

$$\left(\frac{|K_V|}{|K_{V0}|_{max}}\right)^n = \left(\frac{2}{\sqrt{4+\xi^4}}\right)^n \qquad (2\text{-}69)$$

根据通频带的定义，可推得多级双调谐放大器的通频带为

$$B_n = 2\Delta f_{0.7(\text{总})} = \frac{\sqrt{2}f_0}{Q_L}\sqrt[4]{\sqrt[n]{2}-1} = 2\Delta f_{0.7(\text{单})}\sqrt[4]{\sqrt[n]{2}-1} \qquad (2\text{-}70)$$

因为系数 $\sqrt[4]{\sqrt[n]{2}-1}$ 永远小于 1，所以双调谐放大器级联后，n 级双调谐放大器的总频带

B_n 小于单级时的频带 B_1。但双调谐放大器的缩小系数 $\sqrt[4]{\sqrt[n]{2}-1}$ 大于单调谐放大器级联时的缩小系数 $\sqrt{\sqrt[n]{2}-1}$,所以双调谐放大器级联后的频带缩小没有单调谐放大器级联时严重。

同理可求得 n 级双调谐放大器级联后的矩形系数为

$$K_{0.1}=\frac{(2\Delta f_{0.1})_n}{B_n}=\sqrt[4]{\frac{\sqrt[n]{100}-1}{\sqrt[n]{2}-1}} \tag{2-71}$$

综上所述,双调谐放大器在 n 级级联后,频带宽度大于相同级数的单调谐放大器的频带宽度。在总通频带不变时,总增益也下降较少。另外,双调谐放大器的矩形系数也比单调谐放大器更接近 1,所以选择性也较好。缺点是双调谐回路的结构较复杂,调整较困难。在短波、超短波通信接收机中,可运用双调谐放大器来提高选择性。但由于它调整困难,有时采用比较简单的单调谐放大器和具有集中选择性滤波器的放大器。

复习思考题

1. 在同步调谐的多级单调谐放大器中,当级数 n 增大时,放大器的选择性和通频带如何变化?

2. 什么是参差调谐,为什么参差调谐可改善通频带和选择性之间的矛盾?

2.6 高频小信号调谐放大器的稳定性

上面所讨论的放大器,都是假定工作于稳定状态的,即输出电路对输入端没有影响 ($y_{re}=0$ 或 $C_{b'c}=0$),或者说,晶体管是单向工作的,输入可以控制输出,而输出则不影响输入。但实际上,晶体管是存在着反向输入导纳 y_{re} 的。本节主要讨论考虑 y_{re} 后,放大器输入导纳和输出导纳的数值对放大器工作稳定性的影响以及改善稳定性的方法。

2.6.1 晶体管内部反馈的有害影响

1. 放大器调谐困难

由于 y_{re} 的存在,放大器的输入和输出导纳,分别与负载及信号源有关。这种关系给放大器的调试带来很多麻烦。

在 $y_{re}=0$ 条件下,放大器的输入导纳 Y_i 等于晶体管的输入导纳 y_{ie},但由于晶体管内部反馈总是存在的,所以 $Y_i \neq y_{ie}$,那么放大器的 Y_i 如何确定呢? 计算放大器输入导纳的 Y 参数等效电路如图 2-35 所示。

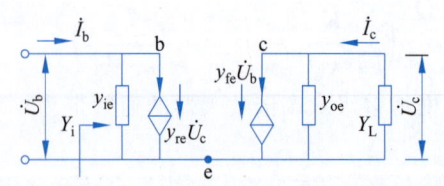

图 2-35 计算放大器输入导纳的 Y 参数等效电路

图 2-35 中 Y_L 是负载导纳,从图中可以看出

$$\dot{I}_b = y_{ie}\dot{U}_b + y_{re}\dot{U}_c \qquad (2\text{-}72)$$

$$\dot{I}_c = y_{fe}\dot{U}_b + y_{oe}\dot{U}_c \qquad (2\text{-}73)$$

由于 $\dot{I}_c = -Y_L\dot{U}_c$,代入式(2-73)得

$$\dot{U}_c = \frac{-y_{fe}}{y_{oe} + Y_L}\dot{U}_b$$

再把此关系式代入式(2-72),得放大器的输入导纳为

$$Y_i = \frac{\dot{I}_b}{\dot{U}_b} = y_{ie} - \frac{y_{fe}y_{re}}{y_{oe} + Y_L} \qquad (2\text{-}74)$$

式(2-74)表明,放大器的输入导纳 Y_i 包括两部分:①晶体管的输入导纳 y_{ie};②输出导纳 Y_L 通过反馈导纳 y_{re} 的作用,在输入电路产生的等效导纳

$$Y_i' = \frac{-y_{fe}y_{re}}{y_{oe} + Y_L}$$

由于 y_{re} 的影响,输入电路的信源导纳 Y_S 对放大器的输出导纳 Y_o 也有影响。同理可求得

$$Y_o = y_{oe} - \frac{y_{fe}y_{re}}{y_{ie} + Y_S} \qquad (2\text{-}75)$$

式(2-75)表明,放大器的输出导纳 Y_o 不等于晶体管的输出导纳 y_{oe},它和信号源内导纳 Y_S 也有关系。

由于内反馈的作用,放大器的输入和输出导纳,分别与负载及信号源导纳有关。因此,在调整输出回路时(即改变 Y_L),放大器的输入端就受到影响;同样,调整输入回路时,Y_S 改变了,放大器的输出导纳也随之改变,这对输出电路的调谐和匹配又发生了影响。因此调整工作需要反复进行多次。

2. 放大器工作不稳定

晶体管内部反馈的另一有害影响是使放大器的工作不稳定。因为放大后的输出电压 $\dot{U}_o$ 通过反向传输导纳 y_{re},把一部分信号反馈到输入端,尽管 y_{re} 可能很小,但由于放大后的信号 $\dot{U}_o$ 比输入信号 $\dot{U}_i$ 大得多,所以反馈电压 $\dot{U}_f$ 并不是总可以忽略不计的,它回到输入端以后,又由晶体管再加以放大,再通过 y_{re} 反馈到输入端,如此循环不止。在条件合适时,放大器甚至不需要外加信号,也能够产生正弦或其他波形的振荡,这时正常的放大作用就被破坏。即使不发生自激振荡,但由于内部反馈随频率而不同,它对于某些频率可能是正反馈,而对另一些频率则是负反馈,反馈的强弱也不完全相等,这样,某一频率的信号将得到加强,输出增大,而某些频率的信号分量可能受到削弱,输出减小。其结果是使放大器的频率特性受到影响,通频带和选择性有所改变。晶体管内部负反馈对频率特性的影响如图 2-36 所示。

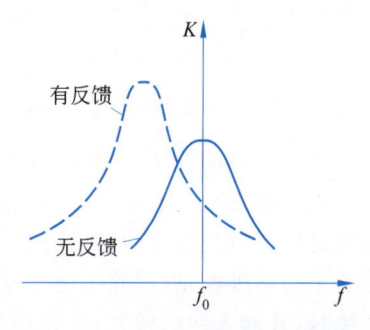

图 2-36 晶体管内部负反馈对频率特性的影响

2.6.2 解决办法

解决上述问题,有两个途径。一是从晶体管本身想办法,使反向传输导纳减小。因为 y_{re} 主要决定于集电极和基极间的电容 $C_{b'c}$,所以设计晶体管时应使 $C_{b'c}$ 尽量减小。由于晶体管制造工艺的进步,这个问题已得到较好的解决。另一种方法是在电路上想办法,把 y_{re} 的作用抵消或减小。也就是说,从电路上设法消除晶体管的反向作用,变"双向元件"为"单向元件"。单向化的方法有两种,即中和法和失配法。

1. 中和法

由于 y_{re} 的实部(反馈电导)通常很小,可以忽略,常用一个电容 C_N 来抵消 y_{re} 的虚部(反馈电容)的影响。具体做法是在放大器的线路中插入一个外加的反馈电路来抵消 $C_{b'c}$ 内部反馈的影响,称为中和。

如图 2-37 所示是接收机中常用的中和电路。集电极电压 $\dot{U}_c$ 通过晶体管集电结电容 $C_{b'c}$ 把反馈电流 $\dot{I}_f$ 注入基极,为了抵消这个电流,在回路次级线圈 L_2 至基极之间插入中和电容 C_N,这样又有一中和电流 $\dot{I}_N$ 从输出端反馈回到放大器的基极。连接线圈接线时有意使 L_1 和 L_2 的绕向相反,电压 $\dot{U}_c$ 和 $\dot{U}_o$ 的极性恰好相差 180°;同时适当调节中和电容 C_N 使中和电流 $\dot{I}_N$ 的大小恰好和内部反馈电流相等。这样流入基极的这两个电流相互抵消,放大器的输出对输入的影响就消除了。

由于 C_N 不随频率变化,因此,只能对一个频率点起到完全中和的作用。

2. 失配法

失配是通过增大负载导纳,使得晶体管输出端的负载阻抗不与本级晶体管的输出阻抗匹配,输出电压相应减小,从而减小了对输入端的影响。

用失配法实现晶体管单向化常用的办法是采用共射极-共基极级联电路组成的调谐放大器,其稳定性较高,也具有频带宽,高频性能好的优点,应用广泛。共发射极-共基极级联的组合电路原理如图 2-38 所示。

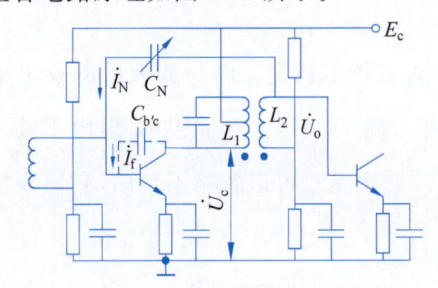

图 2-37 接收机中常用的中和电路

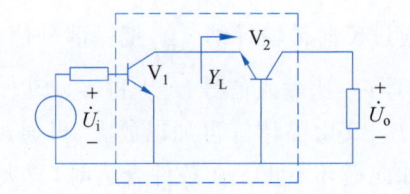

图 2-38 共发射极-共基极级联的组合电路原理

用两只晶体管按共发射极-共基极的方式级联,把它们做成一个复合管使之构成一个组合电路。在级联放大器中,后一级放大器的输入导纳是前一级放大器的负载,而前一级放大器则是后一级的信号源,其输出导纳即后一级信号源的内导纳。由于共射电路的上限频率远小于共基极电路,因此组合电路的上限频率主要取决于共射电路。晶体管按共基极方式连接时,其输入导纳较大,这就相当于第一级晶体管 V_1 的负载导纳 Y_L 很大,而按共发射连接的 V_1 的输出导纳 y_{oe} 较小,这使得前一级共射电路的放大倍数大大下降,共射管 V_1 工作在失配状态。这样可有效克服共射级电路的密勒效应,减小了因 $C_{b'c}$ 等效后的密勒电容对第一级输入回路的影响,从而扩展了共射级电路的上限频率,也就是提高了组合电路的上限频率。这样就大大减小了输入、输出回路间的牵扯作用,实际应用时,就可以把它看作单向器件了。

由以上分析可知,共射极-共基极级联放大器,主要是使用两个晶体管组合电路来代替一个晶体管,既保证了高度的稳定性,又获得了比较大的增益。

另外,共射极-共基极电路能保证小的噪声系数,因此,通常这种级联电路又称为低噪声电路。

复习思考题

1. 高频小信号调谐放大器工作不稳定的内部原因是什么?
2. 共射极-共基极组态放大器有什么特点,为什么可以解决高频小信号调谐放大器稳定问题?

2.7 集中选频放大器

前面介绍的多级单调谐和双调谐放大器应用比较广泛,但多级调谐放大器回路多、调谐麻烦,因而不能满足一些特殊要求,如在集成电路放大器中,要求采用的回路尽量少。所以随着电子技术的发展,窄带信号的放大越来越多地采用集中滤波与集中放大相结合的放大器。在集中选频放大器中,放大作用是由宽带高增益放大器来完成,多采用高频线性集成放大电路,而选频作用则由专门的选频滤波器来完成。其主要优点:①电路简单,调整方便;②性能稳定;③易于大规模生产、成本低。

2.7.1 集中选频放大器的组成

如图 2-39 所示是目前采用较多的集中选频放大器的组成框图。图中,集中滤波器放在宽带集成放大器的前面,且增加一个前置放大器。这种方案的特点是:当所需放大信号的频带以外有强的干扰信号时,不会直接进入集中放大器,避免此干扰信号因放大器的非线性而产生新的干扰。前置放大器是一种低噪声放大器,可以补偿后面的集中滤波器的衰减,提高整个放大器的噪声性能。

图 2-39 集中选频放大器的组成框图

集中宽带放大器一般由多级差动集成放大器构成。例如,Analog Devices 公司生产的 ADL5521 是一款高性能、低噪声放大器,可为下变频接收机提供高增益放大,在 1950MHz 工作频率可提供 15.3dB 增益。TriQuint 公司生产的 QPL9503 工作频率范围 0.6~6GHz,在 5.5GHz 时,放大器可提供 21.6dB 电压增益,可用于智能手机 5G 通信中 Sub 6G 频段的低噪声放大。在需要进行 AGC(自动增益控制,Automatic Gain Control)的场合,可以使用宽带可变增益的放大器,如 AD 公司的 AD8367 可提供带宽 500MHz 的 -2.5~42.5dB 可变增益低噪声放大。如图 2-40 所示为用于 GSM 900MHz 的双极性晶体管共射低噪声放大器。图中,100pF 和 47pF 的输入、输出耦合电容直接与 900MHz 集中滤波器相连。

集中选频器的任务是选频,要求在满足通频带指标的同时,矩形系数要好。其主要类型

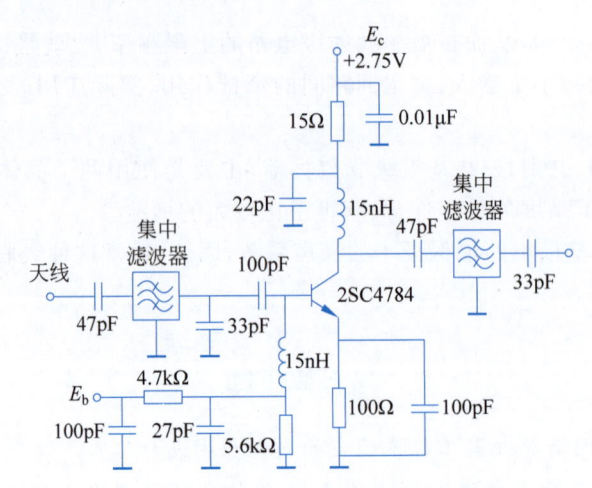

图 2-40 用于 GSM 900MHz 的双极性晶体管共射低噪声放大器

有 LC 集中选频滤波器、石英晶体滤波器、陶瓷滤波器和声表面波滤波器等。下面先简单介绍石英晶体滤波器和陶瓷滤波器，再重点介绍声表面波滤波器。

2.7.2　石英晶体滤波器和陶瓷滤波器

石英晶体具有压电效应。在石英晶体两端外加交变电压时，晶片将随外加交变信号的变化而产生机械振动；反之，机械振动又会使晶片两侧产生交变电荷。所以，石英晶体实际上是一种可逆换能器件。石英晶体的稳定性非常高，其谐振频率的高低取决于晶片的形状、尺寸和切型。

利用石英晶体的换能特性和谐振特性，可以构成滤波器，作为集中选频放大器的选频网络。

此外，某些常用的陶瓷材料（如锆钛酸铅）与石英晶体一样，也具有类似的压电效应和谐振特性。陶瓷容易焙烧，可制成各种形状，特别适合滤波器的小型化；此外，陶瓷滤波器还具有耐热性及耐湿性能好、不易受外界条件影响等特点。陶瓷滤波器的等效电路和石英晶体谐振器相同，但它的等效品质因数值要小得多（约为几百），大小处于 LC 滤波器和石英晶体滤波器之间，所以，陶瓷滤波器的通频带没有石英晶体滤波器窄，选择性也比石英晶体滤波器差。

通信中常用的陶瓷滤波器是三端陶瓷滤波器，其符号如图 2-41 所示，通常一只引脚接地，另外两只引脚与输入、输出连接。陶瓷滤波器也可用来和微处理器内部振荡电路构成时钟振荡器产生时钟信号。

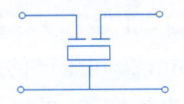

图 2-41　三端陶瓷滤波器符号

2.7.3　声表面波滤波器

声表面波滤波器（Surface Acoustic Wave Filter，SAWF）是利用某些晶体的压电效应和表面波传播的物理特性制成的新型电-声换能器件。所谓声表面波，就是沿固体介质表面传播且振幅随深入介质的距离增大而迅速减弱的弹性波。

1. 声表面波滤波器的结构及工作原理

SAWF 是以压电材料(如铌酸锂和石英)做基片(衬底),由输入叉指换能器、输出叉指换能器、传输介质和吸声材料四部分组成。如图 2-42(a)所示为 SAWF 的基本结构示意图。在经过表面抛光的压电材料衬底上,蒸镀一层金属(如铝)导电膜,然后利用一般的光刻工艺就可以制作两个叉指换能器,其中一个用作发射,另一个用作接收。叉指换能器电极具有换能作用,输入(发射)换能器将电信号转换成声波,而输出(接收)换能器是将声波转换成电信号。换能器边缘的吸声材料,主要是为了吸收反射信号。

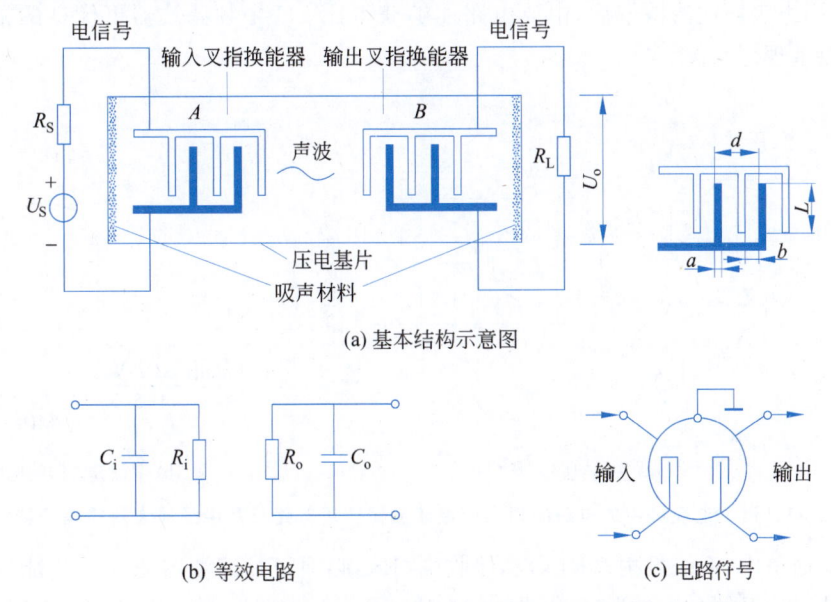

(a) 基本结构示意图

(b) 等效电路

(c) 电路符号

图 2-42 声表面波滤波器的基本结构示意图、等效电路及电路符号

高频电信号加至输入叉指换能器电极,压电基板材料表面就会产生振动并同时激发出声表面波。声表面波沿基片表面即垂直于换能器电极轴向的两个方向传播,向左传播的声表面波被涂于基片左端的吸收材料所吸收,向右传播的声表面波被接收叉指换能器检测,通过压电效应的作用转换成电信号,并传给负载。当加入输入叉指换能器的电信号与其对应的声表面波的频率相同或相近时,由输入叉指换能器激起较大幅度的声表面波,同样,当传播到输出叉指换能器声表面波的频率与输出叉指的固有频率相同或相近时,则在输出叉指上激起幅度较大的电振荡,由此可以实现选频的作用。

在谐振时,叉指换能器的等效电路可用电容 C 和电阻 R 并联组成的等效电路来表示,如图 2-42(b)所示。电阻 R 为辐射电阻,其中的功率消耗相当于转换为声能的功率。图 2-42(c)为声表面波滤波器的电路符号。

声表面波滤波器的频率特性,如中心频率、频带宽度、频响特性等一般由叉指换能器的几何形状和几何尺寸决定。这些几何尺寸包括叉指对数、指条宽度 a、指条间隔 b、指条有效长度 L(两叉指重叠部分的长度,简称指长)和周期长度 d 等。目前,声表面波滤波器的中心频率可在几兆赫(MHz)到几吉赫(GHz),相对频带宽度为 0.5%~50%,矩形系数可达 1.1。

2. 声表面波滤波器的典型应用

声表面波滤波器由于具有体积小、性能好、适合大批量生产等特点,在电视、移动通信、卫星和宇航等领域得到非常广泛的应用。

电视接收机的图像中频滤波器,便应用了声表面波滤波器。图 2-43(a)给出了用于电视机中放电路的声表面波滤波器实用电路,图 2-43(b)是该电路的中频放大器的幅频特性,它是由 SAWF 来实现的。图 2-43(a)中,晶体管 V 是中频前置放大器,以补偿声表面波中频滤波器的插入损耗。经过 SAWF 中频滤波以后的图像中频(PIF)信号输入到集成中放电路中,经过三级具有 AGC 特性的中频放大级放大后,送到视频同步检波器。从图 2-43(b)中可看到,采用声表面波滤波器后,中放电路能够获得比 LC 中频滤波器更优良的幅频特性,矩形系数接近理想情况。

(a) 实用电路　　　　　　　　　　　　　　(b) 中频放大器的幅频特性

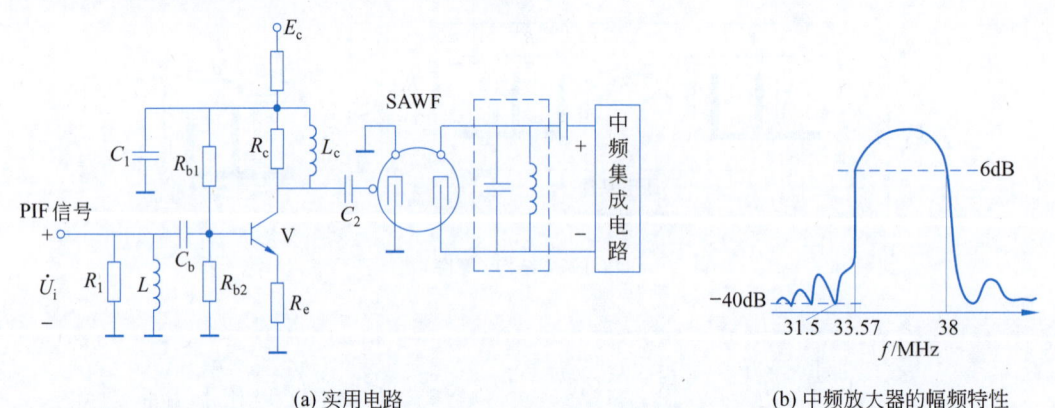

图 2-43　用于电视机中放电路的声表面波滤波器实用电路及其中频放大器的幅频特性

在移动通信中,系统发射端(Tx)和接收端(Rx)必须经过滤波器滤波后才能发挥作用。在全球移动通信系统(Global System for Mobile Communications,GSM)中,由于其工作频段一般在 800MHz~2GHz,带宽为 17~30MHz,故要求滤波器具有低插损、高阻带抑制、高镜像衰减、低成本、小型化等特点。在发射端,已调信号经过 SAWF 滤波后由天线将信号发出;在接收端,天线接收到的微弱信号经 SAWF 过滤后,进行放大解调,最终获得所要的信息。GSM 的发射和接收模块如图 2-44 所示。

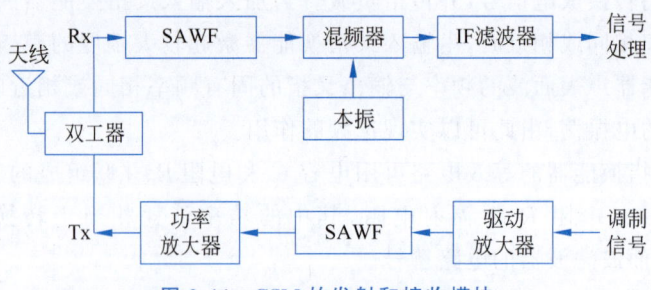

图 2-44　GSM 的发射和接收模块

图 2-45 为移动通信所采用的一种梯形 SAWF 的电路结构,其幅频特性分别如图 2-46 所示。为提高滤波器阻带抑制特性,电路采用了多节串联的方法,并对各单端谐振器进行了优化设计,设计得到的 SAW 滤波器特性达到了比一般滤波器更好的效果。滤波器中心频率 947.5MHz,带宽大于 30MHz,插入损耗不大于 4dB,带外抑制大于 30dB,匹配阻抗为 50Ω。

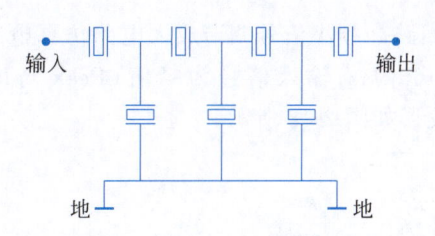

图 2-45 梯形 SAWF 的电路结构

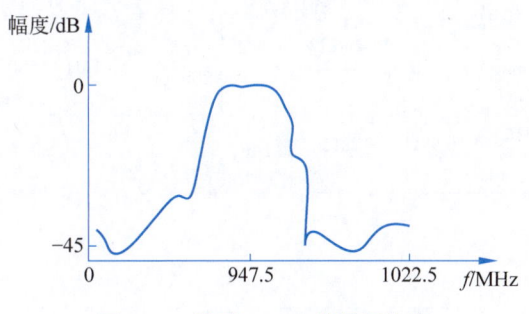

图 2-46 梯形 SAWF 的幅频特性

复习思考题

1. 什么是集中选频放大器,它有什么优点?
2. 简述声表面波滤波器的基本原理。

2.8 高频小信号调谐放大电路的 Multisim 仿真

Multisim 是由加拿大 Electronics Workbench 公司(后被美国 NI 公司收购)推出的以 Windows 为基础的板级仿真工具,适用于模拟/数字线路板的设计。目前也推出了基于 Web 浏览器的在线电路仿真工具 MultisimLive。该工具在一个程序包中汇总了框图输入、Spice 仿真、HDL 设计输入和仿真及其他设计能力。可以协同仿真 Spice、Verilog 和 VHDL,并把 RF 设计模块添加到成套工具的一些版本中。

Multisim 是一个完整的设计工具系统,提供了一个非常大的零件数据库,并提供原理图输入接口、全部的数模 Spice 仿真功能、VHDL/Verilog 设计接口与仿真功能、FPGA/CPLD 综合、RF 设计能力和后处理能力,以及可以进行从原理图到 PCB 布线工具包的无缝隙数据传输。它提供的单一易用的图形输入接口可以满足设计需求。

Multisim 最突出的特点之一是用户界面友好,尤其是多种可放置到设计电路中的虚拟仪表很有特色。这些虚拟仪表主要包括示波器、万用表、瓦特表、函数发生器、波特图示仪、失真度分析仪、频谱分析仪、逻辑分析仪和网络分析仪等,从而使电路仿真分析操作更符合电子工程技术人员的实验工作习惯。与目前流行的某些 EDA 工具中的电路仿真模块相比,Multisim 模块设计得更完美,更具人性化设计特色。本节借助 Multisim 仿真软件对高频小信号调谐放大电路的典型电路进行仿真分析。

图 2-47 所示为单谐振回路高频小信号调谐放大电路仿真电路，L_1、C_3、R_5 组成并联谐振回路，谐振频率设计为 465kHz，输入信号为峰值（Peak value，PK）为 10mV、频率为 465kHz 的正弦信号，仿真波形如图 2-48 所示。

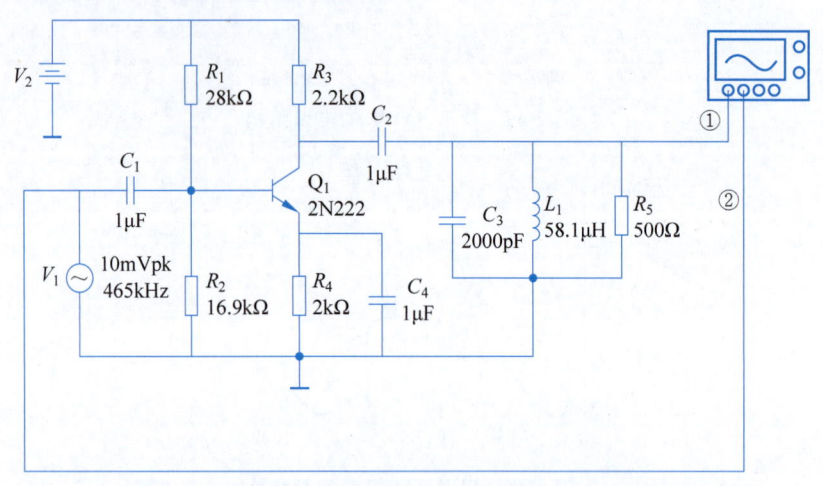

图 2-47 单谐振回路高频小信号调谐放大电路仿真电路

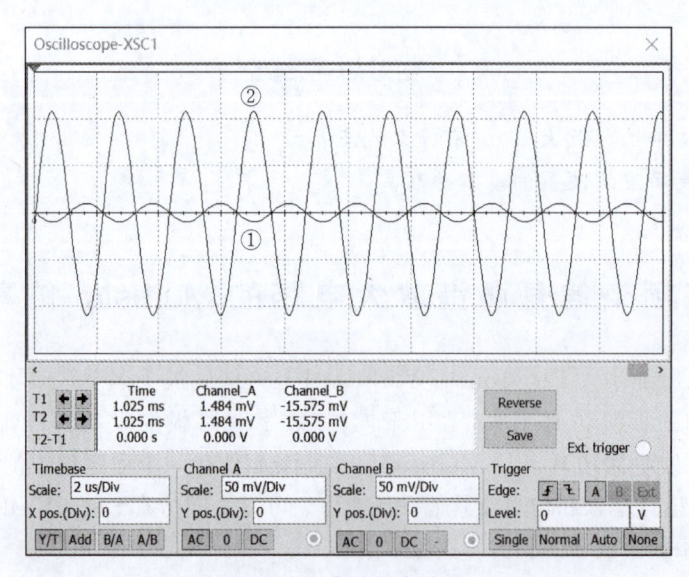

图 2-48 电路仿真波形

如果把信号源换成同频率方波信号，其他参数不变，再来观察输出波形，会发现输出信号仍然是同频率正弦波信号。这是因为，虽然输入信号为方波，但是由于谐振回路的选频作用，只有方波中的基波分量可以在谐振回路产生电压输出，而谐波分量在谐振回路产生的电压都很小，可以近似忽略，因而输出电压依然为同频率基本正弦信号。

本章小结

1. 小信号调谐放大器是构成无线电通信设备的主要电路，其作用是放大信道中的高频小信号。调谐放大器主要由放大器和调谐回路两部分组成，不仅有放大作用，而且还有选频作用。小信号调谐放大器的主要性能在很大程度上取决于谐振回路(选频网络)。一般选频网络是 LC 谐振回路，还有石英晶体滤波器、陶瓷滤波器和声表面波滤波器等。

2. 谐振回路的主要特点是具有选频作用。LC 谐振回路由电感和电容组成，可分为串联和并联调谐回路两种类型。并联谐振回路的选频特性是指回路电压与频率的关系特性即谐振特性。品质因数是表示谐振回路损耗大小的参数，可以衡量谐振现象的尖锐程度。通频带是谐振回路的一个重要指标，它满足了允许通过的信号频率范围的要求。选择性是谐振回路的另一个重要指标，它表示回路对通频带以外干扰信号的抑制能力。矩形系数是衡量谐振回路或调谐放大器选频性能的一个参数，其值越接近 1，选择性越好。为了减小信号源或负载对谐振回路的影响，信号源或负载不直接并入回路的两端，而是跨接在谐振回路的一部分上接入，这种接入方式称为部分接入。常用的部分接入方式有互感变压器接入、自耦变压器接入以及电容抽头接入等方式。

3. 放大器的集电极负载为一个谐振回路称为单调谐放大器。研究一个小信号调谐放大器，应从放大能力和选择性能两方面分析，放大能力可用谐振时的放大倍数 K_0 表示，选频性能通常用通频带和选择性两个指标衡量。高频调谐放大器是指高频工作下的调谐放大器，晶体管在高频工作时，电流放大系数与频率有明显的关系，频率越高，电流放大系数越小，这直接导致管子的放大能力下降，限制了晶体管在高频范围的应用。高频调谐放大器分析模型采用高频等效电路。

4. 晶体管高频等效电路即高频工作下的晶体管模型，包括混合 Π 型等效电路和 Y 参数等效电路。晶体管混合 Π 型等效电路是用晶体管的结电阻、结电容、体电阻等 7 个参数来描述晶体管的一种模型，物理概念比较清楚。晶体管 Y 参数等效电路是把晶体管看成一个线性有源四端网络，用四个具有导纳量纲的参数来描述该模型，这四个参数被称为四端网络的导纳参数，即 Y 参数，它是从外部来研究晶体管的作用。

5. 多个调谐放大器级联后使用，可改善放大器的增益和选频性能。包括：①多级单调谐放大电路的调谐回路调谐于同一频率称为多级单调谐放大器；②放大电路中各级回路的谐振频率参差错开称为参差调谐放大器(例如双参差调谐放大器)；③放大器的集电极负载为双调谐回路，这两个单调谐回路之间有耦合，两个线圈离得很远，靠互感耦合，因而该放大器也称为松耦合双调谐放大器。

6. 由于晶体管内部存在着反向传输导纳，则放大器输入导纳和输出导纳的数值会对放大器的调试及其工作稳定性有很大的影响。解决途径之一是在电路上想办法，设法消除晶体管的反向作用，使它变为单向化。单向化的方法有两种，即失配法和中和法。

7. 集中选频小信号调谐放大器是一种集中滤波与集中放大相结合的高频放大器。其中放大作用是由宽带高增益放大器来完成，多采用高频线性集成放大电路，而选频作用则由专门的选频滤波器来完成，例如采用声表面波滤波器。声表面波滤波器是一种对频率具有选择作用的无源器件，它是利用某些晶体的压电效应和表面波传播的物理特性制成的新型电—声换能器件。声表面波滤波器具有体积小、滤波器性能好、适合大批量生产等特点，它在电视、移动通信、卫星和宇航等领域得到非常广泛的应用。

8. 本章知识结构框图如图 2-49 所示。

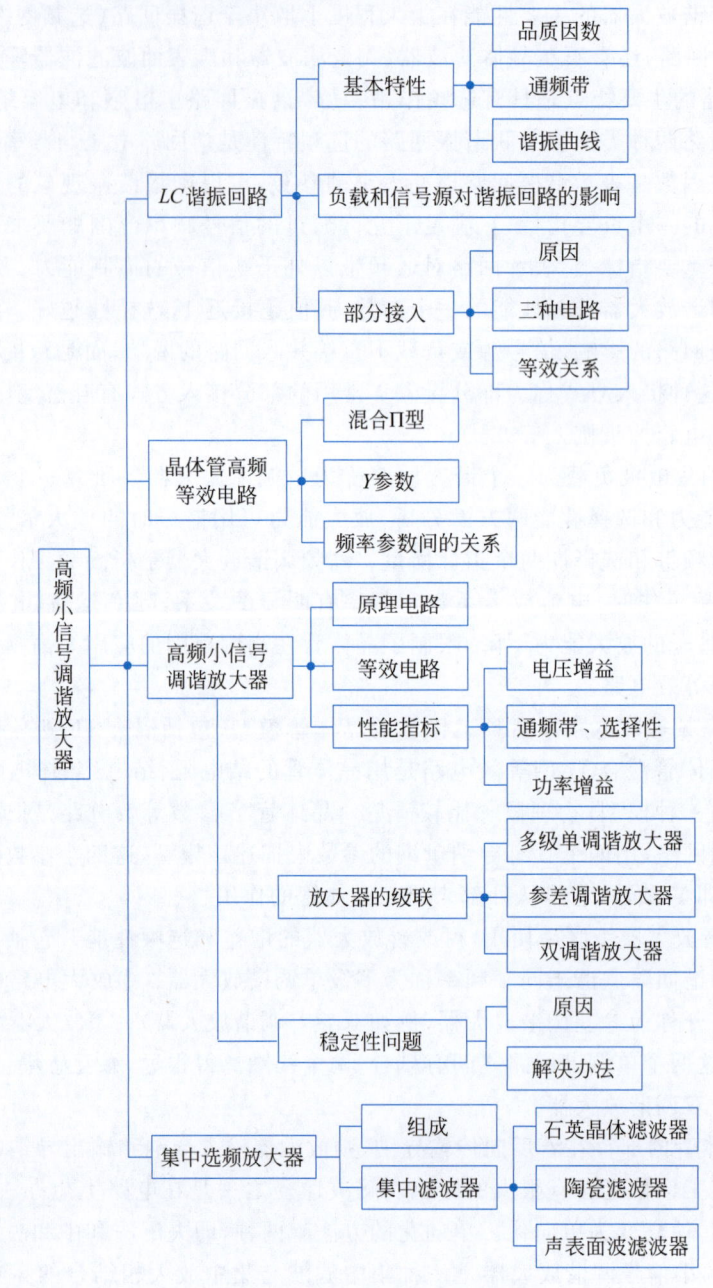

图 2-49　第 2 章知识结构框图

思考题与习题

2-1　给定并联谐振回路的谐振频率 $f_0=5\text{MHz}$，$C=50\text{pF}$，通频带 $2\Delta f_{0.7}=150\text{kHz}$，试求电感 L、品质因数 Q_0 以及对信号源频率为 5.5MHz 时的衰减 $\alpha(\text{dB})$；又若把 $2\Delta f_{0.7}$ 加宽至 300kHz，应在回路两端并一个多大的电阻？

2-2　回路如图题 2-2 所示。已知 $L=0.8\mu\text{H}$，$Q_0=100$，$C_1=C_2=20\text{pF}$，$C_S=5\text{pF}$，

$R_S=10\text{k}\Omega, C_L=20\text{pF}, R_L=5\text{k}\Omega$。试计算回路谐振频率,谐振电阻 R_0,有载品质因数 Q_L 和通频带。

2-3 电路如图题 2-3 所示,已知电路输入电阻 $R_1=75\Omega$,负载电阻 $R_L=300\Omega$,$C_1=C_2=7\text{pF}$,欲实现阻抗匹配,N_1/N_2 应为多少?

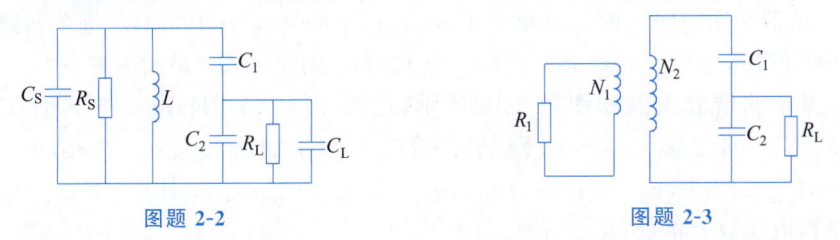

图题 2-2

图题 2-3

2-4 在图题 2-4 所示的电路中,已知回路谐振频率为 $f_0=465\text{kHz}$,$Q_0=100$,信号源内阻 $R_S=27\text{k}\Omega$,负载 $R_L=2\text{k}\Omega$,$C=200\text{pF}$,$n_1=0.31$,$n_2=0.22$,试求电感 L 及通频带 B。

2-5 回路如图题 2-5 所示,给定参数如下:$f_0=30\text{MHz}$,$C=20\text{pF}$,线圈 $Q_0=60$,外接阻尼电阻 $R_1=10\text{k}\Omega$,$R_S=2.5\text{k}\Omega$,$R_L=830\Omega$,$C_S=9\text{pF}$,$C_L=12\text{pF}$,$n_1=0.4$,$n_2=0.23$。

(1) 求 L、B。

(2) 设 $\dot{I}_S=\cos(2\pi\times30\times10^6 t)\text{mA}$,试分别写出 1、2、3 三处输出电压表达式。

(3) 接入阻尼电阻 R_1 的作用是什么?又若把 R_1 去掉,但仍保持上边求得的 B,问匝比 n_1、n_2 应加大还是减小?为了维持谐振频率 f_0 恒定,电容 C 应变大还是变小?这样调整与接入 R_1 哪种做法更合适?

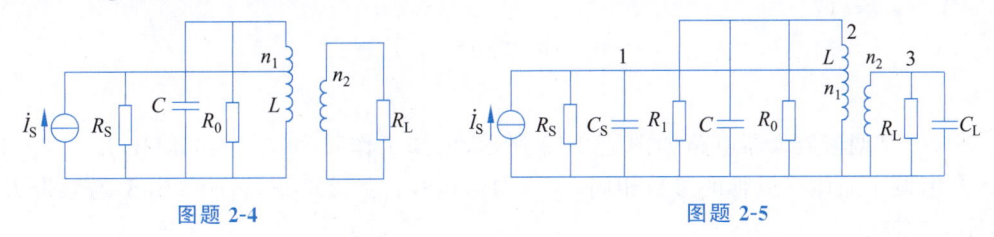

图题 2-4

图题 2-5

2-6 双谐振回路如图题 2-6 所示。已知 $f_0=465\text{kHz}$,$B=10\text{kHz}$,耦合因数 $\eta=1$,$C=200\text{pF}$,$R_S=20\text{k}\Omega$,$R_L=1\text{k}\Omega$,线圈 $Q_0=120$,试确定:

(1) 回路电感量 L;

(2) 接入系数 n_1 和 n_2;

(3) 互感 M。

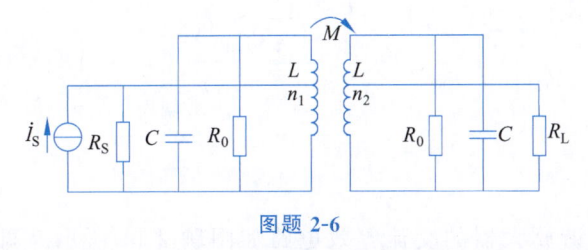

图题 2-6

2-7 高频小信号调谐放大电路的主要技术指标有哪些?如何理解选择性与通频带的关系?

2-8 晶体管低频放大器与高频小信号调谐放大器的分析方法有什么不同?

2-9 对于调谐放大器,当提高 N_0/N_1 或 N_2/N_1 时,有时可以使 K_0 增大,有时却反而使 K_0 减小,是什么原因?

2-10 说明 f_α、f_β、f_T 和最高振荡频率 f_{max} 的物理意义,它们相互间有什么关系?同一晶体管的 f_T 比 f_{max} 高,还是比 f_{max} 低?为什么?

2-11 调谐在同一频率的三级单调谐放大器,中心频率为 465kHz,每个回路的 $Q_L=40$,则总的通频带是多少?如要求总通频带为 10kHz,则允许 Q_L 最大为多少?

2-12 某单调谐放大器如图题 2-12 所示,已知 $f_0=465\text{kHz}$,$L=560\mu\text{H}$,$Q_0=100$,$N_{12}=46$ 圈,$N_{13}=162$ 圈,$N_{45}=13$ 圈,晶体管的 Y 参量如下:$g_{ie}=1.0\text{mS}$,$g_{oe}=110\mu\text{S}$,$C_{ie}=400\text{pF}$,$C_{oe}=62\text{pF}$,$y_{fe}=28\angle 340°\text{mS}$,$y_{re}=2.5\angle 290°\mu\text{S}$。试计算:

(1) 谐振电压放大倍数 $|K_{V0}|$;
(2) 通频带;
(3) 回路电容 C。

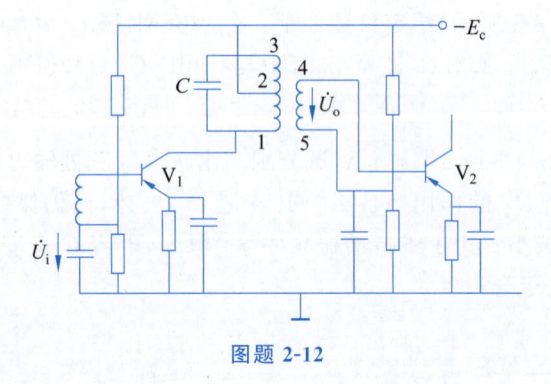

图题 2-12

2-13 某调谐放大器电路如图题 2-13 所示,已知工作频率 $f_0=465\text{kHz}$,$L=560\mu\text{H}$,$Q_0=100$,两个晶体三极管的参数相同:$y_{ie}=1.7\text{mS}$,$y_{oe}=290\mu\text{S}$,$y_{fe}=32\text{mS}$,通频带 $B=35\text{kHz}$。试求:

(1) 阻抗匹配时的接入系数 n_1 和 n_2;
(2) 谐振电压放大倍数 $|K_{V0}|$。

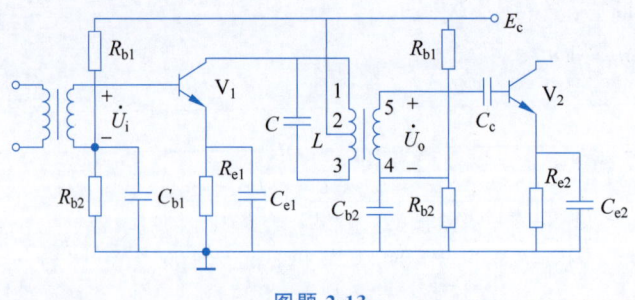

图题 2-13

2-14 某中频调谐放大器的交流等效电路如图题 2-14 所示。调谐频率为 465kHz,$L_1=350\mu\text{H}$(电感线圈损耗 $r=15\Omega$),两个晶体三极管具有相同的参数:$y_{ie}=266.7\mu\text{S}$,$y_{fe}=90\text{mS}$,$y_{oe}=15\mu\text{S}$。试计算:

(1) 回路电容值 C;

(2) 为了获得最大的电压增益,求变压器的二次线圈与一次线圈匝数之比;
(3) 最大电压增益。

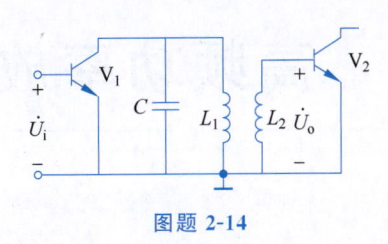

图题 2-14

2-15 参差调谐放大电路与多级单调谐放大电路的区别是什么?

2-16 若有三级临界耦合双调谐放大器,中心频率 $f_0=465\text{kHz}$,当要求 3dB 带宽为 10kHz,每级放大器的 3dB 带宽为多大?当偏离中心频率 12kHz 时,电压放大倍数与在中心频率时相比,下降了多少?

2-17 影响谐振放大器稳定性的因素是什么?为什么晶体管在高频工作时要考虑单向化和中和问题,而在低频工作时,则可以不必考虑?

第 3 章 高频功率放大器

CHAPTER 3

内容提要

高频功率放大器是各种无线电发射机的重要组成部分,主要用来对载波信号或高频已调信号进行功率放大。通信中应用的高频功率放大器,按其工作频带的宽窄划分为窄带和宽带两种。窄带高频功率放大通常以谐振电路作为输出回路,故又称为调谐功率放大器;宽带高频功率放大的输出电路则是传输线变压器或其他宽带匹配电路,因此又称为非调谐功率放大器。本章主要讨论调谐功率放大器,而对宽带高频功率放大器作一简要介绍。

高频调谐功率放大器也是以谐振电路作为集电极负载,完成阻抗匹配和滤波功能,故又称为调谐功率放大器。根据调谐功率放大器在工作时是否进入饱和区,可将放大器分为欠压、临界和过压三种工作状态。要熟练分析调谐功率放大器的三种工作状态及其判别方法和阻抗变换问题;要重点掌握外部参数 R_c、E_c、E_b 和 U_{bm} 变化对放大器工作状态的影响以及相应得到的特性曲线即调谐功放的负载特性、集电极调制特性、基极调制特性和振幅特性;要注意这几个特性的意义和用途,特别是调谐功放的调制特性,为第 5 章振幅调制与解调的学习打好基础。

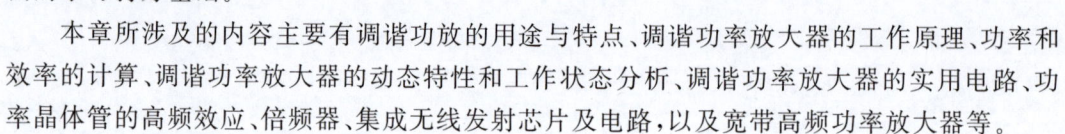

本章所涉及的内容主要有调谐功放的用途与特点、调谐功率放大器的工作原理、功率和效率的计算、调谐功率放大器的动态特性和工作状态分析、调谐功率放大器的实用电路、功率晶体管的高频效应、倍频器、集成无线发射芯片及电路,以及宽带高频功率放大器等。

第 16 集 微课视频

3.1 概述

高频小信号调谐放大器的输入信号很小,在微伏到毫伏数量级且晶体管工作于线性区域;它的功率很小,但通过阻抗匹配,可以获得很大的功率增益(30~40dB);此外,小信号调谐放大器一般工作在甲类状态,效率较低。而相比之下,高频调谐功率放大器的输入信号要大得多,为几百毫伏到几伏,晶体管工作延伸到非线性区域——截止和饱和区;它的主要技术指标是输出功率、效率和谐波抑制度(输出中的谐波分量应尽量小)等;此外,高频调谐功率放大器的输出功率大,以满足天线发射或其他负载的要求,效率较高,一般工作在丙类状态(工作频率大于 1GHz 时,常使用 A 类功率放大器)。

通信中应用的高频调谐功率放大器,按其工作频率、输出功率、用途等的不同要求,可以采用晶体管或电子管作为调谐功率放大器的电子器件。晶体管有耗电少、体积小、重量轻、寿命长等优点,在许多场合应用。但是对于千瓦级以上的发射机大多数还是采用电子管调谐功率放大器。本章主要讨论晶体管调谐功率放大器。

谐振功率放大器与非谐振功率放大器也有很多不同。谐振功率放大器通常用来放大窄带高频信号(信号的通带宽度只有其中心频率的1‰或更小),其工作状态通常选为丙类工作状态,为了得到不失真的放大信号,它的负载必须是谐振回路。非谐振功率放大器可分为低频功率放大器和宽带高频功率放大器。低频功率放大器的负载为无调谐负载,工作在甲类或乙类工作状态;宽带高频功率放大器以宽带传输线为负载。

高频功率放大器因工作于非线性区域,用解析法分析较困难,故工程上普遍采用近似的分析方法——折线法来分析其工作原理和工作状态。

> **复习思考题**
>
> 1. 调谐功率放大器的主要技术指标是什么?
> 2. 调谐功率放大器丙类工作的原因是什么?

3.2 调谐功率放大器的工作原理

3.2.1 基本原理电路

调谐功率放大器的基本原理电路如图 3-1 所示。输入信号经变压器 T_1 耦合到晶体管基极-射极,这个信号也叫激励信号。E_c 是直流电源电压,E_b 是基极偏置电源电压。这里 E_b 和小信号调谐放大器的偏置不同,是采用反向偏置,目的是使放大器工作在丙类。L 和 C 组成并联谐振回路,作为集电极负载,这个回路也叫槽路。放大后的信号通过变压器 T_2 耦合到负载 R_L 上。

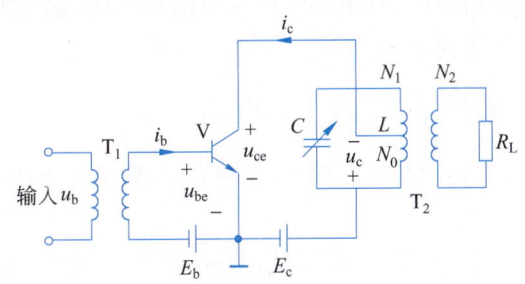

图 3-1 调谐功率放大器的基本原理电路

在实际工作中,为了节省电源,可以不加偏置电源,或采用自给偏压环节代替 E_b。

3.2.2 晶体管特性的折线化

所谓折线近似分析法,是将电子器件的特性理想化,每条特性曲线用一组折线来代替。这样就忽略了特性曲线弯曲部分的影响,简化了电流的计算,虽然计算精度较低,但仍可满足工程的需要。

图 3-2(a)和图 3-2(b)分别表示晶体管的转移特性(以集电极电压 u_{ce} 为常量的集电极电流和基极电压的关系)和输出特性,其中虚线表示晶体管静态特性,实线为折线化后的特

性曲线。由图可见，转移特性可用两段直线 OA 和 AB 近似。其中，AB 与横轴交点的电压 U_j 是折线化后管子的起始电压，一般硅管为 $0.5\sim0.7\text{V}$，锗管为 $0.2\sim0.3\text{V}$。输出特性则要用 EO、OC、CD 三段近似。斜线 OC 穿过每一条静态输出特性曲线的拐点——临界点，称为临界线。当放大器在激励电压 u_{be} 和集电极电压 u_c 为最大值的瞬间工作在临界点时，称为工作在临界状态；若工作在临界线右边时，称为工作在放大状态；若工作在临界线之间任意一点时，称为工作在饱和状态或过压状态。临界线是一条斜率为 g_{cr} 的通过原点的直线。因此有 $i_c = g_{cr} u_{ce}$，g_{cr} 具有电导的量纲，称为临界线方程。

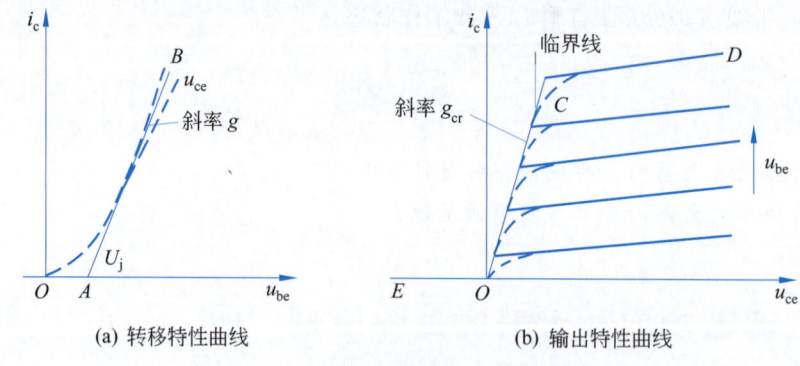

(a) 转移特性曲线　　(b) 输出特性曲线

图 3-2　晶体管的转移特性和输出特性

在转移特性的放大区，折线化后的 AB 线斜率为 g（几十至几百毫安每伏）。此时，理想静态特性可表示为

$$i_c = \begin{cases} g(u_{be} - U_j), & u_{be} > U_j \\ 0, & u_{be} < U_j \end{cases} \tag{3-1}$$

折线近似分析法可以使计算简化，在一定程度上能反映出特性曲线的基本特点，在于分析大幅度电压或电流作用下的非线性电路时有一定的准确度，常用来进行分析调谐功率放大器、大信号调幅和检波等电路。

3.2.3　晶体管导通的特点、导通角

由于调谐功率放大器采用的是反向偏置，在静态时，管子处于截止状态。

设输入信号为

$$u_b = U_{bm} \cos\omega t \tag{3-2}$$

则加到晶体管共基极-共射极电压为

$$u_{be} = U_{bm} \cos\omega t - E_b$$

其中，E_b 是基极反偏压，这里采用绝对值。

当激励信号 u_b 足够大，超过反偏压 E_b 及晶体管起始导通电压 U_j 之和时，管子才导通。这样，管子只有在一周期的一小部分时间内导通，所以集电极电流是周期性的余弦脉冲。折线法分析非线性电路的电流电压波形如图 3-3 所示。通常把集电极电流导通时间相对应角度的一半称为集电极电流的导通角，用符号 θ 表示。当 $\theta = 180°$ 时，表明管子整个周期全导通，叫作放大器工作在甲类；当 $\theta = 90°$ 时，表明管子半个周期导通，叫作放大器工作在乙类；当 $\theta < 90°$ 时，表明管子导通不到半个周期，叫作放大器工作在丙类。

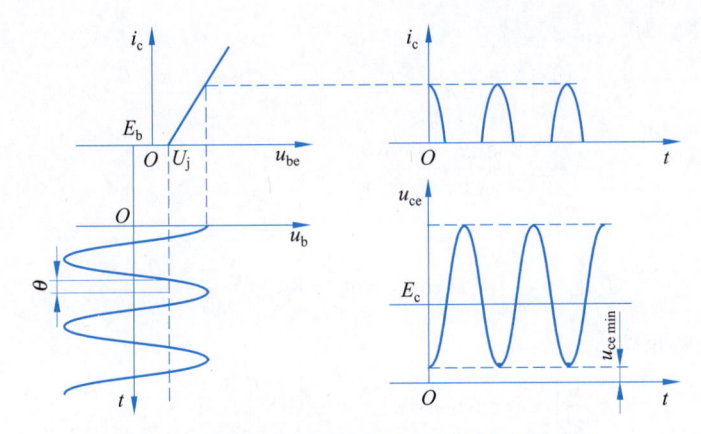

图 3-3 折线法分析非线性电路的电流电压波形

将 u_{be} 表示式代入式(3-1)可得 i_c 的表达式为

$$i_c = g(U_{bm}\cos\omega t - U_j - E_b) \tag{3-3}$$

根据导通角的定义,当 $\omega t = \theta$ 时,$i_c = 0$,即

$$g(U_{bm}\cos\theta - U_j - E_b) = 0$$

由此可得导通角 θ 与 E_b、U_{bm}、U_j 间的关系为

$$\cos\theta = \frac{U_j + E_b}{U_{bm}} \tag{3-4}$$

导通角是调谐功率放大器的重要参数,由式(3-4)可以看出,在一定的 $(U_j + E_b)$ 下,激励越强(即 U_{bm} 越大),则 θ 越大;而在一定的激励下,$(U_j + E_b)$ 越大,θ 越小。在放大器的调整中,通过调整 E_b 就可控制 θ 到所需值。由于晶体管起始导通电压的影响,即使 E_b 等于零,导通角也小于 90°。硅管 U_j 较大,θ 较小,为 40°~60°;锗管 U_j 较小,θ 较大,为 60°~80°,在高频情况下 θ 要更大些。

3.2.4 集电极余弦脉冲电流的分析

由式(3-3)可知,$|\omega t| \geqslant \theta$ 时,$U_{bm}\cos\omega t - E_b \leqslant U_j$,管子截止,$i_c$ 为零;当 $|\omega t| < \theta$ 时,$U_{bm}\cos\omega t - E_b > U_j$,管子才导通,$i_c$ 不为零。在一个输入信号周期内,仅在 $-\theta < \omega t < \theta$ 范围内有电流 i_c,其余时间 i_c 为零。i_c 波形是被切除了下部的余弦脉冲。

周期性余弦脉冲电流可用傅里叶级数展开。为此,需要求得余弦脉冲电流的幅度 I_{cmax},将式(3-4)代入式(3-3)得到

$$i_c = gU_{bm}(\cos\omega t - \cos\theta)$$

当 $\omega t = 0$ 时,电流 i_c 为最大值,以 I_{cmax} 表示为

$$I_{cmax} = gU_{bm}(1 - \cos\theta) \tag{3-5}$$

这样电流 i_c 又可写成

$$i_c = \frac{I_{cmax}}{1 - \cos\theta}(\cos\omega t - \cos\theta) \tag{3-6}$$

电流 i_c 的傅里叶级数展开式为

$$i_c = I_{c0} + \sum_{n=1}^{\infty} I_{cnm}\cos n\omega t \tag{3-7}$$

其中,直流分量 I_{c0} 为

$$I_{c0} = \frac{1}{2\pi}\int_{-\pi}^{\pi} i_c \, d\omega t = \frac{1}{2\pi}\int_{-\pi}^{\pi} I_{cmax} \frac{\cos\omega t - \cos\theta}{1 - \cos\theta} d\omega t$$

$$= I_{cmax} \frac{\sin\theta - \theta\cos\theta}{\pi(1 - \cos\theta)} \tag{3-8}$$

基波分量幅值为

$$I_{c1m} = \frac{1}{\pi}\int_{-\pi}^{\pi} i_c \cos\omega t \, d\omega t = I_{cmax} \frac{\theta - \sin\theta\cos\theta}{\pi(1 - \cos\theta)} \tag{3-9}$$

对于 n 次谐波的幅值为

$$I_{cnm} = \frac{1}{\pi}\int_{-\pi}^{\pi} i_c \cos n\omega t \, d\omega$$

$$= I_{cmax} \frac{2(\sin n\theta \cos\theta - n\cos n\theta \sin\theta)}{\pi n(n^2 - 1)(1 - \cos\theta)}, \quad n = 2, 3, \cdots \tag{3-10}$$

上述各式都包含两部分,一部分是最大电流 I_{cmax},另一部分是以 θ 为变量的函数。对应于直流分量、基波分量、n 次谐波分量的 θ 函数,分别用 α_0、α_1、α_n 表示,即

$$\alpha_0 = \frac{\sin\theta - \theta\cos\theta}{\pi(1 - \cos\theta)} \tag{3-11}$$

$$\alpha_1 = \frac{\theta - \sin\theta\cos\theta}{\pi(1 - \cos\theta)} \tag{3-12}$$

$$\alpha_n = \frac{2(\sin n\theta \cos\theta - n\cos n\theta \sin\theta)}{\pi n(n^2 - 1)(1 - \cos\theta)} \tag{3-13}$$

其中,α_0 称作直流分量分解系数,直流分量电流 I_{c0} 为

$$I_{c0} = \alpha_0 I_{cmax} \tag{3-14}$$

α_1 称作基波分量分解系数,基波分量电流 I_{c1m} 为

$$I_{c1m} = \alpha_1 I_{cmax} \tag{3-15}$$

α_n 称作 n 次谐波分量分解系数,n 次谐波分量电流 I_{cnm} 为

$$I_{cnm} = \alpha_n I_{cmax} \tag{3-16}$$

几个常用系数 α_0、α_1、α_2 和 α_3 与 θ 的关系如图 3-4 所示。

根据以上讨论,可得出如下结论。调谐功率放大器的激励信号大,它的转移特性曲线可用折线近似。在余弦信号激励时,只要知道电流的导通角 θ,就可求得各次谐波的分解系数 α。若电流的峰值也已知,电流各次谐波分量就完全确定。利用这种方法分析非线性回路,计算十分方便。

例 3-1 已知某晶体管的转移特性,其转移导纳 $g = 10\text{mS}$,已知 $U_j = 0.6\text{V}$,$E_b = 1\text{V}$,激励信号电压幅值 $U_{bm} = 3.2\text{V}$,求电流 i_c 的 I_{c0}、I_{c1m}、I_{c2m} 分量的值。

解 先求导通角 θ,根据式(3-4),有

$$\cos\theta = \frac{U_j + E_b}{U_{bm}} = \frac{1}{2}, \quad \theta = 60°$$

再求 I_{cmax},根据式(3-5)有

$$I_{cmax} = gU_{bm}(1 - \cos\theta) = 10 \times 3.2 \times (1 - \cos 60°)\text{mA} = 16\text{mA}$$

查图 3-4 曲线得:$\alpha_0(60°) = 0.21$,$\alpha_1(60°) = 0.39$,$\alpha_2(60°) = 0.28$,则

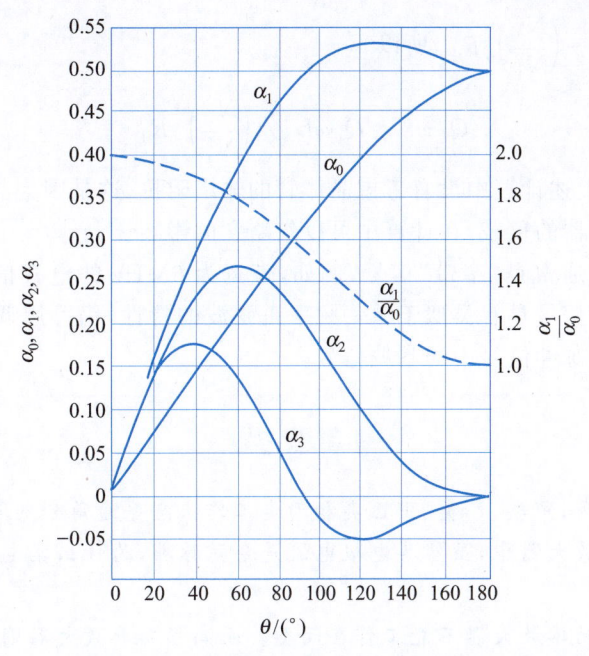

图 3-4 余弦脉冲的几个常用系数 α_0、α_1、α_2 和 α_3 与 θ 的关系曲线

$$I_{c0} = \alpha_0 I_{cmax} = 3.36 \text{mA}$$
$$I_{c1m} = \alpha_1 I_{cmax} = 6.28 \text{mA}$$
$$I_{c2m} = \alpha_2 I_{cmax} = 4.48 \text{mA}$$

基波电流 i_{c1} 为

$$i_{c1} = I_{c1m} \cos\omega t = 6.24 \cos\omega t \text{ mA}$$

3.2.5 槽路电压

在调谐功率放大器中,槽路是调谐信号在基波上的频率的,槽路对基波具有最大的阻抗,并且表现为纯电阻性,而对于其他谐波,其阻抗要小得多,甚至可以忽略不计(当槽路的品质因数足够高时)。所以可以认为,槽路电压基本上是一个正弦波,即基波。这样,虽然集电极电流是余弦脉冲,但借助于槽路的选频作用,仍可获得基本正弦的电压输出。

集电极电压 u_{ce} 的波形如图 3-3($u_{ce} \sim t$)所示。晶体管集电极电压为

$$u_{ce} = E_c - U_{cm}\cos\omega t \tag{3-17}$$

式(3-17)中的 U_{cm} 是槽路(抽头部分)电压幅值:

$$U_{cm} = I_{c1m} R_c \tag{3-18}$$

其中,R_c 是集电极等效负载电阻,也即槽路调谐在基波频率时,并联谐振电阻折算到抽头部分的数值,即

$$R_c = \left(\frac{N_0}{N_1}\right)^2 R = \left(\frac{N_0}{N_1}\right)^2 Q_L \omega L \tag{3-19}$$

其中,R 为谐振电阻,即

$$R = R_0 \mathbin{/\mkern-6mu/} R'_L \quad \text{且} \quad R = Q_L \omega L$$

因为 $R_0 = Q_0 \omega L$，$R'_L = \left(\dfrac{N_1}{N_2}\right)^2 R_L$，所以

$$Q_L \omega L = Q_0 \omega L \mathbin{/\mkern-6mu/} \left(\dfrac{N_1}{N_2}\right)^2 R_L \tag{3-20}$$

应该注意的是，上述计算中没有考虑晶体管的输出阻抗，这是因为晶体管输出阻抗一般远大于调谐功率放大器的负载，在计算中可以忽略它的影响。

实用的高频信号通常是"窄带"信号，例如，带宽为 6MHz 的电视信号调制到 450MHz 的频率上。由于窄带信号具有类似于单一频率正弦波的特性，仍可用调谐在输入信号频率的输出谐振回路选择脉冲信号中的基波信号。

复习思考题

1. 什么是导通角，甲类、乙类、甲乙类和丙类工作状态导通角分别取多少？
2. 在调谐功率放大器中，虽然集电极电流是余弦脉冲，为什么集电极仍可获得基本正弦的电压输出？
3. 为什么低频功率放大器不能工作在丙类？而高频功率放大器则可以工作在丙类？

3.3 功率和效率

从能量转换方面看，放大器是通过晶体管把直流功率转换成交流功率，通过槽路把脉冲功率转换为正弦功率，然后传输给负载。在能量的转换和传输过程中，不可避免地产生损耗，所以放大器的效率不能达到 100%。功率放大器功率大，电源供给、管子发热等问题就也大。为了尽量减小损耗，合理地利用晶体管和电源，必须分析功率放大器的功率和效率问题：

调谐功率放大器在晶体管输出回路有如下五种功率需要考虑：

(1) 电源供给的直流功率 P_S；
(2) 通过晶体管转换的交流功率，即晶体管集电极输出的交流功率 P_o；
(3) 通过槽路送给负载的交流功率，即 R_L 上得到的功率 P_L；
(4) 晶体管在能量转换过程中的损耗功率，即晶体管损耗功率 P_C；
(5) 槽路损耗功率 P_T。

以上五项功率的相互关系如图 3-5 所示。电源供给的功率 P_S，一部分 (P_C) 损耗在管子，使管子发热；另一部分 (P_o) 转换为交流功率，输出给槽路。通过槽路时一部分 (P_T) 损耗在槽路线圈和电容中，另一部分 (P_L) 输出给负载 R_L。

此外，在晶体管输入回路里，还有激励功率 P_b 等。

晶体管转换能量的效率叫集电极效率，以 η_c 表示，其计算式为

$$\eta_c = \dfrac{P_o}{P_S} \tag{3-21}$$

槽路将交流功率 P_o 传送给负载的效率叫槽

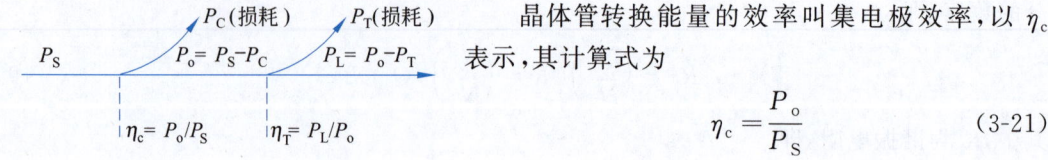

图 3-5 调谐功率放大器中功率的相互关系

路效率,以 η_T 表示,其计算式为

$$\eta_T = \frac{P_L}{P_o} \tag{3-22}$$

需要注意的是这里的槽路效率也就是小信号调谐放大器的谐振回路效率,只是两种习惯叫法不同而已。

下面分析 η_c、η_T 与哪些因素有关。

1. 集电极效率 η_c

电源供给功率 P_S 和交流输出功率 P_o 可分别表示为

$$P_S = E_c I_{c0} \tag{3-23}$$

$$P_o = \frac{1}{2} U_{cm} I_{c1m} \tag{3-24}$$

集电极效率 η_c 为

$$\eta_c = \frac{P_o}{P_S} = \frac{U_{cm} I_{c1m}}{2 E_c I_{c0}} = \frac{1}{2} \frac{U_{cm}}{E_c} \frac{\alpha_1 I_{cmax}}{\alpha_0 I_{cmax}} = \frac{1}{2} \frac{\alpha_1}{\alpha_0} \frac{U_{cm}}{E_c} \tag{3-25}$$

式(3-25)说明 η_c 与比值 $\frac{\alpha_1}{\alpha_0}$ 和 $\frac{U_{cm}}{E_c}$ 成正比。

$\frac{\alpha_1}{\alpha_0}$ 是余弦脉冲基波分量和直流分量分解系数之比,代表着集电极电流基波幅值与直流电流之比,称为集电极电流利用系数。因为 α_0 和 α_1 都是 θ 的函数,所以 $\frac{\alpha_1}{\alpha_0}$ 也是 θ 的函数,其与 θ 的关系曲线如图3-4所示。图示曲线表明,θ 越小,$\frac{\alpha_1}{\alpha_0}$ 越大。在极限情况下,$\theta=0$,$\frac{\alpha_1}{\alpha_0}=2$,即基波电流为直流电流的2倍。在实际工作中 θ 也不宜太小,因为 θ 小,虽然 $\frac{\alpha_1}{\alpha_0}$ 大,但 α_1 太小,则 I_{c1m} 也小,就会造成输出功率过小。

为了兼顾输出功率和效率两个方面,通常取 $\theta=40°\sim70°$ 为宜。这时 $\frac{\alpha_1}{\alpha_0}=1.7\sim1.9$,与极限值2相比,下降不多。

$\frac{U_{cm}}{E_c}$ 是集电极基波电压幅值与直流电源电压之比,称为集电极电压利用系数。基波电压幅值为

$$U_{cm} = \alpha_1 I_{cmax} R_c \tag{3-26}$$

它与负载、激励大小及导通角有关。无论由于上述什么原因使 U_{cm} 增大时,则 $\frac{U_{cm}}{E_c}$ 也增大,从而使 η_c 提高。

不过 $\frac{U_{cm}}{E_c}$ 也不能任意提高,因为在管子导通的某一瞬间,集电极电压 u_{ce} 下降的最小值(见图3-3)为

$$u_{cemin} = E_c - U_{cm} \tag{3-27}$$

U_{cm} 增大则 u_{cemin} 减小,当减小到一定程度(为 1~2V),晶体管进入饱和区。此后,虽然 U_{cm} 仍可增大,u_{cemin} 进一步减小,电压利用系数也有所提高,但其变化缓慢,$\dfrac{U_{cm}}{E_c}$ 极限近似为 1。一般管子饱和电压可按 1V 计算,高频时可适当增大,例如,某放大器电源电压 $E_c=12V$,管子饱和压降为 $1V$,$U_{cm}=12-1=11V$,电压利用系数为 $\dfrac{U_{cm}}{E_c}=\dfrac{11}{12}=0.917$。

根据以上分析可知,在设计调整较好的调谐放大器中,η_c 为

$$\eta_c = \frac{1}{2}\frac{\alpha_1}{\alpha_0}\frac{U_{cm}}{E_c} = \frac{1}{2}(1.7 \sim 1.9) \times 0.915 = 0.78 \sim 0.87$$

作为对比,甲类放大器 θ 为 $180°$,查曲线可知 $\dfrac{\alpha_1}{\alpha_0}=1$,$\eta_c=\dfrac{1}{2}\times 1\times 0.915=0.407$。乙类放大器 θ 为 $90°$,查曲线可知 $\dfrac{\alpha_1}{\alpha_0}=1.58$,$\eta_c=\dfrac{1}{2}\times 1.58\times 0.915=0.643$。由此可见丙类放大器的 η_c 比甲类、乙类放大器的 η_c 都高。

2. 槽路效率 η_T

$$\eta_T = \frac{P_L}{P_o} = \frac{P_o - P_T}{P_o} \tag{3-28}$$

图 3-6 所示为负载折算到槽路的等效回路,U_m 为回路两端的电压幅值。由图可以看出,负载功率 P_L 是 R'_L 所吸收的功率,槽路损耗功率 P_T 是槽路空载电阻 R_0 所吸收的功率;而集电极输出的基波功率 P_o 相当于总电阻 R 所吸收的功率。这些功率都可用槽路电压

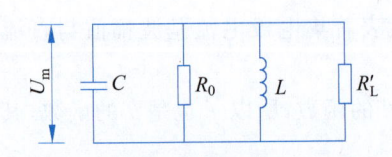

图 3-6　负载折算到槽路的等效回路

和各有关电阻表示。即

$$P_o = \frac{U_m^2}{2R} = \frac{U_m^2}{2Q_L\omega L}$$

$$P_T = \frac{U_m^2}{2R_0} = \frac{U_m^2}{2Q_0\omega L}$$

将以上两式代入式(3-28)可得

$$\eta_T = \frac{P_o - P_T}{P_o} = \frac{\dfrac{U_m^2}{2Q_L\omega L} - \dfrac{U_m^2}{2Q_0\omega L}}{\dfrac{U_m^2}{2Q_L\omega L}} = \frac{Q_0 - Q_L}{Q_0} \tag{3-29}$$

式(3-29)表明,η_T 决定于槽路的空载与有载品质因数。Q_0 越大,Q_L 越小,则 η_T 越高。实际上,由于受到槽路元件质量的限制,Q_0 不可能很大,一般只有几十到几百。Q_L 也不能太小,否则槽路滤波效果太差,输出波形不好,一般为 $Q_L=5\sim 10$。若 $Q_0=50$,$Q_L=10$,则

$$\eta_T = \frac{50-10}{50} = 0.8$$

如果选用较好的 L、C 元件,Q_0 可再大些,η_T 也可再高些,故在电路设计中 η_T 可按 $0.8\sim 0.9$ 估计。

知道了 η_C 和 η_T，就可以根据负载要求的输出功率 P_L 计算晶体管损耗。

$$P_C = P_S - P_o = \frac{P_o}{\eta_C} - P_o = \frac{P_L}{\eta_T}\left(\frac{1}{\eta_C} - 1\right) \tag{3-30}$$

P_C 是选用晶体管容量的依据。例如 $\eta_C = 0.8$，$\eta_T = 0.8$，则

$$P_C = \frac{P_L}{\eta_T}\left(\frac{1}{\eta_C} - 1\right) = \frac{P_L}{0.8}\left(\frac{1}{0.8} - 1\right) = 0.31 P_L$$

若 $P_L = 1\text{W}$，则晶体管损耗 $P_C = 0.31\text{W}$，所选用晶体管功率容量必须大于此值。为留有余地，可选用集电极最大允许损耗功率（即功率容量）$P_{CM} = 0.5\text{W}$ 的管子。在甲类放大器中，同样容量的管子，理论上最高输出功率也只有 0.25W，同丙类放大器相比要差 4 倍之多。

综上所述，为了尽可能利用小功率容量的管子和电源，输出较大的功率，应力求 η_C 和 η_T 高。η_C 高要适当选取 θ，使电压利用系数尽可能大；η_T 高，要求槽路空载品质因数 Q_0 大，即应选用低损耗的电感和电容元件。

应该注意的是，放大器工作在丙类，效率固然提高了，但是由于集电极电流波形是余弦脉冲，所以失真比较严重。尽管并联谐振回路有选频、滤波性能，但它不具有理想的滤波特性，各次谐波输出对基波的干扰不可避免。下面分析这种干扰的情况。

当并联谐振回路调谐在基波频率时，回路对基波呈现为纯电阻，则在线圈抽头上的基波电压为

$$u_c = I_{c1m} R_c \cos\omega t$$

其中，I_{c1m} 为集电极基波电流分量幅值。

对 n 次谐波的阻抗 $Z_{n\omega}$ 为

$$Z_{n\omega} = \frac{R_c}{\sqrt{1 + Q_L^2 \left(\frac{n\omega}{\omega} - \frac{\omega}{n\omega}\right)^2}}$$

线圈抽头电压 u_{cn} 为

$$u_{cn} = \frac{I_{cnm} R_c}{\sqrt{1 + Q_L^2 \left(\frac{n\omega}{\omega} - \frac{\omega}{n\omega}\right)^2}} \cos n\omega t$$

其中，I_{cnm} 为集电极 n 次谐波电流幅值。

可见，当并联谐振回路 Q_L 无穷大时，干扰项 u_{cn} 等于零。集电极输出电压为不失真的余弦波。实际上，Q_L 不可能无穷大。在 $Q_L = 50$ 条件下，二次谐波阻抗与基波阻抗之比为

$$\frac{Z_{2\omega}}{Z_\omega} = \frac{1}{\sqrt{1 + Q_L^2 \left(\frac{2\omega}{\omega} - \frac{\omega}{2\omega}\right)^2}} \approx 1.3\%$$

三次谐波阻抗与基波阻抗之比为

$$\frac{Z_{3\omega}}{Z_\omega} = \frac{1}{\sqrt{1 + 50^2 \times \left(3 - \frac{1}{3}\right)^2}} \approx 0.75\%$$

由此可知,二次谐波阻抗是基波阻抗的 1.3%,三次谐波阻抗是基波阻抗的 0.75%。非常明显,谐波次数越高,阻抗越小;同时各次谐波电流幅值也随谐波次数增大而减小。由于两者的相对减小,并联谐振回路输出的各次谐波电压也以更高的速率减小。通过以上分析可以证明并联谐振回路输出的是失真不大的余弦信号。

例 3-2 有一个高频功率管 3DA1 做成的谐振功率放大器,已知 $E_c = 24\text{V}$, $P_o = 2\text{W}$,工作频率 $f_0 = 10\text{MHz}$,导通角 $\theta = 70°$。请验证该管是否满足要求。3DA1 的有关参数为 $f_T \geqslant 70\text{MHz}$,功率增益 $A_P \geqslant 13\text{dB}$,集电极饱和压降 $U_{ces} \geqslant 1.5\text{V}$, $P_{CM} = 1\text{W}$, $I_{CM} = 750\text{mA}$, $BV_{ceo} \geqslant 50\text{V}$。

分析 一个高频功率管用作谐振功率放大器时,需要满足下列条件:

$$I_{CM} \geqslant I_{cmax}$$
$$BV_{ceo} \geqslant 2E_c$$
$$P_{CM} > P_C$$
$$f_T = (3 \sim 5)f_0$$

解 (1) 求集电极电流各成分。

$$R_c = \frac{(E_c - U_{ces})^2}{2P_o} = \frac{(24-1.5)^2}{2 \times 2} = 126(\Omega)$$

$$P_o = \frac{1}{2}I_{c1m}^2 R_c, \quad I_{c1m} = \sqrt{\frac{2P_o}{R_c}} = 174(\text{mA})$$

$$I_{cmax} = \frac{I_{c1m}}{\alpha_1(70°)} = \frac{174}{0.43} = 405(\text{mA})$$

$$I_{c0} = \alpha_0 I_{cmax} = 0.25 \times 405 = 101(\text{mA})$$

$$P_S = E_c I_{c0} = 24 \times 101 = 2.42(\text{W})$$

(2) 求 P_S 和 η_c。

$$P_C = P_S - P_o = 2.42 - 2 = 0.42(\text{W})$$

$$\eta_c = \frac{P_o}{P_S} = \frac{2}{2.42} = 83\%$$

(3) 验证 3DA1 管是否满足要求。

由于 $I_{cmax} = 405\text{mA} < I_{CM} = 750\text{mA}$, $P_C = 0.42\text{W} < P_{CM} = 1\text{W}$; $BV_{ceo} \geqslant 50\text{V}$,满足 $BV_{ceo} \geqslant 2E_c = 48\text{V}$; $f_T = (3 \sim 5)f_0$,取 $5f_0 = 50\text{MHz}$, $f_T = 70\text{MHz} > 50\text{MHz}$;所以 3DA1 管能满足要求。

复习思考题

1. 晶体管集电极效率是怎样确定的?若提高集电极效率应从哪几个方面入手?
2. 什么是丙类高频功率放大器电压利用系数?
3. 导通角变化对丙类放大器输出功率有何影响?

3.4 调谐功率放大器的工作状态分析

为了讨论调谐功率放大器不同工作状态对电压、电流、功率和效率的影响,需要对调谐功率放大器的动态特性进行分析。

3.4.1 调谐功率放大器的动态特性

调谐功率放大器的动态特性是晶体管内部特性和外部特性结合起来的特性(即实际放大器的工作特性)。晶体管内部特性(或静态特性)是集电极回路没有接负载的条件下,晶体管的输出特性和转移特性(见图 3-2),它是晶体管本身所固有的。晶体管外部特性是在有载情况下且晶体管输入、输出电压(u_{be},u_{ce})同时变化时,$i_c \sim u_{be}$,$i_c \sim u_{ce}$ 特性。

放大区动态特性由下列三个方程求得:
在转移特性曲线放大区,内部特性方程为

$$i_c = g(u_{be} - U_j) \tag{3-31}$$

外部特性方程为

$$\begin{cases} u_{be} = -E_b + U_{bm}\cos\omega t \\ u_{ce} = E_c - U_{cm}\cos\omega t \end{cases} \tag{3-32}$$

将 u_{be} 代入式(3-31),得

$$i_c = g(-E_b + U_{bm}\cos\omega t - U_j) \tag{3-33}$$

由于 $u_{ce} = E_c - U_{cm}\cos\omega t$,则有

$$\cos\omega t = \frac{E_c - u_{ce}}{U_{cm}}$$

代入式(3-33)得

$$i_c = g\left(-E_b - U_j + U_{bm}\frac{E_c - u_{ce}}{U_{cm}}\right) \tag{3-34}$$

在回路参数、偏置、激励、电源电压确定后,i_c 可表示为以 u_{ce} 为变量的函数即 $i_c = f(u_{ce})$。它表明放大器的动态特性是一条直线,只需找出两个特殊点,就可把动态线绘出。例如,静态工作点 Q 和起始导通点 B。调谐功率放大器动态特性如图 3-7 所示。

对于静态工作点 Q,其特征是 $u_{ce} = E_c$,代入式(3-34)得

$$i_c = g(-E_b - U_j) = -g(U_j + E_b)$$

由于调谐功率放大器 E_b 和 U_j 的值恒为正,所以 i_c 为负值。Q 点的坐标(见图 3-7)为 $[E_c, -g(U_j + E_b)]$。Q 点位于横坐标的下方,即对应于静态工作点的电流为负,这实际上是不可能的,它说明 Q 点是个假想点,反映了丙类放大器处于截止状态,集电极无电流。

对于起始导通点 B,其特征是 $i_c = 0$,代入式(3-34)得

$$0 = g\left(-E_b - U_j + U_{bm}\frac{E_c - u_{ce}}{U_{cm}}\right)$$

解方程得

$$u_{ce} = E_c - U_{cm}\frac{U_j + E_b}{U_{bm}} = E_c - U_{cm}\cos\theta$$

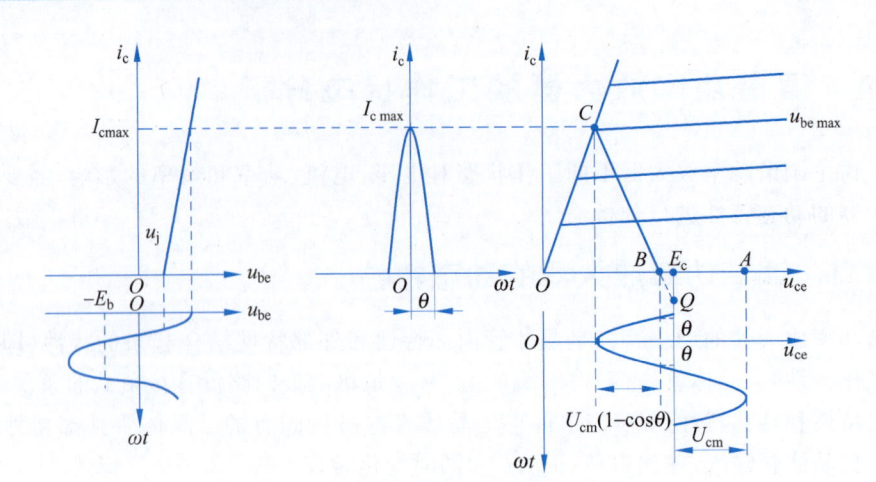

图 3-7 调谐功率放大器的动态特性

此时 $\omega t=\theta$、$i_c=0$，晶体管刚好处于截止到导通的转折点，B 点坐标为 $[E_c-U_{cm}\cos\theta,0]$。

如图 3-7 所示连接 Q 点和 B 点的直线并延长与 u_{bemax} ($u_{bemax}=U_{bm}-E_b$) 相交于 C 点，则 BC 段就是晶体管处于放大区的动态线。AB 段是晶体管处于截止状态的动态线，此时，$i_c=0$。因此，丙类谐振功率放大器的动态特性曲线为折线 $CB-BA$。当 $\omega t=0$ 时，$u_{be}=-E_b+U_{bm}=u_{bemax}$，$u_{ce}=E_c-U_{cm}$，从而确定 C 点；当 $\omega t=\pi$ 时，$i_c=0$，$u_{ce}=E_c+U_{cm}$，确定出 A 点，在极端情况下，A 点电压可能是电源电压的 2 倍。因此，选管子时，$BV_{ceo}\geq 2E_c$。

当放大器工作在临界状态时，C 点刚好在饱和线与动态线的交点；当放大器工作在过压状态时，C 点沿着饱和线 CO 下滑，此时，i_c 只受 u_{ce} 控制，而不再随 u_{be} 变化，所以进入过压区的动态线是与输出特性曲线临界饱和线重合的一段线。

由图 3-7 可知，放大区的动态线是一条负斜率线段 BC，类似于低频放大器的负载线，但是与它有着严格的区别。丙类放大器的动态线不仅是负载的函数，而且还是导通角的函数。动态线斜率的倒数即为调谐功率放大器的动态电阻 R'_c。R'_c 可由图 3-7 直接求出，它是晶体管导通时集电极电压脉冲波形的高度 $U_{cm}(1-\cos\theta)$ 与集电极余脉冲电流的高度 I_{cmax} 之比，表示为

$$R'_c=\frac{U_{cm}(1-\cos\theta)}{I_{cmax}}=\frac{I_{c1m}R_c(1-\cos\theta)}{I_{cmax}}=\alpha_1(\theta)(1-\cos\theta)R_c \tag{3-35}$$

从式(3-35)可以看出，调谐功率放大器的动态电阻不仅与导通角 θ 有关，而且与等效负载电阻 R_c 有关。

3.4.2 调谐功率放大器的三种工作状态及其判别方法

1. 调谐功率放大器的三种工作状态

根据调谐功率放大器在工作时是否进入饱和区，可将放大器分为欠压、临界和过压三种工作状态：

(1) 欠压——若在整个周期内，晶体管工作不进入饱和区，即在任何时刻都工作在放大状态，称放大器工作在欠压状态；

(2) 临界——若晶体管工作时刚刚进入饱和区的边缘,即当集电极电流的最大值正好落在临界线上时,称放大器工作在临界状态;

(3) 过压——若晶体管工作时有部分时间进入饱和区,则称放大器工作在过压状态。

2. 工作状态的判别方法

由图 3-7 可知,管子集电极电压 u_{ce} 在 $E_c \pm U_{cm}$ 之间变化,其最低点为 $u_{cemin} = E_c - U_{cm}$,当 u_{ce} 很低时,管子工作就进入饱和区。所以根据 u_{cemin} 的大小,就可判断放大器处于什么工作状态。

当 $u_{cemin} > U_{ces}$ 是欠压状态;

当 $u_{cemin} = U_{ces}$ 是临界状态;

当 $u_{cemin} < U_{ces}$ 是过压状态。

3.4.3 R_c、E_c、E_b 和 U_{bm} 变化对放大器工作状态的影响

因为 $u_{cemin} = E_c - U_{cm} = E_c - \alpha_1 I_{cmax} R_c$,所以放大器的这三种工作状态取决于电源电压 E_c、偏置电压 E_b、激励电压幅值 U_{bm} 以及集电极等效负载电阻 R_c。

1. R_c 变化对放大器工作状态的影响——调谐功率放大器的负载特性

当调谐功率放大器的电源电压 E_c、偏置电压 E_b 和激励电压幅值 U_{bm} 一定,改变集电极等效负载电阻 R_c 后,放大器的集电极电流 i_c、槽路电压 U_{cm}、输出功率 P_o、效率 η 随晶体管等效负载电阻 R_c 的变化特性称为调谐功率放大器的负载特性。

图 3-8 所示为在三种不同负载电阻 R_c 时的三条不同动态特性 QA_1、QA_2、$QA_3 A_3'$。其中 QA_1 对应于欠压状态,QA_2 对应于临界状态,$QA_3 A_3'$ 对应于过压状态。QA_1 相对应的负载电阻 R_c 较小,U_{cm} 也较小,集电极电流波形是余弦脉冲。随着 R_c 增大,动态负载线的斜率逐渐减小,U_{cm} 逐渐增大,放大器工作状态由欠压到临界,此时电流波形仍为余弦脉冲,只是幅值比欠压时略小。当 R_c 继续增大,U_{cm} 进一步增大,放大器进入过压状态工作,此时动态负载线 QA_3 与饱和线相交,此后电流 i_c 随 U_{cm} 沿饱和线下降到 A_3' 点,电流波形顶端下凹,呈马鞍形。

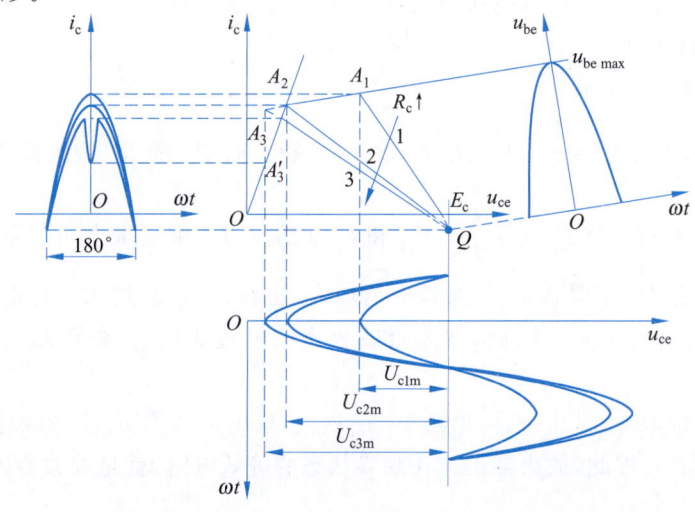

图 3-8 在三种不同负载电阻 R_c 时的动态特性

通过以上分析知道，负载 R_c 变化引起 i_c 电流波形和 I_{c0}、I_{c1m} 的变化，从而引起 U_{cm}、P_o、P_C、η_c、P_S 的变化。如图 3-9 所示是放大器的负载特性曲线。

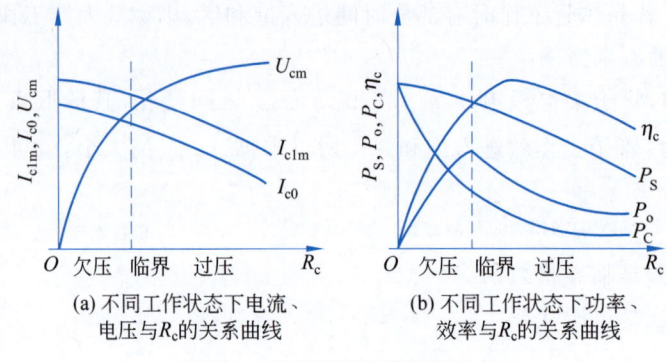

图 3-9　放大器的负载特性曲线

(a) 不同工作状态下电流、电压与 R_c 的关系曲线

(b) 不同工作状态下功率、效率与 R_c 的关系曲线

1) 不同工作状态下电流、电压与 R_c 的关系

由前述已知，在欠压状态，R_c 增大，I_{cmax}、θ 略有减小，相应地 I_{c0}、I_{c1m} 也随 R_c 增大而略有减小；电压 $U_{cm}=R_c I_{c1m}$，因 I_{c1m} 略有减小，接近常量，U_{cm} 几乎随 R_c 成正比增大；在临界点后，R_c 再增大，i_c 波形下凹，I_{cmax} 下降较快，相应地 I_{c0}、I_{c1m} 也很快下降，且 R_c 增大越多，下降越迅速，所以在过压状态，I_{c0}、I_{c1m} 随 R_c 增大而减小，U_{cm} 随 R_c 增大略有增大。图 3-9(a)表示出了不同工作状态下电流、电压与 R_c 的关系曲线。

2) 不同工作状态下功率、效率与 R_c 的关系

(1) 功率与 R_c 的关系。

在欠压状态，$P_o=\dfrac{1}{2}I_{c1m}^2 R_c$，$I_{c1m}$ 随 R_c 增大略有减小(基本不变)，所以 P_o 随 R_c 增大而增大；在过压状态，因为 $P_o=\dfrac{U_{cm}^2}{2R_c}$，$U_{cm}$ 随 R_c 增大而缓慢增大(基本不变)，所以 P_o 随 R_c 增大而减小。在临界状态，输出功率 P_o 最大。

因为 $P_S=E_c I_{c0}$，由于电源电压不变，P_S 和 I_{c0} 的变化规律一样；$P_C=P_S-P_o$，随负载 R_c 的变化如图 3-9(b)所示。

(2) 效率与 R_c 的关系。

在欠压状态，因为 $\eta_c=\dfrac{P_o}{P_S}$，P_S 随 R_c 增大而减小，而 P_o 随 R_c 增大而增大，所以 η_c 随 R_c 增大而提高；在过压状态，$\eta_c=\dfrac{P_o}{P_S}$，P_S 和 P_o 均随着 R_c 继续增大而下降，但刚过临界点时，P_o 的下降没有 P_S 下降快，所以继续有所增大，随着 R_c 继续增大，P_o 的下降比 P_S 快，所以 η_c 也相应地有所下降。因此，在靠近临界点的弱过压区 η_c 的值最大。如图 3-9(b)所示。

值得注意的是，在临界状态，输出功率 P_o 最大，集电极效率 η_c 也较高。这时候的放大器工作在最佳状态。因此，放大器工作在临界状态的等效电阻，就是放大器阻抗匹配所需的最佳负载电阻。

通过以上讨论可得以下结论。

欠压状态时，电流 I_{c1m} 基本不随 R_c 变化，放大器可视为恒流源。输出功率 P_o 随 R_c 增大而增大，耗损功率 P_C 随 R_c 减小而增大。当 $R_c=0$，即负载短路时，集电极耗损功率 P_C 达到最大值，这时有可能烧毁晶体管。因此在实际调整时，千万不可将放大器的负载短路。一般在基极调幅电路中采用欠压状态。

临界状态时，放大器输出功率最大，效率也较高，这时候的放大器工作在最佳状态。一般发射机的末级功放多采用临界工作状态。

过压状态时，当在弱过压状态，输出电压基本不随 R_c 变化，放大器可视为恒压源，集电极效率 η_c 最高。一般在功率放大器的激励级和集电极调幅电路中采用该弱过压状态。但深度过压时，i_c 波形下凹严重，谐波增多，一般应用较少。

在实际调整中，调谐功放可能会经历上述三种状态，利用负载特性就可以正确判断各种状态，以进行相应的调整。

这里还需要提出的是在调谐功率放大器设计时，工作状态如何确定。对于固定负载，以工作在临界状态或弱过压状态为宜。对于变化的负载，假如设计在负载电阻高的情况下工作在临界状态，那么在低电阻时为欠压状态下工作，就会造成输出功率 P_o 减小而管耗增大，所以选管子时功率 P_{CM} 一定要充分留有余量。反之，假如设计在负载电阻低的情况下工作在临界状态，那么在高电阻时为过压状态下工作。过压时，谐波含量增大，这时可采用3.5.2 节中将要介绍的基极自给偏压环节，使过压深度减轻。

2. E_c 变化对放大器工作状态的影响——集电极调制特性

在 E_b、U_{bm}、R_c 保持恒定时，集电极电源电压 E_c 变化对放大器工作状态的影响如图 3-10 所示。因为 R_c 不变，动态负载特性曲线的斜率不变，又因为 E_b、U_{bm} 不变，$u_{bemax}=U_{bm}-E_b$ 不变，因而，对应于 u_{cemin} 的动态点必定在 $u_{be}=u_{bemax}$ 的那条输出特性曲线上移动。E_c 变化，u_{cemin} 也随之变化，使得 u_{cemin} 和 U_{ces} 的相对大小发生变化。当 E_c 较大时，u_{cemin} 具有较大数值，且远大于 U_{ces}，放大器工作在欠压状态。随着 E_c 减小，u_{cemin} 也减小，当 u_{cemin} 接近 U_{ces} 时，放大器工作在临界状态。E_c 再减小，u_{cemin} 小于 U_{ces} 时，放大器工作在过压状态。

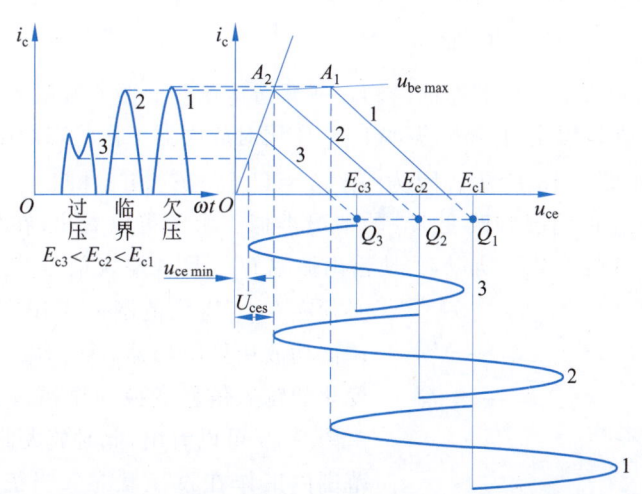

图 3-10 集电极电源电压 E_c 变化时对放大器工作状态的影响

在图 3-10 中，$E_c > E_{c2}$ 时，放大器工作在欠压状态；$E_c = E_{c2}$ 时，放大器工作在临界状态；$E_c < E_{c2}$ 时，放大器工作在过压状态。即当 E_c 由大变小时，放大器的工作状态由欠压进入过压，i_c 波形也由余弦脉冲波形变为中间出现凹陷的脉冲波。由于 E_c 控制 i_c 波形的变化，I_{c0}、I_{c1m} 以及 $U_{cm} = I_{c1m} R_c$ 也同样随 E_c 变化而变化。图 3-11 所示为 E_c 对 I_{c1}、U_{cm} 及 I_{c0} 的控制曲线即集电极调制特性。集电极调制特性是指当 E_b、U_{bm}、R_c 保持恒定，放大器的性能随集电极电源电压 E_c 变化的特性。当 E_c 改变时，这个特性是晶体管集电极调幅的理论依据。由图 3-11 可见，<u>只有在过压状态 E_c 对 U_{cm} 才能有较大的控制作用，所以集电极调幅应工作在过压状态</u>。

3. E_b 变化对放大器工作状态的影响——基极调制特性

当 E_c、U_{bm}、R_c 保持恒定时，基极偏置电压 E_b 变化对放大器工作状态的影响即基极调制特性如图 3-12 所示。因为 $u_{bemax} = U_{bm} - E_b$，U_{bm} 一定时，u_{bemax} 随 E_b 改变，从而导致 i_{cmax} 和 θ 的变化。在欠压状态下，由于 u_{bemax} 较小，所以 i_{cmax} 和 θ 也较小，从而 I_{c0}、I_{c1m} 都较小。当 E_b 值的改变使 u_{bemax} 增大时，i_{cmax} 和 θ 也增大，从而 I_{c0}、I_{c1m} 也随之增大，当 u_{bemax} 增大到一定程度，放大器的工作状态由欠压进入过压，电流波形出现凹陷。但此时，i_{cmax} 和 θ 还会增大。所以 I_{c0}、I_{c1m} 随着 E_b 增大略有增大。又由于 R_c 不变，所以 U_{cm} 的变化规律与 I_{c1m} 一样。图 3-12 给出了 I_{c0}、I_{c1m}、U_{cm} 随 E_b 变化的特性曲线。当 E_c、U_{bm}、R_c 保持恒定，放大器的性能随基极偏置电压 E_b 变化的特性，称为基极调制特性。由图可以看出，<u>在欠压区，高频振幅 U_{cm} 基本随 E_b 呈线性变化，E_b 对 U_{cm} 有较强的控制作用</u>，这就是基极调幅的工作原理。

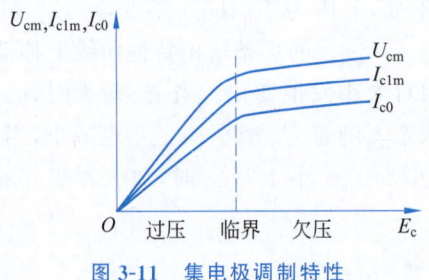

图 3-11　集电极调制特性

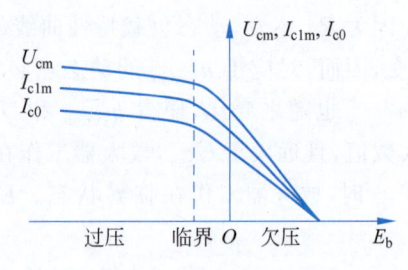

图 3-12　基极调制特性

4. U_{bm} 变化对放大器工作状态的影响——调谐功率放大器的振幅特性

当 E_c、E_b、R_c 保持恒定时，激励振幅 U_{bm} 变化对放大器工作状态的影响即调谐功率放大器的振幅特性如图 3-13 所示。因为 $u_{bemax} = U_{bm} - E_b$，E_b 和 U_{bm} 决定了放大器的 u_{bemax}，因此改变 U_{bm} 的情况和改变 E_b 的情况类似。由图可以看出，在欠压区，高频振幅 U_{cm} 基本随 U_{bm} 呈线性变化。所以，为使输出振幅 U_{cm} 反映输入信号 U_{bm} 的变化，放大器必须在 U_{bm} 变化范围内工作在欠压状态。而当调谐功放用作限幅器，将振幅 U_{bm} 在较大范围内变化的输入信号变换为振幅恒定的输出信号时，由图 3-13 可以看出，此时放大器必须在 U_{bm} 变化范围内工作在过压状态。当 E_c、E_b、R_c 保持恒定，放大器的性能随激励振幅 U_{bm} 变化的特性，称为调谐功率放大器的振幅特性。

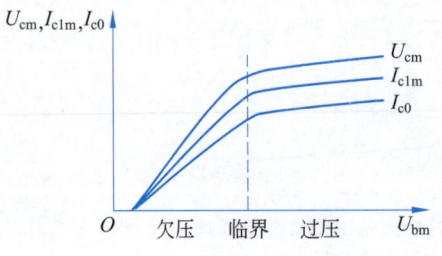

图 3-13　调谐功率放大器的振幅特性

复习思考题

1. 调谐功率放大器的三种工作状态是如何确定的？
2. 什么是调谐功率放大器的动态特性？它与电路中哪些参数有关？
3. 什么是调谐功率放大器的负载特性？放大器的电流、电压与 R_c 的关系怎样？放大器的功率、效率与 R_c 的关系怎样？在调测放大器时，应防止负载开路还是短路，为什么？
4. 为什么临界状态是丙类高频功率放大器的最佳工作状态？
5. 如果放大器原工作于过压状态，现要调整到临界状态，可以调整哪些参数来实现？

3.5 调谐功率放大器的实用电路

任何一个完整的调谐功率放大器都是由功放管、直流馈电电路、偏置电路、输出和输入匹配电路(或网络)组成。

3.5.1 直流馈电电路

1. 馈电原则

欲使谐振功率放大器正常工作，各电极必须接有相应的馈电电源。直流馈电必须遵循以下原则：对于谐振功放的集电极馈电电路，应保证集电极电流 i_c 中的直流分量 I_{c0} 只流过集电极直流电源 E_c(即，对直流而言，E_c 应直接加至晶体管 c、e 两端)，以便直流电源提供的直流功率全部给晶体管；还应保证谐振回路两端仅有基波分量压降(即，对基波而言，回路应直接接到晶体 c、e 两端)，以便把变换后的交流功率传送给回路负载；另外也应保证外电路对高次谐波分量 i_{cn} 呈现短路，以免产生附加损耗。

2. 串联馈电和并联馈电

直流馈电电路分为串馈和并馈两种。所谓串馈是指直流电源、晶体管和负载三者串联连接，串联馈电电路如图 3-14(a)所示。

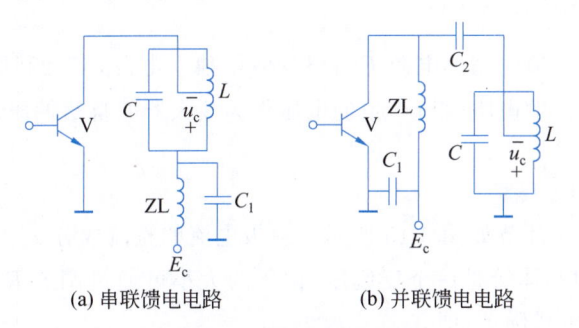

(a) 串联馈电电路　　(b) 并联馈电电路

图 3-14　直流馈电电路

串馈电路中，由于谐振回路通过旁路电容 C_1 直接接地，所以馈电支路的分布参数不会影响谐振回路的工作频率。串馈电路适合工作在频率较高的情况。但串馈电路的缺点是谐振回路处于直流高电位上，谐振回路元件不能直接接地，调谐时外部参数影响较大，调整不便。

所谓**并馈是把直流电源、晶体管和负载三者并联在一起**,并联馈电电路如图 3-14(b)所示。

并馈电路中由于有 C_2 隔断直流,谐振回路处于直流地电位上,因而滤波元件可以直接接地,这样它们在电路板上的安装比串馈电路方便。但高频扼流圈 ZL、隔直电容 C_2 又都处在高频电压下,对调谐回路又有不利影响。特别是馈电支路与谐振回路并联,馈电支路的分布电容,将使放大器 c-e 端总电容增大,限制了放大器在更高频段工作。

虽然串馈和并馈电路形式不同,但输出电压都是直流电压和交流电压的叠加,关系式均为 $u_{ce} = E_c - U_{cm}\cos\omega t$,而且都满足馈电原则。

由于调谐功率放大器的电流脉冲中含有各次谐波分布,当它们通过具有一定内阻的电源时,就会在电源两端叠加上高频电压,进而对其他线路造成影响,所以,串、并馈电路中都需要高频扼流圈和旁路电容。高频扼流圈对高频有"扼制"作用,而旁路电容对高频有短路作用。扼流圈和旁路电容的选取原则是,扼流圈阻抗应比相应支路的阻抗大一个数量级(即大 10 倍),而旁路电容应比相应支路阻抗小一个数量级。这样,就起到扼制和短路作用了。

例如,串馈电路集电极电路旁路电容 C_1 的电抗可按下式计算,即

$$X_{c1} = \left(\frac{1}{5 \sim 20}\right) R_c \tag{3-36}$$

其中,R_c 是输出回路的有载等效阻抗。

扼流圈 ZL 的电抗应比 R_c 大,即

$$X_{L1} = (5 \sim 20) R_c \tag{3-37}$$

对于并馈电路,隔直电容 C_2 的容抗对工作频率应近似短路,即

$$X_{c2} = \left(\frac{1}{5 \sim 20}\right) R_c \tag{3-38}$$

而扼流圈,则应为

$$X_{L2} = (5 \sim 20) R_c \tag{3-39}$$

以上各经验公式的系数主要为不同使用条件而设的。高扼圈的电感量,原则上是大一些好,但太大线圈圈数过多,分布电容增大,影响扼流作用。因此当工作频率较高时,系数应取下限,即 5~10 为宜,当工作频率较低时系数应取上限或更大一些如 20~100。

3.5.2 自给偏压环节

调谐功率放大器基极电路的电源 E_b,很少使用独立电源,多是利用射极电流或基极电流的直流成分通过一定的电阻后所产生的电压作为放大器的自给偏压。这种方法叫自给偏压法。

1. 射极电流自给偏压环节

射极电流自给偏压环节如图 3-15 所示。射极电流的直流成分 I_{e0} 通过电阻 R_e 形成的电压 $I_{e0}R_e$,其极性对晶体管是一个反偏压,偏压的大小可通过调节 R_e 来达到。如所需的偏压为 E_b,则 R_e 由下式确定,即

$$R_e = \frac{E_b}{I_{e0}} \tag{3-40}$$

C_e 对交流旁路,为了保证偏压不随交流波动,其放电时间常数应足够大,要求

$$R_e C_e \geqslant \frac{5}{f} \tag{3-41}$$

其中，f 是放大器的工作频率。

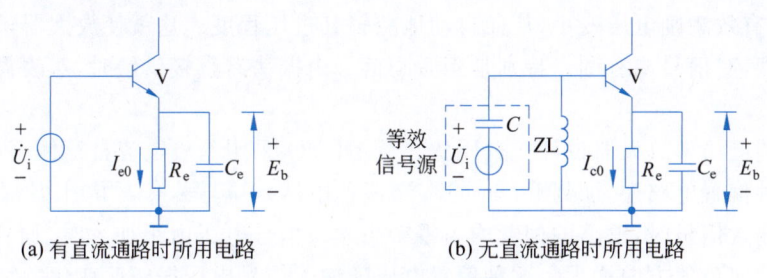

(a) 有直流通路时所用电路

(b) 无直流通路时所用电路

图 3-15 射极电流自给偏压环节

当信号源有直流通路时，射极电流自给偏压环节可用图 3-15(a)所示电路。如果信号源无直流通路，例如 $\dot{U}_i$ 串有耦合电容时(图示虚线方框)，则应加一个高频扼流圈 ZL，如图 3-15(b)所示，ZL 的作用是将射极偏压引向基极，同时也为基极直流提供通路。为了避免将输入信号短路，ZL 的电抗应相当大，其值约等于晶体管输入阻抗的 10~30 倍，但 ZL 电抗也不宜过大，过大易引起低频寄生振荡。

射流偏压环节对放大器 I_{e0} 的变化起负反馈作用，因此在欠压状态下对管子放大倍数的变化(如管子老化、更换管子或温度变化)适应性较强，温度稳定性好。但要消耗一定的 E_c，使管子的有效供电电压降低，这在 E_c 较小情况下是不利的。因此当调谐功率放大器设计在欠压状态下工作时，采用射流偏压环节较好。

2. 基极电流自给偏压环节

基极电流自给偏压环节电路如图 3-16 所示。基极直流成分 I_{b0} 通过电阻 R_b 造成的电压 $I_{b0}R_b$，对基极是个反偏压。调整 R_b 可以改变偏压的大小，故 R_b 应根据所需的偏压来选取，即

$$R_b = \frac{E_b}{I_{b0}} \tag{3-42}$$

同理为了减小 E_b 电压随交流电流波动，C_bR_b 的时间常数应满足

$$C_b R_b \geqslant \frac{5}{f} \tag{3-43}$$

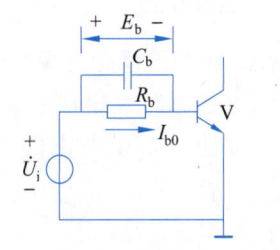

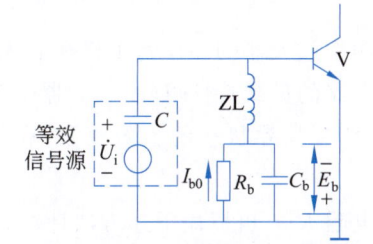

(a) 信号源不含直流成分时所用电路

(b) 信号源没有直流通路时所用电路

图 3-16 基极电流自给偏压环节电路

图 3-16(a)中的电路适用于信号源不含有直流成分的情况，否则在 R_b 上产生的压降将加到晶体管共基极-共射极，影响管子正常工作。图 3-16(b)电路可用于图示信号源没有直流通路的情况，其中 ZL 是高频扼流圈，其作用是防止输入信号被 C_b 短路，ZL 的选择与前面相同。

基极偏压环节对 I_{b0} 有调节作用。当放大器由欠压转入过压时,基极电流上升,反偏压增大,相当于有效激励电压变小,从而自动地减轻其过压程度。这就使放大器输入阻抗的变化不致太激烈,对信号源有利。特别是当激励信号由振荡器直接供给时,对改善振荡器的稳定性有利。

因此当调谐功率放大器设计在过压状态下工作时,采用基极电流自给偏压环节较好。

以上几种偏置电路中,加到 b-e 间的直流偏置电压均随输入信号电压振幅的大小而变化。当未加输入信号时,电路的偏置均为零。当输入信号电压由小加大时,加到 b-e 间的直流偏置电压均向负值方向增大。这种偏置电压随输入信号电压振幅而变化的特性称为自给偏置效应。

3.5.3 输入、输出匹配网络

为了使功率放大器具有最大的输出功率,除了正确设计晶体管的工作状态外,还必须具有良好的输入、输出匹配电路。输入匹配电路的作用是实现信号源输出阻抗与放大器输入阻抗之间的匹配,以期望获得最大的激励功率。输出匹配电路的作用是将负载 R_L 变换为放大器所需的最佳负载电阻,以保证放大器输出功率最大。可以完成这两种作用的匹配电路形式有多种,但归纳起来有两种类型,即具有并联谐振回路形式的匹配电路和具有滤波器形式的匹配电路。前者多用于前级、中间级放大器以及某些需要可调电路的输出级,后者多用于大功率、低阻抗宽带输出级,如无线电发射机。

1. 并联所示谐振回路匹配电路

图 3-17 所示为一个具有单谐振的变压器耦合匹配电路,其中图 3-17(a)为电路原理图,图 3-17(b)是晶体管输出端的等效回路图。

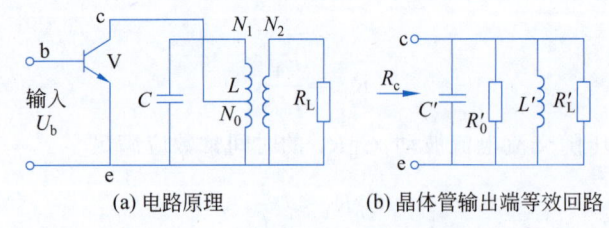

(a) 电路原理   (b) 晶体管输出端等效回路

图 3-17 单谐振变压器耦合匹配回路

由于调谐功率放大器的晶体管工作在非线性状态,匹配的概念与线性电路完全不相同。由调谐功率放大器的负载特性可知,放大器工作在临界状态时输出功率最大,效率也较高。因此,放大器工作在临界状态的等效电阻,就是放大器阻抗匹配所需的最佳负载电阻,以 R_{cp} 表示。

最佳负载电阻 R_{cp},可以用下述方法计算。

(1) 先估算管子的饱和压降(以 U_{ces} 表示),然后得知临界状态槽路抽头部分的电压幅值为

$$U_{cm} = E_c - U_{ces} \tag{3-44}$$

U_{ces} 可按 1V 估算,更精确数值可根据管子特性曲线确定。

(2) 确定最佳负载电阻 R_{cp}。

将式(3-44)代入

$$P_{\text{o}} = \frac{U_{\text{cm}}^2}{2R_{\text{c}}}$$

得

$$R_{\text{c}} = R_{\text{cp}} = \frac{U_{\text{cm}}^2}{2P_{\text{o}}} = \frac{(E_{\text{c}} - U_{\text{ces}})^2}{2P_{\text{o}}} \tag{3-45}$$

在实际电路中,如何达到集电极等效负载 $R_{\text{c}} = R_{\text{cp}}$ 呢? 由式(3-19)知道,调整 $\dfrac{N_0}{N_1}$ 便可改变 R_{c},令 $R_{\text{c}} = R_{\text{cp}}$,可求阻抗匹配时所需的匝比,即

$$R_{\text{c}} = \left(\frac{N_0}{N_1}\right)^2 Q_{\text{L}} \omega L = R_{\text{cp}}$$

解得

$$\frac{N_0}{N_1} = \sqrt{\frac{R_{\text{cp}}}{Q_{\text{L}} \omega L}} \tag{3-46}$$

其中,Q_{L} 应按通频带和选择性要求选取。

由于改变原、副边匝比 $\dfrac{N_2}{N_1}$,则改变了槽路谐振电阻 R 以及 R_{c} 和 Q_{L}。为保证所需的 Q_{L} 值不变,原、副边匝比应按 Q_{L} 值选取。根据式(3-20)可知

$$Q_{\text{L}} \omega L = \frac{Q_0 \omega L \left[\left(\dfrac{N_1}{N_2}\right)^2 R_{\text{L}}\right]}{Q_0 \omega L + \left(\dfrac{N_1}{N_2}\right)^2 R_{\text{L}}}$$

解得

$$\frac{N_2}{N_1} = \sqrt{\frac{Q_0 - Q_{\text{L}}}{Q_0 Q_{\text{L}}} \cdot \frac{R_{\text{L}}}{\omega L}} = \sqrt{\frac{\eta_{\text{T}} R_{\text{L}}}{Q_{\text{L}} \omega L}} \tag{3-47}$$

其中,$\eta_{\text{T}} = \dfrac{Q_0 - Q_{\text{L}}}{Q_0}$ 是槽路效率。

式(3-46)和式(3-47)是计算线圈匝数的主要依据。在实际工作中,有时需要参考已有电路参数,改换电源电压等级、更换负载或增大输出功率的情况,这就要求相应地调整匝比。例如若只改变负载 R_{L},则按式(3-47)相应地改变 $\dfrac{N_2}{N_1}$,$\dfrac{N_0}{N_1}$ 可以不变。但若改变 E_{c} 或输出功率,则应在计算 R_{cp} 后,按式(3-46)计算 $\dfrac{N_0}{N_1}$。

应当指出,以上两式是按理想情况推得的。

2. 滤波器型匹配网络

前述并联谐振回路匹配电路,仅是较典型的一种。在甚高频或大功率输出级,广泛利用 LC 变换网络来实现调谐和阻抗匹配。这种电路形式很多,就其结构来看,可概括为 L 型、Π 型、T 型三种类型。典型电路如图 3-18 所示。图中 R_{L} 是负载电阻,R_{S} 是信号源输出电阻。当电路用作级间匹配网络时,R_{L} 是下一级放大器的输入电阻,R_{S} 是前一级放大器的输出电阻。当电路用在输入级或输出级时,R_{S}、R_{L} 的具体含义视工作情况确定。

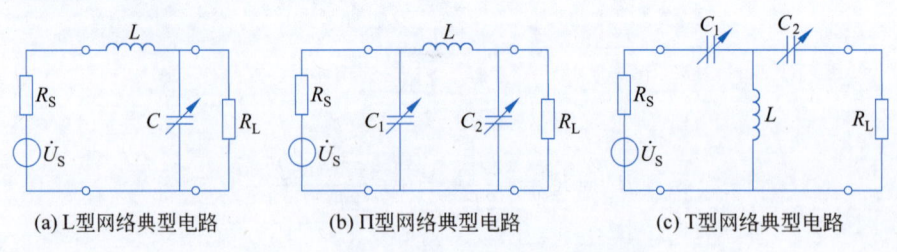

(a) L型网络典型电路　　(b) Π型网络典型电路　　(c) T型网络典型电路

图 3-18　L 型、Π 型、T 型网络的典型电路

电路中有三个可调元件(L、C_1、C_2)调整它们可改变以下三项内容,即谐振频率、有载 Q 值和匹配阻抗。滤波器型匹配网络已得到普遍应用,许多资料都对它有过深入的研究,并给出了一整套计算公式。为了加深对匹配原理的了解及计算公式的运用,下面以典型的 T 型匹配网络为例推导它的匹配条件,引出对应的设计公式。

为分析方便将 T 型匹配网络重画如图 3-19 所示。将 L、C 参数写成电抗形式,即

$$X_{c1} = \frac{1}{\omega C_1} \tag{3-48}$$

$$X_{c2} = \frac{1}{\omega C_2} \tag{3-49}$$

$$X_L = \omega L \tag{3-50}$$

(a) T型电路　　(b) T型电路变换后的等效电路

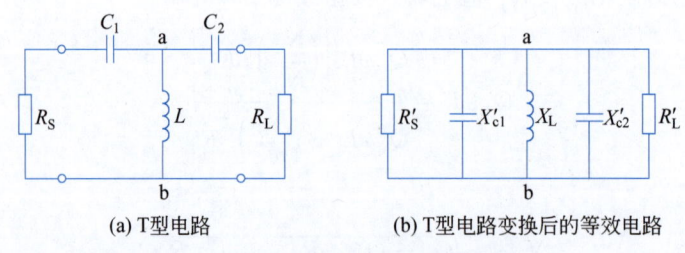

图 3-19　T 型电路及其变换后的等效电路

利用电路元件等效变换原理,将 X_{c1}、X_{c2}、R_S、R_L 变换为并联形式,则

$$X'_{c1} = \left(1 + \frac{1}{Q_{c1}^2}\right) X_{c1} \tag{3-51}$$

$$X'_{c2} = \left(1 + \frac{1}{Q_{c2}^2}\right) X_{c2} \tag{3-52}$$

$$R'_S = (1 + Q_{c1}^2) R_S \tag{3-53}$$

$$R'_L = (1 + Q_{c2}^2) R_L \tag{3-54}$$

其中,Q_{c1}、Q_{c2} 分别是输入端和输出端元件的 Q 值,分别为

$$Q_{c1} = \frac{X_{c1}}{R_S} \tag{3-55}$$

$$Q_{c2} = \frac{X_{c2}}{R_L} \tag{3-56}$$

现在根据网络谐振条件和匹配条件计算图 3-19(b)中所示三个元件的电抗值。根据匹配条件

$$R'_S = R'_L \tag{3-57}$$

由于原电路为串联型，在已知负载 R_L 和品质因数 Q_{c2} 时，有

$$X_{c2} = Q_{c2} R_L \tag{3-58}$$

$$R'_S = R'_L = (1 + Q_{c1}^2) R_S = (1 + Q_{c2}^2) R_L$$

解得

$$Q_{c1} = \sqrt{(1 + Q_{c2}^2) \frac{R_L}{R_S} - 1} \tag{3-59}$$

又因 $Q_{c1} = \dfrac{X_{c1}}{R_S}$，则

$$X_{c1} = R_S \sqrt{(1 + Q_{c2}^2) \frac{R_L}{R_S} - 1} \tag{3-60}$$

根据谐振条件 $X'_c = X_L$，因为

$$X'_c = \frac{X'_{c1} \cdot X'_{c2}}{X'_{c1} + X'_{c2}} \tag{3-61}$$

$$X_L = \frac{X'_{c1} X'_{c2}}{X'_{c1} + X'_{c2}} = \frac{X_{c1} X_{c2} \left(1 + \dfrac{1}{Q_{c1}^2}\right)\left(1 + \dfrac{1}{Q_{c2}^2}\right)}{X_{c1}\left(1 + \dfrac{1}{Q_{c1}^2}\right) + X_{c2}\left(1 + \dfrac{1}{Q_{c2}^2}\right)} = \frac{1 + Q_{c2}^2}{\dfrac{Q_{c2}^2}{X_{c2}} + \dfrac{Q_{c1}^2}{X_{c1}} \cdot \dfrac{1 + Q_{c2}^2}{1 + Q_{c1}^2}} \tag{3-62}$$

由式(3-59)知

$$1 + Q_{c2}^2 = \frac{R_S}{R_L}(1 + Q_{c1}^2)$$

代入式(3-62)，并结合式(3-58)得

$$X_L = \frac{1 + Q_{c2}^2}{\dfrac{Q_{c2}}{R_L} + \dfrac{Q_{c1}^2}{R_L} \cdot \dfrac{R_S}{X_{c1}}} \tag{3-63}$$

其中，$Q_{c1} = \dfrac{X_{c1}}{R_S}$，代入式(3-63)并整理得

$$X_L = \frac{(1 + Q_{c2}^2) R_L}{Q_{c2} + \dfrac{X_{c1}}{R_S}} \tag{3-64}$$

通过以上推导得到了以 R_S、R_L、Q_{c2} 表示的 T 型网络元件参数为

$$\begin{cases} X_{c1} = R_S \sqrt{\dfrac{R_L}{R_S}(1 + Q_{c2}^2) - 1} \\ X_{c2} = Q_{c2} R_L \\ X_L = \dfrac{(1 + Q_{c2}^2) R_L}{Q_{c2} + \dfrac{X_{c1}}{R_S}} \end{cases}$$

从 X_{c1} 的计算式中知道，当 $\dfrac{R_L}{R_S}(1 + Q_{c2}^2) < 1$ 时，X_{c1} 的解是一虚数，即无法选择合理的电容，使负载和信号源阻抗匹配。因此，T 型网络的工作条件为

$$\frac{R_\text{L}}{R_\text{S}}(1+Q_{c2}^2) > 1 \tag{3-65}$$

只要满足上式要求,即可实现网络匹配的条件。

3.5.4 高频调谐功率放大器实用电路举例

实际中,采用不同馈电电路和输入输出匹配网络可以构成各种实用的谐振功率放大器。

如图 3-20 所示为工作频率为 160MHz 的高频谐振功率放大器,它向 50Ω 外接负载提供 13W 功率,功率增益达到 9dB。图中集电极通过高频扼流圈 ZL_2 接到 +28V 的直流电源上,构成并馈电路。放大器的输入端采用 T 型滤波匹配网络,调节电容 C_1 和 C_2,使得功放管的输入阻抗在工作频率上变换为前级放大器所要求的 50Ω 匹配电阻。放大器的输出端采用 L 型滤波匹配网络,调节电容 C_3 和 C_4,这样将 50Ω 外接负载在工作频率上与放大器所要求的负载阻抗 R_L 相匹配。

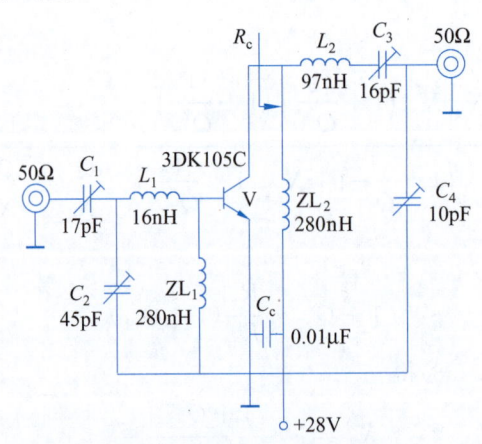

图 3-20 高频谐振功率放大器实例(一)

图 3-21 所示为编者团队自主开发的工作频率可在 30~36MHz 范围、输出功率为 5W 的高频功率放大器,图中,由于输入信号较小,为此,在功放前加几级预放,以得到足够的激励信号电平。V_1 构成的第一级小信号调谐放大器,对输入的 36MHz 的高频信号进行电压放大,使激励级 V_2 有足够的输入信号工作在丙类状态。V_3 是输出级,工作在丙类状态,L_5、C_9 为 36MHz 的并联谐振电路,L_6、C_{10} 为 36MHz 的串联谐振电路,选出 36MHz 的高频信号,输出端采用 Π 型(C_{11}、C_{12} 和 L_7)和 L 型(C_{13} 和 L_8)构成的混合阻抗匹配网络送到发射天线。放大器的激励采用 C1970 作放大管,其输出回路与末级功放管输入回路之间采用 T 型(C_6、C_7 和 L_4)匹配网络。

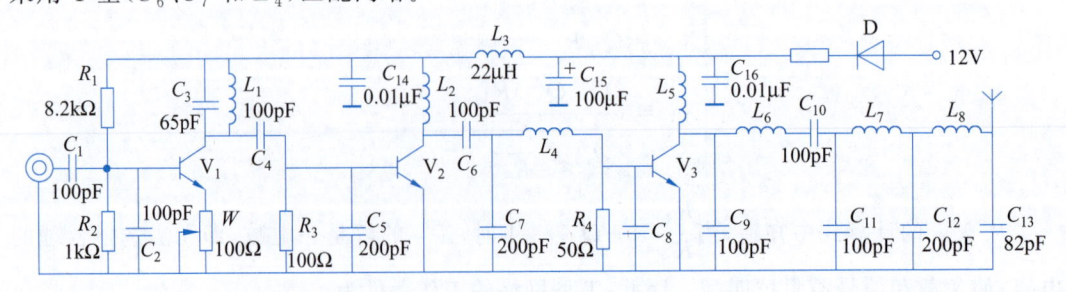

图 3-21 高频谐振功率放大器实例(二)

> **复习思考题**
>
> 1. 什么是串馈和并馈,各有什么特点?
> 2. 射流偏压环节应用在功放什么状态,其如何对 I_{e0} 的变化起负反馈作用?
> 3. 基流偏压环节应用在功放什么状态,其如何对 I_{b0} 的变化起负反馈作用?
> 4. 什么叫自给偏置特性?
> 5. 调谐功放中输入、输出匹配电路的作用是什么?

3.6 功率晶体管的高频效应

前面的讨论没有考虑工作频率对放大器性能的影响。实际上,晶体管工作在高频时,性能变得非常复杂。为了有利于功率放大器的设计和调整,对晶体管的高频效应作如下定性介绍。

3.6.1 高频功率晶体管的电流放大倍数

在低频情况下认为共发射极晶体管电流放大倍数 β 是一个常数。当工作频率升高时,β 将随 f 升高而减小,为了表征在不同工作频率下晶体管的特性,通常把晶体管分为三个工作区。

$f<0.5f_\beta$ 区间称为晶体管的低频工作区,f_β 是晶体管的 β 截止频率,在此区间可以认为晶体管电流放大倍数 β 是常数(以 β_0 表示)。在电路设计时,可以不考虑晶体管电抗元件对外电路的影响。

$0.5f_\beta<f<0.2f_T$ 区间称为晶体管的中频工作区,在此区间应该考虑各结电容对外电路的影响。此时,电流放大倍数 β 随频率升高而呈现下降趋势。f_T 是晶体管的特征频率。

$f>0.2f_T$ 区间称为晶体管高频工作区,在此区间不仅要考虑结电容对外电路的影响,而且还要考虑由各极引线电感及载流子在基区的渡越时间造成的不良影响。

当工作频率高于 f_β 时,电流放大倍数 β 随 f 的增大而直线下降,并保持 $f \cdot \beta = f_T$ 的关系。所以通常用 f_T 和 f 的比值来表示电流增益。这一频段的特点是工作频率 f 每增大一倍,β 就减小 6dB,故又称为每倍频程段 6 分贝,表示为 6dB/倍频程段。

当工作频率高于 f_T 后,晶体管就失去放大电流的能力,但由于输入、输出阻抗的差异,放大器仍有电压放大能力,即仍有功率放大能力。当工作频率高达 f_{max} 时,晶体管就失去功率放大能力,f_{max} 称为晶体管的极限频率或最高频率。

晶体管的 f_{max} 与管子参数 $r_{bb'}$、$C_{b'c}$ 有关,通常用下式表示它与 f_T 的关系,即

$$f_{max} = \sqrt{\frac{f_T}{8\pi \cdot r_{bb'} C_{b'c}}} \tag{3-66}$$

3.6.2 晶体管高频工作时载流子渡越时间的影响

晶体管在低频工作时,总认为 i_b、i_c 是同时发生的,i_c 仅仅在数值上比 i_b 大 β 倍。但

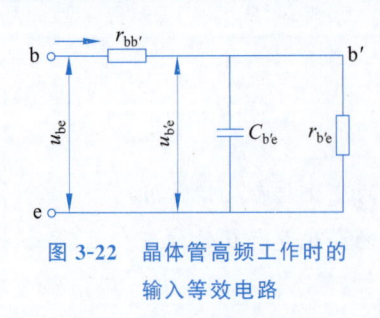

实际上，由于基区载流子渡越时间的影响，i_c 比 i_b、i_e 滞后一个相角，幅值也比低频时小得多。下面结合晶体管等效输入电路介绍在高频时各极电流波形。

如图 3-22 所示是晶体管高频工作时的输入等效电路，图中 u_{be} 是加在 be 上的电压，而 $u_{b'e}$ 是加在 b'e 上的电压。由图可得

$$u_{b'e} = u_{be} - i_b r_{bb'} \tag{3-67}$$

图 3-22 晶体管高频工作时的输入等效电路

u_{be}、$u_{b'e}$ 的波形如图 3-23(a)所示。在 u_{be} 激励下各极电流波形如图 3-23(b)、图 3-23(c)和图 3-23(d)所示。

图 3-23(a)表明 $u_{b'e}$ 较 u_{be} 电压幅值减小，滞后一个相位 φ_b。

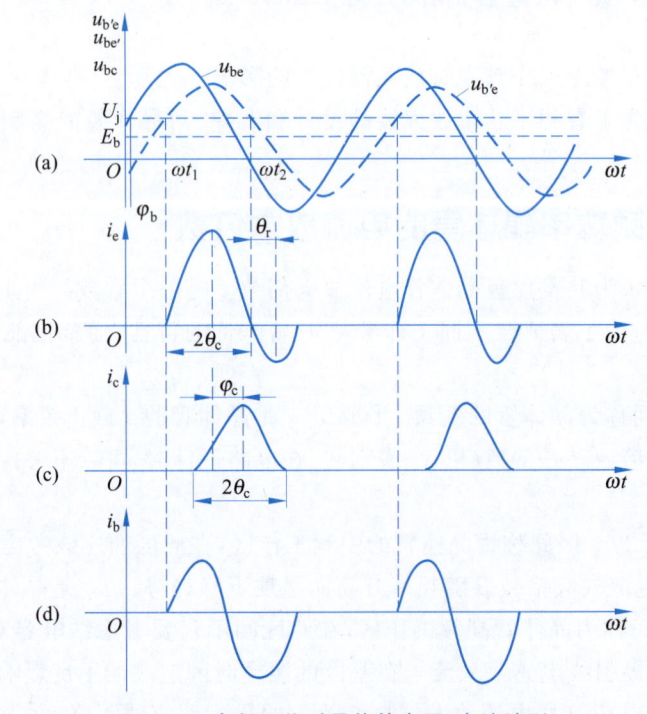

图 3-23 高频工作时晶体管电压、电流波形

图 3-23(b)表示发射极电流 i_e 的波形。由图可见，在 $t_1 < t < t_2$ 一段时间里，$u_{b'e} > U_j$ 有发射极正向电流流通，其相位与 $u_{b'e}$ 相同。当 $t > t_2$ 后，发射极处于截止状态，正向电流为零。由于载流子由发射极通过基极到集电极需要一定时间。当发射极截止时，尚有一部分载流子滞留在基区，它们在发射极的反向电压作用下，由基极重新返回发射极，形成反向发射极电流，如图 3-23(b)中负向电流波形所示。由图可知，发射极电流改变方向的时间，就是发射极开始截止的瞬间。实验证明发射极的正向导通角 θ_e 与频率无关，反向电流最大值较正向时小，其相角 θ_r 则是关于工作频率 ω 的函数。

$$\theta_r = \omega \tau_b \tag{3-68}$$

其中，τ_b 是基区存储电荷建立时间。

当工作频率较低时，载流子渡越时间和工作周期相比很小，反向电流可忽略不计，随着工作频率升高，滞留在基区载流子相对增大，反向电流的影响则不容忽略。

图 3-23(c)是集电极电流 i_c 的波形。由于载流子渡越时间的影响，i_c 的相位较 i_e 滞后，其值为 φ_c，i_c 的峰值也比 i_e 小得多。此外，i_c 脉冲展宽即 θ_c 比 i_e 的脉冲展宽 θ_e 大，对 i_c 最大值而言波形左右不对称。工作频率越高，这些特点越显著。

图 3-23(d)是基极电流 i_b 的波形，与低频电路一样也存在 $i_b = i_e - i_c$ 关系。图中 i_b 波形就是利用做图法使 i_e 与 i_c 相减得到的。由图可见，i_b 波形与余弦脉冲相差很远，并且还有很大的反向电流脉冲出现。工作频率越高，反向电流脉冲峰值和宽度增大得越明显。

3.6.3 晶体管高频工作时对饱和压降的影响

当工作频率增大时，由于晶体管集电区集肤效应的影响，使电流趋向半导体材料的表面，减小了半导体材料的有效导电面积，使集电区欧姆体电阻大为增大，从而使饱和压降显著增大。表 3-1 是对某晶体管具体测量的饱和压降。

表 3-1 某晶体管具体测量的饱和压降

f/MHz	30	100	200
U_{ces}/V	1.5	2.5	3.5

综合以上讨论得如下结论。

（1）由于 $u_{b'e}$、i_e、i_c 随频率增高而减小。因此，为了获得同样的输出功率，就需要加大高频激励电压 U_{bm}、激励功率 P_b 的数值。

（2）由于 i_c 脉冲展宽，导致 I_{c1m}/I_{c0} 比值的下降，集电极效率降低。

（3）由于饱和压降增大，导致电压利用系数降低，使输出功率减小，集电极效率降低，管子损耗增大。

（4）由于激励电压 U_{bm} 和输出电压 U_{cm} 有相移，设计放大器时必须考虑它的影响。

（5）基极电流的直流分量减小，甚至可能出现反向电流。

复习思考题

晶体管高频工作时对饱和压降有什么影响？

3.7 倍频器

倍频器是一种将输入信号频率成整数倍（2 倍、3 倍……n 倍）增大的电路。它主要用于甚高频无线电发射机或其他电子设备的中间级。采用倍频器的主要原因有：

（1）降低设备的主振频率。由于振荡器频率越高，稳定性越差，一般采用频率较低而稳定度较高的晶体振荡器，并在其后加若干级倍频器达到所需频率。基音晶体频率一般不高于 20MHz，具有高稳定性的晶体振荡频率通常不超过 5MHz。所以对要求工作频率高，要求稳定性又严格的通信设备和电子仪器就需要倍频。

（2）对于调相或调频发射机，利用倍频器可增大调制度，就可以加大相移或频移。

（3）许多通信机在主振级工作波段不扩展的条件下，利用倍频器扩展发射机输出级的工作波段。例如主振器工作在 2~4MHz，在其后采用 2 倍频或 4 倍频器，该级在波段开关控制下输出级就可获得 2~4MHz、4~8MHz、8~16MHz 三个波段。

倍频器按工作原理可分为两大类,一种是利用 PN 结电容的非线性变化,得到输入信号的谐波,这种倍频器称为"参变量倍频器";另一种是"丙类倍频器"。

本节主要介绍由调谐功率放大器(丙类放大器)构成的倍频器,即所谓"丙类倍频器"。

3.7.1 丙类倍频器的电路及波形

如图 3-24 所示为丙类倍频器的原理电路,从电路形式看,它与丙类放大器基本相同。不同之处在于丙类倍频器的集电极谐振回路是对输入频率 f_i 的 n 倍频谐振,而对基波和其他谐波失谐,i_c 中的 n 次谐波通过谐振回路,而基波和其他谐波被滤除,从而在谐振回路两端产生频率为 nf_i 的输出电压。

如果集电极调谐回路谐振在二次或三次谐波频率上,滤除基波和其他谐波信号,放大器就主要有二次或三次谐波电压输出。这样丙类放大器就成了二倍频器或三倍频器。

二倍频器的主要波形如图 3-25 所示。

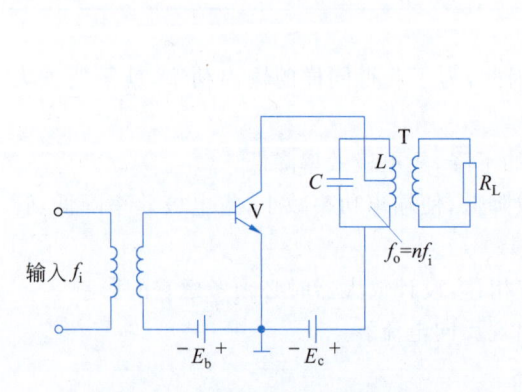

图 3-24 丙类倍频器的原理电路

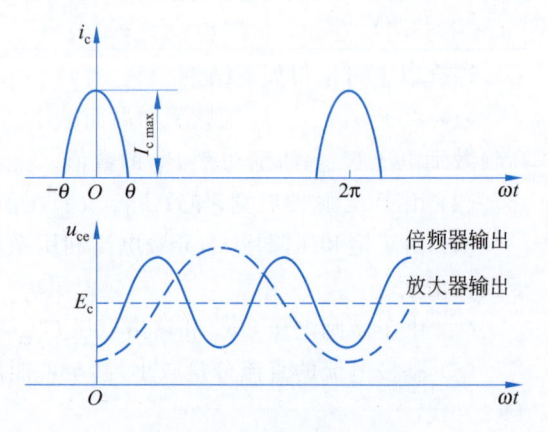

图 3-25 二倍频器的主要波形

3.7.2 丙类倍频器的工作原理

下面借助丙类高频放大器的基本分析方法,分析丙类倍频器的工作原理。设倍频器的输入电压为

$$u_{be} = U_{bm}\cos\omega t - E_b$$

输出电压为

$$u_{ce} = E_c - U_{cnm}\cos n\omega t$$

其中,U_{cnm} 是谐振回路两端 n 次谐波电压幅值。

利用前面分析的结果知道 n 次倍频器输出的功率和效率为

$$P_{on} = \frac{1}{2}I_{cnm}U_{cnm} = \frac{1}{2}U_{cnm}\alpha_n(\theta)I_{cmax} \tag{3-69}$$

$$\eta_{cn} = \frac{1}{2}\frac{I_{cnm}}{I_{c0}}\frac{U_{cnm}}{E_c} = \frac{1}{2}\frac{\alpha_n(\theta)}{\alpha_0(\theta)}\frac{U_{cnm}}{E_c} \tag{3-70}$$

由余弦脉冲分解系数可知,无论导通角 α 为何值,α_n 均小于 α_1,即在其他情况相同条件下,丙类倍频器的输出功率和效率将远低于丙类放大器,且随着次数 n 的增大而迅速降低。为了提高倍频器的输出功率和效率,要选择适当的导通角 θ。

例如:由前面图 3-4 可得,当导通角 θ 为 60°时,二次谐波系数分解最大($\alpha_2=0.278$),当导通角 θ 为 40°时,三次谐波分解系数最大($\alpha_3=0.185$),此时输出的功率和效率也最大。可见最佳导通角 θ 与倍频次数 n 的关系为

$$\theta_n = \frac{120°}{n} \tag{3-71}$$

当倍频次数 n 增大时,要保持最大输出功率和最佳效率,首先必须加大倍频器的输入电压 U_{bm} 和基极偏压 E_b,以保证输出电流的幅值。

其次要增大谐振回路的等效阻抗 R_c。因为随倍频次数的增大,即使加大 U_{bm} 使 I_{cmax} 不变,n 次谐波电流幅值也比基频电流幅值减小约 $\frac{1}{n}$ 倍,要保持输出电压不变,就必须增大谐振回路的 R_c,即要求增大回路的 Q_L,而 Q_L 增大又受到负载和传输效率 η_T 的限制。

还需要注意的是,由于高次谐波电流的幅度比基波小,而在倍频器的输出中,不仅需要滤去更高次谐波成分,而且还要滤去占相当比重的基波成分,而滤去后者要困难得多。因此在同样 Q 值下,倍频器输出的波形失真比较大,为了进一步提高输出滤波能力,有时需要加一个专门滤除基波的环节,例如将一个调谐于基波频率的串联谐振电路并联于输出回路两端。

通过以上讨论知道,单级丙类倍频器一般只作二倍频器或三倍频器使用,若要提高倍频次数,可采用多级倍频器。例如使用串联连接的两级二倍频器就可以实现四次倍频,而在单级二倍频器后再加一级三倍频器,则可获得 6 倍频。

复习思考题

1. 晶体管倍频器一般工作在什么状态?最佳导通角与倍频次数的关系是什么?二倍频器和三倍频器的最佳导通角分别为多少?

2. 为什么倍频器比基波放大器对输出回路滤波电路的要求高?

3.8 集成无线发射芯片与电路

在 VHF 和 UHF 频段,已经出现了一些集成高频功率放大器件。这些功放器件体积小、可靠性高、外接元件少,输出功率一般在几瓦至十几瓦。日本三菱公司的 M57704 系列、美国 Motorola 公司的 MHW 系列便是其中的代表产品。

三菱公司的 M57704 系列高频功放是一种厚膜混合集成电路,它包括多个型号,频率范围为 335~512MHz(其中 M57704H 为 450~470MHz),可用于频率调制移动通信系统。它的电特性参数为:当 $E_c=12.5V$,$P_{in}=0.2W$,$Z_L=50\Omega$ 时,输出功率 $P_o=13W$,功率增益 $A_P=18.1dB$,效率 35%~40%。

图 3-26 所示为 M57704 系列功放的等效电路。由图可见,它包括三级放大电路,匹配网络由微带线和 LC 元件混合组成。

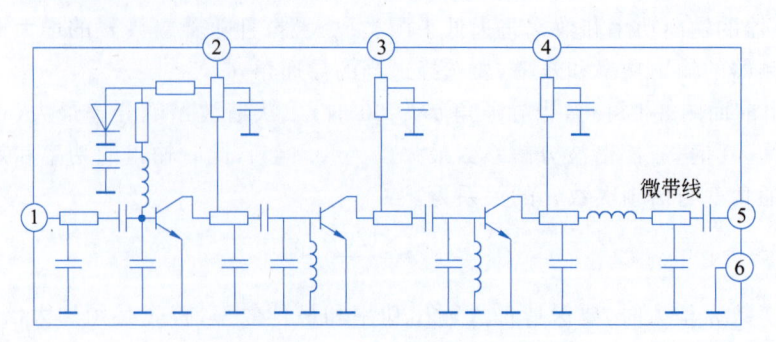

图 3-26 M57704 系列功放的等效电路

图 3-27 所示为 TW-42 超短波电台中发信机高频功率放大部分电路。此电路采用了日本三菱公司的高频集成功放电路 M57704H。

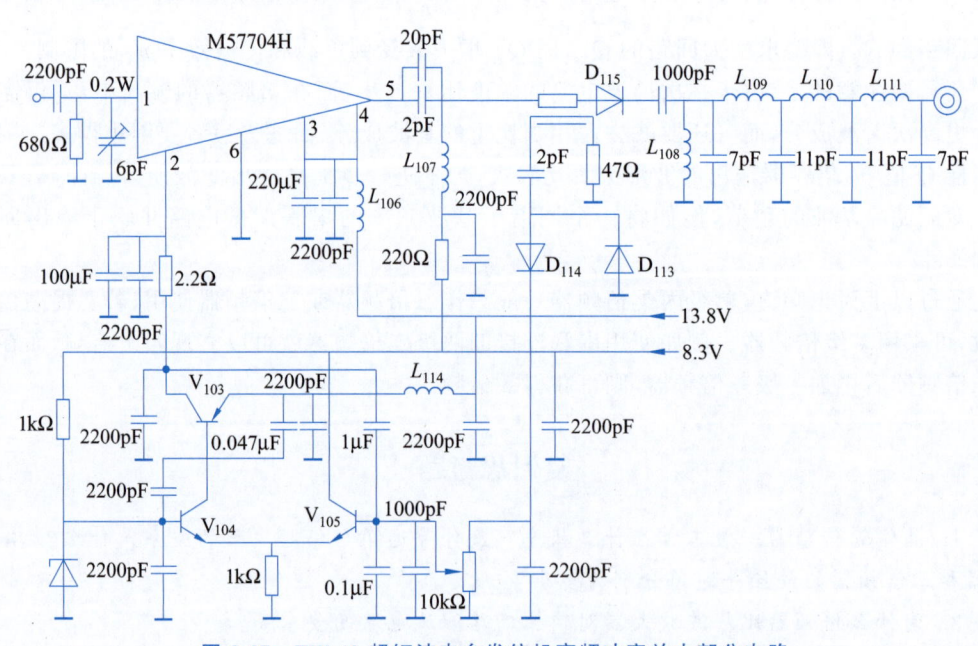

图 3-27 TW-42 超短波电台发信机高频功率放大部分电路

TW-42 电台是采用频率调制,工作频率为 457.7～458MHz,发射功率为 5W。由图可见,输入等幅调频信号经 M57704H 功率放大后,一路经微带线匹配滤波后,再经过 D_{115} 送至多节 LC 谐振回路的 Ⅱ 型网络,然后由天线发射出去；另一路经 D_{113}、D_{114} 检波,V_{104}、V_{105} 直流放大后,送给 V_{103} 调整管,然后作为控制电压从 M57704H 的第②脚输入,调节第一级功放的集电极电源,可以稳定整个集成功放的输出功率。第二、三级功放的集电极电源是固定的 13.8V。

图 3-28 MHW105 的外形图

图 3-28 所示为美国 Motorola 公司型号为 MHW105 的外形图。模块由三级放大器组成。

MHW105 的电特性参数为 $E_c=7.5V$,最小功率增益为 $A_P=37dB$,$Z_L=50Ω$ 时,输出功率为 $P_o=13W$,效率为 40%,频率范围为 68～88MHz。

MHW系列中有些型号是专为便携式射频应用而设计的,可用于移动通信系统中的功率放大,也可用于工商业便携式射频仪器。使用前需调整控制电压,使输出功率达到规定值。在使用时,需在外电路中加入功率自动控制电路,使输出功率保持恒定,同时也可保证集成电路安全工作,避免损坏。控制电压与效率、工作频率也有一定的关系。

现已有MHW914模块,它由五级放大器组成,其外形图和内部工作框图分别如图3-29(a)和图3-29(b)所示。其中引脚1为输入端,引脚6为输出端,引脚2和引脚4接8V电源,引脚3和引脚5接12.5V电源。

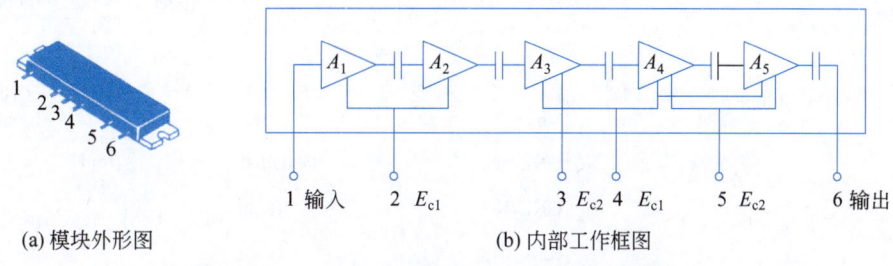

(a) 模块外形图　　(b) 内部工作框图

图 3-29　MHW914 模块外形图和内部工作框图

MHW914 的电特性参数为 $E_c=12.5V$,最小功率增益为 $A_P=41.5dB$,$Z_L=50\Omega$ 时,输出功率为 $P_o=14W$,效率为 40%,频率范围为 890~915MHz。

此外,表 3-2 还列出了用于 450MHz 频段的高频功率集成电路系列,供参考。

表 3-2　用于 450MHz 频段的高频功率集成电路系列

型　　号	工作频率/MHz	输出功率/W	功率增益/dB	效率
MHY709-1	400~440	10	>18.8	35%
MHY709-2	440~470			
MHY709-3	470~512			
MHY710-1	400~440	15	>19.4	35%
MHY710-2	440~470			
MHY710-3	470~512			
MHY720-1	400~440	25	>21	—
MHY720-2	440~470			

TQP7M9104 是一款 TriQuint 公司生产的 2W 高线性驱动放大器,工作频率 600~2700MHz,在 2.14GHz 时具有 15.8dB 的功率增益、+49.5dBm 的 OIP3(输出三阶互调)和 +32.8dBm 的 P1dB(1 分贝压缩功率,即放大器增益减小 1dB 时的输出功率)。图 3-30 所示为 TQP7M9104 工作在 920~960MHz 时的应用电路。

图 3-30 中,+5V 电源连接到放大器的 RFout 脚,给放大器集电极上电,构成并馈电路。放大器输入端采用了 Π 型匹配网络,调节电感 L_5、电容 C_9 和电容 C_8,使得功放管的输入阻抗在工作频率上变换为前级放大器所需要的 50Ω 匹配电路。

放大器输出端采用了 L 型匹配网络,调节电容 C_2 和 C_3,使得 50Ω 外接负载在工作频率上与放大器所要求的负载阻抗相匹配。

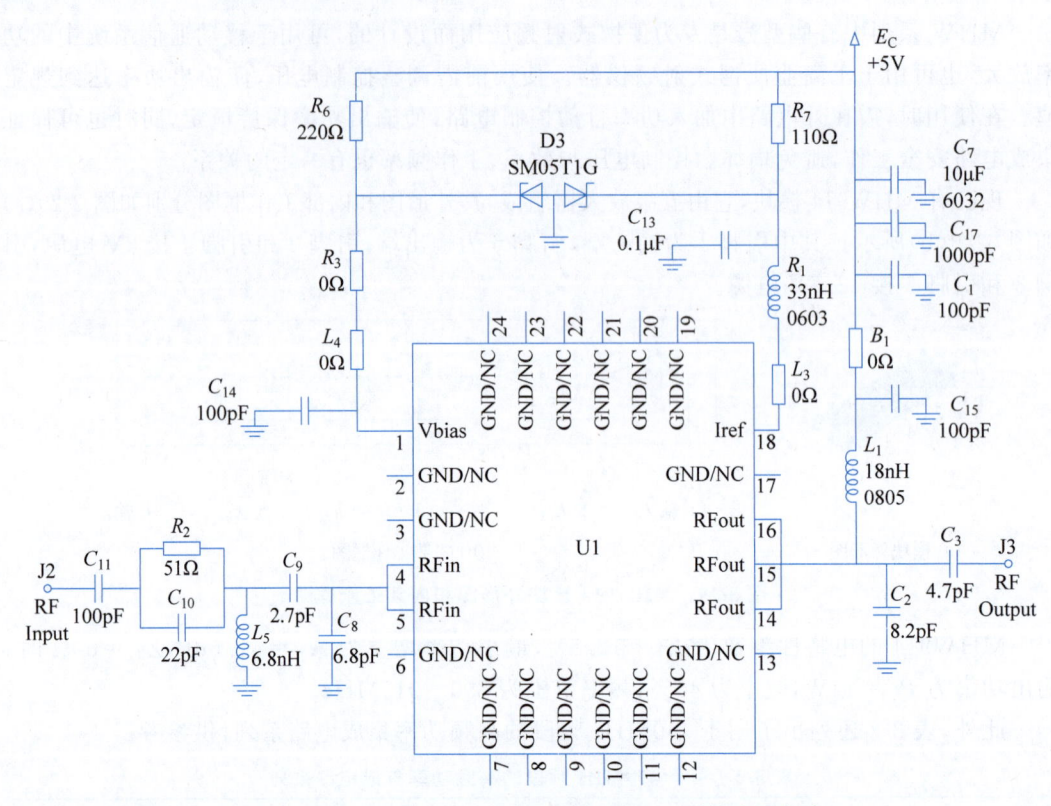

图 3-30　TQP7M9104 工作在 920～960MHz 时的应用电路

复习思考题

MHW 系列芯片在使用前以及使用中,需要注意什么?

3.9　宽带高频功率放大器

以 LC 谐振回路为输出电路的功率放大器,由于其相对通频带 B/f_0 只有百分之几,甚至千分之几,所以又称窄带高频功率放大器。这种放大器比较适用于固定频率或频率变化范围较小的高频设备,如专用通信机、微波激励源。对于要求频率相对变化范围较大的短波、超短波电台,由于调谐系统复杂,窄带功率放大器的运用就受到了严重的限制。

随着现代通信工作频率的提高,尤其是对已调信号的放大,要求放大器有足够宽的工作频带。例如,对于 900MHz 的通信机,要求有 1GHz 以上的带宽。

为了展宽功率放大器的频带,需要采用具有宽频带特性的输出、输入电路,而传输线变压器能够满足这种要求,它是一种常用的非调谐匹配网络。

3.9.1　传输线变压器

普通的高频变压器不能作为宽带高频功率放大器的匹配网络,因为它的工作频带较窄,而传输线变压器的工作频带比普通的变压器要宽得多,因而得到广泛的应用。

1. 传输线变压器的结构

传输线变压器是将传输线和变压器有机结合在一起的耦合元件。它是由环状磁芯和传输线构成,磁芯是用高磁导率、低损耗的铁氧体材料制成的,即将传输线(如双绞线、同轴电缆等)绕在封闭的铁氧体的磁环上,就构成了传输线变压器,它有四个端子,可分别接信号源和负载。下面将介绍 1∶1 传输线变压器及 1∶4 和 4∶1 传输线变压器。

2. 1∶1 传输线变压器的工作原理

图 3-31 所示为 1∶1 传输线变压器结构示意图及工作方式等效电路。

(a) 传输线变压器的结构

(b) 传输线模式等效电路

(c) 变压器模式等效电路

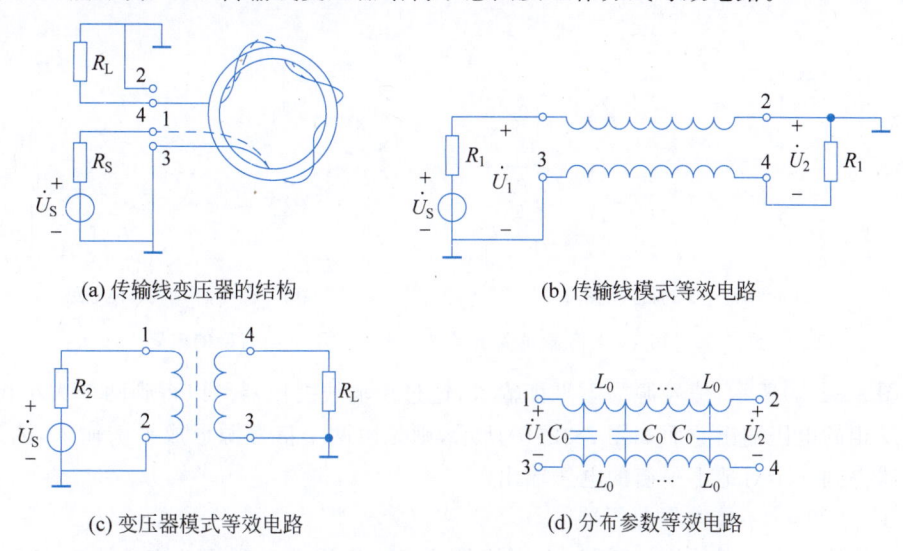

(d) 分布参数等效电路

图 3-31 传输线变压器结构示意图及工作方式等效电路

图 3-31(a)所示为传输线变压器的结构。传输线变压器既有传输线的特性,又有变压器的特性。前者称为传输线模式,如图 3-31(b)所示,后者称为变压器模式,如图 3-31(c)所示。

当以传输线模式工作时,信号从 1、3 端输入,从 2、4 端输出。导线的分布电感和分布电容构成分布参数等效电路如图 3-31(d)所示。当所传输信号的波长可以跟导线的波长相比拟时,两根导线分布参数的影响不容忽视,由于传输线是由两根等长的导线,绞扭后缠绕在高磁导率磁环上做成的,在理想的情况下,当传输线无损耗时,可以认为传输线输入电压和输出电压相等,$\dot{U}_1 = \dot{U}_2$。流过的电流 $\dot{I}_1 = \dot{I}_2$。则可得传输线输出端(2、4 端)等效阻抗为

$$Z_{24} = \frac{\dot{U}_2}{\dot{I}_2}$$

输入端(1、3 端)等效阻抗为

$$Z_{13} = \frac{\dot{U}_1}{\dot{I}_1}$$

为了实现变压器与负载的匹配,要求 $Z_{24} = R_L$,为了实现信号源与传输线变压器的匹配,要求 $Z_{13} = R_S$。

当传输线工作于匹配状态时,线上任意位置的阻抗均是相等的,这个阻抗称为传输线的

特性阻抗,用 Z_C 表示。因此 1∶1 传输线变压器的最佳匹配状态应满足
$$Z_C = R_L = R_S$$
负载上获得的功率为
$$P_L = I^2 R_L$$

实际上,在各种放大电路中,负载电阻 R_L 正好等于信号源内阻的情况是很少的,因此 1∶1 传输线变压器很少用作阻抗匹配元件,而更多的是用作倒相器,也可用来进行不平衡-平衡(不对称-对称)或平衡-不平衡(对称-不对称)转换。这两种转换电路如图 3-32 所示。

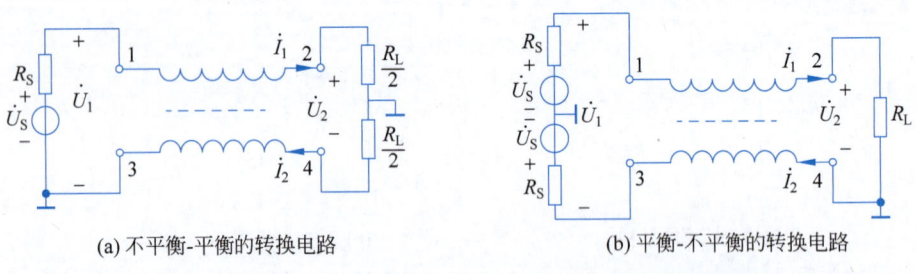

(a) 不平衡-平衡的转换电路　　　　　　(b) 平衡-不平衡的转换电路

图 3-32　用 1∶1 传输线变压器进行平衡与不平衡转换的电路

如图 3-32(a)所示,信号源为不平衡输入,通过传输线变压器可以得到两个大小相等、对地完全反相的电压输出。而如图 3-32(b)所示,则是由两个信号源形成平衡输入,通过传输线变压器得到一个对地不平衡的电压输出。

3. 1∶4 和 4∶1 传输线变压器

由于传输线变压器结构的限制,它不能像普通变压器可以利用改变匝比来实现任何阻抗匹配的变换,而只能完成某些特定阻抗比的变换,例如 1∶4、1∶9、1∶16 或者 4∶1、9∶1、16∶1 作为匹配元件,最常用的是 1∶4 和 4∶1 阻抗变换传输线变压器。如图 3-33 所示为 1∶4 传输线变压器的接线图、等效电路及阻抗变换电路。如图 3-34 所示为 4∶1 传输线变压器的接线图、等效电路及阻抗变换电路。它们仅在信源与负载的位置上有所不同,能量传递过程是相同的。1∶4 传输线变压器适于作为 $R_L > R_S$ 时信源与负载间的匹配网络;而 4∶1 传输线变压器则适于作为 $R_L < R_S$ 时信源与负载间的匹配网络。

下面研究常用的 1∶4 阻抗变换传输线变压器的最佳匹配条件。

从传输线的宽带特性可知,当无损耗且传输线长度很短时,传输线输入电压和输出电压相等,$\dot{U}_1 = \dot{U}_2$。流过的电流 $\dot{I}_1 = \dot{I}_2$。则可得阻抗变换比为

$$Z_i = \frac{\dot{U}_1}{\dot{I}_1 + \dot{I}_2} = \frac{\dot{U}_1}{2\dot{I}_1} = \frac{1}{2} Z_C$$

$$Z_o = \frac{\dot{U}_1 + \dot{U}_2}{\dot{I}_2} = \frac{2\dot{U}_1}{\dot{I}_1} = 2 Z_C$$

$$R_S = Z_i = \frac{1}{2} Z_C$$

$$R_L = Z_o = 2 Z_C$$

因此,$R_S : R_L = 1 : 4$。

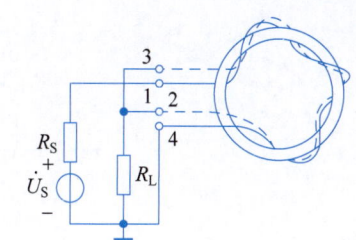

(a) 接线图

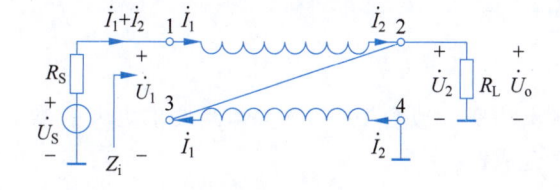

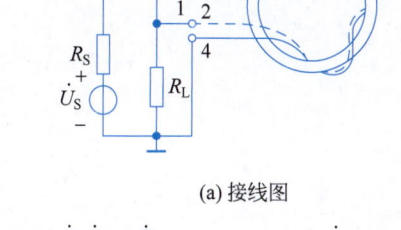

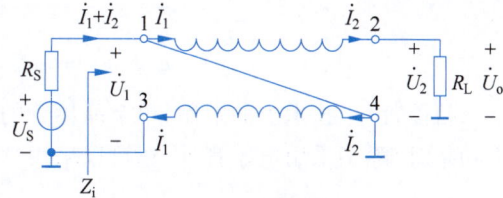

(b) 等效电路

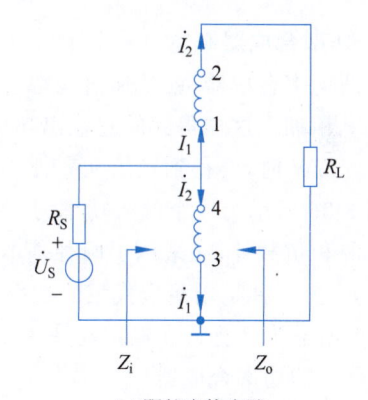

(c) 阻抗变换电路

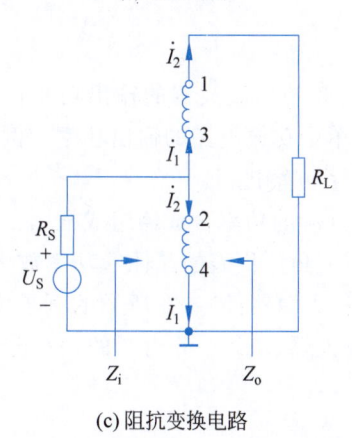

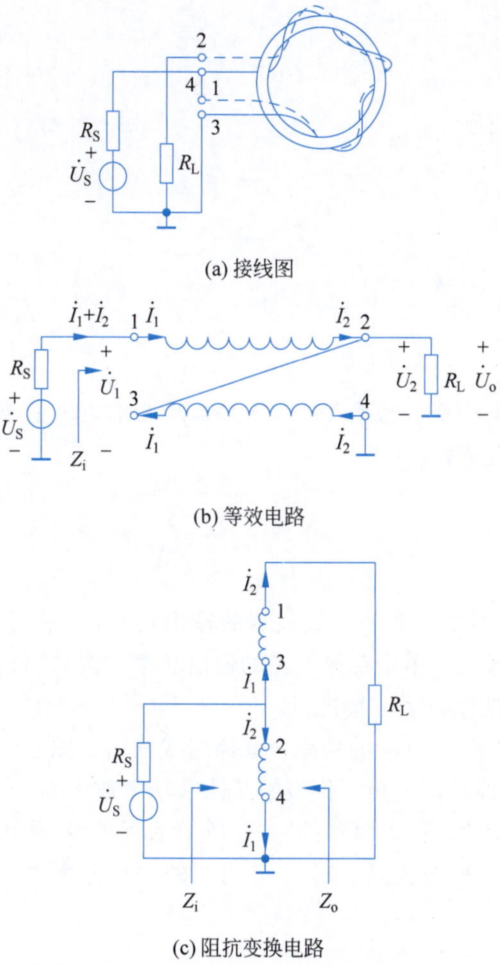

图 3-33　1∶4 传输线变压器的接线图、等效电路及阻抗变换电路

图 3-34　4∶1 传输线变压器的接线图、等效电路及阻抗变换电路

4. 传输线变压器的特点及应用

传输线变压器是传输线工作原理和变压器工作原理相结合的产物,信号能量根据激励信号频率的不同以传输线或变压器方式传输。因此,传输线变压器具有良好的宽频带传输特性。传输线变压器与普通变压器相比,其主要特点是工作频带极宽,上限频率高达上千兆赫。而普通高频变压器的上限频率只能达到几十兆赫。由于传输线变压器有良好的高频和低频特性,且具有体积小、易制作、承受功率大、损耗小的特点,它常用于高频及更高频(如几百兆赫)电路中,可实现宽带阻抗匹配、平衡-不平衡转换,以及功率合成或功率分配。

3.9.2　单级宽频带高频功率放大器

图 3-35 所示为以传输线作为阻抗变换器的单级宽频带高频功率放大器。高频功放管工作在甲类状态,输出匹配网络采用 4∶1 传输线阻抗变换器,能够与负载阻抗实现匹配。

由于放大器工作在甲类状态,非线性失真较小,不需要调谐,但是集电极效率较低,要求高频管能承受的管耗较大,随着生产工艺的改善,高频功率管所能承受的管耗也增大,所以这种宽频带高频功率放大器的应用也较广。

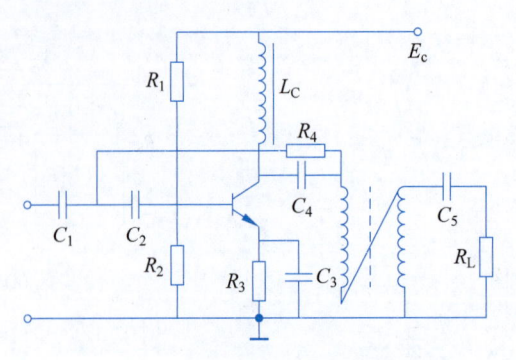

图 3-35 单级宽频带高频功率放大器

目前,由于技术上的限制,单个晶体管的输出功率一般为 10~1000W,当要求更大的输出功率时,除了采用电子管外,还可以采用功率合成器。

3.9.3 功率合成器

1. 功率合成器概述

所谓功率合成器,就是通过功率合成网络将多个高频功率放大器的输出功率在一个公共负载上相加。这样得到的总输出功率可以远远大于单个功放电路的输出功率。例如当输入功率为 5W 时,要得到输出功率为 40W,可以按照以下方案进行。

图 3-36 所示为一个输入功率为 5W、输出功率为 40W 的功率合成器组成框图。图上除了信号源和负载外,还采用了两种基本器件:一种是用三角形代表的晶体管功率放大器(有源器件);另一种是用菱形代表的功率合成或分配网络(无源器件)。在所举的例子中,采用 7 个功率增益为 2 且最大输出功率为 10 的高频功率放大器、3 个一分为二的功率分配器和 3 个二合一的功率合成器。

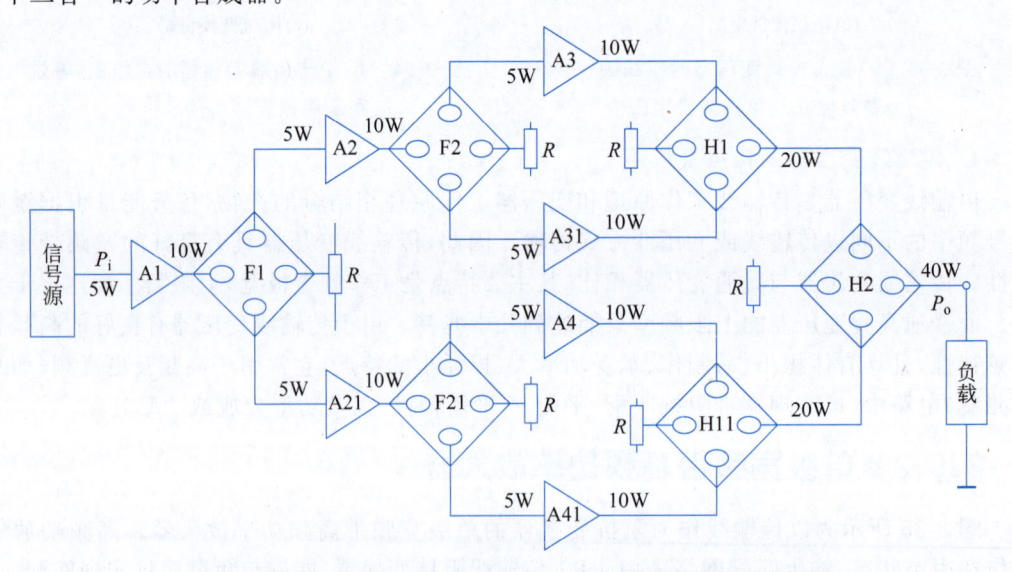

图 3-36 输入功率为 5W、输出功率为 40W 功率合成器组成框图

首先 A1 将 5W 的输入功率放大至 10W,然后在分配网中分离为相等的两部分,继续在两组放大器中放大,然后在第 2 个分配网中进行分配,经放大后,再在合成网中进行相加,最

后在输出端获得 40W 的输出功率。

一个良好的功率合成器应该满足如下两个条件。

(1) 满足功率相加的原则。功率相加就是说功率合成电路或网络的匹配额定输出功率是每个单一器件匹配额定输出功率之和。

(2) 满足彼此隔离原则。合成网络的各单元放大器电路应彼此隔离,任何一个放大单元发生故障时,不影响其他放大器单元的工作(并联和推挽电路都不能满足这一条件)。

前面介绍的传输线变压器与适当的放大电路结合,就可以构成同相功率合成器与反相功率合成器。在功率合成和分配网络中,广泛使用 1∶4 和 4∶1 传输线变压器。

2. 功率合成(分配)的原理

1) 传输线变压器组成的混合网络

图 3-37 所示为一个使用 4∶1 传输线变压器和相应的 AO、BO、CO、DD' 四条臂组成的混合网络,图 3-37(a)是传输线变压器形式的功率合成网络,图 3-37(b)是变压器形式的等效电路。

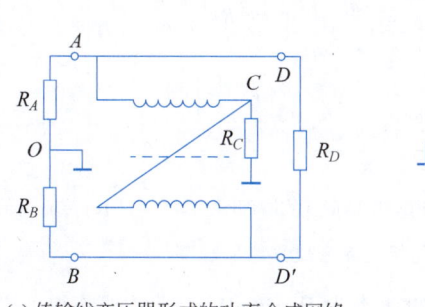

(a) 传输线变压器形式的功率合成网络　　(b) 变压器形式的等效电路

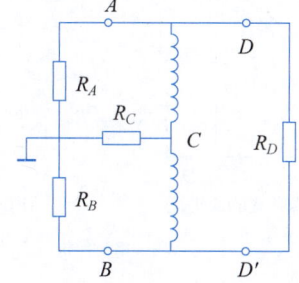

图 3-37　使用 4∶1 传输线变压器和相应的 AO、BO、CO、DD' 四条臂组成的混合网络

其中 DD 臂两端都不接地。为了满足功率合成(或分配)网络的条件,通常设传输线变压器的特性阻抗 Z_C 和每条臂上的阻值(负载电阻或信号源内阻)的关系为

$$R_A = R_B = R = Z_C$$

$$R_C = \frac{1}{2}Z_C = \frac{1}{2}R$$

$$R_D = 2Z_C = 2R = \frac{1}{4}R_C$$

2) 传输线变压器组成的混合网络的功能

传输线变压器组成的混合网络既可作功率合成网络,又可作功率分配网络。

在分析时要注意两点:根据传输线原理,它的两个线圈中对应点所通过的电流大小相等、方向相反;在满足匹配条件时,不考虑传输线的损耗,变压器输入端与输出端的电压幅度是相等的。

(1) 功率合成。

① A、B 两端输入等值同相功率,C 端负载 R_C 上获得两输入功率合成,而 D 端负载 R_D 上无功率输出;

② A、B 两端输入等值反相功率,D 端负载 R_D 上获得两输入功率合成,而 C 端负载

R_C 上无功率输出。

现以 A、B 两端输入等值同相功率进行分析。图 3-38 所示为同相功率合成网络原理图。

当 AO、BO 接有幅度大小相同,相位也相同的信号源(即 $\dot{U}_A = \dot{U}_B = \dot{U}_S$),且内阻间的关系为 $R_A = R_B = R$,如图 3-38(a) 和图 3-38(b) 所示。鉴于 AO、BO 接有同相源,故称为同相功率合成。由于电路对称,在匹配情况下,同相网络具有如下特性:$\dot{I}_a = \dot{I}_b = \dot{I}$,则 $\dot{I}_c = 2\dot{I}_a = 2\dot{I}_b = 2\dot{I}$,$\dot{I}_d = 0$。

当传输线无损耗时,可以认为传输线输入电压和输出电压相等,传输线变压器的 $U_t = 0$,可将电路等效为图 3-38(c) 所示。

(a) 传输线变压器形式的原理图 (b) 变压器形式的原理图 (c) 传输线无损耗时的原理图

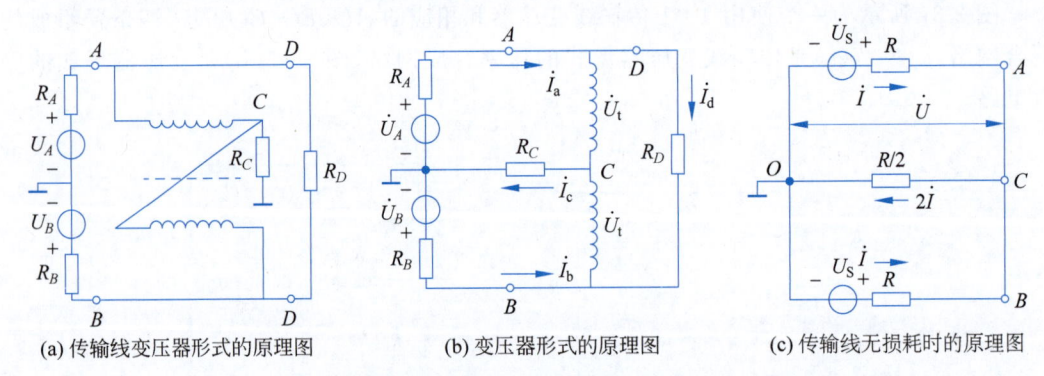

图 3-38 同相功率合成网络原理图

设两个放大器从 A 端和 B 端注入的功率为 P_A 和 P_B,则 C 端获得的功率为

$$P_A = I_a^2 R = I^2 R$$

$$P_B = I_b^2 R = I^2 R$$

$$P_C = I_c^2 R/2 = (2I)^2 R/2 = 2I^2 R = 2I_b^2 R$$

$$P_C = 2P_A = 2P_B \tag{3-72}$$

所以 C 端输出功率为 A 端或 B 端注入功率的 2 倍,即 A 端 B 端注入功率之和。而 D 端不消耗功率即 $P_D = 0$。

(2) 彼此隔离。

任何一个功率放大器发生故障时,不影响其他放大器单元的工作(并联和推挽电路都不能满足这一条件)。

如果当 A 端无注入,合成网络平衡被破坏,使初级与次级流过的电流不再相等,于是可求得

$$\dot{I}_d = -\dot{I}$$

$$Z_i = \frac{\dot{U}_1}{\dot{I}_1 + \dot{I}_2} = \frac{\dot{U}_1}{2\dot{I}_1} = \frac{1}{2} Z_C$$

$$\dot{I} = -\frac{\dot{U}_t}{R}$$

$$\dot{I}_b = \dot{I} - \dot{I}_d = 2\dot{I}$$

CBOC 环路的回路方程为

$$\dot{U}_B = \dot{I}_b R - \dot{U}_t + 2\dot{I}\frac{R}{2} = \dot{I}_b R + \dot{I}R + \dot{I}R = 2\dot{I}_b R$$

$$\dot{I}_b = \frac{\dot{U}_B}{2R}$$

最后，求得 C 端、D 端输出功率状况为

$$P_c = (2I)^2 \cdot \frac{R}{2} = \left(2\frac{I_b}{2}\right)^2 \cdot \frac{R}{2} = \frac{1}{2}I_b^2 R = \frac{1}{2}P_B$$

$$P_d = (2I_d)^2 \cdot \frac{R}{2} = \left(2\frac{I_b}{2}\right)^2 \cdot \frac{R}{2} = \frac{1}{2}I_b^2 R = \frac{1}{2}P_B$$

与式(3-72)比较，可知当信号源 A 失效后 C 端输出功率由 $P_C = 2P_A = 2P_B$ 下降至 $P_C = 1/2 I_b^2 R = 1/2 P_B$，而 D 端输出功率由 $P_d = 0$ 上升至 $P_C = 1/2 I_b^2 R = 1/2 P_B$。

由以上分析可知，当其中某一放大器损耗时，虽然整个输出功率有所下降，但仍能进行工作。而采用并联或推挽方法，虽然可增大输出功率，但它与功率合成不同，即当其中一个器件损坏时，整个发射机将不能工作。

(3) 功率分配。

① 当 $R_A = R_B$ 时，将功率放大器加在 D 端，功率放大器的输出功率均等地分配给 R_A 和 R_B，且它们之间是反向的，而 C 端负载 R_C 上无功率输出；

② 当 $R_A = R_B$ 时，将功率放大器加在 C 端，功率放大器的输出功率均等地分配给 R_A 和 R_B，且它们之间是同向的，而 D 端负载 R_D 上无功率输出。

如图 3-39 所示是一个功率二分配器合成网络，$R_A = R_B$ 时，将功率放大器加在 C 端，在满足匹配条件，不考虑传输线的损耗，变压器输入端与输出端的

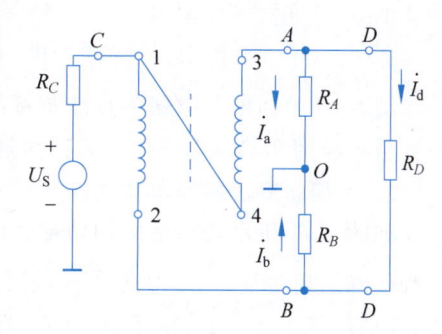

图 3-39 功率二分配器合成网络

电压幅度是相等的。由电路对称性可得 $\dot{I}_a = \dot{I}_b$，A、B 两端电压为

$$\dot{U}_{AB} = \dot{I}_a R_A - \dot{I}_b R_B = 0$$

所以有，$P_A = P_B = I_a^2 R = I_b^2 R = (I_c/2)^2 R = I_c^2/2 \times R/2 = I_c^2/2 \times R_C = P_C/2$。

由以上分析可知，功率放大器的输出功率均等地分配给 R_A 和 R_B，且它们之间是反相的，实现了功率二分配，而 D 端负载 R_D 上无功率输出。

功率合成与分配是相互联系的，用作功率合成的晶体管，必须通过功率分配得到激励信号。

3.9.4 实例分析

1. 反相功率合器的典型电路

如图 3-40 所示是一个反相功率合成器的典型电路。它是一个输出功率为 75W，带宽为 30~75MHz 的放大电路的一部分。图中，T_2 与 T_5 是由 1∶4 传输线变压器构成的混合网

络，T_2 是起功率分配作用；而 T_5 则是起到功率合成作用的传输线变压器。又考虑到功放管 VT_1 和 VT_2 的输入阻抗低，分别用传输线变压器 T_3 和 T_4 进行 4∶1 阻抗变换。T_1 与 T_6 是 1∶1 传输线变压器，其作用是完成平衡-不平衡输出。由于信号源是非平衡输出，通过传输线变压器 T_1 变为平衡输出。负载均衡是一端接地，通过传输线变压器 T_6 将平衡输出变为非平衡输出。

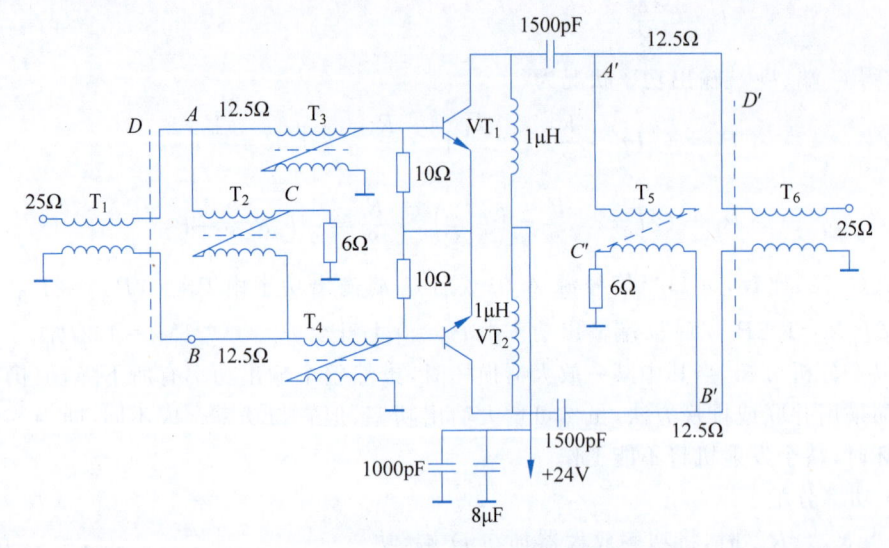

图 3-40　反相功率合成器的典型电路

图 3-40 中标出了电路各点的负载阻抗值，为了实现阻抗匹配，传输线变压器 T_1、T_6 的特性阻抗应为 25Ω；T_3 和 T_4 的特性阻抗应为 6Ω；T_2、T_5 的特性阻抗应为 12.5Ω。

2. 同相功率合成器的典型电路

如图 3-41 所示是一个同相功率合成器的典型电路。图中，T_1 是功率分配网络，A 端和 B 端获得同相功率。T_6 为功率合成网络，其作用是将 A' 和 B' 两端的功率在 C' 端进行合成，推动负载工作。T_2 和 T_3 为 4∶1 阻抗变换器，将具有较低输入阻抗的功放管（约 50Ω）输入阻抗变换为高阻抗；T_4 和 T_5 为 1∶4 阻抗变换器，将具有较高输出阻抗混合网络

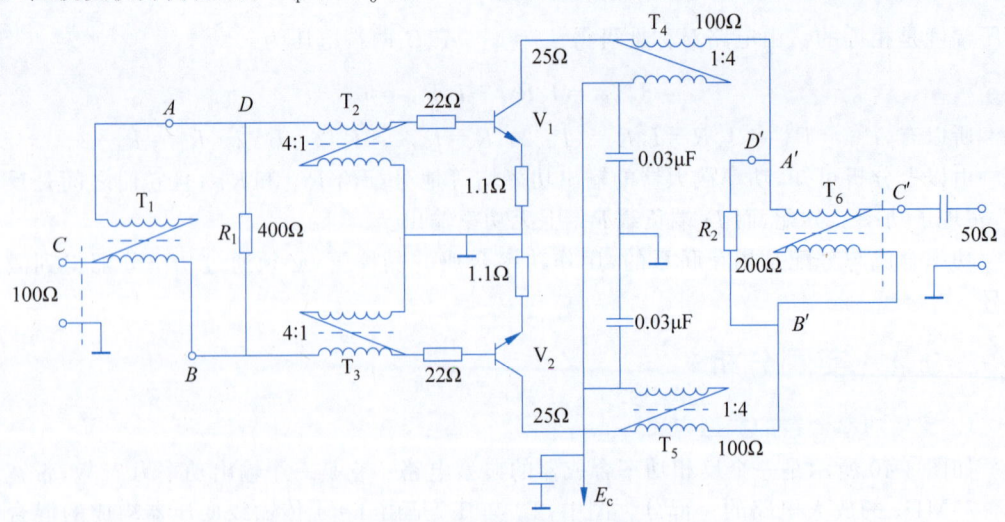

图 3-41　同相功率合成器的典型电路

(200Ω)的等效负载阻抗,变换为放大器所需的较低负载阻抗;T_6 为功率合成传输线变压器。R_1 为输入耦合网络的平衡电阻,R_2 为输出耦合网络的平衡电阻。还在图中标出了电路各点的负载阻抗值,由图可知,为了实现阻抗匹配,传输线变压器 T_1、T_2、T_3、T_6 的特性阻抗应为 100Ω;T_4、T_5 的特性阻抗应为 50Ω。

复习思考题

1. 功放在什么情况下需要采用传输线变压器?最常用的是什么类型的阻抗变换传输线变压器?
2. 一个良好的功率合成器应该满足哪两个条件?

本章小结

调谐、选频、滤波、匹配,以及获得输出功率和效率是本章的几个核心问题。

1. 调谐功率放大器与小信号调谐放大器的比较如表 3-3 所示。

表 3-3 调谐功率放大器与小信号调谐放大器的比较

比较项目	调谐功率放大器	小信号调谐放大器
电路		
输入信号	大(几百毫伏至几伏)	小(几微伏至几毫伏)
晶体管工作区域	晶体管工作延伸到非线性区域——截止和饱和区	线性区
工作状态	丙类	甲类
输出功率	大	小
功率增益	小	大(通过阻抗匹配)

2. 高频谐振功率放大电路工作在丙类状态。效率高并且节约能源,所以是高频功放中经常选用的一种电路形式。

丙类谐振功放效率高的原因在于导通角 θ 小,也就是晶体管导通时间短,集电极功耗减小。但导通角 θ 越小,将导致输出功率越小。所以选择合适的 θ,是丙类谐振功放在兼顾效率和输出功率两个指标时的一个重要考虑。

3. 由于丙类工作,集电极电流 i_c 是余弦脉冲,但由于槽路的选频作用,仍能得到正弦波形的输出。

4. 功率放大器功率大,电源供给、管子发热等问题也大。为了尽量减小损耗,合理地利用晶体管和电源,必须掌握功率放大器的五种功率和两种效率。

(1) 调谐功率放大器五种功率。

① 电源供给的直流功率:
$$P_S = E_c I_{c0}$$

② 通过晶体管转换的交流功率,即晶体管集电极输出的交流功率:
$$P_o = \frac{1}{2}U_{cm}I_{c1m} = \frac{1}{2}I_{c1m}^2 R_L = \frac{1}{2}\frac{U_{cm}^2}{R_L}$$

③ 晶体管在能量转换过程中的损耗功率,即晶体管损耗功率:
$$P_C = P_S - P_o$$

④ 槽路损耗功率:
$$P_T = \frac{U_m^2}{2R_0} = \frac{U_m^2}{2Q_0\omega_0 L}$$

⑤ 通过槽路送给负载的交流功率,即 R_L 上得到的功率:
$$P_L = P_o - P_T$$

(2) 两种效率。

① 集电极效率:
$$\eta_c = \frac{P_o}{P_S} = \frac{U_{cm}I_{c1m}}{2E_c I_{c0}} = \frac{1}{2}\frac{U_{cm}}{E_c}\frac{\alpha_1 I_{cmax}}{\alpha_0 I_{cmax}} = \frac{1}{2}\frac{\alpha_1}{\alpha_0}\frac{U_{cm}}{E_c}$$

② 槽路效率:
$$\eta_T = \frac{P_o - P_T}{P_o} = \frac{\dfrac{U_m^2}{2Q_L\omega_0 L} - \dfrac{U_m^2}{2Q_0\omega_0 L}}{\dfrac{U_m^2}{2Q_0\omega_0 L}} = \frac{Q_0 - Q_L}{Q_0}$$

5. 折线分析法是工程上常用的一种近似方法。利用折线分析法可以对丙类谐振功放进行工作状态和性能分析,得出它的负载特性、调制特性和振幅特性。若丙类谐振功放用来放大等幅信号(如调频信号)时,应该工作在临界状态;若用来放大非等幅信号(如调幅信号)时,应该工作在欠压状态;若用来进行基极调幅,应该工作在欠压状态;若用来进行集电极调幅,应该工作在过压状态。折线化的动态线在工作状态和性能分析中起了非常重要的作用。

6. 丙类调谐功放的输入回路的基极偏压是反偏压,常采用自给偏压来实现。当调谐功放设计在欠压状态工作时,采用射流偏压环节;当设计在过压状态工作时,采用基流偏压环节。丙类调谐功放的输出回路有串馈和并馈两种直流馈电方式。为了实现和前后级电路的阻抗匹配,可以完成这两种作用的匹配电路形式有多种,一般可采用具有并联谐振回路形式的匹配电路和具有滤波器形式的匹配电路。

7. 调谐功放属于窄带功放。宽带功放采用非调谐方式,工作在甲类状态,采用具有宽频带特性的传输线变压器进行阻抗匹配,并利用功率合成技术增大输出功率。

8. 书中介绍的一些集成高频功放器件如 M57704 系列和 MHW 系列等，属于窄带谐振功放，输出功率不很大，效率也不太高，但功率增益较大，需外接元件少，使用方便，可广泛用于一些移动通信系统和便携式仪器中。

9. 晶体管倍频器是一种常用的倍频电路，在使用时应注意两点：一是倍频次数一般不超过 3；二是要采用良好的输出滤波网络。

10. 本章知识结构框图如图 3-42 所示。

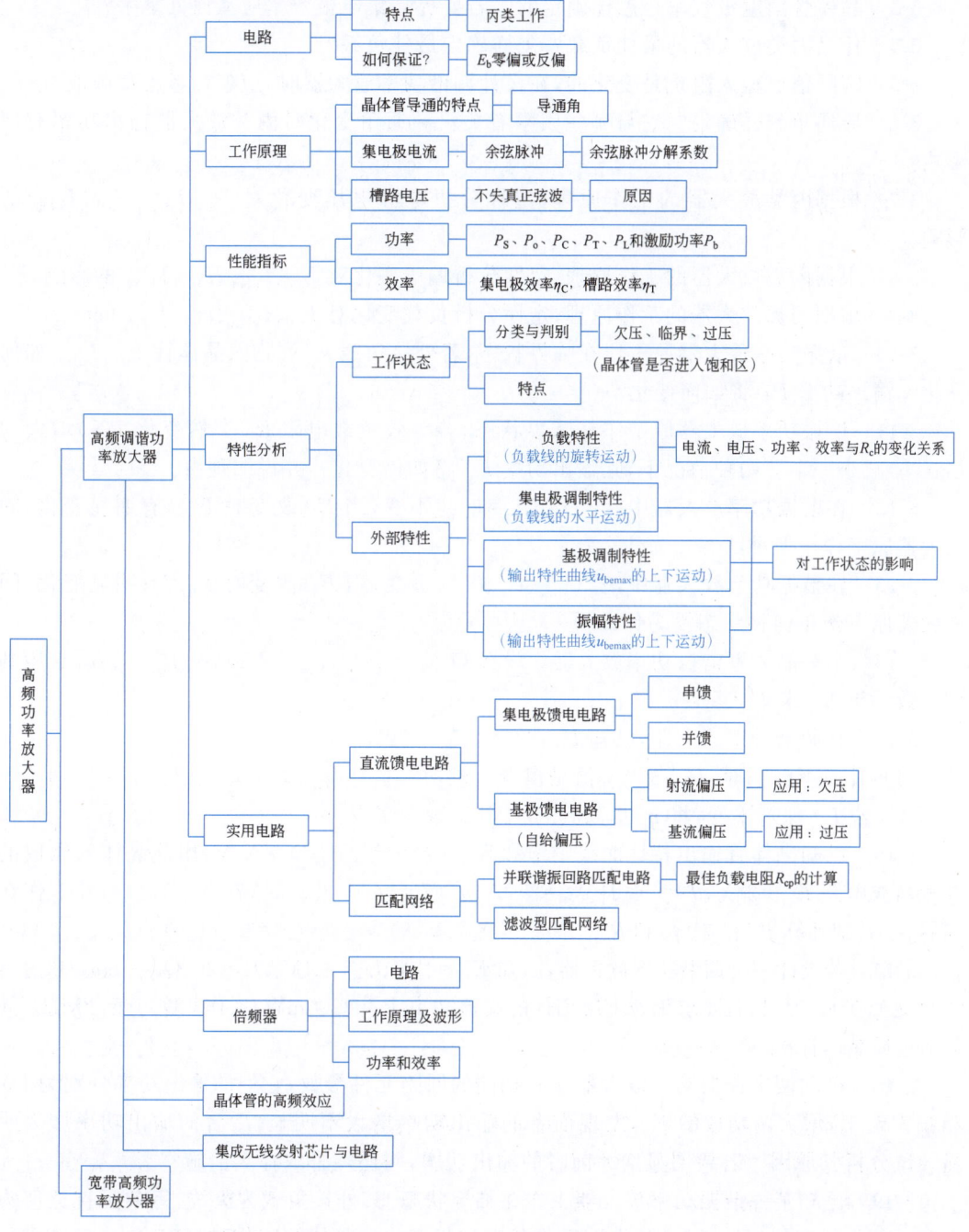

图 3-42 第 3 章知识结构框图

思考题与习题

3-1 为什么低频功率放大器不能工作在丙类？而高频功率放大器则可以工作在丙类？

3-2 当谐振功率放大器的激励信号为正弦波时，集电极电流通常为余弦脉冲，那么为什么能得到正弦电压输出？

3-3 晶体管集电极效率是怎样确定的？若要提高集电极效率应从何处下手？

3-4 什么丙类放大器的最佳负载？怎样确定最佳负载？

3-5 实际信道输入阻抗是变化的，在设计调谐功率放大器时，应怎样考虑负载值？

3-6 导通角怎样确定？它与哪些因素有关？导通角变化对丙类放大器输出功率有何影响？

3-7 根据丙类放大器的工作原理，定性分析电源电压变化对 I_{c0}、I_{c1m}、I_{b0}、I_{b1m} 的影响。

3-8 根据丙类放大器的工作原理，定性分析偏压变化对 I_{c0}、I_{c1m}、I_{b0}、I_{b1m} 的影响。

3-9 根据丙类放大器的工作原理，定性分析负载变化对 I_{c0}、I_{c1m}、I_{b0}、I_{b1m} 的影响。

3-10 谐振功率放大器原工作在临界状态，若外接负载突然断开，晶体管 I_{c0}、I_{c1m} 如何变化？输出功率 P_o 将如何变化？

3-11 谐振功率放大器原工作在临界状态，若等效负载电阻 R_c 突然变化：(a)增大一倍；(b)减小一半。两种情况下，其输出功率 P_o 将如何变化？并说明理由。

3-12 在谐振功率放大器中，若 E_b、U_{bm}、U_{cm} 不变，当 E_c 改变时 I_{c1m} 有明显变化，问放大器原工作于何种状态？为什么？

3-13 在谐振功率放大器中，若 U_{bm}、E_c、U_{cm} 不变，当 E_b 改变时 I_{c1m} 有明显变化，问放大器原工作于何种状态？为什么？

3-14 某一晶体管谐振功率放大器。设已知 $E_c=24\text{V}$、$I_{c0}=250\text{mA}$、$P_o=5\text{W}$，电压利用系数等于 1。求 P_C、R_c、η_c、I_{c1m}。

3-15 某调谐功率放大器，已知 $E_c=24\text{V}$、$P_o=5\text{W}$，问：
(1) 当 $\eta_c=60\%$ 时，P_C 及 I_{c0} 值是多少？
(2) 若 P_o 保持不变，将 η_c 提高到 80%，P_C 减少多少？

3-16 已知晶体管输出特性曲线中饱和临界线跨导 $g_{cr}=0.8\text{A/V}$，用此晶体管做成的谐振功放电路 $E_c=24\text{V}$，$\theta=70°$，$I_{cmax}=2.2\text{A}$，$\alpha_0(70°)=0.253$，$\alpha_1(70°)=0.436$，并工作在临界状态，试计算 P_o、P_S、η_c 和 R_{cp}。

3-17 若设计一个调谐功率放大器，已知 $E_c=12\text{V}$、$U_{ces}=1\text{V}$、$Q_0=20$、$Q_L=4$、$\alpha_1(60°)=0.39$、$\alpha_0(60°)=0.21$，若要求负载上所消耗的交流功率 $P_L=200\text{mW}$，工作频率 $f_0=2\text{MHz}$，问如何选择晶体管？

3-18 已知两个谐振功率放大器具有相同的回路元件参数，它们的输出功率分别为 1W 和 0.6W。若增大两功放的 E_c，发现前者的输出功率增大不明显，后者的输出功率增大明显。试分析其原因。若要明显增大前者的输出功率，问还须采取什么措施？

3-19 已知某一谐振功率放大器工作在临界状态，其外接负载为天线，等效阻抗近似为电阻。若天线突然短路，试分析电路工作状态如何变化？晶体管工作是否安全？

3-20 功率谐振放大器原工作在临界状态,如果集电极回路稍有失谐,晶体管 I_{c0}、I_{c1m} 如何变化?集电极损耗功率 P_C 如何变化?有何危险?

3-21 利用功放进行振幅调制时,当调制的音频信号加在基极或集电极时,应如何选择功放的工作状态?

3-22 已知某谐振功率放大器工作在临界状态,输出功率 15W,且 $E_c=24V$、$\theta=70°$、$\alpha_0(70°)=0.253$、$\alpha_1(70°)=0.436$。功放管的参数为:临界线斜率 $g_{cr}=1.5A/V$,$I_{CM}=5A$。求:

(1) 直流功率 P_S、集电极损耗功率 P_C、集电极效率 η_c 及最佳负载电阻 R_{cp} 各为多少?

(2) 若输入信号振幅增大一倍,功放的工作状态将如何变化?此时的输出功率大约为多少?

3-23 谐振功率放大器的电源电压 E_c、集电极电压 U_{cm} 和负载电阻 R_L 保持不变,当集电极电流的导通角由 100°减小为 60°时,效率 η_c 提高了多少?相应的集电极电流脉冲幅值变化了多少?

3-24 某谐振公路放大器的动特性如图题 3-24 所示,试回答以下问题。

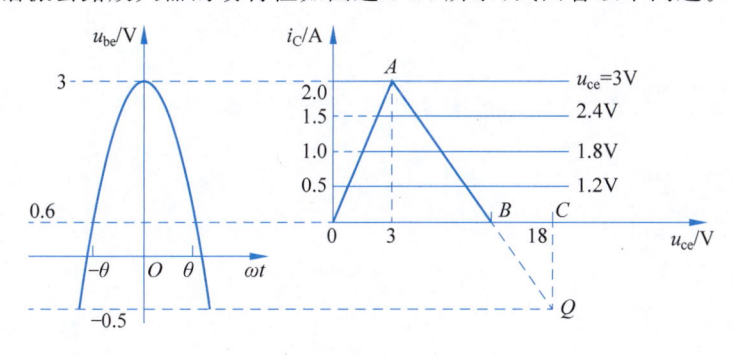

图题 3-24

(1) 说明功率放大器工作于何种状态,并画出 $i_c(t)$ 的波形图。

(2) 计算 θ、P_o、P_C 和 R_{cp}。[注:$\alpha_0(\theta)=0.259$,$\alpha_1(\theta)=0.444$]

3-25 某谐振功率放大器,如果它原来工作在临界状态,如何调整外部参数,可以让它到过压或欠压状态,三种状态各有什么用途?

3-26 试画出两级谐振功放的实际线路,要求:

(1) 两级均采用 NPN 型晶体管,发射极直接接地;

(2) 第一级基极采用组合式偏置电路,与前级互感耦合,而第二级基极采用零偏置电路;

(3) 第一级集电极馈电线路采用并联形式,第二级集电极馈电线路采用串联形式;

(4) 两级间的回路为 T 型网络,输出回路采用 Π 型匹配网络,负载为天线。

提示:构成一个实际电路时应满足——交流要有交流通路,直流要有直流通路,而且交流不能流过直流电源,否则电路将不能正常工作。为了实现以上线路组成原则,在设计时需要正确使用阻隔元件:高频扼流圈 ZL、旁路或耦合电容 C 等。

3-27 什么是倍频器?倍频器在实际中有什么作用?

3-28 晶体管倍频器一般工作在什么状态?当倍频次数提高时其最佳导通角是多少?二倍频器和三倍频器的最佳导通角分别为多少?

3-29 为什么倍频器比基波放大器对输出回路滤波电路的要求高？

3-30 某一基波功率放大器和某一丙类二倍频器。它们采用相同的三极管，均工作于临界状态，有相同的 E_b、E_c、U_{bm}、θ，且 $\theta=70°$，试计算放大器与倍频器的功率之比和效率之比。

3-31 试对 1∶4 和 4∶1 传输线变压器性能与作用进行比较。

3-32 传输线变压器组成的混合网络有什么功能？在分析时要注意什么？

第 4 章 正弦波振荡器

CHAPTER 4

内容提要

振荡器是在没有外加输入信号情况下,能够自行产生一定幅度、一定频率输出信号的电子装置,其在电子技术领域里有着广泛的应用。振荡器按照输出波形,可分成正弦波振荡器和非正弦波振荡器,本书仅讨论正弦波振荡器。正弦波振荡器按照工作方式,又可分为负阻型振荡器和反馈型振荡器。前者是利用负阻器件的负阻效应构成的,而后者是利用正反馈原理来工作的。负阻振荡器工作频率比较高,主要用于微波波段,而在通信中主要采用的是反馈型振荡器。本章所涉及的内容主要有反馈型正弦波自激振荡器基本原理、三点式振荡器和改进型电容三点式电路的组成和工作原理、振荡器的频率稳定问题,以及石英晶体谐振器、石英晶体振荡器、集成压控振荡器和毫米波振荡器的基本概念和电路等。

4.1 概述

振荡器是指在没有外加信号作用下的一种自动将直流电源的能量变换为一定波形的交变振荡能量的装置,振荡器是构成时钟信号的核心电路,是现代电子设备的"心脏"。

正弦波振荡器在电子技术领域里有着广泛的应用。在信息传输系统的各种发射机中,就是把主振器(振荡器)所产生的载波,经过放大、调制把信息发射出去的。在超外差式的各种接收机中,由振荡器产生一个本地振荡信号,并将其送入混频器,高频信号才能变成中频信号。在研制、调测各类电子设备时,常常需要信号源和各种测量仪器,在这些仪器中大多包含有振荡器。例如高频信号发生器、音频信号发生器、Q 表以及各种数字式测量仪表等。此外,振荡器也广泛应用在工业生产中高频加热、交通、高铁电力、广电的 GPS 时钟信号、超声焊接,以及电子医疗器械领域。尤其是我们国家自主研发的全球卫星导航系统——北斗系统,基于铯原子钟构成的谐振器可提供 20~100ns 的时间同步精度。

振荡器的种类很多,从所采用的分析方法和振荡器的特性来看,可以把振荡器分为反馈式振荡器和负阻式振荡器两大类。本书只讨论反馈式振荡器。根据振荡器所产生的波形,又可以把振荡器分为正弦波振荡器与非正弦波振荡器,本章只介绍正弦波振荡器。

常用的正弦波振荡器主要由决定振荡频率的选频网络和维持振荡的正反馈放大器组成,这就是反馈振荡器。按照选频网络所采用元件的不同,正弦波振荡器可分为 LC 振荡器、RC 振荡器和晶体振荡器等类型。其中,LC 振荡器和晶体振荡器用于产生高频正弦波,

RC 振荡器用于产生低频正弦波(本章不作介绍)。正反馈放大器既可以由晶体管、场效应管等分立器件组成,也可以由集成电路组成,但由前者组成的性能比后者更好,且工作频率也更高。

图 4-1 所示为不同的正弦波振荡器的大致工作频段。

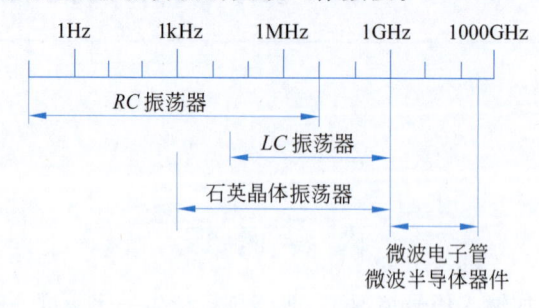

图 4-1　不同的正弦波振荡器的大致工作频段

本章主要讨论正弦波振荡器的基本原理。因此在以下各节将详细分析各种正弦波振荡器的振荡与稳频原理,并对几种典型振荡电路进行分析。

4.2　反馈型正弦波自激振荡器基本原理

本节以互感反馈振荡器为例,分析反馈型正弦波自激振荡器的基本原理,主要包括反馈振荡器的组成、平衡条件、建立和起振条件,以及稳定条件等内容。

4.2.1　反馈振荡器的组成

实际中的反馈振荡器可由小信号调谐放大电路外加反馈网络演变而来。图 4-2 所示为调谐放大器电路,输入信号 u_i 经 M_1 耦合,加到晶体管基极和发射极之间,以 u_{be} 表示。谐振回路两端得到已经放大的信号 u_{ce},再经过互感 M_2 从次级线圈得到输出信号 u_o。如果把 u_o 再送回到输入端,若 u_o 的相位和大小同原来的输入信号 u_i 一样,就成为自激振荡器了。图 4-3 所示为构成反馈振荡器的原理框图,其中,K 为放大电路的放大倍数,F 为反馈网络的反馈系数。由图可见,反馈振荡器是由放大器和反馈网络组成的闭合环路。当开关 S 在 1 的位置时,放大器由外接的输入 u_i 工作,调整反馈系数 F 及回路参数,使 $u_f = u_i$。此时,若将开关 S 快速拨向 2 的位置时,放大电路就利用反馈到输入端的反馈信号进行工作,调谐放大器变为自激振荡器。

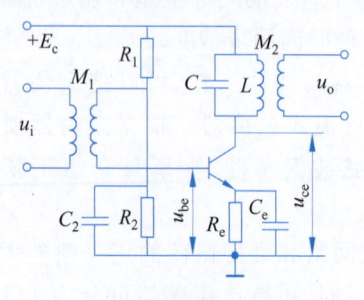

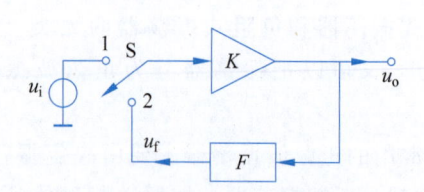

图 4-2　调谐放大器电路　　　　图 4-3　反馈振荡器的原理框图

4.2.2 振荡器的平衡条件

图 4-4 所示为互感反馈振荡器的原理电路及其等效电路,图 4-4(a)就是按照 4.2.1 节的描述构成的互感反馈自激振荡器电路。对应图 4-2 中的输出端,u_o 可以直接送回到晶体管的基极-发射极之间,只用一个互感变压器 M 就可以了。图 4-4(b)是它的交流等效电路。产生自激振荡必须具备以下两个条件。

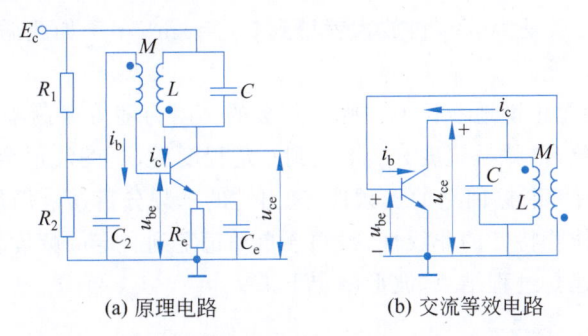

(a) 原理电路　　　　(b) 交流等效电路

图 4-4　互感反馈振荡器的原理电路及交流等效电路

(1) 反馈必须是正反馈。

产生自激振荡要求反馈到输入端的反馈电压(电流)必须与输入电压(电流)同相。

在图 4-4 中,标明了 M 的同名端,在谐振频率点,回路呈纯阻,放大器倒相 π,即 u_{be} 经放大器相移 $\varphi_K = \pi$,按照图中所注极性,经互感送回到输入端的信号相移 $\varphi_F = \pi$,总的相移为 2π,这就保证了反馈信号与输入信号所需相位的一致,形成正反馈。对于其他频率,回路失谐,产生附加相移,总相移不是 2π 就不能振荡。因此,满足振荡的相位平衡条件是

$$\sum \varphi = \varphi_K + \varphi_F = 2\pi n \tag{4-1}$$

其中,$\sum \varphi$ 为总相移,n 为整数。

(2) 反馈信号必须足够大。

如果从输出端送回到输入端的信号太弱,就不会产生振荡了,在图 4-4 的电路中,可以调整 M 和 L 的数值以及放大量来实现这一要求。一般情况下,放大器的放大倍数 $K > 1$,反馈电路的反馈系数 $F < 1$。为了使反馈信号足够大,放大器的增益必须补足反馈系数的衰减。例如,假定输入信号幅度为 10mV,$K = 100$,则输出信号幅度为 1V。为使送回到输入端的电压仍可达到 10mV,必须使 $F = 1/100$。因此,满足振荡的幅度平衡条件为

$$KF = 1 \tag{4-2}$$

自激振荡平衡条件的复数表达式为

$$\dot{K}\dot{F} = 1 \tag{4-3}$$

它包括振幅平衡条件和相位平衡条件两个方面。

4.2.3 振荡器的建立和起振条件

4.2.2 节讲的平衡条件是假定振荡已经产生,为了维持振荡平衡所需的要求。但是,刚一开始时振荡如何产生?

振荡器闭合电源后,各种电的扰动,如晶体管电流的突然增长、电路的热噪声,是振荡器

起振的初始激励。突变的电流包含着许多谐波成分,扰动噪声也包含各种频率分量,它们通过 LC 谐振回路,在它两端产生电压,由于谐振回路的选频作用,只有接近于 LC 回路谐振频率的电压分量才能被选出来,但是电压的幅度很微小,不过由于电路中正反馈的存在,经过反馈和放大的循环过程,幅度逐渐增长,这就建立了振荡。

必须指出,在振荡建立过程中,放大倍数 K 与反馈系数 F 的乘积不是等于 1,而是大于 1。例如 $K=100$,$F=1/10$,假定电源接通时,振荡电压 $U_{be}=1\mu V$,经放大后可得到 $U_{ce}=100\mu V$,反馈后的 U_{be} 就是 $10\mu V$,再放大就得到 $U_{ce}=1mV$……如此循环,振荡电压就会增长起来,波形如图 4-5 所示。

那么幅度会不会无止境地增长下去呢?不会的。因为随着振荡幅度的增长,晶体管将要出现饱和、截止现象,也就是幅度 u_{be} 增大到一定程度后,i_c 的波形会出现切顶现象,虽然 i_c 不是正弦波,但是由于谐振回路的选频性,选出它的基频分量,u_{ce} 仍是正弦形状,如图 4-6 所示。因此,利用晶体管特性的非线性,振幅会自动稳定到一定的幅度。这时 u_{ce} 的幅度基本上不再增长,振荡建立过程结束,波形稳定下来。

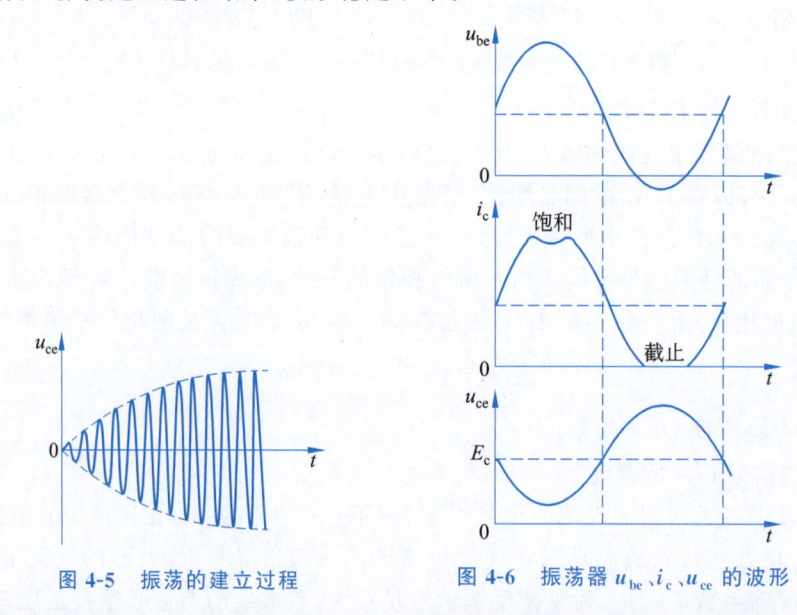

图 4-5 振荡的建立过程

图 4-6 振荡器 u_{be}、i_c、u_{ce} 的波形

起振条件是指为产生自激振荡所需 K、F 的乘积最小值。显然,必须满足

$$\dot{K}F > 1 \tag{4-4}$$

这一条件,才有可能使振荡电压逐渐增长,建立振荡。因此,起振条件也包括两部分:一是 $KF>1$,称为振幅起振条件,表明反馈为增幅振荡;二是 $\varphi_K+\varphi_F=2\pi n$,称为相位起振条件,表明反馈为正反馈。一般情况下,放大器具有非线性特性,反馈电路是线性电路。在振荡建立过程中,随着幅度的增长,放大器工作状态由甲类工作情况进入乙类(甚至丙类)工作情况。晶体管非线性作用使 u_{ce} 的幅度不能增长,K 值逐渐下降,最后平衡,稳定在 $KF=1$ 点。因此,在 LC 振荡电路中,不需要额外的稳幅环节。

4.2.4 振荡器的稳定条件

振荡器的平衡条件说明:$KF=1$ 和 $\varphi_K+\varphi_F=2\pi n$ 时,振荡器能够维持等幅振荡。没有说明这个平衡条件是否稳定。实际上,不稳定的因素总是存在的,如电源的波动、温度的变化和机械振动等。它们会使 LC 回路的参数发生变化,从而破坏原来的平衡条件,改变振荡幅度和频率。

如果把上述不稳定因素去掉后,振荡器能回到原来的平衡状态,则平衡状态是稳定的;否则是不稳定的。

可以通过两个简单的物理现象来说明稳定平衡和不稳定平衡的概念。如图 4-7(a)和图 4-7(b)所示,分别将一个小球置于凸面上的平衡位置 B,将另一个小球置于凹面上的平衡位置 Q。显然,图 4-7(a)中的小球是处于不稳定的平衡状态。因为在这种情况下,稍有"风吹草动"小球将离开原来的位置而落下。图 4-7(b)中的小球则处于稳定的平衡状态。因为在此情况下,尽管有外力扰动,由于重力作用,它仍然自动地回到原来的位置。由此可见,所谓振荡器的稳定平衡,就是说在某种因素的作用下,使振荡器的平衡条件遭到破坏时,它能在原平衡点附近重建新的平衡状态,一旦外因消除后,它能自动地恢复到原来的平衡状态。

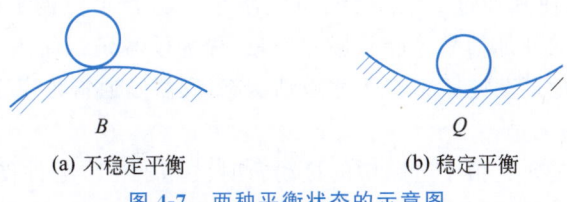

(a) 不稳定平衡   (b) 稳定平衡

图 4-7 两种平衡状态的示意图

振荡器的稳定条件包含两方面的内容:振幅稳定条件和相位稳定条件。

1. 振幅稳定条件

振幅稳定的两种情况如图 4-8 所示,横坐标是振荡电压 u_{be},纵坐标为放大倍数 K 与反馈系数的倒数 $\dfrac{1}{F}$。其中,软激励情况如图 4-8(a)所示,说明起始时 K 较大,随着 u_{be} 的增长 K 逐渐下降,$\dfrac{1}{F}$ 不随 u_{be} 改变,所以是一条水平线。当 u_{be} 较小时,$K > \dfrac{1}{F}$,随着 u_{be} 的增长,K 减小,在 A 点,$K = \dfrac{1}{F}$,即 $KF = 1$,所以 A 点是平衡点。但这是不是稳定的平衡点呢,要看此点附近振幅发生变化时,是否能恢复原状。

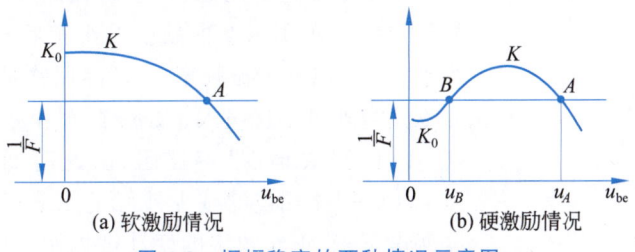

(a) 软激励情况   (b) 硬激励情况

图 4-8 振幅稳定的两种情况示意图

假定由于某种原因,使 u_{be} 略有增长,这时 $K < \dfrac{1}{F}$,出现 $KF < 1$ 的情况,于是振幅就自动衰减回到 A 点。反之,若 u_{be} 稍有减少,则 $K > \dfrac{1}{F}$,出现 $KF > 1$ 的情况,于是振幅就自动

增强,而又回到 A 点,所以 A 点是稳定的平衡点。由此得出结论:在平衡点,若 K 曲线斜率是负的,即

$$\left.\frac{dK}{du}\right|_{K=\frac{1}{F}} < 0 \tag{4-5}$$

则满足稳定条件。若 K 曲线斜率为正,则不满足稳定条件。

若晶体管的静态工作点取得太低,甚至为反向偏置,而且反馈系数 F 又选得较小时,可能会出现如图 4-8(b)所示的另一种形式,即硬激励情况。这时 $K=f(u_{be})$ 的变化曲线不是单调下降,出现两个平衡点,但是根据 K 曲线斜率是否是负的,极易判定 A 点是稳定的平衡点,B 点是不稳定的平衡点。当振荡幅度由于某种原因大于 u_B 时,则 $K>\frac{1}{F}$,出现 $KF>1$ 的情况。这时增幅不但不减小,反而继续增长起来。反之振荡幅度稍低于 u_B 时,将出现 $KF<1$,因此振幅将继续衰减下去,直到停振为止。所以 B 点是不稳定的平衡点。由于在 $u_{be}<u_B$ 的区间,振荡始终是衰减的,因此,这种振荡器不能自行起振,但在起振时外加一个大于 u_B 的冲击信号,使其冲过 B 点,才有可能激起稳定于 A 点的平衡状态。像这样要预先加上一个一定幅度的外加信号才能起振的现象,称为硬激励。而图 4-8(a)则是软激励情况。一般情况下都是使振荡电路工作于软激励状态,硬激励通常是应当避免的。

2. 相位稳定条件

相位稳定条件就是研究由于电路中的扰动暂时破坏了相位条件使振荡频率发生变化,当扰动离去后,振荡能否自动稳定在原有频率上。

必须指出,相位稳定条件和频率稳定条件实质上是一回事。因为振荡的角频率就是相位的变化率($\omega=d\varphi/dt$),所以当振荡器的相位发生变化时,频率也发生了变化。

假设由于某种干扰引入了相位增量 $\Delta\varphi$,这个 $\Delta\varphi$ 将对频率有什么影响呢?此 $\Delta\varphi$ 意味着在环绕线路正反馈一周以后,反馈电压的相位超前了原有电压相位 $\Delta\varphi$。相位超前就意味着周期缩短。如果振荡电压不断地放大、反馈、再放大,如此循环下去,反馈到基极上电压的相位将一次比一次超前,周期不断地缩短,相当于每秒内循环的次数在增加,即振荡频率不断地提高。反之,若 $\Delta\varphi$ 是一减量,那么循环一周的相位落后,这表示频率要降低。但事实上,振荡器的频率并不会因为 $\Delta\varphi$ 的出现而不断地升高或降低。这就需要分析谐振回路本身对相应增量 $\Delta\varphi$ 的反应来解释。

为了说明这个问题,可参看如图 4-9 所示的谐振回路的相位稳定作用示意曲线。设平衡状态时的振荡频率 f 等于 LC 回路的谐振频率 f_0,LC 回路是一个纯电阻,相位为零。当外界干扰引入 $+\Delta\varphi$ 时,工作频率从 f_0 增到 f_0',则 LC 回路失谐,呈容性阻抗,这时回路引入相移为 $-\Delta\varphi_0$,LC 回路相位的减少补偿了原来相位的增加,振荡速度就慢下来,工作频率的变动被控制。反之也是如此。所以,LC 谐振回路有补偿相位变化的作用。

图 4-9 谐振回路的相位稳定作用示意曲线

对比上述两种变动规律可总结为:外界干扰 $\Delta\varphi$ 引起的频率变动 Δf_0 是同符号的,即 $\frac{\Delta\varphi}{\Delta f_0}>0$,而谐振回路变动 Δf_0 所引起的相位变化 $\Delta\varphi_0$ 是

异符号的，$\dfrac{\Delta \varphi_0}{\Delta f_0}<0$。所以可以保持平衡。

所以，振荡器相位稳定条件是：相位特性曲线在工作频率附近的斜率是负的。即

$$\left.\dfrac{\mathrm{d}\varphi}{\mathrm{d}f}\right|_{f=f_0}<0 \tag{4-6}$$

归纳本节分析的问题，可把振荡条件列于表 4-1 中。

表 4-1 振荡条件

	平 衡 条 件	起 振 条 件	稳 定 条 件
振幅	$KF=1$	$KF>1$	在平衡点 K-u 曲线斜率为负 $\left.\dfrac{\mathrm{d}K}{\mathrm{d}u}\right|_{K=\frac{1}{F}}<0$
相位	$\sum \varphi = 2\pi n\,(n=0,1,2,\cdots)$	$\sum \varphi = 2\pi n\,(n=0,1,2,\cdots)$	在平衡点 φ-f 曲线斜率为负 $\left.\dfrac{\mathrm{d}\varphi}{\mathrm{d}f}\right|_{f=f_0}<0$

4.2.5 振荡器的分析方法

振荡的三个条件即平衡条件、起振条件和稳定条件都必须满足，振荡器才能振荡，缺一不可。振荡器的振荡电路必须满足平衡和起振条件，而稳定条件则是隐含在振荡器的所有电路结构中。一般来说，如果电路结构合理，只要满足起振条件，就能自动进入平衡状态，产生持续振荡。

对振荡器进行分析时，首先要分析电路组成，即观察电路结构是否合理，找出电路中的放大部分和反馈部分，并分析反馈电压取自何处，加在何处。其次，判断电路是否满足振荡条件。振荡条件包括相位条件和振幅条件。对于相位条件，主要是判断电路是否满足正反馈，可以采用瞬时极性法进行判别；对于振幅条件，则要判断 KF 是否大于 1。起振初期三极管工作在线性状态，且输入信号很微弱，因此一般采用微变等效电路的方法进行分析。最后，根据选频网络的参数计算振荡电路的频率。

瞬时极性法是分析判断振荡电路是否满足正反馈的基本方法，对分析判断互感耦合振荡器、RC 振荡器较为方便。具体分析时，可以分为三步：①断回路，在分析电路组成基础上，识别清楚放大器的组态，确定反馈网络输出和放大电路输入的连接线，并进行断开；②引输入，在输入端加入外接参考电压；③辨相位，假设某一瞬时，输入端对参考点的电位为＋，根据放大器的组态确定输出端对参考点的相位，同相放大为＋，反相放大为－，再通过互感耦合的同名端决定反馈电压 u_f 对参考点的电位，若反馈到输入端的电压仍为＋，表示为正反馈，否则为负反馈，不能振荡。在已知的共射、共基、共集三种组态中，只有共射电路输出与输入反相，共基和共集均为同相。通过这种方法，就可以判断振荡电路引入的反馈类型。

例 4-1 利用瞬时极性法，判断图 4-10 所示电路是否满足相位条件？

解 图 4-10 所示电路为互感反馈振荡器，放大器为共射电路，反馈网络为互感线圈，由此可确定反馈网络输出和放大电路输入的连接线，并进行断开。再利用瞬时极性法，假设外加的输入电压参考电位为＋，则放大器集电极输出电位为－，加到互感线圈原边的电位也为－。根据互感变压器的同名端位置，则加到互感线圈副边非同名端的电位为＋，即反馈到输

入端的电压为+,因而为正反馈,满足相位条件,可以振荡。

例 4-2 判断图 4-11(a)所示振荡电路,有无错误? 若有错误,判断有哪些错误,并加以改正。

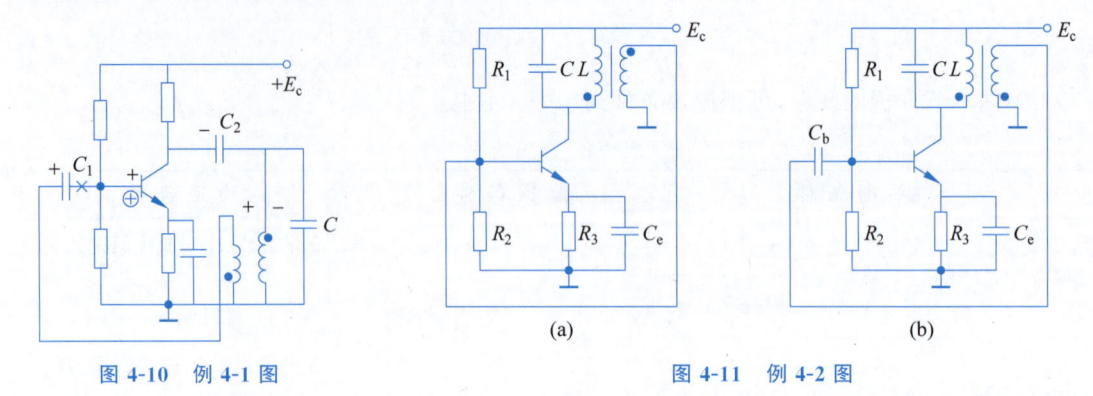

图 4-10 例 4-1 图

图 4-11 例 4-2 图

解 检查振荡电路是否正确的一般步骤为①检查交流通路是否正确及是否存在正反馈;②检查直流偏置电路是否正确。只有当交流通路满足了相位条件,以及有正确的直流偏置电路之后,电路才能正常振荡。

图 4-11(a)所示电路为互感反馈振荡器,但反馈为负反馈,因此应改变同名端;直流偏置电路中,基极直流电位被互感变压器短接,因此应加隔直电容。改正后电路如图 4-11(b)所示。

复习思考题

1. 反馈型正弦波自激振荡器由哪几部分组成? 各组成部分的作用是什么?
2. 什么是振荡三条件? 它们各有什么作用?
3. 反馈型 LC 振荡器在起振初期和平衡时放大器工作状态有何不同?
4. 振荡器的分析包括哪几个方面? 判断互感耦合振荡电路是否满足正反馈一般采用什么方法?

4.3 三点式振荡器

互感反馈型正弦波自激振荡器具有易起振、输出电压大、调频方便等特点,但由于分布电容的影响,在频率较高时,很难保证变压器的稳定性,一般工作于中、短波段。对于更高频段,可以采用三点式 LC 振荡器,简称三点式振荡器。三点式振荡器是指 LC 回路的三个端点与晶体管的三个电极分别连接而组成的一种振荡器。它可分为电容三点式和电感三点式两种基本类型。

4.3.1 三点式振荡器的基本工作原理

三点式振荡器的基本结构及三点线路相位条件判别示意图如图 4-12 所示。LC 回路引出三个端点,分别同晶体管的三个电极相连,若与发射极相连的是两个电容,称为电容三点式振荡器,如图 4-12(a)所示,若与发射极相连的是两个电感,则称为电感三点式振荡器,如图 4-12(b)所示。

(a) 电容三点式振荡器

(b) 电感三点式振荡器

(c) 两种基本型电路统一表示后的电路

(d) 三点线路相位条件判别示意图

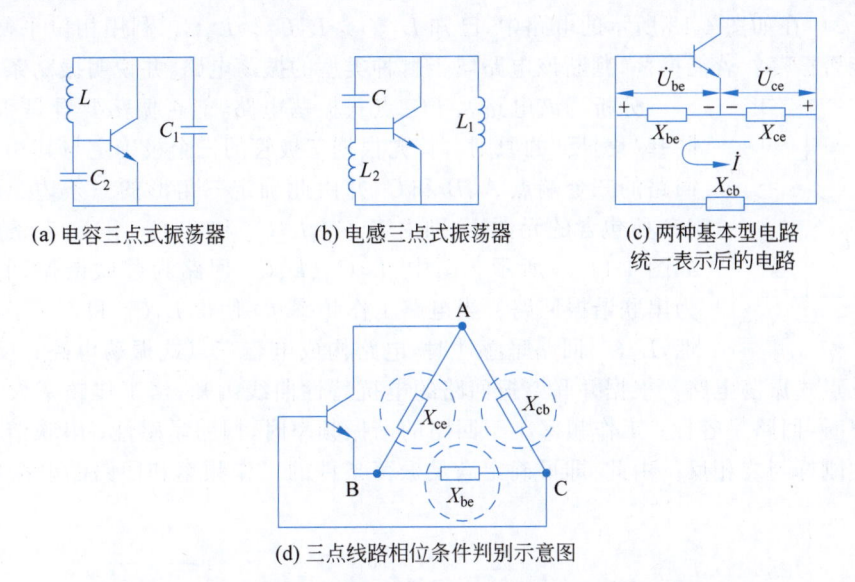

图 4-12　三点式振荡器的基本结构及三点线路相位条件判别示意图

不论是电容三点式电路还是电感三点式电路都有这样一个规律:发射极-基极和发射极-集电极间回路元件的电抗性质相同(同为电感或电容);基极-集电极间回路元件的电抗性质同上两元件相反。总结为一句话:<u>射同集(基)反——与射极相连的元件电抗性质相同,与集电极、基极相连的元件的电抗性质相反</u>。该规律对于三点式电路有普遍意义。为什么呢?这是由振荡器的相位平衡条件决定的。

为了说明此问题,可以把两种基本型电路统一表示为如图 4-12(c)所示的电路图,X_{cb}、X_{be}、X_{ce} 为三个电抗元件。由于仅分析相位平衡条件,即判断电路是否构成了正反馈,为了便于说明,略去电抗元件的损耗,即回路品质因数足够高,并忽略三极管输入和输出阻抗的影响,则当回路谐振时,$X_{cb}+X_{be}+X_{ce}=0$,回路等效为纯阻。由图 4-12(c)可看出

$$\dot{U}_{be}=\frac{\dot{U}_{ce}}{X_{cb}+X_{be}} \cdot X_{be}=-\frac{\dot{U}_{ce}}{X_{ce}} \cdot X_{be}$$

由于晶体管的倒相作用使放大器的输出电压 $\dot{U}_{ce}$ 和输入电压 $\dot{U}_{be}$ 反相。所以,为了使 X_{be} 和 $\dot{U}_{ce}$ 反相,则要求 X_{be} 与 X_{ce} 为同性质电抗,X_{cb} 则为异性质电抗。例如,X_{be} 与 X_{ce} 为电容,则 X_{cb} 就是电感,如图 4-12(a)和图 4-12(b)所示。因此,三点式电路相位平衡条件准则是:

(1) X_{ce} 和 X_{be} 性质相同;

(2) X_{cb} 和 X_{ce}、X_{be} 性质相反。

<u>具体判断时,可以采用"找端点、确定边、辨属性"方法</u>,三点线路相位条件判别示意图如图 4-12(d)所示。找端点,即根据三极管的三个极确定与其相连的谐振回路的三个端点 A、B 和 C;确定边,即根据找到的三个端点,确定三角形的三条边 AB、BC 和 AC 所包含的元件,三条边所包含的元件可能是由电感、电容不同组合所形成的选频网络;辨属性,即确认

三条边所包含元件的电抗性质,分别是感性还是容性,并判别是否满足射同基反的条件,若满足,则可以振荡,否则不能振荡。

例 4-3 在如图 4-13 所示的电路中,已知 $L_1C_1>L_2C_2>L_3C_3$,利用相位平衡条件,判断电路能否振荡?若能振荡,判断该电路属于哪种类型的振荡电路,并说明振荡条件。

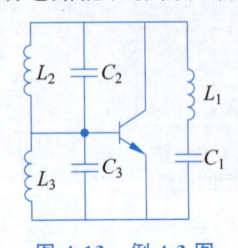

分析 该电路属于三点式振荡电路,能否振荡要看是否满足"射同基(集)反"的原则。首先根据三极管的三个极确定与其相连的谐振回路的三个端点 A、B 和 C,并由此确定三角形的三条边 AB、BC 和 AC 所包含的元件,分别由 L_1C_1、L_3C_3 和 L_2C_2 组成,三条边示意图如图 4-14(a)所示。图中,L_2C_2、L_3C_3 回路为并联谐振回路,L_1C_1 为串联谐振回路。当电路工作频率 f_0 使得 L_1C_1 和 L_3C_3 回路呈容性,L_2C_2 回路呈感性时,电路构成电容三点式振荡电路;反之,则构成电感三点式振荡电路。根据并联谐振回路的电抗特性曲线可知,当工作频率大于回路的谐振频率时,回路呈容性;工作频率小于回路的谐振频率时,回路呈感性;串联谐振回路的电抗特性刚好与之相反。由此,即可确定满足振荡条件的工作频率和回路的谐振频率之间的关系。

图 4-13 例 4-3 图

(a) 例4-3电路谐振回路的三条边　　(b) 谐振回路的电抗特性曲线

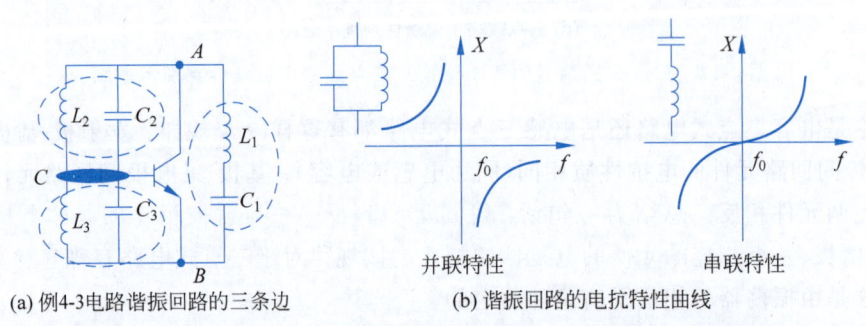

图 4-14 例 4-3 电路谐振回路的三条边及谐振回路的电抗特性曲线

解 并联谐振回路和串联谐振回路的电抗特性曲线如图 4-14(b)所示。由图可见,对于并联谐振回路,当工作频率大于回路的谐振频率时,回路呈容性,小于时回路呈感性;串联谐振回路与上述相反。因此,图 4-14(a)电路若构成电容三点式振荡电路,则应满足 $f_1<f_0>f_3$ 且 $f_2>f_0>f_3$;若构成电感三点式振荡电路,则应满足 $f_3>f_0>f_1$ 且 $f_3>f_0>f_2$。其中,f_1,f_2,f_3 分别为三个回路的谐振频率,即 $f_1=\dfrac{1}{2\pi\sqrt{L_1C_1}}$,$f_2=\dfrac{1}{2\pi\sqrt{L_2C_2}}$,$f_3=\dfrac{1}{2\pi\sqrt{L_3C_3}}$。

根据题意,三个谐振回路的谐振频率满足下列不等式

$$f_1=\frac{1}{2\pi\sqrt{L_1C_1}}<f_2=\frac{1}{2\pi\sqrt{L_2C_2}}<f_3=\frac{1}{2\pi\sqrt{L_3C_3}}$$

因此,当选定电路参数使得工作频率 f_0 满足 $f_3>f_0>f_2>f_1$ 时,可组成电感三点式振荡电路,电路能振荡。此时,L_1C_1 和 L_3C_3 回路呈感性,L_2C_2 回路呈容性。

4.3.2 电容三点式振荡器

图 4-15 所示为电容三点式振荡器及其简化交流通路,电容三点器振荡器也叫考毕兹

(Colpitts)振荡器。其中,图 4-15(a)为原理电路,图 4-15(b)为简化的交流等效电路。图中,L、C_1 和 C_2 组成振荡器回路,作为晶体管放大器的负载阻抗,反馈信号从 C_2 两端取得,送回放大器输入端。扼流圈 ZL 的作用是避免高频信号被旁路,而且为晶体管集电极构成直流通路。也可用 R_c 代替 ZL,但 R_c 将引入损耗,使回路有载 Q 值下降,所以 R_c 值不能过小。

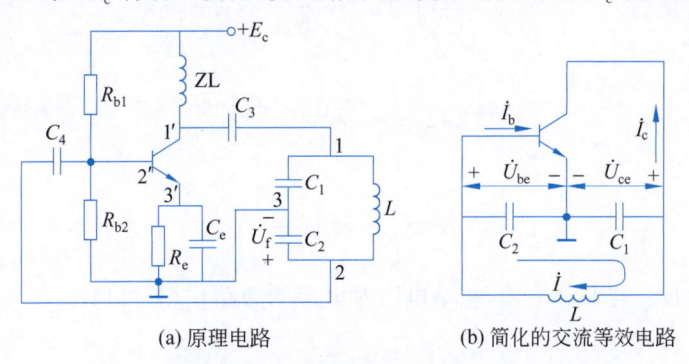

图 4-15 电容三点式振荡器及其简化交流等效电路

谐振回路的三个端点分别与晶体管的三个极相连,且与发射极相连的 C_1 和 C_2 为同性质电抗元件,而 L 与 C_1、C_2 为异性质电抗元件,符合三点式电路相位平衡条件,故满足振荡的相位条件。由于它是利用电容 C_2 将谐振回路的一部分电压反馈到基极上,故称为电容三点式振荡器。

下面再来分析起振条件,即求出放大倍数 K 和反馈系数 F,看它们的乘积是否大于 1。起振时,放大器工作于小信号放大状态,为分析方便,把图 4-15(a)再改画成图 4-16 所示的 Y 参数等效电路。图中,$R_b=R_{b1}//R_{b2}$ 为放大器基极偏置电阻的等效电阻,$C_1'=C_1+C_{oe}$,$C_2'=C_1+C_{ie}$。C_1' 与 C_2' 组成电容分压式部分接入电路,设 C_1' 的电容接入系数为

$$n=\frac{C_2'}{C_1'+C_2'} \qquad (4-7)$$

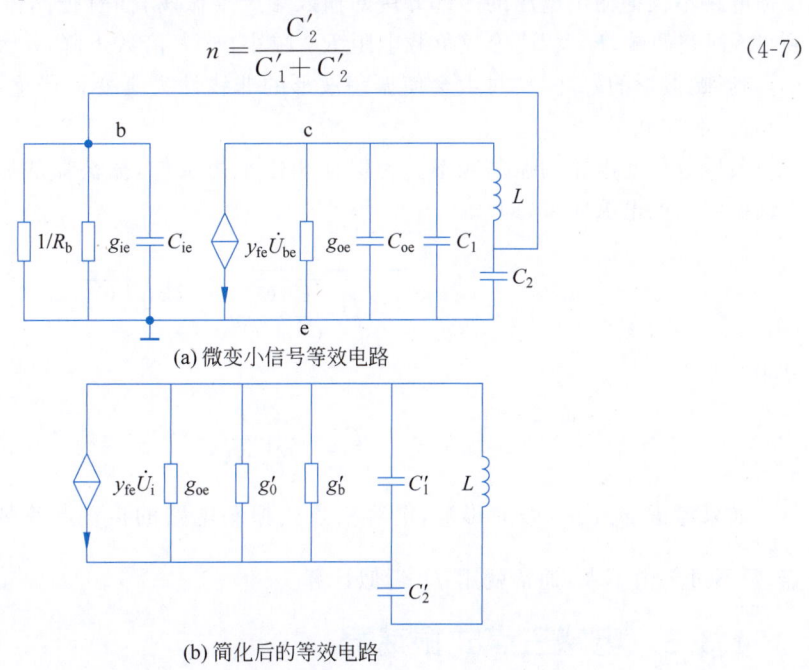

图 4-16 电容三点式振荡器的 Y 参数等效电路

令 g_0' 为谐振回路电感损耗电导 $g_0 = \dfrac{1}{2\pi f_0 L Q_0}$ 等效到 ce 两端的等效电导，则 $g_0' = n^2 g_0$。g_b' 为电容 C_2' 的基极负载电阻 R_b 和 $1/g_{ie}$ 等效到电容 C_1' 两端的等效电导，即

$$g_b' = \left(\dfrac{C_1'}{C_2'}\right)^2 \left(g_{ie} + \dfrac{1}{R_{b1}} + \dfrac{1}{R_{b2}}\right) \tag{4-8}$$

回路总电导为

$$g_\Sigma = g_{oe} + g_0' + g_b' \tag{4-9}$$

电压增益为

$$K = \dfrac{\dot{U}_{ce}}{\dot{U}_{be}} = \dfrac{|y_{fe}|}{g_\Sigma} \tag{4-10}$$

反馈系数 F 等于 U_{be} 与 U_{ce} 之比，忽略电阻对电容的旁路作用，可得

$$F \approx \dfrac{C_1'}{C_2'} \tag{4-11}$$

将以上结果代入起振条件得

$$KF = \dfrac{|y_{fe}|}{g_\Sigma} \cdot \dfrac{C_1'}{C_2'} > 1 \tag{4-12}$$

$$|y_{fe}| > \dfrac{C_2'}{C_1'} g_\Sigma = \dfrac{1}{F}(g_{oe} + g_0') + F\left(g_{ie} + \dfrac{1}{R_{b1}} + \dfrac{1}{R_{b2}}\right) \tag{4-13}$$

式(4-13)就是振幅起振条件的表达式。下面进行分析和讨论。

从式(4-12)右端第一项可看出，在输出电导和负载电导一定的情况下，F 越大，越容易起振。但是否越大越好呢？从第二项可看出 F 越大，保证起振所需的 $|y_{fe}|$ 越高。这是因为反馈电路不仅把输出电压的一部分送回输入端产生振荡，而且把晶体管的输入电阻也反映到 LC 回路两端，F 大，使等效负载电阻 R_Σ 减小，放大倍数下降，不易起振。另外，F 的大小，还影响波形的好坏，F 过大会使振荡波形的非线性失真变得严重。因此通常 F 都选得较小，一般在 0.1~0.5。

最后分析此电路的振荡频率。为保证相位平衡条件，振荡器的振荡频率 f_0 基本上等于谐振回路的谐振频率，即

$$f_0 \approx \dfrac{1}{2\pi\sqrt{L\dfrac{C_1'C_2'}{C_1'+C_2'}}} = \dfrac{1}{2\pi\sqrt{LC_\Sigma}} \tag{4-14}$$

其中，

$$C_\Sigma = \dfrac{C_1'C_2'}{C_1'+C_2'} \tag{4-15}$$

如果考虑 g_{ie}、g_{oe} 等的影响，电容三点式振荡电路的振荡频率要比 $\dfrac{1}{2\pi\sqrt{LC}}$ 值稍高一点，只不过差值不大，通常就用 f_0 近似计算。

4.3.3　电感三点式振荡器

如图 4-17 所示为电感三点式振荡器及其等效电路，该电路是以 LC 谐振回路为集电极

负载,并利用电感 L_2 将谐振电压反馈到基极上,故称为电感三点式振荡器,也称哈特莱振荡器。其中,图 4-17(a)为原理电路,图 4-17(b)为简化的交流等效电路。

(a) 原理电路   (b) 简化的交流等效电路

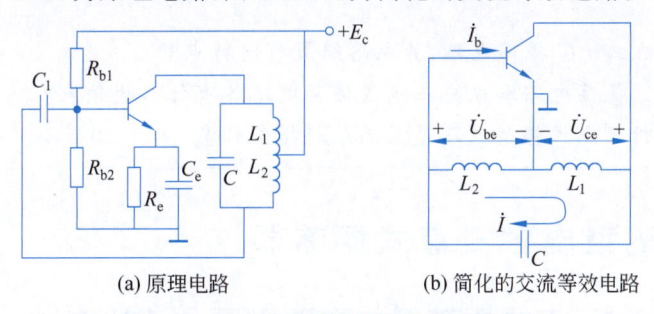

图 4-17 电感三点式振荡器及其等效电路

谐振回路的三个端点分别与晶体管的三个极相连,且与发射极相连的 L_1 和 L_2 为同性质电抗元件,而另一条支路为异性质电抗元件,符合三点式电路相位平衡条件,故满足振荡的相位平衡条件。

反馈系数为

$$F = \frac{L_2 + M}{L_1 + M}$$

其中,M 为电感 L_1、L_2 之间的互感。采用与电容三点式振荡电路相似的方法可求得起振条件为

$$|y_{fe}| > \frac{1}{F}(g_{oe} + g'_0) + F\left(g_{ie} + \frac{1}{R_{b1}} + \frac{1}{R_{b2}}\right) \tag{4-16}$$

其中,各符号含义仍与电容三点式振荡电路相同。

振荡频率 f_0 的近似式为

$$f_0 \approx \frac{1}{2\pi\sqrt{(L_1 + L_2 + 2M)C}} = \frac{1}{2\pi\sqrt{LC}} \tag{4-17}$$

其中,$L = L_1 + L_2 + 2M$。

4.3.4 两种振荡电路的比较

电容三点式振荡电路与电感三点式振荡电路相比各有优缺点。下面对两种三点式振荡电路进行比较。

(1) 电容三点式振荡电路反馈电压取自反馈电容 C_2,而电容对高次谐波呈低阻抗,滤除谐波电流能力强,振荡波形更接近于正弦波。另外,晶体管的输入、输出电容同回路电容并联,为了减小它们对谐振回路的影响,可以适当增大回路的电容值,以提高频率的稳定度。在振荡频率较高时,有时可以不用回路电容,直接利用晶体管的输入输出电容构成振荡电容,因此它的振荡频率较高,一般可达几百兆赫,在超高频晶体管振荡器中,常采用这种电路。它的缺点是由于用了两个电容(C_1 和 C_2),若要利用可变电容调频率就不方便了。

(2) 电感三点式振荡电路反馈电压取自反馈电感 L_2,对高次谐波呈现高阻抗,不易滤去高次谐波,输出电压波形不好。振荡频率不是很高,一般只达几十兆赫,这是因为当频率太高,极间电容影响加大,可能使支路电抗性质改变,从而不能满足相位平衡条件。它的优点是只用一只可变电容就可以容易地调节频率。在一些仪器中,如高频信号发生器,常用此电路制作频率可调节的振荡器。

> **复习思考题**
>
> 1. 什么是三点式 LC 振荡电路,其电路组成有何特点?
> 2. 电容三点式振荡电路和电感三点式振荡电路各有什么优缺点?
> 3. 如何来分析三点式振荡电路是否满足起振条件?

4.4 改进型电容三点式振荡器

4.4.1 电容三点式振荡器的主要问题与改进方法

电容三点式振荡器的输出波形好,实际电路中被广泛使用。但是电容三点式振荡电路的振荡频率不仅与谐振回路的电容和电感元件的值有关,而且还与晶体管的输入电容 C_i 以及输出电容 C_o 有关。计入 C_i 及 C_o 的电容三点式振荡器的等效电路如图 4-18 所示,当工作环境改变或更换管子时,振荡频率及其稳定性就要受到影响。在电容三点式振荡器中,晶体管的电容 C_o、C_i 分别同回路电容 C_1、C_2 并联,图 4-18 振荡频率可以近似为

$$\omega_0 \approx \frac{1}{\sqrt{L \dfrac{(C_1+C_o)(C_2+C_i)}{C_1+C_2+C_o+C_i}}} = \frac{1}{\sqrt{L \dfrac{C_1' C_2'}{C_1'+C_2'}}} \tag{4-18}$$

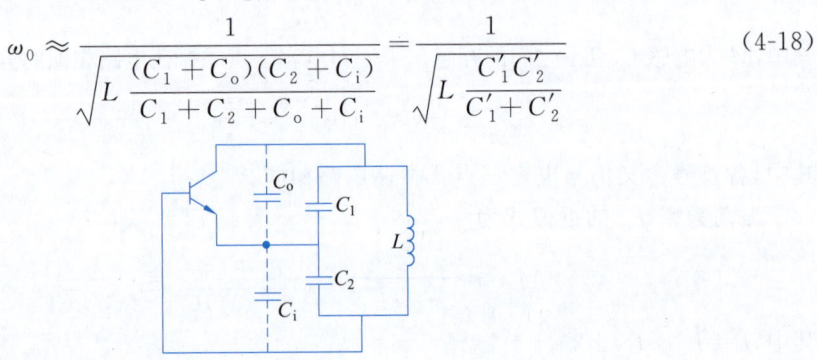

图 4-18 计入 C_i 及 C_o 的电容三点式振荡器的等效电路

反馈系数 $F \approx \dfrac{C_1'}{C_2'}$,当改变电容 C_1 或 C_2 来改变电路振荡频率时,反馈系数 F 也会发生变化,从而影响环路增益 KF 的大小,进而影响电路输出和平衡条件,因此必须对此种问题加以改进。改进可以从两个方面入手,一是把决定振荡频率的主要元件与决定反馈系数 F 的主要元件分开,二是减小振荡频率受晶体管的输出、输入电容的影响,这样可提高输出频率的稳定性。

如何减小 C_i、C_o 的影响,以提高频率稳定度呢? 表面看来,加大回路电容 C_1 与 C_2 的电容量,可以减弱 C_i、C_o 的变化对振荡频率的影响。但是这只适用于频率不太高、C_1 和 C_2 较大的情况。当频率较高时,过分地增大 C_1 和 C_2,必然减小 L 的值(维持振荡频率不变)。实际制作电感线圈时,电感量过小,线圈的品质因数就不易做高,这就导致回路的 Q 值下降,振荡幅度下降,甚至会使振荡器停振。这就有待于改进。

4.4.2 串联改进型电容三点式振荡器

串联改进型电容三点式振荡器原理电路如图 4-19(a)所示,它的简化交流等效电路如

图 4-19(b)所示。

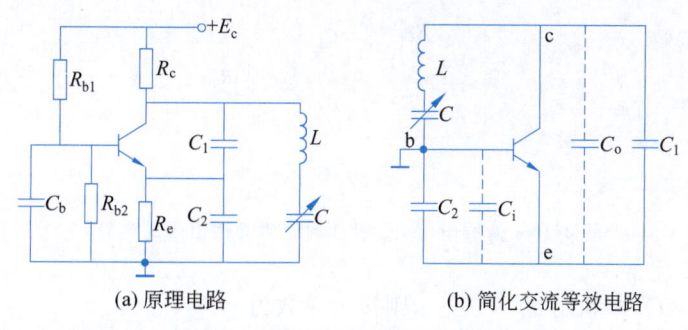

(a) 原理电路　　　　(b) 简化交流等效电路

图 4-19　串联改进型电容三点式振荡器及其等效电路

它的特点是把基本型的电容反馈三点线路集电极-基极支路的电感改用 LC 串联回路代替，这正是它名称的由来——串联改进型电容三点式振荡器，又叫克拉泼(Clapp)振荡器。

电路接成共基极，C_b 对交流短路，故基极接地，使 C 的动片接地。这种振荡器的频率为

$$\omega_0 = \frac{1}{\sqrt{LC_\Sigma}} \tag{4-19}$$

其中，C_Σ 由下式决定

$$\frac{1}{C_\Sigma} = \frac{1}{C} + \frac{1}{C_1 + C_o} + \frac{1}{C_2 + C_i} \tag{4-20}$$

选 $C_1 \gg C$，$C_2 \gg C$ 时，$C_\Sigma \approx C$，振荡频率 ω_0 可近似写成

$$\omega_0 = \frac{1}{\sqrt{LC}} \tag{4-21}$$

这就使 C_o 和 C_i 几乎与 ω_0 值无关，它们的变动对振荡频率的稳定性就没有什么影响了，提高了频率稳定度。

反馈系数为反馈电压对输出电压之比。放大电路为共基电路，反馈电压为共基极-共射极两端的电压 $\dot{U}_{be}$，也就是电容 C_2' 两端的电压，输出电压可以认为是集电极和发射极两端的电压 $\dot{U}_{ce}$，也可以认为是集电极和基极两端的电压 $\dot{U}_{cb}$。这里，为了计算简单，假设 $\dot{U}_o = \dot{U}_{ce}$，忽略三极管对谐振回路的影响，因此，$F \approx \frac{C_1'}{C_2'}$，与 C 无关。可见，当改变谐振频率时，不影响反馈系数。因此，克拉泼电路很好地解决了电容三点式振荡电路的主要问题。

使式(4-20)成立的条件是 C_1 和 C_2 都要选得比较大。但是不是 C_1、C_2 越大越好呢？为了说明这个问题，我们从分析回路负载电阻 R_L 入手。谐振电阻 R_0 折合到晶体管输出端的电路如图 4-20 所示。图 4-20 中，回路固有损耗电阻 $R_0 = Q_0 \omega_0 L$，折合到晶体管 c、e 端的电阻：

$$R_L = n^2 R_0 \tag{4-22}$$

其中，n 为接入系数，也叫分压比。

$$n = \frac{C_2 C}{C_2 + C} \Big/ \left(C_1 + \frac{C_2 C}{C_2 + C} \right)$$

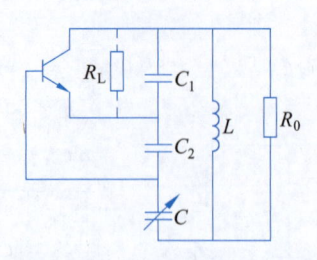

图 4-20 谐振电阻 R_0 折合到晶体管输出端的电路

因为 $C_1 \gg C, C_2 \gg C$，再利用 $\omega_0 = \dfrac{1}{\sqrt{LC}}$，则接入系数为

$$n \approx \frac{C}{C_1 + C} \approx \frac{C}{C_1} \approx \frac{1}{\omega_0^2 L C_1}$$

代入式(4-22)，得

$$R_L = \frac{1}{\omega_0^3} \cdot \frac{Q_0}{L C_1^2} \tag{4-23}$$

由式(4-23)看出，C_1 过大时，R_L 变得很小，放大器电压增益降低，振幅下降。还可看出，R_L 同振荡器 ω_0 的三次方成反比，当减小 C 以提高频率 ω_0 时，R_L 的值急剧下降，振荡幅度显著下降，甚至会停振。另外，R_L 同 Q_0 成正比，提高 Q_0 有利于起振和提高振荡幅度。

综上所述，以克拉泼电路为振荡电路的振荡器虽然可以提高频率稳定度，但存在以下缺点。

(1) 若 C_1、C_2 过大，则振荡幅度就太低。

(2) 当减小 C 来提高 f_0 时，振荡幅度显著下降；当 C 减到一定程度时，可能停振。因此限制了 f_0 的提高。

(3) 用作频率可调的振荡器时，振荡幅度随频率增大而下降，在波段范围内幅度不平稳，因此，频率覆盖系数(在频率可调的振荡器中，高端频率和低端频率之比称为频率覆盖系数)不大，为 1.2～1.3，主要用作固定频率或波段范围较窄的场合。

4.4.3 并联改进型电容三点式振荡器

并联改进型电容三点式振荡器原理电路如图 4-21(a)所示。它的简化交流等效电路如图 4-21(b)所示。此电路除了采用两个容量较大的 C_1、C_2 外，主要特点是把基本型的电容

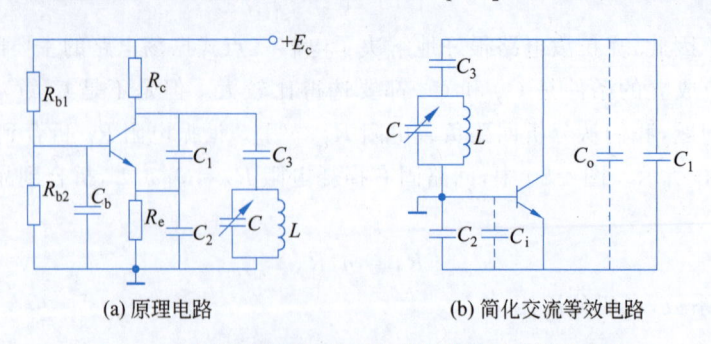

(a) 原理电路   (b) 简化交流等效电路

图 4-21 并联改进型电容三点式振荡器及其等效电路

第 31 集 微课视频

反馈线路集电极-基极支路改用 LC 并联回路再与 C_3 串联,所以叫并联改进型电路,也叫西勒(Seiler)电路。

下面对该电路的有关参数进行分析。

回路谐振频率 ω_0 为

$$\omega_0 \approx \frac{1}{\sqrt{LC_\Sigma}}$$

其中,回路总电容为

$$C_\Sigma = C + \frac{1}{\dfrac{1}{C_1+C_o}+\dfrac{1}{C_2+C_i}+\dfrac{1}{C_3}} \tag{4-24}$$

选择 $C_1 \gg C_3$,$C_2 \gg C_3$,则 $C_\Sigma \approx C + C_3$,所以消除了 C_i、C_o 对 ω_0 的影响。

类似地,折合到晶体管输出端的谐振电阻 R_L 为

$$R_L = n^2 R_0$$

谐振电阻折合到晶体管输出端(西勒振荡器)的电路如图 4-22 所示。由图 4-22 可求出接入系数 n(设 $C_1+C_o=C_1'$,$C_2+C_i=C_2'$):

$$n = \frac{C_3 C_2'}{C_3+C_2'} \bigg/ \left(C_1' + \frac{C_3 C_2'}{C_3+C_2'}\right) \tag{4-25}$$

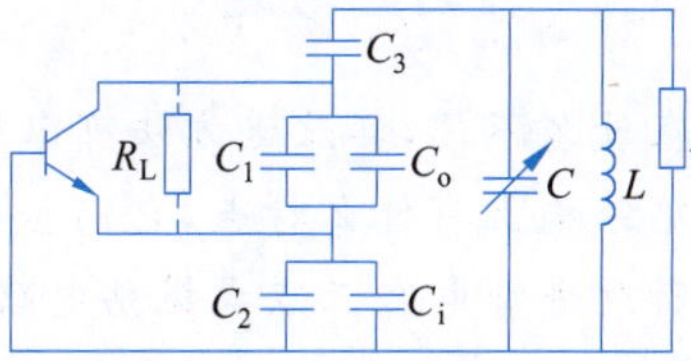

图 4-22 谐振电阻折合到晶体管输出端(西勒振荡器)的电路

由式(4-25)可知,n 和 C 无关,当调节 C 来改变振荡频率时,n 不变。再利用 $R_0 = Q_0 \omega_0 L$,可得

$$R_L = n^2 Q \omega_0 L \tag{4-26}$$

当改变 C 时,n、L、Q 都是常数,则 R_L 仅随 ω_0 一次方增长,易于起振。振荡幅度增大,使在波段范围内幅度比较平稳,频率覆盖系数较大,可达 1.6~1.8,常用于宽波段工作系统中。另外,西勒电路频率稳定性好,振荡频率较高。因此,在短波、超短波通信机及电视接收机等高频设备中得到广泛应用。

在图 4-22 所示电路中,C_3 的大小对电路的性能有很大的影响。因为频率是靠调节 C 来改变的,所以 C_3 不能选择太大,否则振荡频率主要由 C_3 和 L 决定,因而将限制频率调节的范围。此外,C_3 过大也不利于消除 C_o 和 C_i 对频率稳定的影响。反之,C_3 选择过小,分压比 n 降低,振荡幅度就比较小了。在一些短波通信机里,常选可变电容 C 的值为 20~360pF,而 C_3 在一二百皮法的数量级。

4.4.4 几种三点式振荡器的比较

表 4-2 给出了四种三点式振荡器的性能比较。

表 4-2　三点式振荡器的性能比较

振荡器类型	振荡频率 f_0 近似式	波形优劣	反馈系数	是否可以作为可变 f_0 振荡器	频率稳定度	最高振荡频率
电容三点式振荡器（考毕兹振荡器）	$f_0 = \dfrac{1}{2\pi\sqrt{LC_\Sigma}}$ $\dfrac{1}{C_\Sigma} = \dfrac{1}{C_1} + \dfrac{1}{C_2}$	好	$\dfrac{C_1}{C_2}$	不可以	差	几百至几千兆赫，但频率稳定度下降
电感三点式振荡器（哈特莱振荡器）	$f_0 = \dfrac{1}{2\pi\sqrt{LC}}$ $L = L_1 + L_2 + 2M$	差	$\dfrac{L_2+M}{L_1+M}$ 或 $\dfrac{N_2}{N_1}$	可以	差	几十兆赫
串联改进型电容（克拉泼振荡器）	$f_0 = \dfrac{1}{2\pi\sqrt{LC_\Sigma}}$ $\dfrac{1}{C_\Sigma} \approx \dfrac{1}{C}$	好	$\dfrac{C_1}{C_2}$	不可以，幅度不稳，主要用于固定频率	好	几百兆赫，但幅度下降
并联改进型电容（西勒振荡器）	$f_0 = \dfrac{1}{2\pi\sqrt{LC_\Sigma}}$ $C_\Sigma \approx C + C_3$	好	$\dfrac{C_1}{C_2}$	可以	好	几百至几千兆赫

> **复习思考题**
>
> 1. 电容三点式振荡电路存在什么不足，其改进方法可以从哪些方面入手？
> 2. 克拉泼和西勒电路在电路结构上有什么特点，它们各有何优缺点？
> 3. 克拉泼与西勒电路这两种改进型电容三点式振荡电路哪个在波段范围内振荡幅度更平稳？为什么？

4.5　振荡器的频率稳定问题

振荡器的频率稳定是一个十分重要的问题。例如，通信系统的频率不稳，就会漏失信号而联系不上；测量仪器的频率不稳，就会引起较大的测量误差；在载波电话中，载波频率不稳，将会引起话音失真。

4.5.1　振荡器的频率稳定度

振荡器的频率稳定度指标是用频率稳定度来衡量的，频率稳定度有两种表示方法。

1. 绝对频率稳定度

绝对频率稳定度是指在一定条件下实际振荡频率与标准频率 f_0 的偏差，即

$$\Delta f = f - f_0 \tag{4-27}$$

2. 相对频率稳定度

相对频率稳定度是指在一定条件下，绝对频率稳定度与标准频率之间的比值，即

$$\frac{\Delta f}{f_0} = \frac{f - f_0}{f_0} \tag{4-28}$$

常用的是相对频率稳定度,简称频率稳定度。例如,一个振荡频率为 1MHz 的振荡器,实际工作在 0.99999MHz 上,它的相对频率稳定度 $\left|\dfrac{\Delta f}{f_0}\right|=\dfrac{10\text{Hz}}{1\text{MHz}}=\dfrac{10}{10^6}=1\times10^{-5}$。$\dfrac{\Delta f}{f_0}$ 越小,频率稳定度越高。上面所说的一定条件可以指一定的时间范围,或一定的温度,或电压变化范围。例如,在一定时间范围内的频率稳定度可以分为以下几种情况:

短期稳定度——1 小时内的相对频率稳定度,一般用来评价测量仪器和通信设备中主振器的频率稳定指标;

中期稳定度——1 天内的相对频率稳定度;

长期稳定度——数月或 1 年内的相对频率稳定度。

频率稳定度用 10 的负几次方表示,次方绝对值越大,稳定度越高。中波广播电台发射机的中期稳定度是 2×10^{-5}/日;电视发射台是 5×10^{-7}/日;一般 LC 振荡器是 $(10^{-4}\sim10^{-3})$/日;克拉泼和西勒振荡器是 $(10^{-5}\sim10^{-4})$/日。

4.5.2 造成频率不稳定的因素

振荡器的频率主要取决于回路的参数,也与晶体管的参数有关,这些参数不可能固定不变,所以振荡频率也不能绝对稳定。

1. LC 回路参数的不稳定

温度变化是使 LC 回路参数不稳定的主要因素。温度改变会使电感线圈和回路电容几何尺寸变形,从而改变电感 L 和电容 C 的数值。一般 L 具有正温度系数,即 L 随温度的升高而增大。而电容由于介于电材料和结构的不同,其温度系数可正可负。

另外机械振动可使电感和电容产生形变,导致 L 和 C 的数值变化,因而引起振荡频率的改变。

2. 晶体管参数的不稳定

当温度变化或电源变化时,必定引起静态工作点和晶体管结电容的改变,从而使振荡频率不稳定。

4.5.3 稳频措施

1. 减少温度的影响

为了减少温度变化对振荡频率的影响,最根本的办法是将整个振荡器或振荡回路置于恒温槽内,以保持温度的恒定。这种方法适用于技术指标要求较高的设备中。

一般来说,为了减少温度的影响,应该采取温度系数较小的电感、电容。例如,电感线圈可用高频磁骨架,它的温度系数和损耗都较小。对空气可变电容器来说,用铜材料作支架比用铝材料要好,因为铜的温度系数较小。固定电容器(电容量固定的电容器)比较好的是云母电容,温度系数小,性能稳定可靠。

2. 稳定电源电压

电源电压的波动,会使晶体管的工作点电压、电流发生变化,从而改变了晶体管的参数,降低了频率稳定度。为了减少这个影响,可采用良好的稳压电源供电以及稳定的工作点的电路。

3. 减少负载的影响

振荡器输出信号需要加到负载上,负载的变动必然引起振荡频率不稳定。为了减少这一影响可在振荡器及其负载之间加一缓冲级,它由输入电阻很大的射极输出器组成,因而减弱了负载对振荡回路的影响。

4. 晶体管与回路之间的连接采用松耦合

例如,克拉泼和西勒电路,它们就是把决定振荡频率的主要元件 L、C 与晶体管的输入、输出阻抗参数隔开,主要是与电容 C_i、C_o 隔开,使晶体管与谐振回路之间耦合很弱,以提高频率稳定度。

5. 提高回路的品质因数 Q

在理想情况下,振荡器的频率等于 LC 回路的谐振频率,这时放大器的相移 φ_K 和反馈系数的相移 φ_F 分别等于 π,相位平衡条件是 $\varphi_K + \varphi_F = 2\pi$。但是晶体管输出电压对输入电压将有一附加相移 φ_T,晶体管总是工作在回路的失谐状态,也引起了附加相移 φ_0,于是,相位平衡条件是

$$\varphi_K + \varphi_F = \varphi_T + \varphi_0 + \pi + \varphi_F = 2\pi \tag{4-29}$$

当 φ_T 和 φ_F 由于某种原因发生了变化,为了维持振荡,φ_0 必然产生相反的变化,使相位平衡条件成立,而 φ_0 是 LC 回路的相移,它的变化必然引起频率的变化。因此,当不稳定因素改变了相位 φ_T 和 φ_F 时,φ_0 必然自动调节,使得振荡器在新频率下,重新满足相位平衡条件。

LC 回路的相移 φ_0 同 Q 之间的关系为

$$\varphi_0 = -\tan^{-1} 2Q\left(\frac{\omega}{\omega_0} - 1\right) \tag{4-30}$$

φ_0 对 ω 的变化率是

$$\frac{\partial \varphi_0}{\partial \omega} = -\frac{1}{1 + \left[2Q\left(\frac{\omega}{\omega_0} - 1\right)\right]^2} \times \frac{2Q}{\omega_0}$$

$$= -\frac{2Q}{\omega_0}\cos^2\varphi_0 \tag{4-31}$$

由式(4-31)可知,当 Q 增大时,ω_0 附近相频特性斜率的绝对值 $\left|\dfrac{\partial \varphi_0}{\partial \omega}\right|$ 加大。设有 Q 值不同的两个 LC 回路,其相频特性曲线如图 4-23 所示。在 ω_0 附近,高 Q 的相频特性变化快,低 Q 的相频特性变化慢。设回路原来的相移为 φ_{01},外界不稳定因素引起的相移变化为 $\Delta\varphi_0$。Q 高的,曲线斜率大,频率变化 $\Delta\omega_1$ 小;Q 低的,频率变化 $\Delta\omega_2$ 大。所以谐振回路 Q 值越高,越有利于频率的稳定。

(a) Q 高,频率变化 $\Delta\omega_1$ 小　　(b) Q 低,频率变化 $\Delta\omega_2$ 大

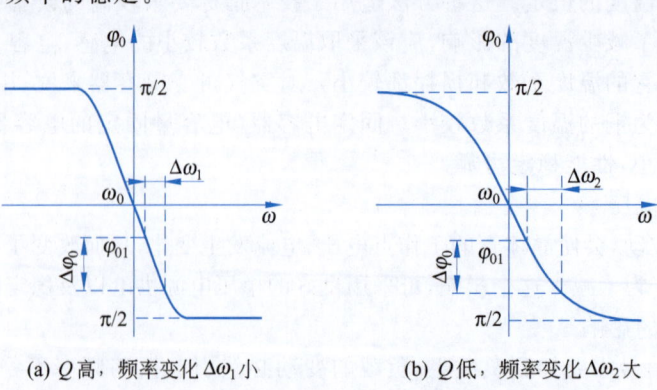

图 4-23　Q 值不同的两个 LC 回路的相频特性曲线

6. 使振荡频率接近于回路的谐振频率

由式(4-31)可知，Q 不变，当 $\varphi_0=0$ 时，相频特性曲线的绝对值 $\left|\dfrac{\partial \varphi_0}{\partial \omega}\right|$ 最大，即

$$\left|\dfrac{\partial \varphi_0}{\partial \omega}\right|=\dfrac{2Q}{\omega_0}$$

这说明振荡器频率 ω 越接近于谐振频率 ω_0，越可以提高频率稳定度。反之，失谐越大，$|\varphi_0|$ 越大，$\left|\dfrac{\partial \varphi_0}{\partial \omega}\right|$ 越小，频率稳定度越低。

为使 φ_0 更接近于 0，可以在电路中串入一个附加的电抗元件，这称为相角补偿法。

7. 屏蔽、远离热源

将 LC 回路屏蔽可以减少周围电磁场的干扰。将振荡电路远离热源(如电源变压器、大功率晶体管等)，可以减少温度变化对振荡器的影响。

复习思考题

1. 振荡器的频率稳定度用什么来度量，什么是长期、短期和瞬时频率稳定度？通常讲的频率稳定度是哪种？
2. 造成振荡电路频率不稳定的因素是什么？有哪些稳频措施？

4.6 石英晶体谐振器

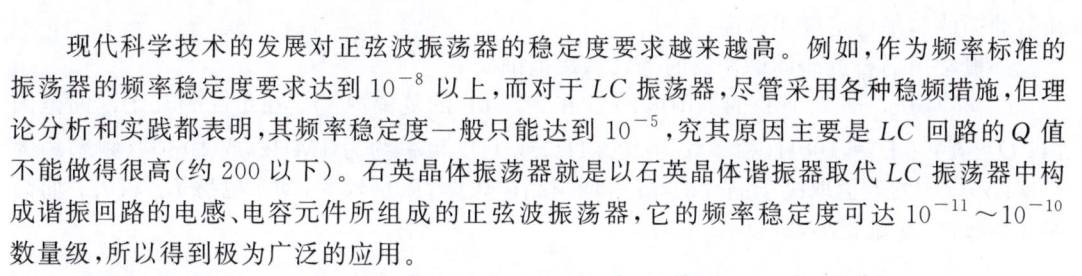

现代科学技术的发展对正弦波振荡器的稳定度要求越来越高。例如，作为频率标准的振荡器的频率稳定度要求达到 10^{-8} 以上，而对于 LC 振荡器，尽管采用各种稳频措施，但理论分析和实践都表明，其频率稳定度一般只能达到 10^{-5}，究其原因主要是 LC 回路的 Q 值不能做得很高(约 200 以下)。石英晶体振荡器就是以石英晶体谐振器取代 LC 振荡器中构成谐振回路的电感、电容元件所组成的正弦波振荡器，它的频率稳定度可达 $10^{-11} \sim 10^{-10}$ 数量级，所以得到极为广泛的应用。

石英晶体振荡器之所以具有极高的频率稳定度，其关键是采用了石英晶体这种具有高 Q 值的谐振元件。下面首先了解石英晶体的基本特性。

4.6.1 石英晶体的压电效应及等效电路

石英晶体是硅石的一种，它的化学成分是二氧化硅(SiO_2)。在石英晶体上按一定方位角切下薄片，然后在晶片的两个对应表面上用喷涂金属的方法装上一对金属极板就构成石英晶体振荡元件，其结构如图 4-24(a)所示。

石英晶体片之所以能做成谐振器，是因为它具有正、反压电效应。当机械力作用于晶片时，晶片相对两侧将产生异号的电荷；反之，当在晶片两面加不同极性的电压时，晶片的几何尺寸或形态将发生改变。

晶片的几何尺寸和结构一定时，它本身就具有一个固有的机械振动频率。当高频交流电压加于晶片两端时，晶片将随交变信号的变化而产生机械振动，当其振荡频率与晶片固有

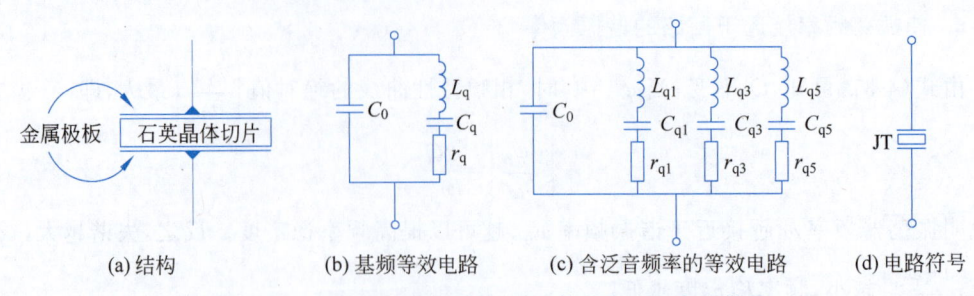

(a) 结构　　　　(b) 基频等效电路　　(c) 含泛音频率的等效电路　　(d) 电路符号

图 4-24　石英晶体谐振器的结构、等效电路和电路符号

振荡频率相等时，产生了谐振，机械振动最强。

为了求出石英晶体谐振器的等效电路，可以将晶片的机械系统类比于电系统，即晶片的质量类比于电感，弹性类比于电容，机械摩擦损耗类比于电阻。晶片的质量越大，相当于电路的电感量越大；晶片的弹性越大，相当于电路的电容越大；摩擦损耗越大，相当于电路中的电阻越大。晶片可用一个串联 LC 回路表示，L_q 为动态电感，C_q 为动态电容，r_q 为动态电阻，此外还有切片与金属极板构成的静电电容 C_0（即使晶片不振动，C_0 仍存在）。这样，石英晶体谐振器可用图 4-24(b) 的等效电路表示。石英除了可以按基频振动外，也可以按照奇数次谐波的泛音振动，这些不同次谐波振动可以分别用 LC 串联谐振回路等效，这样就得到了晶体考虑泛音振动的等效电路，如图 4-24(c) 所示。石英晶体谐振器的电路符号用图 4-24(d) 来表示。

石英晶体谐振器的最大特点是：它的等效电感 L_q 非常大，而 C_q 和 r_q 都非常小，所以石英晶体谐振器的 Q 值非常高 $\left(Q = \frac{1}{r_q}\sqrt{\frac{L_q}{C_q}}\right)$，可以达到几万甚至几百万，所以石英晶体谐振器的振荡频率稳定度非常高。

一般常用的石英晶体谐振器的等效参数范围如下。

C_q 在 0.005～0.1pF 的范围内；C_0 在 2～5pF 的范围内；r_q 在 1 欧到几十欧的范围内；$Q \approx 10^5$；$L_q \approx 100$H（频率约为 100kHz）或 1H（频率约为 1MHz）或 10mH（频率约为 10MHz）（L_q 的数值取决于晶片的厚度，低频晶体较厚，质量较大，动态电感 L_q 较大；而高频晶体较薄，质量较小，所以 L_q 较小）。

4.6.2　石英晶体的阻抗特性

从图 4-24(b) 基频等效电路可以看出，石英晶体谐振器有两个谐振频率，串联谐振频率 f_s 和并联谐振频率 f_p。

1. 串联谐振频率 f_s

在等效电路中，L_q 和 C_q 组成串联谐振回路，串联谐振频率为

$$f_s = \frac{1}{2\pi\sqrt{L_q C_q}} \tag{4-32}$$

2. 并联谐振频率 f_p

如果将 C_0 也考虑进去，则 L_q、C_q 与 C_0 组成并联谐振回路，并联谐振频率为

$$f_p = \frac{1}{2\pi\sqrt{L_p \dfrac{C_0 C_q}{C_0 + C_q}}} \tag{4-33}$$

由于 $C_0 \gg C_q$,所以 f_p 和 f_s 相隔很近,由式(4-33)有

$$f_p = \frac{1}{2\pi\sqrt{L_q C_q}} \cdot \sqrt{\frac{C_0}{C_0 + C_q}} = f_s \sqrt{1 + \frac{C_q}{C_0}}$$

当 $\dfrac{C_q}{C_0} \ll 1$ 时,可利用级数展开的近似式 $\sqrt{1+x} \approx 1 + \dfrac{x}{2}$(当 $x \ll 1$),所以

$$f_p \approx f_s \left(1 + \frac{C_q}{2C_0}\right) \tag{4-34}$$

3. 晶体标称频率 f_N

晶片要外接一定量的电容,称为负载电容 C_L。标在晶体外壳上的振荡频率,通常称为晶体标称频率 f_N,就是接有规定负载电容 C_L 后晶体的谐振频率。一般来说,高频晶体的 C_L 通常为 30pF,而低频晶体的 C_L 通常为 100pF,如果晶体上标有"∞",则指无须外接负载电容,常用于串联型晶体振荡器。

例 4-4 一个 2.5MHz 石英晶体谐振器的数据为 $C_q = 2.1 \times 10^{-4}$ pF,$C_0 = 5$ pF。计算 f_s 与 f_p 的差值。

解 $f_p - f_s \approx \dfrac{1}{2} \times \dfrac{2.1 \times 10^{-4}}{5} \times 2.5\text{MHz} = 52.5\text{Hz}$

可见,两谐振频率相隔很近。

4. 电抗-频率曲线($r_q = 0$)

为了说明石英晶体谐振器在电路中的作用,可画出它的等效电抗 X 与频率 f 的曲线,石英晶体谐振器的电抗特性如图 4-25 所示。

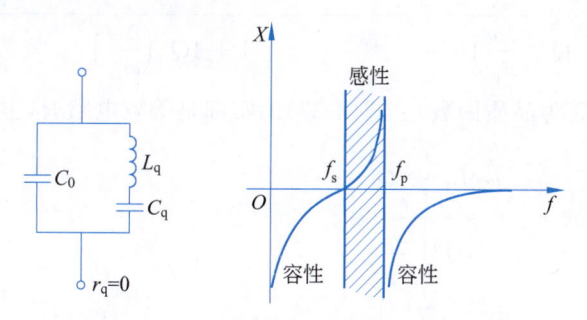

图 4-25 石英晶体谐振器的电抗特性

不计动态电阻 r_q 时的等效阻抗为

$$Z = \frac{j(\omega L_q - 1/\omega C_q)(-j/\omega C_0)}{j(\omega L_q - 1/\omega C_q - 1/\omega C_0)}$$

$$= -j\frac{1}{\omega C_0} \cdot \frac{\omega L_q(1 - 1/\omega^2 L_q C_q)}{\omega L_q \left(1 - 1/\omega^2 L_q \dfrac{C_q C_0}{C_q + C_0}\right)}$$

$$= -j\frac{1}{\omega C_0} \cdot \left(1 - \frac{\omega_s^2}{\omega^2}\right) \bigg/ \left(1 - \frac{\omega_p^2}{\omega^2}\right) \tag{4-35}$$

由式(4-35)可以看出,当 $\omega = \omega_s$ 时,L_q、C_q 支路产生串联谐振,$Z = 0$;当 $\omega = \omega_p$ 时,产生并联谐振,$Z \to \infty$;当 $\omega < \omega_s$ 或 $\omega > \omega_p$ 时,$Z = -jx$,电抗呈容性;当 $\omega_s < \omega < \omega_p$ 时,$Z = $

$+jx$,电抗呈感性。

由于两谐振频率 ω_p 与 ω_s 之差很小,所以呈感性的阻抗曲线非常陡峭。实用中,石英晶体谐振器工作在频率范围窄的电感区(可以把它看成一个电感),因为只有在电感区电抗曲线才有非常大的斜率(这对稳定频率很有利),电容区是不宜使用的。

5. 考虑 r_q 的晶体等效阻抗特性

这时,晶体的等效阻抗 Z 表达式为

$$Z = \frac{[r_q + j(\omega L_q - 1/\omega C_q)](-j/\omega C_0)}{r_q + j(\omega L_q - 1/\omega C_q - 1/\omega C_0)} \tag{4-36}$$

注意到以下关系,并考虑 $\omega \approx \omega_p$,有

$$\omega L_q - \frac{1}{\omega C_q} - \frac{1}{\omega C_0} = \omega L_q \left(1 - \frac{\omega_p}{\omega^2}\right) \approx 2\omega_p L_q \left(\frac{\omega - \omega_p}{\omega_p}\right) = 2\omega_p L_p \cdot \frac{\Delta\omega}{\omega_p}$$

其中,

$$\frac{1}{\omega C_0} = \omega_p L_q \cdot \frac{1}{\omega_p \omega L_q C_0} \approx \omega_p L_q \cdot \frac{C_q}{C_0}$$

$$\omega_p = \frac{1}{\sqrt{L_q \frac{C_q C_0}{C_q + C_0}}} \quad (\text{并联谐振频率})$$

则

$$Z = \frac{\omega_p L_q \frac{C_q}{C_0} Q}{1 + 4Q^2 \left(\frac{\Delta\omega}{\omega_p}\right)^2} - j \frac{\omega_p L_q \frac{C_q}{C_0} \left[1 + 4Q^2 \left(\frac{\Delta\omega}{\omega_p}\right)^2 + 2Q^2 \frac{C_q}{C_0} \cdot \frac{\Delta\omega}{\omega_p}\right]}{1 + 4Q^2 \left(\frac{\Delta\omega}{\omega_p}\right)^2} \tag{4-37}$$

其中,$Q = \omega_p L_q / r_q$(Q 为品质因数)。式(4-37)的实部是等效电阻 R,虚部为等效电抗 X,即

$$R = \frac{\omega_p L_q \frac{C_q}{C_0} Q}{1 + 4Q^2 \left(\frac{\Delta\omega}{\omega_p}\right)^2} \tag{4-38}$$

$$X = -\frac{\omega_p L_q \frac{C_q}{C_0} \left[1 + 4Q^2 \left(\frac{\Delta\omega}{\omega_p}\right)^2 + 2Q^2 \frac{C_q}{C_0} \frac{\Delta\omega}{\omega_p}\right]}{1 + 4Q^2 \left(\frac{\Delta\omega}{\omega_p}\right)^2} \tag{4-39}$$

晶体等效阻抗的相角 β 可由下式求出,即

$$\tan\beta = \frac{X}{R} = -\frac{C_0}{C_q Q} \left[1 + 4Q^2 \left(\frac{\Delta\omega}{\omega_p}\right)^2 + 2Q^2 \frac{C_q}{C_0} \frac{\Delta\omega}{\omega_p}\right] \tag{4-40}$$

解下列二次方程式

$$1 + 4Q^2 \left(\frac{\Delta\omega}{\omega_p}\right)^2 + 2Q^2 \frac{C_q}{C_0} \frac{\Delta\omega}{\omega_p} = 0$$

可以求得 $\dfrac{\Delta\omega}{\omega_p}$ 的两个根为

$$\frac{\Delta\omega}{\omega_p}=-\frac{1}{4}\frac{C_q}{C_0}\pm\sqrt{\frac{1}{16}\left(\frac{C_q}{C_0}\right)^2-\frac{1}{4Q^2}} \qquad (4-41)$$

与此根相应的相移 $\beta=0$，这两个点的频率实际上就是晶体的串联谐振频率与并联谐振频率。由式(4-41)可知，如果 Q 足够高，则其中一个根为

$$\frac{\Delta\omega}{\omega_p}\approx 0$$

即并联谐振频率点。另一个根为

$$\frac{\Delta\omega}{\omega_p}\approx -\frac{1}{2}\frac{C_q}{C_0}$$

这是串联谐振频率点。两谐振频率的差值为

$$\Delta\omega\approx\frac{1}{2}\frac{C_q\omega_p}{C_0}$$

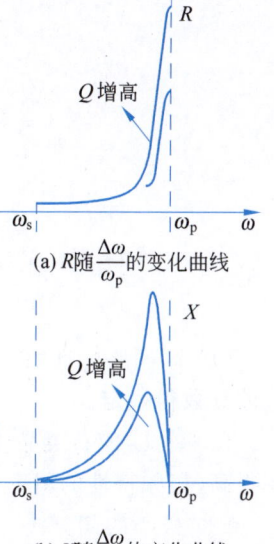

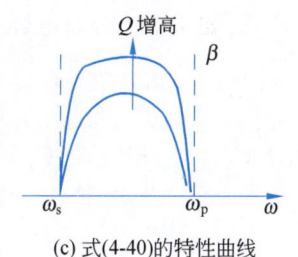

R、X 与 β 随 $\frac{\Delta\omega}{\omega_p}$ 的变化曲线如图 4-26 所示，图 4-26(a)与图 4-26(b)为 R、X 随 $\frac{\Delta\omega}{\omega_p}$（即随 ω）的变化曲线，也给出了 Q 值改变时曲线的变动。图 4-26(c)为式(4-40)的特性曲线，对应 β 等于零的两个点是谐振频率点。前已讨论，谐振回路相位特性曲线斜度越陡越有利于频率稳定。由图 4-26(c)可见，在串联谐振点与并联谐振点附近，都能得到较高的 $\frac{d\beta}{d\omega}$，如果使振荡器的工作频率落于晶体的这种区域，就可以得到很好的频率稳定度。Q 值越高，$\frac{d\beta}{d\omega}$ 越大，稳定性越好。在并联谐振频率附近，变化率 $\frac{d\beta}{d\omega}<0$，石英晶体谐振器是作为并联回路工作的；而在串联谐振频率附近，$\frac{d\beta}{d\omega}>0$，石英晶体谐振器则相当于一个串联谐振回路。

(a) R 随 $\frac{\Delta\omega}{\omega_p}$ 的变化曲线

(b) X 随 $\frac{\Delta\omega}{\omega_p}$ 的变化曲线

(c) 式(4-40)的特性曲线

图 4-26 R、X 与 β 随 $\frac{\Delta\omega}{\omega_p}$ 的变化曲线

4.6.3 石英晶体谐振器的频率-温度特性

虽然石英晶体谐振器等效回路具有 Q 值高的优点，但是，如果它的电参数不稳定，仍然不能保证频率稳定度的提高。还要看温度变化时，它的频率是否稳定。

在一定的温度范围之内，石英晶体的各电参量具有较小的温度系数。具体情况与晶片切割类型有关，AT、DT、CT 三种切型的石英晶体谐振器的频率温度特性曲线如图 4-27 所示。可以看出，在室温附近，它们的稳定性是比较满意的，其中以 AT 切型为最好。但是，当温度变化较多时，频率稳定性就显著变坏。因此，要得到更高的频率稳定度，石英晶体应采用恒温设备。

4.6.4 石英晶体谐振器频率稳定度高的原因

石英晶体谐振器之所以具有很高的频率稳定度，是因为石英晶体振荡器与一般的谐振回路相比具有以下特点。

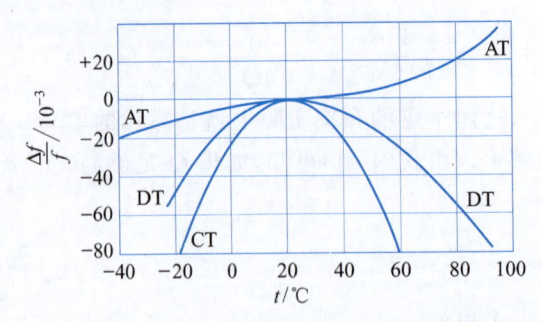

图 4-27 AT、DT、CT 三种切型的石英晶体谐振器的频率温度特性

(1) 高回路标准性。由于石英晶体的物理性能和化学性能都十分稳定,因而其等效电路的参数很稳定。

(2) 高 Q 值石英晶体谐振器的 Q 值非常高,在谐振频率 f_p 或 f_s 附近,相位特性变化率很高(相频特性的斜率很大),这有利于稳频。

(3) 极小的部分接入石英晶体谐振器的 $C_q \ll C_0$,故接入系数 n 很小。使振荡频率基本上由 L_q 和 C_q 决定,外电路对振荡频率的影响很小。这可从以下两方面说明。

① 如果某一分布电容 C_n 并联在 C_0 两端,这时振荡频率为

$$\omega = 1 \Big/ \sqrt{L_q \left[\frac{C_q(C_0 + C_n)}{C_q + C_0 + C_n}\right]}$$

由于 $C_0 \gg C_q$ 和 $(C_0 + C_n) \gg C_q$,所以振荡频率 ω 近似为

$$\omega \approx \frac{1}{\sqrt{L_q C_q}}$$

外界电容对振荡频率几乎没有影响,只要石英晶体谐振器本身的参数 L_q 和 C_q 很稳定,就可以有很高的频率稳定度。

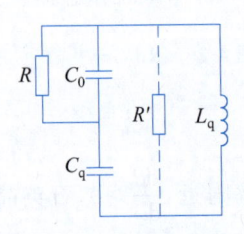

② 外界电阻 R 如果并在 C_0 两端(如图 4-28 所示),则折合到 L_q 两端的电阻为

$$R' = \left(\frac{C_q + C_0}{C_q}\right)^2 R \approx \left(\frac{C_0}{C_q}\right)^2 R \qquad (4\text{-}42)$$

图 4-28 R 折合到电感 L_q 两端的电阻 R' 的电路

由于 $\left(\dfrac{C_0}{C_q}\right) \gg 1$,所以 $R' \gg R$。外界电阻对电感 L_q 的分路作用很小,石英晶体谐振器仍然可以保证有高的品质因数 Q。

复习思考题

1. 什么是石英晶体的电特性?
2. 什么是石英的串联谐振频率、并联谐振频率和标称频率?
3. 为什么石英晶体谐振器要工作在电抗特性曲线的电感区域?
4. 石英晶体谐振器频率稳定度高的原因?

4.7 晶体振荡器电路

石英晶体谐振器的频率稳定度可达 10^{-11} 到 10^{-10} 数量级,所以得到极为广泛的应用。它之所以具有极高的频率稳定度,其关键是采用了石英晶体这种具有高 Q 值的谐振元件。

由石英晶体谐振器(石英晶体振子)构成的振荡电路通常叫作晶体振荡器电路,简称晶振电路。晶体振荡器电路的种类很多,但从晶体在电路中的作用来看分两类:一类是工作在晶体并联谐振频率附近,晶体等效为电感的情况,叫作并联晶振电路。另一类是工作在晶体串联谐振频率附近,晶体近乎短路的情况,叫作串联晶振电路。注意,晶体只能工作在上述两种方式,否则无法保证频率稳定。

4.7.1 并联型晶振电路

1. 皮尔斯(Pierce)振荡电路

并联型晶振电路由晶体与外接电容器或线圈构成并联谐振回路,按三点线路的连接原则组成振荡器,晶体等效为电感。在理论上可以构成三种类型的基本电路,但在实际应用中常用的是如图 4-29 所示的并联型晶振电路,称皮尔斯振荡电路,这种电路不需外接线圈,而且频率稳定度较高。

皮尔斯电路的实例如图 4-30(a)所示。这里,晶体等效为电感,与外接电容(包括 4.5/20pF 频率微调电容与 20pF 两个小电容)和 C_1、C_2 组成并联回路,其振荡频率应落在 f_p 与 f_s 之间。

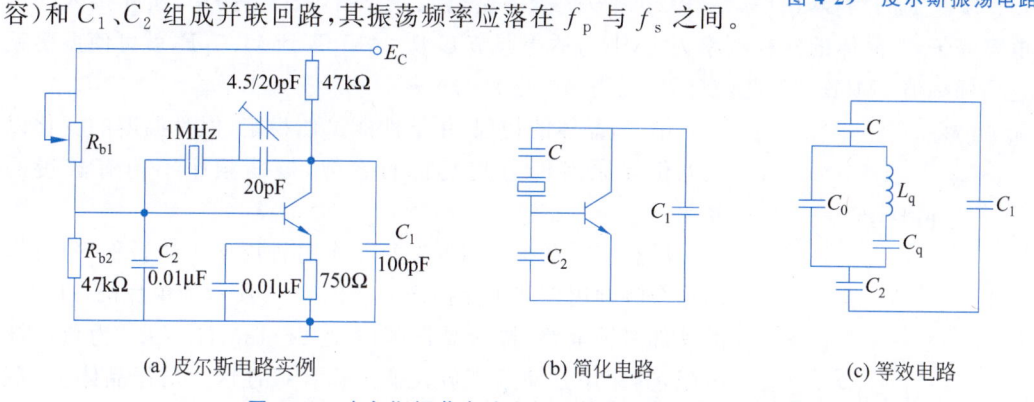

图 4-29 皮尔斯振荡电路

图 4-30 皮尔斯振荡电路实例及其简化电路和等效电路

(a) 皮尔斯电路实例　　(b) 简化电路　　(c) 等效电路

1) 振荡频率 f_0 的确定

图 4-30(c)是图 4-30(a)和图 4-30(b)中谐振回路的等效电路。该谐振回路的电感就是 L_q,而谐振回路的总电容 C_Σ 应由 C_q、C_0 及外接电容 C、C_1、C_2 组合而成。C_Σ 满足

$$\frac{1}{C_\Sigma} = \frac{1}{C_q} + \frac{1}{C_0 + \dfrac{1}{\dfrac{1}{C} + \dfrac{1}{C_1} + \dfrac{1}{C_2}}} \tag{4-43}$$

选择电容时,$C \ll C_1$,$C \ll C_2$,因此式(4-43)可近似为

$$\frac{1}{C_\Sigma} \approx \frac{1}{C_q} + \frac{1}{C_0 + C} = \frac{C_q(C_0 + C)}{C_q + C_0 + C}$$

所以
$$f_0 = \cfrac{1}{2\pi\sqrt{L_q \cdot \cfrac{C_q(C_0+C)}{C_q+C_0+C}}} \qquad (4\text{-}44)$$

2) f_0 总是处在 f_p 与 f_s 两频率之间

调节 C 可使 f_0 产生很微小的变动。如果 C 很大,取 $C\to\infty$ 代入式(4-43)可得 f_0 的最小值为

$$f_0 \approx \frac{1}{2\pi\sqrt{L_q C_q}} = f_s$$

即晶体串联谐振频率；若 C 很小,取 $C\approx 0$ 代入式(4-44)可得 f_0 的最大值为

$$f_0 \approx \cfrac{1}{2\pi\sqrt{L_q \cfrac{C_q C_0}{C_q+C_0}}} = f_p$$

即晶体并联谐振频率。可见,无论怎样调节 C,f_0 总是处于晶体 f_p 与 f_s 的两频率之间。只有在 f_p 附近,晶体才具有并联谐振回路的特点。

3) 微调频率问题

由上面分析,调节 C 可以改变振荡器的频率。为什么要调节振荡频率呢？

第一,由晶体组成的并联谐振回路的振荡频率一般不能正好等于石英晶体谐振器产品指标给出的标称频率,有一个很小的差别,需要用负载电容进行校正。因而,在振荡频率准确度要求很高的场合,振荡电路中必须设置频率微调元件。图 4-30 电路中,实际接入的负载电容等于 C,晶体的标称频率为 1MHz,适当调节 C 从 24.5pF 到 44.5pF,就可使振荡频率达到标称值 1MHz。因此,实际中认为晶振电路的振荡频率为标称频率。

第二,晶体的物理、化学性能虽然稳定,但是温度的变化以及老化等原因仍会改变它的参数,振荡频率不免有较慢的变化。

所有实时系统都需要在每一个时钟周期去执行程序代码,而这个时钟周期就由晶振产生。图 4-31 所示为单片机 STM32 的外部时钟电路,接入晶振范围是 4～16MHz。R_1 为负反馈电阻,其作用是使运算放大器工作在线性区。谐振晶体 JT 等效为电感,满足电容三点式振荡器的相位平衡条件,因而构成了并联型晶体振荡电路。这也是一些单片机常用的时钟源电路接入方式。

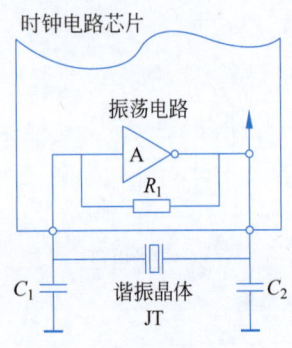

图 4-31 单片机 STM32 外部时钟电路

智能手机中一般至少有两个晶振,其中实时时钟电路由 32.768kHz 晶体构成,采用 32.768kHz 晶体的原因是其经过 15 次分频可得到 1Hz 秒信号,可用于计时或应用处理器等休眠时钟。除此之外,系统时钟电路是射频处理器电路的基准频率时钟,其频率准确度是手机与基站正常通信的保障。GSM 手机系统时钟频率有 13MHz、26MHz 或 19.5MHz 等,CDMA 手机通常使用的频率是 19.68MHz,4G 与 5G 手机一般使用的频率为 38.4MHz。不管是实时时钟信号还是系统时钟信号波形均为正弦波。

图 4-32 所示为适用于 AMD CPU 的 ATI RS/RD600 系列芯片组的低功耗时钟芯片

ICS9LPRS462 内部结构，晶体是一个 14.318MHz 的石英晶体谐振器，它作为振荡电路的谐振元件为计算机主板南桥芯片提供振荡频率，并通过锁相环构成的倍频器和分频器转换为相应的频率信号输送给主板上的各种信号处理芯片。晶体振荡器部分都属于并联型晶体振荡电路。

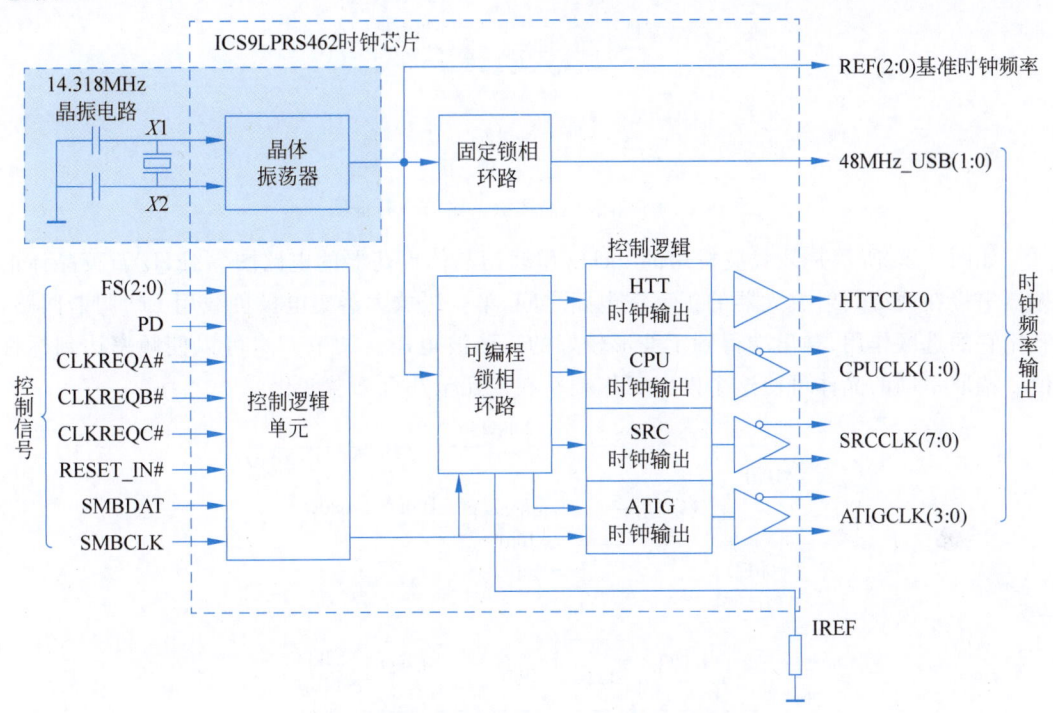

图 4-32　低功耗时钟芯片 ICS9LPRS462 内部结构

2. 密勒（Miller）振荡电路

图 4-33 所示是另一种并联型晶振电路，称为密勒振荡电路，该电路中晶体连接在基极和发射极之间。L_1C_1 并联回路连接在集电极和发射极之间，只要晶体呈现感性即可构成电感三点式电路。由于晶体并接在输入阻抗较低的晶体管 b、e 间，降低了有载品质因数，与皮尔斯振荡电路相比，该电路频率稳定度较低。

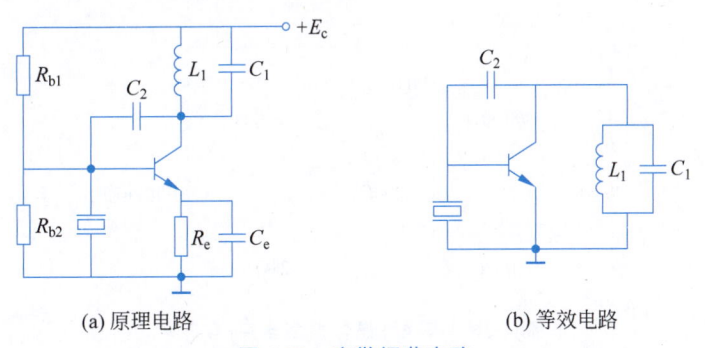

(a) 原理电路　　(b) 等效电路

图 4-33　密勒振荡电路

4.7.2　串联型晶振电路

晶体工作在串联谐振频率附近，阻抗呈短路，构成正反馈产生振荡。

串联型晶体振荡器的一种框图如图 4-34 所示。因为是两级共射放大器,所以输出电压与输入电压同相。输出经石英晶体谐振器和负载电容 C_L 反馈到输入端,这个反馈是正反馈。由于石英晶体谐振器的选频作用,只有在石英晶体谐振器和负载电容所决定的串联谐振频率上,串联阻抗最小,正反馈最强。因此,在这个频率上产生振荡。

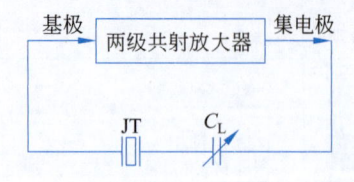

图 4-34　串联型晶体振荡器的一种框图

如图 4-35 所示是某载波机用的 9kHz 串联型晶体振荡器的电路图。9kHz 石英晶体谐振器串接在两级共射放大器的正反馈电路之间,第一级放大器集电极负载用 LC 调谐回路,利用它的选频作用,输出端得到了波形较好的正弦波电压。调节 C_L,可以使频率达到标称值。选取不同的晶体可使这个电路工作频率在十几至几百千赫变化。

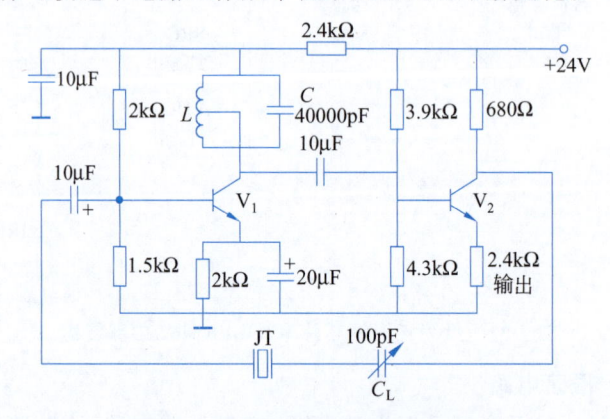

图 4-35　串联型晶体振荡器实例(一)

如图 4-36 所示为利用反相器 74LS04 构成的串联型晶体振荡器,电路中 R_2 和 R_4 为深度负反馈电阻,使得反相器工作在反相放大状态,4MHz 晶振串接在两级放大器输入和输出之间,等效为短路元件。

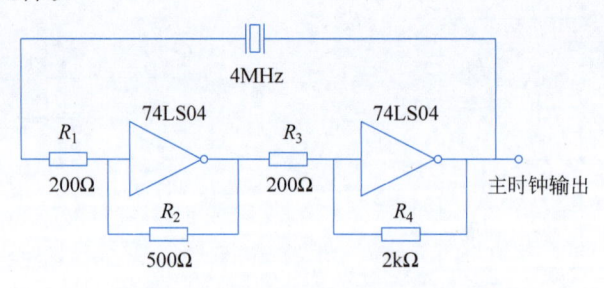

图 4-36　串联型晶体振荡器实例(二)

另一类串联晶振电路是按三点线路形式构成的,如图 4-37(a)给出了一个实例,它的交流等效电路如图 4-37(b)所示。这种电路很类似于电容三点式振荡器。区别仅在于两个分压电容的抽头是经过石英晶体谐振器接到晶体管发射极的,由此构成正反馈通路。C_1 与

C_2 并联,再与 C_3 串联,然后与 L 组成并联谐振回路。调谐振荡频率,当振荡频率等于石英晶体谐振器的串联谐振频率时,晶体呈现纯电阻,阻抗最小,正反馈最强,相移为零,满足相位条件。因此振荡器的频率稳定度主要由石英晶体谐振器来决定。在其他频率,不能满足振荡条件。用图 4-37(a)中电路中标出的元件数值,可得到 1MHz 的振荡频率,适当选取电路参数可使振荡频率高达几十兆赫。

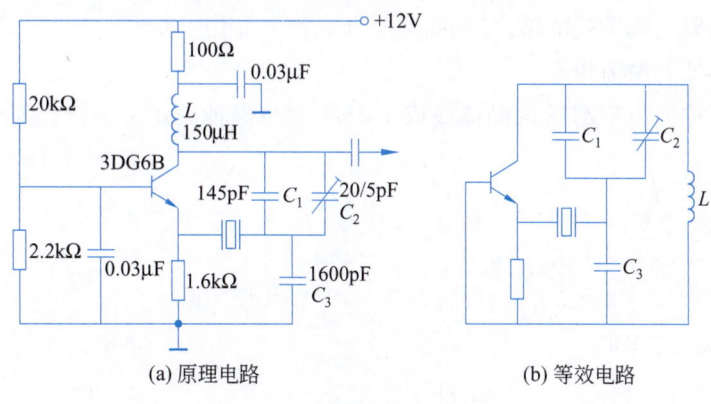

(a) 原理电路　　(b) 等效电路

图 4-37　串联晶振实例(三)

4.7.3　泛音晶振电路

所谓泛音,是指石英晶片振动的机械谐波。它与电气谐波的主要区别是,电气谐波与基频是整数倍的关系,且谐波和基波并存;而泛音是在基频奇数倍附近,且两者不能并存。

石英晶体谐振器的频率越高,就要求晶片越薄,则机械强度越差,用在电路中易于振碎。一般晶体频率不超过 30MHz。为了提高晶振电路的工作频率,可使电路振荡频率工作在晶体的谐波(一般在 3～7 次谐波)频率上,这是一种特制的晶体,叫作泛音晶体(例如 JA12 型)。这样就可利用几十兆赫基频的晶片产生上百兆赫的稳定振荡。

并联型泛音晶体振荡器原理电路如图 4-38(a)所示。它与皮尔斯振荡电路不同之处是用 L_1C_1 谐振回路代替了电容 C_1,而根据三点式振荡器的组成原则,该谐振回路应该呈容性阻抗。图 4-38(b)所示为 L_1C_1 回路的电抗特性,图中横坐标所标的数值 f/f_{01} 是对晶振基波频率 f_{01} 进行了归一化。假如要求晶体工作在 3 次泛音,则调谐好的 L_1C_1 回路对 3 次泛音呈现感性阻抗,不满足三点式电路的相位条件,电路不能起振;而对 5 次泛音,L_1C_1 回路又相当一电容,即满足了起振的相位条件,若又满足了振幅条件,电路才可以振荡。

(a) 原理电路　　(b) L_1C_1 回路的电抗特性

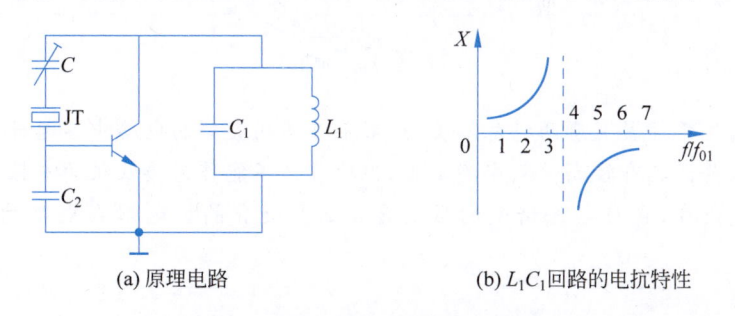

图 4-38　并联型泛音晶体振荡器

至于 7 次及以上的泛音，L_1C_1 回路虽呈容性，但其等效电容量过大，致使电容分压比 n 过小，不满足振幅起振条件，因而也不能在这些频率上振荡。

用泛音晶振也可以组成串联型泛音晶体振荡器，其电路图类似于图 4-30，不同的是 LC 回路应调谐在需要的 n 次泛音上，其频率稳定度仍由晶体控制，稳定度较高。

例 4-5 晶振电路如图 4-39(a) 所示，试回答下列问题：

(1) 画出高频交流等效电路，并判断属于什么类型晶振电路？

(2) 求振荡器的振荡频率？

(3) 若将标称值为 5MHz 的晶体换成 1MHz，该电路能否正常工作？为什么？

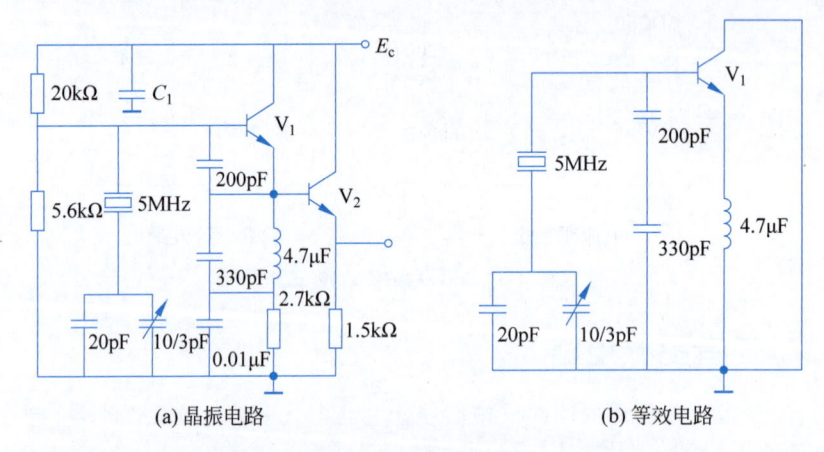

(a) 晶振电路　　　　(b) 等效电路

图 4-39　例 4-5 晶振电路及其等效电路

解　(1) 高频交流等效电路如图 4-39(b)，其中，$0.01\mu F$ 电容较大，为高频旁路电容，可看作短路。电路属于并联型晶体振荡电路。

(2) $4.7\mu H$ 电感和 $330pF$ 电容构成的并联谐振回路的谐振频率为

$$f_1 = \frac{1}{2\pi\sqrt{LC}} = 4.04\text{MHz}$$

对于 5MHz 的晶体，回路呈容性，满足三点式振荡器的相位平衡条件，因此可以起振。

$$f_0 = 5\text{MHz}$$

(3) 若把晶体的标称频率改成 1MHz，电感和电容的并联回路呈感性，不满足三点式振荡器的相位平衡条件，因此电路不能正常工作。

复习思考题

1. 石英晶体振荡器有哪两种基本类型，石英在不同类型的电路中各起什么作用？
2. 晶体振荡器具有较高的频率稳定度，但为什么不能作为接收机的本振电路？
3. 什么是泛音，它与电气谐波的区别是什么？泛音晶振电路在电路构成上有什么特点？

4.8 集成压控振荡电路

振荡电路振荡频率的改变需要调节谐振回路中的电容或电感元件,而压控振荡器是指振荡频率随外加电压变化的振荡电路,通常用 VCO 表示。

构成压控振荡器的方法一般可分为两类。一是改变振荡回路的电容或电感来实现频率控制,目前应用最广泛的是利用压控电抗元件变容二极管来代替谐振回路中的电容分量;二是改变振荡器中电容的充放电电流来实现的多谐振荡器,如由 555 定时器构成的多谐振荡器。随着集成电路的不断发展,出现了许多单片集成压控振荡电路,可在外接少量元件前提下,实现较好的性能输出。

图 4-40 所示为单片集成振荡器 E1648(或 MC1648)的内部电路。该电路由差分对管振荡电路、偏置电路和放大电路三部分组成。差分对管振荡电路由 V_6、V_7、V_8 和外接的 LC 并联回路构成。其中,V_8 构成恒流源电路,V_6、V_7 组成共集-共基放大电路,放大的输出信号经 V_7 的集电极反馈到 V_6 的输入回路,从而构成正反馈。振荡信号从 V_7 集电极输出后,加入 V_4 基极,然后经 V_4、V_3、V_2 放大,最后经 V_1 构成的射随器输出。V_9、V_{10}、V_{11} 组成直流偏置电路。

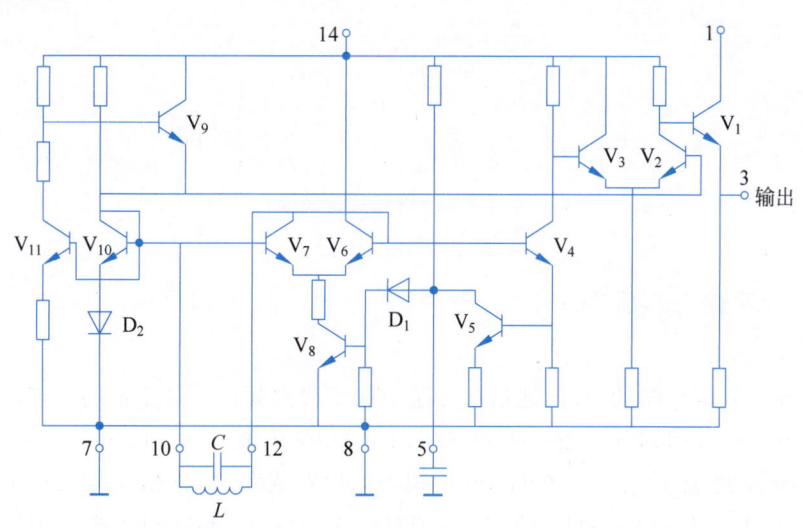

图 4-40 单片集成振荡器 E1648 的内部电路

图 4-41 所示为利用 E1648 组成的正弦波振荡器。振荡频率 $f_0 = \dfrac{1}{2\pi\sqrt{L(C_1+C_i)}}$,其中 C_i 是引脚 10 和引脚 12 之间的输入电容,其值约为 6pF。E1648 的最高振荡频率可达 225MHz。E1648 有引脚 1 和引脚 3 两个输出端。由于引脚 1 和引脚 3 分别是片内 V_1 管的集电极和发射极,所以引脚 1 输出电压的幅度可大于引脚 2 的输出。当然,L_2C_2 回路应调谐在振荡频率 f_0 上。

如果将引脚 10 和引脚 12 间的电容用变容二极管代替,就可以构成压控振荡器,如图 4-42 所示,在锁相频率合成器中应用较多。显然,利用 E1648 也可以构成晶体振荡器。

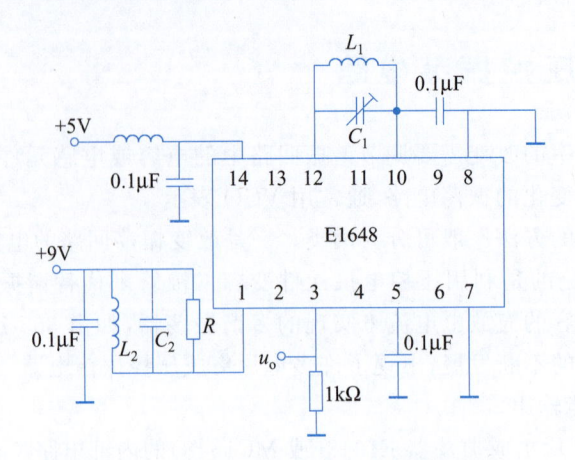

图 4-41　利用 E1648 组成的正弦波振荡器

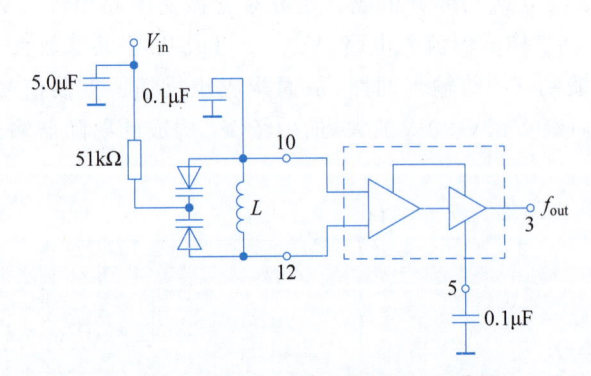

图 4-42　利用 E1648 组成的压控振荡器

4.9　毫米波振荡器

为满足高速数据传输的要求,通信从传统射频频段向频谱更加丰富的毫米波频段过渡。例如,5G 的方案按频谱划分一般有两种,即 sub6G 和毫米波。sub6G 通常是 6GHz 以下的频谱,而毫米波通常是 24～300GHz 的频段,世界无线电通信大会 2019 年确定将 24.25～27.5GHz、37～43.5GHz、45.5～47GHz、47.2～48.3GHz 和 66～71GHz 频段,共 14.75GHz 带宽的频谱用于 5G 和未来国际移动通信系统。此外,77GHz 频段用于汽车无人驾驶,94GHz 频段应用于安检及天气预报中。

在现代无线通信系统中,振荡器作为信号源的核心电路,其相位噪声和调谐范围直接决定了收发机系统性能的好坏。由于 CMOS 工艺与传统的砷化镓(GaAs)和磷化铟(lnP)等工艺相比,具有低成本、面积小以及集成度高的优势,因此,CMOS 工艺下的毫米波振荡器被广泛应用。CMOS 振荡器的结构可分为弛张振荡器和共振振荡器,前者主要以环形振荡器为主,而后者又可以分为 LC 振荡器和分布式振荡器等。环形振荡器由于没有高品质因数的谐振腔,相位噪声较差,并且容易受到工艺、电压和温度变化的影响,常用于较低频段,毫米波频段的振荡器一般使用交叉耦合结构或者电容三点式结构。基于传输线的分布式谐振腔 Q 值不如普通 LC 谐振腔,恶化了相位噪声,但是由于分布式片上时钟特有的低偏移和多相位优点，仍可作为信号源被应用于接收机前端和数字锁相环系统中。

片上变压器能够以与单个电感相当的面积消耗，实现一个更高阶的无源网络，这使其被广泛应用于毫米波前端电路的放大器、混频器和振荡器等模块中。变压器和电容的组合可以实现多峰值谐振腔，即在差模和共模下同时拥有多个谐振频率，从而可以通过谐波控制来优化输出波形，减小相位噪声，同时也可以通过高耦合系数来扩大工作频率范围，是近年来振荡器结构的主要研究热点。

4.10 正弦波振荡电路的 Multisim 仿真

图 4-43 所示为改进型电容三点式振荡器的仿真电路，C_2、C_3、C_4、C_5 和 L_1 构成振荡回路，当电容 C_1 断开时为克拉泼电路，否则为西勒电路。改变电容 C_4，即改变反馈系数，可观察振荡幅度和频率的变化情况。

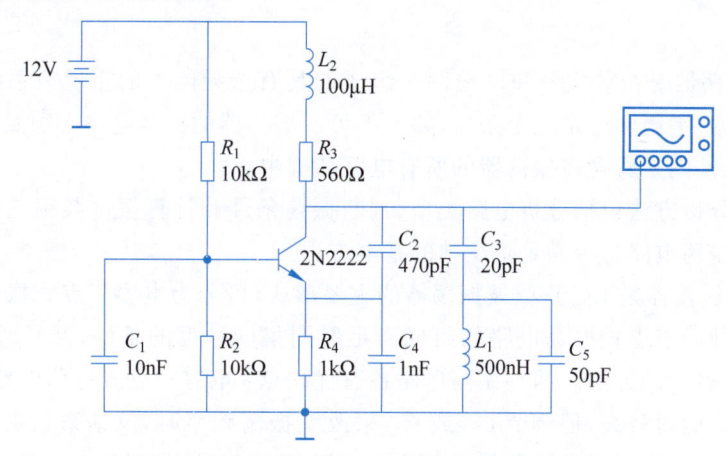

图 4-43 改进型电容三点式振荡器的仿真电路

图 4-44 所示为并联型晶体振荡器的仿真电路，晶体等效为电感元件。图 4-45 所示为串联型晶体振荡器的仿真电路，晶体等效为短路元件。

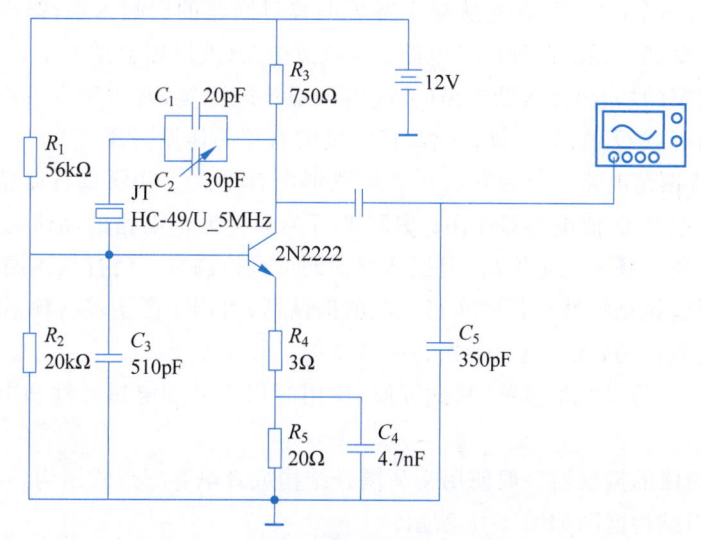

图 4-44 并联型晶体振荡器的仿真电路

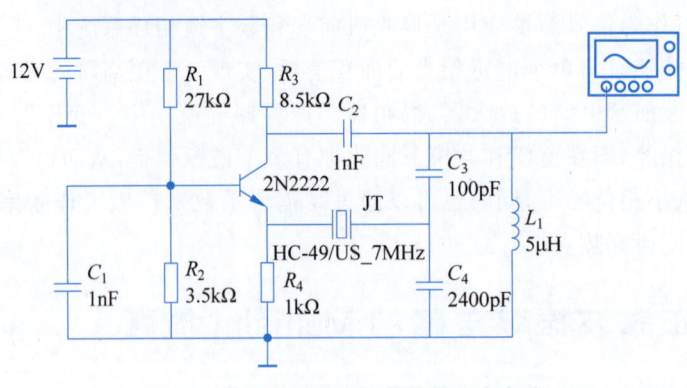

图 4-45　串联型晶体振荡器的仿真电路

本章小结

1. 反馈振荡器是由放大器和反馈网络组成的具有选频能力的正反馈系统。反馈振荡器必须满足起振、平衡和稳定三个条件,缺一不可。振荡器的振荡电路必须满足起振和平衡条件,而稳定条件则是隐含在振荡器的所有电路结构中。

振荡器的分析方法包括分析电路类型、判断振荡条件和计算振荡频率三步。瞬时极性法是分析判断振荡电路是否满足正反馈的基本方法。

2. 三点式振荡器是 LC 正弦波振荡器的主要形式,可分为电容三点式振荡器和电感三点式振荡器两种。三点式振荡电路的组成满足射同集(基)反的条件,判断时可采用"找顶点、确定边、辨属性"的方法。两种振荡电路各有优缺点:电容三点式振荡电路输出波形好,工作频率也可以做得较高,但调节 C_1 或 C_2 来改变振荡频率时,反馈系数也将改变;而电感三点式振荡电路容易起振,振荡频率调节也方便,但振荡波形不好。

3. 频率稳定度是振荡器的一个重要技术指标,提高频稳度的措施包括减小外界因素变化的影响和提高电路本身抗外界因素变化影响能力两个方面。

4. 为了提高频率稳定度,首先从减小寄生电容对回路的影响入手,提出了改善普通三点式振荡电路频率稳定性的两种改进电路:克拉泼电路(波段覆盖系数小,主要用作固定频率或波段范围较窄的场合)和西勒电路(波段内振幅比较稳定,常用于宽波段工作系统中)。然后从提高回路有载 Q 值出发,设计出高稳定度的石英晶体振荡器。

5. 石英晶体振荡电路可分为并联型和串联形两种形式。并联型石英晶体振荡电路的晶体在振荡器中起高 Q 值电感器作用;串联型石英晶体振荡电路的晶体起高 Q 值短路器作用。晶体振荡器的频率稳定度高,但振荡频率的可调范围窄。泛音晶体振荡器(利用石英晶体谐振器的泛音振动特性对频率实行控制的振荡器)可用于产生较高频率振荡,但需采取措施抑制低次谐波振荡,保证其只谐振在所需要的工作频率上。

6. 集成压控振荡器电路简单,调试方便,使用时仅需外加电感元件和电容元件以组成选频网络。

7. 毫米波频段的振荡器一般使用交叉耦合结构或者电容三点式结构。

8. 本章知识结构框图如图 4-46 所示。

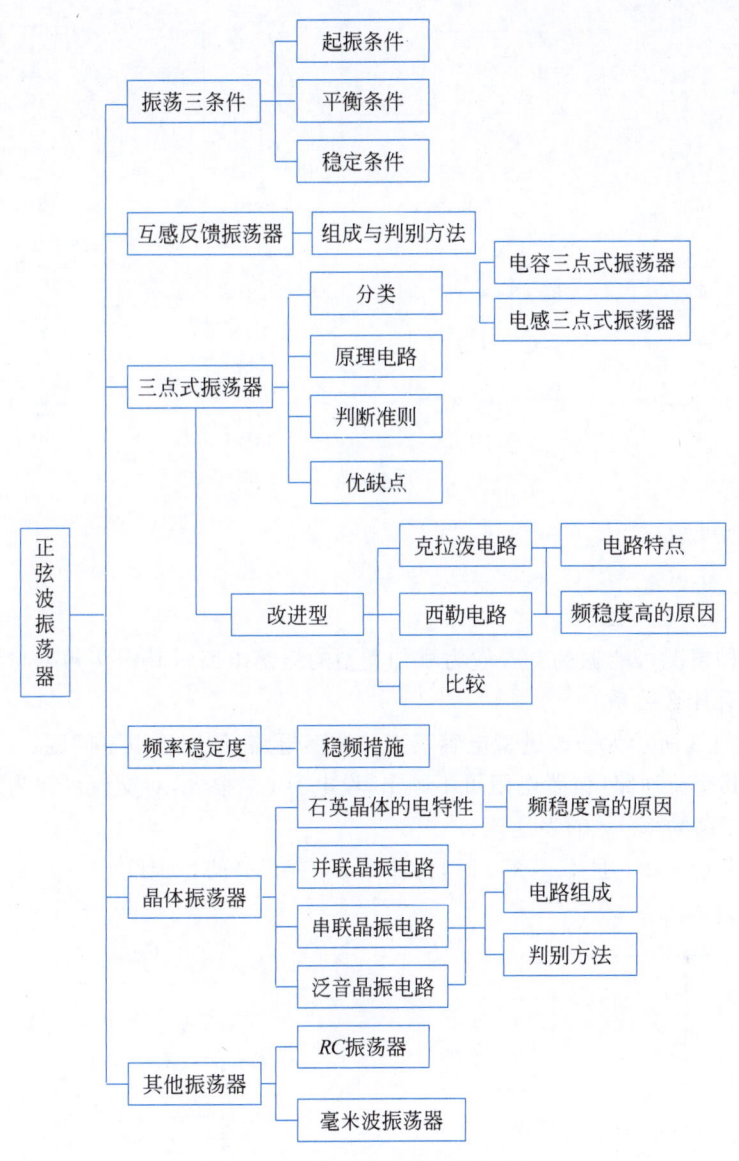

图 4-46 第 4 章知识结构框图

思考题与习题

4-1 利用相位平衡条件的判断准则,判断图题 4-1 中所示的三点式振荡器交流等效电路,哪个是错误的(不可能振荡)？哪个是正确的(有可能振荡)？正确的电路属于哪种类型的振荡电路？有些电路应说明在什么条件下才能振荡？

4-2 图题 4-2 表示三回路振荡器的交流等效电路,假定有以下六种情况：

(1) $L_1C_1 > L_2C_2 > L_3C_3$；

(2) $L_1C_1 < L_2C_2 < L_3C_3$；

(3) $L_1C_1 = L_2C_2 = L_3C_3$；

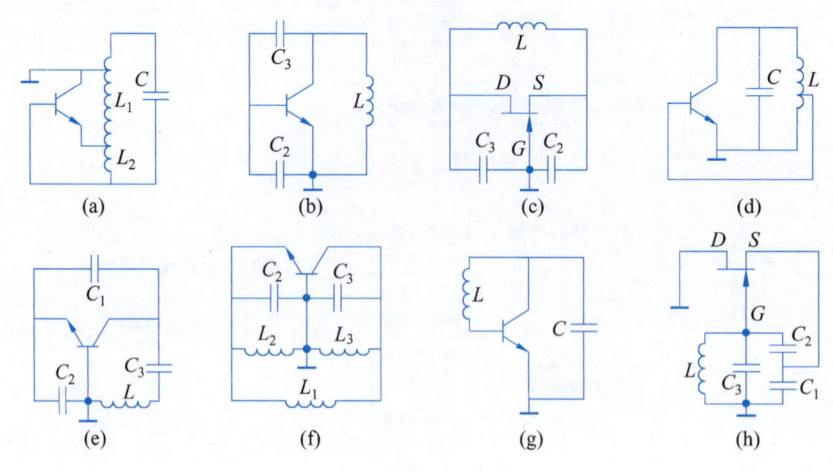

图题 4-1

(4) $L_1C_1 = L_2C_2 > L_3C_3$；
(5) $L_1C_1 < L_2C_2 = L_3C_3$；
(6) $L_2C_2 < L_3C_3 < L_1C_1$。

试问哪几种情况可能振荡？等效为哪种类型的振荡电路？其振荡频率与各回路的固有谐振频率之间有什么关系？

4-3 图题 4-3 所示为一改进型电容三点式振荡电路，请回答以下问题：
(1) 画出其交流通路(偏置电阻可不画出，设电容 C_b 很大，对交流可视为短路)；
(2) 写出振荡频率 f_0 的表达式；
(3) 说明当 $C_3 \ll C_1$ 且 $C_3 \ll C_2$ 时，为什么 f_0 有很高的稳定度？

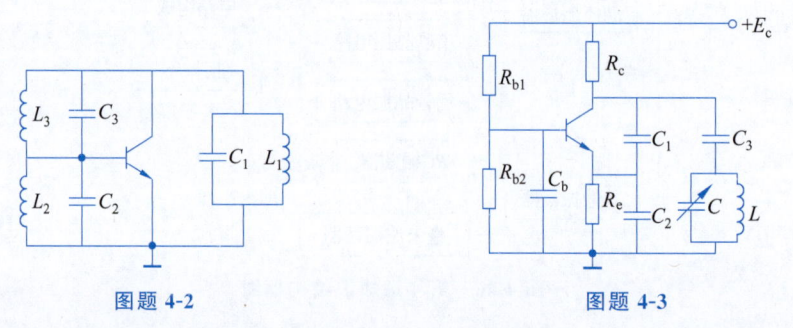

图题 4-2

图题 4-3

4-4 以克拉泼电路为例说明改进型电容三点式振荡器为什么可以提高频率稳定度？

4-5 画出并联改进型电容三点式振荡电路图(西勒电路)，写出其振荡频率表达式，并说明这种电路为什么在波段范围内幅度比较平稳？

4-6 试从工作频率范围、器件的工作状态、改善输出波形的措施、对放大器的要求等几个方面比较 LC 正弦波振荡器和 RC 正弦波振荡器的不同点，并对为什么产生这些不同点作简要的说明。

4-7 在图题 4-7 所示电路中，已知振荡频率 $f_0 = 100 \mathrm{kHz}$，反馈系数 $F = 1/2$，电感 $L = 50 \mathrm{mH}$，试回答以下问题：
(1) 画出其交流通路(设电容 C_b 很大，对交流可视为短路)；
(2) 计算电容 C_1、C_2 的值(设放大电路对谐振回路的负载效应可以忽略不计)。

4-8 如图题 4-8 所示的振荡电路,试回答以下问题:
(1) 画出交流等效电路;
(2) 求振荡频率 f_0 和反馈系数 F。

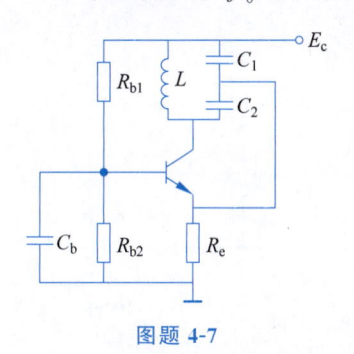

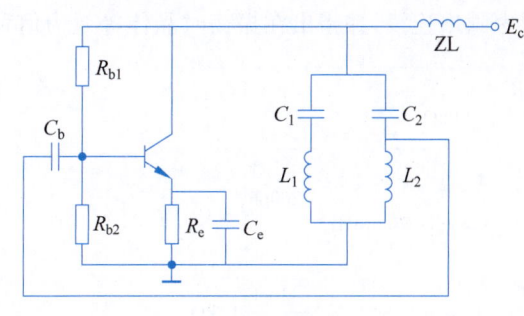

图题 4-7

图题 4-8

4-9 在图题 4-9 所示振荡电路中,已知 $C_1=508\text{pF}$,$C_2=2211\text{pF}$,试回答以下问题。
(1) 要使振荡频率 $f_0=500\text{kHz}$,回路电感 L 应为多少?
(2) 计算反馈系数 F,若把 F 减小到 $F'=\dfrac{1}{2}F$,应如何修改电路元件参数?
(3) R_c 的作用是什么?能否用扼流圈代替?如不能,请说明原因;如可以,试比较两者的优缺点。
(4) 若输出线圈的匝数比 $N_2/N_1 \ll 1$,用数字频率计从 2-2 端测得频率值为 500kHz,从 1 端到地测得频率值为 490kHz,试解释为什么两个结果不一样,哪一种测量结果更合理。
(5) 如何分析该电路是否满足起振条件?

4-10 泛音晶体管振荡器的电路构成有什么特点?

4-11 在图题 4-11 所示晶体振荡电路中,已知晶体与 C_1 构成并联谐振回路,其谐振电阻 $R_0=80\text{k}\Omega$,$R_f/R_1=2$,试回答以下问题:
(1) 分析晶体的作用;
(2) 为满足起振条件,R_2 应小于多少(设集成运放是理想的)?

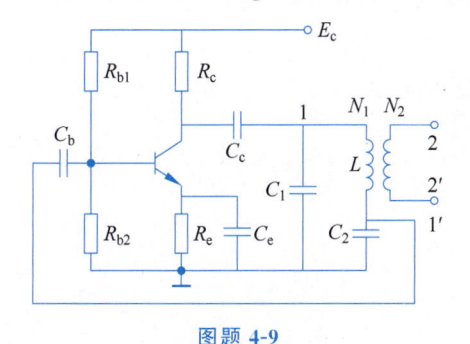

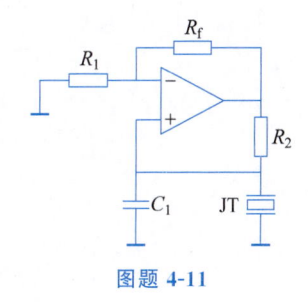

图题 4-9

图题 4-11

4-12 图题 4-12 所示晶振电路,试回答下列问题。
(1) 画出高频交流等效电路,判断属于什么类型晶振电路?
(2) 晶体为 5MHz,该电路能否起振?为什么?
(3) 若把晶体换成 1MHz 泛音晶体,该电路能否起振?为什么?
(4) 求振荡器的振荡频率?

(5) 图中 $4.7\mu H$ 电感在电路中起到什么作用？

(6) 指出 V_2 管的作用。

4-13 图题 4-13 电路中，晶体应接在哪两点之间才有可能使电路产生正弦波振荡？请在图中画出连线，并指出在振荡时晶体等效为何种元件？

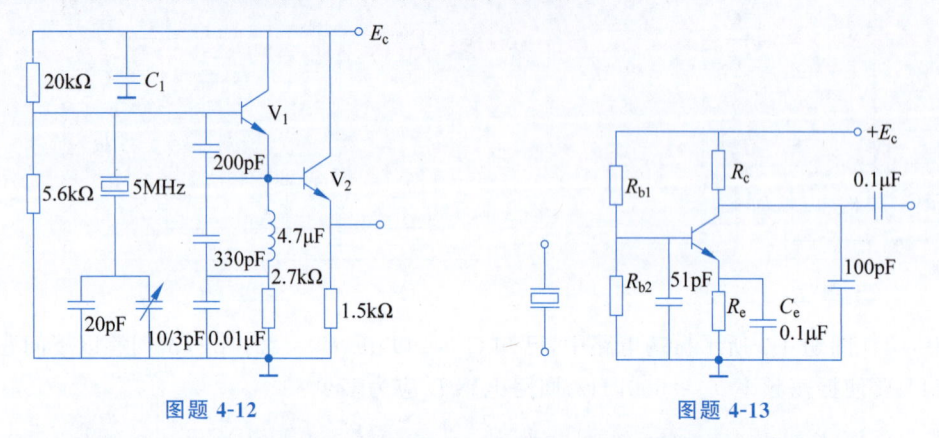

图题 4-12

图题 4-13

4-14 图题 4-14 所示为某超外差接收机中的本振电路，试回答以下问题。

(1) 在图中标出振荡线圈原、副边绕组的同名端（用圆点表示）。

(2) 增大或减小 2-3 端电感 L_{23}，对振荡回路有何影响？

(3) 说明电容 C_1、C_2 的作用，并回答若不接 C_1，电路能否维持振荡？

(4) 计算当 $C_4=10\text{pF}$ 时，在 C_5 的变化范围内，振荡频率的可调范围。（$L_{13}=100\mu H$，$C_1=C_2=0.022\mu F$）

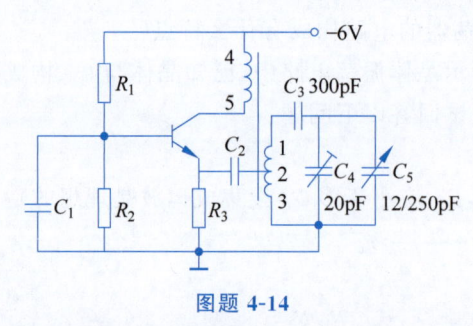

图题 4-14

第 5 章 振幅调制与解调

CHAPTER 5

内 容 提 要

调制是现代蜂窝网络和无线通信技术中最重要的技术之一。振幅调制是用被传送的低频信号去控制高频振荡器,使高频振荡器输出信号的幅度相应于低频信号的变化而变化,从而实现把低频信号搬移到高频,使其被高频信号携带传播的目的。解调过程是调制的反过程,即把低频信号从高频载波上搬移下来的过程,调幅波的解调也叫作检波。调制与解调都属于频谱变换电路。

频谱变换电路根据调制前后输出信号与输入信号频谱结构是否相同分为频谱线性搬移和非线性搬移两种电路,本章只讨论频谱线性搬移电路,涉及的内容主要有:调幅信号的分析,包括调幅波数学表达式、波形图、频谱图、带宽及功率;调幅波产生原理的理论分析;普通调幅波的产生电路,特别是高电平调幅电路中大信号基极调幅及大信号集电极调幅的基本工作原理、设计要点,以及乘法器实现的调幅电路的工作原理;普通调幅波的解调电路,包括大信号检波及同步检波;抑制载波调幅波的产生和解调电路等。

第 35 集 微课视频

5.1 概述

对于无线通信,根据电磁波理论知道,只有天线实际长度与电信号的波长相比拟时,电信号才能以电磁波形式有效地辐射,这就要求原始电信号必须有足够高的频率。但是人的讲话声音变换为相应电信号的频率较低,最高也只有几千赫兹。为了使这种电信号能有效地辐射,就必须制造与该信号波长相比拟的天线。若信号频率为 1kHz,由波长 λ、频率 f 和电磁波传播速度 c 的关系 $c=\lambda f$ 可知,其相应波长 λ 为 300km,即使采用 1/4 波长的天线,也需要 75km。制造这样长的天线是很困难的。即使那样长的天线能制造出来,那么各电台都用同样的频率发射,在空间会形成干扰,接收端将无法收到想收的信号。因此,为了减少制造天线的困难,并使各电台所发射的信号不混淆,需要将语音信号搬移到不同的高频段。

对于有线通信,虽然可以传输语音之类的低频信号,但一条信道只传输一路信号太不经济,利用率太低,所以有线通信也需要将各路语音信号搬移到不同的频段,以实现多路信号一线传输而又不互相干扰的要求。

本章介绍的调制、解调过程就是低频信号搬移到高频段或从高频段搬移到低频段的过程。

调制过程是用被传送的低频信号去控制高频振荡器,使高频振荡器输出信号的参数(幅度、频率、相位)相应于低频信号的变化而变化,从而实现把低频信号搬移到高频段,使其被高频信号携带传播的目的。完成调制过程的装置叫调制器。连续波调制以单频正弦波为载波。

解调过程是调制的反过程。即把低频信号从高频载波上搬移下来的过程。解调过程在收信端,实现解调的装置叫解调器。

调制器和解调器必须由非线性元器件构成。它们可以是二极管或工作在非线区域的三极管。近年来集成电路在模拟通信中得到了广泛应用,调制器、解调器都可用模拟乘法器来实现。

5.2 调幅信号的分析

振幅调制就是用低频调制信号去控制高频载波信号的振幅,使载波的振幅随调制信号成正比变化。经过振幅调制的高频载波称为振幅调制波(简称调幅波)。调幅波有普通调幅波(Amplitude Modulation,AM)、抑制载波的双边带调幅波(Double Side Band-Suppressed Carrier Amplitude Modulation,DSB-SCAM)和抑制载波的单边带调幅波(Single Side Band-Suppressed Carrier Amplitude Modulation,SSB-SCAM)三种。振幅调制技术广泛应用于广播、电视、短波通信、卫星通信等领域。Wi-Fi 网络技术中使用的正交振幅调制(Quadrature Amplitude Modulation,QAM),例如 Wi-Fi 7 中的 4096-QAM 也属于特殊形式的振幅调制,广泛用于调制解调器中。

5.2.1 普通调幅波

1. 调幅波的表达式、波形

设调制信号为单一频率的余弦波:

$$u_\Omega(t)=U_{\Omega m}\cos\Omega t=U_{\Omega m}\cos 2\pi F t \tag{5-1}$$

载波信号为

$$u_c(t)=U_{cm}\cos\omega_c t=U_{cm}\cos 2\pi f_c t \tag{5-2}$$

为了简化分析,设两者波形的初相角均为零,因为调幅波的振幅和调制信号成正比,由此可得调幅波的振幅为

$$U_{AM}(t)=U_{cm}+k_a U_{\Omega m}\cos\Omega t=U_{cm}(1+m_a\cos\Omega t) \tag{5-3}$$

其中,k_a 为由调制电路决定的比例常数;$m_a=k_a\dfrac{U_{\Omega m}}{U_{cm}}$ 称为调幅系数或调幅度,它表示载波振幅受调制信号控制的程度。由于实现振幅调制后载波频率保持不变,因此已调波的表示式为

$$u_{AM}(t)=U_{AM}(t)\cos\omega_c t=U_{cm}(1+m_a\cos\Omega t)\cos\omega_c t \tag{5-4}$$

可见,调幅波也是一个高频振荡,而它的振幅变化规律(即包络变化)是与调制信号完全一致的。因此调幅波携带着原调制信号的信息。由于调幅系数 m_a 与调制电压的振幅成正比,即 $U_{\Omega m}$ 越大,m_a 越大,调幅波幅度变化越大,m_a 小于或等于1。如果 $m_a>1$,包络出现过零点,上下包络不反映调制信号的变化,调幅波产生失真,这种情况称为过调幅,在实际工作应当避免产生过调幅。调幅波的波形如图 5-1 所示。

2. 调幅波的频谱

由式(5-4)展开得

$$u_{AM}(t) = U_{cm}\cos\omega_c t + \frac{1}{2}m_a U_{cm}\cos(\omega_c + \Omega)t + \frac{1}{2}m_a U_{cm}\cos(\omega_c - \Omega)t \tag{5-5}$$

可见,用单音频信号调制后的已调波,由三个高频分量组成:除角频率为 ω_c 的载波以外,还有 $(\omega_c+\Omega)$ 和 $(\omega_c-\Omega)$ 两个新角频率分量。其中一个比 ω_c 高,称为上边频分量;一个比 ω_c 低,称为下边频分量。载波频率分量的振幅仍为 U_{cm},而两个边频分量的振幅均为 $\frac{1}{2}m_a U_{cm}$。

因 m_a 的最大值只能等于1,所以边频振幅的最大值不能超过 $\frac{1}{2}U_{cm}$,将这三个频率分量画出,便可得到如图 5-2 所示的普通调幅波的幅度频谱图,在这个图上,调幅波的每一个正弦分量用一个线段表示,线段的长度代表其幅度,线段在横轴上的位置代表其频率。

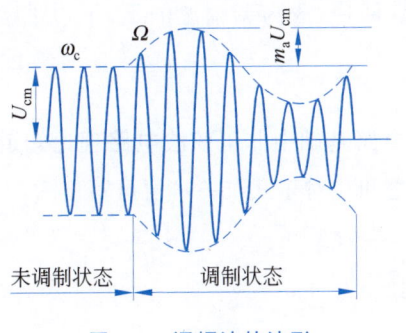

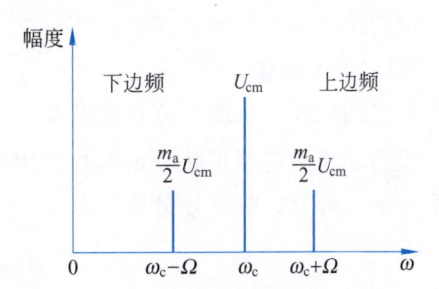

图 5-1 调幅波的波形   图 5-2 普通调幅波的幅度频谱图

以上分析表明,调幅的过程就是在频谱上将低频调制信号搬移到高频载波分量两侧的过程。

显然,在调幅波中,载波并不含有任何有用信息,要传送的信息只包含于边频分量中。边频的振幅反映了调制信号幅度的大小,边频的频谱虽属于高频范畴,但反映了调制信号频率的高低。

由图 5-2 可见,在单频调制时,其调幅波的频带宽度为调制信号频谱的 2 倍,即 $B=2F$(单位为 Hz)或 $B=2\Omega$(单位为 rad/s)。实际上调制信号不是单一频率的正弦波,而是包含若干频率分量的复杂波形(例如实际的话音信号就很复杂),在多频调制时,如由若干个不同频率 Ω_1、Ω_2、……、Ω_k 的信号所调制,其调幅波方程为

$$u_{AM}(t) = U_{cm}(1 + m_{a1}\cos\Omega_1 t + m_{a2}\cos\Omega_2 t + \cdots)\cos\omega_c t \tag{5-6}$$

相乘展开后得到

$$u_{AM}(t) = U_{cm}\cos\omega_c t + \frac{m_{a1}}{2}U_{cm}\cos(\omega_c + \Omega_1)t + \frac{m_{a1}}{2}U_{cm}\cos(\omega_c - \Omega_1)t +$$

$$\frac{m_{a2}}{2}U_{cm}\cos(\omega_c + \Omega_2)t + \frac{m_{a2}}{2}U_{cm}\cos(\omega_c - \Omega_2)t + \cdots\cdots +$$

$$\frac{m_{ak}}{2}U_{cm}\cos(\omega_c + \Omega_k)t + \frac{m_{ak}}{2}U_{cm}\cos(\omega_c - \Omega_k)t \tag{5-7}$$

相应地,其调幅波含有一个载频分量及一系列的高低边频分量 $(\omega_c \pm \Omega_1)$、$(\omega_c \pm \Omega_2)$、……、

($\omega_c \pm \Omega_k$)等。

多频调制调幅波的频谱图如图 5-3 所示。由此可以看出,一个调幅波实际上是占有某一个频率范围的,这个范围称为频带。总的频带宽度为最高调制频率的 2 倍,即 $B = 2F_{max}$ 或 $B = 2\Omega_{max}$。这个结论很重要,因为在接收和发送调幅波的通信设备中,所有选频网络应当不但能通过载频,而且还要能通过边频成分。如果选频网络的通频带太窄,将导致调幅波的失真。

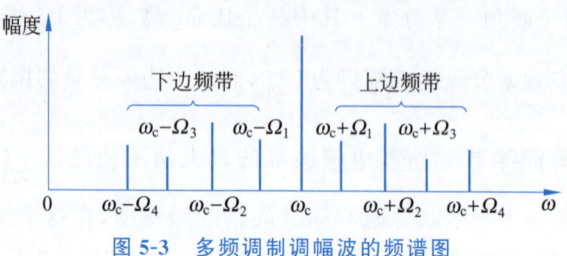

图 5-3 多频调制调幅波的频谱图

调制后调制信号的频谱被线性地搬移到载频的两边,成为调幅波的上、下边带。所以,调幅的过程实质上是一种频谱搬移的过程。

3. 调幅波的功率

如果将调幅波电压加于负载电阻 R_L 上,则按电路基础中非正弦波电路理论知道,负载电阻吸收的功率为各项正弦分量单独作用时功率之和。对于式(5-5),便可写出 R_L 上获得的功率包括三部分。载波分量功率为

$$P_c = \frac{1}{2} \frac{U_{cm}^2}{R_L} \tag{5-8}$$

上边频分量功率为

$$P_1 = \frac{1}{2} \left(\frac{m_a}{2} U_{cm} \right)^2 \frac{1}{R_L} = \frac{1}{8} \frac{m_a^2 U_{cm}^2}{R_L} = \frac{1}{4} m_a^2 P_c$$

下边频分量功率为

$$P_2 = \frac{1}{2} \left(\frac{m_a}{2} U_{cm} \right)^2 \frac{1}{R_L} = \frac{1}{8} \frac{m_a^2 U_{cm}^2}{R_L} = \frac{1}{4} m_a^2 P_c$$

因此,调幅波在调制信号的一个周期内给出的平均功率为

$$P_{AV} = P_c + P_1 + P_2 = \left(1 + \frac{m_a^2}{2} \right) P_c \tag{5-9}$$

可见,边频功率随 m_a 的增大而增大,当 $m_a = 1$ 时,边频功率达到最大值,$P_{AV} = \frac{3}{2} P_c$。而这时上、下边频功率之和只有载波功率的一半,这也就是说,用这种调制方式,发送端发送的功率被不携带信息的载波占去了很大的比例,显然,这是很不经济的。但由于这种调制设备简单,特别是解调更简单,便于接收,所以它仍在某些领域中广泛应用。

4. 实现调幅的框图

调幅波的数学表达式为

$$u_{AM}(t) = (U_{cm} + k_a U_{\Omega m} \cos\Omega t) \cos\omega_c t$$

因此,实现调幅至少包括加法器和乘法器两部分,调幅波实现框图如图 5-4 所示。首先,调制信号与直流分量相加,相加的结果使得合成信号变为瞬时值大于 0 的低频分量,并将该交

直流叠加信号作为要调制的低频信号。然后通过乘法器与载波相乘,实现频率的搬移。由于调制过程的非线性,除了产生所需要的频率分量之外还产生许多其他的频率分量,因此通过带通滤波器获得所需的调幅信号,带通滤波器的中心频率设置为载频 ω_c。

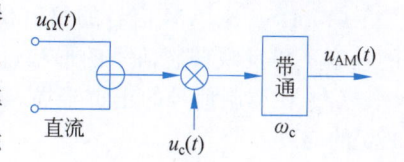

图 5-4 调幅波实现框图

5.2.2 抑制载波双边带调幅

由于载波不携带信息,因此,为了节省发射功率,可以只发射含有信息的上、下两个边带,而不发射载波,这种调制方式称为抑制载波的双边带调幅,简称双边带调幅,用 DSB 表示。抑制载波双边带调幅信号的时域表达式,可通过将普通调幅波表达式中的载波分量直接去掉得到

$$u_{DSB}(t) = \frac{1}{2}m_a U_{cm}\cos(\omega_c+\Omega)t + \frac{1}{2}m_a U_{cm}\cos(\omega_c-\Omega)t$$

当然,也可将调制信号 $u_\Omega(t)$ 和载波信号 $u_c(t)$ 加到乘法器或平衡调幅器电路得到。双边带调幅信号写为

$$u_{DSB}(t) = Au_\Omega(t)u_c(t) = AU_{\Omega m}\cos\Omega t U_{cm}\cos\omega_c t$$

$$= \frac{1}{2}AU_{\Omega m}U_{cm}[\cos(\omega_c+\Omega)t + \cos(\omega_c-\Omega)t] \quad (5-10)$$

式(5-10)中,A 为由调幅电路决定的系数;$AU_{\Omega m}U_{cm}\cos\Omega t$ 是双边带高频信号的振幅,它与调制信号成正比。高频信号的振幅按调制信号的规律变化,不是在 U_{cm} 的基础上,而是在零值的基础上变化,可正可负。因此,当调制信号从正半周进入负半周的瞬间(即调幅包络线过零点时),相应高频振荡的相位发生 180 度的突变。双边带调幅的调制信号和调幅波如图 5-5 所示。由图可见,双边带调幅波的包络 $U_{DSB}(t)$ 已不再反映调制信号的变化规律。

图 5-6 所示为 DSB-SCAM 频谱图。

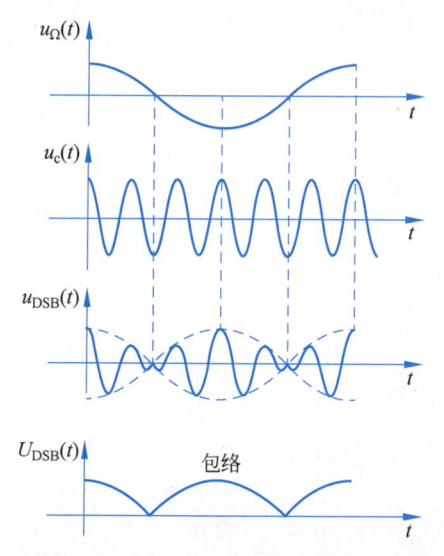

图 5-5 双边带调幅的调制信号和调幅波

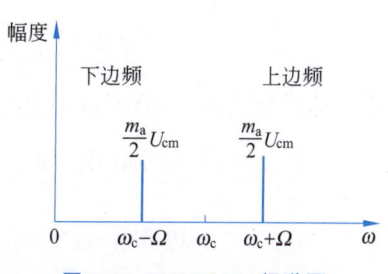

图 5-6 DSB-SCAM 频谱图

由以上讨论可以看出 DSB-SCAM 调制信号有如下的特点:

(1) DSB-SCAM 信号的幅值仍随调制信号而变化,但与普通调幅波不同,DSB-SCAM 的包络不再反映调制信号的形状,仍保持调幅波频谱搬移的特征;

(2) 在调制信号的正负半周,载波的相位反相,即高频振荡的相位在 $u_\Omega(t)=0$ 瞬间有 180°的突变;

(3) DSB-SCAM 调制,信号仍集中在载频 ω_0 附近,所占频带为

$$B_{DSB} = 2F_{max}$$

由于 DSB-SCAM 调制抑制了载波,输出功率是有用信号,它比普通调幅经济。但在频带利用率上没有什么改进。为进一步节省发送功率,减小频带宽度,提高频带利用率,下面介绍单边传输方式。

5.2.3 抑制载波单边带调幅

进一步观察双边带调幅波的频谱结构发现,上边带和下边带都反映了调制信号的频谱结构,因而它们都含有调制信号的全部信息。从传输信息的观点看,可以进一步把其中的一个边带抑制掉,只保留一个边带(上边带或下边带)。这不仅可以进一步节省发射功率,而且频带的宽度也缩小了一半,对于波道特别拥挤的短波通信是很有利的。这种既抑制载波又只传送一个边带的调制方式,称为单边带调幅,用 SSB 表示。

获得单边带信号常用的方法有滤波法和移相法。现简述采用滤波法实现 SSB 信号。

调制信号 u_Ω 和 u_c 经乘法器(或平衡调幅器)获得抑制载波的 DSB 信号,再通过带通滤波器滤除 DSB 信号中的一个边带(上边带或下边带),便可获得 SSB 信号。当边带滤波器的通带位于载频以上时,提取上边带,否则就提取下边带。

由此可见,滤波法的关键是高频带通滤波器,它必须具备这样的特性:对于要求滤除的边带信号应有很强的抑制能力,而对于要求保留的边带信号应使其不失真地通过。这就要求滤波器在载频处具有非常陡峭的滤波特性。用这种方法实现单边带调幅的数学模型如图 5-7 所示。

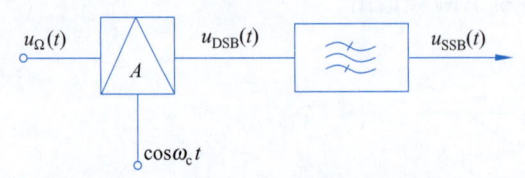

图 5-7 实现单边带调幅的数学模型

由式(5-10)可知,双边带信号为

$$u_{DSB}(t) = A u_\Omega u_c = A U_{\Omega m} \cos\Omega t\, U_{cm} \cos\omega_c t$$

$$= \frac{1}{2} A U_{\Omega m} U_{cm} [\cos(\omega_c + \Omega)t + \cos(\omega_c - \Omega)t]$$

通过边带滤波器后,就可得到上边带或下边带信号为

上边带信号 $\quad u_{SSBL}(t) = \frac{1}{2} A U_{\Omega m} U_{cm} \cos(\omega_c - \Omega)t \quad$ (5-11)

下边带信号 $\quad u_{SSBH}(t) = \frac{1}{2} A U_{\Omega m} U_{cm} \cos(\omega_c + \Omega)t \quad$ (5-12)

从上两式看出,SSB 信号的振幅与调制信号振幅 $U_{\Omega m}$ 成正比。它的频率随调制信号的频率不同而不同。

在通信和广播电视中还应用着一种残留边带调制技术,这将在后续章节中详细研究。

表 5-1 列出了三种已调信号的时域波形图、单频调制频域波形示意图以及多频调制频域波形示意图。

表 5-1 三种调幅波时域、频域波形

时域波形	频域波形	
	单频调制	多频调制
u_Ω	谱线在 Ω	谱线分布至 Ω_{max}
u_{AM}	谱线在 $\omega_c-\Omega$, ω_c, $\omega_c+\Omega$	谱线分布 $\omega_c-\Omega_{max}$ 至 $\omega_c+\Omega_{max}$
u_{DSB}	谱线在 $\omega_c-\Omega$, $\omega_c+\Omega$	谱线分布 $\omega_c-\Omega_{max}$ 至 $\omega_c+\Omega_{max}$
u_{SSB}	谱线在 $\omega_c-\Omega$ 或 $\omega_c+\Omega$	谱线分布 $\omega_c-\Omega_{max}$ 至 $\omega_c+\Omega_{max}$

例 5-1 某发射机输出级在负载 R_L 上的输出信号为

$$u(t)=\cos(2\pi\times 10^6 t)+0.15\cos(2\pi\times 999\times 10^3 t)+0.15\cos(2\pi\times 1001\times 10^3 t)\,(\text{V})$$

说明 $u(t)$ 为何种已调波,写出其标准数学表达式,并计算在单位电阻上消耗的载波功率、边频功率、总功率和信号带宽。

解 $u(t)$ 包括 3 个频率分量,因而为普通调幅波。标准数学表达式为

$$u(t)=U_{cm}(1+m_a\cos\Omega t)\cos\omega_c t=(1+0.3\cos 2\pi\times 10^3 t)\cos 2\pi\times 10^6 t$$

所以,载波功率 $P_c=\dfrac{1}{2}\times 1^2=0.5\text{W}$,边频功率 $P_边=\dfrac{1}{2}m_a^2 P_c=0.0225\text{W}$,总功率 $P_{AV}=\left(1+\dfrac{1}{2}m_a^2\right)P_c=0.5225\text{W}$,信号带宽 $B=2\text{kHz}$。

复习思考题

1. 为什么调幅属于频谱线性搬移电路?调制后载频有没有反映调制信号信息?
2. 三种调幅信号有什么异同点?

3. DSB 信号波形有何特点?

4. 在各种调幅波中,功率利用率最低的是哪种调幅波,带宽最窄的又是哪种?

5.3 调幅波产生原理的理论分析

5.3.1 非线性器件的相乘作用

能产生调幅波的电路应具有相乘运算的功能,具有这种功能的器件和电路有多种,下面主要针对高频电路中应用较多的非线性器件和集成模拟乘法器进行分析。

分析非线性器件所具有的相乘功能可以产生调幅波的目的,在于了解产生调幅波的物理过程,说明各种频率成分出现的规律,为设计功能更为完善的电路提供方向。下面介绍几种常用的分析方法。

1. 幂级数分析法

晶体二极管、三极管都是非线性器件,其伏安特性也是非线性的。设非线性器件伏安特性在静态工作点 U_Q 附近可用幂级数表示为

$$i = f(U_Q + u) = a_0 + a_1 u + a_2 u^2 + a_3 u^3 + \cdots \tag{5-13}$$

其中,$u = u_1 + u_2 = U_{\Omega m}\cos\Omega t + U_{cm}\cos\omega_c t$ 为调制信号和载波之和。$a_0, a_1, \cdots, a_n, \cdots$ 是各次方项的系数,它们由下列通式表示,即

$$a_n = \frac{1}{n!} \cdot \left.\frac{d^n f(u)}{du^n}\right|_{u=U_Q} = \frac{f^{(n)}(U_Q)}{n!} \tag{5-14}$$

由二项式定理可知

$$(u_1 + u_2)^n = \sum_{m=0}^{n} \frac{n!}{m!(n-m)!} u_1^{n-m} u_2^m \tag{5-15}$$

因此,当非线性器件同时输入两个电压信号时,器件的响应电流中存在着两个电压信号相乘项,例如,当 $n=2, m=1$ 时,$i = a_2 u_1 u_2$,该项是由展开式中的二次项产生的,也是产生调幅波的有用项。但响应电流中同时也存在着 $n \neq 2, m \neq 1$ 的许多无用相乘项,这些项是干扰信号。因此,非线性器件的相乘作用不理想,必须采取措施尽量减小这些无用项。在工程上常采用的措施有:

(1) 选用平方律特性好的非线性器件,例如场效应管,并选择器件的合适工作点使它工作在特性接近平方律的区域。

(2) 采用多个非线性器件组成的平衡电路、环形电路,抵消一部分无用组合频率分量。

(3) 减小输入信号 u_1 和 u_2 的幅值,以便减小高阶相乘项及其产生的组合频率分量的强度。

由于非线性器件的相乘作用,输出电流 i 中将包含 $\omega = |\pm m\Omega \pm n\omega_c|$ 无穷多个频率分量,其中,m 和 n 是包括 0 在内的正整数。因此,只有采用非线性器件,才能产生新频率分量。产生调幅所需的相乘项是由二次项产生的。非线性器件除了产生所需的频率分量外,还产生许多无用组合频率分量,可用滤波器分离需要的频率分量。

2. 线性时变分析法

若将非线性器件的伏安特性 $i = f(U_Q + u_1 + u_2)$,在 $U_Q + u_1$ 上对 u_2 展开为台劳级

数，其中 u_1 和 u_2 是两个输入信号电压（例如调制信号和载波），则

$$i = f(U_Q + u_1 + u_2)$$
$$= f(U_Q + u_1) + f'(U_Q + u_1)u_2 + \frac{1}{2!}f''(U_Q + u_1)u_2^2 + \cdots + \frac{1}{n!}f^n(U_Q + u_1)u_2^n + \cdots$$
(5-16)

其中，

$$f(U_Q + u_1) = a_0 + a_1 u_1 + a_2 u_1^2 + \cdots\cdots + a_n u_1^n + \cdots\cdots = \sum_{n=0}^{\infty} a_n u_1^n$$

$$f'(U_Q + u_1) = a_1 + 2a_2 u_1 + \cdots\cdots + n a_n u_1^{n-1} + \cdots\cdots = \sum_{n=1}^{\infty} n a_n u_1^{n-1}$$

$$f''(U_Q + u_1) = 2a_2 + \cdots\cdots + n(n-1) u_1^{n-2} + \cdots\cdots = \sum_{n=2}^{\infty} n(n-1) a_n u_1^{n-2}$$

若 u_2 足够小，可忽略 $f''(U_Q + u_1)$ 以上各项，则式(5-16)可简化为

$$i \approx f(U_Q + u_1) + f'(U_Q + u_1) u_2$$

其中，$f(U_Q + u_1)$、$f'(U_Q + u_1)$ 是与 u_2 无关的系数，但它们是 u_1 的函数，由于 u_1 是时间的函数，故它们被称为时变系数或称为时变参量。其中，$f(U_Q + u_1)$ 是在 $u_2 = 0$ 时的电流，称作时变静态电流，用 $I_0(t)$ 表示；$f'(U_Q + u_1)$ 是在 $u_2 = 0$ 时的增量电导，称作时变增量电导或时变电导，用 $g(t)$ 表示。这样式(5-16)可表示为

$$i = I_0(t) + g(t) u_2$$
(5-17)

由式(5-17)可见，i 与 u_2 是线性关系，而系数却是时变的。因此，非线性器件这种工作状态称作线性时变工作状态。用它构成的电路称为线性时变电路。

当 $u_1 = U_{1m} \cos \omega_1 t$ 时，$I_0(t)$ 和 $g(t)$ 可表示为

$$I_0(t) = \sum_{n=0}^{\infty} a_n U_{1m}^n \cos^n \omega_1 t = I_{00} + I_{01} \cos \omega_1 t + I_{02} \cos 2\omega_1 t + \cdots$$

$$g(t) = \sum_{n=1}^{\infty} n a_n U_{1m}^{n-1} \cos^{n-1} \omega_1 t = g_0 + g_1 \cos \omega_1 t + g_2 \cos 2\omega_1 t + \cdots$$

非常明显 $g_1(t) = g_1 \cos \omega_1 t$ 与 u_2 相乘是有用相乘项，可完成频谱搬移的功能，其余项为无用相乘项。时变分析法的关键是如何求得时变跨导的基波分量。一般是利用非线性器件的伏安特性(或转移特性)求得电导(或跨导)特性，即 $g\text{-}u$ 关系，再将时变偏置代入求得时变跨导 $g(t)$，然后用傅里叶级数求系数的方法，求得 $g_1(t)$，即

$$g_1(t) = \frac{1}{\pi} \int_{-\pi}^{\pi} g(t) \cos \omega_1 t \, \mathrm{d}\omega t$$

3. 指数函数分析法

晶体二极管的伏安特性可表示为

$$i = I_s (e^{\frac{qu}{kT}} - 1) \approx I_s e^{\frac{qu}{kT}}$$

其中，$u = U_Q + u_1 + u_2$。如果二极管工作在线性时变状态，则上式可表示为

$$i = I_0(t) + g(t) u_2$$

其中，$I_0(t) = I_s e^{\frac{q(U_Q + u_1)}{kT}} = I_s e^{\frac{qU_Q}{kT}} e^{\frac{qu_1}{kT}}$。令 $I_Q = I_s e^{\frac{qU_Q}{kT}}$ 表示工作点电流，$x_1 = \frac{qU_{1m}}{kT}$ 表示归一

化参考信号幅值,则

$$I_0(t) = I_Q e^{x_1\cos\omega_1 t}$$

$$g(t) = \frac{\partial i}{\partial u}\bigg|_{u=U_Q+u_1} = \frac{qI_S}{kT}e^{\frac{q(U_Q+u_1)}{kT}} = \frac{qI_S}{kT}e^{\frac{qU_Q}{kT}}e^{\frac{qu_1}{kT}}$$

令 $g_Q = \dfrac{qI_Q}{kT}$ 表示工作点增量电导,则

$$g(t) = g_Q e^{x_1\cos\omega_1 t}$$

$$i = I_Q e^{x_1\cos\omega_1 t} + g_Q e^{x_1\cos\omega_1 t} u_2 \tag{5-18}$$

$e^{x_1\cos\omega_1 t}$ 的傅里叶级数展开式为

$$e^{x_1\cos\omega_1 t} = a_0(x_1) + 2\sum_{n=1}^{\infty} a_n(x_1)\cos n\omega_1 t$$

其中,$a_n(x_1)$ 是 n 阶贝塞尔函数,代入式(5-19)中得

$$i = (I_Q + g_Q u_2)\left[a_0(x_1) + 2\sum_{n=1}^{\infty} a_n(x_1)\cos n\omega_1 t\right]$$

式中包含有 $g_1(t) = 2g_Q a_1(x_1)\cos\omega_1 t$ 与 u_2 的相乘项,同样具有频谱搬移功能。

4. 开关函数分析法

当输入信号足够大时,晶体二极管的伏安特性可用图 5-8 近似表示。若 $U_Q = 0$,在 u_1 的作用下,$I_0(t)$ 是导通角为 $\pi/2$ 的尖顶余弦脉冲序列,$g(t)$ 是导通角为 $\pi/2$ 的矩形脉冲序列。用 $k_1(\omega_1 t)$ 表示高度为 1 的单向周期性方波,其傅里叶级数展开式为

$$k_1(\omega_1 t) = \frac{1}{2} + \frac{2}{\pi}\cos\omega_1 t - \frac{2}{3\pi}\cos 3\omega_1 t + \cdots$$

$$= \frac{1}{2}\left[1 + \sum_{n=1}^{\infty}(-1)^{n+1}\frac{4}{(2n-1)\pi}\cos(2n-1)\omega_1 t\right] \tag{5-19}$$

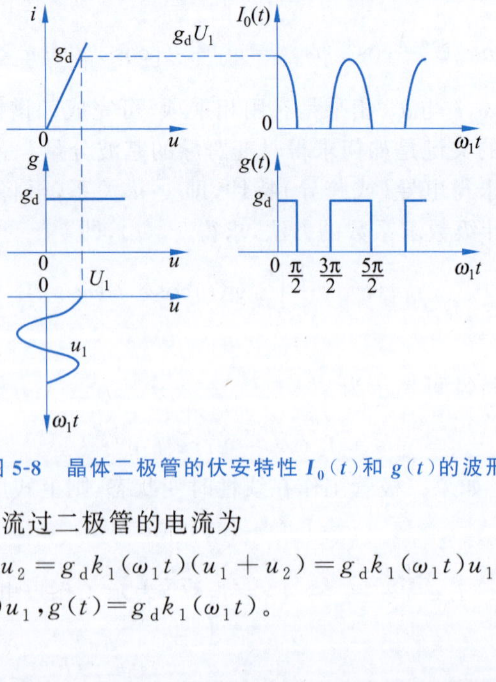

图 5-8 晶体二极管的伏安特性 $I_0(t)$ 和 $g(t)$ 的波形

在线性时状态发生改变,流过二极管的电流为

$$i = I_0(t) + g(t)u_2 = g_d k_1(\omega_1 t)(u_1 + u_2) = g_d k_1(\omega_1 t)u_1 + g_d k_1(\omega_1 t)u_2$$

其中,$I_0(t) = g_d k_1(\omega_1 t)u_1$,$g(t) = g_d k_1(\omega_1 t)$。

$k_1(\omega_1 t)$ 的基波与 u_2 相乘项是有用项,可实现频谱搬移功能,其余项为无用相乘项。

应该指出的是,指数函数分析和开关函数分析法都是线性时变分析法的特例。至于具体应用哪种方法,视输入信号的大小和多少而定。

5.3.2 模拟乘法器的工作原理分析

1. 模拟乘法器

模拟乘法器的输出信号 u_o 与两个输入信号 u_x 和 u_y 的关系为

$$u_o = K u_x u_y$$

其中,K 是由集成电路内部电路结构和外围元件参数决定的增益系数。图 5-9 为模拟乘法器的电路符号,有一般和简化两种表示方式。

图 5-9 模拟乘法器的电路符号

根据乘法运算代数性质,乘法器有四个工作区域,由它两个输入电压极性确定,并可用 xOy 平面四个象限表示。当输入均正,运算在第一象限,当输入均负,运算在第三象限。能够适应两个输入电压四种极性组合的乘法器称为四象限乘法器,只对一个输入电压能适正负极性的称为二象限乘法器。

2. 模拟乘法器的工作原理

图 5-10 所示为双差分对管模拟乘法器的原理电路,它由三个差分对管组成。电流源 I_0 提供差分对管 V_5、V_6 的偏置电流,而 i_5 提供差分对管 V_1、V_2 的偏置电流,i_6 提供差分对管 V_3、V_4 的偏置电流。输入信号 u_x 交叉地加到差分对管 V_1、V_2 和 V_3、V_4 的两端,u_y 则加到差分对管 V_5、V_6 的两端。

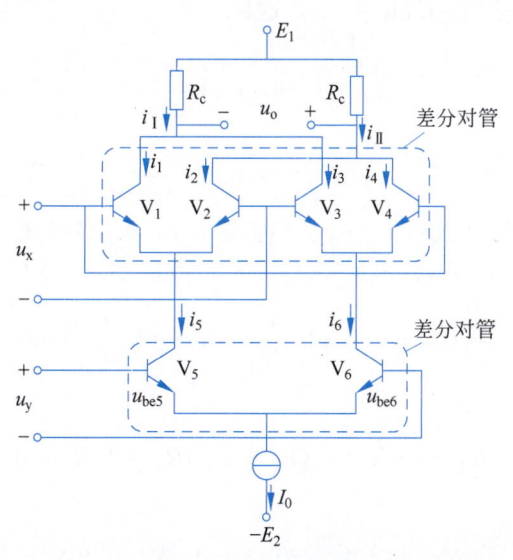

图 5-10 双差分对管模拟乘法器的原理电路

利用 PN 结理论，在小电流下晶体管发射结的伏安特性可表示为

$$i_e = I_S(e^{\frac{u_{be}}{U_T}} - 1) \approx I_S e^{\frac{u_{be}}{U_T}} \tag{5-20}$$

其中，I_S 为反向饱和电流，典型值为 $10^{-14} \sim 10^{-8}$ A；U_T 为温度的电压当量，在 $T = 300$K 时，U_T 约为 26mV。

当 $\alpha \approx 1$ 时，$i_c \approx i_e$。因此

$$I_0 = i_5 + i_6 = I_S e^{u_{be5}/U_T} + I_S e^{u_{be6}/U_T}$$

由于 $u_{be5} - u_{be6} = u_y$，因此 $I_0 = i_5 + i_6 = i_5(1 + i_6/i_5) = i_5(1 + e^{-u_y/U_T})$。根据双曲正切函数的表达式 $\tanh x = \frac{\sinh x}{\cosh x} = \frac{e^x - e^{-x}}{e^x + e^{-x}}$，$1 + \tanh x = \frac{2e^x}{e^x + e^{-x}} = \frac{2}{1 + e^{-2x}}$，$1 - \tanh x = \frac{2e^{-x}}{e^x + e^{-x}} = \frac{2}{1 + e^{2x}}$，则

$$i_5 = I_0 \left(\frac{1}{1 + e^{-u_y/U_T}} \right) = \frac{I_0}{2} \left(1 + \tanh \frac{u_y}{2U_T} \right)$$

又 $I_0 = i_5 + i_6 = i_6(1 + i_5/i_6) = i_6(1 + e^{u_y/U_T})$，则

$$i_6 = I_0 \left(\frac{1}{1 + e^{u_y/U_T}} \right) = \frac{I_0}{2} \left(1 - \tanh \frac{u_y}{2U_T} \right)$$

因此

$$i_5 - i_6 = I_0 \tanh \frac{u_y}{2U_T}$$

考虑到 i_5 和 i_6 分别是差分对管 V_1、V_2 和 V_3、V_4 的偏置电流，同时注意到 u_x 是交叉地加到差分对管 V_1、V_2 和 V_3、V_4 的两端。因此，$i_1 = \frac{i_5}{2}\left(1 + \tanh\frac{u_x}{2U_T}\right)$，$i_2 = \frac{i_5}{2}\left(1 - \tanh\frac{u_x}{2U_T}\right)$，$i_3 = \frac{i_6}{2}\left(1 - \tanh\frac{u_x}{2U_T}\right)$，$i_4 = \frac{i_6}{2}\left(1 + \tanh\frac{u_x}{2U_T}\right)$。这样

$$i_1 - i_2 = i_5 \tanh \frac{u_x}{2U_T}$$

$$i_4 - i_3 = i_6 \tanh \frac{u_x}{2U_T}$$

当双端输出时，输出电压正比于 $i_\text{I} - i_\text{II}$。根据图 5-10，乘法器的输出差值电流为

$$i_\text{I} - i_\text{II} = (i_1 + i_3) - (i_2 + i_4) = (i_1 - i_2) - (i_4 - i_3)$$

$$= (i_5 - i_6) \tanh \frac{u_x}{2U_T} = I_0 \tanh \frac{u_y}{2U_T} \tanh \frac{u_x}{2U_T} \tag{5-21}$$

进而可得输出电压为

$$u_o = (E_1 - i_\text{I} R_c) - (E_1 - i_\text{II} R_c) = (i_\text{I} - i_\text{II}) R_c = I_0 R_c \tanh \frac{u_y}{2U_T} \tanh \frac{u_x}{2U_T} \tag{5-22}$$

当 u_x 和 u_y 都小于 26mV，双差分对模拟乘法器工作在小信号工作状态。由于 $u \leqslant 26$mV，$\frac{u}{2U_T} \leqslant \frac{1}{2}$。根据双曲正切函数性质，$\tanh \frac{u}{2U_T} \approx \frac{u}{2U_T}$，因此式 (5-22) 可近似为

$$u_o \approx \frac{I_0 R_c}{4U_T^2} u_x u_y = K u_x u_y \quad (5-23)$$

其中,K 为比例系数。此时,由于 u_x、u_y 均为幅度小于 26mV 的信号,输出电压正比于 $u_x u_y$,即实现了理想的电压相乘功能。

当 $|u_y| \leqslant 26\text{mV}$,$u_x$ 为任意值时,此时

$$u_o \approx \frac{I_0 R_c}{2U_T} u_y \tanh \frac{u_x}{2U_T} \quad (5-24)$$

设 $u_x = U_{xm} \cos\omega t$,则 $\tanh \frac{u_x}{2U_T}$ 为周期函数,可用傅里叶级数展开,乘法器工作在线性时变状态。当 $U_{xm} \geqslant 10U_T$,双曲正切函数 $\tanh \frac{U_{xm}}{2U_T} \cos\omega t$ 趋于周期性方波,双差分模拟乘法器工作在开关状态。图 5-11 所示为大信号输入时双曲正切函数的输出波形,显示了 $u_x = 10U_T \cos\omega t$ 时,双曲正切函数的输出波形。实际使用时,工作在开关状态的模拟乘法器应用最广。

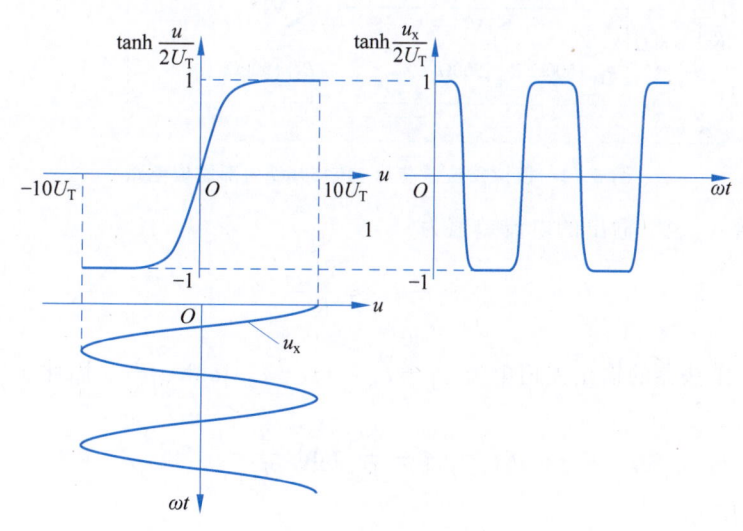

图 5-11 大信号输入时双曲正切函数的输出波形

上述讨论说明,u_y 必须为小信号。在实际电路中,一般采用负反馈技术来扩展 u_y 的动态范围。

如图 5-12 所示为模拟乘法器芯片 MC1596(MC1496)内部原理电路。图中,V_7、V_8、V_9 构成镜像恒流源电路,R_5、V_9、R_1 构成电流源的基准电路,R_5 为外接电阻,改变其阻值可以调节电流源的大小。镜像电流源提供给 V_5、V_6 的电流为 $I_0/2$。V_5、V_6 两管的发射极外接了扩展电阻 R_y,其作用是利用 R_y 的负反馈来扩大输入电压 u_y 的动态范围。R_c 为外接负载电阻。

由图 5-12 可见,加到外接扩展电阻 R_y 两端(2、3 端)的电压近似为 u_y,这样

$$i_5 \approx \frac{I_0}{2} + \frac{u_y}{R_y}$$

$$i_6 \approx \frac{I_0}{2} - \frac{u_y}{R_y}$$

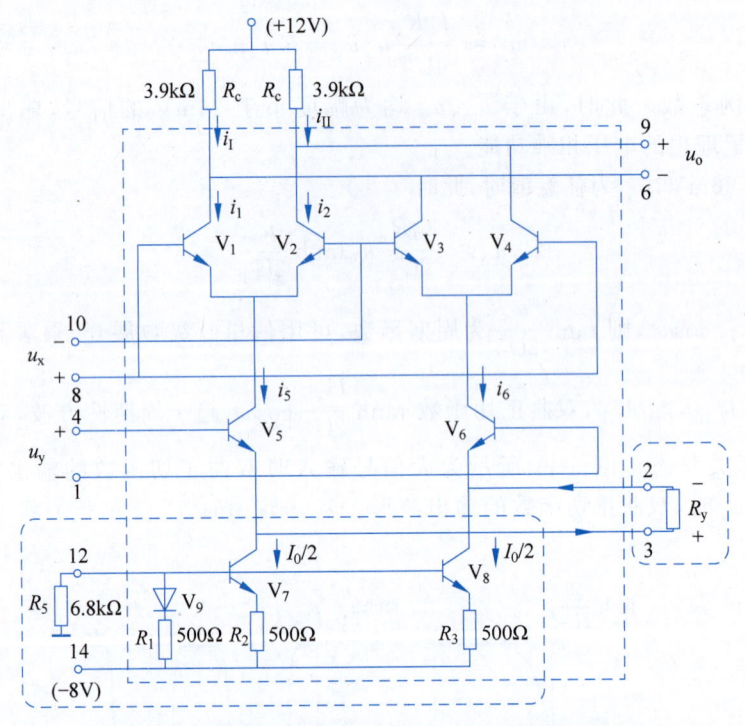

图 5-12　模拟乘法器芯片 MC1596G 内部原理电路

因此，差分对管 V_5、V_6 输出的电流差值为

$$i_5 - i_6 \approx \frac{2u_y}{R_y} \tag{5-25}$$

根据式(5-21)，乘法器的输出差值电流 $i_\mathrm{I} - i_\mathrm{II} = (i_5 - i_6)\tanh\dfrac{u_x}{2U_T}$。因此

$$i_\mathrm{I} - i_\mathrm{II} = \frac{2u_y}{R_y}\tanh\frac{u_x}{2U_T} \tag{5-26}$$

乘法器输出电压为

$$u_o = \frac{2R_c}{R_y} u_y \tanh\frac{u_x}{2U_T} \tag{5-27}$$

这样，通过接入 R_y 在实现 u_x 与 u_y 相乘的同时，扩展了 u_y 的动态范围。

复习思考题

1. 已知非线性器件的伏安特性为 $i = a_1 u + a_3 u^3$，利用它能否产生调幅作用，为什么？
2. 简述模拟乘法器的组成和工作原理？
3. 非线性器件的线性时变工作状态和开关工作状态各有何特点？

5.4 普通调幅波的产生电路

在无线电发射机中,振幅调制的方法按功率电平的高低分为高电平调制电路和低电平调制电路两大类。前者是在发射机的最后一级,直接产生达到输出功率要求的已调波;后者多在发射机的前级,产生小功率的已调波,再经过线性功率放大器放大,达到所需的发射功率电平。

低电平调制电路的优点是调幅器的功率小,电路简单。由于它输出功率小,常用在双边带调制和低电平输出系统如信号发生器等。低电平调幅电路可采用集成高频放大器产生调幅波,也可利用模拟乘法器产生调幅波。本节介绍利用模拟乘法器产生调幅波的方式。

高电平调制电路的优点是不需要采用效率低的线性放大器,有利于提高整机效率。但它必须兼顾输出功率、效率和调制线性的要求。高电平调幅电路是以调谐功率放大器为基础构成的,实际上它就是一个输出电压振幅受调制信号控制的调谐功率放大器。根据调制信号注入调幅器的方式不同,分为基极调幅、发射极调幅和集电极调幅三种,本节仅介绍基极调幅和集电极调幅两种。

5.4.1 低电平调幅电路

低电平调制电路的优点是调幅器的功率小,电路简单。由于它输出功率小,主要用于产生双边带和单边带调幅。由于调制在低电平级实现,所以输出功率和效率不是主要问题,但要求它要有良好的调制线性度和较强的载波抑制能力。

用双列直插型的 MC1596 产生普通调幅波电路如图 5-13 所示。其中引脚 1 和引脚 4 之间接的 51kΩ 电位器用来调节调幅系数的大小,由引脚 1 加入调制信号,由引脚 10 加入载波信号,由引脚 6 通过 0.1μF 的电容输出调幅信号。

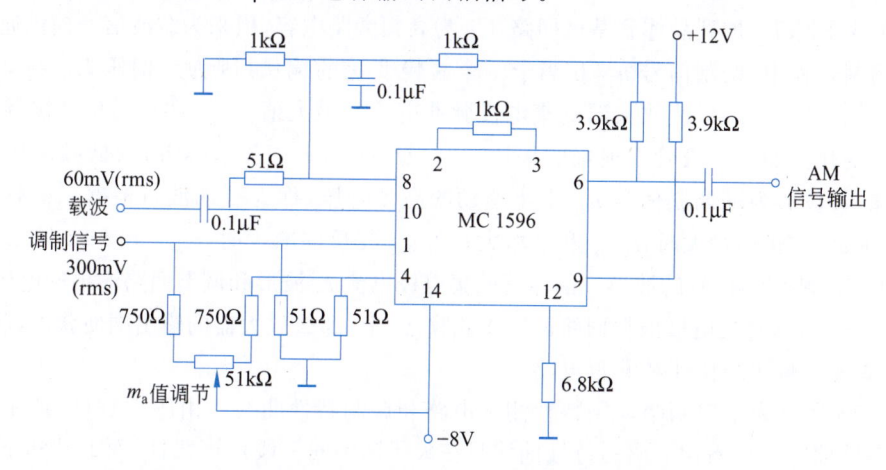

图 5-13 用双列直插型的 MC1596 产生普通调幅波的电路

国产模拟乘法器 XCC 和 MC1596G 类似,也可产生普通调幅波。

MC1596 的用途很广,它外接一些元器件既可构成产生普通调幅波的电路,也可构成产生抑制载波双边带调幅波的电路,还可构成同步检波电路以及混频器等。

5.4.2 高电平调幅电路

高电平调幅电路是以调谐功率放大器为基础构成的,实际上它就是一个输出电压振幅受调制信号控制的调谐功率放大器。根据调制信号注入调幅器的方式不同,分为基极调幅、发射极调幅和集电极调幅三种,下面介绍基极调幅和集电极调幅两种。

1. 大信号基极调幅电路

1) 基本工作原理

利用调谐功率放大器的基极调制特性(如图 5-14(a)所示),在图 5-14(a)所示调谐功率放大器的基极回路里接入调制信号 u_Ω,此时基极综合偏压 $E'_b = -E_b + u_\Omega$(图中虚框内部分)为随调制信号缓慢变化的电压,当功放工作在欠压状态时,输出电压幅值随调制信号变化,由此产生了调幅波输出。由于调制信号加在基极,该电路也称为大信号基极调幅电路。图 5-14(b)所示为基极调幅电路的原理电路。

(a) 调谐功放的基极调制特性   (b) 原理电路

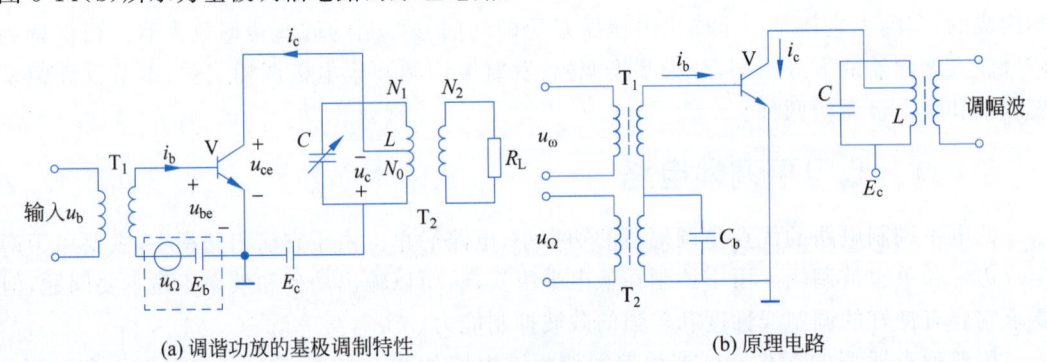

图 5-14 基极调幅电路

由图可见,高频载波信号 u_ω 通过高频变压器 T_1 加到晶体管基极回路,低频调制信号 u_Ω 通过低频变压器 T_2 加到晶体管基极回路,C_b 为高频旁路电容,用来为载波信号提供通路。

在调制过程中,调制信号 u_Ω 相当于一个缓慢变化的偏压(因为反偏压 $E_b = 0$,否则综合偏压应是 $-E_b + u_\Omega$),使放大器的集电极脉冲电流的最大值 $i_{c\max}$ 和导通角 θ 按调制信号的大小而变化。加到三极管发射极的偏压 $u_{be} = U_{\omega m}\cos\omega t + U_{\Omega m}\cos\Omega t$,为低频电压与高频电压之和,其波形为随调制信号 u_Ω 上下摆动的高频电压,称为叠加波。根据三极管转移特性曲线,在 u_Ω 往正向增大时,$i_{c\max}$ 和 θ 增大;在 u_Ω 往反向减少时,$i_{c\max}$ 和 θ 减少,故输出电压幅值正好反映调制信号的波形。晶体管的集电极电流 i_c 波形和调谐回路输出的电压 u_{ce} 波形如图 5-15 所示,将集电极谐振回路调谐在载频 f_c 上,那么放大器的输出端便获得调幅波。

2) 基极调幅调制特性和测量电路

图 5-16 所示为基极调幅调制特性测试电路和调制特性曲线。由图 5-16(b)所示静态基极调制特性曲线可以看出:调制特性曲线只在欠压区中间一段接近线性,而上部和下部都有较大的弯曲。上部弯曲是放大器进入过压状态,下部弯曲则是由于晶体管输入特性曲线起始部分弯曲而引起的。为了减少调制失真,应将载波工作点选择在调制特性直线部分的中心,使被调放大器在调制信号电压变化范围内始终工作在欠压状态。这时可以得到较大的调幅度和较好的线性调幅。为了充分利用线性区,载波状态应选在欠压区特性的中点,但由于调制特性上部及下部呈现弯曲,为得到好的线性调制,只有减少调制电压幅度 $U_{\Omega m}$,即 m_a 小于 1。

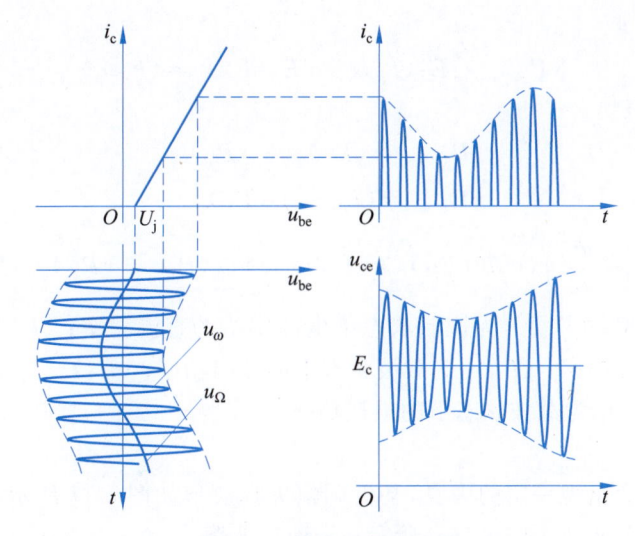

图 5-15 基极调幅波形图

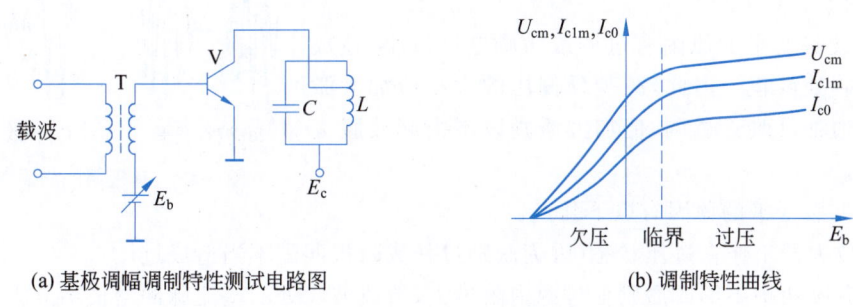

图 5-16 基极调幅调制特性测试和调制特性曲线

(a) 基极调幅调制特性测试电路图

(b) 调制特性曲线

3) 设计要点

(1) 放大器的工作状态。

放大器应工作于欠压状态,为保证放大器工作在欠压状态,设计时应使放大器最大工作点(调幅波幅值最大处叫最大工作点或调幅波波峰;反之,调幅波幅值最小处叫最小工作点或调幅波波谷)刚刚处于临界状态,那么便可保证其余部分都欠压工作。

(2) 晶体管的选择。

放大器的工作情况在调制过程中是变化的,应根据最不利情况选择晶体管。

电流脉冲和槽路电压都是在最大工作点处最大,故

$$I_{CM} \geqslant (I_{cmax})_{max} \tag{5-28}$$

$$BV_{ceo} \geqslant 2E_c \tag{5-29}$$

$$P_{CM} \geqslant (P_C)_c \tag{5-30}$$

其中,BV_{ceo} 为基极开路时,集电极-发射极间反向击穿电压;I_{CM} 为集电极最大允许电流;P_{CM} 为集电极最大允许功率损耗;$(P_C)_c$ 为载波状态(传送语言或音乐信息的休止时间)集电极损耗功率,这里下标$(·)_c$ 表示载波状态值,相应下标$(·)_{av}$ 为调制状态值。

设调制信号为单频正弦信号,由于 I_{c0} 随 E_b 是线性变化的,所以调制一周的平均值 $(I_{c0})_{av}$ 就是载波状态 $(I_{c0})_c$ 的数值,即

$$(I_{c0})_{av} = (I_{c0})_c$$

因 E_c 不变,所以

$$(P_S)_{av} = E_c(I_{c0})_{av} = E_c(I_{c0})_c = (P_S)_c$$

由 $P_C = P_S - P_o$,可得

$$(P_C)_{av} = (P_S)_{av} - (P_o)_{av}$$

$$(P_C)_c = (P_S)_c - (P_o)_c$$

而 $(P_o)_{av} = (P_o)_c \left(1 + \dfrac{m_a^2}{2}\right)$,可知 $(P_C)_c > (P_C)_{av}$,所以,$P_{CM} \geqslant (P_C)_c$。其中,$(P_o)_{av}$ 为调制状态下的输出功率;$(P_S)_{av}$ 为调制状态下电源供给的直流功率;$(P_C)_{av}$ 为调制状态下的集电极的平均损耗功率;$(P_o)_c$ 为载波状态下的输出功率;$(P_S)_{av}$ 为载波状态下电源供给的直流功率;$(P_C)_c$ 为载波状态下的损耗功率。

4) 失真波形

由于多种原因会出现一定的失真,基极调幅失真波形如图5-17所示,失真现象大致有两种:一种是**波谷变平**,如图5-17(a)所示;一种是**波腹变平**,如图5-17(b)所示。

产生波谷变平的原因有过调或激励电压过小,造成管子在波谷处截止。因此,减少反偏压的大小或加大激励电压的值都可改善过调,但加大激励以不引起波腹失真为原则。

(a) 波谷变平　　(b) 波腹变平

图 5-17　基极调幅失真波形

产生波腹变平的原因有以下几点:

(1) 放大器工作在过压状态(因为激励过强或阻抗匹配不当造成过压);

(2) 激励功率不够或激励信号源内阻过大,造成波腹处的基流脉冲增长不上去;

(3) 管子在大电流下输出特性不好,造成波腹处集电极电流脉冲增长不上去;

(4) 假如调谐电路失谐,也可造成调幅波包络失真。

5) 优缺点

基极调幅电路的优点是所需调制信号功率很小(由于基极调幅电路基极电流小,消耗功率也小),调制信号的放大电路比较简单。缺点是因其工作在欠压状态,集电极效率低。

2. 大信号集电极调幅电路

1) 基本工作原理

大信号集电极调幅电路如图5-18所示。利用调谐功率放大器的集电极调制特性,在如图5-18(a)所示的调谐功率放大器的集电极回路里接入调制信号 u_Ω,此时集电极综合电源 $E_c' = E_c + u_\Omega$(图中虚框内部分)为随调制信号缓慢变化的电压,当功放工作在过压状态时,输出电压幅值随调制信号变化,由此产生了调幅波输出。由于调制信号加在集电极,所以该电路被称为大信号集电极调幅电路。

图5-18(b)所示为集电极调幅电路的原理电路。高频载波信号 u_ω 仍从基极加入,而调制信号 u_Ω 加在集电极。R_1C_1 是基极自给偏压环节,利用第3章所介绍的其对 I_{b0} 的调节作用,使得电路工作在弱过压状态。调制信号 u_Ω 与 E_c 串接在一起,故可将二者合在一起看作一个缓慢变化的综合电源,用 E_{cc}' 表示。所以,集电极调制电路就是一个具有缓慢变化集电极电源的调谐放大器。

在调制过程中,集电极电流脉冲的高度和凹陷程度均随 u_Ω 的变化而变化,则 I_{c1m} 也跟

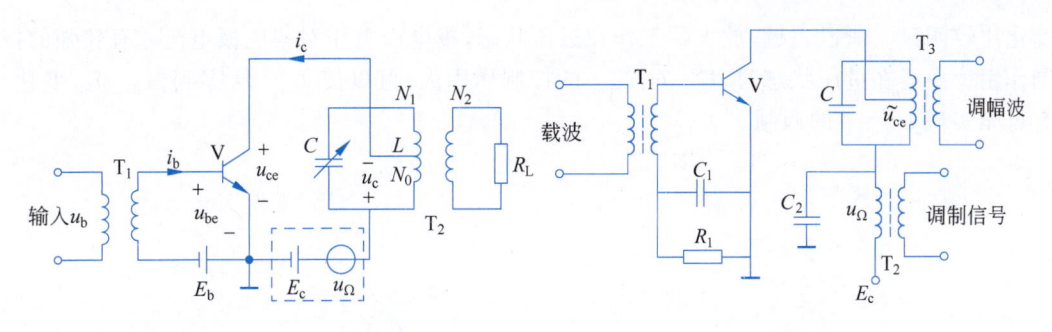

(a) 调谐功率放大器的集电极回路　　　　　　(b) 原理电路

图 5-18　大信号集电极调幅电路

随变化,从而实现了调幅作用。经过调谐回路的滤波作用,在放大器输出端即可获得已调波信号。

输出调幅波可以看作集电极输出电压 u_{ce} 的交流分量,因此用 $\tilde{u}_{ce}$ 表示。集电极调幅 E_{cc}、$\tilde{u}_{ce}$、i_c、i_b、E_b 的波形如图 5-19 所示。图 5-19(a)表示综合电源电压 E_{cc} 及集电极 $\tilde{u}_{ce}$ 的波形。由图可见,E_{cc} 和谐振回路电压幅值 U_{cm} 都随调制信号而变化,U_{cm} 的包络线反映了调制信号的波形变化。E_{cc} 和 U_{cm} 之差为晶体管饱和压降 u_{ces}。

图 5-19(b)表示 i_c 脉冲的波形。由于放大器在载波状态工作在过压状态,i_c 脉冲中心下凹。E_{cc} 越小,过压越深,脉冲下凹越深;E_{cc} 越大,过压程度下降,脉冲下凹减轻。一般适当控制 E_{cc} 最大时,将放大器调整到临界状态工作,i_c 脉冲不下凹。

图 5-19(c)表示 i_b 脉冲的波形。它的幅值变化规律刚好与 i_c 相反,这是因为过压越深,u_{cemin} 越小,输入特性曲线($i_b \sim u_{be}$ 的关系曲线),左移越多,i_b 脉冲越大。

图 5-19(b)、(c)中还绘出了 I_{c0}、I_{b0} 随 E_{cc} 变化的曲线,它们分别为相应电流的周期平均值。

图 5-19(d)绘出了基流偏压 E_b 随 E_{cc} 变化的曲线,因为 $E_b = I_{b0} R_1$,所以 E_b 的变化规律与 I_{b0} 相同。

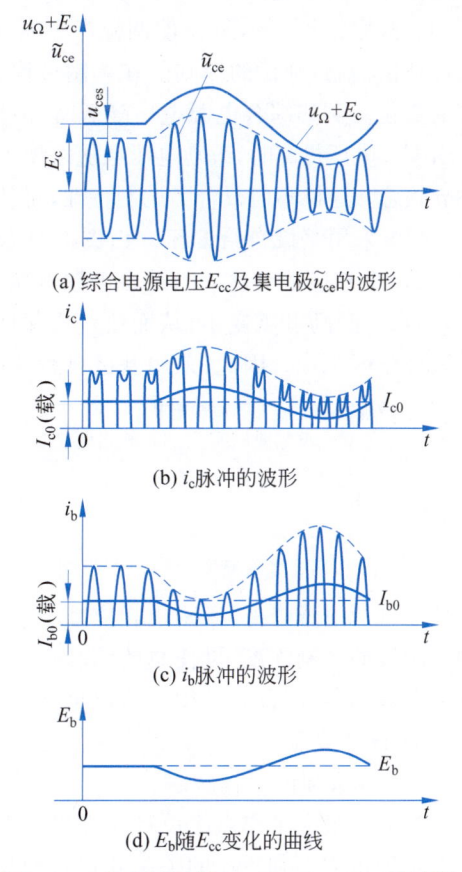

2) 集电极调幅调制特性和测量电路

集电极调幅调制特性测试和调制特性曲线如图 5-20 所示。由图 5-20(b)所示的静态集电极调制特性曲线可以看出,当 $E_{cc} > (E_{cc})_{cr}$ 时($(E_{cc})_{cr}$ 是临界状态的电源电压),放大器工作在欠压状态,I_{c1m} 随 E_{cc} 变化很小;当 $E_{cc} < (E_{cc})_{cr}$ 时,放大器工作在过压状态,E_{cc} 减小,I_{c1m} 也迅速减小。随着 I_{c1m} 的变化,集电极电流脉冲的凹陷深浅发生变化,I_{c1m} 随 E_{cc}

(a) 综合电源电压 E_{cc} 及集电极 $\tilde{u}_{ce}$ 的波形

(b) i_c 脉冲的波形

(c) i_b 脉冲的波形

(d) E_b 随 E_{cc} 变化的曲线

图 5-19　集电极调幅 E_{cc}、$\tilde{u}_{ce}$、i_c、i_b、E_b 的波形

变化比较明显。所以,只有放大器工作在过压状态,集电极电压对集电极电流才有较强的控制作用。由于在过压状态时,E_{cc} 对 I_{c1m} 的控制作用大,可以使 I_{c1m} 从零到 $(I_{c1m})_{cr}$ 变化,有可能实现 $m_a=1$ 的调制。

(a) 调制特性测试电路 (b) 调制特性曲线

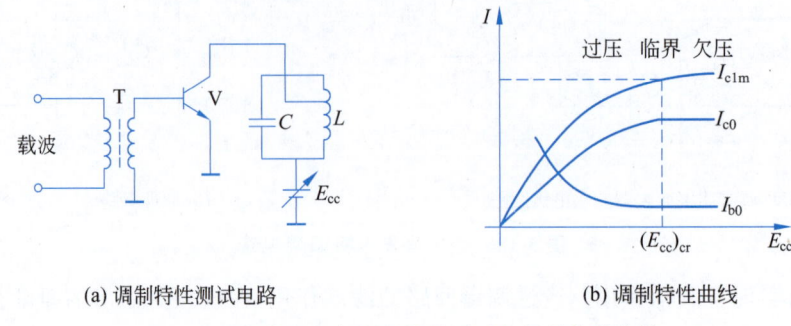

图 5-20　集电极调幅调制特性测试和调制特性曲线

集电极调幅的调制特性虽比基极调幅好,但也并不理想,即在 E_{cc} 较低时,晶体管进入严重过压状态,I_{c1m} 随 E_{cc} 的下降很快。而当 E_{cc} 很大时,晶体管进入欠压状态,I_{c1m} 随 E_{cc} 的增大变化缓慢,从而使调幅产生失真。为了进一步改善调制特性,可在电路中引入非线性补偿措施,补偿的原则是在调制过程中,随着综合电源电压变化,输入激励电压也作相应的变化。例如综合电源电压降低时,激励电压幅度也随之减小,调幅器不进入强过压区,而当电源电压提高时,激励电压也随之增大,调幅器也不进入欠压区,始终保持在弱过压——临界状态。这样不但改善了调制特性,而且还保持较高的效率。实现的方法有以下两种。

(1) 采用基极自给偏压。由图 5-19(c)知道,I_{b0} 随调制信号而变,它造成的自给偏压 ($I_{b0}R_1$) 也相应地变化。当综合电源电压 E_{cc} 降低时,过压深度增大,I_{b0} 增大,反偏压也增大,相当于激励电压变小,从而使过压深度减轻。当 E_c 提高时,则情况相反,放大器也不会进入欠压区工作。因此,采用基极自给偏压在一定程度上改善了放大器的调制特性。

(2) 采用双重集电极调幅,其电路框图如图 5-21 所示。由图可知,调制信号同时对两级调幅器进行集电极调制,调幅器Ⅰ的输出作为调幅器Ⅱ的激励信号,当调幅器Ⅱ受调制信号控制集电极电源电压升高时,它的激励信号也在增大;反之,调幅器Ⅱ电源电压降低,激励也相应减小,达到了补偿的目的,使调制特性得到改善。适当控制激励极的调制深度,可使总的调制特性接近线性。因为这种调制方式调制信号源同时控制两个调幅器,所以它必须能给出足够的输出功率。

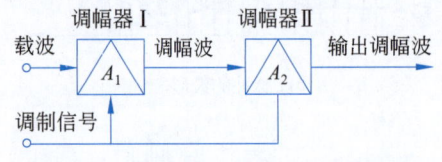

图 5-21　双重集电极调幅的电路框图

3) 设计要点

(1) 放大器的工作状态。

放大器最大工作点应设计在临界状态,那么便可保证其余时间都处于过压状态。第 3 章关于确定 R_{cp} 和匝比的关系式仍可应用,只要将交流输出功率 P_o 理解为载波状态的输出功率 $(P_o)_c$ 即可。

(2) 晶体管的选择。

管子电流的 I_{CM} 应根据最大工作点电流脉冲幅值来定,即

$$I_{CM} \geqslant (I_{cmax})_{max} \tag{5-31}$$

其中，$(I_{cmax})_{max}$ 是最大工作点电流 i_c 脉冲最大值。

晶体管耐压应根据最大集电极电压来定。集电极电压是综合电源电压($E_{cc}=E_c+u_\Omega$)和高频电压之和。集电极瞬时电压波形如图 5-22 所示，在最大工作点处，E_{cc} 可接近 $2E_c$，集电极瞬时电压最大值约为 $2(E_{cc})_{max}$，即 $4E_c$，故

$$BV_{ceo} > 4E_c \tag{5-32}$$

管子最大集电极允许损耗，可按

$$P_{CM} > (P_C)_{av} \tag{5-33}$$

进行计算。

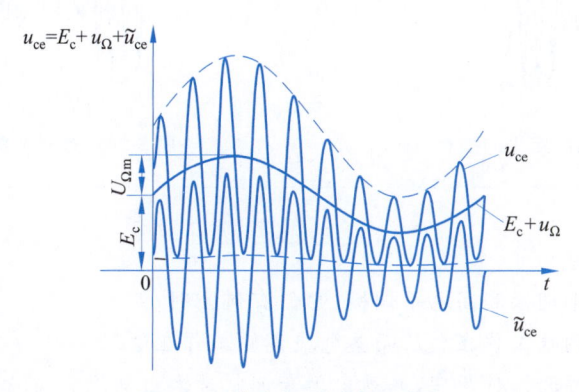

图 5-22 集电极瞬时电压波形

集电极调制过程中，由于 U_{cm}、I_{c1m}、I_{c0} 都随 E_c 成比例的变化，所以集电极效率 $\eta_c = \frac{1}{2}\frac{U_{cm}}{E_c} \cdot \frac{I_{c1m}}{I_{c0}}$ 不变，即 $(\eta_c)_{av}=(\eta_c)_c=\eta_c$。由第 3 章 $P_C=P_S-P_o=P_o\left(\frac{1}{\eta_c}-1\right)$，可知

$$(P_C)_{av} = (P_S)_{av} - (P_o)_{av} = (P_o)_{av}\left(\frac{1}{\eta_c}-1\right) \tag{5-34}$$

又由式(5-9)知调幅波的功率为

$$(P_o)_{av} = (P_o)_c\left(1+\frac{m_a^2}{2}\right) \tag{5-35}$$

将式(5-35)代入式(5-34)得

$$(P_C)_{av} = (P_o)_{av}\left(\frac{1}{\eta_c}-1\right) = (P_o)_c\left(1+\frac{m_a^2}{2}\right)\left(\frac{1}{\eta_c}-1\right) \tag{5-36}$$

而

$$(P_C)_c = (P_o)_c\left(\frac{1}{\eta_c}-1\right) \tag{5-37}$$

比较式(5-36)和式(5-37)可知 $(P_C)_{av} \geqslant (P_C)_c$。因此，$P_{CM} > (P_C)_{av}$。

4) 失真波形

为保证放大器工作在过压状态，激励的强度(电压、功率)应满足最大工作点(并且 $m_a=1$)工作在临界状态。如激励不足，在 E_{cc} 较高的时间内，放大器将进入欠压状态，这时 $\tilde{u}_{ce}$ 幅值将不随 E_{cc} 变化，从而造成调幅波包络线腹部变平，产生波腹变平的失真，如图 5-23 所示。

为了获得 $m_a=1$ 的深度调制，调制电压 $U_{\Omega m}$ 应接近 E_c。$U_{\Omega m}$ 过小则调制不深，$U_{\Omega m}$ 过大则产生过调失真。过调失真的波形如图 5-24 所示。造成这种失真波形的原因是：当

u_Ω 为负，且其值大于 E_c 时，综合电源电压 (E_c+u_Ω) 为负值，即其极性与正常工作时相反。此时，当基极电位为正时，集电结（b、c 端）处于正向状态，原来的集电极实际上变成了"发射极"，产生的"发射极"电流（此电流与原来的集电极电流方向相反）通过槽路造成过调情况下的电压输出。

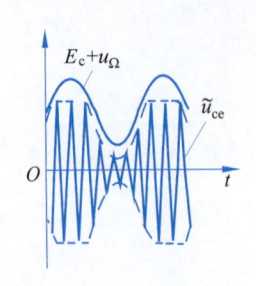

图 5-23　波腹变平的失真

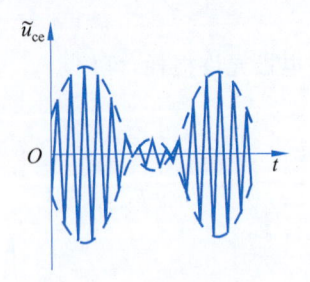

图 5-24　过调失真的波形

复习思考题

1. 什么是低电平调幅和高电平调幅，它们有何区别？
2. 为什么基极调幅工作在欠压而集电极调幅工作在过压？
3. 简述基极调幅的工作原理，并画出单音调制时输出电流 i_c 的波形图以及过调时输出调幅波的波形。
4. 简述集电极的工作原理（包括电路工作状态），指出 R_1C_1 的作用，并画出单音调制时集电极电流 i_c 的波形图。
5. 采用 MC1596 构成调幅电路时，为什么将载波信号接入 X 输入端（引脚 10），而调制信号接入 Y 输入端？

5.5　普通调幅波的解调电路

解调过程实质上就是调制过程的反过程。振幅调制的解调被称为检波，其作用是从调幅波中不失真地检出调制信号。振幅检波可分为两大类，即相干解调和非相干解调。由于普通调幅波的包络反映了调制信号的变化规律，因此可以采用非相干解调方法，也称为包络检波器。需要注意的是，包络检波只适用于普通调幅波的检波。相干解调主要用于解调双边带和单边带调幅信号。

5.5.1　检波器的性能指标

对于非相干解调包络检波器，有如下质量要求指标。

1. 检波效率（电压传输系数）

检波器的输入、输出波形如图 5-25 所示。当输入为高频等幅波时，输出是直流电压，其波形如图 5-25(a) 所示；当输入是调幅波时，输出是调制信号，其波形如图 5-25(b) 所示。

检波效率是用来描述检波器把等幅高频波转换为直流电压的能力。若输入等幅电压幅值为 U_{cm}，检波器输出直流电压为 U_0，则检波效率定义为

(a) 高频等幅波输入　　　　(b) 调幅波输入

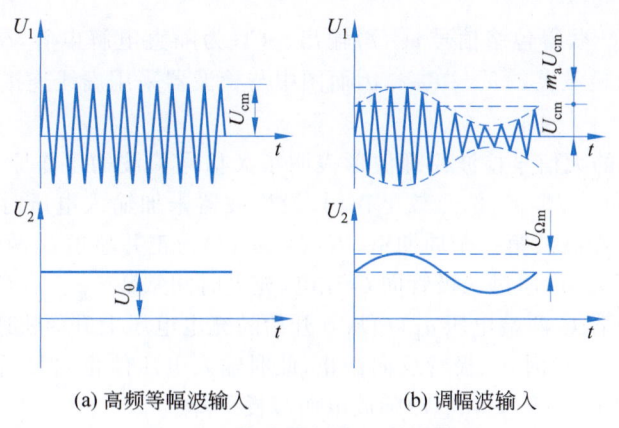

图 5-25　检波器与输入、输出波形

$$\eta_\mathrm{d} = \frac{U_0}{U_\mathrm{cm}} \tag{5-38}$$

对于调幅波，检波效率定义为输出低频电压幅值与输入高频调幅波包络幅值之比，即

$$\eta_\mathrm{d} = \frac{U_{\Omega\mathrm{m}}}{m_\mathrm{a} U_\mathrm{cm}} \tag{5-39}$$

检波器的检波效率越高，说明在同样的输入信号下，可以得到较大的低频信号输出。一般二极管检波器检波效率总小于 1，设计电路时尽可能使它接近 1。

应该注意的是检波器换能效率，它是指输出功率与输入功率的比值，不要与检波效率搞混，一般情况，换能效率要比检波效率小。

2. 检波失真

检波失真是指输出电压和输入调幅波包络形状的相似程度。

3. 输入阻抗

从检波器输入端看进去的等效阻抗称为输入阻抗，用 R_in 表示，此阻抗常常是前级中频放大器的负载阻抗。因此，R_in 越大对前级的影响越小。

在实际检波器中，上述要求存在一定矛盾，不能全都要求很高，而是针对具体要求突出某一点，降低另一点。

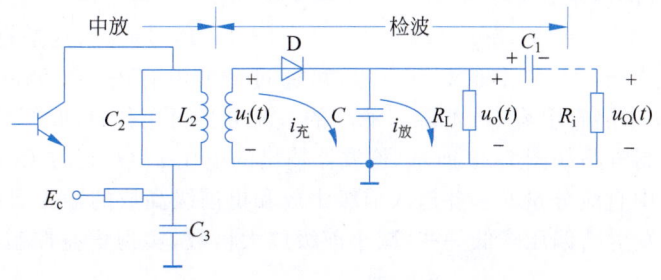

5.5.2　大信号峰值包络检波

大信号峰值包络检波电路如图 5-26 所示，它由二极管 D、R_L 和 C 充放电回路组成。在超外差接收机中，检波器的输入电压 $u_\mathrm{i}(t)$ 一般来自前一级中放的输出。图中，L_2、C_2 为前一级中放的谐振回路。混频放大的输入已调信号经互感耦合加入到检波电路的输入端，经

图 5-26　大信号峰值包络检波电路

包络检波器 D、R_L、C 获得包络信号 $u_o(t)$ 输出。C_1 为隔直电解电容，R_i 为下一级低放的输入电阻，用来作为检波器的负载电阻，因而图中与检波器采用虚线连接。

1. 工作原理

如图 5-27 所示的大信号检波原理波形表明了大信号检波的工作原理。利用二极管的单向导电性和检波负载 R_L、C 的充放电作用，设检波器未加输入电压时，电容 C 初始电压为 0，即 $u_o(t)=0$。在载波第一个周期里，当信号 $u_i(t)$ 为正并超过 C 两端电压 $u_o(t)$ 时，二极管导通，输入电压 $u_i(t)$ 通过二极管向 C 充电，充电时间常数 $\tau_充 = r_D C$，r_D 为二极管的正向导通电阻，此时电容 C 两端电压 $u_o(t)$ 从 0 开始随充电电压上升而快速升高。随着 $u_i(t)$ 下降，当 $u_i(t)$ 小于 $u_o(t)$ 时，二极管反向截止，此时输入电压停止向 C 充电，$u_o(t)$ 通过 R_L 放电，放电时间常数 $\tau_放 = R_L C$，$u_o(t)$ 随放电而缓慢下降。

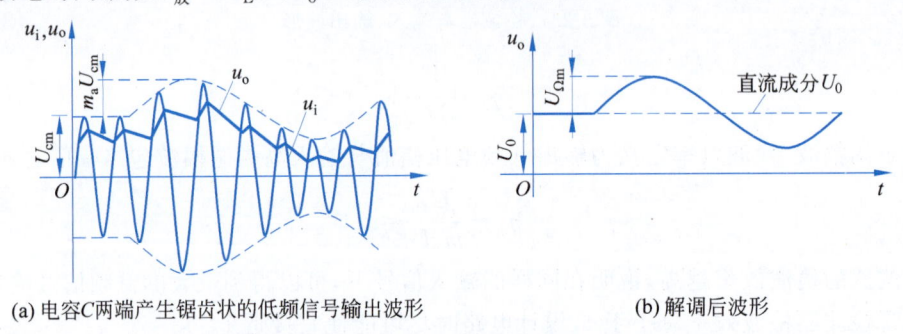

(a) 电容C两端产生锯齿状的低频信号输出波形　　(b) 解调后波形

图 5-27　大信号检波原理波形

充电时，二极管的正向电阻 r_D 较小，充电较快，$u_o(t)$ 以接近 $u_i(t)$ 上升的速率升高。放电时，因电阻 R_L 比 r_D 大得多(通常 $R_L = 5 \sim 10\text{k}\Omega$)，放电慢，故 $u_o(t)$ 的波动小，并保证基本上接近于 $u_i(t)$ 的幅值。随后，这种快充慢放的过程交替进行，即只要 $u_i(t) > u_o(t)$，二极管导通，输入信号对电容 C 充电，而当 $u_i(t) < u_o(t)$，二极管截止，电容 C 通过 R_L 放电，从而在电容 C 两端产生这种锯齿状的低频信号输出，如图 5-27(a) 所示。

如果 $u_i(t)$ 是高频等幅波，则 $u_o(t)$ 是大小为 U_0 的直流电压(忽略了少量的高频成分)，这正是带有滤波电容的整流电路。

当输入信号 $u_i(t)$ 的幅度增大或减少时，检波器输出电压 $u_o(t)$ 也将随之近似成比例地升高或降低。当输入信号为调幅波时，检波器输出电压 $u_o(t)$ 就随着调幅波的包络线的变化而变化，从而获得调制信号，完成检波作用。由于输出电压 $u_o(t)$ 的大小与输入电压的峰值接近相等，故把这种检波器称为峰值包络检波器。由于载波频率 ω_c 远大于调制信号频率 Ω，因而在调制信号一个周期内，每一个充放电时间都很短，而充放电重复的次数很多，这样锯齿状的波形细节好像都被压缩在了一起，解调出来的信号看起来仍然是一个光滑的低频信号，如图 5-27(b) 所示。

检波器输出电压 $u_o(t)$ 的成分包括三部分：一是音频信号成分，这是有用的调制信号输出；二是由锯齿状的充放电引起的高频分量，可通过滤波电容进一步滤除；三是直流分量 U_0，可通过图 5-26 中隔直电容 C_1 滤除。滤除的直流分量可用作自动增益控制电路的 AGC 电压，自动增益控制电路如图 5-28 所示，检波器输出的电压 $u_o(t)$ 通过 RC 低通电路在电容 C 两端获得 $u_o(t)$ 中直流分量 U_0，并送入前级中放和更前级高放的输入回路，当输入信号很大时，设法把管子发射结偏压降低一些，减小前级放大倍数，实现增益控制，相关内容在第 8 章有详细讨论。

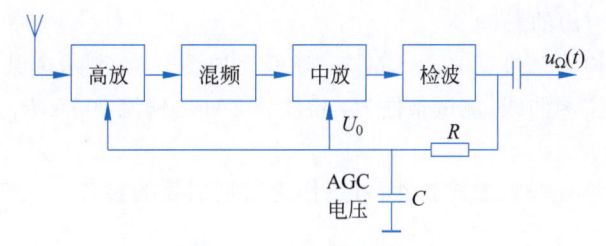

图 5-28　自动增益控制电路

2. 检波效率

由检波原理分析可知，二极管包络检波器当 $R_L C \gg T_c$（载波周期）而 r_D 很小时，输出低频电压振幅只略小于调幅波包络振幅，故 η_d 略小于 1，实际上 η_d 在 80% 左右，并且 R_L 足够大时，η_d 为常数，即检波器输出电压的平均值与输入高频电压的振幅呈线性关系，所以又把二极管峰值包络检波称为线性检波。

检波效率与电路参数 R_L、C、r_D 以及信号大小有关。一般来说，充电越快或放电越慢，检波效率越高。

(1) 电路参数 C、R_L 和载频 ω_c 对检波效率 η_d 的影响。

图 5-29 所示是检波电路参数和载频对检波效率 η_d 的影响实测曲线。测试条件：检波管 2AP9，输入载波电压有效值 $U_i = 1\text{V}$。

该图有以下两个特点。

第一，在一定的 R_L 下，η_d 随 $\omega_c CR_L$ 的增大而提高。$\omega_c CR_L$ 反映电容放电时间常数 CR_L 对载波周期 T_c 的比值 $\left(\text{因为 } \omega_c CR_L = 2\pi \dfrac{CR_L}{T_c}\right)$。$CR_L$ 大，则放电慢，ω_c 大，则 T_c 小，在一周内的放电时间短，二者都有利于在 C 上积存更多的电荷，使 η_d 提高。不过 $\omega_c CR_L$ 对 η_d 的影响是不均匀的，由图可以看出，在 $\omega_c CR_L = 1 \sim 10$ 时，$\omega_c CR_L$ 变化对 η_d 的影响很大；在 $\omega_c CR_L = 10 \sim 100$ 时，它对 η_d 的影响就小得多；当 $\omega_c CR_L > 100$ 时，基本上就显不出多大影响了。因此在选择 CR_L 参数时，宜取大一些，但也不能过大，因为太大对提高 η_d 效果不明显，反而引起失真（在检波失真中讨论）。一般以 $\omega_c CR_L = 10 \sim 100$ 即可。在载波频率不太低的情况下，这个条件容易满足，例如 $R_L = 5.1\text{k}\Omega$，$C = 0.01\mu\text{F}$，$f_c = 100\text{kHz}$，则 $\omega_c CR_L = 32$，可见符合要求。

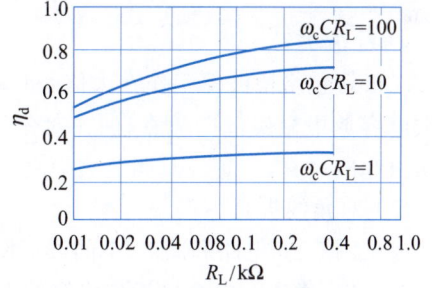

图 5-29　检波电路参数和载频对检波效率 η_d 的影响的实测曲线

第二，在 $\omega_c CR_L$ 一定的条件下，R_L 大者 η_d 高。这是因为 ω_c 相同时 CR_L 一定，R_L 大必然伴有 C 的减小。这意味着放电速度不变，而充电加快（因为充电时间常数为 $r_D C$），电容可充到较高的电压，故 η_d 也有提高。

(2) 检波管的影响。

检波管的正向电阻 r_D 小，充电快，C 上充的电压高，有利于 η_d 的提高，反向电阻 $r_{反}$ 小则放电期间将有一部分电荷通过检波管漏掉，使 η_d 降低。为了提高 η_d 宜选 r_D 小而 $r_{反}$ 高的检波管。

(3) 输入信号 $u_i(t)$ 的影响。

输入信号小，则检波二极管 r_D 大，故 η_d 降低。如图 5-30 所示为某一电路输入电压对检波效率 η_d 影响的实测曲线，测试条件为：检波管 2AP9，偏流 $20\mu A$，$R_L = 5k\Omega$ 和 $10k\Omega$，$C = 0.01\mu F$，$f_c = 465kHz$。

以上实测数据，具有一定的代表性，可以作为定量估算的参考。

3. 输入电阻

输入电阻是检波器的另一个重要的性能指标。对于高频输入信号源来说，检波器相当于一个负载，此负载就是检波器的等效输入电阻 R_{in}，它等于输入高频电压振幅 U_{cm} 与检波电流中基波电流振幅之比。

设输入为高频等幅信号 $u_i(t) = U_{cm}\cos\omega_c t$，相应输出为直流电压 U_0，如图 5-25(a)。检波器从输入信号源获得的高频功率为

$$P_i = U_{cm}^2 / 2R_{in}$$

经二极管变换作用，一部分转换为有用输出功率：

$$P_L = U_0^2 / R_L$$

由于 V 的导通时间很短，设检波效率 $\eta_d \approx 1$，近似认为 $P_L \approx P_i$，而 $U_0 \approx U_{cm}$，因此

$$R_{in} \approx \frac{R_L}{2} \tag{5-40}$$

4. 检波失真

二极管包络检波器工作在大信号状态时，检波输出可能产生两种失真：第一种，是由于滤波电容放电慢引起的失真，叫作对角线失真；第二种是由于输出耦合电容上所充的直流电压引起的失真，这种失真叫割底失真。下面分别进行讨论。

(1) 对角线失真。

参见图 5-26 电路和图 5-27 的波形图，在正常情况下，滤波电容 C 对高频信号每一周期充放电一次，每次充电至接近包络线的电压，使检波输出基本能跟上包络线的变化。它的放电规律是按指数曲线进行，时间常数为 $R_L C$。假设 $R_L C$ 很大，则放电很慢，可能在随后的若干高频周期内，包络线电压虽已下降，而 C 上的电压还大于包络线电压，这就使二极管反向截止，失去检波作用，直到包络线电压再次升到超过电容上的电压时，才恢复其检波功能。在二极管截止期间，检波输出波形是 C 的放电波形，呈倾斜的对角线形状，故叫对角线失真，也叫放电失真，其失真原理图如图 5-31 所示。非常明显，放电越慢或包络线下降越快，则越容易发生这种失真。

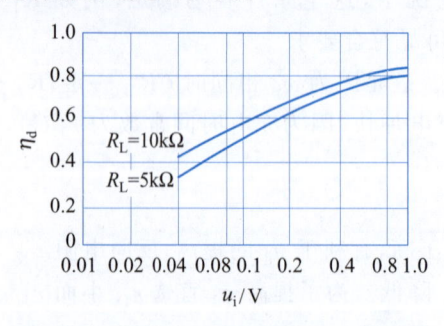

图 5-30 输入电压对检波效率 η_d 的影响

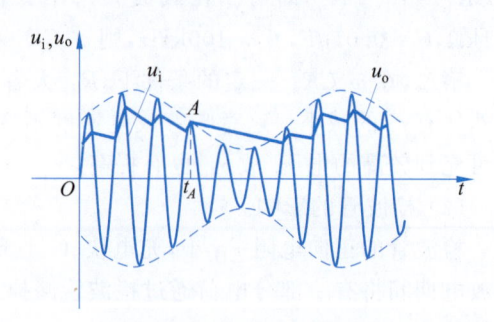

图 5-31 对角线失真原理图

为便于定量分析这种失真,设输入检波器的信号是单频正弦调制的调幅波,此种调幅波包络线变化的时间函数为

$$u_m(t) = U_{cm}(1 + m_a \cos\Omega t)$$

在 t_A 时刻,电容放电时间函数为

$$u_c(t) = U_{cm}(1 + m_a \cos\Omega t_A) e^{-\frac{t-t_A}{R_L C}} \tag{5-41}$$

因为产生放电失真的原因是电容放电曲线 $u_c(t)$ 的下降速度慢于包络线电压下降的速度,故可写出不失真的条件为

$$\left|\frac{du_c(t)}{dt}\right|_{t=t_A} \geqslant \left|\frac{du_m(t)}{dt}\right|_{t=t_A}$$

其中 $\left|\dfrac{du_c(t)}{dt}\right|_{t=t_A}$ 为电容放电速度,$\left|\dfrac{du_m(t)}{dt}\right|_{t=t_A}$ 为包络线下降速度。

为找出两个函数在 A 点的变化速率,对时间 t 求导,并取绝对值

$$\left|\frac{du_m(t)}{dt}\right|_{t=t_A} = U_{cm} m_a \Omega \sin\Omega t_A \tag{5-42}$$

$$\left|\frac{du_c(t)}{dt}\right|_{t=t_A} = \frac{U_{cm}}{R_L C}(1 + m_a \cos\Omega t_A) \tag{5-43}$$

要防止对角线失真现象,应使包络线下降速率小于 $R_L C$ 放电速率,即

$$m_a \Omega \sin\Omega t_A \leqslant \frac{1}{R_L C}(1 + m_a \cos\Omega t_A) \tag{5-44}$$

将式(5-44)改写为

$$0 \leqslant 1 + m_a(\cos\Omega t_A - \Omega C R_L \sin\Omega t_A) \tag{5-45}$$

或

$$0 \leqslant 1 + m_a \sqrt{1 + \Omega^2 C^2 R_L^2} \cos(\Omega t_A + \phi) \tag{5-46}$$

其中,

$$\phi = \tan^{-1}(C R_L \Omega)$$

从式(5-46)可知,只要满足

$$m_a \sqrt{1 + \Omega^2 C^2 R_L^2} < 1 \tag{5-47}$$

这一条件,则在任何时刻,式(5-46)总能成立。所以式(5-47)就是避免对角线失真的条件,为计算方便式(5-47)常写成如下形式,即

$$\Omega C R_L < \frac{\sqrt{1-m_a^2}}{m_a} \tag{5-48}$$

式(5-48)表明,m_a 或 Ω 大,则包络线变化快,CR_L 大则放电慢,这些都促成发生放电失真。

(2) 割底失真。

一般在接收机里检波器输出耦合到下级的电容很大($5\sim10\mu F$),对检波器输出的直流而言,C_1 上充有一个直流电压 U_0($U_0 = \eta_d U_{cm}$),它可看作一个大小为 U_0 的电压源,借助于有源二端网络戴维南理论可把 C_1、R_L、R_i 用一个等效电路 E 和 $\widetilde{R}_L$ 代替。这样,图 5-27 所示电路可用图 5-32(a)等效,其中,

$$E = \frac{R_\mathrm{L}}{R_\mathrm{L}+R_\mathrm{i}}U_0 = \frac{R_\mathrm{L}}{R_\mathrm{L}+R_\mathrm{i}}\eta_\mathrm{d} U_\mathrm{cm}$$

$$\widetilde{R}_\mathrm{L} = R_\mathrm{L} \mathbin{/\mkern-5mu/} R_\mathrm{i}$$

如果输入信号 $u_\mathrm{i}(t)$ 的调制度很深,以至在一部分时间内其幅值比 E 还小,则在此期间内将处于反向截止状态,产生失真,此时电容上电压等于 E,故表现为输出波形中的底部被切去,其波形如图 5-32(b) 所示。

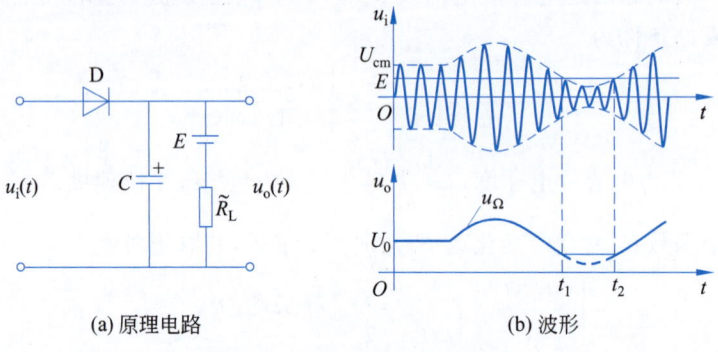

图 5-32 割底失真原理及波形

(a) 原理电路 (b) 波形

为防止割底失真,要求输入信号的最小值 $U_\mathrm{cm}(1-m_\mathrm{a})$ 大于 E,即

$$(1-m_\mathrm{a})U_\mathrm{cm} \geqslant E = \frac{R_\mathrm{L}}{R_\mathrm{L}+R_\mathrm{i}}\eta_\mathrm{d} U_\mathrm{cm} \tag{5-49}$$

或

$$m_\mathrm{a} \leqslant 1 - \eta_\mathrm{d}\frac{R_\mathrm{L}}{R_\mathrm{L}+R_\mathrm{i}} \tag{5-50}$$

为简单起见,设 $\eta_\mathrm{d}=1$,则不产生割底失真的条件为

$$m_\mathrm{a} \leqslant 1 - \frac{R_\mathrm{L}}{R_\mathrm{L}+R_\mathrm{i}} = \frac{R_\mathrm{i}}{R_\mathrm{L}+R_\mathrm{i}} = \frac{R_\mathrm{i}R_\mathrm{L}}{R_\mathrm{L}+R_\mathrm{i}} \cdot \frac{1}{R_\mathrm{L}} = \frac{\widetilde{R}_\mathrm{L}}{R_\mathrm{L}} \tag{5-51}$$

由式(5-51)可见,调制系数 m_a 越大或检波器交直流电阻之比 $\dfrac{\widetilde{R}_\mathrm{L}}{R_\mathrm{L}}$ 越小,则越容易产生割底失真。

在实际电路中,可以采用各种措施来减小交、直流负载电阻值的差别。例如,将 R_L 分成 R_L1 和 R_L2,并通过隔直流电容 C_2 将 R_i 并接在 R_L2 两端,改进电路如图 5-33 所示。由图可知,当 $R_\mathrm{L}=R_\mathrm{L1}+R_\mathrm{L2}$ 维持一定时,R_L1 越大,交、直流负载电阻值的差别就越小,但是输出音频电压也就越小。为了折中地解决这个矛盾,实用电路中,常取 $R_\mathrm{L1}/R_\mathrm{L2}=0.1\sim 0.2$。一般取 $R_\mathrm{L1}=500\Omega\sim 2\mathrm{k}\Omega$。

电路中 R_L2 上还并接了电容 C_3,这是用来进一步滤除高频分量,提高检波电路的高频滤波能力。

当 R_i 过小时,减小交、直流负载电阻值差别的最有效方法是在 R_L 和 R_i 之间插入高输入阻抗的射极跟随器。

5. 检波电路参数的选取

图 5-34 所示为一个典型的实际检波电路,对于这种电路主要参数按下面介绍的原则选取。

图 5-33 大信号检波的改进电路

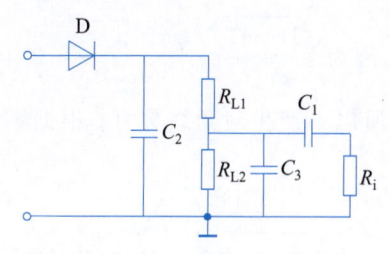

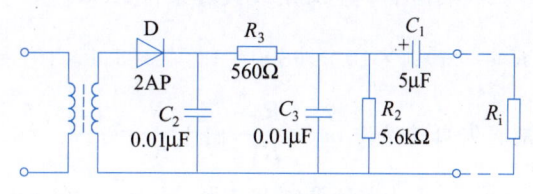

图 5-34 典型检波电路

(1) 检波二极管 D。

为了提高检波效率，应选取正向电阻小(1kΩ 以下)、反向电阻大(500kΩ 以上)、PN 结电容小的管子。一般选点接触型二极管如 2AP 系列。

(2) 负载电阻 R_L。

R_L 包括 R_2 和 R_3，即 $R_L = R_2 + R_3$。为了提高检波效率 R_L 宜大，但过大则交流负载与之相比就小，易产生割底失真，兼顾两者一般取 $R_L = R_2 + R_3 = 5 \sim 10\text{k}\Omega$，必要时再按式(5-49)检验。

选 R_3 时，一方面要求 $R_3 \gg \dfrac{1}{\omega_c C_3}$，另一方面又力求 $R_3 \ll R_2$。为兼顾二者，在广播收音机中，R_3 一般取 560Ω 左右。但是载频较低，例如 40kHz，则滤波效果太差，宜适当加大 R_3 而牺牲一些输出信号，此时可取 $1 \sim 2\text{k}\Omega$。

(3) 滤波电容 C_2 和 C_3。

C_2、C_3 取大些，对提高检波效率及滤波效果均有利，但太大则放电时间常数过大，易引起对角线失真，一般取 $C_2 \approx C_3 = 0.005\mu\text{F} \sim 0.02\mu\text{F}$。

(4) 输出耦合电容 C_1。

一般取 $5 \sim 10\mu\text{F}$。

例 5-2 二极管包络检波电路如图 5-35 所示，已知输入已调波为

$$u(t) = [2\cos(2\pi \times 465 \times 10^3 t) + 0.3\cos(2\pi \times 469 \times 10^3 t) + 0.3\cos(2\pi \times 461 \times 10^3 t)]\text{(V)}$$

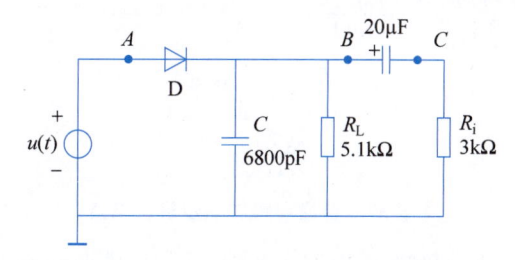

图 5-35 例 5-2 二极管包络检波电路

试回答下列问题：

(1) 求检波器的输入电阻 R_{in}；

(2) 判断该电路会不会产生对角线失真和割底失真？

(3) 若检波效率 $\eta_d \approx 1$，按对应关系画出 A、B、C 点电压波形。

解 (1) $R_{in} = \dfrac{R_L}{2} = 2.55\text{k}\Omega$

(2) 根据不产生对角线失真条件 $\Omega CR_L < \dfrac{\sqrt{1-m_a^2}}{m_a}$，因为 $\dfrac{\sqrt{1-m_a^2}}{m_a} = \dfrac{\sqrt{1-0.3^2}}{0.3} = 3.18$，$\Omega CR_L = 2\pi \times 4 \times 10^3 \times 6800 \times 10^{-12} \times 5.1 \times 10^3 = 0.87$，所以不产生对角线失真；根据不产生割底失真的条件 $m_a \leqslant \dfrac{\widetilde{R}_L}{R_L}$，由于 $\dfrac{\widetilde{R}_L}{R_L} = \dfrac{1.89}{5.1} = 0.37$，所以不会产生割底失真。

(3) A 点为普通调幅波波形，$u_A(t) = 2(1+0.3\cos 2\pi \times 4 \times 10^3 t)\cos(2\pi \times 465 \times 10^3 t)$ (V)；B 点为普通调幅波的上包络，$u_B(t) = 2(1+0.3\cos 2\pi \times 4 \times 10^3 t)$ (V)；C 点为去除直流分量的调制信号，$u_C(t) = 0.6\cos(2\pi \times 4 \times 10^3 t)$ (V)。A、B、C 点电压波形如图 5-36 所示。

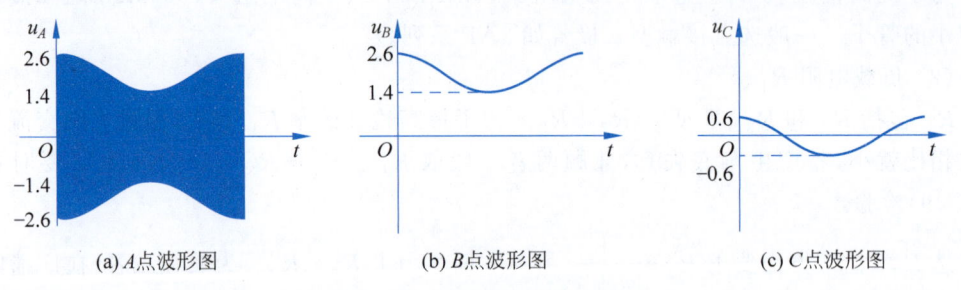

(a) A 点波形图　　(b) B 点波形图　　(c) C 点波形图

图 5-36　A、B、C 三点波形图

5.5.3　同步解调电路

由于集成电路的发展，在广播接收机、电视接收机电路中，多采用模拟乘法器来完成普通调幅波同步解调，其电路如图 5-37 所示。

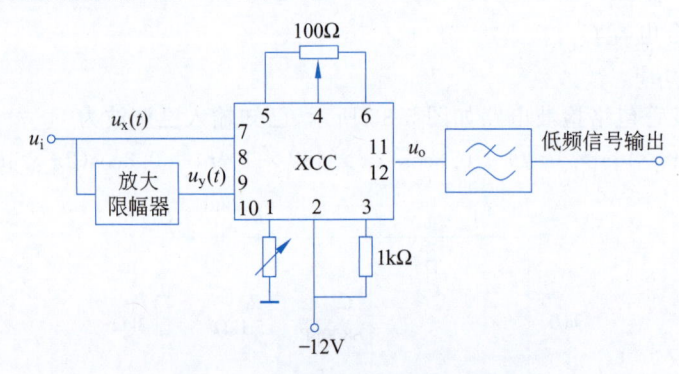

图 5-37　普通调幅波同步解调电路

由图 5-37 可知，调幅波直接接入 XCC 7、8 端。同时，由调幅波中取出载频并把它放大、限幅使之成为矩形开关信号 $k_1(\omega_c t)$，接入 9、10 端，这时模拟乘法器的输出为

$$u_o = AU_{cm}(1+m_a\cos\Omega t)\cos\omega_c t \times k_1(\omega_c t) \tag{5-52}$$

其中，A 是乘积增益。矩形开关信号 $k_1(\omega_1 t)$ 的傅里叶级数展开式为

$$k_1(\omega_c t) = \dfrac{1}{2} + \dfrac{2}{\pi}\cos\omega_c t - \dfrac{2}{3\pi}\cos 3\omega_c t + \cdots \tag{5-53}$$

取 $k_1(\omega_c t)$ 展开式前 2 项，代入式(5-52)得

$$u_o = \dfrac{1}{2}AU_{cm}(1+m_a\cos\Omega t)\cos\omega_c t \times \left(1+\dfrac{4}{\pi}\cos\omega_c t\right)$$

$$= \frac{2AU_{cm}}{\pi}(1+m_a\cos\Omega t)\left(\frac{1}{2}+\frac{1}{2}\cos2\omega_c t\right)+\frac{1}{2}AU_{cm}(1+m_a\cos\Omega t)\cos\omega_c t$$

$$=\underbrace{\frac{AU_{cm}}{\pi}(1+m_a\cos\Omega t)}_{\text{直流及低频分量}}+\underbrace{\frac{AU_{cm}}{\pi}(1+m_a\cos\Omega t)\left(\cos 2\omega_c t+\frac{\pi}{2}\cos\omega_c t\right)}_{\text{高频分量}}$$

用低通滤波器即可取出低频分量。由于低频幅值正比于已调波包络变化的幅值 $m_a U_{cm}$，所以是线性检波，不会引起包络失真。即便输入信号小到几十毫伏数量级，仍不会产生包络失真，而且没有载波输出，这对保证中频系统的频率响应特性和稳定工作十分有利。

复习思考题

1. 衡量检波器的性能包括哪几个指标？
2. 简述大信号检波的工作原理，并说明在什么情况下会产生对角线失真或割底失真？
3. 对于由二极管 V、电阻 R_L 和负载电容 C 组成的大信号包络检波电路，若参数选择不合适，有可能发生什么类型的失真？
4. 为什么检波电路中一定要有非线性元件？如果将大信号检波电路中的二极管反接，其输出电压波形与二极管正接时有什么不同？

5.6 抑制载波调幅波的产生和解调电路

5.6.1 大信号调幅的数学分析——开关函数近似分析法

利用二极管伏安特性的非线性，在如图 5-38 所示的二极管的相乘作用电路中，假设 U_{cm} 足够大，且其值远大于 $U_{\Omega m}$，这属于大信号工作情况，则可近似认为二极管工作在受载波 u_c 控制的开关状态，当 $u_c>0$，二极管导通，当 $u_c<0$，二极管截止，电流 $i=0$。此时，管子导通后的非线性相对于单向导电性来说是次要的，因而它的伏安特性可用自原点转折的两段折线逼近，导通区折线的斜率 $g_D=1/r_D$，二极管伏安特性如图 5-39(a)所示。

流过二极管的电流为

$$i=\begin{cases}g_D(u_c+u_\Omega), & u_c>0\\ 0, & u_c<0\end{cases} \quad (5-54)$$

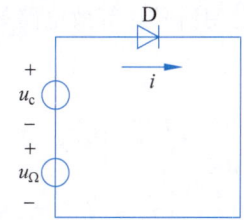

图 5-38 二极管的相乘作用电路

$u_c>0$ 时，二极管导通；$u_c<0$ 时，二极管截止。引入开关函数 $k(t)$，它的波形如图 5-39(b)所示，在载波正半周，$k(t)=1$，载波负半周，$k(t)=0$。因此，开关函数实际上就是幅度为 1，频率为 ω_c 的单向周期性方波信号，其傅里叶级数展开式为

$$k(t)=\frac{1}{2}+\frac{2}{\pi}\left(\cos\omega_c t-\frac{1}{3}\cos3\omega_c t+\frac{1}{5}\cos5\omega_c t+\cdots\right) \quad (5-55)$$

(a) 折线化特性图　　　(b) 开关函数

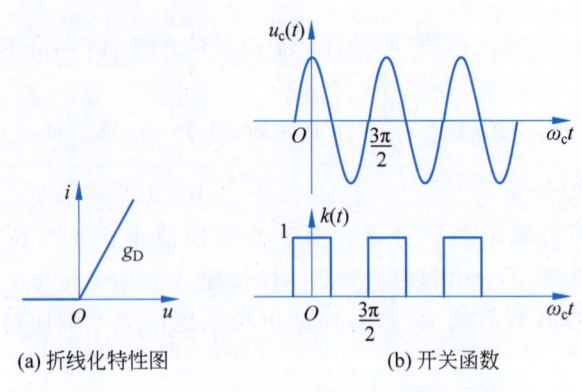

图 5-39　二极管伏安特性折线化及开关函数

这样,流过二极管 D 的电流

$$i = g_D k_1(\omega_1 t)(u_c + u_\Omega) \tag{5-56}$$

开关函数分析法是线性时变分析法的特例。由于 $k(t)$ 的基波与 u_Ω 相乘项是有用项,可实现频谱搬移功能。

5.6.2　抑制载波调幅的产生电路

产生抑制载波的调幅波的电路采用平衡、抵消的办法把载波抑制掉,故这种电路叫抑制载波调幅电路或叫平衡调幅电路。实现这种调幅的电路很多,目前广泛应用的包括二极管环形调制器和双差分对模拟相乘器调制器。

1. 二极管环形调制器

1) 电路

二极管环形调制器电路如图 5-40(a)所示,它是由四个二极管 $D_1 \sim D_4$ 环接构成,T_1 和 T_2 为带有中心抽头的宽频带变压器(例如传输线变压器)。载波 u_c 从变压器 T_1 的原边接入,调制信号 u_Ω 则接到变压器 T_1 的副边中点和 T_2 的原边中点之间,变压器 T_2 的副边输出已调信号。等效电路如图 5-40(b)所示。

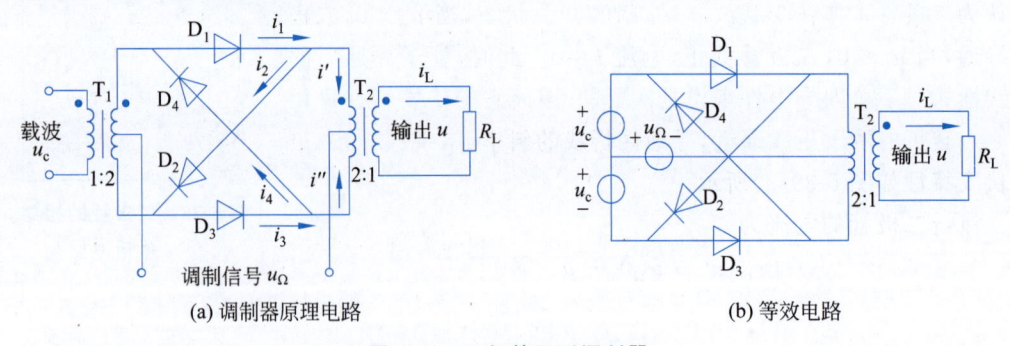

(a) 调制器原理电路　　　(b) 等效电路

图 5-40　二极管环形调制器

2) 工作原理

设调制信号为单频余弦信号,$u_\Omega = U_{\Omega m}\cos\Omega t$,载波信号为 $u_c = U_{cm}\cos\omega_c t$。若载波信号幅值 U_{cm} 很强,其值远大于 $U_{\Omega m}$,则可认为二极管工作在受载波控制的开关状态。当 u_c 为正半周时,加在二极管 D_1、D_2 两端电压为正值,D_1、D_2 导通,而加在二极管 D_3、D_4 两端的电压为负值,D_3、D_4 截止;同理,当 u_c 为负半周时,D_3、D_4 导通,D_1、D_2 截止。为了分析方便,可以将图 5-40(b)拆成两个单平衡调制器,如图 5-41 所示。图 5-41(a)中,两个二极管均在 u_c 正半周导通,而在图 5-41(b)中,两个二极管均在 u_c 负半周导通。两个电路工作不会相互影响,可以分别讨论它们的性能。

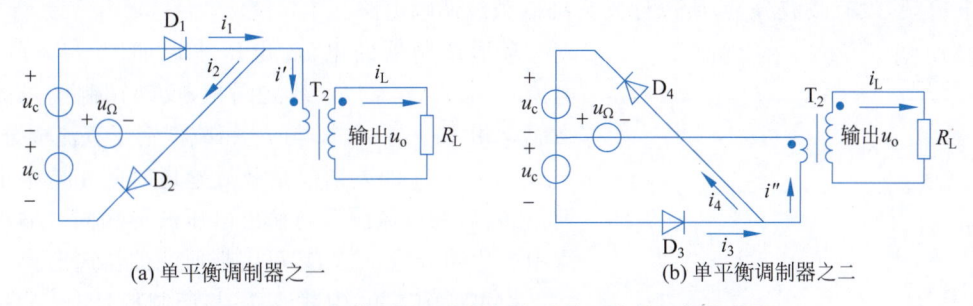

(a) 单平衡调制器之一

(b) 单平衡调制器之二

图 5-41 二极管环形调制器拆分成的两个单平衡调制器

为了分析二极管电流和电压之间的关系,可将图 5-41 电路进一步按二极管拆分成四个单独电路,如图 5-42 所示。

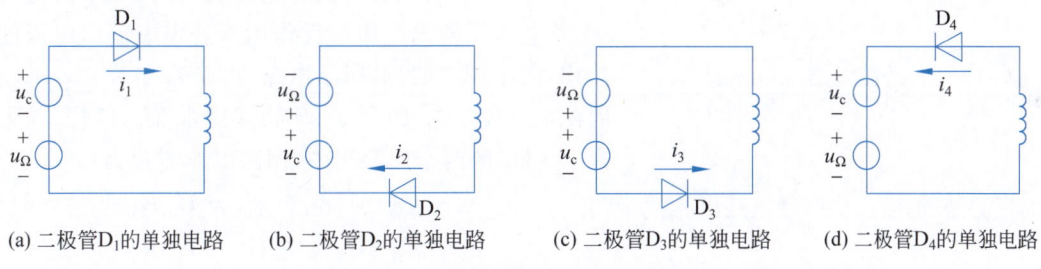

(a) 二极管D_1的单独电路 (b) 二极管D_2的单独电路 (c) 二极管D_3的单独电路 (d) 二极管D_4的单独电路

图 5-42 环形调制器各二极管工作情况

如图 5-42(a)所示是为了求电流 i_1 而画的等效电路。忽略输出电压的反作用,令变压器 T_2 原边线圈电压为 0。由于二极管工作在开关状态,则有

$$i_1 = gk_1(\omega_c t)(u_c + u_\Omega) \tag{5-57}$$

其中,g 是二极管 D_1 的输入电导。

D_2、D_3、D_4 的情况与 D_1 相似,只是 u_Ω 和 u_c 两电压加到不同二极管上的极性不同,有关它们的等效电路分别如图 5-42(b)~(d)所示。流过它们的电流分别为

$$i_2 = gk_1(\omega_c t)(u_c - u_\Omega) \tag{5-58}$$

$$i_3 = -gk_1(\omega_c t + \pi)(u_c - u_\Omega) \tag{5-59}$$

$$i_4 = -gk_1(\omega_c t + \pi)(u_c + u_\Omega) \tag{5-60}$$

值得注意的是,在计算 i_3 与 i_4 时,由于相应的管子是在 u_c 负半周导通,相应的开关函数应为 $k_1(\omega_c t + \pi)$。

引用节点电流定律,可得到

$$i' = i_1 - i_2 = 2gk_1(\omega_c t)u_\Omega \tag{5-61}$$

$$i'' = i_3 - i_4 = 2gk_1(\omega_c t + \pi)u_\Omega \tag{5-62}$$

输出电流为

$$i_L = i' - i'' = 2gu_\Omega[k_1(\omega_c t) - k_1(\omega_c t + \pi)]$$

由式(5-55)，忽略公式中的高次项，可得

$$i_L = 2gU_{\Omega m}\cos\Omega t \cdot \frac{4}{\pi} \cdot \cos\omega_c t = \frac{8}{\pi}gU_{\Omega m}\cos\Omega t \cdot \cos\omega_c t \tag{5-63}$$

由此可见，环形调制器输出电流 i_L 是输入信号 $\cos\omega_c t$ 和 $\cos\Omega t$ 的乘积，频谱是载频的上、下边频，没有载波分量，所以称其为抑制载波调幅电路。

环形调制器的电流、电压波形如图 5-43 所示。电流 i_1 与 i_2、i_3 与 i_4 载波同相，反映调制信号的包络线反相。i_1 与 i_2、i_3 与 i_4 相减抵消了直流成分，i_1-i_2 与 i_3-i_4 的差别仅是载波导通时间相差半个周期，相减后的电流波形与输出电压波形相同。输出电流中的边频分量 $\omega_c\pm\Omega$，可由带通滤波器选出。

如果把图 5-40 中载波 u_c 与调制信号 u_Ω 的接入位置互相对换，同样可以完成相乘作用，分析方法类似，不再重复。

以上分析二极管电流和电压关系时，为了简化起见，均忽略了输出电压的反作用。若考虑输出电压的作用，对于图 5-41(a)所示电路，由于 $i_L=i'=i_1-i_2$，因此 $(i_1-i_2)R_L$ 即为 T_2 原边线圈电压。这样，在包含 D_1、D_2 的两个回路当中，回路电压方程为

$$u_c + u_\Omega = i_1 r_D + (i_1-i_2)R_L \tag{5-64}$$

$$u_c - u_\Omega = i_2 r_D - (i_1-i_2)R_L \tag{5-65}$$

再考虑相应的开关函数为 $k_1(\omega_c t)$，可得

$$i_1 - i_2 = \frac{2u_\Omega}{2R_L + r_D}k_1(\omega_c t) \tag{5-66}$$

同样的分析方法，对于图 5-39(b)所示电路，相应开关函数为 $k_1(\omega_c t+\pi)$，可得

$$i_3 - i_4 = \frac{2u_\Omega}{2R_L + r_D}k_1(\omega_c t+\pi) \tag{5-67}$$

输出电流

$$i_L = i' - i'' = \frac{2u_\Omega}{2R_L + r_D}[k_1(\omega_c t) - k_1(\omega_c t+\pi)] \tag{5-68}$$

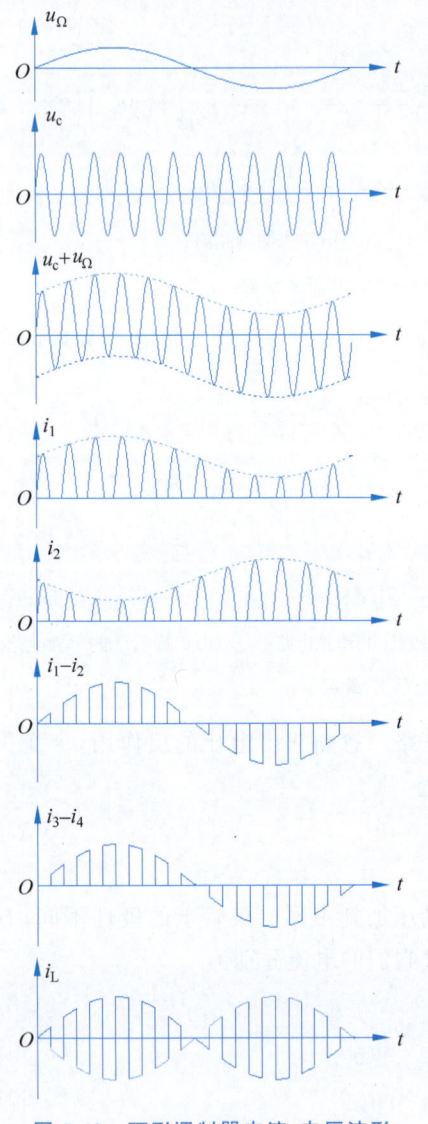

图 5-43 环形调制器电流、电压波形

输出电压

$$u_o(t) = \frac{2R_L}{2R_L + r_D}u_\Omega[k_1(\omega_c t) - k_1(\omega_c t+\pi)] \tag{5-69}$$

可见，考虑输出电压的作用后，输出电流和输出电压结果仅幅值略有不同，频率分量仍仅包含载频的上、下边频等分量，没有载波分量，与前面分析相同。

3) 实际电路

下面介绍环形调制器实际电路中的一些具体问题。从以上分析可以看出，变压器 T_1

和 T_2 的中心抽头必须严格对称，四个二极管的特性也应一致，否则就不能把载波抑制掉，从而造成不希望有的"载漏"输出（载漏是环形调制器输出电流成分中含有载波成分的简称）。

为了消除电路的不对称性，改进后的环形调幅器电路如图 5-44 所示。由图可见，在 T_2 中心抽头处接电位器 W，W 的阻值为 $50\sim100\Omega$，调整 W 使中心点对称。此外在二极管支路中分别串入四个电阻 $R_1\sim R_4$，以减少二极管内阻的不一致和不稳定引起的不对称性影响。一般这些电阻取几千欧，晶体管常选锗管如 2AP 系列。

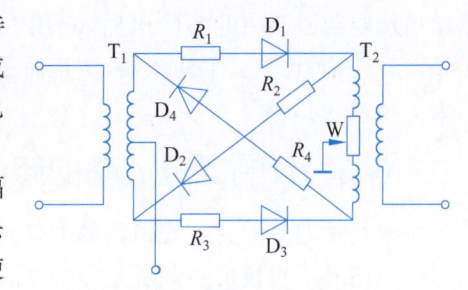

图 5-44 环形调制器实际电路（一）

如图 5-45 所示的环形调制器是一个应用电路。调制信号由 T_1 加入，500kHz 载波接到 T_1 与 T_2 的中心点间。由于变压器中心点不易做得准确，因而接入了电容分压器，微调 5/20pF 电容，可把电路调到近似对称。在二极管各支路接入了 $1k\Omega$ 电阻与 200pF 电容，以减少二极管参数不一致和不稳定引起的不平衡。另外还用了 680Ω 电位器调整电路的对称性，以达到平衡。

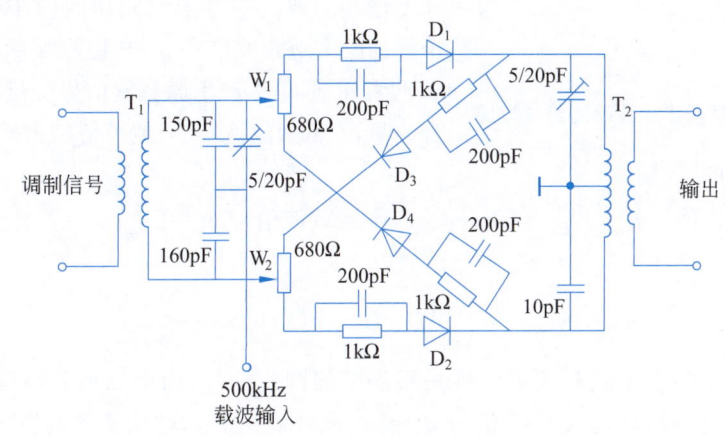

图 5-45 环形调制器实际电路（二）

2. 模拟乘法器实现的抑制载波调幅电路

随着集成电路的发展，由线性组件构成的平衡调幅器已被采用。图 5-46 是用模拟乘法

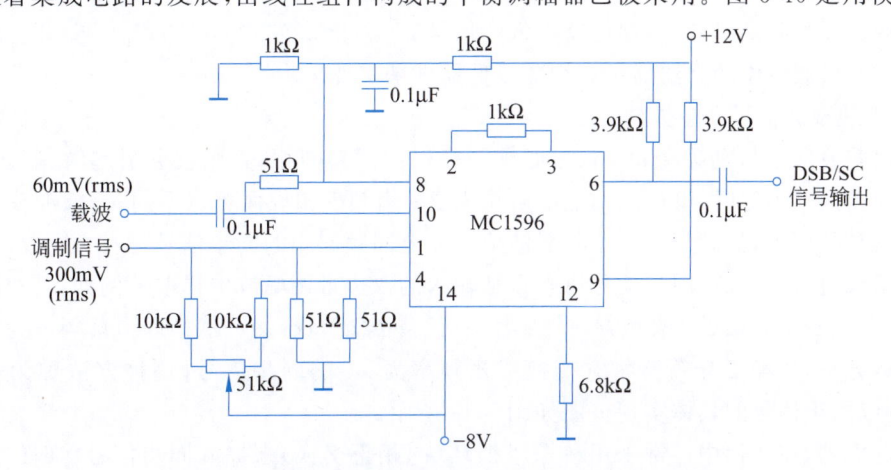

图 5-46 用模拟乘法器实现抑制载波调幅的实际电路

器实现抑制载波调幅的实际电路,它用 MC1596 构成。这个电路的特点是工作频带宽,输出频谱较纯,而且省去了变压器,调整简单。使用时,建议载波输入电平为 60mV,调制信号最大不超过 300mV。

5.6.3 抑制载波调幅的解调电路

包络检波器只能解调普通调幅波,而不能解调 DSB 和 SSB 信号。这是由于后两种已调信号的包络并不直接反映调制信号的变化规律。但若插入很强的载波,使之近似成为 AM 信号,则可利用包络检波器进行解调,这种方法称为插入载波包络检波法。因此,抑制载波调幅的解调必须采用同步检波电路,包括乘积型同步检波电路和叠加型同步检波电路两种,最常用的是乘积型同步检波电路。

1. 乘积型同步检波器的工作原理

1) 组成框图

乘积型同步检波器的组成框图如图 5-47 所示。它与普通包络检波器的区别就在于接收端必须提供一个本地载波信号 u_r,而且要求它是与发送端的载波信号同频同相的同步信号。利用这个外加的本地载波信号 u_r 与接收端输入的调幅信号 u_i 两者相乘,可以产生原调制信号分量和其他谐波组合分量,经低通滤波器后,就可解调出原调制信号。

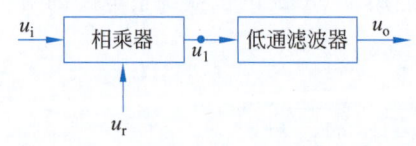

图 5-47 乘积型同步检波器的组成框图

2) 工作原理

设输入 DSB 信号 $u_i = U_{im}\cos\Omega t\cos\omega_c t$,本地载波信号 $u_r = U_{rm}\cos\omega_c t$,乘法器的输出电压为

$$u_1 = Au_i u_r = \frac{1}{2}AU_{im}U_{rm}\cos\Omega t(1+\cos2\omega_c t) \tag{5-70}$$

显然,式(5-70)右边展开式第一项是所需要的调制信号,而第二项为高频分量,可被低通滤波器滤除。同样,若输入 SSB 信号 $u_i = U_{im}\cos(\omega_c+\Omega)t$,则乘法器的输出电压为

$$u_1 = Au_i u_r = AU_{im}U_{rm}\cos(\omega_c+\Omega)t\cos\omega_c t$$

$$= \frac{1}{2}AU_{im}U_{rm}\cos\Omega t + \frac{1}{2}AU_{im}U_{rm}\cos(2\omega_c+\Omega)t \tag{5-71}$$

经低通滤波器滤除高频分量,即可获得低频信号 u_Ω 输出。

乘积型检波器中的乘法器可利用非线性器件来实现。

3) 本地载波信号产生方法

本地载波信号与发送端载波信号必须严格保持同频同相,否则就会引起解调失真。当相位相同而频率不等时,将产生明显的解调失真;当频率相等而相位不同时,检波输出将产生相位失真。因此,如何产生一个与载波信号完全同频同相的同步信号是极为重要的。

对于双边带调幅波,同步信号可直接从输入的双边带调幅波中提取。例如,将双边带调幅波 $u_i = U_{im}\cos\Omega t\cos\omega_c t$ 取平方,得到 $u_i^2 = (U_{im}\cos\Omega t)^2\cos^2\omega_c t$,从中取出角频率为 $2\omega_c$ 的二倍载频分量,再经二分频器将它变换成角频率为 ω_c 的同步信号,这种方法称为平方环法,其提取同步信号的具体实现框图如图 5-48 所示。

除此之外,在通信中还常采用科斯塔斯环(同相正交换)来提取同步信号,如图 5-49 所

图 5-48　平方环法提取同步信号的具体实现框图

示。科斯塔斯环采用相乘器和低通滤波器来取代平方运算,它和平方环法的性能在理论上是一样的。两种实现框图中都使用了锁相环,相关内容将在第 8 章介绍。

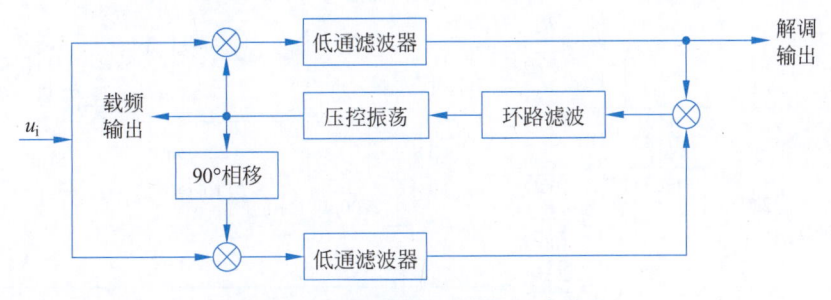

图 5-49　科斯塔斯环法提取同步信号

对于单边带调幅波,同步信号无法从中提取出来。为了产生同步信号,往往在发送端发送单边带调幅信号的同时,附带发送一个功率远低于边带信号功率的载波信号,称为导频信号。接收端收到导频信号后,经放大就可以作为同步信号,也可用导频信号去控制接收端载波振荡器,使之输出的同步信号与发送端载波信号同步。如发送端不发送导频信号,那么,发送端和接收端均应采用频率稳定度很高的石英晶体振荡器或频率合成器,以使两者频率稳定不变,显然在这种情况下,要使两者严格同步是不可能的,但只要同步信号与发送端载波信号的频率在容许范围之内还是可用的。

同步检波要求本地载波与发送端载波同频、同相。当两个载波有相差 φ 时,则解调输出信号为 $u_\text{o} = \frac{1}{2} u_\Omega(t) \cos\varphi$。当相差 $\varphi = 0$,解调输出最大,当 $\varphi = \frac{\pi}{2}$ 时解调输出为 0。当两载波有频差 $\Delta\omega$ 时,输出解调输出信号为

$$u_\text{o} = \frac{1}{2} u_\Omega(t) \cos\Delta\omega t$$

非常明显,它是载频为 $\Delta\omega$ 的调幅波。因此,在接收端将得到一个强弱有缓慢变化的解调信号,通常称为差拍现象。

2. 二极管乘积型检波电路

乘积型检波电路可以利用二极管环形调制器来实现,其电路图如图 5-50 所示。环形调制器既可用作调幅又可用作解调。但两者的接法刚好相反。为了避免制作体积较大的低频变压器,输入高频调幅信号 u_i 和本振信号 u_r 分别从变压器 T_2、T_1 接入,相乘输出的低频信号从 T_1、T_2 的中心抽头处取出,再经过低通滤波器即可检出

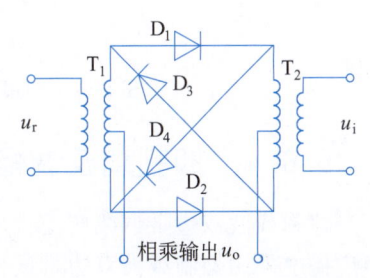

图 5-50　二极管乘积型检波电路

原始调制信号。

如图 5-51 所示为二极管环形检波电路的实际电路。图中，输入已调信号和本地载波分别加至三极管 V_1、V_2 的基极，经射随器加至变压器 T_1、T_2 的输入端，相乘输出的低频信号从 T_1 的中心抽头处单端取出，再经运算放大器 V_3 构成的二阶压控电压源低通滤波电路进一步获得低频信号输出。在数字通信中，移相键控 PSK 信号解调中所需的相乘器就可以采用图 5-51 所示电路来实现。

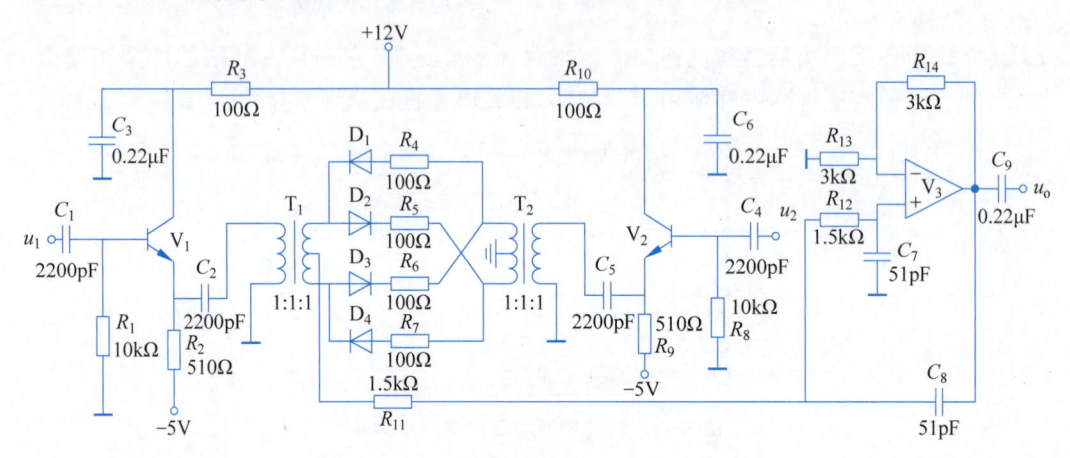

图 5-51　二极管环形检波电路的实际电路

3. 利用模拟乘法器构成的抑制载波调幅解调电路

利用模拟乘法器构成的抑制载波调幅解调电路如图 5-52 所示。输入载波从引脚 8 输入，加到相乘器的 X 输入端，其值一般很大，以使相乘器工作在开关状态。解调信号从引脚 9 输出，经 Ⅱ 型低通滤波器、47μF 输出耦合电容获得音频输出。

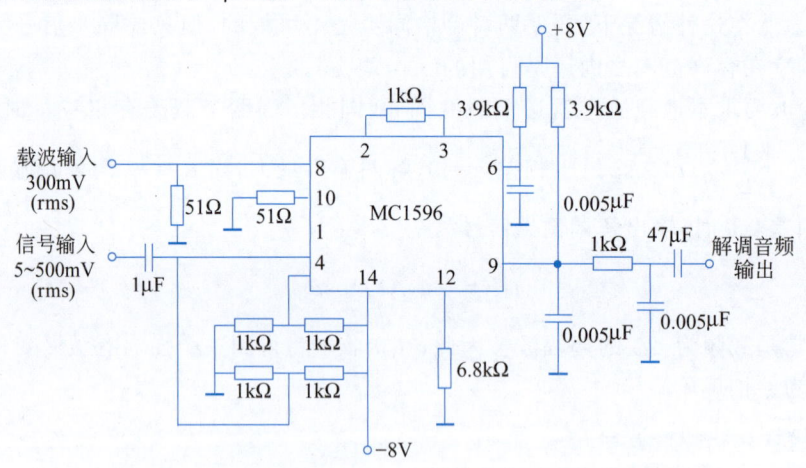

图 5-52　利用模拟乘法器构成的抑制载波调幅解调电路

5.6.4　抑制载波调幅电路的应用举例

抑制载波双边带调幅广泛应用于调频、调幅立体声广播系统。图 5-53 所示为调频立体声广播中采用抑制载波双边带调幅技术实现副载波调制的导频制发射机方框图。

图中，L、R 分别表示立体声系统的左、右声道两个音频通路的信号，两者的和信号

图 5-53 导频制发射机方框图

($L+R$)形成主信道,而差信号($L-R$)则送入相乘器,与倍频器送来的 38kHz 高频副载波产生出双边带调幅信号,形成副信道。图中 38kHz 高频副载波由主振荡器产生的 19kHz 导频信号倍频获得。为了使接收机能恢复出($L-R$)信号,还需要一个一定幅度的 19kHz 的导频信号。主、副信道信号与 19kHz 导频信号合成的复合信号以调频方式去调制载频($87\sim108$MHz 中的一个频率),成为射频信号,由天线辐射出去。

复习思考题

1. 为什么抑制载波调幅波的产生电路称为平衡调幅电路?实现这种调幅的电路很多,目前广泛应用的是哪几种?

2. 利用二极管环形调制器来产生 DSB 调幅波时,一般情况下,哪个信号幅值很强,能控制二极管工作在开关状态?

3. 为什么抑制载波调幅的解调必须采用同步检波电路?

5.7 发射和接收应用电路

图 5-54 所示为 AM 小功率发射机的电路。输入音频信号经电位器和耦合电容加入 TA7368P 集成芯片引脚 1 进行放大,放大后音频信号由引脚 7 输出,经耦合电容和电阻器

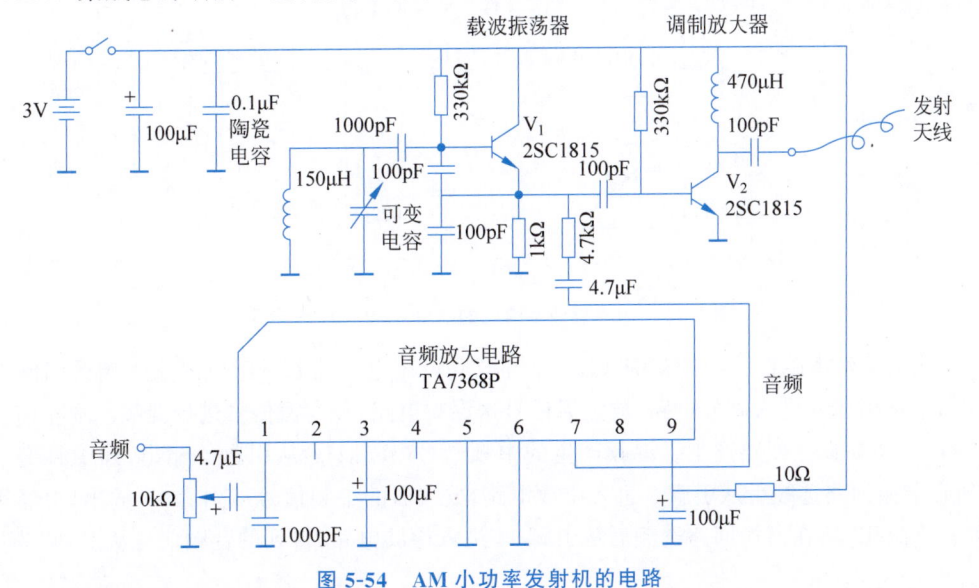

图 5-54 AM 小功率发射机的电路

后输入调制放大器 V_2 的基极。V_1 和外部元件构成电容三点式振荡器,通过可变电容可实现 $0.5 \sim 1.5 \text{MHz}$ 载波输出。载波信号从 V_1 发射极输出后也加入 V_2 的基极。V_2 构成大信号基极调幅电路,产生的调幅信号从 V_2 集电极输出后,经天线发射出去。

常用的单片 AM 接收模块有 TA7641、ULN3839A、ULN2204、CXA1019 等。其中,ULN3839A 仅可实现 AM 接收功能,其内部集成了包括 AM 高放、本振、混频、中放、检波和 AGC 等电路,其内部结构如图 5-55 所示。图 5-56 为 ULN3839A 构成的 AM 接收机原理电路。

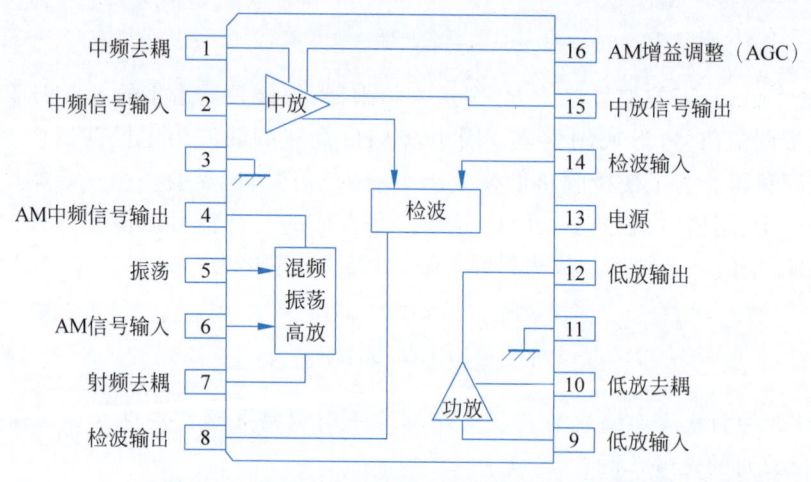

图 5-55　单片 AM 接收模块 ULN3839A 内部结构

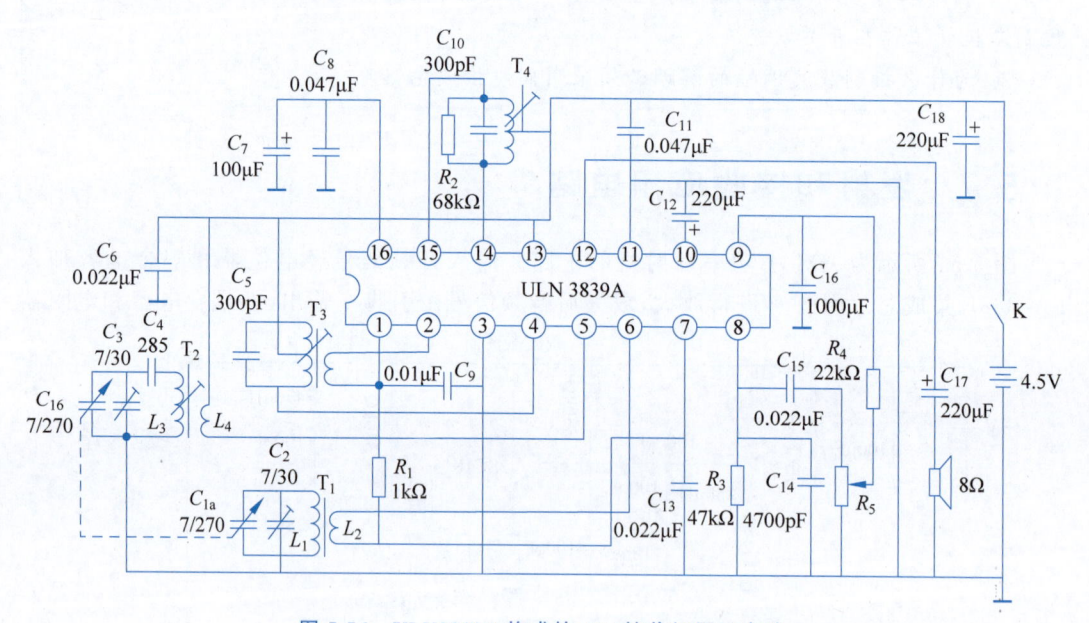

图 5-56　ULN3839A 构成的 AM 接收机原理电路

天线信号经由磁性天线的初级线圈 L_1 和双联可调电容器 C_{1a} 组成的输入调谐回路选频后,由 L_2 从引脚 6 进入高放电路,放大后信号送混频电路,与本振信号进行混频。本振信号由变压器 T_2 所在谐振回路产生。混频产生的中频信号(465kHz)从引脚 4 输出,经中频变压器 T_3 所在谐振回路选频后从引脚 2 进入中放电路,放大后的中频信号从引脚 15 输出,再经第二中频变压器 T_4 所在谐振回路选频后从引脚 14 进入检波电路,得到的音频信号从引脚 8 输出,经音量调整后从引脚 9 进入音频放大电路,放大后的信号从引脚 12 输出经 C_{17} 推动耳机或扬声器发声。

5.8 振幅调制与解调电路的 Multisim 仿真

用调制信号去控制高频振荡波的幅度,使其幅值随调制信号成正比变化,这一过程称为振幅调制。根据频谱结构的不同,可分为 AM、DSB 和 SSB。对于普通调幅波,其产生电路既可采用低电平调制电路(模拟乘法器),也可采用高电平调制电路(大信号基极调幅或集电极调幅)。解调时,由于普通调幅波中已含有载波,常采用二极管包络检波器。下面对普通调幅波的产生和解调电路给出仿真电路。

(1) 基极调幅电路。

基极调幅电路如图 5-57(a)所示,调制信号和载波均加在基极回路,L_1、C_1、R_1 组成并联谐振回路,调谐于载波频率。

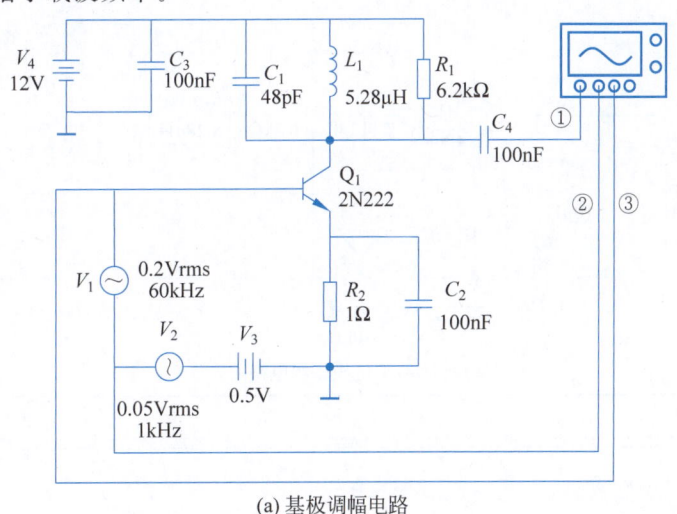

(a) 基极调幅电路

(b) 实验波形

图 5-57 基极调幅电路及实验波形

观察输出电压波形,计算调幅指数 m_a。通过改变信号 V_1 和 V_2 的幅度比例,改变调幅指数 m_a,用示波器观察不同的 m_a 值所对应的输出波形以及波谷失真和波腹失真现象,验证理论分析结果。图 5-57(b)为 $m_a<1$ 时通道①、②、③的实验波形,其中通道①为调幅波,通道③为叠加波。

(2)集电极调幅电路。

集电极调幅电路及输出波形如图 5-58 所示。低频调制信号 V_2 与丙类功率放大器的直流电源 V_3 相串联,因此放大器的集电极综合电源电压 E_{cc} 等于两个电压之和,它随调制信号变化而变化。因为高频功率放大器在过压状态,集电极电源的基波分量 I_{c1m} 随集电极电源电压成正比变化。所以,集电极输出高频电压振幅随调制信号的波形而变化,在谐振回路两端得到调幅波输出。为了便于示波器观察调幅波输出,电路中接入了受控电压源 V_5,其

(a) 集电极调幅电路

(b) 输出波形

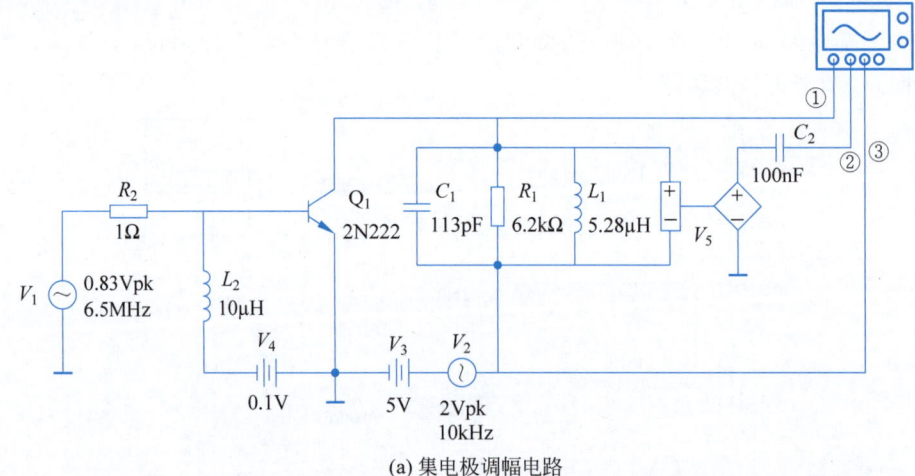

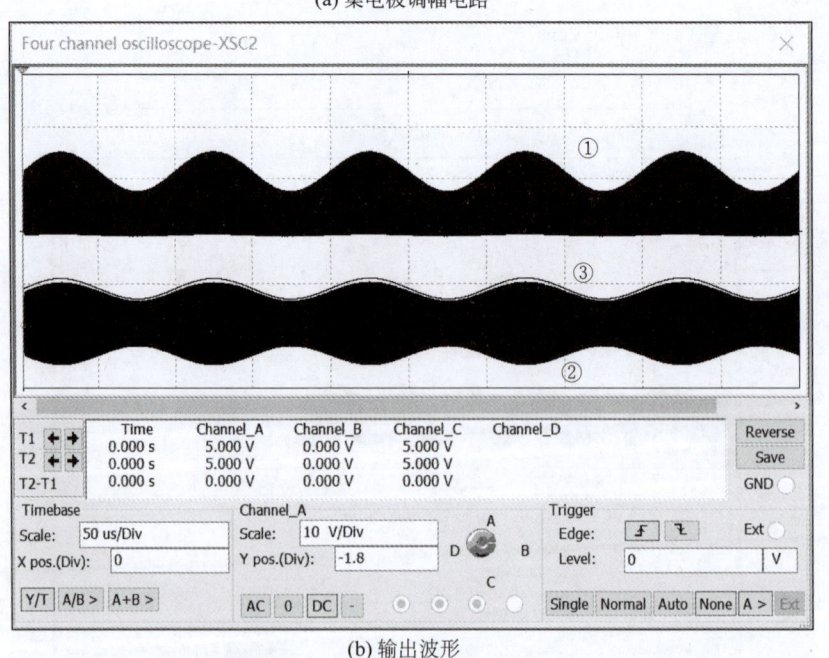

图 5-58 集电极调幅电路及输出波形

作用是把双端电压输出改为单端电压输出。图 5-58(b)为通道①、②、③的实验波形,其中通道①为集电极电压波形,通道②为调幅波,通道③为集电极综合电源电压 E_{cc}。

(3) 模拟乘法器调幅电路。

模拟乘法器调幅电路及输出波形如图 5-59 所示。V_1 为载波信号,V_2 为调制信号,调整电位器 R_{15} 抽头位置,可改变输出电压波形。如图 5-59(b)所示为电位器 R_{15} 抽头在最右侧时输出电压波形。

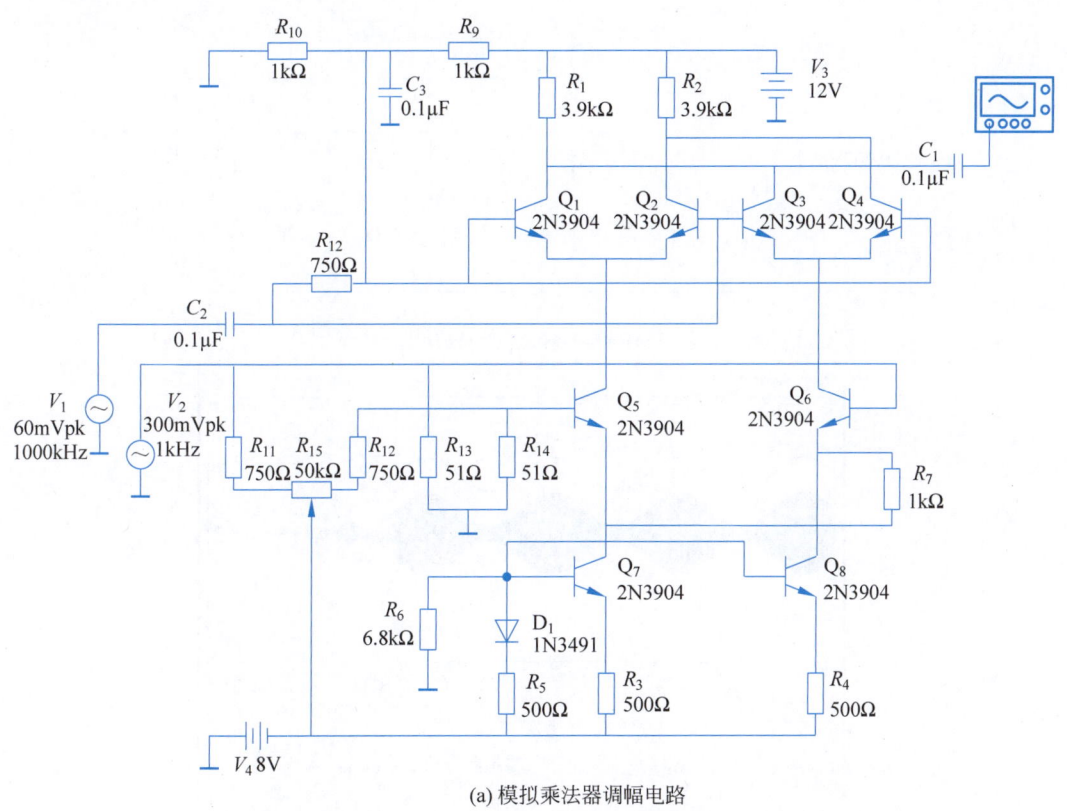

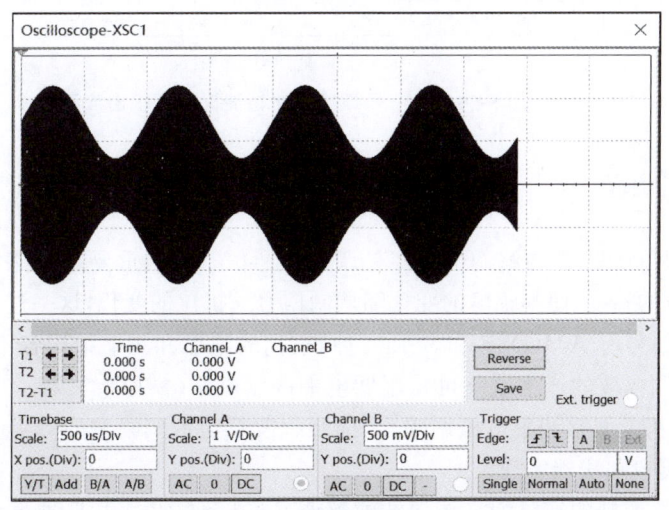

(a) 模拟乘法器调幅电路

(b) 输出波形

图 5-59 模拟乘法器调幅电路及输出波形

（4）大信号峰值包络检波电路。

大信号峰值包络检波电路及输出波形如图 5-60 所示。乘法器产生一个普通调幅信号，检波电路由二极管和 R_1、C_1、R_2、C_2 低通滤波电路组成。改变滤波器的参数，例如取 $R_1=56\text{k}\Omega$、$R_2=56\text{k}\Omega$，则会出现"对角线失真"现象；若取 $R_1=5.6\text{k}\Omega$、$R_2=560\Omega$，则会出现"割底失真"现象。

(a) 大信号峰值包络检波电路

(b) 输出波形

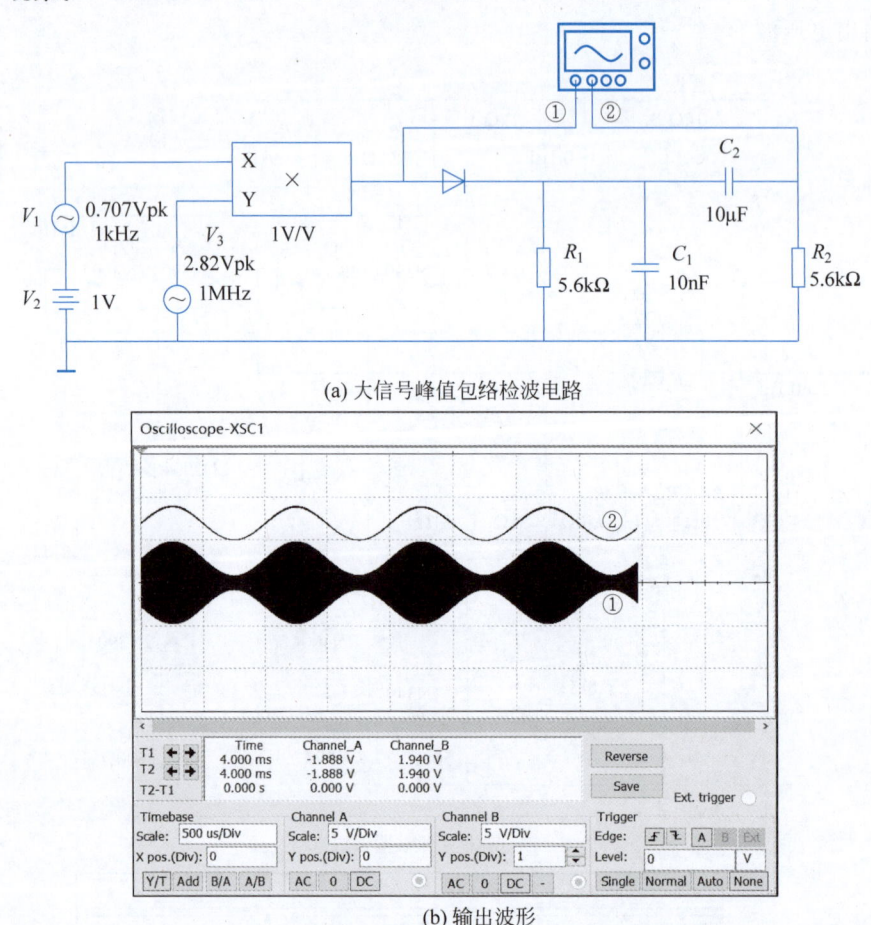

图 5-60　大信号峰值包络检波电路及输出波形

本章小结

1. 振幅调制（调幅）与解调（检波）是调幅制通信系统的重要组成部分。用调制信号去控制高频振荡波的幅度，使其幅度的变化随调制信号成正比的变化，这一过程称为幅度调制。

2. 调幅信号有 AM、DSB 和 SSB 三种，它们的波形和频谱结构各不相同。

3. 普通调幅波的产生电路可采用低电平调制电路（模拟乘法器），也可采用高电平调制电路（大信号基极调幅和集电极调幅）。抑制载波双边带调幅波的产生电路可采用二极管环形调制器或模拟乘法器实现。

4. 解调是调制的逆过程。调幅波的解调又称检波，它是由非线性元件和滤波器来完成的。它是从调幅波中不失真地检测出调制信号来。从频谱上看，就是将调幅波的边带信号不失真地搬到零频。

5. 普通调幅波中已含有载波，所以普通调幅波的解调常用的是大信号峰值检波电路。大信号检波过程是利用二极管的单向导电特性和检波负载 RC 的充放电过程。二极管峰值包络检波器由于电路简单而被广泛采用。但要注意，它只适用于普通调幅信号的检波，而且要正确选择元器件的参数，以免产生对角线失真与割底失真。对于小信号检波宜采用模拟乘法器来完成普通调幅波的同步检波。

6. 对于抑制载波的调幅波只能采用乘积型同步检波器进行解调。同步检波的关键是产生一个与发射载波同频、同相的本地载波信号。利用这个外加的本地载波信号与接收端输入的调幅信号两者相乘，可以产生原调制信号分量和其他谐波组合分量，经低通滤波器后，就可解调出原调制信号。乘积型同步检波电路可以利用二极管环形调制器来实现。集成电路中，多采用模拟乘法器构成同步检波器。

7. 调幅、检波在时域上都表现为两信号的相乘，在频域上则是频谱的线性搬移。因此其原理电路模型相同，都由非线性元器件和滤波器组成。

8. 本章知识结构框图如图 5-61 所示。

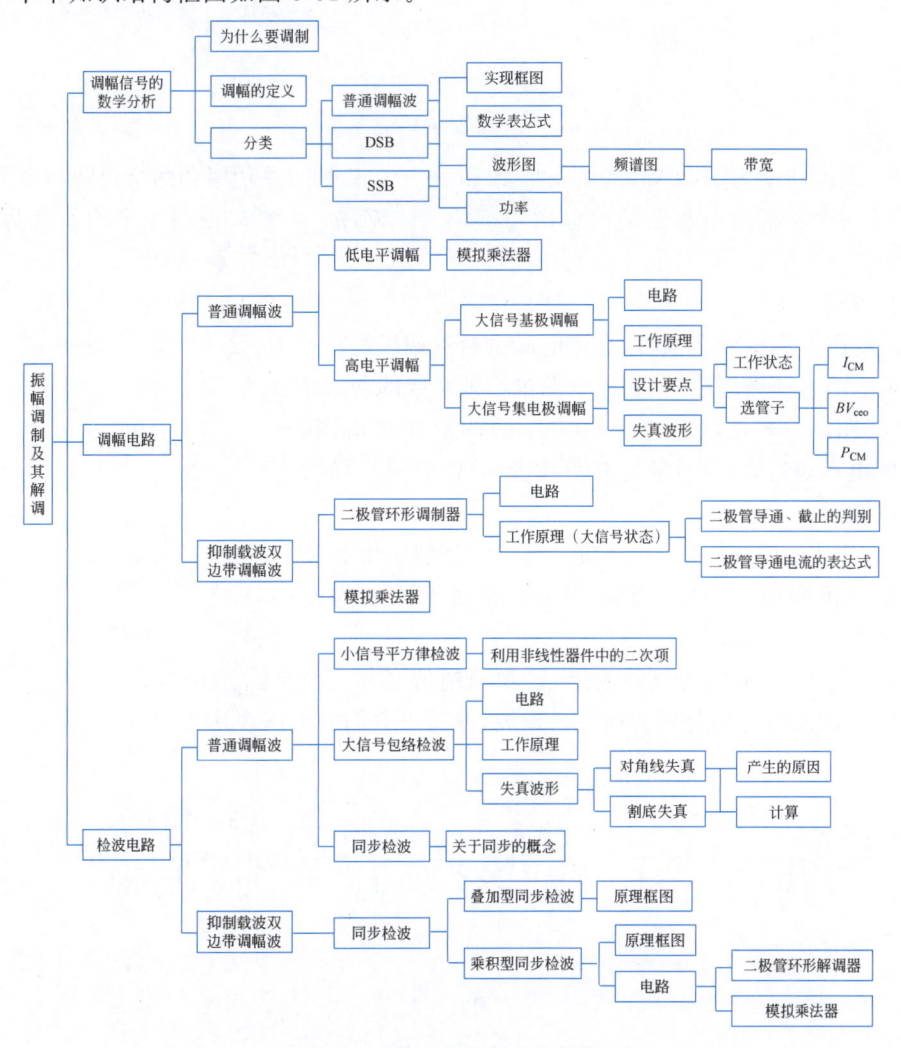

图 5-61　第 5 章知识结构框图

思考题与习题

5-1 给定调幅波表示式,画出波形和频谱。

(1) $(1+\cos\Omega t)\cos\omega_c t$

(2) $\left(1+\dfrac{1}{2}\cos\Omega t\right)\cos\omega_c t$

(3) $\cos\Omega t \cdot \cos\omega_c t$(假设 $\omega_c = 5\Omega$)

5-2 有一调幅信号为
$$u = 25(1+0.7\cos 2\pi \times 5000t - 0.3\cos 2\pi \times 10\,000t)\sin 2\pi \times 10^6 t$$
试求它所包含的各分量的频率和振幅。

5-3 按图题 5-3 所示调制信号和载波频谱,画出普通调幅波频谱。

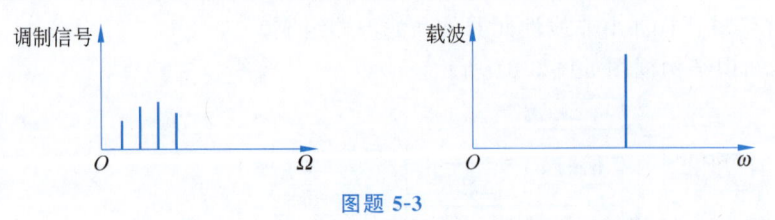

图题 5-3

5-4 载波功率为 1000W,试求 $m_a=1$ 和 $m_a=0.7$ 时的总功率和两个边频功率。

5-5 一个调幅发射机的载波输出功率 $P_c = 5W$, $m_a = 0.7$,被调级平均效率为 50%,试求:

(1) 边频功率;

(2) 电路为集电极调幅时,直流电源供给被调级的功率 P_{S1};

(3) 电路为基极调幅时,直流电源供给被调级的功率 P_{S2}。

5-6 图题 5-6 是载频为 2000kHz 的调幅波频谱图。写出它的电压表达式,并计算它在负载 $R=1\Omega$ 时的平均功率和有效频带宽度。

5-7 为什么调幅指数 m_a 不能大于 1?分别画出基极调幅和集电极调幅电路中,当 $m_a>1$ 发生过调失真的波形图。

图题 5-6

5-8 图题 5-8 示出的三种波形,已知调制信号 $u_\Omega(t) = U_{\Omega m}\cos\Omega t$,载波信号 $u_c(t) = U_{cm}\cos\omega_c t$,试说明它们分别为何种已调波,并写出它们的电压表达式。

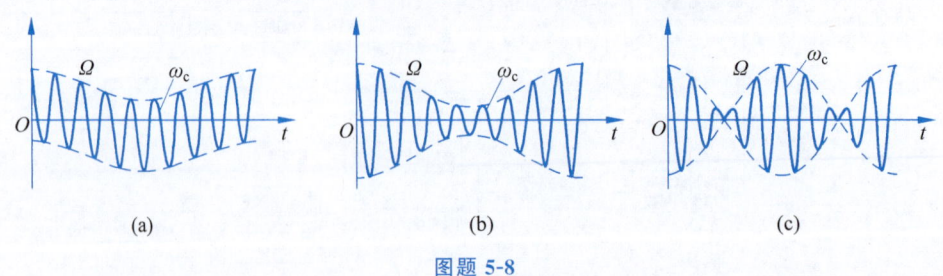

(a) (b) (c)

图题 5-8

5-9 有两个已调波电压,其表示式分别为

$$u_1(t) = 2\cos100\pi t + 0.1\cos90\pi t + 0.1\cos110\pi t \text{ V}$$

$$u_2(t) = 0.1\cos90\pi t + 0.1\cos110\pi t \text{ V}$$

请回答 $u_1(t)$、$u_2(t)$ 各为何种已调波。并分别计算消耗在单位电阻上的边频功率、平均功率及频谱宽度。

5-10 在大信号基极调幅电路中,试分别说明,当调整到 $m_a = 1$ 后,再改变 R_L,问输出波形的变化趋势如何(按 R_L 的变大和变小两种情况分析)？并说明原因。

5-11 在大信号集电极调幅中,试以三角波调制为例分析大信号集电极调幅的工作原理,并画出调幅波 u_c-t 及相应 i_c-t、i_b-t、E_b-t 曲线。

5-12 当非线器件分别为以下伏安特性时,能否用它实现调幅与检波？

(1) $i = a_1\Delta u + a_3\Delta u^3 + a_5\Delta u^5$

(2) $i = a_0 + a_2\Delta u^2 + a_4\Delta u^4$

5-13 为什么检波电路中一定要有非线性元件？如果将大信号检波电路中的二极管反接是否能起检波作用？其输出电压波形与二极管正接时有什么不同？试绘图说明。

5-14 检波电路如图题 5-14 所示。已知 $u_i(t) = [5\cos(2\pi \times 465 \times 10^3 t) + 4\cos(2\pi \times 10^3 t) \cdot \cos(2\pi \times 465 \times 10^3 t)]$V,二极管内阻 $r_D = 100\Omega$,$C = 0.01\mu F$,$C_1 = 47\mu F$。在保证不失真的情况下,试求:

(1) 检波器直流负载电阻的最大值；

(2) 下级输入电阻的最小值。

5-15 在图题 5-15 所示电路中,输入调幅波的调制频率为 $50 \sim 5000$Hz,$R_L = 5$kΩ,调幅指数 $m_a = 0.6$。为了避免出现对角线失真,其检波电容 C 应取多大？检波器输入阻抗大约是多少？该电路是否会发生割底失真？

5-16 二极管包络检波电路如图题 5-16 所示,已知

$$u(t) = [2\cos(2\pi \times 465 \times 10^3 t) + 0.3\cos(2\pi \times 469 \times 10^3 t) + 0.3\cos(2\pi \times 461 \times 10^3 t)]\text{V}$$

试回答以下问题：

(1) 说明 $u(t)$ 为何种已调波,计算写出其标准数学表达式,画出频谱图,并计算信号带宽 B 和在单位电阻上消耗的边频功率 $P_{边}$ 和总功率 P_{AV}；

(2) 将 $u(t)$ 通过如图所示的包络检波器进行解调,V 为理想二极管,求不产生对角线失真和割底失真的电容 C 和电阻 R_i；

(3) 若检波效率为 1,按对应关系画出 A、B、C 点电压波形,并标出电压的大小。

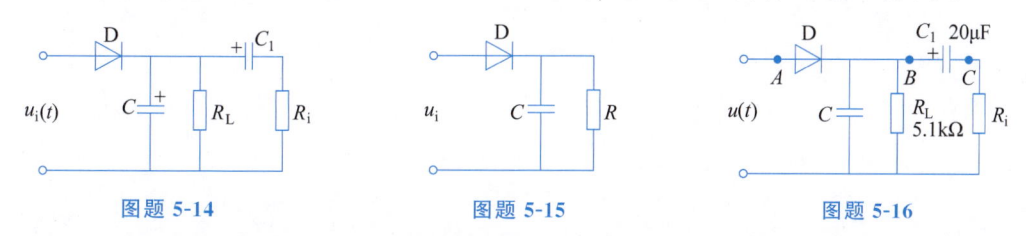

图题 5-14　　　　图题 5-15　　　　图题 5-16

5-17 原计划按图题 5-17 电路装收音机的检波电路,现手中元件不合适,试回答能否按下列要求改动,改动后对收音机性能有何影响,并说明理由(下列每条每次只改一种元件,其他元件不变)。

(1) R_1 换成 $10\text{k}\Omega$；

(2) C_2 改为 5600pF；

(3) C_3 改为 $0.01\mu\text{F}$；

(4) 把 R_2 加大到 $4.7\text{k}\Omega$；

(5) 2AP9（普通锗管）改为 2CP1（普通硅管）；

(6) 中周匝比 $N_1 : N_2$ 原为 $200 : 14$ 改为 $180 : 9$。

5-18 二极管环形调幅电路如图题 5-18 所示，设载波信号 $u_c = U_{cm}\cos\omega_c t$，调制信号 $u_\Omega = U_{\Omega m}\cos\Omega t$，载波为大信号并使四个二极管工作在开关状态，忽略输出负载的反作用，试写出输出电流 i_L 的表达式。

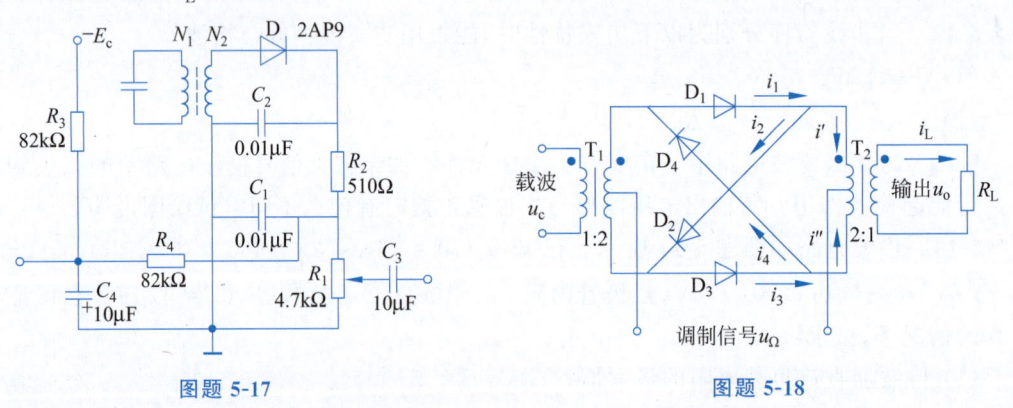

图题 5-17

图题 5-18

5-19 图题 5-19 所示为一乘积检波，恢复载波 $u_r(t) = U_{rm}(\cos\omega_c t + \varphi)$。试求在下列两种情况下输出电压表达式，并说明是否失真。

(1) $u_i(t) = U_{sm}\cos\Omega t\cos\omega_c t$；

(2) $u_i(t) = U_{sm}\cos(\omega_c + \Omega)t$。

图题 5-19

第 6 章 角度调制与解调

CHAPTER 6

内 容 提 要

角度调制是用调制信号去控制载波信号角度(频率或相位)变化的一种信号变换方式。如果受控的是载波信号频率,则称频率调制;如果受控的是载波信号相位,则称为相位调制。由于调频和调相都表现为载波信号的总相角的变化,因此统称为调角。与调幅相比,角度调制具有抗干扰能力强和设备利用率高的优点。本章所涉及的内容主要有角度调制的基本特性,包括定义、数学表示式、频谱和有效频带宽度,以及调频和鉴频的实现方法、典型电路和分析方法,最后介绍集成解调电路的相关概念。

6.1 概述

第 45 集 微课视频

在调制中,载波信号的频率随调制信号而变,称为频率调制或调频,用 FM(Frequency Modulation)表示;载波信号的相位随调制信号而变,称为相位调制或调相,用 PM(Phase Modulation)表示。在这两种调制过程中,载波信号的幅度都保持不变,而频率的变化和相位的变化都表现为相角的变化,因此,把调频和调相统称为角度调制或调角。

振幅调制与角度调制的波形如图 6-1 所示。其中,如图 6-1(a)所示的调制信号是一个梯形波。如图 6-1(b)所示为载波信号。如图 6-1(d)所示为频率调制波形,可以看出已调信号的频率受调制信号的控制,对应调制信号为最大值时,调频信号的频率最高,波形最密,随着调制信号的改变,调制信号的频率也作相应的变化,当调制信号为最小时,调制信号频率最低,波形最疏,但振幅不变。我们可以把经过调频后的波形看成是一个随调制大小而聚拢或扩展的正弦波。如图 6-1(c)所示为振幅调制波形,它的包络线变化规律与调制信号完全相同,但是频率始终不变。如图 6-1(e)所示为相位调制波形,可以看出已调信号的相位受调制信号的控制,在调制波平坦的部分(相位不变),PM 除了相位不同外,看起来好像载波。正弦波的聚拢发生在调制波增大的时候,而其扩展发生在调制波减小的时候,但是振幅始终不变。

调频与调相是紧密联系的,因为,当频率改变时,相位也在发生变化,反之也是一样。

在一个正弦信号中,其频率的变化和相位的变化存在密切的联系。假设一个固定频率的等幅高频信号,其表达式为

$$u(t) = U_m \cos(\omega_c t + \varphi) \tag{6-1}$$

其中,U_m 是高频信号的幅度,ω_c 是它的角频率,φ 是它的初相角。

(a) 梯形波调制信号

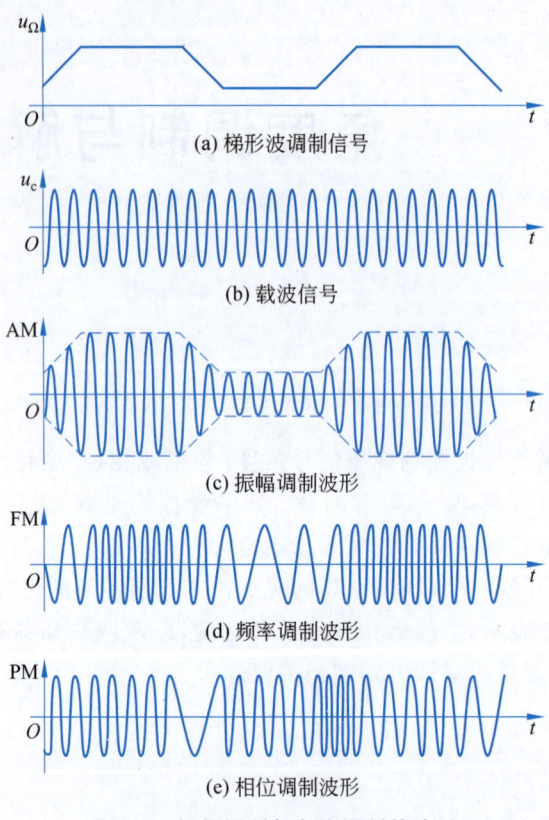

(b) 载波信号

(c) 振幅调制波形

(d) 频率调制波形

(e) 相位调制波形

图 6-1　振幅调制与角度调制的波形

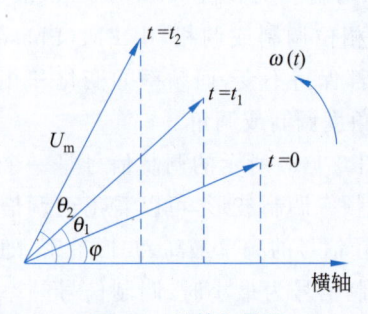

图 6-2　旋转矢量图

当没有进行调制时，$u(t)$ 就是载波高频振荡信号，其角频率 ω_c 和初相角 φ 都是常数，它们与总相角 $\theta(t)$ 的关系是

$$\theta(t) = \omega_c t + \varphi$$

在进行角度调制时，不论调频还是调相，这时角频率不再是固定不变的常数，而是时间 t 的函数 $\omega(t)$。下面利用旋转矢量图进行分析，旋转矢量图如图 6-2 所示。

设一旋转矢量长度为 U_m，围绕原点逆时针方向旋转，旋转的角速度为 $\omega(t)$，旋转矢量图如图 6-2 所示。当 $t=0$ 时，该矢量与横轴间的夹角为初相角 φ，当 $t=t_1$ 时，相角为 θ_1，$t=t_2$ 时，相角为 θ_2，在时间间隔 $\Delta t = t_2 - t_1$ 内，相角改变 $\Delta \theta(t) = \theta_2 - \theta_1$。当 Δt 足够小时，角速度为

$$\omega(t) = \frac{\mathrm{d}\theta(t)}{\mathrm{d}t} \tag{6-2}$$

通常把旋转矢量的瞬时角速度 $\omega(t)$ 称为瞬时角频率。$\theta(t)$ 称为瞬时相角，它同瞬时角频率的关系是

$$\theta(t) = \int \omega(t) \mathrm{d}t + \varphi \tag{6-3}$$

其中，积分项 $\int \omega(t) \mathrm{d}t$ 就是旋转矢量在 0 到 t 时间内所旋转的角度，φ 为积分常数，也就是

图 6-2 中的初相角。

以上两式就是角度调制中瞬时角频率 $\omega(t)$ 与瞬时相角 $\theta(t)$ 之间的基本关系式。它表明：瞬时角频率 $\omega(t)$ 等于瞬时相角 $\theta(t)$ 对时间 t 的微分；而瞬时相角 $\theta(t)$ 等于瞬时角频率对时间 t 的积分和初相角 φ 之和。

用旋转矢量在横轴上的投影表示高频信号，有

$$u(t)=U_{\mathrm{m}}\cos\theta(t) \tag{6-4}$$

将式(6-3)代入式(6-4)中得

$$u(t)=U_{\mathrm{m}}\cos\left[\int\omega(t)\mathrm{d}t+\varphi\right] \tag{6-5}$$

这说明了无论角频率的变化或相角的变化都可以归结为式(6-5)中载波角度 $\theta(t)$ 也即 $\int\omega(t)\mathrm{d}t+\varphi$ 的变化，这正是调频与调相统称"角度调制"的原因。

复习思考题

1. 假设调制信号为正弦波，画出各相应 AM、FM 和 PM 的波形图，并比较异同点。
2. 为什么调频和调相统称为调角？

6.2 角度调制信号分析

6.2.1 调频及其数学表达式

设调制信号为 $u_{\Omega}(t)=U_{\Omega\mathrm{m}}\cos\Omega t$，载波信号为 $u_{\mathrm{c}}(t)=U_{\mathrm{m}}\cos(\omega_{\mathrm{c}}t+\varphi)$，为了分析方便，不妨设 $\varphi=0$。调频时，载波高频振荡的瞬时频率随调制信号 $u_{\Omega}(t)$ 呈线性变化，其比例系数为 k_{f}，即

$$\omega(t)=\omega_{\mathrm{c}}+k_{\mathrm{f}}u_{\Omega}(t)=\omega_{\mathrm{c}}+\Delta\omega(t) \tag{6-6}$$

其中，ω_{c} 是载波角频率，也是调频信号的中心角频率。$\Delta\omega(t)$ 是由调制信号 $u_{\Omega}(t)$ 所引起的角频率偏移，称频偏或频移。k_{f} 是一个由调频电路决定的常数，称为调频系数，单位为 rad/(s·V)。角频率偏移 $\Delta\omega(t)$ 与 $u_{\Omega}(t)$ 成正比，即 $\Delta\omega(t)=k_{\mathrm{f}}u_{\Omega}(t)$。$\Delta\omega(t)$ 的最大值称为最大频偏，表示为

$$\Delta\omega=|\Delta\omega(t)|_{\max}=k_{\mathrm{f}}|u_{\Omega}(t)|_{\max}$$

调频信号的瞬时相位 $\theta(t)$ 是瞬时角频率 $\omega(t)$ 对时间的积分，即

$$\theta(t)=\int_{0}^{t}\omega(t)\mathrm{d}t=\omega_{\mathrm{c}}t+k_{\mathrm{f}}\int u_{\Omega}(t)\mathrm{d}t=\omega_{\mathrm{c}}t+\Delta\theta(t) \tag{6-7}$$

$\Delta\theta(t)$ 的最大值称为最大相移，也称为调频指数，表示为

$$m_{\mathrm{f}}=|\Delta\theta(t)|_{\max}=k_{\mathrm{f}}\left|\int u_{\Omega}(t)\mathrm{d}t\right|_{\max}$$

因此，调频信号的数学表达式为

$$u_{\mathrm{FM}}(t)=U_{\mathrm{m}}\cos\left[\omega_{\mathrm{c}}t+k_{\mathrm{f}}\int u_{\Omega}(t)\mathrm{d}t\right] \tag{6-8}$$

单音调制时,对于调频信号,调频波的瞬时频率为

$$\omega(t) = \omega_c + k_f U_{\Omega m} \cos\Omega t = \omega_c + \Delta\omega\cos\Omega t$$

最大频偏为

$$\Delta\omega = k_f U_{\Omega m} \tag{6-9}$$

瞬时相位为

$$\theta(t) = \int_0^t \omega(t)\mathrm{d}t = \omega_c t + \frac{k_f U_{\Omega m}}{\Omega}\sin\Omega t$$

最大相移,也即调频指数为

$$m_f = \frac{k_f U_{\Omega m}}{\Omega} = \frac{\Delta\omega}{\Omega} \tag{6-10}$$

调频波的数学表达式为

$$u_{FM}(t) = U_m \cos(\omega_c t + m_f \sin\Omega t) \tag{6-11}$$

其中,m_f 值可以大于1,这与调幅波不同,调幅指数 m_a 总是小于1的。

调频波形随调制信号的变化情况如图 6-3 所示。在调制电压的正半周,载波振荡频率随调制电压变化而高于载频,到调制电压的正峰值时,已调高频振荡角频率至最大值,为 $\omega_{\max} = \omega_c + \Delta\omega$;在调制信号负半周,载波振荡频率随调制电压变化而低于载频,到调制电压负峰处,已调高频振荡角频率至最小值为 $\omega_{\min} = \omega_c - \Delta\omega$。由图 6-3 可见,调频波 $u_{FM}(t)$ 为等幅疏密波,疏密的变化与调制信号有关。

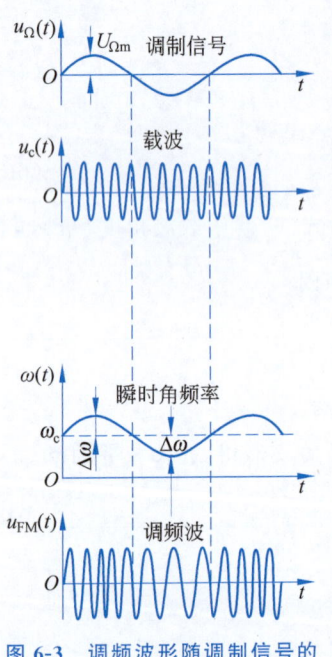

图 6-3 调频波形随调制信号的变化情况

6.2.2 调相及其数学表达式

调相时,载波高频振荡的瞬时相位随调制信号线性变化,所以对于调相波,其瞬时相位除了原来的载波相位 $\omega_c t + \varphi$ 外,又附加了一个变化部分 $\Delta\theta(t)$,这个变化部分 $\Delta\theta(t)$ 与调制信号成比例关系,因此总的相角可表示为

$$\theta(t) = \omega_c t + \varphi + k_p u_\Omega(t) = \omega_c t + \varphi + \Delta\theta(t)$$

其中,k_p 为调相系数,取决于调相电路;φ 为载波的初相位,为了分析方便,也不妨设 $\varphi = 0$,这样

$$\theta(t) = \omega_c t + k_p u_\Omega(t) = \omega_c t + \Delta\theta(t) \tag{6-12}$$

因此,调相信号的数学表达式为

$$u_{PM}(t) = U_m \cos[\omega_c t + k_p u_\Omega(t)] \tag{6-13}$$

调相波的瞬时频率为

$$\omega(t) = \frac{\mathrm{d}\theta(t)}{\mathrm{d}t} = \omega_c + k_p \frac{\mathrm{d}u_\Omega(t)}{\mathrm{d}t} = \omega_c + \Delta\omega(t)$$

$\Delta\theta(t) = k_p u_\Omega(t)$ 是由调制信号所引起的相角偏移,称相偏或相移。$\Delta\theta(t)$ 的最大值称为最大相移,也称为调相指数,表示为

$$m_p = |\Delta\theta(t)|_{\max} = k_p |u_\Omega(t)|_{\max}$$

单音调制时，设调制信号为 $u_\Omega(t)=U_{\Omega m}\cos\Omega t$，调相波的瞬时相位为

$$\theta(t)=\omega_c t+k_p U_{\Omega m}\cos\Omega t$$

瞬时频率为

$$\omega(t)=\frac{\mathrm{d}\theta(t)}{\mathrm{d}t}=\omega_c-k_p U_{\Omega m}\Omega\sin\Omega t=\omega_c-\Delta\omega\sin\Omega t$$

最大频偏为

$$\Delta\omega=k_p U_{\Omega m}\Omega \quad (6\text{-}14)$$

最大相移，即调相指数为

$$m_p=k_p U_{\Omega m}=\frac{\Delta\omega}{\Omega} \quad (6\text{-}15)$$

调相波的数学表达式为

$$u_{PM}(t)=U_m\cos(\omega_c t+m_p\cos\Omega t) \quad (6\text{-}16)$$

式(6-16)说明，调相信号的相角在载波相位 $\omega_c t$ 的基础上，又增加了一项按余弦规律变化的部分。

调相波形随调制信号的变化情况如图 6-4 所示。

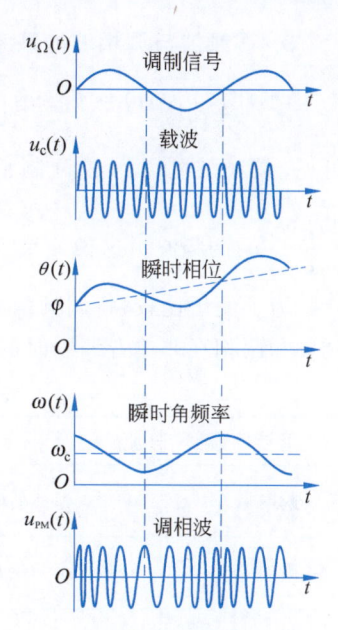

图 6-4 调相波形随调制信号的变化情况

6.2.3 调频与调相的关系

以单音调制为例，设调制信号 $u_\Omega(t)=U_{\Omega m}\cos\Omega t$。

1. 调制指数

调频时调制指数 $m_f=\dfrac{\Delta\omega}{\Omega}=\dfrac{k_f U_{\Omega m}}{\Omega}$，它与调制信号的振幅成正比，而与调制角频率 Ω 成反比。

调相时调制指数 $m_p=k_p U_{\Omega m}$，它与调制信号的振幅成正比，而与调制频率无关。

2. 最大频率偏移 $\Delta\omega$ 的比较

调频时，最大频率偏移 $\Delta\omega=k_f U_{\Omega m}$，它与调制信号的振幅成正比，而与调制信号频率无关。

调相时，最大频率偏移 $\Delta\omega=k_p U_{\Omega m}\Omega$，它不仅与调制信号的振幅成正比，而且还和调制信号的角频率 Ω 成正比。

由上分析可知，同一单音调制的调相波和调频波的两个基本参数，最大频率偏移 $\Delta\omega$ 和调制指数 m 随调制信号的振幅 $U_{\Omega m}$ 和调制角频率 Ω 的变化规律是很不相同的。

当 $U_{\Omega m}$ 一定时，$\Delta\omega$ 和 m 随 Ω 变化的关系如图 6-5 所示。

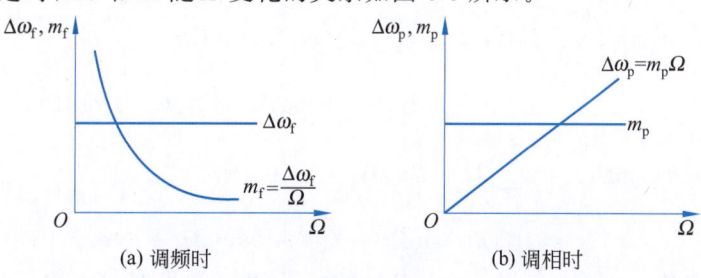

(a) 调频时

(b) 调相时

图 6-5 $\Delta\omega$ 和 m 随 Ω 变化的关系（当 $U_{\Omega m}$ 一定时）

3. 调频波与调相波的联系与区别

调频时，$u_{FM}(t) = U_m \cos\left[\omega_c t + k_f \int u_\Omega(t) dt\right]$。调相时，$u_{PM}(t) = U_m \cos[\omega_c t + k_p u_\Omega(t)]$。可见，调频波可以看成调制信号为 $\int u_\Omega(t) dt$ 的调相波，而调相波可以看成调制信号为 $\dfrac{d u_\Omega(t)}{dt}$ 的调频波。这种关系为间接调频方法奠定了基础。

为了便于比较，将调频信号和调相信号的一些特征列于表 6-1。在表 6-1 中，还列出了调频和调相在非单音调制时的一般数学表达式。

表 6-1 调频信号和调相信号的特征比较

信号特征	调 频 信 号	调 相 信 号
瞬时频率	$\omega(t) = \omega_c + k_f u_\Omega(t) = \omega_c + \Delta\omega(t)$	$\omega(t) = \omega_c + k_p \dfrac{du_\Omega(t)}{dt}$
瞬时相位	$\theta(t) = \omega_c t + k_f \int u_\Omega(t) dt$	$\theta(t) = \omega_c t + k_p u_\Omega(t) = \omega_c t + \Delta\theta(t)$
最大频偏	$\Delta\omega = k_f \lvert u_\Omega(t) \rvert_{max} = k_f U_{\Omega m}$	$\Delta\omega = k_p \left\lvert \dfrac{du_\Omega(t)}{dt} \right\rvert_{max} = k_p U_{\Omega m} \Omega$
最大相移	$m_f = k_f \left\lvert \int u_\Omega(t) dt \right\rvert_{max} = \dfrac{\Delta\omega}{\Omega}$ m_f 称为调频指数	$m_p = k_p \lvert u_\Omega(t) \rvert_{max} = k_p U_{\Omega m} = \dfrac{\Delta\omega}{\Omega}$ m_p 称为调相指数
数学表达式	$u_{FM}(t) = U_m \cos\theta(t)$ $= U_m \cos\left[\omega_c t + k_f \left\lvert \int u_\Omega(t) dt \right\rvert\right]$ $= U_m \cos(\omega_c t + m_f \sin\Omega t)$	$u_{PM}(t) = U_m \cos\theta(t)$ $= U_m \cos[\omega_c t + k_p u_\Omega(t)]$ $= U_m \cos(\omega_c t + m_p \cos\Omega t)$

注：表中设调制信号 $u_\Omega(t) = U_{\Omega m} \cos\Omega t$，载波信号 $u_c(t) = U_m \cos\omega_c t$。

6.2.4 调角波的频谱与有效频带宽度

1. 调角波的频谱

由于调频波和调相波的形式类似，其频谱也类似，下面分析调频波的频谱。以单音调制为例，将式(6-11)用三角公式展开，可得

$$u_{FM}(t) = U_m \cos[\omega_c t + m_f \sin\Omega t]$$
$$= U_m [\cos\omega_c t \cdot \cos(m_f \sin\Omega t) - \sin\omega_c t \cdot \sin(m_f \sin\Omega t)] \qquad (6\text{-}17)$$

其中，

$$\cos(m_f \sin\Omega t) = J_0(m_f) + 2\sum_{n=1}^{\infty} J_{2n}(m_f) \cos 2n\Omega t$$
$$= J_0(m_f) + 2J_2(m_f)\cos 2\Omega t + 2J_4(m_f)\cos 4\Omega t + \cdots$$

$$\sin(m_f \sin\Omega t) = 2\sum_{n=0}^{\infty} J_{2n+1}(m_f)\sin(2n+1)\Omega t$$
$$= 2J_1(m_f)\sin\Omega t + 2J_3(m_f)\sin 3\Omega t + \cdots$$

这里，n 均取正整数，$J_n(m_f)$ 是以 m_f 为参量的 n 阶第一类贝塞尔函数，$J_0(m_f)$、$J_1(m_f)$、

$J_2(m_f)$、……分别是以 m_f 为参量的零阶、一阶、二阶……第一类贝塞尔函数。它们的数值可以查如图 6-6 所示的贝塞尔函数曲线(贝塞尔函数值与参量 m_f 的关系),也可直接查表 6-2。

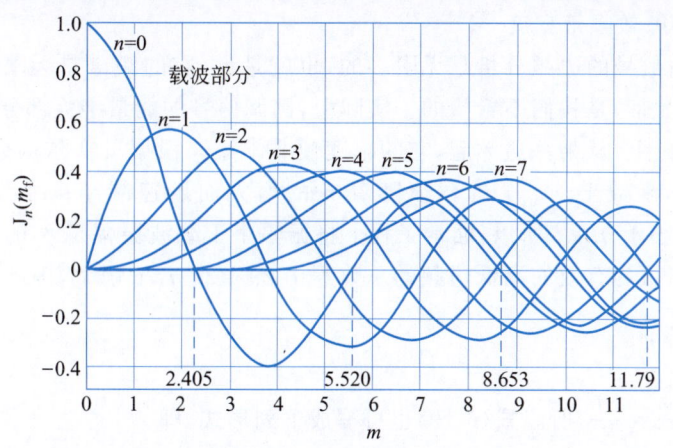

图 6-6 贝塞尔函数曲线

表 6-2 载频、边频幅度与 m_f 关系表

m_f	$J_0(m_f)$	$J_1(m_f)$	$J_2(m_f)$	$J_3(m_f)$	$J_4(m_f)$	$J_5(m_f)$	$J_6(m_f)$	$J_7(m_f)$	$J_8(m_f)$	$J_9(m_f)$
0.01	1.00	0.005								
0.20	0.99	0.100								
0.50	0.94	0.24	0.03							
1.00	0.77	0.44	0.11	0.02						
2.00	0.22	0.58	0.35	0.13	0.03					
3.00	0.26	0.34	0.49	0.31	0.13	0.04	0.01			
4.00	0.39	0.06	0.36	0.43	0.28	0.13	0.05	0.01		
5.00	0.18	0.33	0.05	0.36	0.39	0.26	0.13	0.05	0.02	
6.00	0.15	0.28	0.24	0.11	0.36	0.36	0.25	0.13	0.06	0.02

根据贝塞尔函数,式(6-17)可分解为无穷个正弦函数的级数,即有

$$\begin{aligned} u_{FM}(t) = U_m[&J_0(m_f)\cos\omega_c t + \\ &J_1(m_f)\cos(\omega_c+\Omega)t - J_1(m_f)\cos(\omega_c-\Omega)t + \\ &J_2(m_f)\cos(\omega_c+2\Omega)t + J_2(m_f)\cos(\omega_c-2\Omega)t + \\ &J_3(m_f)\cos(\omega_c+3\Omega)t - J_3(m_f)\cos(\omega_c-3\Omega)t + \\ &J_4(m_f)\cos(\omega_c+4\Omega)t + J_4(m_f)\cos(\omega_c-4\Omega)t + \cdots] \end{aligned} \quad (6-18)$$

其中,$J_0(m_f)\cos\omega_c t$ 表示载频,含 $J_1(m_f)$ 的两项式表示第一对边频,含 $J_2(m_f)$ 的两项式表示第二对边频,以此类推。

根据式(6-18),可以得出如下结论。

(1) 一个调频波除了载波频率 ω_c 外,还包含无穷多的边频,相邻边频之间的频率间隔仍是 Ω。第 n 条谱线与载频之差为 $n\Omega$。

(2) 每一个分量的幅度等于 $U_m J_n(m_f)$。而 $J_n(m_f)$ 由贝塞尔函数决定。例如,若调频指数 $m_f=1$,那么由表 6-2 查得 $m_f=1$ 时,对应 $J_0(m_f)=0.77$,$J_1(m_f)=0.44$,$J_2(m_f)=0.11$,$J_3(m_f)=0.02$。

由于调制指数 m_f 与调制信号强度有关,故信号强度的变化将影响载频和边频分量的相对幅度。所以载频分量并不总是最大,有时为零,且其边频幅度可能超出载频幅度。

2. 调角波的有效频带宽度

理论上,调角信号的边频分量是无限多的,也就是说,它的频谱是无限宽的。一路信号要占用无限宽的频带,是我们不希望的。实际上,已调信号的能量绝大部分是集中在载频附近的一些边频分量上,从某一边频起,它的幅度便非常小。根据贝塞尔函数的特点,当阶数 $n > m_f$ 时,贝塞尔函数 $J_n(m_f)$ 的数值随着 n 的增大而迅速减小;而当 $n > m_f + 1$ 时,$J_n(m_f)$ 的绝对值小于 0.1。所以,通常工程上将振幅小于载波振幅10%的边频分量忽略不计。实际上,可以认为有效的高低边频的总数等于 $2n \approx 2(m_f+1)$ 个,因此调频波的频谱有效宽度(频带宽度)为

$$B \approx 2(m_f + 1)F \tag{6-19}$$

由于 $m_f = \dfrac{\Delta\omega}{\Omega} = \dfrac{\Delta f}{F}$,所以式(6-19)也可写成下列形式,即

$$B \approx 2(\Delta f + F) \tag{6-20}$$

这与调制频率相同的调幅波比起来,调角波的频带要宽 $2\Delta f$。通常 $\Delta f > F$,所以调角波的频带要比调幅波的频带宽得多。因此,同样的波段能容纳调角信号的数目,要少于调幅信号的数目。因此,调频制只宜用于频率较高的甚高频和超高频段中。

要注意的是,式(6-19)及式(6-20)只适用于 $m_f > 1$ 的情况,也就是宽带调频情况,当 $m_f < 1$ 时叫窄带调频,这时式(6-19)及式(6-20)不再适用,由表6-1可以看出,边频只取一对就够了,即窄频带调频频谱宽度为

$$B \approx 2F$$

例 6-1 调频广播中 $F = 15\text{kHz}, m_f = 5$,求频偏 Δf 和频谱宽度 B。

解 调频时 $\Delta f = m_f F = 75\text{kHz}$。$m_f > 1$,属于宽带调频,因此

$$B = 2(m_f + 1)F = 180\text{kHz}$$

3. 调角信号频谱与调制信号的关系

1) 调频信号

在余弦波调制的情况下,已知 $m_f = \dfrac{\Delta\omega}{\Omega}$,如果保持 Ω 固定,而改变 m_f 时,调频信号的频谱如图 6-7 所示。

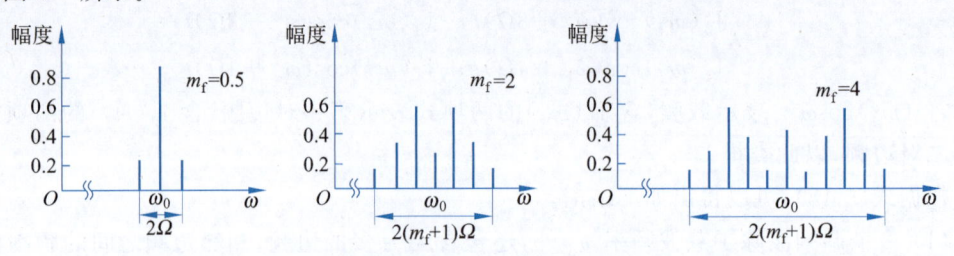

图 6-7 调频信号在不同 m_f 时的频谱

由图 6-7 可以看出,当 m_f 增大时(即调制信号加强时),边频数目增多,频带加宽。这与调幅波的频谱结构有着根本的区别。对于 $m_f = 0.5$ 其有效边频数和带宽基本与调幅波相同。故当 m_f 值小时($m_f < 1$),可以认为调频波的频谱成分与调幅波相同。但当 m_f 值增大,

其差别越来越大。

如果调制信号强度固定而信号频率改变,也就是相当于最大频移 $\Delta\omega$ 固定而 Ω 改变时,例如,给定 $\Delta f=8\text{kHz}$ 时,调制信号频率 $F=2\text{kHz}$ 时,$m_\text{f}=\dfrac{\Delta f}{F}=4$,边频数 $2n\approx 2(m_\text{f}+1)=10$,则

$$B=2(m_\text{f}+1)F=20\text{kHz}$$

当调制信号频率 $F=4\text{kHz}$,$m_\text{f}=\dfrac{\Delta f}{F}=2$,边频数 $2n\approx 2(m_\text{f}+1)=6$,则

$$B=2(m_\text{f}+1)F=24\text{kHz}$$

从以上计算可知,在同样频偏 Δf 的情况下,随着调制频率 F 的加大,边频数 $2n$ 减少,有效频带宽度 B 稍有加宽。调频信号频谱分布情况如图 6-8(a)所示。

(a) 调频信号频谱分布情况　　　　(b) 调相信号频谱分布情况

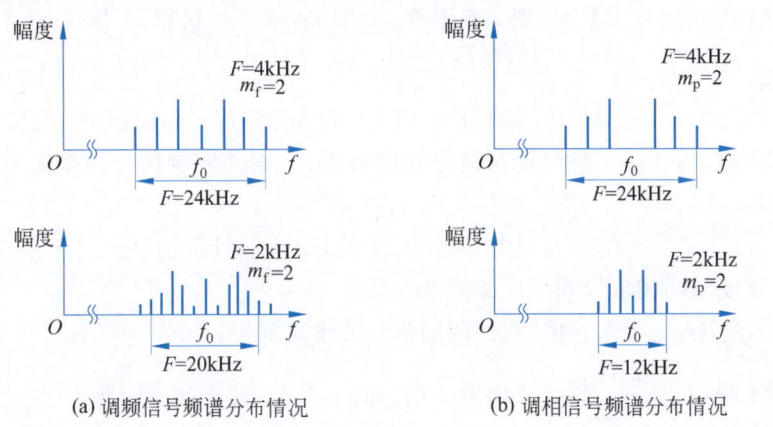

图 6-8　调制信号频率不同(调制信号强度固定)时,调频信号和调制信号的频谱分布情况

2) 调相信号

调相时,由于调相波的调制指数 m_p 只与调制信号强度成正比,而与调制信号频率无关。所以在调制信号强度不变,只改变 Ω 时,相当于 m_p 不变,则调相波的边频数不变,而频带宽度 $B=2(m_\text{p}+1)F$ 随调制信号频率成比例地加宽,调相信号频谱分布情况如图 6-8(b)所示。当 $m_\text{p}=2$,F 由 2kHz 增大到 4kHz 时,则 B 由 12kHz 增大到 24kHz,边频数 $2n$ 保持为 6。

通过以上分析可知,从所占频带的利用率来讲,调相波不如调频波好,因为实际的调制信号包含有许多频率成分,例如,从几十赫到几千赫。这样调相波所占的频带变化就很大,可以从几百赫变到几十千赫,而载频的选取,对发射机、接收机通频带的要求等,都是根据频带最宽的情况而定,这对于调制频率低的情况,显然很不经济。由于这个原因,调相不如调频应用得广,一般只作为产生调频波的一种间接手段来应用。

例 6-2　已知调制信号 $u_\Omega(t)=U_{\Omega\text{m}}\cos(2\pi\times 10^3 t)\text{V}$,调制指数 $m_\text{f}=m_\text{p}=10$,试在以下几种情况下,求 FM 和 PM 波的带宽。

(1) 若 $U_{\Omega\text{m}}$ 不变,F 增大一倍,两种调制信号的带宽如何?

(2) 若 F 不变,$U_{\Omega\text{m}}$ 增大一倍,两种调制信号的带宽如何?

(3) 若 $U_{\Omega\text{m}}$ 和 F 都增大一倍,两种调制信号的带宽又如何?

分析　调频和调相均为角度调制,两者相似但有不同,特别是带宽与调制信号的关系。

调相时，由于调相波的调制指数 m_p 只与调制信号强度成正比，而与调制信号频率无关。所以在调制信号强度不变，只改变 Ω 时，相当于 m_p 不变，则调相波的边频数不变，而频带宽度 $B=2(m_p+1)F$ 随调制信号频率成比例地加宽。

调频时，由于调频指数 $m_f=\dfrac{\Delta f}{F}$，所以 m_f 随着调制信号频率的减小而增大，边频数 $2n \approx 2(m_f+1)$ 增大，频带宽度 $B=2(m_f+1)F$ 减小。

解 已知调制信号为 $u_\Omega(t)=U_{\Omega m}\cos 2\pi \times 10^3 t\,(\text{V})$，即 $F=1\text{kHz}$。

对于 FM 波，因为 $m_f=10$，则 $B=2(m_f+1)F=2(10+1)\times 1\text{kHz}=22\text{kHz}$。

对于 PM 波，因为 $m_p=10$，则 $B=2(m_p+1)F=2(10+1)\times 1\text{kHz}=22\text{kHz}$。

(1) 若 $U_{\Omega m}$ 不变，F 增大一倍，两种调制信号的带宽如下：

对于 FM 波，若 $U_{\Omega m}$ 不变，则 Δf 不变，由于 $m_f=\dfrac{\Delta f}{F}$，所以 F 增大一倍，m_f 减半，即 $m_f=5$。因此

$$B=2(m_f+1)F=2(5+1)\times 2\text{kHz}=24\text{kHz}$$

对于 PM 波，由于 m_p 只与调制信号强度成正比，而与调制信号频率无关，所以相当于 m_p 不变。因此

$$B=2(10+1)\times 2\text{kHz}=44\text{kHz}$$

即调相频带宽度随调制信号频率成比例地加宽。

(2) F 不变，$U_{\Omega m}$ 增大一倍，两种调制信号的带宽如下：

对于 FM 波，$m_f=\dfrac{k_f U_{\Omega m}}{\Omega}$，$m_f$ 增大一倍，即 $m_f=2\times 10=20$。因此

$$B=2(m_f+1)F=2(20+1)\times 1\text{kHz}=42\text{kHz}$$

对于 PM 波，$m_p=K_p U_{\Omega m}$，m_p 也增大一倍，即 $m_p=2\times 10=20$。因此

$$B=2(m_p+1)F=2(20+1)\times 1\text{kHz}=42\text{kHz}$$

(3) F 和 $U_{\Omega m}$ 均增大一倍时，两种调制信号的带宽如下：

对于 FM 波，m_f 不变，因此有 $B=2(m_f+1)F=2(10+1)\times 2\text{kHz}=44\text{kHz}$。

对于 PM 波，$m_p=k_p U_{\Omega m}$，它与调制信号的振幅成正比，而与调制频率无关。当 $U_{\Omega m}$ 增大一倍时 m_p 也增大一倍，所以

$$B=2(m_p+1)F=2(20+1)\times 2\text{kHz}=84\text{kHz}$$

因此，在最大频偏不变的情况下，当调制信号的频率变化时，调频信号的带宽基本不变，而调相信号的带宽变化比较明显。因此，调频可认为是恒定带宽的调制。

6.2.5 调角波的功率

调频波和调相波的平均功率与调幅波一样为载波功率和各边频功率之和。由于调频和调相的幅度不变，所以调角波在调制后总的功率不变，只是将原来载波功率中的一部分转入边频中去。所以载波成分的系数 $J_0(m_f)$ 小于 1，表示载波功率减小了。

因此，调制过程并不需要外界供给边频功率，只是高频信号本身载频功率与边频功率的重新分配而已。这一点与调幅波完全不同。

单音调制时，调频波和调相波的平均功率可由式(6-21)求得，此处调制系数的下角标略

去，其平均功率为

$$P_{AV} = \frac{1}{2}\frac{U_m^2}{R_L}[J_0^2(m) + 2J_1^2(m) + 2J_2^2(m) + \cdots + 2J_n^2(m) + \cdots] \quad (6\text{-}21)$$

利用贝塞尔函数的性质 $\sum\limits_{n=-\infty}^{\infty} J_n^2(m) = 1$，则调频波和调相波的平均功率为

$$P_{AV} = \frac{1}{2}\frac{U_m^2}{R_L} \quad (6\text{-}22)$$

可见，调频波和调相波的平均功率与调制前的等幅载波功率相等。

复习思考题

1. 某调角波数学表达式为 $u(t) = U_m\cos[\omega_c t + K_a\int u_\Omega(t)dt]$，若为调频波，则调制信号为什么，若为调相波，则调制信号又为什么？
2. 为什么调幅波的调制指数不能大于1，而角度调制的调制指数可以大于1？
3. 调频波的频谱有效宽度(频带宽度)是如何确定的？
4. 调频波和调相波的平均功率与调制前的等幅载波功率呈什么关系？
5. 当调制信号的幅值和频率增大时，对调频和调相信号的调制指数、最大频偏各有什么影响？

6.3　调频信号的产生

6.3.1　调频方法

调频就是用调制电压去控制载波的频率。调频的方法和电路很多，最常用的可分为两大类：直接调频和间接调频。

直接调频就是用调制电压直接去控制载频振荡器的频率，以产生调频信号。例如：被控电路是 LC 振荡器，那么，它的振荡频率主要由振荡回路电感 L 与电容 C 的数值来决定，若在振荡回路中加入可变电抗，并用低频调制信号去控制可变电抗的参数，即可产生振荡频率随调制信号变化的调频波。其调频电路原理如图 6-9 所示。在实际电路中，可变电抗元件的类型有许多种，如变容二极管、电抗管等，所以直接调频的方法很多，本书对变容二极管直接调频以及晶体振荡器直接调频电路作一些分析、介绍。在第 8 章中介绍锁相环调频。直接调频电路的优点是能够获得较大的频偏，缺点是频率稳定度较低。

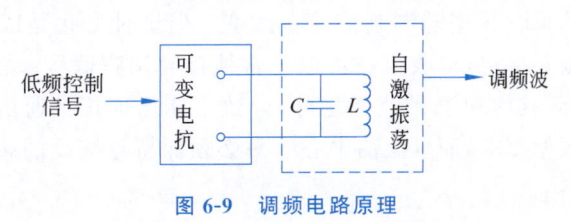

图 6-9　调频电路原理

间接调频就是保持振荡器的频率不变,而用调制电压去改变载波输出的相位,这实际上是调相。由于调相和调频有一定的内在联系,所以只要附加一个简单的变换网络,就可以从调相获得调频,如图 6-10 所示。

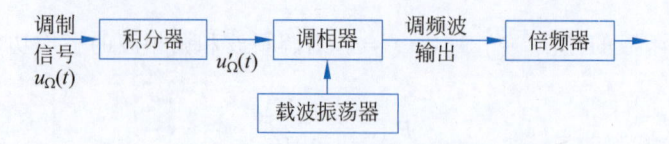

图 6-10　间接调频原理框图

所以间接调频,就是先进行调相,再由调相变为调频。间接调频的振荡器和调制器是分开的,因此可以获得较高的频率稳定度。但受线性调制的限制,频偏较小,通常不能满足要求,因此需通过倍频器,以扩展频偏。

6.3.2　调频电路的性能指标

1. 调制特性

调制特性是描述瞬时频率偏移 $\Delta f(t)$ 随调制电压 $u_\Omega(t)$ 变化的特性,如图 6-11 所示,表示为

$$\frac{\Delta f(t)}{f_c} = f(u_\Omega(t)) \tag{6-23}$$

其中,$\Delta f(t)$ 是调制作用引起的频率偏移,f_c 为中心频率(载频),$u_\Omega(t)$ 为调制信号电压。理想的调频电路应使 $\Delta f(t)$ 随 $u_\Omega(t)$ 成正比改变,即实现线性调频,但在实际电路中总是要产生一定程度的非线性失真,应尽可能减小这一失真。

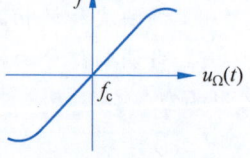

图 6-11　调制特性

2. 调制灵敏度 S

调制电压变化单位数值所产生的振荡频率偏移称为调制灵敏度,通常用调频特性曲线原点处的斜率描述,即

$$S = \frac{\mathrm{d}f(t)}{\mathrm{d}u_\Omega(t)}\bigg|_{u_\Omega(t)=0} \tag{6-24}$$

显然,S 越大,调频信号的控制作用越强,越容易产生大频偏的调频信号。在线性调频范围内,S 相当于 k_f。

3. 最大频偏 Δf

在正常调制电压作用下,所能达到的最大频偏值以 Δf 表示,它是根据对调频指数 m_f 的要求来选定的。通常要求 Δf 的数值在整个波段内保持不变。

4. 载波频率稳定度

虽然,调频信号的瞬时频率随调制信号在改变。但这种变化是以稳定的载波(中心频率)为基准的。如果载频稳定,接收机就可以正常地接收调频信号;若载频不稳,就有可能使调频信号的频谱落到接收机通带范围之外,以致不能保证正常通信。因此,对于调频电路,不仅要满足一定频偏要求,而且振荡中心频率必须保持足够高的频率稳定度,频率稳定度可用下式表示,即

$$频率稳定度 = \frac{\frac{\Delta f}{f_c}}{时间间隔}$$

其中,Δf 为经过时间间隔后中心频率的偏移值,f_c 为中心频率。

> **复习思考题**
>
> 1. 直接调频和间接调频有什么不同,各有什么优缺点?
> 2. 什么是调制灵敏度?

6.4 调频电路

本节分析变容二极管调频电路、晶体振荡器调频电路,同时还介绍相位调制电路。用变容二极管实现调频,电路简单,性能良好,是目前最为广泛使用的一种调频电路。

6.4.1 变容二极管调频电路

1. 变容二极管

变容二极管是利用半导体 PN 结的结电容随外加反向电压而变化这一特性,所制成的一种半导体二极管。它是一种电压控制可变电抗元件。

变容二极管的符号如图 6-12(a)所示,图 6-12(b)是其串联和并联的等效电路,其中 C_d 代表二极管的结电容,$R_串$ 或 $R_并$ 代表串联或并联的等效损耗电阻。由于二极管正常工作于反向状态,其损耗很小,故 $R_并$ 很大而 $R_串$ 很小。

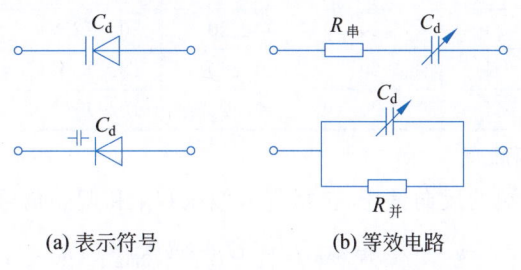

(a) 表示符号 (b) 等效电路

图 6-12 变容二极管的表示符号及其等效电路

变容二极管与普通二极管相比,所不同的是在反向电压作用下的结电容变化较大。

变容二极管的电容 C_d 随着所加的反向偏压 U 而变化。如图 6-13 所示是用 C-V 特性测试仪对 2CC13C 变容二极管进行实测所绘制的 C-U 特性曲线。

由图 6-13 可知,反向偏压越大,则电容越小。这种特性可表示为

$$C_d = \frac{C_{d0}}{(1+u/U_D)^n} \tag{6-25}$$

其中,C_{d0} 为 $u=0$ 时的结电容;U_D 为 PN 结的势垒电压,一般在 0.7V 左右;u 为外加反向偏压;n 为变容指数,取决于 PN 结的工艺结构,取值在 $\frac{1}{3} \sim 6$,对于缓变结,$n \approx \frac{1}{3}$,突变结

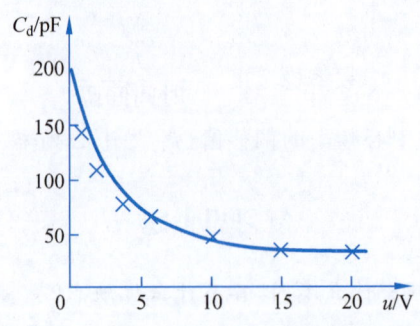

图 6-13 用 *C-V* 特性测试仪对 2CC13C 变容二极管进行实测所绘制的 *C-U* 特性曲线

的 $n \approx \dfrac{1}{2}$，超突变结的 $n > \dfrac{1}{2}$。

n 是变容二极管的主要参数之一。n 值越大，电容变化量随偏压变化越显著。表 6-3 列出了 2CC1 型变容二极管参数。表中所列 Q 是表征损耗性能的参数，也即电容的品质因数 $\left(Q = \dfrac{1}{\omega C r_d}\right)$。

表 6-3 2CC1 型变容二极管参数

型号	反向偏压/V	在下列反向偏压下的反向电流/μA (20±5)℃	在下列反向偏压下的反向电流/μA (125±5)℃	反向偏压为4V时的结电容/pF	结电容的变化范围/pF	Q（工作频率5MHz，最大反向偏压）	电容温度系数/℃$^{-1}$
2CC1A	15	≤1	≤20	85±25	50～220	250	5×10^{-4}
2CC1B	15	≤1	≤20	40±20	22～110	350	5×10^{-4}
2CC1C	25	≤1	≤20	90±20	42～240	250	5×10^{-4}
2CC1D	25	≤1	≤20	50±20	20～125	300	5×10^{-4}
2CC1E	40	≤1	≤20	60±20	18～150	350	5×10^{-4}
2CC1F	60	≤1	≤20	40±20	10～110	500	5×10^{-4}

2. 变容二极管调频原理

加在变容二极管两端的反向偏压，包括直流偏压 U_Q 和调制信号电压 $u_\Omega(t)$ 两部分，即

$$u = U_Q + u_\Omega(t) = U_Q + U_{\Omega m}\cos\Omega t$$

为了使变容二极管在 $u_\Omega(t)$ 变化范围内一直保持反偏状态，需使 $|u_\Omega(t)| < U_Q$。将变容二极管接在振荡器回路中，使其结电容成为回路电容的一部分。当调制电压 $u_\Omega(t)$ 加在变容二极管两端，则加在变容二极管上的反向电压 u 受 $u_\Omega(t)$ 控制，从而使得变容二极管的结电容 C_d 受 $u_\Omega(t)$ 控制，则回路总电容 C_Σ 也要受 $u_\Omega(t)$ 控制，最后使得振荡器的振荡频率受 $u_\Omega(t)$ 控制，即瞬时频率随 $u_\Omega(t)$ 的变化而变化，如果这种控制关系为线性关系，从而产生了调频波输出。

变容二极管调频可分为变容二极管作为振荡回路总电容和变容管部分接入振荡回路两种形式。

3. 变容二极管作为振荡回路总电容的调频电路

变容二极管作为振荡回路总电容的调频原理如图 6-14 所示。由变容二极管的结电容

C_d 和电感 L 组成 LC 振荡器的谐振电路,其谐振频率近似为 $f=\dfrac{1}{2\pi\sqrt{LC_d}}$。在变容二极管上加一固定的反向直流偏压 U_Q 和调制电压 u_Ω(如图 6-14(a)所示),则回路总电容 $C=C_d$ 将随 u_Ω 改变,通过二极管的变容特性(如图 6-14(b)所示)可以找出回路电容 C 随时间的变化曲线(如图 6-14(c)所示)。再利用谐振频率 f 与回路电容 C 之间的关系(如图 6-14(d)所示),可得到振荡频率随调制信号的变化规律(如图 6-14(e)所示)。

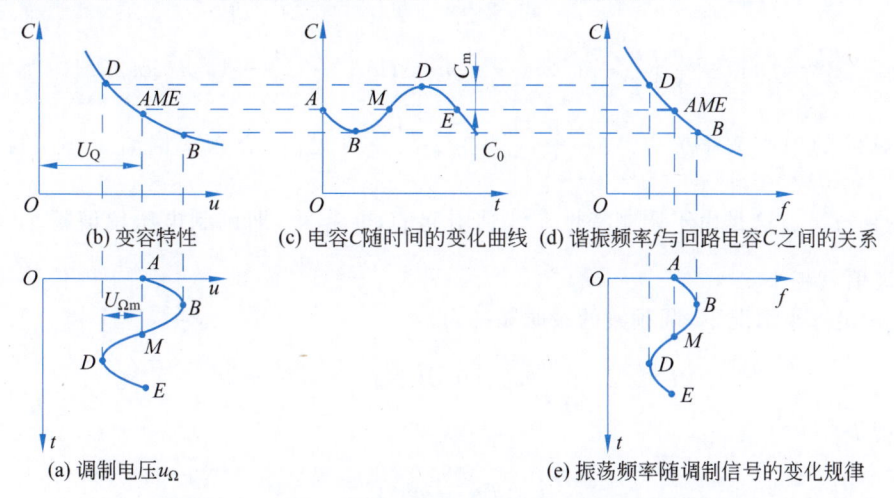

图 6-14 变容二极管作为振荡回路总电容时的调频原理

将 $u=U_Q+u_\Omega(t)$ 代入式(6-25),可得

$$C_d = \dfrac{C_{d0}}{\left[1+\dfrac{U_Q+u_\Omega(t)}{U_D}\right]^n} = \dfrac{C_{d0}}{\left(1+\dfrac{U_Q}{U_D}\right)^n\left[1+\dfrac{u_\Omega(t)}{U_D+U_Q}\right]^n} = C_{dQ}\dfrac{1}{\left[1+\dfrac{u_\Omega(t)}{U_D+U_Q}\right]^n}$$

其中,$C_{dQ}=\dfrac{C_{d0}}{\left(1+\dfrac{U_Q}{U_D}\right)^n}$ 为变容二极管在直流反向偏压 U_Q 作用下的电容值。令 $x=\dfrac{u_\Omega(t)}{U_D+U_Q}$ 为归一化的调制信号电压值,则回路振荡频率为

$$f = \dfrac{1}{2\pi\sqrt{LC_d}} = f_c(1+x)^{\frac{n}{2}} \tag{6-26}$$

其中,f_c 为未调制时振荡频率,也是调频波的中心频率。

当变容指数 $n=2$ 时,有

$$f = f_c(1+x) = f_c\left[1+\dfrac{u_\Omega(t)}{U_D+U_Q}\right]$$

振荡频率 f 与调制信号 $u_\Omega(t)$ 呈线性关系,从而实现了理想的调制信号对输出频率的线性控制。

当变容指数 $n\neq 2$ 时,振荡频率 f 与调制信号 $u_\Omega(t)$ 之间的关系是非线性的,无法实现线性调频。在调制信号足够小,即 $x\ll 1$ 的条件下,将式(6-26)利用二项式定理展开,并略去三次方及以上各次方项,则有

$$f \approx f_c\left[1+\dfrac{n}{2}x+\dfrac{1}{2}\dfrac{n}{2}\left(\dfrac{n}{2}-1\right)x^2\right] \tag{6-27}$$

单音调制时，$u_\Omega(t) = U_{\Omega m}\cos\Omega t$，则有

$$x = \frac{U_{\Omega m}}{U_D + U_Q}\cos\Omega t = m\cos\Omega t \tag{6-28}$$

其中，$m = \dfrac{U_{\Omega m}}{U_D + U_Q}$ 称为变容二极管的电容调制度。将式(6-28)代入式(6-27)，则

$$\begin{aligned} f &= f_c\left[1 + \frac{n}{2}m\cos\Omega t + \frac{1}{2}\frac{n}{2}\left(\frac{n}{2}-1\right)(m\cos\Omega t)^2\right] \\ &= f_c\left[1 + \frac{n}{8}\left(\frac{n}{2}-1\right)m^2 + \frac{n}{2}m\cos\Omega t + \frac{n}{8}\left(\frac{n}{2}-1\right)m^2\cos2\Omega t\right] \end{aligned} \tag{6-29}$$

调频波的中心频率为 $f_c\left[1 + \dfrac{n}{8}\left(\dfrac{n}{2}-1\right)m^2\right]$。可见，中心频率偏离了 f_c，偏离值为 $\dfrac{n}{8}\left(\dfrac{n}{2}-1\right)m^2 f_c$，这是由于调制特性非线性引起的，$m$ 越小，即调制电压幅值越小，中心频率的偏离值就越小。

在 m 足够小情况下，调频波的瞬时频率为

$$f \approx f_c + \frac{n}{2}mf_c\cos\Omega t = f_c + \Delta f\cos\Omega t \tag{6-30}$$

最大频偏为

$$\Delta f = \frac{n}{2}mf_c \tag{6-31}$$

可见，当 n 一定，即变容二极管选定后，减小 m，可以减小中心频率的偏离值，但最大频偏也减小。为兼顾最大频偏和非线性失真的要求，通常取 $m \approx 0.5$。

图 6-15(a)为变容二极管作为振荡回路总电容的原理电路，在高频工作频率下，1000pF 电容可视为短路，由此可得到简化的高频等效电路，如图 6-15(b)所示，回路电容只包含变容二极管的结电容 C_d。

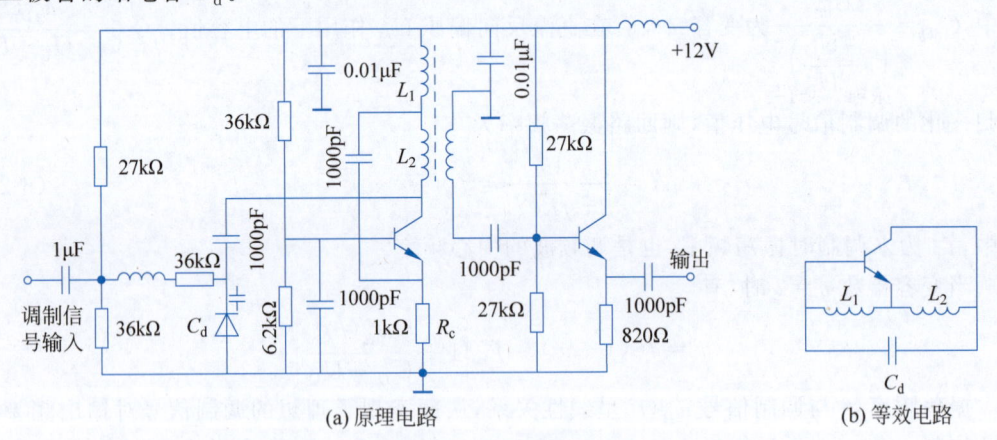

(a) 原理电路　　(b) 等效电路

图 6-15　变容二极管作为振荡回路总电容的调频电路

在实际的调频电路中，加在变容二极管两端的反向偏压除了 U_Q 和 $u_\Omega(t)$ 外，还必然作用着振荡器产生的高频振荡电压，变容二极管上叠加高频振荡电压对结电容的影响如图 6-16 所示。由于反向偏压 u 上叠加着高频振荡电压 $u_{FM}(t)$，因此

$$u = U_Q + u_\Omega(t) + u_{FM}(t)$$

此时,变容二极管的等效电容叠加了上下摆动的高频信号,必然影响着输出频率的变化情况。可见,高频电压不仅影响着振荡频率随调制信号的变化情况,还会影响振荡频率的稳定性。为了减小这种影响,实际电路中总是力求减小加到变容二极管两端的高频电压,为此采用小频偏变容二极管调频电路。

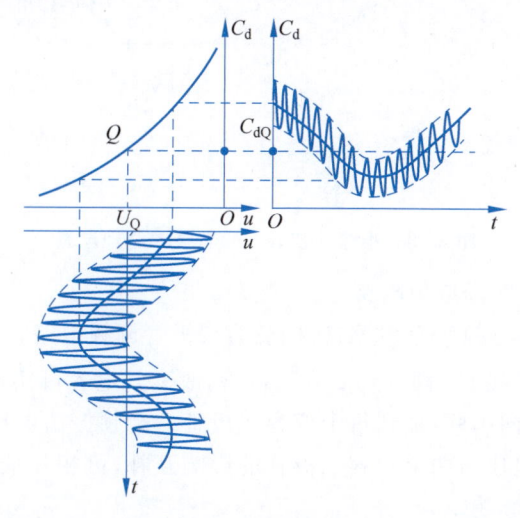

图 6-16　变容二极管上叠加高频振荡电压对结电容的影响

4. 小频偏变容二极管调频电路

变容二极管作为振荡回路总电容时,它的最大优点是调制信号对振荡频率的调变能力强,即调频灵敏度高,较小的 m 值就能产生较大的相对频偏。但同时因温度等外界因素变化引起反向偏压变化时,造成载波频率的不稳定也必然相对增大,而且振荡回路上的高频电压又全部加到变容二极管上。为了克服这些缺点,可以采用小频偏调制。

小频偏调制,大多用于无线电调频广播、电视台的伴音系统和小容量无线多路通信设备。它们的频偏范围在几十到几百千赫。小频偏调制中,变容二极管部分接入振荡回路,如图 6-17 所示。图中,变容二极管结电容 C_d 先和 C_2 串接,再和 C_1 并接。

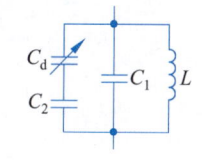

电容 C_2 的作用是使变容二极管部分接入振荡回路,由于 C_2 的分压,加到变容二极管上的高频振荡电压也相应减小,因此提高了中心频率的稳定性。同时,由于高频电路中存在分布电容,接入并联电容 C_1 可进一步提高稳定性,但频偏进一步减小。

图 6-17　变容二极管部分接入振荡回路

如图 6-18 所示是一个小频偏变容二极管调频的原理电路。图中 V_1 是音频放大器,V_2 是高频振荡器,L、C_1、C_2、C_d 组成振荡谐振回路,其中 C_1 代表谐振回路电容的固定部分,C_d 是变容二极管的电容,C_2 是变容二极管和回路之间的耦合电容。对直流和音频而言,C_2 是开路,以防止 C_d 上的直流偏压和音频电压对振荡电路的影响;对高频而言,C_2 与 C_d 串起来作为回路电容的一部分。R_c 是音频放大器的集电极负载电阻,ZL 是高频扼流圈,对直流及音频而言,ZL 阻抗可以忽略不计,故 R_c 上的直流及音频电压可以加到变容二极管上,其中直流电压就作为变容二极管的直流偏压(U_Q),音频电压用来改变 C_d 的容量。对高频而言,ZL 相当于开路,从而防止了高频对音频电路的影响。值得提出的是加于变容二极管上的电压有三个,它们的大小应是这样的关系:为了避免高频电压对二极管电容的作用,高频电压应比音频电压小得多;为了减小失真,音频电压应为偏压的一半以下。

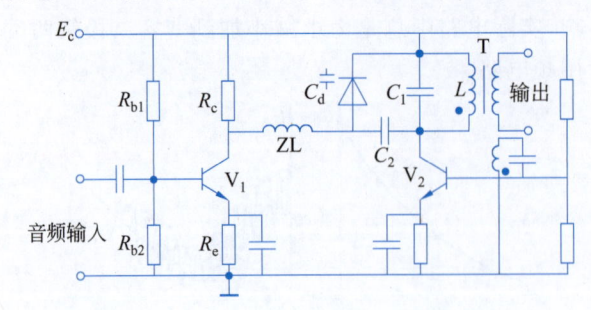

图 6-18 小频偏变容二极管调频原理电路

5. 变容二极管调频实际应用电路

如图 6-19 所示是中心频率为 36MHz 的变容二极管调频电路。以三极管 V_1 为核心构成西勒振荡器,音频电压经 C_7 耦合到变容二极管,改变其电容可实现调频,调频信号由 C_8 送出。两变容二极管反向串联,加到每个变容二极管的高频振荡电压为只用一个变容二极管电压的一半,且振荡电压对两个变容二极管的影响互补,可相互抵消,因此减小了高频电压对变容二极管电容的影响。

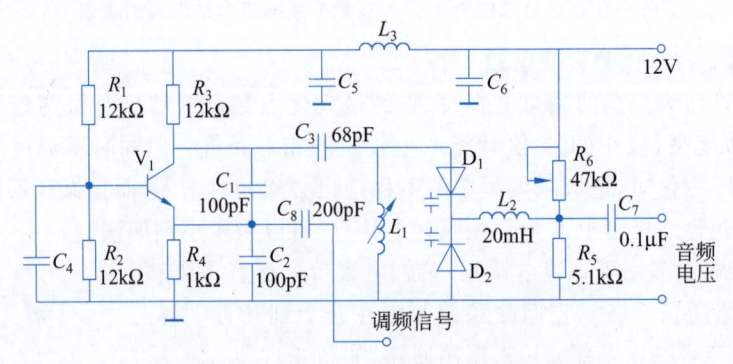

图 6-19 变容二极管调频实际应用电路(一)

如图 6-20 所示为另一种变容二极管应用电路及交流通路,图中,变容二极管依然采用对接形式,同样目的是减小高频电压对变容二极管电容的影响,但频偏减小。

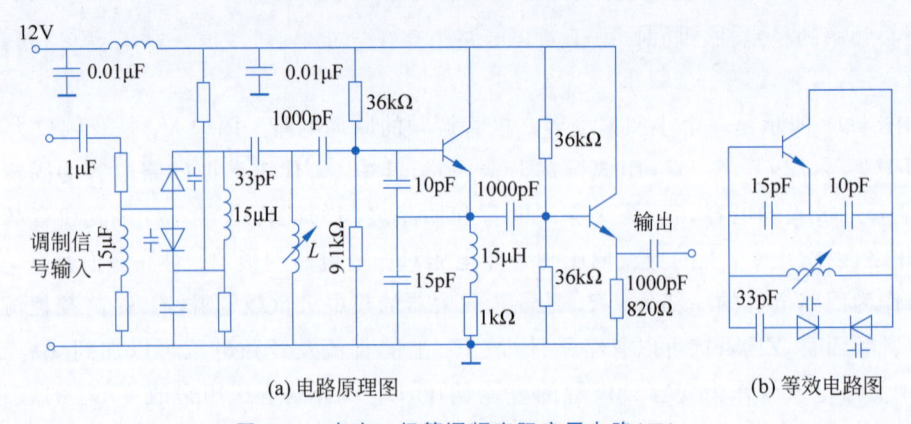

(a) 电路原理图   (b) 等效电路图

图 6-20 变容二极管调频实际应用电路(二)

例 6-3 变容二极管直接调频电路和变容二极管的电容特性如图 6-21 所示。
(1) 试画出振荡部分简化交流通路,说明构成了何种类型的振荡电路;
(2) 画出变容二极管的直流通路、调制信号通路,并分析调频电路的工作原理;
(3) 当调制电压 $u_\Omega(t) = \cos(4\pi \times 10^4 t)$ V 时,试求调频信号的中心频率 f_c 和最大频偏 Δf;
(4) 若载波是振幅为 2V 的余弦信号,写出输出调频信号的表达式 $u_{FM}(t)$。

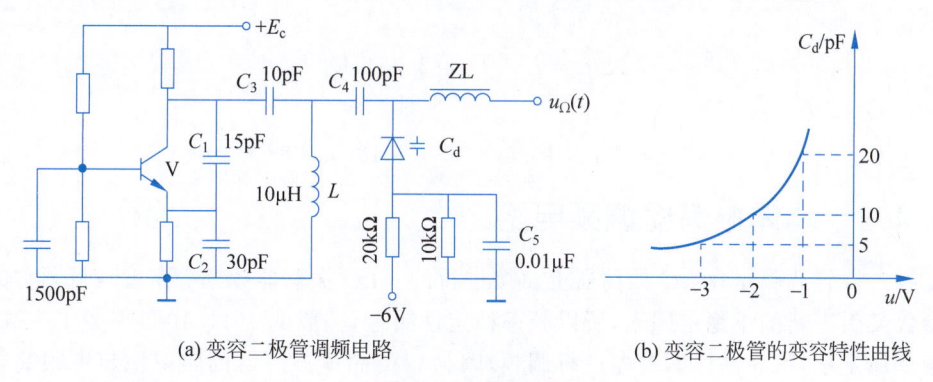

(a) 变容二极管调频电路   (b) 变容二极管的变容特性曲线

图 6-21 例 6-3 图

解 (1) 振荡部分简化交流通路如图 6-22 所示,构成了西勒电路。
(2) 在绘制变容二极管直流通路时,应将交流信号源(即调制信号 $u_\Omega(t)$)置 0,同时 ZL 短路,C_4、C_5 开路。在绘制调制信号通路时,应将直流信号源(-6V)置 0,同时 ZL、C_5 短路,C_4 开路。由此可得变容二极管直流通路和调制信号通路分别如图 6-23(a)和(b)所示。

图 6-22 简化交流通路

(a) 变容二极管直流通路   (b) 调制信号通路

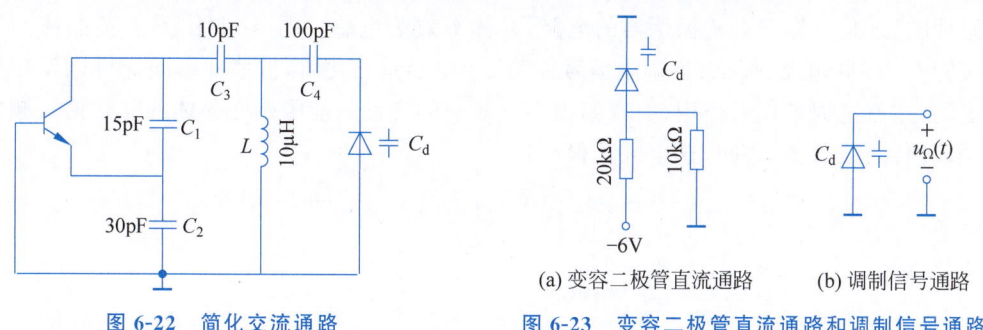

图 6-23 变容二极管直流通路和调制信号通路

利用变容二极管调频,首先要将变容二极管接在振荡器回路中,使其结电容成为回路电容的一部分。图 6-21(a)中,V 是高频振荡电路,L、C_1、C_2、C_3、C_4、C_d 构成了选频网络。

对直流和音频而言,ZL 可看作短路,因而调制电压 $u_\Omega(t)$ 可以加到变容二极管两端。

当调制电压 $u_\Omega(t)$ 加在变容二极管两端时,使加在变容二极管上的反向电压受 $u_\Omega(t)$ 控制;从而使得变容二极管的结电容 C_d 受 $u_\Omega(t)$ 控制;则回路总电容 C_Σ 也要受 $u_\Omega(t)$ 控制;最后使得振荡器的振荡频率受 $u_\Omega(t)$ 控制,即瞬时频率随 $u_\Omega(t)$ 的变化而变化,从而实现了调频。

(3) 由图 6-21(b),当调制信号为 0 时,$C_d = 10\text{pF}$,回路总电容

$$C_\Sigma = \cfrac{1}{\cfrac{1}{C_1} + \cfrac{1}{C_1} + \cfrac{1}{C_1}} + \cfrac{1}{\cfrac{1}{C_4} + \cfrac{1}{C_d}} \approx 5 + 9.09 = 14.09\text{pF}$$

$$f_c = \frac{1}{2\pi\sqrt{LC_\Sigma}} \approx 13.4\text{MHz}$$

当调制电压取最大值 1V 时，$C_d=5\text{pF}$，回路总电容 $C_\Sigma \approx 5+4.76=9.76\text{pF}$

振荡频率

$$f = \frac{1}{2\pi\sqrt{LC_\Sigma}} \approx 16.1\text{MHz}$$

最大频偏

$$\Delta f = f - f_c = 2.7\text{MHz}$$

(4) $m_f = \Delta f/F = 135$

$$u_{\text{FM}}(t) = 2\cos[2\pi \times 13.4 \times 10^6 t + 135\sin(4\pi \times 10^4 t)]\text{V}$$

6.4.2 晶体振荡器调频电路

变容二极管调频是在 LC 振荡器上直接进行的。LC 振荡器频率稳定度较低，再加上变容管参数又引进新的不稳定因素，所以频率稳定性更差，一般低于 1×10^{-4}。为了提高调频器的频率稳定度，可对晶体振荡器进行调频，因为石英晶体振荡器的频率稳定度很高，可做到 1×10^{-6}。所以，在要求频率稳定度较高、频偏不太大的场合，用石英晶体振荡器调频较合适。

1. 石英晶体振荡器变容管调频电路

(1) 石英晶体振荡器变容管直接调频原理。

图 6-24 是石英晶体振荡器变容管直接调频原理电路图。图 6-24(a)是一种常用的晶振电路原理图，这是电容三点式振荡器的电路，晶体等效为电感。图 6-24(b)是石英晶体与变容二极管 C_d 串联电路，那么，当调制信号控制 C_d 电容量变化时，振荡频率同样可以发生微小的变动，这就完成了调频作用，但频偏很小。频率的变动只能限制在晶体的并联谐振频率 f_p 与串联谐振频率 f_s 之间，这个区间很小。

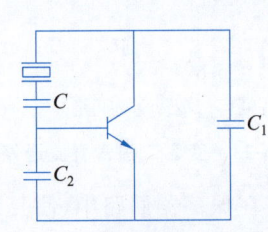

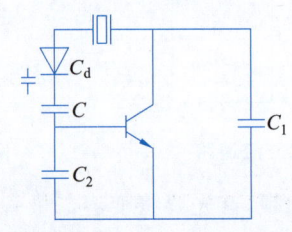

(a) 常用晶振电路　　(b) 石英晶体与变容二极管串联电路

图 6-24　石英晶体振荡器变容管直接调频原理电路图

(2) 石英晶体振荡器变容管直接调频实用电路。

如图 6-25 所示是中心频率为 36MHz 的晶体振荡器直接调频实际电路。C_6、L_2 谐振在 36MHz 频率上，对 12MHz 可视为短路，V_2 与 C_4、C_5 及晶振 JT、C_d、C_3 构成电容三点式振荡器，12MHz 晶体等效为电感，音频电压经 V_1 放大后，加在变容二极管 C_d 两端，改变其电容实现调频。R_3、R_4 为变容二极管提供反向偏压，C_3 用来微调中心频率，由于 C_6、L_2 谐振在 36MHz 频率，所以本电路在完成晶体调频同时，兼有三倍频功能，输出中心频率为 36MHz 调频信号。

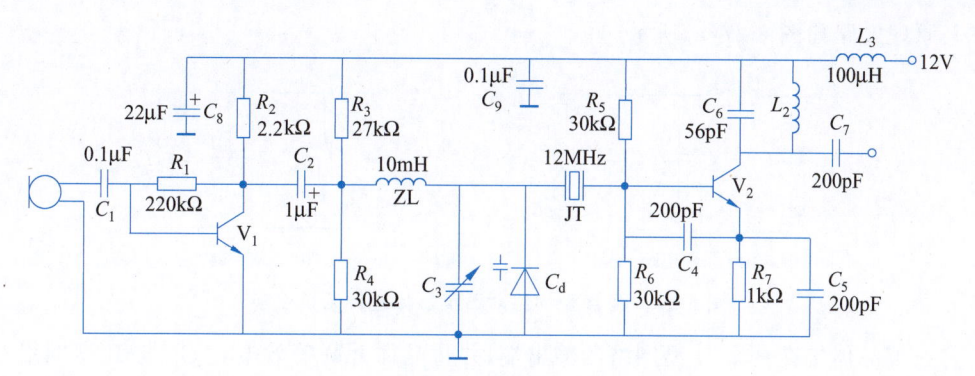

图 6-25　晶体振荡器直接调频实用电路

2. 扩展最大频偏的方法

晶体振荡器调频,可以获得较高的中心频率稳定度,但相对频偏只能达到 0.01% 左右。因此,利用晶体振荡器直接调频产生 FM 信号时必须扩展频偏。

(1) 利用倍频和混频器分别扩展绝对频偏和相对频偏。

瞬时频率为 $\omega = \omega_c + \Delta\omega\cos\Omega t$ 的调频信号,经过 n 次倍频后,输出信号的频率将变为

$$n\omega = n\omega_c + n\Delta\omega\cos\Omega t$$

可见,倍频器可在保持调频信号的相对频偏不变的情况下,成倍扩展其最大频偏(绝对频偏)。

将调频信号通过混频器,设本振信号频率为 ω_L,则混频器输出的调频信号频率为 $\omega_c - \omega_L + \Delta\omega\cos\Omega t$。

可见,混频器可在保持最大频偏不变的情况下,改变调频信号的相对频偏。

图 6-26 所示为调频广播发射机组成框图及扩展频偏示意图。由图可见,间接调频产生的调频波载频为 100kHz,频偏很小,只有 48.83Hz,为此需要进行扩展频偏。首先经过 96 倍倍频电路扩展绝对频偏,此时输出调频波载频变为 9.6MHz,频偏变为 4.688kHz;然后再通过混频器扩展相对频偏,产生了载频为 6.25MHz 的调频波输出;最后通过 16 倍倍频电路进一步扩展绝对频偏,最终产生了载频 100MHz 频偏为 75kHz 的调频波输出。

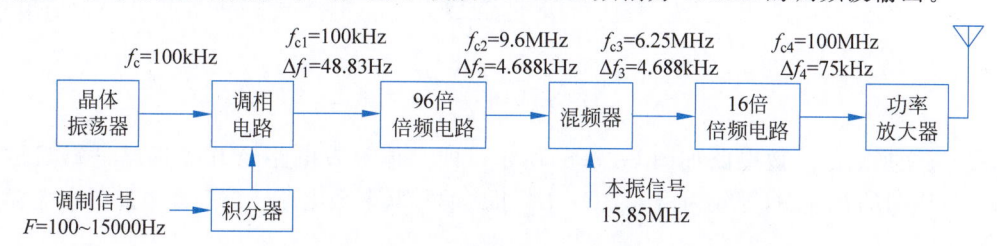

图 6-26　调频广播发射机组成框图及扩展频偏示意图

(2) 利用晶体支路串联电感来扩展频偏。

在晶体支路中串联一个小电感,使晶体的串联谐振频率从 f_s 降低到 f_{s1},扩展 f_s 到 f_p 之间的范围,相对频偏达到 0.1% 左右。

(3) 用 Ⅱ 型网络变换来获得较大频偏。

因晶体的串联等效电容 C_q 很小,并联电容 C_0 较大,使变容管与振荡回路的耦合非常弱,频率可调范围很小,而采用 Ⅱ 网络进行阻抗变换,抵消了并联电容 C_0 的作用,使频偏加

大。其原理电路如图 6-27(a)所示。

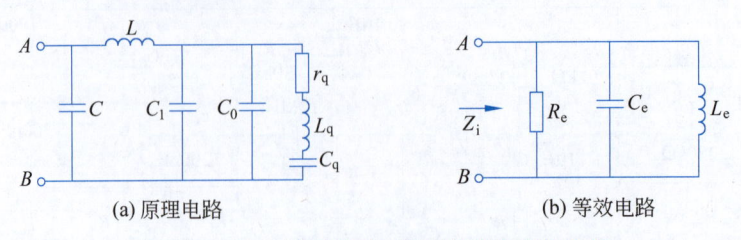

(a) 原理电路　　(b) 等效电路

图 6-27　用 Π 型网络对石英晶体进行阻抗变换

将石英晶体接在一个 Π 型网络的输出端,并将晶体并联等效电容 C_0 与 Π 型网络右边电容 C_1 合并,使 $C_1+C_0=C$,这时,晶体等效的串联支路就成了对称 Π 型网络的负载,负载阻抗用 Z_L 表示,即

$$Z_L = r_q + j\omega L_q + \frac{1}{j\omega C_q}$$

又根据四端网络理论,在 $\omega=\omega_0$(谐振频率)时,对称 LC Π 型网络的特性阻抗 $Z_C=\sqrt{\dfrac{L}{C}}$。其输入阻抗 $Z_i=\dfrac{Z_C^2}{Z_L}$,即

$$Z_i = \frac{L}{C} \cdot \frac{1}{r_q + j\omega L_q + \dfrac{1}{j\omega C_q}}$$

输入导纳

$$Y_i = \frac{C}{L}\left(r_q + j\omega L_q + \frac{1}{j\omega C_q}\right) = \frac{1}{R_e} + j\omega C_e + \frac{1}{j\omega L_e}$$

其中,

$$\begin{cases} R_e = \dfrac{L}{Cr_q} \\ C_e = \dfrac{CL_q}{L} \\ L_e = \dfrac{LC_q}{C} \end{cases} \tag{6-32}$$

经过变换后的等效电路如图 6-27(b)所示。即晶体等效电路经 Π 型网络进行阻抗变换,从 AB 两端看进去,等效为由 R_e、C_e、L_e 组成的并联谐振电路。该等效电路的谐振频率 f_e 为

$$f_e = \frac{1}{2\pi\sqrt{L_e C_e}}$$

将式(6-32)代入上式,得

$$f_e = \frac{1}{2\pi\sqrt{L_q C_q}} = f_s \tag{6-33}$$

由式(6-33)可知,从 AB 两端向右看进去的等效并联电路,其谐振频率恰好等于石英晶体的串联谐振频率。说明经过 Π 型网络变换并不改变石英晶体的谐振频率,从而保证了调频时

振荡频率的稳定性。

在实际应用时,须将 AB 两端接入振荡回路,并要求 AB 两端向右看进去等效于一个电感元件。因此,只要工作在比 f_s 低的频率上,等效并联回路总是呈感性的。这样,AB 两端呈感性的频率范围就比原石英晶体呈感性的频率范围($f_s \sim f_p$)大幅地展宽了。

6.4.3　调相和间接调频电路

在直接调频电路中,为了提高中心频率的稳定度,必须采取一些措施。在这些措施中,即使对晶体振荡器直接调频,其中心频率稳定度也不如不调频的晶体振荡器的频率稳定度高,而且其相对频移太小。为了提高调频器的频率稳定度,还可以采用间接调频的方法。所谓间接调频是指由调相波变为调频波,即调制不是在振荡上直接进行的,而是在振荡器后边的调相器中进行。

间接调频的关键电路是调相电路。调相也可以有多种方法,这里介绍一种常用的失谐法,如图 6-28(a)所示。将载频信号电流 $\dot{I}$(通常是来自晶体稳频的振荡器),引到谐振电路上。谐振电路含有变容元件,其电容量 C_d 受调制信号的控制。不调制时为 C_{dQ},电路处于谐振状态,输出电压 $\dot{U}$ 与输入的 $\dot{I}$ 同相位。调制时,电容变为 $C_d = C_{dQ} + \Delta C$,其中 ΔC 随调制电压变,造成电路失谐,使 $\dot{U}$ 相对于 $\dot{I}$ 有相位差 $\Delta\theta$。

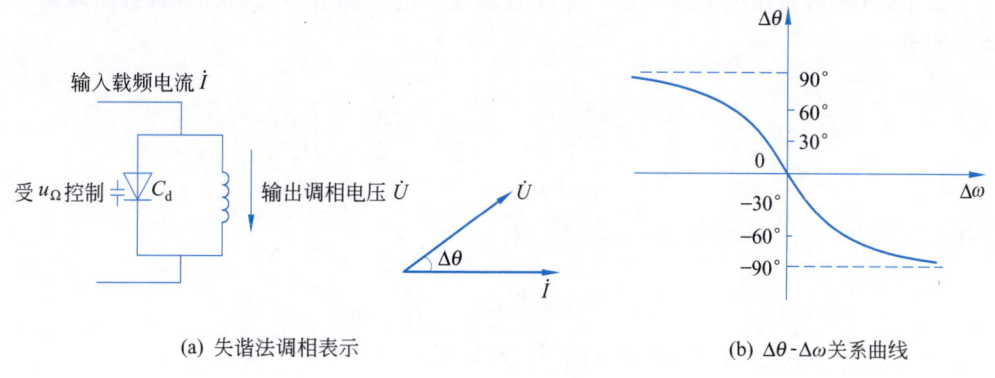

(a) 失谐法调相表示　　　　　　(b) $\Delta\theta$-$\Delta\omega$ 关系曲线

图 6-28　失谐法调相

根据并联谐振回路的特性,在失谐量不大时,有

$$\Delta\theta = -\arctan Q \frac{2\Delta\omega}{\omega_c} \tag{6-34}$$

其中,Q 为并联谐振回路的品质因数,$\Delta\omega = \omega - \omega_c$ 表示频偏。以上关系的曲线表示如图 6-28(b)所示。

当 $|\Delta\theta| < 30°$ 时,$\Delta\theta$-$\Delta\omega$ 的关系基本是线性的,式(6-34)可近似为

$$\Delta\theta = -2Q \frac{\Delta\omega}{\omega_c} \tag{6-35}$$

单音调制时,设 $u_\Omega(t) = U_{\Omega m}\cos\Omega t$,当 $U_{\Omega m}$ 足够小,使得 m 足够小情况下,根据式(6-30),$\Delta\omega = \frac{n}{2}m\omega_c\cos\Omega t$,因此

$$\Delta\theta = -Qnm\cos\Omega t \tag{6-36}$$

式(6-36)表明,单级 LC 谐振回路在满足 $|\Delta\theta|<30°$ 时,回路输出电压的相移与输入调制信号 $u_\Omega(t)$ 成正比,可以获得线性调相。

如图 6-29(a)所示为在调制信号回路中加一个 RC 转换网络。这是一个积分网络,其参数应满足以下条件,即

$$\frac{1}{\Omega C} \ll R$$

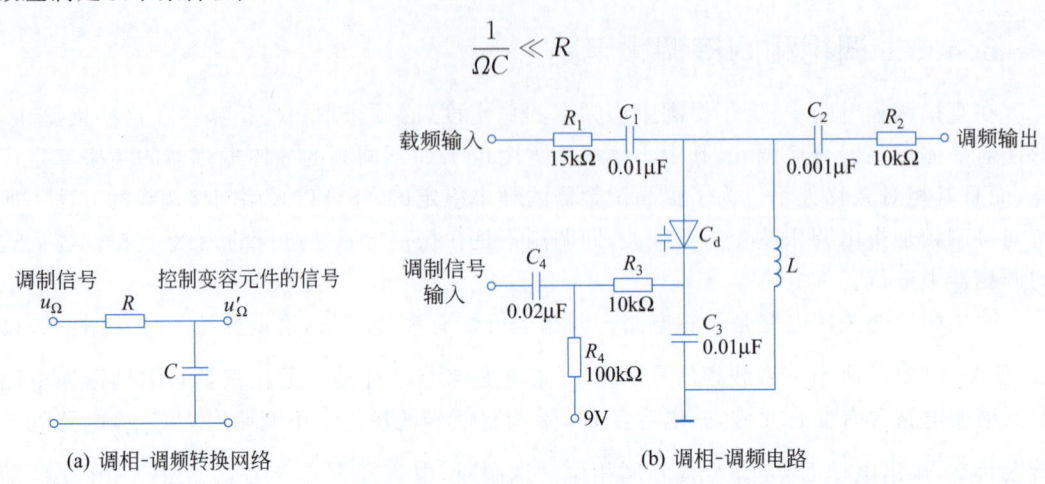

图 6-29　失谐法调相-调频电路

(a) 调相-调频转换网络

(b) 调相-调频电路

在这个条件下,其输出电压幅值 $U'_{\Omega m}$ 不仅与输入电压幅值 $U_{\Omega m}$ 成正比,且与频率 Ω 成反比。即有

$$U'_{\Omega m}=U_{\Omega m}\frac{\frac{1}{\Omega C}}{\sqrt{R^2+\left(\frac{1}{\Omega C}\right)^2}} \approx U_{\Omega m}\frac{\frac{1}{\Omega C}}{R}=\frac{U_{\Omega m}}{\Omega CR} \propto \frac{U_{\Omega m}}{\Omega}$$

如果用 u'_Ω 控制变容元件,则由式(6-36)知,有

$$\Delta\theta_m \propto U'_{\Omega m} \propto \frac{U_{\Omega m}}{\Omega} \tag{6-37}$$

$\Delta\theta_m$ 不仅与 $U_{\Omega m}$ 成正比,且与 Ω 成反比,符合调频要求。

图 6-29(b)所示电路是一个采用失谐法调相而获得间接调频的例子。图中 C_d、C_3 和 L 组成并联谐振电路($C_d \ll C_3$,C_d 起主要作用)。C_d 的偏压由电源 E 通过 R_4、R_3 供给;调制信号 u_Ω 通过 C_4、R_3 和 C_3 引到变容管。C_4、R_3 用来隔开 u_Ω 和 E 之间的相互影响(C_4 隔直流而通交流,R_4 通直流而防止 u_Ω 被 E 短路)。R_3、C_3 是调相-调频转换积分网络。u_Ω 通过 R_3、C_3 变为 u'_Ω 加到 C_d 上。C_1、C_2 对高频短路,而对调制信号开路。R_1 和 R_2 是谐振回路输入和输出端上的隔离电阻,用来防止并联谐振电路与前后级之间的相互影响。

上面已指出,为了调相线性,$\Delta\theta_m$ 不宜超过 30°。相应的最大频移 $\Delta\omega_m$ 也不大,这样的调制深度是不够的。为了加大调制深度,常采用倍频法,即在较低的载频下进行调相,然后借助于倍频器将载频提高若干倍,则 $\Delta\theta_m$ 和 $\Delta\omega_m$ 也将同样提高若干倍。此外,还可将若干调相级前后串起来(但要防止前后级谐振电路间的相互影响),则总的相移为各级相移之和,从而也提高了调制深度。

图 6-30(a)所示为单级变容二极管调相电路。由晶体管组成单调谐放大器,电感 L、电容 C_1、电容 C_2 与变容管组成并联谐振回路,电容 C_3、C_4、C_5 为耦合电容。载波信号经 C_3

加入，调制信号从 C_5 加入，调相信号从 C_4 输出。

如果单级的相移不够，为增大 m_p，可以采用多级单回路变容管调相电路级联。图 6-30(b) 所示为采用三级单回路级联构成的电路。

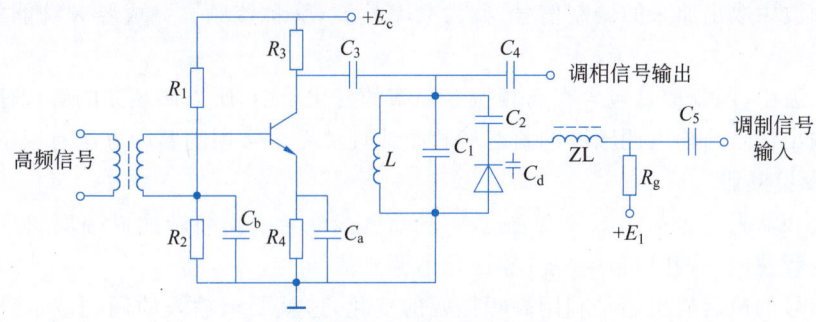

(a) 单级变容二极管调相电路

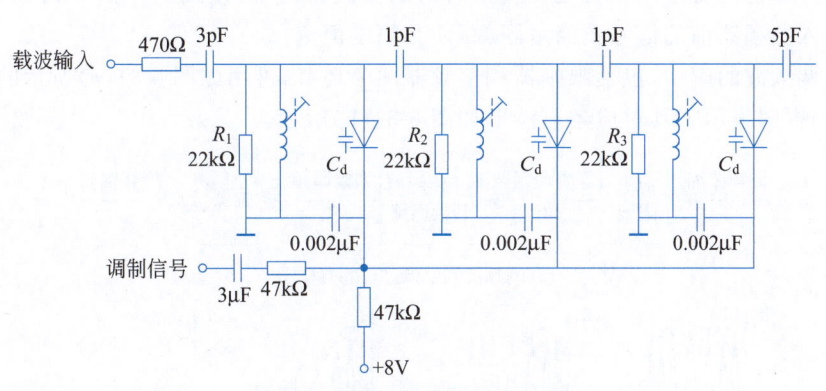

(b) 采用三级单回路级联构成的电路

图 6-30 变容二极管调相电路

图 6-30(b)中，每个回路都由变容管调相，而各变容管的电容均受同一调制信号调节。每个回路的 Q 值可由电阻 R_1、R_2、R_3 调节，以使三个回路产生相等的相移。为了减小各回路之间的相互影响，各级回路之间都用 1pF 的小电容耦合。这样，电路总相移近似等于三级回路相移之和。因此，电路可在 90°范围内得到线性调相。

复习思考题

1. 什么是变容二极管，变容二极管调频时应工作在什么偏压状态？
2. 变容二极管调频的基本原理是什么？
3. 变容二极管直接调频电路中，提高中心频率的稳定性有哪些措施，反向偏压 U_Q 有什么作用？
4. 变容二极管作为回路总电容的直接调频电路有何优缺点，如何改进？
5. 图 6-18 变容管部分接入振荡回路的调频电路中，电容 C_1、C_2 的作用是什么？
6. 晶振调频电路是如何构成的，其扩展频偏的方法有哪些？
7. 什么是间接调频？为什么要采用间接调频？

6.5 调频波的解调

从调频波中取出原来的调制信号,称为频率检波,又称鉴频。完成鉴频功能的电路,称为鉴频器。

在调频波中,调制信息包含在高频振荡频率的变化量中,所以调频波的解调任务就是要求鉴频器输出信号与输入调频波的瞬时频移呈线性关系。常用的鉴频方法有以下三种。

1. 斜率鉴频器

这种鉴频器先将等幅的调频波通过频率-幅度线性转换网络转换成幅度随瞬时频率变化的调幅调频波,然后利用包络检波器还原出调制信号。

由于信号的最后检出还是利用高频振幅的变化,这就要求输入的调频波本身不带有寄生调幅。否则,这些寄生调幅将混在转换后的调幅调频波中,使最后检出的信号受到干扰。为此,在输入鉴频器前的信号要经过限幅,使其幅度恒定。

这样,调频波的解调,包括限幅器和鉴频器两个环节,可用如图6-31(a)所示的调频波的解调方程的框图表示。其对应各点波形如图6-31(b)所示。

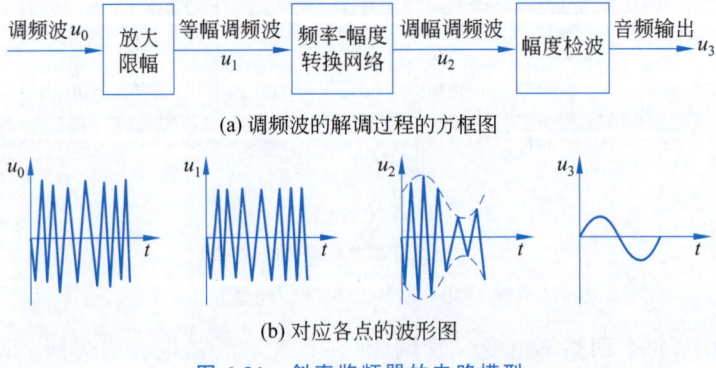

(a) 调频波的解调过程的方框图

(b) 对应各点的波形图

图 6-31 斜率鉴频器的电路模型

2. 相位鉴频器

相位鉴频器是将调频波通过频率-相位变换网络变成调频调相波,使变换后的调频波的附加相移与瞬时频率的变化成正比,然后通过相位检波器检出调制信号,相位鉴频器的电路模型如图6-32所示。

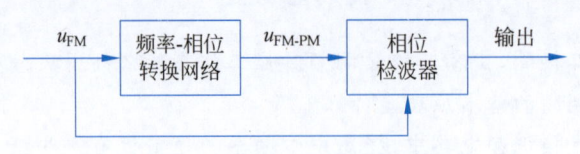

图 6-32 相位鉴频器的电路模型

3. 脉冲计数式鉴频器

脉冲计数式鉴频器是将调频波通过非线性转换网络,使其变成调频脉冲序列,由于该脉冲序列包含随瞬时频率变化的平均分量,因而通过低通滤波器即可得到反映平均分量变化的调制信号。

除此之外,在集成电路调频机中还采用移相乘积鉴频器。

鉴频器的类型很多,根据它们的工作原理,可分为斜率鉴频器、相位鉴频器、比例鉴频器和脉冲计数式鉴频器等。下面先介绍鉴频器的质量指标,再介绍各类型鉴频器,最后介绍限幅器。

6.5.1 鉴频器的质量指标

1. 鉴频跨导 g_d

鉴频器的输出电压 u_Ω 与输入调频信号瞬时频偏 Δf 的关系,可用图 6-33 所示的鉴频特性曲线表示。由于曲线形状与 S 相似,一般称为 S 曲线。所谓鉴频跨导 g_d,是指 S 曲线的中心频率 f(图 6-33 的 $\Delta f=0$ 处)附近输出电压 u_Ω 与频偏 Δf 的比值,g_d 又叫鉴频灵敏度,它表示单位频偏所产生输出电压的大小。鉴频曲线越陡,鉴频灵敏度越高,说明在较小的频偏下就能得到一定电压的输出。因此鉴频跨导 g_d 大些好。

2. 鉴频频带宽度 B

这指的鉴频特性近于直线的频率范围。在图 6-33 中就是两弯曲点之间的范围 B,称 $2\Delta f_m$ 为频带宽度。一般要求 B 大于输入调频波频偏的 2 倍。

3. 非线性失真

在频带 B 内鉴频特性只是近似线性,也存在着非线性失真,我们希望非线性失真尽量小。

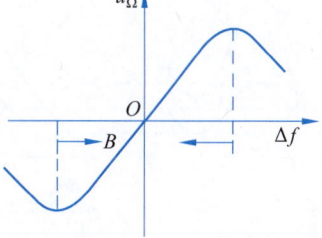

图 6-33 鉴频特性曲线

6.5.2 斜率鉴频器

1. 单失谐回路斜率鉴频器

单失谐回路斜率鉴频器由失谐单谐振回路和晶体二极管包络检波器组成,其电路如图 6-34 所示。其谐振电路不是调谐于调频波的载波频率,而是比它高或低一些,形成一定的失谐。由于这种鉴频器是利用并联 LC 回路幅频特性的倾斜部分将调频波变换成调幅调频波,故通常称它为斜率鉴频器。

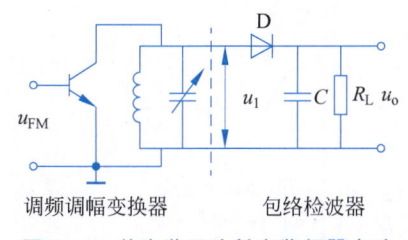

图 6-34 单失谐回路斜率鉴频器电路

斜率鉴频器的工作原理如图 6-35 所示。在实际调整时,为了获得线性的鉴频特性曲线,总是使输入调频波的中心频率处于谐振特性曲线中接近直线段的中点,如图 6-35 所示的 M(或 M')点。这样,谐振电路电压幅度的变化将与频率呈线性关系,就可将调频波转换成调幅调频波。再通过二极管对调幅波的检波,便可得到调制信号 u_Ω。

单失谐回路斜率鉴频器的性能在很大程度上取决于谐振电路的品质因数 Q。图 6-35 上画了两种不同 Q 值的曲线。由图可见,如果 Q 低,则谐振曲线倾斜部分的线性较好,在调频转换为调幅调频过程中失真小。但是,转换后的调幅调频波幅度变化小,对于一定频移而言,所检得的低频电压也小,即"鉴频灵敏度"低。反之,如果 Q 高,则鉴频灵敏度可提高,但谐振曲线的线性范围变窄。当调频波的频偏大时,失真较大。图 6-35 中曲线①和②为上述两种情况的对比。

应该指出,该电路的线性范围与灵敏度都是不理想的。所以,单失谐回路斜率鉴频器一般用于质量要求不高的简易接收机中。

2. 双失谐回路斜率鉴频器

为了改善斜率鉴频器的线性,可以采用双失谐回路斜率鉴频器,也称为参差调谐鉴频器。这个电路是由两个单失谐回路斜率鉴频器构成的,其电路如图 6-36 所示。其中,第一个回路的谐振频率 f_1 高于调频波的中心频率 f_c,第二个回路的谐振频率 f_2 低于 f_c,它们相对于 f_c 有一失谐量 $\pm \Delta f_c$,如图 6-37(a)所示。

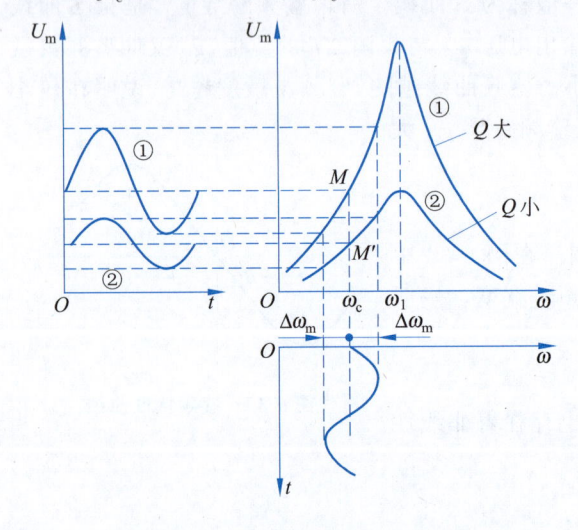

图 6-35　斜率鉴频器的工作原理

图 6-36　参差调谐鉴频器的电路

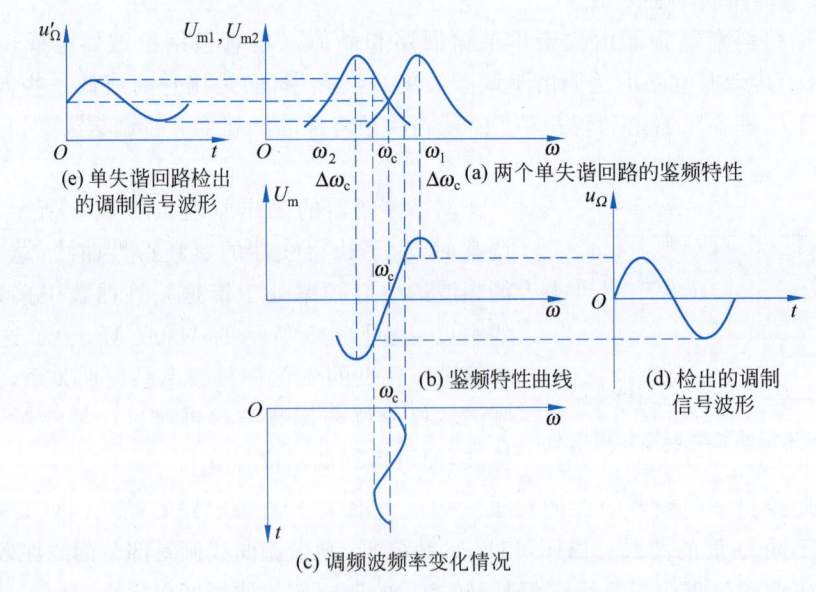

图 6-37　参差调谐鉴频器的工作原理

每个鉴频器的输出 U_{o1}、U_{o2}（直流）分别正比于谐振电路的交流电压 U_{m1}、U_{m2}，即

$$U_{o1} = \eta_d U_{m1}$$
$$U_{o2} = \eta_d U_{m2}$$

其中，η_d 为二极管 D_1、D_2 的检波效率。

总的输出电压 U_o 为两者之差，即

$$U_o = U_{o1} - U_{o2} = \eta_d (U_{m1} - U_{m2})$$

对于中心频率 f_c，两个回路的失谐量相等 $U_{m1} = U_{m2}$，从而总输出 U_o 为零。当频率自 f_c 往高偏移时，U_{m1} 增大而 U_{m2} 减小，从而 U_o 增大。反之，当频率自 f_c 往低偏移时，U_{m1} 减小而 U_{m2} 增大，如图 6-37(b) 所示。由图可以看出，U_o 对 f 的曲线呈 S 形，故称为 S 曲线，其形状与 S 方向一致，称为正 S 曲线，它表示了鉴频器的鉴频特性具有较好的线性。如果信号为调频波，其频率变化情况如图 6-37(c) 所示，则可借助于 S 曲线，得出相应的 U_o 曲线。此曲线即为检出的调制信号 u_Ω 的轨迹，如图 6-37(d) 所示。如果该调频波信号借助于 U_{m1} 曲线，则检出调制信号为 u'_Ω，如图 6-37(e) 所示。

参差调谐放大器和单失谐的斜率鉴频器相比，显然，其鉴频特性的灵敏度、线性范围都大有改善。但是其要求上下两个回路严格对称，三个回路要分别调谐到三个不同的准确频率上，给实际调整增加了困难。

例 6-4 已知双失谐回路斜率鉴频器及鉴频特性如图 6-38 所示，输入调频信号为

$$u_{FM}(t) = 10\cos[2\pi \times 7 \times 10^7 t + 50\sin(2\pi \times 10^5 t)]V$$

试回答下列问题：

(1) 判断上下两个谐振回路中，哪个回路的谐振频率较高？
(2) 鉴频器中心频率 f_c 为多少？输入信号的频偏 Δf 为多少？
(3) 鉴频器的鉴频灵敏度 g_d 为多大？
(4) 写出鉴频器的输出信号 $u_o(t)$ 的表达式。

(a) 双失谐回路斜率鉴频器 (b) 鉴频特性

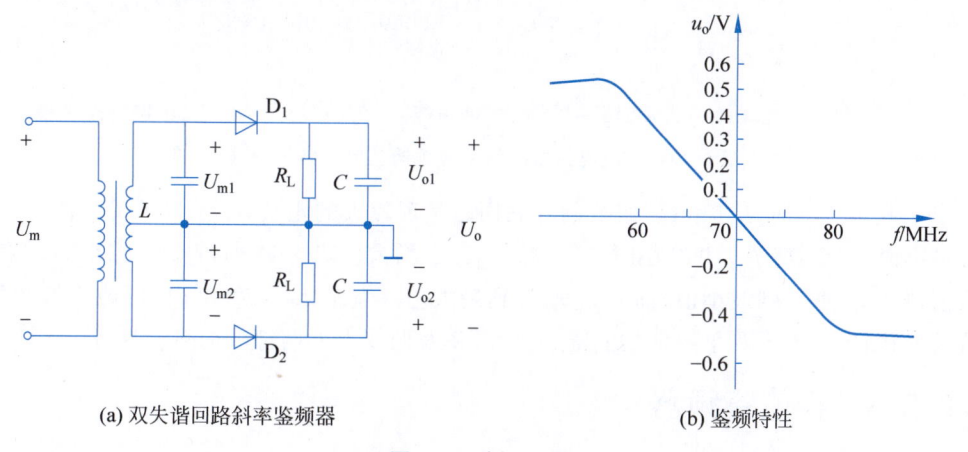

图 6-38 例 6-4 图

解 (1) 鉴频特性曲线为反 S 曲线，因此，下面那个谐振回路的谐振频率较高。
(2) 根据图 6-38(b)，鉴频器中心频率 $f_c = 70MHz$。

$$\Delta f = m_f F = 50 \times 10^5 MHz = 5MHz$$

(3) 根据图 6-38(b)，$g_d = \dfrac{-0.2}{5} V/MHz = -0.04 V/MHz$。

（4）根据输入调频波的数学表达式，有

$$\theta(t) = 2\pi \times 7 \times 10^7 t + 50\sin(2\pi \times 10^5 t)$$

因此

$$\omega(t) = \frac{d\theta(t)}{dt} = 2\pi \times 7 \times 10^7 + 50 \times 2\pi \times 10^5 \cos(2\pi \times 10^5 t) = \omega_c + \Delta\omega(t)$$

$$\Delta f(t) = 5 \times 10^6 \cos(2\pi \times 10^5 t) \text{Hz} = 5\cos(2\pi \times 10^5 t) \text{MHz}$$

$$u_o(t) = g_d \Delta f(t) = -0.04 \times 5\cos(2\pi \times 10^5 t) \text{V} = -0.2\cos(2\pi \times 10^5 t) \text{V}$$

3. 集成电路中的斜率鉴频器

如图 6-39(a)所示为集成电路中常使用的斜率鉴频器电路。T_3 发射结和 C_3 组成包络检波器。T_5 和 T_6 为差分对放大器。频幅转换网络由外接的 L_1、C_1 和 C_2 构成。频幅转换网络有两个谐振频率，分别是 L_1、C_1 组成的并联谐振频率为 f_{01}，以及 L_1、C_1 和 C_2 组成的串并联谐振频率为 f_{02}，并且 $f_{01} > f_{02}$，鉴频特性曲线如图 6-39(b)所示。

(a) 集成电路中的斜率鉴频器电路

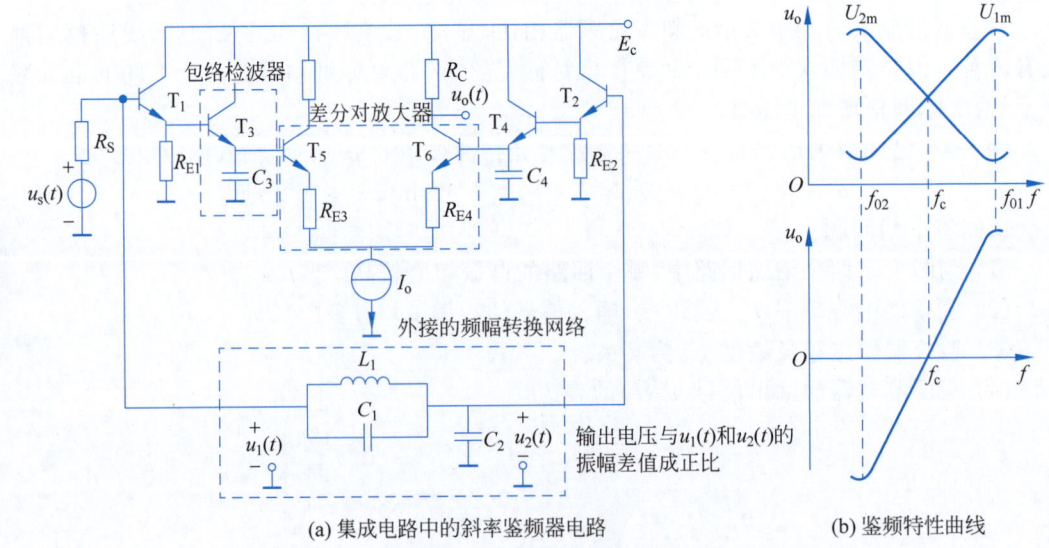

(b) 鉴频特性曲线

图 6-39 集成电路中的斜率鉴频器及鉴频特性曲线

当 f 接近 f_{01} 时，L_1 和 C_1 组成的并联回路呈现较大的阻抗，U_{1m} 接近最大值，而 U_{2m} 接近最小值。f 偏离 f_{01} 并减小时，U_{1m} 减小，U_{2m} 增大。当 f 减小到 f_{02} 时，L_1、C_1 和 C_2 串联谐振，U_{1m} 下降到最小值，而 U_{2m} 增大到最大值。调节 L_1、C_1 和 C_2 可改变鉴频特性曲线的形状，包括上下两个峰值的间隔、中心频率及曲线上下两部分的对称性等。

6.5.3 相位鉴频器

相位鉴频器是通过频相变换网络将调频信号转换为调频-调相信号，使附加相位的变化与瞬时频率的变化成正比，再将调频信号和调频-调相信号送入相位检波器，检测出两信号的相位差，从而将调制信号恢复出来。

相位检波器又称鉴相器，有乘积型和叠加型两种实现电路。

（1）乘积型鉴相器。

乘积型鉴相器由乘法器和低通滤波器组成，如图 6-40 所示，相关内容将在第 8 章锁相环中介绍。

(2) 叠加型鉴相器。

叠加型鉴相器由加法器和低通滤波器组成,如图 6-41 所示。加法器把 u_1 和 u_2 相位差的变化转换为合成信号的振幅变化,然后用包络检波器检出其振幅变化,从而达到鉴相的目的。

图 6-40　乘积型鉴相器

图 6-41　叠加型鉴相器

设 u_1 为调频波,u_2 为调频调相波,并设两个信号之间有 90°的固定相差,相应数学表达式为

$$u_1 = u_{FM}(t) = U_m \cos\left[\omega_c t + k_f \int u_\Omega(t) dt\right]$$

$$u_2 = u_{FM-PM}(t) = U_m \cos\left[\omega_c t + k_f \int u_\Omega(t) dt + k_p u_\Omega(t) + \frac{\pi}{2}\right]$$

则

$$u'_o = u_1 + u_2 = 2U_m \cos\left[\frac{1}{2} k_p u_\Omega(t) + \frac{\pi}{4}\right] \cdot \cos\left[\omega_c t + k_f \int u_\Omega(t) dt + \frac{1}{2} k_p u_\Omega(t) + \frac{\pi}{4}\right]$$

u'_o 为调频调相调幅信号,当 $k_p u_\Omega(t)$ 较小时,其振幅 $2U_m \cos\left[\frac{1}{2} k_p u_\Omega(t) + \frac{\pi}{4}\right] \propto \frac{1}{2} k_p u_\Omega(t)$,$u'_o$ 随调制信号 $u_\Omega(t)$ 近似线性变化。这样,再通过包络检波器,即可获得调制信号输出。

常用的相位鉴频器电路有两种,即电感耦合相位鉴频器和电容耦合相位鉴频器。下面分别加以讨论。

1. 电感耦合相位鉴频器

电感耦合相位鉴频器采用的是叠加型鉴相器,其原理框图如图 6-42 所示。输入调频波 u_1 经频相转换网络变成调频调相信号 u_2,然后和 u_1 一同送入叠加型鉴相器。加法器输出 u_3 为调频调相调幅信号,最终经包络检波器获得调制信号输出 u_o。

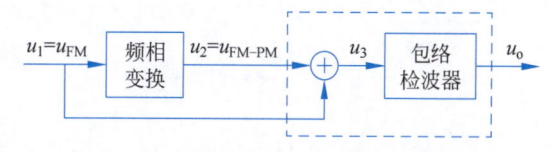

图 6-42　电感耦合相位鉴频器原理框图

图 6-43(a)所示为电感耦合相位鉴频器的原理电路。图中 L_1C_1 和 L_2C_2 是两个松耦合的双调谐电路,都调谐于调频波的中心角频率 ω_c 上。其中初级回路 L_1C_1 一般是限幅放大器的集电极负载。这种松耦合双调谐电路有这样一个特点——当信号角频率 ω 变化时,副边谐振电路电压 $\dot{U}_2$ 对于原边电压 $\dot{U}_1$ 的相位随之变化。这种鉴频器正是利用这种相位变化的特点,将频率的变化转换成附加相位的变化,再利用加法器转化为幅度变化,所以叫

作相位鉴频器。

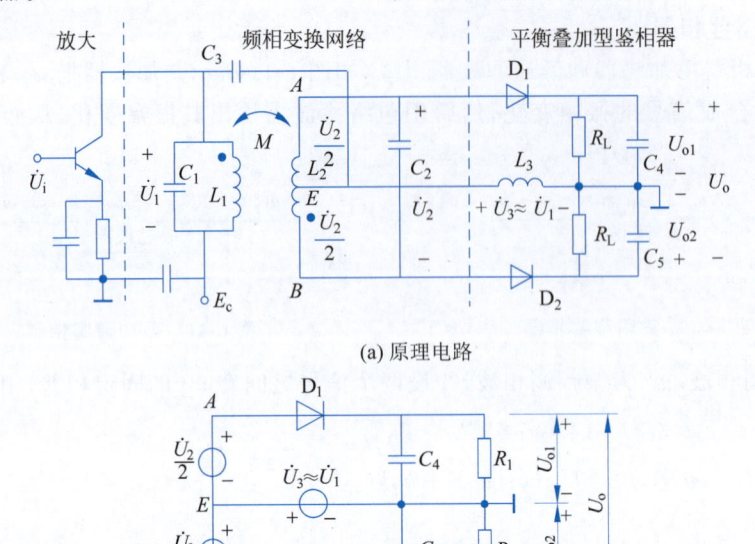

(a) 原理电路

(b) 等效电路

图 6-43　电感耦合相位鉴频器

两个回路的耦合途径有二：一是通过互感 M 耦合，电压 $\dot{U}_1$ 通过互感 M 在次级回路 L_2C_2 两端产生电压 $\dot{U}_2$，E 点是电感 L_2 的中点，AE 及 BE 上的电压各为 $\dfrac{\dot{U}_2}{2}$；二是通过耦合电容 C_3 耦合。L_3 是高频扼流圈，对高频而言，C_3 的阻抗远小于 L_3 的阻抗，故 L_3 上电压 $\dot{U}_3$ 近似等于原边电压 $\dot{U}_1$。L_3 又给检波电流的直流分量提供通路。

D_1、R_3、C_4 和 D_2、R_4、C_5 构成上、下两个对称的幅度检波器。这样可将图 6-43(a) 简化为图 6-43(b) 所示的等效电路。

由图 6-43(b) 可见，加到二极管两端的高频电压由两部分组成，即 L_3 上电压 $\dot{U}_3$ 和 L_2 上一半电压 $\dfrac{\dot{U}_2}{2}$ 的矢量和，为

$$\dot{U}_{d1} = \dot{U}_3 + \frac{\dot{U}_2}{2} \approx \dot{U}_1 + \frac{\dot{U}_2}{2}$$

$$\dot{U}_{d2} = \dot{U}_3 - \frac{\dot{U}_2}{2} \approx \dot{U}_1 - \frac{\dot{U}_2}{2}$$

而它们检出的上包络 U_{o1} 和 U_{o2} 分别与 $\dot{U}_{d1}$，$\dot{U}_{d2}$ 成正比

$$U_{o1} = \eta_d U_{d1}$$
$$U_{o2} = \eta_d U_{d2}$$

鉴频器的输出电压为

$$U_o = U_{o1} - U_{o2}$$

那么调频波瞬时频率的变化是怎样影响鉴频器的输出的?可以概括为:副边电压$\dot{U}_2$对于原边电压$\dot{U}_1$的相位差随角频率而变;检波器的输入电压幅度U_{d1}、U_{d2}随角频率而变;检出的电压U_{o1}、U_{o2}幅度随角频率而变;鉴频器的输出电压U_o也随频率发生变化。具体分析如下。

(1) 副边电压$\dot{U}_2$对于原边电压$\dot{U}_1$的相位差随角频率的变化而变化。

L_1C_1和L_2C_2为互感耦合双调谐回路,作为鉴频器的频相转换网络。为了分析方便,现将互感耦合回路及次级等效电路用图 6-44 表示。

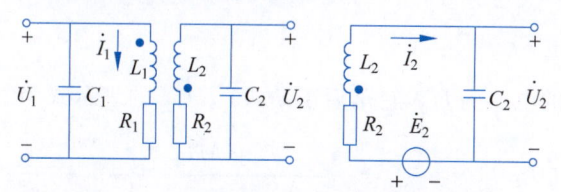

图 6-44 互感耦合回路及次级等效电路

设原边电压为$\dot{U}_1$,根据互感原理,L_1中电流为

$$\dot{I}_1 = \frac{\dot{U}_1}{R_1 + j\omega L_1 + \frac{(\omega M)^2}{Z_2}}$$

其中,R_1、L_1为原边的电阻和电感,M为L_1、L_2之间的互感,Z_2为副边谐振电路阻抗。设谐振回路Q值较高,在估算电流$\dot{I}_1$时,初级电感损耗及次级反射到初级损耗可忽略,则

$$\dot{I}_1 \approx \frac{\dot{U}_1}{j\omega L_1}$$

$\dot{I}_1$的相位滞后于$\dot{U}_1$ 90°,在不同频率下$\dot{I}_2$、$\dot{U}_2$的相位变化情况如图 6-45 所示。

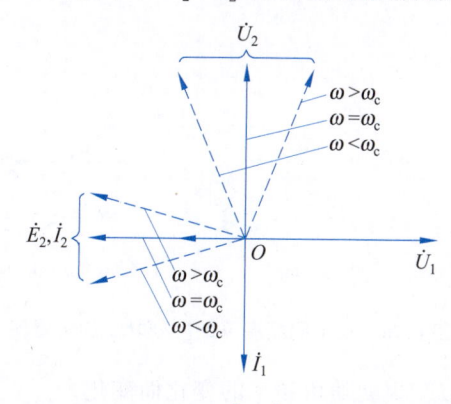

图 6-45 在不同频率下$\dot{I}_2$、$\dot{U}_2$的相位变化情况

$\dot{I}_1$通过L_1和L_2的互感M作用,在次级回路L_2中产生的感应电势$\dot{E}_2$。因为互感电势由原边线圈的电流$\dot{I}_1$引起的,所以写互感电势$\dot{E}_2$的表达式时,只要考虑$\dot{E}_2$的参考方向与引起这个电势的电流$\dot{I}_1$的参考方向对同名端是否一致即可。显然$\dot{I}_1$流入原边同名

端,而 $\dot{E}_2$ 的参考方向则流出副边同名端,因此

$$\dot{E}_2 = -j\omega M \dot{I}_1$$

其相位落后于 $\dot{I}_1$ 90°。

$\dot{E}_2$ 在次级回路中产生的电流

$$\dot{I}_2 = \frac{\dot{E}_2}{Z_2} = \frac{\dot{E}_2}{R_2 + j\left(\omega L_2 - \frac{1}{\omega C_2}\right)} \tag{6-38}$$

其中,R_2 为副边线圈电阻。

$\dot{I}_2$ 流过 C_2 产生的电压为 $\dot{U}_2$,它落后于 $\dot{I}_2$ 90°。$\dot{U}_2$ 的表示式为

$$\dot{U}_2 = \dot{I}_2 \cdot \frac{1}{j\omega C_2} = -\frac{j\omega M \dot{I}_1}{R_2 + j\left(\omega L_2 - \frac{1}{\omega C_2}\right)} \cdot \frac{1}{j\omega C_2}$$

$$= j\frac{1}{\omega C_2} \cdot \frac{M}{L_1} \cdot \frac{\dot{U}_1}{R_2 + j\left(\omega L_2 - \frac{1}{\omega C_2}\right)} \tag{6-39}$$

式(6-39)表明,副边电压 $\dot{U}_2$ 对于原边电压 $\dot{U}_1$ 的相位差随角频率而变:当 $\omega = \omega_c$ 时,$\dot{U}_2$ 超前 $\dot{U}_1$ 90°;当 $\omega > \omega_c$ 时,$\dot{U}_2$ 超前 $\dot{U}_1$ 小于 90°;当 $\omega < \omega_c$ 时,$\dot{U}_2$ 超前 $\dot{U}_1$ 大于 90°。

(2) 检波器的输入电压幅度 U_{d1},U_{d2} 随角频率的变化而变化。

U_{d1}、U_{d2} 分别为 $\dot{U}_1 \pm \frac{\dot{U}_2}{2}$ 的矢量和。在不同频率下,其矢量图如图 6-46 所示。由图可以看出,当 $\omega = \omega_c$ 时,$U_{d1} = U_{d2}$;当 $\omega > \omega_c$ 时,U_{d1} 增大而 U_{d2} 减小;当 $\omega < \omega_c$ 时,U_{d1} 减小而 U_{d2} 增大。

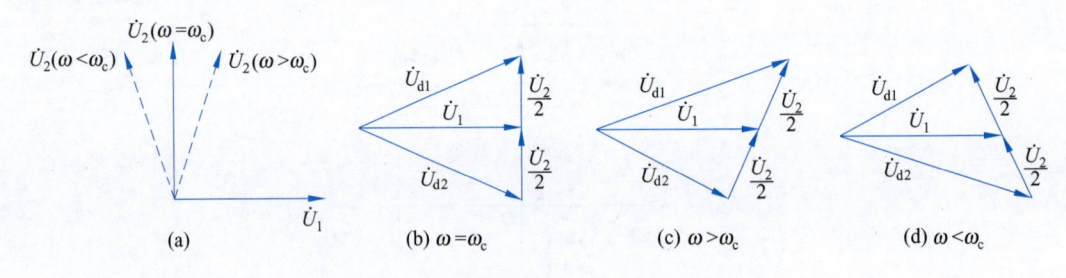

图 6-46 在不同频率下的 $\dot{U}_1$ 和 $\dot{U}_2$ 的矢量图

(3) 检出的电压 U_{o1}、U_{o2} 幅度随角频率的变化而变化。

由于 $U_{o1} = \eta_d U_{d1}$,$U_{o2} = \eta_d U_{d2}$,检出的电压 U_{o1}、U_{o2} 也遵循以上规律。

(4) 鉴频器的输出电压 U_o 也随频率发生变化。

$U_o = U_{o1} - U_{o2}$,从而使鉴频器的输出电压 U_o 随频率发生如下的变化:

当 $\omega = \omega_c$ 时,$U_{o1} = U_{o2}$,$U_o = 0$;

当 $\omega > \omega_c$ 时,$U_{o1} > U_{o2}$,$U_o > 0$;

当 $\omega<\omega_c$ 时，$U_{o1}<U_{o2}$，$U_o<0$。

上述关系用曲线表示出来呈 S 形，S 曲线表示了鉴频特性。

S 曲线的形状与鉴频器性能有直接关系：①S 曲线的线性好，则失真小；②线性段的斜率大，则对于一定频移所得的低频电压幅度大，即鉴频灵敏度高；③线性段的频率范围大（鉴频频带宽），则允许接收的频移大。

影响 S 曲线形状的主要因素是原副边谐振电路的耦合程度（用耦合系数 K 表示）、品质因数 Q 以及两个回路的调谐情况。

在一定的 Q 下，当原副边均调谐于载频 ω_c，而改变耦合系数 K 时，S 曲线形状如图 6-47 所示。一般 K 可按下式取值

$$K=\frac{1.5}{Q}$$

此时线性、带宽和灵敏度都比较好。

在一定的 K 下，当原副边均调谐于载频 ω_c，而改变 Q 时，S 曲线形状如图 6-48 所示。通常 Q 可按下式选取：

$$Q\leqslant\frac{0.5\omega_c}{\Delta\omega}$$

其中，$\Delta\omega$ 为调频波的最大频偏。

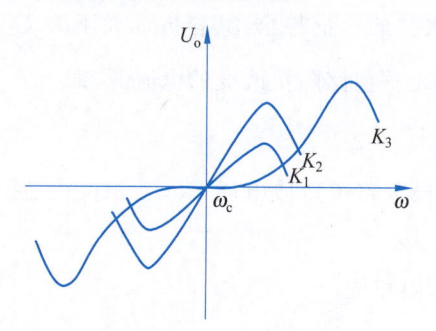

图 6-47 耦合系数 K 对 S 曲线的影响

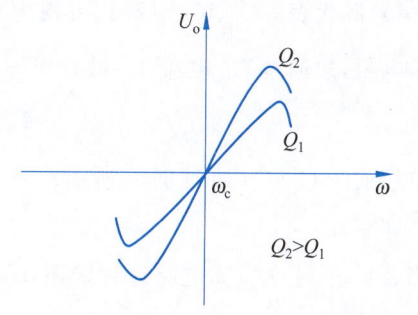

图 6-48 品质因数 Q 对 S 曲线的影响

假如谐振电路对载频失谐，则 S 曲线对载频点（$\omega=\omega_c$，$U_o=0$）的对称性将被破坏，图 6-49 和图 6-50 分别表示原边失谐和副边失谐两种情况下的 S 曲线。由图可以看出，由于 S 曲线的不对称，实际可用的频率范围缩小，容易造成频失真。所以原副边两个谐振回路必须仔细地调谐。

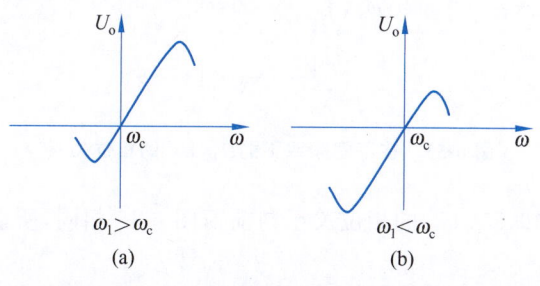

图 6-49 原边谐振角频率对 S 曲线的影响

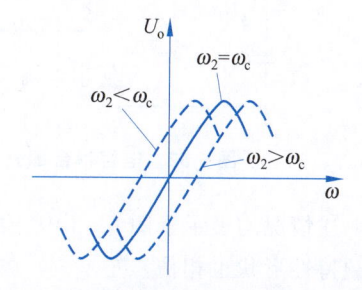

图 6-50 副边谐振角频率对 S 曲线的影响

2. 电容耦合相位鉴频器

图 6-51 所示为电容耦合相位鉴频器。由于这种电路初级和次级回路的调谐与它们之间的耦合互不影响,因而调整比较容易。目前在移动通信机中广泛地应用这种电路。

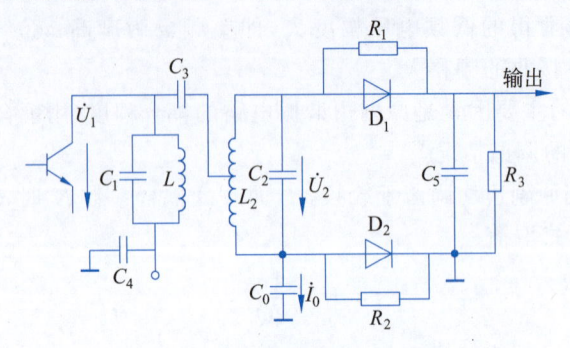

图 6-51 电容耦合相位鉴频器

这个电路与电感耦合相位鉴频器相比主要有以下三个不同点。

(1) 耦合回路改用电容耦合的形式。初次级线圈 L_1 和 L_2 分别屏蔽,只要改变 C_3 或 C_0 的大小就可调节耦合的松紧,实际上是调整 C_0 来改变鉴频特性。

为了清晰易懂,现将耦合部分重新绘图,如图 6-52 所示,并将原边谐振电路用电压为 $\dot{U}_1$ 的信号源代表。C_3、C_4 对高频可视为短路。C_0 的容量甚小,其容抗远大于 L_2C_2 的并联谐振电阻,故通过 C_0 电流 $\dot{I}_0$ 可看作一个不随谐振电路阻抗改变的电流源,即

$$\dot{I}_0 = j\omega C_0 \dot{U}_1$$

其相位超前于 $\dot{U}_1$ 90°(如图 6-53 所示)。$\dot{I}_0$ 在谐振电路中造成电压 $\dot{U}_2$,其相位视谐振电路的情况而定:

当 $\omega = \omega_c$ 时,L_2C_2 电路达到谐振,$\dot{U}_2$ 与 $\dot{I}_0$ 同相位;

当 $\omega > \omega_c$ 时,L_2C_2 电路并联阻抗呈容性,$\dot{U}_2$ 滞后于 $\dot{I}_0$ 某一角度;

当 $\omega < \omega_c$ 时,L_2C_2 并联阻抗呈感性,$\dot{U}_2$ 超前 $\dot{I}_0$ 某一角度。

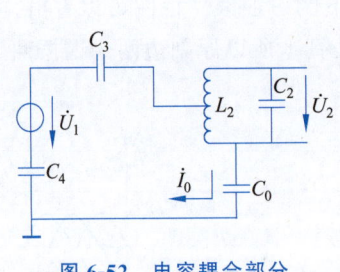

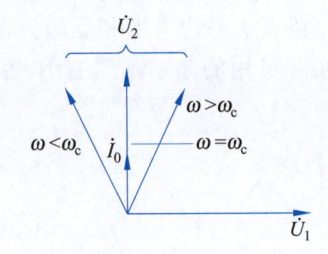

图 6-52 电容耦合部分

图 6-53 在不同频率下的 $\dot{U}_1$、$\dot{U}_2$ 的相位关系

上述情况均表示于图 6-53 中。由图可知,$\dot{U}_1$、$\dot{U}_2$ 的相位关系与前面图 6-45 相同,所以其鉴频特性形状也相仿。

由于谐振时 $\dot{U}_1$ 与 $\dot{U}_2$ 的 90°相位差是电容 C_0 造成的,故 C_0 称为移相电容。

(2) 将两个检波电路的两个负载电阻和旁路电容合成一个,并将中心接地改为单端接地。

(3) 取消了作为直流通路的电感 L_3，而加了与检波管并联的电阻 R_1、R_2。这两个电阻可作为泄放 C_3 上电荷的直流通路。

这种电路的结构和调整比较简单，故用得较多。各元件的参数值如下：$C_1=144\mathrm{pF}$，$C_2=180\mathrm{pF}$，$C_3=220\mathrm{pF}$，$C_0=18/24\mathrm{pF}$，$C_4=220\mathrm{pF}$，$C_5=0.03\mu\mathrm{F}$，$R_1=R_2=100\mathrm{k}\Omega$，$D_1$、$D_2$ 均为 2AP15，中心频率为 1.5MHz。次级回路的谐振频率在实际调试时比 1.5MHz 略高一些，可高 40kHz 左右。这主要是考虑到 L_2C_2 并联谐振电路阻抗对 $\dot{I}_0$ 的影响，严格说 $\dot{I}_0$ 实际上超前 $\dot{U}_1$ 略小于 90°，这就造成在频率 ω_c 下的 $\dot{U}_1$、$\dot{U}_2$ 相位差也略小于 90°，为了补偿这个误差，让其达到 90°相位差，可将副边谐振电路的谐振频率调整得比中心频率 ω_c 略高些。

6.5.4　比例鉴频器

使用相位鉴频器时，在它的前级必须加限幅器，以去掉调频波的寄生调幅。能否对相位鉴频器电路作一些改进来获得一定的限幅作用呢？比例鉴频器就是这种具有鉴频和限幅功能的电路，如图 6-54(a) 所示，其等效电路如图 6-54(b) 所示。

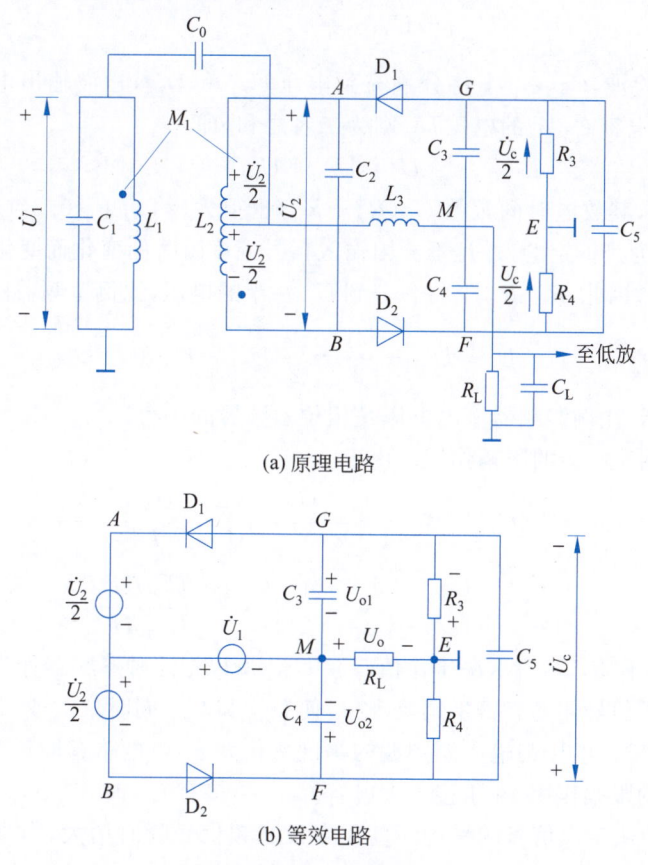

(a) 原理电路

(b) 等效电路

图 6-54　比例鉴频器

对照图 6-43 和相位鉴频器比较，比例鉴频器有以下几点不同：

(1) 两个二极管 D_1、D_2 顺接；

(2) 有一个大电容量 C_5（一般取 $10\mu F$）并接在电阻(R_3+R_4)两端；

(3) 检波电阻中点和检波电容中点断开，输出电压取自 ME 两端，而不是取自 FG 两端。在负载电阻 R_L 中，C_3 和 C_4 放电电流的方向相反（如图 6-54(b)所示），因而起到了差动输出的作用。

在比例鉴频器中，加于两个二极管的高频电压 $\dot U_{d1}$、$\dot U_{d2}$ 仍然是副边电压 $\dfrac{\dot U_2}{2}$ 和 L_3 上电压 $\dot U_3$ 的矢量和，所以从频率变化转换成幅度变化的过程与相位鉴频器相同，不再重复。

现在着重分析两个问题：①为什么检波器输出，可反映频率的变化；②为什么这种电路具有限幅作用。

首先分析检波器输出。

加到上、下两包络的输入电压：

$$\dot U_{d1} = \dot U_{MA} = -\dot U_1 - \dfrac{\dot U_2}{2} = -\left(\dot U_1 + \dfrac{\dot U_2}{2}\right)$$

$$\dot U_{d2} = \dot U_{BM} = \dot U_1 - \dfrac{\dot U_2}{2}$$

通过 D_1、D_2 检波，C_3、C_4 上将分别充到电压 U_{o1} 和 U_{o2}，检波输出电压 $U_{o1}=\eta_d U_{d1}$，$U_{o2}=\eta_d U_{d2}$，而大电容 C_5 上的电压 U_c 则为二者之和，即

$$U_c = U_{o1} + U_{o2}$$

由于 C_5 很大，其放电时间常数 $C_5(R_3+R_4)$ 也很大（约 $0.1\sim 0.2s$）。在音频一周内，C_5 上电压可以认为是恒定的，并且不会因输入信号幅度瞬时的变化而变化。

因为 $R_3=R_4$，因此，R_3、R_4 上将各分到 U_c 一半的电压，比例鉴频器的输出电压：

$$U_o = U_{o1} - \dfrac{U_c}{2} = \dfrac{1}{2}(U_{o1} - U_{o2})$$

相较于相位鉴频器，比例鉴频器输出电压是相位鉴频器的一半。

再来分析比例鉴频器的限幅作用。由于

$$U_o = \dfrac{1}{2}(U_{o1}-U_{o2}) = \dfrac{1}{2}\dfrac{(U_{o1}+U_{o2})(U_{o1}-U_{o2})}{(U_{o1}+U_{o2})}$$

$$= \dfrac{1}{2}U_c \cdot \dfrac{U_{o1}-U_{o2}}{U_{o1}+U_{o2}} = \dfrac{1}{2}U_c \cdot \dfrac{1-U_{o2}/U_{o1}}{1+U_{o2}/U_{o1}}$$

由于 U_c 恒定不变，U_o 只取决于比值 U_{o2}/U_{o1}，所以把这种鉴频器称为比例鉴频器。

如果输入调频信号伴随有寄生调幅现象，使 U_{o1} 和 U_{o2} 同时增大或减小，比值 U_{o2}/U_{o1} 可维持不变，因而输出电压与输入调频波的幅度变化无关，该电路有抑制寄生调幅作用。

比例鉴频器的限幅作用，在于接入大电容 C_5。当接有 C_5 时，C_3、C_4 上电压之和，等于一个常数 U_c，其值决定于信号的平均强度。今设高频信号瞬时增大，本来 U_{o1} 和 U_{o2} 要相应地增大，但由于跨接了大电容 C_5，额外的充电电荷几乎都被 C_5 吸去，使 C_3、C_4 的电压总和保持不变。U_c 不变，维持了 U_{o1} 和 U_{o2} 的基本不变。

比例鉴频器在相同的 U_{o1} 和 U_{o2} 下，U_o 只达一半，说明其灵敏度不如相位鉴频器。因此，比例鉴频器牺牲输出电压幅度来换取抑制寄生调幅能力。

比例鉴频器鉴频特性与互感耦合相位鉴频器的鉴频特性相同。通过改变两个二极管连接的方向或耦合线圈的绕向(同名端)，可以使鉴频特性相反。

图 6-55 所示为一个载频为 465kHz 比例鉴频器的实际电路，与图 6-54 相比多了两个电阻 R_1、R_2，它们的作用可以改进线路的对称性。因为在实际线路中，由于元件(主要是二极管 D_1、D_2)及布线的关系，有一定的不对称，通过接入 R_1、R_2(其中 R_2 可调)，可以调整得比较对称。此外 R_1、R_2 还可以提高抑制寄生调幅的能力。

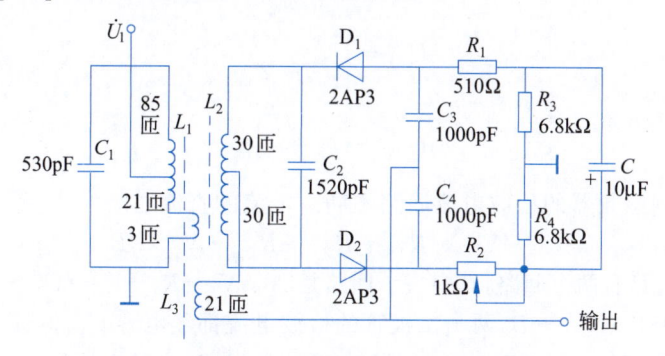

图 6-55　载频为 465kHz 比例鉴频器的实际电路

该电路与图 6-54 相比可知，它不是通过耦合电容和高频扼流圈将原边电压引入检波电路，而是通过 L_3 与 L_1 之间的互感耦合引入与原边电压同相位的电压 $\dot{U}_3$。这里，L_1、L_2 之间的耦合，是通过将 L_1 中的一小部分线圈(3 匝)绕在 L_2 的磁心上而实现的。因 L_1 的全部匝数是 85+21+3=109，相当于耦合系数为

$$K = \frac{3}{109} = 0.0275$$

对于不同频率的比例鉴频器，原副边的耦合系数通常调整到 0.01~0.03 间，可通过实验确定。

比例鉴频器还可以接成不对称形式，如图 6-56 所示。此电路节省元件，调整方便，所以使用得较广泛。该电路的特点是：

(1) 将原来两个负载电阻和负载电容合并为一个 R_3 和 C_3、C_5 并接在它们两端，并且直接接地；

(2) 从电容 C_4 两端输出鉴频信号 U_o；

(3) 电路中增加了两个电阻 R_1 和 R_2，用以补偿 D_1 和 D_2 特性不一致；

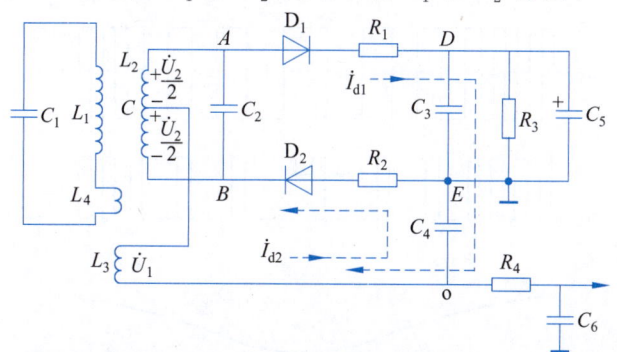

图 6-56　不对称比例鉴频器

（4）R_3 和 C_6 构成"去加重电路"的低通滤波器，其作用是衰减鉴频输出 U_o 中的高频分量，以校正在调频通信系统中为提高抗干扰性，在发送设备中设置的"预加重电路"对高频分量进行加强的问题。

这种鉴频器的原理和对称比例鉴频器相同。D_1、D_2、R_1、R_2 还是对称的，所谓不对称是上、下两组检波器对地是不对称的。C_3、C_4 对高频信号是低阻抗，可视为短路。所以加到两个二极管上的电压与对称的比例鉴频器一样，为

$$\dot{U}_{d1} = \dot{U}_1 + \frac{\dot{U}_2}{2}$$

$$\dot{U}_{d2} = \dot{U}_1 - \frac{\dot{U}_2}{2}$$

但不对称比例鉴频器的检波电流通路不同。电流的直流通路为

$$A \to V_1 \to R_1 \to R_3 \to R_2 \to V_2 \to B$$

电流的交流通路有两个回路，其中一个回路是 $A \to V_1 \to R_1 \to C_3 \to C_4 \to L_3 \to C$，另一个回路是 $C \to L_3 \to C_4 \to R_2 \to V_2 \to B$，两个二极管的检波电流都经电容 C_4，但其方向相反。因此，当输入信号的频率 $f=f_c$ 时，$U_{d1}=U_{d2}$，即 $i_{d1}=i_{d2}$，所以 C_4 上的电压为零，输出电压 $U_o=0$。

当 $f<f_c$ 时，输出电压 U_o 为负值；当 $f>f_c$ 时，输出电压 U_o 为正值。因此，当信号频率变化时，输出电压 U_o 变化曲线和对称的比例鉴频器一样，也是具有 S 形状的曲线。

6.5.5 脉冲计数式鉴频器

这种鉴频器的工作原理与前面几种鉴频器不同。由于这种鉴频器是利用计过零点脉冲数目的方法实现的，所以叫作脉冲计数式鉴频器。它的突出优点是线性好，频带很宽，因此得到广泛应用，并可做成集成电路。

它的基本原理是将调频波变换为重复频率等于调频波频率的等幅等宽脉冲序列，再经低通滤波器取出直流平均分量，其原理框图和波形分别如图 6-57 和图 6-58 所示。调频信

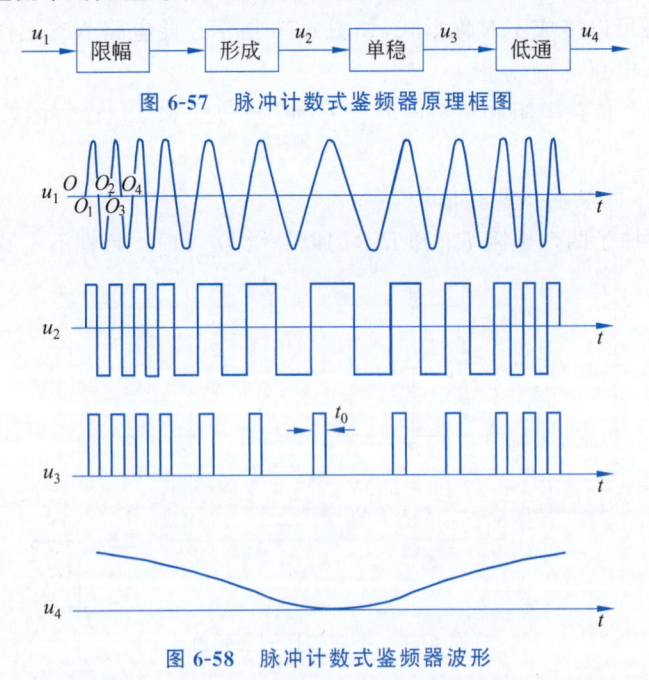

图 6-57 脉冲计数式鉴频器原理框图

图 6-58 脉冲计数式鉴频器波形

号 u_1 经限幅加到形成级进行零点形成，这可采用施密特电路，形成级给出幅度相等、宽度不同的脉冲信号 u_2 去触发一级单稳态触发器，这里是用正脉冲沿触发，在触发脉冲作用下，单稳电路产生等幅等宽（宽度为 t_0）的脉冲序列 u_3。

频率即每秒内振动的次数，而单位时间内通过零点的数目正好反映了频率的高低。图 6-58 中曲线的 O_1、O_2、O_3、O_4 等都是过零点，其中 O_1、O_3 等点是调频信号从负到正，所以叫正过零点；而 O_2、O_4 等点是从正到负，所以叫负过零点。图 6-58 是以正过零点进行解调的（也可用负过零点进行解调）。从图中 u_1 和 u_3 可看出，在单位时间内，矩形脉冲的个数直接反映了调频信号的频率，即矩形脉冲的重复频率与调频信号的瞬时频率相同。因此若对矩形脉冲计数，则单位时间内脉冲数的多少，就反映了脉冲平均幅度的大小。在频率较高的地方，脉冲序列拥挤，直流分量较大，在频率较低的位置，脉冲序列稀疏，直流分量就很小。如果低通滤波器取出脉冲序列的平均直流成分，就能恢复低频调制信号 u_4。

复习思考题

1. 鉴频器的质量指标包括哪几个方面？
2. 常用鉴频方式有哪几种？画出实现框图并说明其特点。
3. 斜率鉴频器的工作原理是什么，LC 回路 Q 值大小对斜率鉴频器有何影响？
4. 双失谐回路斜率鉴频器有何优缺点？若一个二极管断开对鉴频特性有何影响？
5. 相位检波器有哪两种方式？画出实现框图并说明其特点。LC 回路 Q 值大小对斜率鉴频器有何影响？
6. 电感耦合相位鉴频器的工作原理是什么，电路中频相转换器和包络检波器分别由哪些元件构成？
7. 比例鉴频器和相位鉴频器相比有何异同？比例鉴频器如何实现的自限幅？
8. 什么是正 S 和反 S 鉴频特性曲线？比例鉴频器如何实现鉴频特性反向？

6.6　限幅器

6.6.1　概述

在传输过程中，由于各种干扰的影响，将使调频信号产生寄生调幅。这种带有寄生调幅的调频信号通过鉴频器（比例鉴频器除外），使输出电压产生了不需要的幅度变化，因而造成失真，使通信质量降低。为了消除寄生调幅的影响，在鉴频器（比例鉴频器除外）前可加一级限幅器。对限幅器的要求是在消除寄生调幅时，不改变调频信号的频率变化规律，限幅器的作用如图 6-59 所示。

图 6-59　限幅器的作用

由于限幅过程是一个非线性过程,在输出信号中必然产生许多新的频率成分。所以需要用谐振回路或其他形式的带通滤波器将不需要的频率成分滤掉,以得到恒定振幅的调频正弦波。

因此,限幅器通常由非线性元件和谐振回路所组成,当带有寄生调幅的调频信号通过非线性元件后,便削去了幅度变化部分,但此时波形产生了失真,即有新的频率成分出现,需要靠谐振回路来滤除。

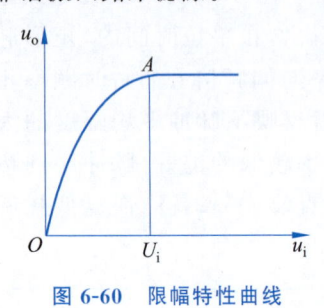

限幅器具有图 6-60 所示的特性,图中曲线表示输出电压 u_o 与输入电压 u_i 关系。在 OA 段,输出电压随输入电压增大而增大;A 点以后,输入电压 u_i 增大,输出电压 u_o 保持一个恒定值。A 点称为限幅门限,相应的输入电压 U_i 称门限电压。显然,只有输入电压超过门限电压 U_i 时,才会产生限幅作用。

限幅器的具体线路很多,本章主要讨论两种不同类型的电路,即二极管限幅器与晶体管限幅器。

图 6-60 限幅特性曲线

6.6.2 二极管限幅器

图 6-61 所示为两个利用二极管限幅电路。它是在调频放大器的基础上,加两个二极管 D_1、D_2 构成的。在图 6-61(a)中,D_1、D_2 一正一反地并接在谐振电路两端。当输入信号小时,谐振电路电压低,如果其幅值小于二极管的正向导通电压,则二极管相当于开路,对放大输出不影响。如果信号有足够大,谐振电路电压高,则两个二极管在正负半周的部分时间内交替导通。因为二极管的正向电阻随所加的电压而变,电压越大则正向电阻越小,故信号越大,二极管内阻越小,使谐振电路 Q 值下降,从而起到阻止输出增大的作用。谐振电路电压增幅将限制在二极管正向电压范围内。例如若是硅管,则谐振电路的电压幅值约为 0.7V。

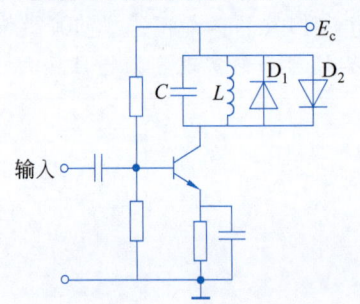

(a) D_1、D_2一正一反并接在谐振电路两端的情况　　(b) 带有偏压的二极管限幅电路

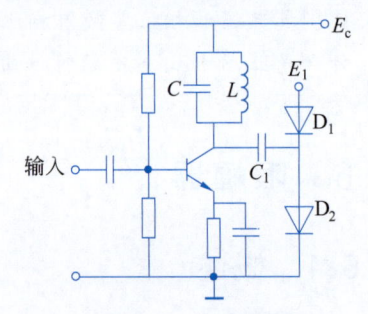

图 6-61 二极管限幅电路

如图 6-61(b)所示是一个带有偏压的二极管限幅电路。从直流方面看,两个二极管串联起来加有反偏压 E_1。假如两个二极管的反向特性是一样的,则每个管所加的反偏压各为 $E_1/2$。对交流而言,它们是通过电容 C_1 耦合到集电极,相当于并跨在谐振电路的两端,和图 6-61(a)的情况相仿。因此,当谐振电路的交流电压幅值超过二极管的反向偏压时,两个二极管交替导通。在集电极电压正半周 D_2 导通,负半周 D_1 导通。当二极管导通时,谐振电路 Q 值下降,从而起到限幅作用。这种电路的限幅电压值较高,约为 $E_1/2$。

利用二极管限幅时,应挑选正向伏安特性较陡的二极管,以提高限幅质量。

6.6.3 三极管限幅器

利用三极管作削波元件组成的限幅电路,如图 6-62 所示。从形式上看,它与一般的调谐放大器没有什么区别,但其工作状态却有别于调谐放大器。在输入信号较小时,限幅器处于放大状态,起普通中频放大器的作用;当输入信号加大时,工作到截止和饱和区域,并且让截止和饱和时间基本相同,即可起到限幅的作用。

实际上,一般的限幅电路,只能在一定程度上限制输出电压的幅度,不可能绝对保持不变。特别是当信号较弱时,便基本失去限幅作用。因此要得到好的限幅效果,在限幅级前要求有高的信号增益,并且不只在一级上加以限幅。

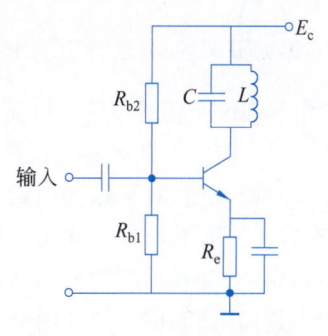

图 6-62 三极管限幅放大器

复习思考题

1. 对限幅器的要求有哪些?
2. 为什么通常在鉴频器(比例鉴频器除外)之前要采用限幅器?
3. 利用三极管组成的限幅电路,在什么时候可起到限幅的作用?

6.7 调制方式的比较

调幅、调频和调相这三种调制方式,它们各有特点,在实际工作中,应当根据具体条件,确定适当的调制方式,下面仅就用得较多的两种主要方式——调频和调幅,进行比较。

1. 抗干扰性能

通信的距离和可靠性,在相当大的程度上取决于抗干扰性能的好坏。假如无干扰或干扰对信号完全没有影响,那么,即使发射机功率很小,通信距离也能较远。事实上,干扰总是存在的,所以抗干扰性能好坏,是一个很重要的质量指标。一般来说,调频系统的抗干扰能力比调幅系统强。但应指出,这是有条件的。当收到的信号干扰强度比小于某一临界值时,调频甚至比调幅系统还要差些。如图 6-63 所示为在不同的输入信号干扰强度比的情况下调频接收机输出信号干扰强度比的变化情况。可以看出,对于 $\dfrac{\Delta\omega_f}{\Omega_{\max}}=1$ 时($\Omega_{\max}$ 是最高调制角频率),输入信号干扰强度比的临界值约为 4dB,在此临界值以上调频优于调幅,而在此值以下则相反。当频移增到 $\dfrac{\Delta\omega_f}{\Omega_{\max}}=4$ 时,

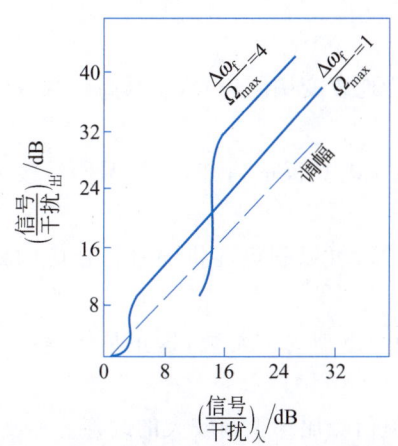

图 6-63 不同信号干扰比对调频接收的影响

则临界值提高到 16dB 左右,在此临界值以上调频比调幅有更大的改善,而在此以下则相反。可见,调频的抗干扰能力必须在所收到的信号比干扰强一定倍数的情况下才表现出来。而且频移 $\Delta\omega_f$ 越大,则所需的临界输入信号干扰强度比值也越大。这意味着,大频移的调频(亦称宽带调频)只适合于弱干扰的情况;小频移的调频$\left(亦称窄带调频,指\dfrac{\Delta\omega_f}{\Omega_{\max}}\leqslant 1\right)$则比较适合中等强度干扰的情况。目前广播电视采用宽带调频,而一般移动通信设备则采用窄带调频。

(1) 调幅与调频制的噪声频谱

理论证明,对于输入白噪声,调幅制检波器的输出噪声频谱呈矩形,即在整个调制频率范围内,所有噪声都一样大。而调频制鉴频器的噪声频谱(电压谱)呈三角形,功率谱密度呈抛物线形,随着调制频率的增高,噪声也增大。调制频率范围越宽,输出的噪声也越大。

然而,调制信号的频谱结构也不是均匀的,一般来讲其能量集中在低频部分,而高频部分的能量较小。这恰好与噪声频谱相反,为了改善鉴频器在调制信号高频端的输出信噪比,目前在调频制信号的传输中广泛采用加重(预加重、去加重)技术。如图 6-64 和图 6-65 所示分别为预加重和去加重的电路和幅度特性曲线。

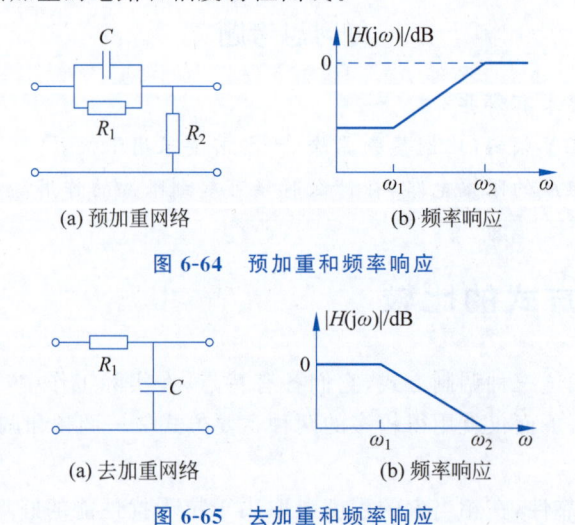

(a) 预加重网络　　(b) 频率响应

图 6-64　预加重和频率响应

(a) 去加重网络　　(b) 频率响应

图 6-65　去加重和频率响应

(2) 预加重和去加重

所谓预加重,是在发射机的调制器前,有目的地、人为地改变调制信号,使其高频端得到加强(提升),以提高调制频率高端的信噪比。

信号经过这种处理后,产生了失真,因此在接收端应采取相反的措施,在解调器后接去加重网络,以恢复原来调制频率之间的比例关系。

由于调频噪声频谱呈三角形,或者说与 ω 呈线性关系,可以联想到将信号作相应的处理,即要求预加重网络的特性为 $H(j\omega)=j\omega$。

当 $\omega<\omega_2$ 时,预加重和去加重网络总的频率传递函数近似为一常数,这正是使信号不失真所需要的条件。

采用预加重、去加重网络后,对信号不会产生变化,但信噪比却得到较大的改善。

2. 占用频带的宽度

调频信号所占据的频带宽度大于调幅信号,也即调幅制比较经济。但发射机所能传送的音频频带越宽,声音越逼真,即音质越好,从这个角度看,调频信号比调幅信号好。

3. 发射机所需的功率和耗电量

由于调频发射机发射的是等幅波,所以调频波的功率不因调制而增大,而调幅波的功率随着调制的深度而加大。当 $m=1$ 时,调幅波的平均功率则达到载波功率的 1.5 倍,最大工作点的峰值功率则达载波功率的 4 倍。故调频发射机的功率和耗电量要比相同载波功率的调幅发射机小。

4. 强信号堵塞现象

在移动通信中,由于传输距离的差别很大,接收到的信号强度也有很大的差别。

在强信号情况下,接收机的载频放大级常工作于限幅状态,使调幅波严重失真,甚至失去调幅的特点,造成接收机在强信号情况下反而接收不好甚至完全不能接收的情况,这种情况称为强信号堵塞现象。假如采用调频系统,则由于调频接收不受限幅的影响,可以在一定程度上得到改善。

复习思考题

1. 调频和调幅在抗干扰性能与发射机所需的功率和耗电量方面各有何不同?
2. 什么是预加重和去加重电路?在调频和鉴频电路中其作用是什么?

6.8 集成调频与解调电路

6.8.1 MC2833 调频电路

MC2833 是美国 Motorola 公司生产的单片集成 FM 低功率发射器电路,适用于无绳电话和其他调频通信设备。

1. 内部结构及主要技术指标

MC2833 的内部结构如图 6-66 所示。它包括一个话筒放大器、一个射频电压控制振荡器、一个缓冲器和两个辅助的晶体管放大器等几个主要部分,使用时需要外接晶体、LC 选频网络以及少量电阻、电容和电感。

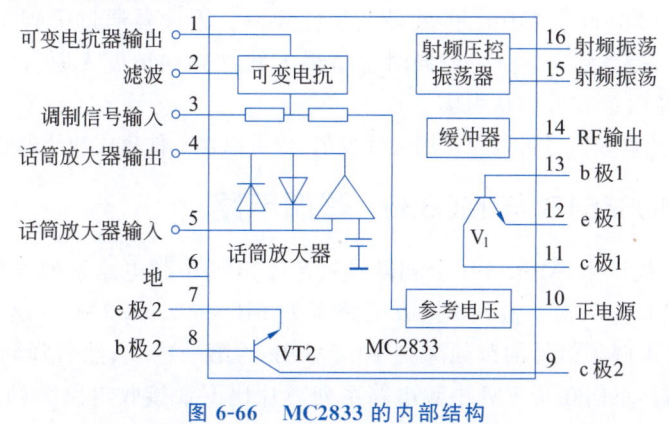

图 6-66 MC2833 的内部结构

MC2833 的电源电压范围较宽,为 2.8～9.0V。当电源电压为 4.0V,载频为 166MHz 时,最大频偏可达 10kHz,调制灵敏度可达 15Hz/mV。输出最大功率为 10mW(50Ω 负载)。

2. MC2833 组成的调频发射机电路

图 6-67 所示为由 MC2833 组成的调频发射机电路。

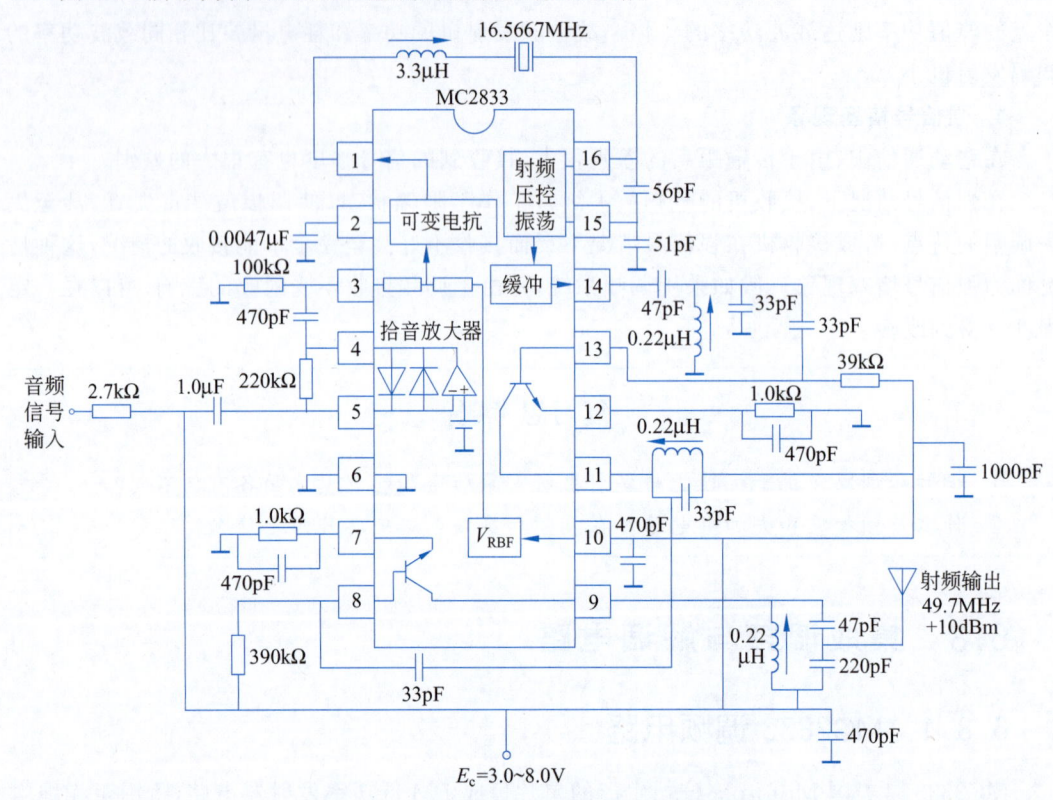

图 6-67 由 MC2833 组成的调频发射机电路

话筒产生的音频信号从引脚 5 输入,经放大后去控制可变电抗元件。可变电抗元件的直流偏压由片内参考电压 V_{REF} 经电阻分压后提供。由片内振荡电路、可变电抗元件、外接晶体和引脚 15、引脚 16 两个外接电容组成的晶振直接调频电路(皮尔斯振荡电路)产生载频为 16.5667MHz 的调频信号。

与晶体串联的 3.3μH 电感用于扩展最大线性频偏。缓冲器通过引脚 14 外接三倍频网络将调频信号载频提高到 49.7MHz,同时也将最大线性频偏扩展为原来的三倍,然后从引脚 13 返回片内,经两级放大后从引脚 9 输出。

MC2833 输出的调频信号可以直接用天线发射,也可以接其他集成功放电路后再发射出去。

6.8.2 MC3361B 与 MC3367 解调电路

20 世纪 80 年代以来,Motorola 公司陆续推出了 FM 中频电路系列 MC3357、MC3359、MC3361B、MC3371、MC3372 和 FM 接收电路系列 MC3362、MC3363。这些电路都采用二次混频,即先将输入调频信号的载频降到 10.7MHz 的第一中频,然后降到 455kHz 的第二中频,再进行鉴频。不同在于 FM 中频电路系列芯片比 FM 接收电路系列芯片缺少射频放大和第一混频电路,而 FM 接收电路系列芯片则相当于一个完整的单片接收机。两个系列均采用双差分正交移相式鉴频方式。现介绍 MC3361B 以及低电压调频接收器 MC3367 的原理及典型应用电路。

1. MC3361B 内部功能框图与典型应用电路

图 6-68(a)所示为 MC3361B 的内部功能框图,其典型应用电路如图 6-68(b)所示。从

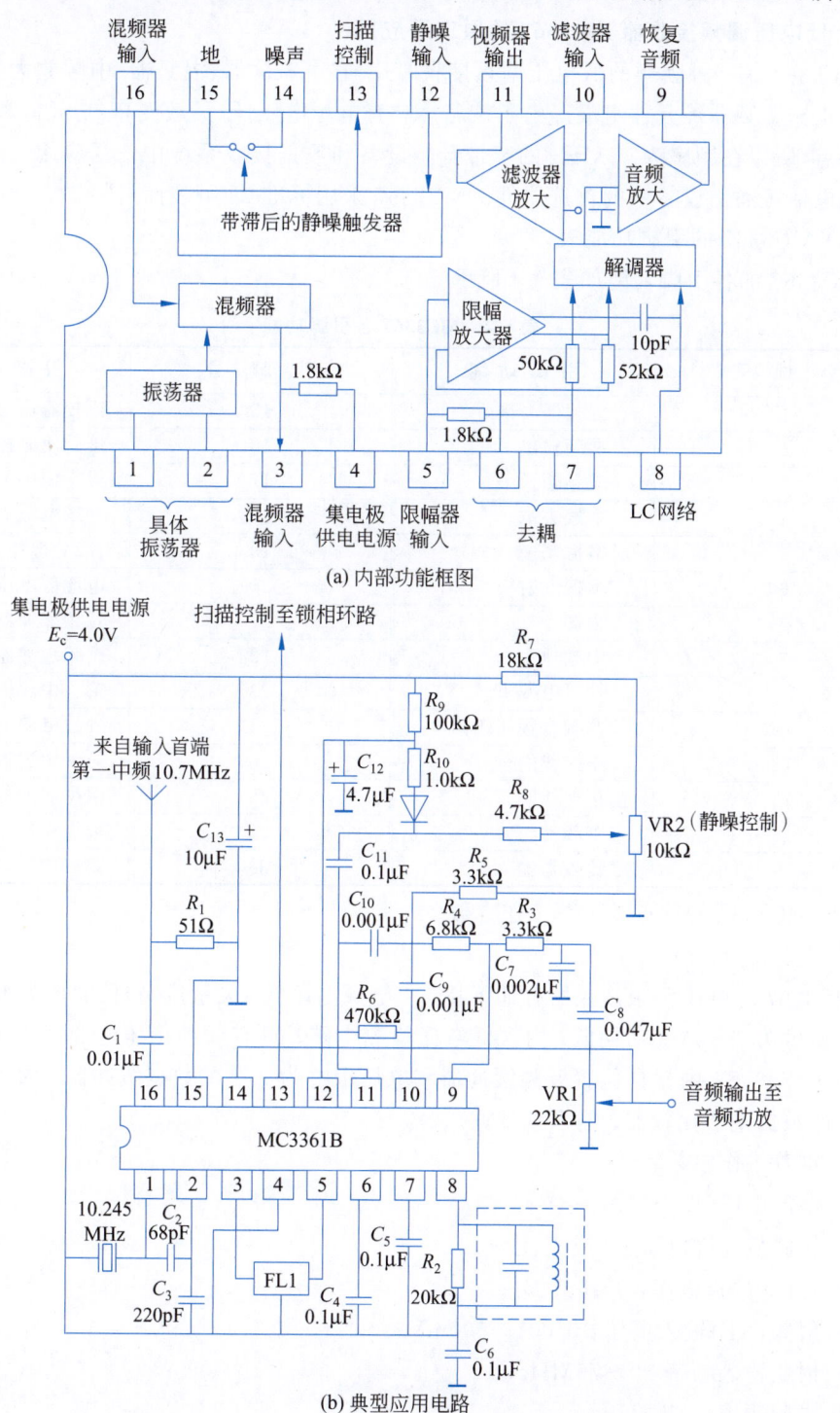

(a) 内部功能框图

(b) 典型应用电路

图 6-68 MC3361B 内部功能框图与典型应用电路

引脚 16 输入第一中频为 10.7MHz 的调频信号与 10.245MHz 的晶振进行第二次混频,产生的 455kHz 调频信号从引脚 3 外接的带通滤波器 FL1 取出,然后由引脚 5 进入限幅放大器。引脚 8 外接的 LC 并联网络和片内的 10pF 小电容组成 90°频相转换网络。相位鉴频器输出低频分量由片内放大器放大后,由引脚 9 外接 RC 低通滤波器取出。

2. 低电压调频接收器 MC3367 的原理及应用

MC3367 是一种新颖的低电压调频接收芯片,它由振荡器、混频器、中频放大器、中频限幅器和正交鉴频器等元件组成。由于该芯片具有电源电压低、灵敏度高、功耗低和低电压监视等特点,所以在频率为 75MHz 的窄带音响设备和数据接收系统中广泛应用。同时,也成为无绳电话等通信设备中的首选器件。MC3367 采用标准 28 脚表面封装。

(1) MC3367 的引脚功能表。

MC3367 的各引脚功能如表 6-4 所示。

表 6-4　MC3367 各引脚功能

引脚号	引脚功能	引脚号	引脚功能
1	混频器去耦	15	比较器输出
2	混频输出	16	接受使能控制
3	混频输入	17	稳压输出 V_{REG}
4	本振去耦	18	外接电源 E_c
5	本振基极	19	1.2V 选择
6	本振发射极	20	电池低电压检测
7	去耦	21	音频缓冲器输入
8	中频地	22	音频缓冲器输出
9	外接电源 E_{c2}	23	第一中放输入
10	鉴频音频缓输出	24	外接电源 E_{c3}
11	正交线圈	25	第一中放输出
12	正交线圈	26	数据缓冲器输入
13	鉴频地	27	数据缓冲器输出
14	比较器输入	28	第二中放输入

(2) MC3367 的特点及推荐工作参数。

① 主要特点。

MC3367 低电压调频接收器有如下特点:电源电压低;灵敏度高,信噪比为 12dB 时,信号源灵敏度为 $0.5\mu V$;功耗低;内含低电压检测电路;具有线性稳压电源;具有工作和备用两种工作状态;内含自偏置音频缓冲器和电压增益为 3.2 的数据缓冲器;内含频移键控(FSK)的数据整形比较器;输入频带宽。

② 推荐工作参数。

- 电源电压(E_c):1.1~3V;
- 接收机允许电压:0 或 E_c;
- 1.2V 选择电压:开路或 E_c;
- 射频(RF)输入电压:0.001~100mV;
- 射频输入频率:0~75MHz;
- 中频频率:455kHz;

- 音频缓冲器输入电压：0～75mV；
- 数据缓冲器输入电压：0～25mV；
- 比较器输入电压：10～300nV；
- 工作温度：0～70℃。

（3）由 MC3367 组成的接收机电路。

由 MC3367 和少量外围元件组成的接收机电路如图 6-69 所示。

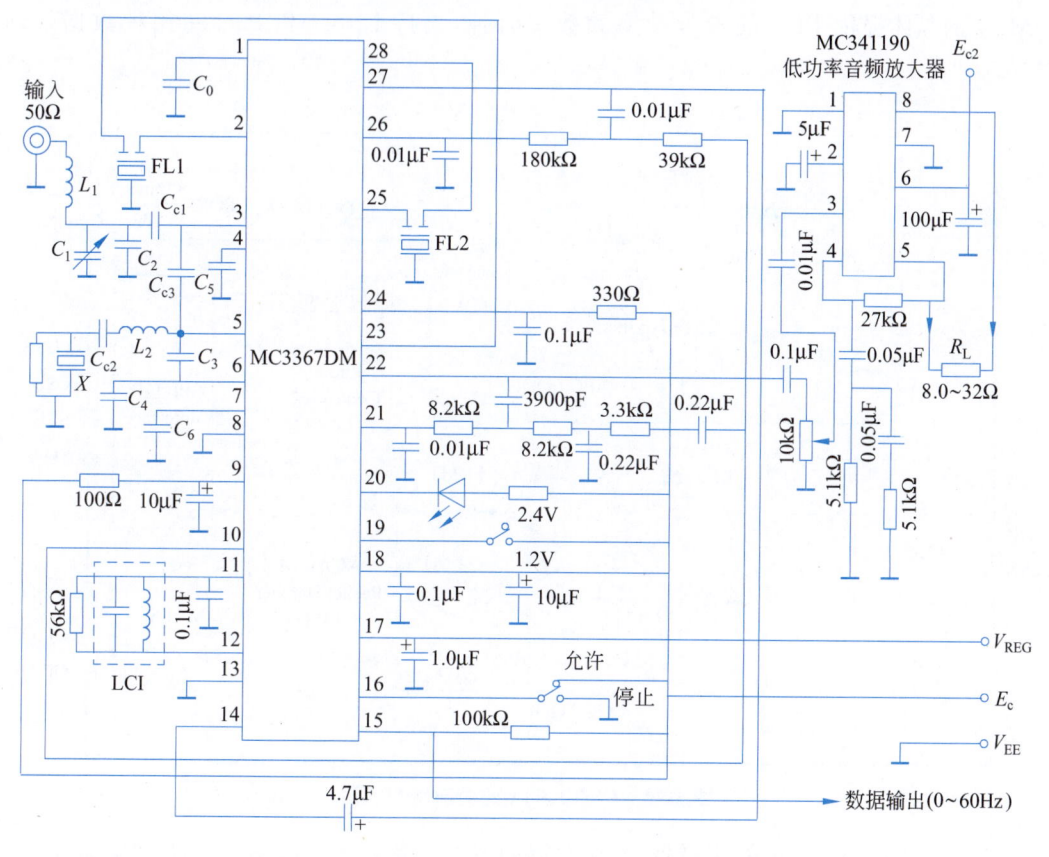

图 6-69　由 MC3367 和少量外围元件组成的接收机电路

可以看出，当射频或中频信号由天线接收后，首先经混频器混频放大，并把它变换为中频信号 455kHz，然后将该信号送入中频陶瓷滤波器 FL1，经滤波后的信号送入中频放大器输入端，再进入第二个中频滤波器 FL2，经二次滤波后的信号馈入中频限幅放大器和检波电路，从而恢复原来的低频信号。该信号经低频功率放大器 MC34119D 放大，并推动喇叭发出声音。在该接收机电路中，FL1 和 FL2 是中频(455kHz)陶瓷带通滤波器，它的输入、输出阻抗应在 1.5～2.0kΩ 范围内选择，它的设置能使电路获得最好的邻接信道和灵敏度。L_1、C_1 和 C_2 是谐振网络，当射频或中频输入时，它能在混频器输入和 50Ω 的阻抗之间提供良好的匹配。C_{C1} 和 C_{C3} 是射频耦合电容，在规定的输入和振荡频率下，阻抗小于或等于 20Ω。C_{C2} 亦是耦合电容，它能为振荡信号和混频器之间提供轻耦合。在规定的振荡频率下，它的阻抗应在 3～5kΩ。C_B 为旁路电容，在希望的射频和本振频率下，它的阻抗应小于或等于 20Ω。LC_1 是一个中频谐振器，其频率为 455kHz。

6.8.3　CMT2300A 调频与解调电路

CMT2300A 是泽太微电子公司生产的一款超低功耗、高性能、工作频率 127～1020MHz 的 OOK 和 (G)FSK 射频收发器。

1. 内部结构

CMT2300A 的内部结构框图如图 6-70 所示,芯片集成了调频电路和解调电路,采用 26MHz 的晶体提供 PLL 的参考频率和数字时钟,支持 Direct 和 Packet 两种数据处理模式。

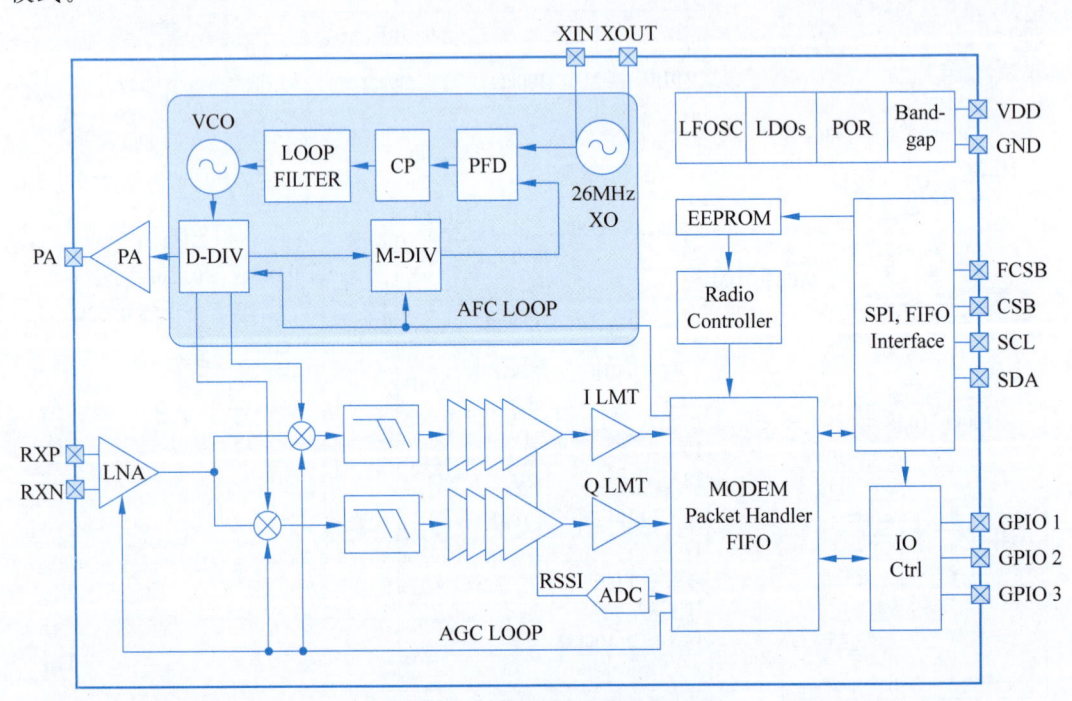

图 6-70　CMT2300A 的内部结构框图

在接收机部分,芯片采用低噪声放大器(LNA)、混频器(MIXER)、中频滤波器(IF FILTER)、限幅器(LMT)和 PLL 的低中频结构实现 1GHz 以下频率的无线接收功能;在发射机部分,采用 PLL 和功率放大器(PA)结构实现 1GHz 以下频率的无线发射功能。

发射时,数字电路会对数据进行编码打包处理,并将处理后的数据送到调制器,调制器会直接控制 PLL 和 PA,对数据进行(G)FSK 或者 OOK 调制,由一个高效的单端功率放大器发射出去。根据不同的应用需求,用户可以根据所需的输出功率设计一个 PA 匹配网络以优化发射效率。

发射器可以工作在直通模式和包模式下。在直通模式下,待发射的数据直接通过芯片的 DIN 引脚送入芯片,并直接发射。在包模式下,数据可以在 STBY 状态下预先装入芯片的 FIFO 中,再配合其他的包元素一起发射出去。

接收时,模拟电路负责将射频信号下混频至中频,并通过限幅器对中频信号处理,输出 I/Q 两路单比特信号到数字电路做后续的(G)FSK 解调。同时,通过 ADC 将实时的 RSSI 转换为 8bit 的数字信号,并送给数字部分做后续的 OOK 解调和其他处理。数字电路负责将中频信号下混频到零频(基带)并进行一系列滤波和判决处理,同时进行 AFC(自动频率控制,Automatic Frequency Control)和 AGC 动态地控制模拟电路,最后将 1-bit 的原始信号解调出来。发射时,数字电路会对数据进行编码打包处理,并将处理后的数据送到调制器,调制器会直接控制 PLL 和 PA,对数据进行(G)FSK 或者 OOK 调制并发射出去。

芯片提供了 SPI 通信口,外部的 MCU 可以通过访问寄存器的方式来对芯片的各种功能进行配置,控制主控状态机,并访问 FIFO。

与发射器类似,CMT2300A 接收器可以工作于直通模式和包模式。在直通模式下,解调器输出的数据可以通过芯片的 DOUT 引脚直接输出。DOUT 可以由 GPIO1/2/3 配置而成。在包模式下,解调器的数据输出先送至数据包处理器中解码,然后填入 FIFO 中,再由 MCU 通过 SPI 接口对 FIFO 进行读取。

2. 主要技术指标

CMT2300A 工作电压在 1.8~3.6V,发射功率高达+20dBm,接收灵敏度为-121dBm,支持多种数据包格式及编解码方式,使得它可以满足各种应用的需求。另外,CMT2300A 还支持 64-byte Tx/Rx FIFO,具备丰富的 GPIO 及中断配置,可实现信道侦听、低电压检测、低频时钟输出、手动快速跳频和静噪输出等功能。

复习思考题

MC3367 调频接收器的主要特点是什么?

6.9 角度调制电路的 Multisim 仿真

频率调制是无线电通信的重要调制方式,其主要优点是抗干扰能力强,常用于超短波及频率较高的频段,如 FM 广播、电视伴音等。

实现调频的方法有直接调频和间接调频两种,包括变容二极管直接调频电路、晶振调频和第 8 章要介绍的锁相环调频电路等。从调频信号中还原出原调制信号的过程称为鉴频,常用的鉴频器有斜率鉴频器和相位鉴频器等。本节对部分电路进行仿真实现。

1. 斜率鉴频器

斜率鉴频器仿真电路如图 6-71(a)所示。图中,V_1 为幅值为 5V,中心频率为 1.1kHz,调制频率为 100Hz 的调频信号源;L_1、C_1 组成幅频变换电路;D、C_2、R_3、R_4 和 C_3 构成包络检波电路。按图所示设置元器件参数,打开仿真开关,用示波器观察输入波形、电感 L_1 两端波形、输出波形。实验波形如图 6-71(b)所示。

2. 电感耦合相位鉴频器

电感耦合相位鉴频器仿真电路如图 6-72(a)所示,整个电路可以分成两部分:调频调幅变换电路,由互感耦合调谐回路和 C_1、L_1 组成;包络检波电路,由 D_1、R_3、C_3 和 D_2、R_4、C_4 组成。图中 V_1 为调频指数 $m_f=30$ 的调频信号源。观察各点波形,理解电路工作原理。实验波形如图 6-72(b)所示,图中由上至下分别为调频波信号(输入信号)、频幅转换信号和鉴频器输出信号。

(a) 斜率鉴频器仿真电路

(b) 实验波形

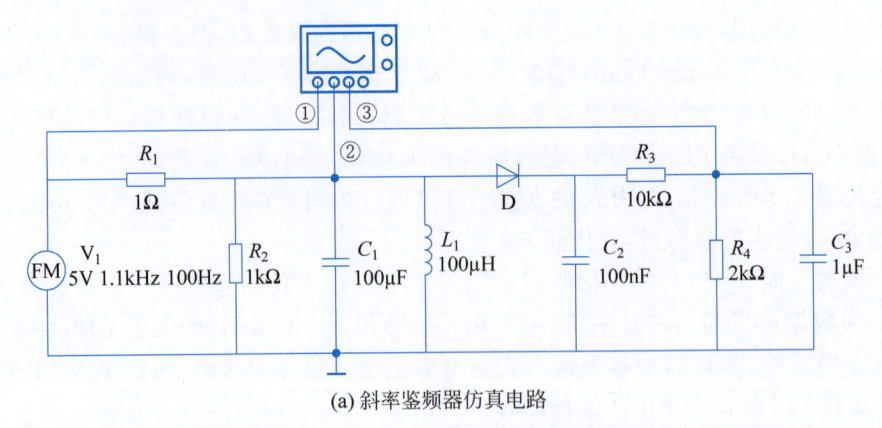

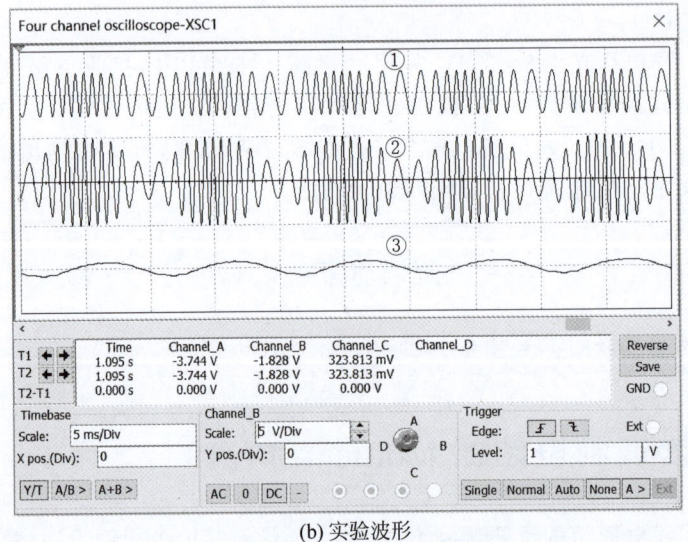

图 6-71 斜率鉴频器的仿真电路及实验波形

(a) 电感耦合相位鉴频器仿真电路

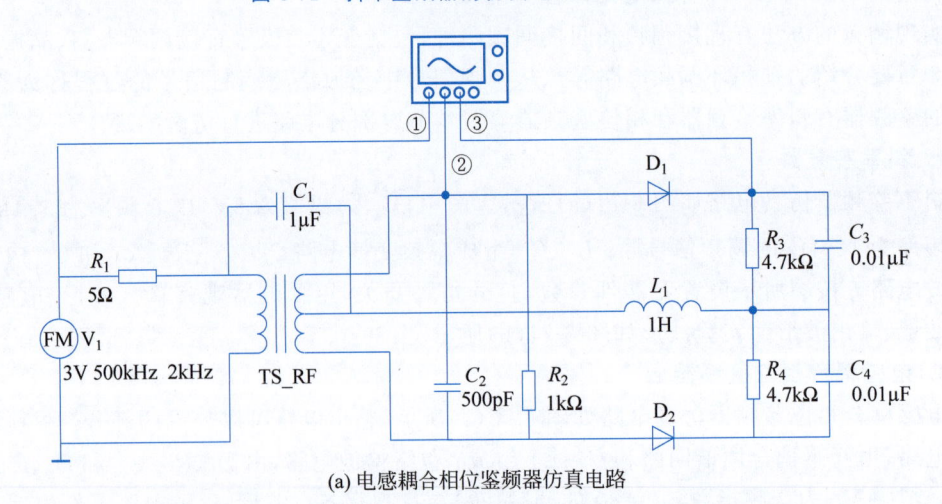

图 6-72 电感耦合相位鉴频器的仿真电路及实验波形

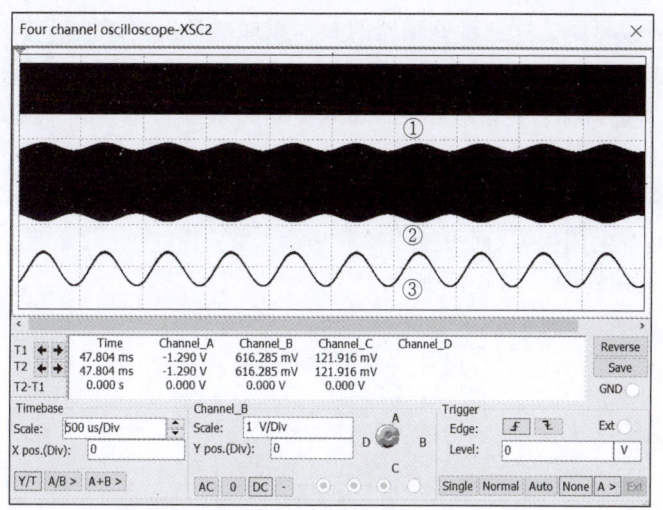

(b) 实验波形

图 6-72 （续）

本章小结

1. 在调制中，载波信号的频率随调制信号而变，称为频率调制或调频；载波信号的相位随调制信号而变，称为相位调制或调相。在这两种调制过程中，载波信号的幅度都保持不变，而频率的变化和相位的变化都表现为相角的变化，因此，把调频和调相统称为角度调制或调角。

2. 掌握调角信号的几个重要参数。

(1) 调频时最大频率偏移 $\Delta\omega_f = k_f U_{\Omega m}$；调相时最大频率偏移 $\Delta\omega_p = m_p \Omega = k_p U_{\Omega m} \Omega$。

(2) 调频时调制指数 $m_f = \dfrac{\Delta\omega_f}{\Omega} = \dfrac{k_f U_{\Omega m}}{\Omega}$；调相时调制指数 $m_p = k_p U_{\Omega m}$。

(3) 调频时信号带宽 $B_f \approx 2(m_f + 1)F$；调相时信号带宽 $B_f \approx 2(m_p + 1)F$。

3. 理论上，调频信号的边频分量是无限多的，实际上，已调信号的能量绝大部分集中在载频附近的一些边频分量上，略去振幅小于载波振幅10%的边频分量，可认为调角信号占据的频谱有效宽度（频带宽度）为 $B_f \approx 2(m_f + 1)F$ 或 $B_f \approx 2(\Delta f + F)$。

这与调制频率相同的调幅波比起来，调角波的频带要宽 $2\Delta f$。通常 $\Delta f > F$，所以调角波的频带要比调幅波的频带宽得多。

4. 调频波和调相波的平均功率也为载波功率和各边频功率之和。由于调频和调相的幅度不变，所以调角波在调制后总的功率不变，只是将原来载波功率中的一部分转入边频中。所以载波成分的系数 $J_0(m_f)$ 小于1，表示载波功率减小了。

5. 实现调频的方法有两类：直接调频与间接调频。直接调频是用调制信号去控制振荡器中的可变电抗元件（变容二极管），使其振荡频率随调制信号线性变化；间接调频是将调制信号积分后，再对高频载波进行调相，获得调频信号。直接调频可获得大的频偏，但中心频率的频率稳定度低；间接调频时中心频率的频率稳定度高，但难以获得大的频偏，需采用倍频等方法加大频偏。

6. 调频波的解调称为鉴频，调相波的解调称为鉴相。鉴频的主要方法有斜率鉴频器、相位鉴频器和比例鉴频器。这三种鉴频器的基本原理都是由实现波形变换的线性网络和实现频率变换的非线性电路组成。

7. 鉴频器的质量指标：鉴频跨导 g_d（又叫鉴频灵敏度）、鉴频频带宽度 B、非线性失真以及对寄生调幅的抑制能力等。

8. 限幅电路是鉴频电路（比例鉴频器除外）前端不可缺少的重要部分，它可以消除叠加在调频信号上面的寄生调幅，从而可减小鉴频失真。

9. 本章知识结构框图如图 6-73 所示。

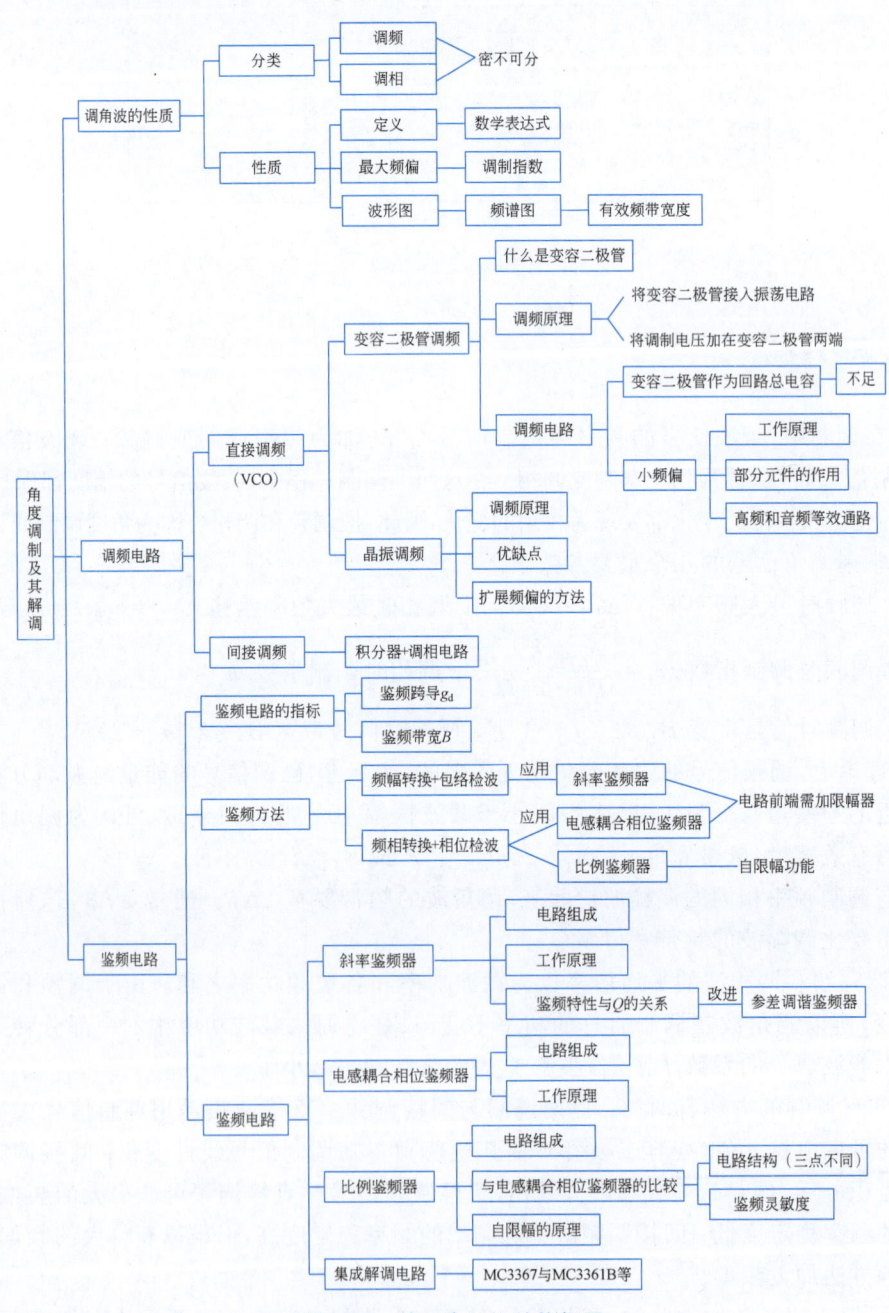

图 6-73 第 6 章知识结构框图

思考题与习题

6-1 设调制信号 $u_\Omega(t)=U_{\Omega m}\cos\Omega t$,载波信号为 $u_c(t)=U_m\cos\omega_c t$,调频的比例系数为 $k_f[\text{rad}/(\text{V}\cdot\text{s})]$。试写出调频波的以下各量：

(1) 瞬时角频率 $\omega(t)$；

(2) 瞬时相位 $\theta(t)$；

(3) 最大频偏 $\Delta\omega$；

(4) 调制指数 m_f；

(5) 已调频波的 $u_{FM}(t)$ 的数学表达式。

6-2 为什么调幅波的调制系数不能大于1,而角度调制的调制系数可以大于1？

6-3 已知载波频率 $f_c=100\text{MHz}$,载波电压幅度 $U_m=5\text{V}$,调制信号 $u_\Omega(t)=\cos(2\pi\times 10^3 t)+2\cos(2\pi\times 500 t)$,试写出调频波的数学表示式（设两调制信号最大频偏均为 $\Delta f_{\max}=20\text{kHz}$）。

6-4 载频振荡的频率为 $f_c=25\text{MHz}$,振幅为 $U_c=4\text{V}$,调制信号为单频余弦波,频率为 $F=400\text{Hz}$,频偏为 $\Delta f=10\text{kHz}$。试回答以下问题：

(1) 写出调频波和调相波的数学表达式；

(2) 若仅将调制频率变为 2kHz,其他参数不变,试写出调频波与调相波的数学表达式。

6-5 有一调幅波和一调频波,它们的载频均为 1MHz。调制信号均为 $u_\Omega=0.1\sin(2\pi\times 10^3 t)\text{V}$。已知调频时,单位调制电压产生的频偏为 1kHz/V。

(1) 试求调幅波的频谱宽度 B_{AM} 和调频波的有效频谱宽度 B_{FM}。

(2) 若调制信号改为 $u_\Omega=20\sin(2\pi\times 10^3 t)\text{V}$。试求 B_{AM} 和 B_{FM}。

6-6 若调制信号频率为 400Hz,振幅为 2.4V,调制指数为 60。当调制信号频率减小为 250Hz,同时振幅上升为 3.2V 时,调制指数将变为多少？

6-7 有一调频发射机,用正弦波调制,未调制时,发射机在 50Ω 电阻负载上的输出功率 $P_o=100\text{W}$。将发射机的频偏由零慢慢增大,当输出的第一个边频成分等于零时,即停止下来。试计算：

(1) 载频成分的平均功率；

(2) 所有边频成分总的平均功率；

(3) 第二次边频成分总的平均功率。

6-8 某变容二极管调频电路如图题 6-8(a) 所示,变容二极管的变容特性曲线如图题 6-8(b) 所示,已知调制信号 $u_\Omega(t)=\cos(4\pi\times 10^4 t)\text{V}$。试回答以下问题：

(1) 画出振荡部分简化交流通路,说明构成了何种类型振荡电路；

(2) 分别画出变容二极管直流通路和调制信号通路,计算加在二极管的反向偏压 $U_{偏}$ 的大小；

(3) 分析调频电路的工作原理；

(4) 求输出调频波的中心工作频率 f_c 和最大频偏 Δf；

(5) 若载波是振幅为 2V 的余弦信号,写出输出调频信号的表达式 $u_{FM}(t)$。

(a) 调频电路

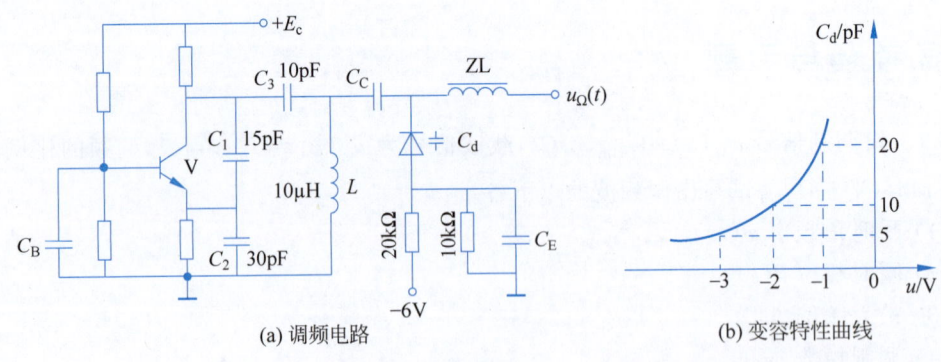

(b) 变容特性曲线

图题 6-8

6-9 设用调相法获得调频，调制频率 $F=300\sim 3000\text{Hz}$。在失真不超过允许值的情况下，最大允许相位偏移 $\Delta\theta_\text{m}=0.5\text{rad}$。如要求在任一调制频率得到最大的频偏 Δf 不低于 75kHz 的调频波，需要倍频的倍数为多少？

6-10 有一个鉴频器的鉴频特性如图题 6-10 所示。鉴频器的输出电压为 $u_\text{o}(t)=\cos(4\pi\times 10^4 t)(\text{V})$，试回答：

(1) 鉴频跨导 g_D 的值；

(2) 输入信号 $u_\text{FM}(t)$ 和调制信号 u_Ω 的表达式。

6-11 斜率鉴频器中应用单谐振回路和小信号选频放大器中应用单谐振回路的目的有何不同？Q 值高低对于二者的工作特性各有何影响？

6-12 为什么比例鉴频器有抑制寄生调幅的作用？

6-13 电感耦合相位鉴频器如图题 6-13 所示。试回答下列问题：

(1) 画出信号频率 $\omega<\omega_0$、$\omega>\omega_0$、$\omega=\omega_0$ 时的矢量图。

(2) 说明 V_1 断开时，能否鉴频？

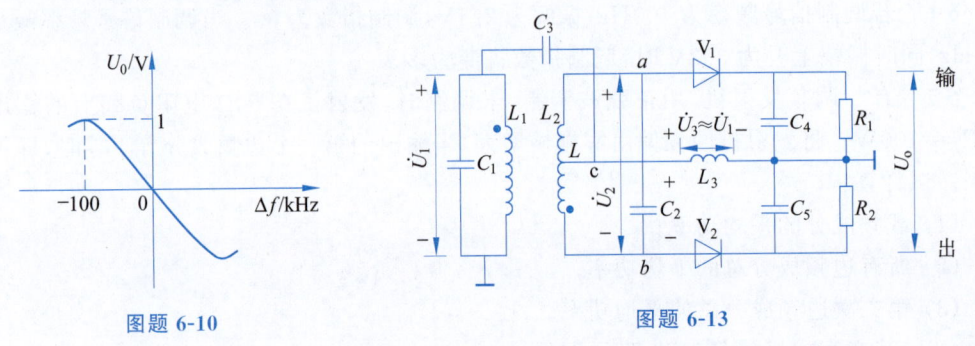

图题 6-10

图题 6-13

6-14 某调频电路的振荡回路由电感 L 和变容二极管组成，已知 $L=2\mu\text{H}$，变容二极管 $C_\text{d}=\dfrac{72}{\left(1+\dfrac{u}{0.6}\right)^2}\text{pF}$，若静态反偏电压为 3V，调制电压 $u_\Omega(t)=10\cos(2\pi\times 10^4 t)\text{mV}$。试回答以下问题：

(1) 求 FM 波载波频率 f_c，最大频偏 Δf；

(2) 若载波为振幅 1V 的余弦信号，写出该电路所产生的 FM 波表达式 $u_\text{FM}(t)$；

(3) 将上一问中产生的 FM 波通过图所示鉴频特性的鉴频器，求鉴频输出 $u_\text{o}(t)$；

(4) 画出实现图所示鉴频特性电感耦合相位鉴频器的原理电路。

6-15 某调频信号表达式为

$$u_1(t) = 1.5\cos[2\pi \times 10^7 t + 15\sin(4\pi \times 10^3 t)]\text{V}, \quad k_f = 40\text{kHz/V}$$

试回答以下问题：

(1) 求最大频偏和调制信号频率、振幅及信号带宽；

(2) 若将该调频波送入鉴频特性如图题 6-15 所示鉴频器中，求输出信号 $u_o(t)$ 的数学表达式；

(3) 当发送端调制信号的振幅增大一倍，画出近似的 $u_o(t)$ 波形示意图。

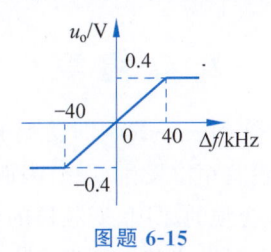

图题 6-15

6-16 分别说明斜率鉴频器、相位鉴频器导致非线性失真的因素及减小方法。

6-17 影响脉冲计数式鉴频器工作频率上限的因素是什么？

第 7 章 变 频 器

CHAPTER 7

内 容 提 要

变频器是将已调信号的载频变换到另一载频的功能电路,其特点是变频前后已调波的调制类型和调制参数均不改变,仅载波频率发生变化,因而广泛应用于通信及其他电子电路中。本章所涉及的内容主要有进行变频的原因、变频器的组成及变频波形图、变频器的基本原理及主要技术指标、晶体三极管变频电路基本原理及应用举例、超外差接收机的统调与跟踪、用模拟乘法器构成的混频电路以及变频干扰(组合频率干扰、副波道干扰——中频干扰、镜频干扰、组合副波道干扰、交调和互调干扰)及其抑制方法。

7.1 概述

在通信技术中,经常需要将信号自某一频率变换为另一频率,一般用得较多的是把一个已调的高频信号变成另一个较低频率的同类已调信号。例如,在超外差接收机中,常将天线接收到的高频信号(载频位于 535~1605kHz 中波波段的各电台的普通调幅信号)通过变频,变换成 465kHz 的中频信号,完成这种频率变换的电路称变频器。又如,在超外差式广播接收机中,把载频位于 88~108MHz 的各调频台信号变换为中频为 10.7MHz 的调频信号;再如,把载频位于四十几兆赫至近千兆赫频段内各电视台信号变换为中频为 38MHz 的视频信号。我国紫金山天文台"毫米波和亚毫米波实验室"在基于低温超导器件的太赫兹(毫米波亚毫米波)高灵敏度微弱信号探测技术研究及应用系统方面,成功研制了基于 NbN(氮化铌)超导隧道结的 0.5THz 和 1.4THz 频段高性能超导混频器,在国际上首次将 NbN 超导混频技术应用于 POST 亚毫米波望远镜天文观测研究,这是变频器在太赫兹通信中的应用。

采用变频器后,接收机的性能将得到提高,其原因如下。

(1) 有利于放大。变频器将高频信号频率变换成中频,在中频上放大信号,放大器的增益可做得很高而不自激,电路工作稳定;经中频放大后,输入检波器的信号可以达到伏特数量级,有助于提高接收机的灵敏度。

(2) 有利于电路结构简化。在专用接收机中,接收的频率是固定的,而作为超外差接收机接收的频率是变的,但由于变频后所得的中频频率是固定的,这样可以使电路结构简化。

(3) 有利于选频。要求接收机在频率很宽的范围内选择性好,有一定困难,而对于某一固定频率选择性可以做得很好。

变频电路框图如图 7-1 所示。它是将输入调幅信号 $u_S(t)$ 与本振信号（高频等幅信号）$u_L(t)$ 同时加到变频器，经频率变换后通过中频滤波器输出中频调幅信号 $u_I(t)$。$u_I(t)$ 与 $u_S(t)$ 载波振幅的包络形状完全相同，唯一的差别是信号载波频率 f_S 变换成中频频率 f_I，变频器输入输出波形如图 7-2 所示。

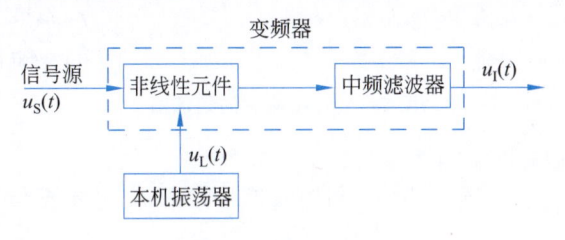

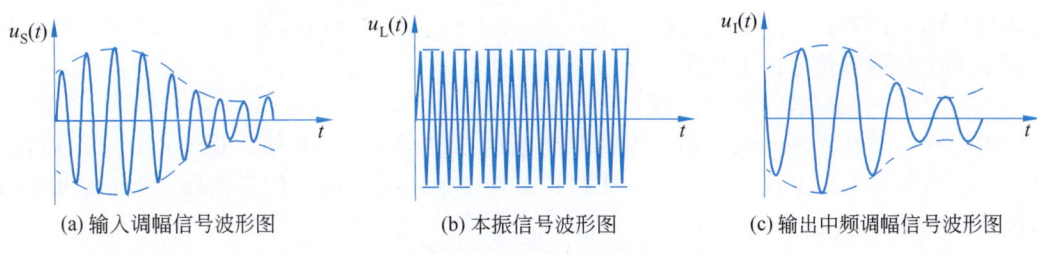

图 7-1 变频电路框图

(a) 输入调幅信号波形图　　(b) 本振信号波形图　　(c) 输出中频调幅信号波形图

图 7-2 变频器输入输出波形

由图 7-1 可见，一个变频器由三部分组成：
(1) 非线性元件，如二极管、三极管、场效应管和模拟乘法器等；
(2) 产生 $u_L(t)$ 的振荡器，通常称为本地振荡，振荡频率为 ω_L；
(3) 中频滤波器。

晶体管变频器可分为变频器和混频器两种电路。振荡信号可以由完成变频作用的非线性器件（如三极管）产生，也可以由单设振荡器产生。前者叫变频器（或称自激式变频器），后者叫混频器（或称为他激式变频器）。两种电路中，前一种简单，但统调困难，电路工作状态无法同时兼顾振荡和变频处于最佳情况。因此一般工作频率较高的接收机采用混频器。

复习思考题

1. 在超外差接收机中，为什么进行变频？
2. 变频器由哪几部分组成，各部分作用是什么？

7.2 变频器的基本原理

变频的作用是将信号频率自高频搬移到中频，也是信号搬移过程。变频前后的频谱图如图 7-3 所示。由图 7-3 可知，经过变频后将原来输入的高频调幅信号在输出端变换为中频调幅信号，两者相比较只是把调幅信号的频率从高频位置移到了中频位置，而各频谱分量的相对大小和相互间距离保持一致。

值得注意的是，高频调幅信号的上边频变成中频调幅信号的下边频，而高频调幅信号的

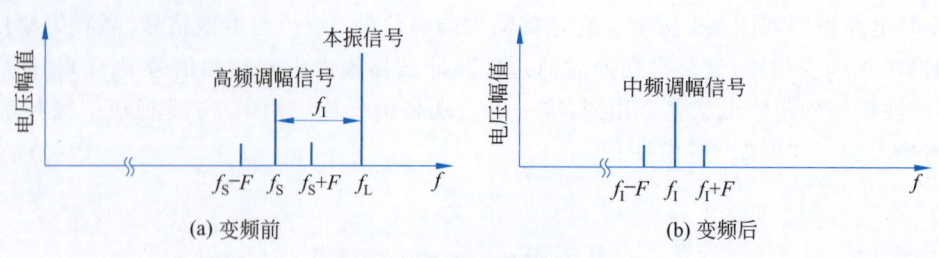

图 7-3　变频前后的频谱图

下边频变成中频调幅信号的上边频。

其原因是变频后,输出信号中频 f_I 与输入信号频率 f_S 和本振信号频率 f_L 的关系为

$$f_L = f_I - f_S$$

而 $f_L-(f_S+F)=f_L-f_S-F=f_I-F$,可知,输入信号的上边频经混频后变成中频调幅信号的下边频。$f_L-(f_S-F)=f_L-f_S+F=f_I+F$,可知,输入信号的下边频经混频后变成中频调幅信号的上边频。

下面对变频原理进行数学分析。

如果在非线性元件上同时加上等幅的高频信号电压 $u_L(t)$ 和输入信号电压 $u_S(t)$,就会产生具有新频率的电流成分。由于变频管工作于输入特性曲线的弯曲段,其电流可采用幂级数来表示,即

$$i = a_0 + a_1 \Delta u + a_2 (\Delta u)^2 + \cdots \tag{7-1}$$

其中,$\Delta u = u_S(t) + u_L(t) = U_{Sm}\cos\omega_S t + U_{Lm}\cos\omega_L t$

对式(7-1)近似取前三项,则

$$i = a_0 + a_1[u_S(t) + u_L(t)] + a_2[u_S(t) + u_L(t)]^2$$

$$= a_0 + a_1(U_{Sm}\cos\omega_S t + U_{Lm}\cos\omega_L t) + a_2(U_{Sm}\cos\omega_S t + U_{Lm}\cos\omega_L t)^2$$

$$= a_0 + a_1(U_{Sm}\cos\omega_S t + U_{Lm}\cos\omega_L t) + \frac{a_2}{2}(U_{Sm}^2 + U_{Lm}^2) +$$

$$\frac{a_2}{2}(U_{Sm}^2\cos 2\omega_S t + U_{Lm}^2\cos 2\omega_L t) + a_2 U_{Sm} U_{Lm} [\cos(\omega_S + \omega_L)t + \cos(\omega_S - \omega_L)t]$$

由以上分析,由于电路元件的伏安特性包含有平方项,在 $u_S(t)$、$u_L(t)$ 同时作用下,电流便产生了新的频率成分,它包含以下分量。

差频分量:$\omega_S - \omega_L$;

和频分量:$\omega_S + \omega_L$;

谐波分量:$2\omega_S$、$2\omega_L$。

其中差频分量 $\omega_S - \omega_L$ 就是所要求的中频成分 ω_I,通过中频滤波器就可将差频分量取出,而将其他频率成分滤除。这种变频器称为下变频器。若用选择性电路将和频分量选择出来,则这种变频器称为上变频器。

复习思考题

1. 变频器的基本原理是什么?
2. 为什么要用非线性元件才能产生变频作用?变频、调幅与检波有何相同点与不同点?

7.3 变频器的主要技术指标

衡量变频电路性能的主要指标如下。

1. 变频增益

变频增益有电压增益(用 K_{VC} 表示)和功率增益(用 K_{PC} 表示)两种。

$$变频电压增益\ K_{VC} = \frac{中频输出电压}{高频输入电压} = \frac{U_I}{U_S} \tag{7-2}$$

$$变频功率增益\ K_{PC} = \frac{中频输出信号功率}{高频输入信号功率} = \frac{P_I}{P_S} \tag{7-3}$$

对接收机而言,K_{VC}(或 K_{PC})大,有利于提高灵敏度。在广播收音机中 K_{PC} 通常为 20~30dB,电视接收机中 K_{VC} 通常为 6~8dB。

2. 选择性

变频器在变频过程中除产生有用的中频信号外,还产生许多频率项。要使变频器输出只含有所需的中频 f_I 信号,而对其他各种频率的各种干扰予以抑制,所以,要求输出回路具有良好的选择性,可采用品质因数 Q 高的选频网络或滤波器。

3. 工作稳定性

要求本振信号频率稳定度高,则应采用稳频等措施。

4. 非线性失真

由于变频电路工作在非线性状态,在输出端可获得所需的中频信号,但也将出现许多不需要的其他频率分量,其中一部分将落在中频回路的通频带范围内,使中频信号与输入信号的包络不一样,产生了包络失真。另外,在变频过程中还将产生组合频率干扰、交叉调制干扰等,这些干扰的存在会影响正常通信。所以在设计和调整电路时,应尽量减小失真及干扰。这方面,在军用通信中尤为重要。

5. 噪声系数

噪声系数的定义为

$$N_F = \frac{输入端载频信号噪声功率比}{输出端中频信号噪声功率比} \tag{7-4}$$

由于变频器位于接收机的前端,它产生的噪声对整机影响最大,故要求变频器本身噪声系数越小越好。

复习思考题

1. 对变频器有哪些基本要求?
2. 为什么变频器产生的噪声对整机影响最大?

7.4 晶体三极管变频电路

7.4.1 三极管变频电路的几种形式

三极管变频电路按本振信号接入的不同,一般有四种电路形式。如图 7-4(a)、图 7-4(b)所示是共发射极电路的形式,如图 7-4(c)、图 7-4(d)所示是共基极电路的两种形式。共发射极电路多用于频率较低的情况,图 7-4(a)中,信号与本振分别由基极和发射极注入,相互影响小,但本振需要功率大。图 7-4(b)中,信号与本振都由基极注入,相互影响大,但本振需要功率小。

共基极电路多用于频率较高的情况,当工作频率不高时,变频增益比发射极电路低。图 7-4(d)比图 7-4(c)的相互影响大。

(a) 本振由发射极注入,信号由基极注入

(b) 本振、信号都由基极注入

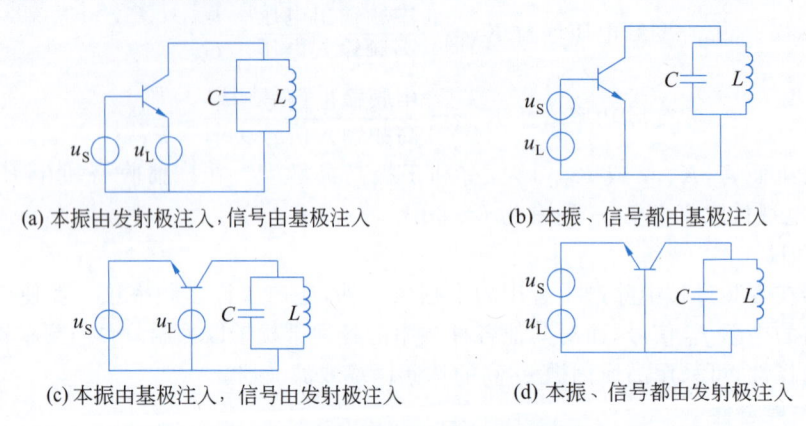

(c) 本振由基极注入,信号由发射极注入

(d) 本振、信号都由发射极注入

图 7-4　三极管变频电路的四种形式

这些电路的共同特点是,不管本振电压注入方式如何,实际上输入信号和本振信号都是加在基极和发射极之间,并且利用三极管转移特性的非线性实现频率变换。

7.4.2　变频器工作状态选择

为了获得低噪声及高的变频增益,需要对变频器的工作状态进行选择。由于变频器严格的分析计算比较困难,因此,通常都是通过实验的方法来选择工作状态的。下面提供几组实验曲线供变频器设计使用。变频器功率增益 K_{PC}、噪声系数 N_F 随 U_L、I_e 和 E_c 变化的曲线如图 7-5 所示。

(a) K_{PC}、N_F 随 U_L 变化的曲线

(b) K_{PC}、N_F 随 I_e 变化的曲线

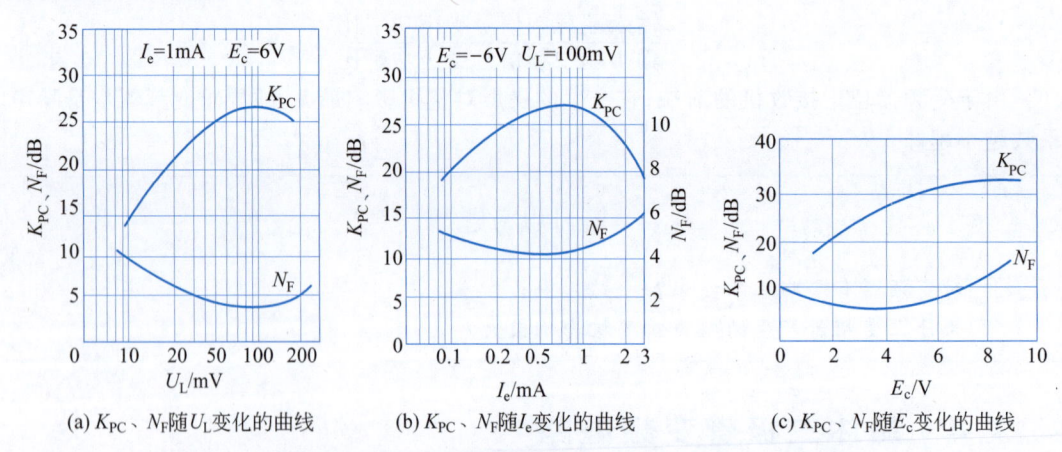

(c) K_{PC}、N_F 随 E_c 变化的曲线

图 7-5　变频器功率增益 K_{PC}、噪声系数 N_F 随 U_L、I_e 和 E_c 变化的曲线

如图 7-5(a)所示是在 $E_c=-6V$,$I_e=1mA$ 条件下,变频器功率增益 K_{PC} 和噪声系数 N_F 随 U_L 变化的曲线。曲线表明,在 $U_L=50\sim200mV$ 时,K_{PC} 较大,N_F 较小。如图 7-5(b)所示

是在 $E_c=-6V$、$U_L=100mV$ 条件下，K_{PC} 和 N_F 随 I_e 变化的曲线。曲线表明，在 $I_e=0.3\sim1.5mA$ 时，K_{PC} 较大，N_F 较小。如图 7-5(c) 所示表示了 K_{PC} 和 N_F 随电源电压 E_c 变化的曲线。曲线表明，K_{PC} 随 E_c 增大而增大，但当 E_c 大于 6V 时增加缓慢。N_F 在 $E_c=2\sim6V$ 时较小，后随 E_c 增大而增大。所以，电源电压一般取 $5\sim8V$ 较为适宜。

7.4.3 三极管变频电路实例

图 7-6 所示为广播收音机中使用的变频电路。如图 7-6(a) 所示是晶体管收音机中波段的变频电路。此电路中变频和振荡由一只三极管 3AG1D 承担，可节省管子。这种变频电路称为自激式变频器。其工作过程为，接收天线接收到的电磁波，通过耦合线圈 L_a 加到输入信号回路，而后通过耦合线圈 L_b 加到变频管 V_1 基极。本地振荡器由三极管、振荡回路（L_c、C_5、C_6、C_7）和反馈线圈 L_f 等构成的变压器耦合反馈振荡器。本振电压由 L_c 的抽头取出，经电容 C_e 加到三极管发射极并同加到基极的输入信号一起进行变频。

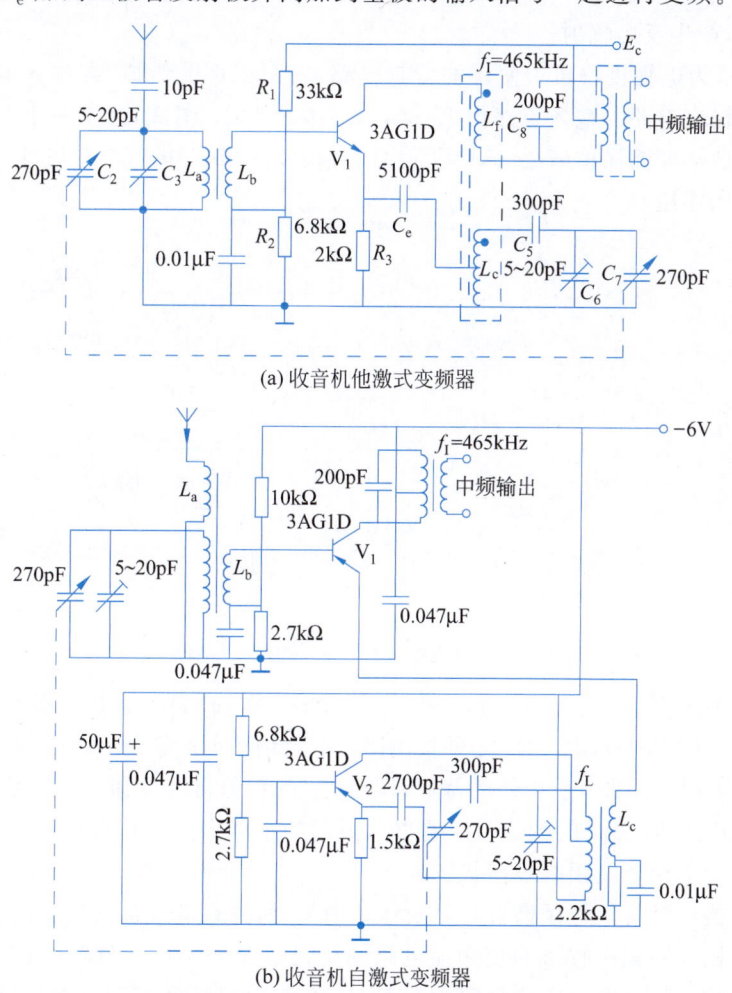

图 7-6 广播收音机中使用的变频电路

图 7-6(a) 中 C_2、C_7 是双联可变电容，可以使当输入信号频率改变时，本振信号频率相应地改变，以保证其差频基本不变。

三极管的集电极接中频变压器,利用其选频作用就可获得所需的中频输出电压。但由于中频电流通过反馈线圈 L_f 会引起中频负反馈,如设计不当,就会使变频增益降低,所以在通信机中基本不使用。只是在考虑用管少、成本低廉的广播收音机中才用得较多。

图 7-6(b)是收音机他激式变频器(混频器)。在混频器中本振与混频分开,因此可以分别选择最佳工作状态。本振电压由 V_2 构成的电感三点式振荡器产生,通过耦合线圈 L_c 加到变频管 V_1 的发射极。输入信号电压由接收天线感应产生,通过耦合线圈 L_a 加到输入信号回路,而后通过耦合线圈 L_b 加到变频管 V_1 基极。输入信号频率的选择和相应的本振频率用调节联动的可变电容获得,输出中频 465kHz 信号。

在实际电路中,L_a 和 L_b 都取值较小,这样,对输入信号频率而言,本振回路严重失谐,它在 L_c 两端呈现的阻抗很小,可看成短路;同理,对本振频率而言,输入信号回路严重失谐,它在 L_b 两端呈现的阻抗很小,也可看成短路。因而保证了输入信号电压和本振电压都有良好通路,能够有效加到 V_1 管发射结上,同时,也有效克服了本振电压经输入信号回路泄露到天线上,产生反向辐射。

图 7-7 所示为电视接收机中使用的变频电路,它由三部分组成,即输入电路、晶体三极管变频电路和输出电路。输入电路由 L_1、L_2、C_0、C_1 和 C_2 组成,这是一个双调谐回路,它接在高频放大器与变频晶体管之间,除了将高频信号传输到三极管的基极外,还具有阻抗匹配和带通滤波的作用。

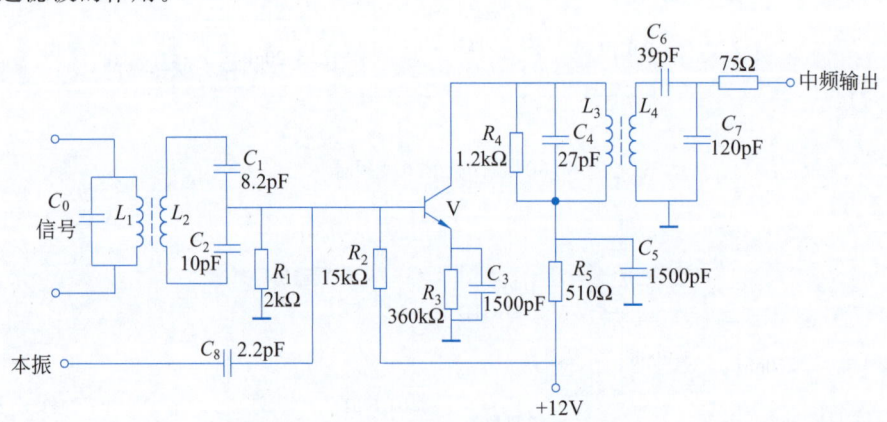

图 7-7　电视接收机中使用的变频电路

输出电路为由 L_3、C_4、L_4、C_6、C_7 和 R_4 组成的双调谐回路,它是三极管的负载并调谐在中频中心频率(38MHz)上。R_4 是外接电阻,用以降低回路 Q 值,保证通频带要求。

本振信号通过 C_8 加至三极管的基极,调整 C_8 的数值可改变加到发射结上的本振信号的幅度。改变电阻 R_1、R_2 的数值可以调整三极管的工作点。合理选择 C_8、R_1 和 R_2 的数值可以使三极管工作于变频的最佳状态。

由于变频器只是将信号频谱自高频搬移到中频,而各频谱分量的相对位置则保持不变,所以调频接收机与调幅接收机的变频器电路结构是完全相同的。例如,图 7-8 所示为一调频遥控接收机的变频电路。中心频率为 30MHz 的调频信号经高频放大后自变频管 V_1 的基极加入,而本机振荡器的信号(频率为 28MHz)由发射极注入。为了提高本机振荡器的频率稳定度,采用晶体振荡电路。为了使足够的输出幅度注入变频管 T_1 的发射极,T_2 的集电极负载采用 LC 谐振电路,并调谐于 28MHz。振荡电压由变压器耦合至变频器,并通过并接于 3.6kΩ 电阻上的 200pF 电容直接注入 V_1 的发射极。变频管 V_1 工作电流取 $I_e=0.8\sim1.2$mA。V_1 集电极谐振电路调谐于中频 $f_I=2$MHz，通过中频变压器将中心频率为 2MHz 的调频信号送至中频放大器放大。

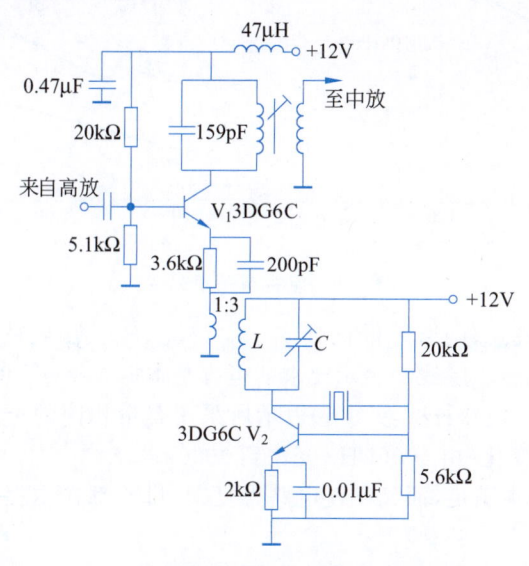

图 7-8 调频遥控接收机的变频电路

复习思考题

1. 按本振信号接入的不同，三极管变频电路有哪几种形式？
2. 变频器与混频器在电路组成上有什么异同点，各有哪些优缺点？

7.5 超外差接收机的统调与跟踪

在超外差接收中，为了调谐方便，希望高频调谐回路（输入回路、高放回路）与本振回路，实行统一调谐。即通常采用的每波段中最低到最高频率的调谐，由同轴可变电容器进行，而改变波段则采用改变固定电感的方法。

由于高频调谐回路和本振回路的波段系数 K_d 不同，例如，某分段波的最低频率 $f_{min}=535$kHz，而最高频率 $f_{max}=1605$kHz，则高频回路的波段覆盖系数为

$$K_d = \frac{f_{max}}{f_{min}} = \sqrt{\frac{C_{max}}{C_{min}}} = 3$$

当中频选用 465kHz 时，如用容量相同的可变电容，则本振波段将从最低频率 $f_{Lmin}=535$kHz+465kHz=1000kHz 变化到最高频率 $f_{Lmax}=3\times f_{Lmin}=3000$kHz。而要求的最高频率应为 2070kHz（1605kHz+465kHz=2070kHz）。

这说明除最低频率 f_{Lmin} 处满足中频为 465kHz 外，在波段其他频率处均不是 465kHz，也就是只有一点跟踪，可以用如图 7-9 所示的电容与频率关系来说明这种情况。

图中实线①为满足波段覆盖系数 $K_d=3$ 时，所采用的电容变化与波段频率的关系。

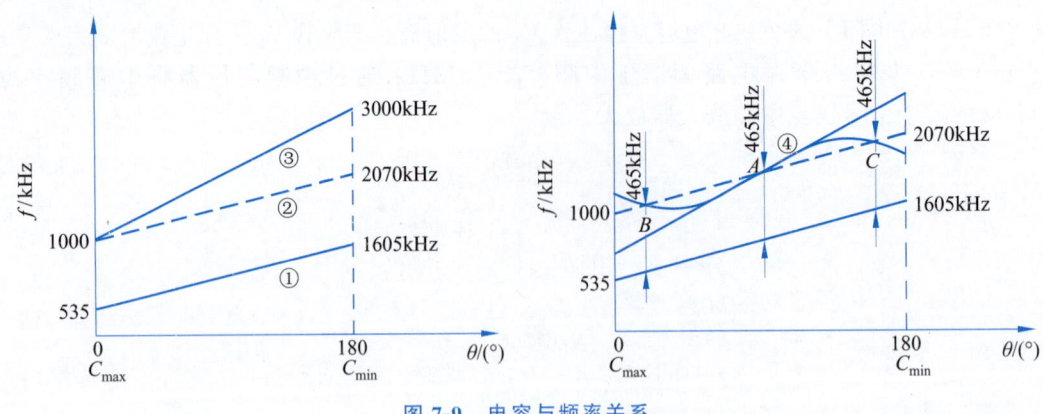

图 7-9 电容与频率关系

电容转角 $\theta=0°$ 时电容最大,调谐于最低频率 $f_{\min}$(535kHz); $\theta=180°$ 时电容最小,调谐于最高频率 $f_{\max}$(1605kHz)。虚线②表示要求的电容与本振频率 f_L 的关系。显然虚线②平行于实线①且间隔均为 465kHz。实线③表示所采用容量相同的可变电容时,电容变化所得到的本振频率 f_L 的变化(由 1000kHz 变化到 3000kHz)。

为使统调要求能基本满足,而又不使电路太复杂,目前都在本振回路上采取措施,这种方法称为三点统调或三点跟踪。

这种方法是在中间频率处(A 点)(例如信号频率为 1000kHz,本振频率为 1465kHz)满足差频 465kHz 要求。过 A 点作③的平行线,可知,此时在最低和最高频率处差频(中频)分别低于和高于 465kHz。设法将低段的本振频率提高,使得低端有一点(B 点)的差频为 465kHz。同样,将高端的本振频率降低,使得高端有一点(C 点)的差频为 465kHz。这时实线④变成 S 形,本振频率与波段频率的差频在三点上完全符合要求,如图 7-9 所示。这就称为三点统调。

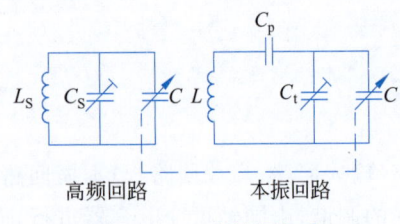

图 7-10 三点统调电路

为了满足三点统调,在本振回路上必须附加电容。三点统调电路如图 7-10 所示。

通常,本振回路附加串联电容 C_p,C_p 称为垫整电容,其容量较大,与 $C_{\max}$ 的容量相近,还附加并联电容 C_t,C_t 称为垫补电容,其容量较小,与 $C_{\min}$ 的容量相近。

这样,在本振波段中间一点要求的本振频率,可以由可变电容中间位置的值(考虑 C_p 和 C_t 的作用)和电感 L 确定。

在本振频率高频端,$C=C_{\min}$,由于 C_t 与 $C_{\min}$ 相近,总的电容增大,所以使高频本振频率 f_L 降低。

在本振频率低频端,$C=C_{\max}$,C_t 的并联作用可忽略。串联 C_p 后,总的电容 C 减少,所以使低端本振频率 f_L 提高。这样就达到了三点统调的目的。

复习思考题

1. 在超外差接收机中,使用同轴可变电容器的目的是什么?
2. 什么是三点统调,并简述如何实现的?

7.6 环形混频电路

在实际的工作频率达到几十兆赫以上的混频器中,广泛采用一种由二极管构成的二极管双平衡混频电路,也称环形混频电路,如图 7-11 所示。

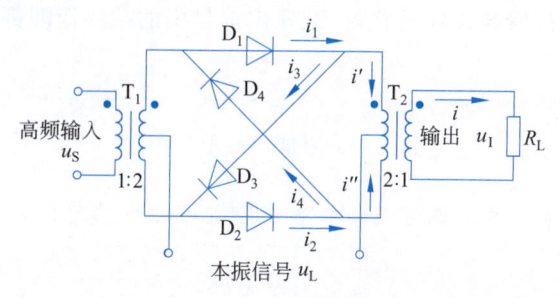

图 7-11 环形混频电路

通常混频器的输入信号 u_S($u_S = U_{Sm}\cos\omega_S t$)较小,当本振信号 u_L($u_L = U_{Lm}\cos\omega_L t$)足够大时,二极管工作在受 u_L 控制的开关状态。当本振信号电压 u_L 为正半周时,二极管 D_1、D_2 导通,D_3、D_4 截止;当本振信号电压 u_L 为负半周时,二极管 D_3、D_4 导通,D_1、D_2 截止。

相对于本振信号来说,D_1、D_2 和 D_3、D_4 的导通极性相反。若 D_1 与 D_2 的开关函数为 $k_1(\omega_L t)$,则 D_3 与 D_4 的开关函数为 $k_1(\omega_L t + \pi)$。

由 D_1 与 D_2 组成的平衡混频器输出电流为

$$i' = i_1 - i_2 = 2gk_1(\omega_L t)u_S \tag{7-5}$$

其中,g 是二极管 D_1 的输入电导,$i_1 = gk_1(\omega_L t)(u_L + u_S)$,$i_2 = gk_1(\omega_L t)(u_L - u_S)$。

由 D_3 与 D_4 组成的平衡混频器输出电流为

$$i'' = i_3 - i_4 = 2gk_1(\omega_L t + \pi)u_S \tag{7-6}$$

因此,通过中频回路输出的电流为

$$i = i' - i'' = 2gu_S[k_1(\omega_L t) - k_1(\omega_L t + \pi)] \tag{7-7}$$

由第 5 章开关函数近似分析法中式(5-19)可推得

$$k_1(\omega_L t) - k_1(\omega_L t + \pi) = \sum_{n=1}^{\infty}(-1)^{n+1}\frac{4}{(2n-1)\pi}\cos(2n-1)\omega_L t$$

则有

$$\begin{aligned}
i &= 2gu_S\left[\sum_{n=1}^{\infty}(-1)^{n+1}\frac{4}{(2n-1)\pi}\cos(2n-1)\omega_L t\right] \\
&= 2gU_{Sm}\cos\omega_S t\left[\sum_{n=1}^{\infty}(-1)^{n+1}\frac{4}{(2n-1)\pi}\cos(2n-1)\omega_L t\right] \\
&= 4gU_{Sm}\sum_{n=1}^{\infty}\frac{(-1)^{n+1}}{(2n-1)\pi}\{\cos[(2n-1)\omega_L + \omega_S]t + \cos[(2n-1)\omega_L - \omega_S]t\}
\end{aligned} \tag{7-8}$$

可见,在环形混频电路中,只要电路对称,输出电流中仅有 $(2n-1)\omega_L \pm \omega_S$,没有 ω_L 项出现。也就是它的输出中仅包含 $p\omega_L \pm \omega_S$($p = 2n-1$ 为奇数)的组合分量,而抵消了 ω_L 以及 $p\omega_L \pm \omega_S$(p 为偶数)众多的组合分量。这种混频器应用广泛。

由于四个二极管构成一个环,因此电路又称环形混频器。又由于载波被抑制,也称为载波被"平衡",因此电路也称二极管双平衡电路。

在模拟相乘器问世以前,环形调制器是一种应用很广的电路。由于该电路的上限工作频率高,在数十兆赫以上的频段,模拟相乘器仍不能取代环形混频电路,现市场上出售的环形混频器,是将四个二极管制成集成电路。

这样,由于四个二极管特性匹配良好,故输出信号中的载频泄漏都能被抑制到一个很低的水平。

复习思考题

用二极管环形相乘器构成环形混频电路与 DSB 产生电路有何异同点?

7.7 模拟乘法器构成的混频电路

图 7-12 所示为用 MC1596 构成的双平衡混频器,具有宽带输入,其输出调谐在 9MHz,回路带宽 450kHz,本振输入电平 100mV。对于 30MHz 信号和 39MHz 本振输入,混频器混频增益为 13dB。当输出信噪比为 10dB 时,输入信号灵敏度为 7.5μV。

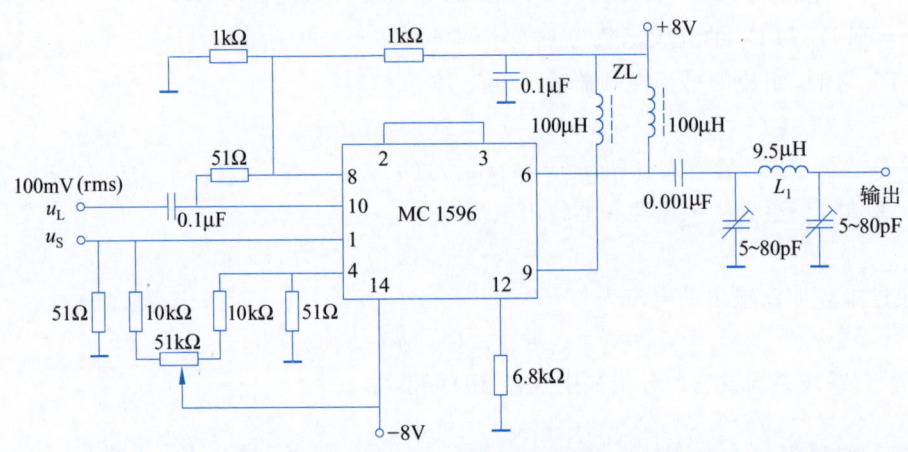

图 7-12 用 MC1596 构成的双平衡混频器

除了采用模拟相乘器实现混频外,还可采用其他的具有相乘特性的器件代替图 7-12 中的模拟相乘器。例如,采用具有增益控制功能的集成放大器 MC1590 也可构成混频电路,从而实现混频。

复习思考题

1. 实现混频有哪些方法?
2. 模拟乘法器构成的混频电路与调幅电路有何异同点?

7.8 混频的应用与二次混频

在超外差接收机中,接收到的射频信号通过混频器变成固定的中频。在实际电路中,根据需要有时不仅采用一次混频,还采用二次混频。图7-13为智能手机信号处理过程中超外差二次混频接收机的原理框图。天线接收到无线信号,经过天线匹配电路和接收滤波器滤波后再经低噪声放大器放大。放大后信号经过接收滤波器后被送入混频器1,与来自本机振荡电路的压控振荡信号进行混频,经一中频滤波器再送入混频器2,得到接收中频信号。该中频信号再经过中频放大器放大后在解调电路中进行正交解调,得到接收基带(RX I/Q)信号。

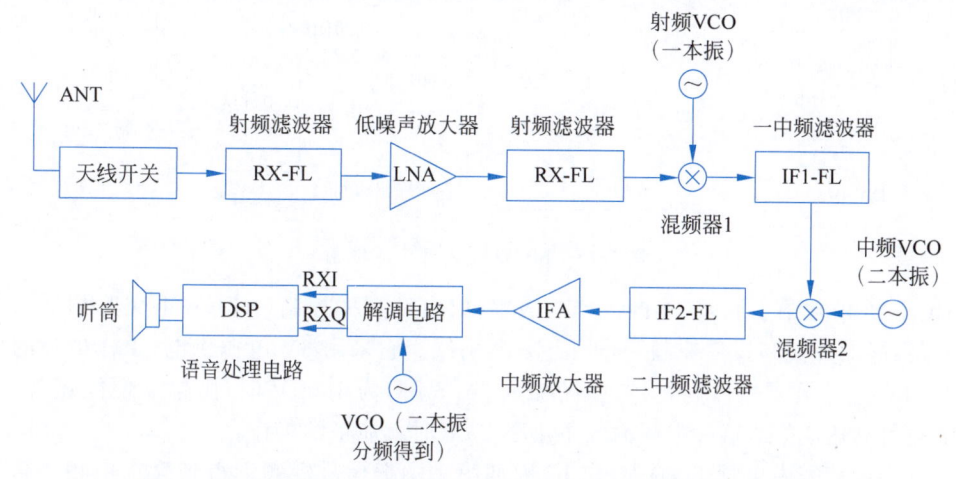

图 7-13 智能手机信号处理过程中超外差二次混频接收机的原理框图

图7-14所示为YDK-IP型遥控机接收机的二次混频框图。YDK-IP型遥控机是一种甚高频无线电调频控制设备,既可控制地面机械,也可供矿井采区采煤机组司机作随机操作用,可以分别控制主机停止、向左牵引、向右牵引、运输机停止等12个动作。

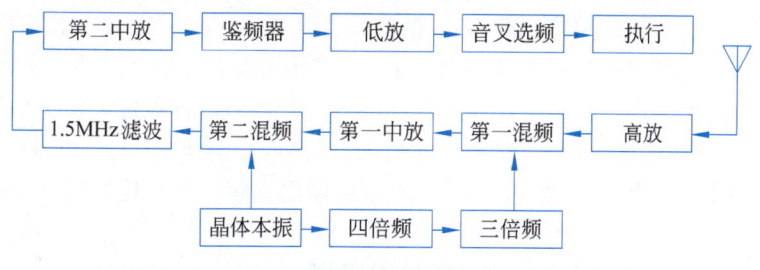

图 7-14 YDK-IP型遥控机接收机的二次混频框图

该遥控接收机采用了两次混频电路。晶体本地振荡器与信号频率差拍成两个中频频率:
第一中频频率＝载波频率(151MHz)－本振频率(11.5MHz)×12倍＝13MHz
第二中频频率＝13MHz－本振频率＝1.5MHz

随着大规模线性集成电路的发展,混频电路已作为单元电路被集成到专用芯片中。MC3359是两次混频外差式收信机用的中放和解调集成电路,集成化的中放和解调电路的通用性强,只需外接少量元件,调整简单。下面以MC3359为例进行说明。

MC3359的内部电路较全,外围元件少,其内部组成框图如图7-15所示。

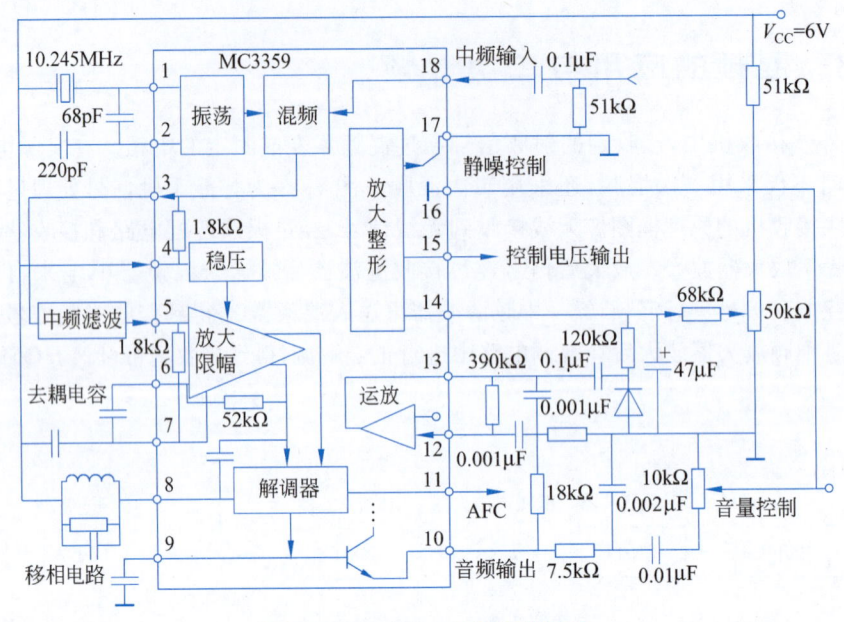

图 7-15 MC3359 内部组成框图

MC3359 内含第二混频、本振、中放、限幅器、自动频率控制（AFC）、正交鉴相器、运放、静噪电路、静噪开关和扫描控制等，外接 18 条引线。它采用 6V 电源供电，工作电流的典型值为 3.6mA。工作灵敏度高，第二中频输入（第 5 脚）为 $100\mu V$ 时，限幅器便能正常工作；混频增益可高达 33dB，第一中频输入不小于 $2\mu V$ 时就能正常工作。

第一中频信号由引脚 18 输入，与 IC 内部第二本振信号混频后得到第二中频。第二本振为电容三点式电路，由引脚 1 和引脚 2 外接石英晶体置定振频。第二混频采用模拟乘法电路。混频输出送至引脚 3 的外接陶瓷滤波器，选出第二中频信号，再从引脚 5 进入内部第二中放和限幅器。放大限幅器采用六级差分放大器。解调器也采用乘法器，需先将调频信号通过引脚 7 和引脚 8 外接的移相电路，将频率的变化转换成相位的变化。解调后的音频信号经放大后从引脚 10 输出，输出阻抗为 300Ω。在放大之前，由引脚 9 的外接电容实现去加重。

在 MC3359 内部还设有静噪控制电路，它是利用外接 RC 电路与内部的运算放大器构成有源滤波器，用以检出带外（10kHz 左右）噪声或特定的带外音，再经过外接检波送入 MC3359 进行放大整形，获得一个控制电压和一个静噪控制信号，分别从引脚 15 和引脚 16 输出。当 MC3359 输入的中频信号过于微弱时，可以用它将输出音频噪声对地短接，实现静噪。

复习思考题

为什么要进行二次变频？

7.9 变频干扰及其抑制方法

7.9.1 信号与本振的自身组合频率干扰

由于变频器使用的是非线性器件，而且工作在非线性状态。流经变频管的电流不仅含有直流分量、信号频率、本振频率成分,还含有信号、本振频率的各次谐波,以及它们的和、差频等组合频率分量,如 $3f_L$、$3f_S$、$2f_S-f_L$、$2f_L-f_S$ 等,即含有 $\pm mf_L\pm nf_S$ 分量。当这些组合频率分量中的某些分量等于或接近中频时,就能进入中频放大器,经检波器输出产生对有用信号的干扰。

如果本振频率 f_L 大于中频频率 f_I,而频率又不可能是负值,则只有下述两种情况构成对信号的干扰。即

$$mf_L - nf_S \approx f_I \quad 或 \quad -mf_L + nf_S \approx f_I \tag{7-9}$$

当组合频率符合式(7-9)的关系时,就可以在输出端形成干扰甚至产生啸叫,这种干扰就叫组合频率干扰。例如本振频率 $f_L=1396\text{kHz}$,有用信号频率 $f_S=931\text{kHz}$,两者的差拍频率是中频 $f_I=f_L-f_S=465\text{kHz}$。但信号频率的二倍频 $2f_S=1862\text{kHz}$ 与本振频率的差拍频率为 $2f_S-f_L=466\text{kHz}$,显然这个差频能被中频放大器放大,并与标准中频同时加入检波器,由于检波器也是非线性元件,故有 $466\text{kHz}-465\text{kHz}=1\text{kHz}$ 低频通过低放产生啸叫,干扰正常通信。

通常减弱组合频率干扰的方法有三种:
① 适当选择变频电路的工作点,尤其是 u_L 不要过大;
② 输入信号电压幅值不能过大,否则谐波幅值也大,使干扰增强;
③ 选择中频时应考虑组合频率的影响,使其远离变频过程中可能产生的组合频率。

7.9.2 外来干扰和本振频率产生的副波道干扰

副波道干扰是一种其频率为 f_n 的外来干扰,如果频率为 f_n 的干扰信号作用到混频器的输入端,它与本振信号频率如满足

$$\pm mf_L \pm nf_n \approx f_I$$

其中,m 为本振信号频率的谐波次数,n 为干扰信号频率的谐波次数。这时,干扰信号就会进入中频放大器经解调器输出将产生干扰和啸叫。可能产生的干扰频率可由下式确定:

$$f_n = \frac{1}{n}(mf_L \pm f_I) \tag{7-10}$$

副波道干扰是一种频率为 f_n 的外来干扰,当外来干扰信号或其 n 次谐波与本振的 m 次谐波产生差拍符合式(7-10)时,就形成中频。这种干扰好像是绕过了主波道 f_S 而通过另一条通路进入中频电路,所以叫副波道干扰。

这类干扰主要有中频干扰、镜频干扰和组合副波道干扰。

1. 中频干扰

当干扰信号频率 $f_n=f_I$ 时(即 $m=0$、$n=1$),如果接收机输入回路选择性不好,该信号进入变频器,并被放大,从而产生干扰。

对中频干扰的抑制方法,主要是提高变频器前面电路的选择性,增强对中频信号的抑制或设置中频陷波器。

2. 镜频干扰

当 $m=n=1$ 时,由式(7-10)可知,$f_n=f_L+f_I=f_S+2f_I$,相应的干扰电台频率等于本振频率 f_L 与中频 f_I 之和。有用信号频率 f_S 比本振信号频率 f_L 低一个中频频率 f_I。如果将 f_L 所在的位置比作一面镜子,则 f_n 与 f_S 分别位于 f_L 的两侧,且距离相等,互为镜

像,故称为镜频干扰,又称为镜像干扰。抑制镜频干扰的方法是提高变频器前面各级电路的选择性和提高中频 f_I,由于 f_I 提高,f_S 与 f_n 之间的频率间隔 $2f_\mathrm{I}$ 加大,有利于对 f_n 的抑制。

3. 组合副波道干扰

除上述两种情况外,在式(7-10)中,当 $m \geqslant 1$、$n > 1$ 时,均称为组合副波道干扰。例如,$m = n = 2$,则对应

$$2f_n = 2f_\mathrm{L} \pm f_\mathrm{I} \tag{7-11}$$

因为 $2f_n - 2f_\mathrm{L} = 2f_n - 2(f_\mathrm{S} + f_\mathrm{I}) = \pm f_\mathrm{I}$,所以有两种频率的信号可能产生组合副波道干扰,这两种频率分别为

$$\begin{cases} f_{n1} = f_\mathrm{S} + \dfrac{1}{2}f_\mathrm{I} \\ f_{n2} = f_\mathrm{S} + \dfrac{3}{2}f_\mathrm{I} \end{cases} \tag{7-12}$$

当干扰信号进入变频器时,这些干扰信号与本振信号对应的谐波频率构成和频、差频,形成一系列干扰源。例如,当 $f_\mathrm{S} = 660\mathrm{kHz}$、$f_\mathrm{L} = 1125\mathrm{kHz}$ 时,对应的二次组合干扰频率代入式(7-12)中,可算出 $f_{n1} = 892.5\mathrm{kHz}$,$f_{n2} = 1357.5\mathrm{kHz}$;对应的三次组合干扰频率,因为 $m = n = 3$,由式(7-10)可知 $f_{n1} = 970\mathrm{kHz}$,$f_{n2} = 1280\mathrm{kHz}$……,这些频率成分都可能由变频器对应的谐波转换成中频频率。

7.9.3 交调和互调干扰

在变频电路里还有一些由变频元件的非线性所引起的干扰或失真,它的产生和本振频率无关。这类干扰产生都要有干扰电台的作用,根据干扰形成原因不同,它可分为交叉调制(简称交调)干扰和互相调制(简称互调)干扰。在接收机的高放电路中,由于晶体管转移的非线性,也会有这种干扰出现。与电子管、场效应管相比,由于晶体管的动态线性区域小,则更易呈现非线性,所以这类干扰更严重。

1. 交调干扰

交调干扰就是当接收机接收的信号和干扰信号同时作用于接收机的输入端时,由接收机中高放管或混频管转移特性的非线性而形成的干扰。

例如,当接收机接收的电台信号和干扰台的信号同时作用于接收机的输入端时,如果接收机对接收信号调谐,可清楚地听到干扰台的调制声音。若接收机对接收信号失谐,干扰台的调制声也随之减弱。在接收台停止工作时,干扰台的调制声音也就听不见了。这种现象犹如干扰电台的声音"调制"在所接收信号的载频上。接收信号失谐,交调就减弱;接收信号消失,则交调也随之消失。

交调的产生是由接收机中高放管或混频管转移特性的非线性引起的。

通过理论分析可知:首先,交调是由晶体管转移特性中的三次和更高次项产生的。交调系数和干扰电压振幅的平方成正比,要减小交调干扰,就必须减小作用于高频放大级或变频级输入端的干扰电压 U_n,也就是必须提高高频放大级前输入回路或变频级前各级电路的选择性;其次,交调系数与载波幅度无关,所以不能用增大有用信号幅度 U_S 来减小交调干扰。这是因为干扰电台的调制已转移到有用信号的载波上,当有用信号的输出随 U_S 而增大时,干扰电台的调制信号也随之而增强。只要干扰足够强,不论干扰频率与信号频率相距多远,

都可以产生交调,所以交调是一种危害较大的干扰。

所以,抑制交调干扰的方法是必须提高高频放大级前输入回路或变频级前各级电路的选择性;其次可以通过适当选择晶体管工作点电流 I_c 的方法得到,因为晶体管转移特性存在着一个三次项最小的区域。

2. 互调干扰

互调干扰是两个或多个干扰电压加到接收机高放级或变频级的输入端,由于晶体管的非线性作用,相互混频。如果混频后产生的频率接近所接收的信号频率 ω_S(对变频级来说,即为 ω_1),就会形成干扰,这就是互调干扰。

假设两干扰电压为

$$\begin{cases} u_{n1} = U_{n1}\cos\omega_{n1}t \\ u_{n2} = U_{n2}\cos\omega_{n2}t \end{cases} \tag{7-13}$$

相互混频后产生的互调频率为

$$f_{IM} = \pm m f_{n1} \pm n f_{n2} \tag{7-14}$$

其中,m、n 分别为干扰 U_{n1}、U_{n2} 的谐波次数。

现举例说明,某城市有两个发射功率较大的广播电台。其工作频率为 $f_1 = 1.5 \text{MHz}$、$f_2 = 0.9 \text{MHz}$,如果接收机产生了三阶(指两个频率谐波次数之和为3)组合频率的互调,即 $m+n=3$,则

当 $m=2$、$n=1$ 时,互调频率为

$$2 \times 1.5 \pm 0.9 = 3.9 \text{MHz} \text{ 或 } 2.1 \text{MHz}$$

当 $m=1$、$n=2$ 时,互调频率为

$$2 \times 0.9 \pm 1.5 = 3.3 \text{MHz} \text{ 或 } 0.3 \text{MHz}$$

当 $m=3$、$n=0$ 时,互调频率为

$$3 \times 0.9 = 2.7 \text{MHz}$$

上述频率成分都是由晶体管三次非线性项产生的互调分量。如接收机高放输入端的信号是上述各频率时,就同时可收到两个电台所产生的互调干扰。互调干扰和交调干扰不同,交调干扰经检波后可以同时听到质量很差的有用信号和干扰电台的声音。互调干扰听到的是哨叫声和杂乱的干扰声而没有信号的声音,这种干扰通常叫阻塞。

产生互调的两个干扰台频率和信号频率存在一定的关系,一般是两个干扰频率距信号频率较远,或是其中之一距信号频率较近。这样只要提高输入电路的选择性就可有效地减弱互调干扰。高频放大级和变频级比较,变频级产生互调的可能性更大,原因是变频级输入电平较大,此外变频级工作在晶体管特性曲线的非线性部分,而高频级工作点常选择在线性部分。

抑制互调干扰的方法与抑制交调干扰的方法相同。

综合变频级产生的非线性失真和各种干扰,可得出如下结论。

(1)变频级产生的各种干扰都和干扰的电压大小有关,抑制它的主要方法是提高变频级前电路的选择性。

(2)变频级由于非线性而产生的组合频率干扰与输入信号大小有关,因此为使组合频率干扰减小,变频级输入端的信号电平不宜太大。若从输入信噪比考虑,则希望信号电平尽可能高,这两种要求是矛盾的,设计时必须全面考虑。

(3) 变频器本身产生失真和干扰的原因是晶体管特性曲线中存在着三次和更高次非线性项。因此,适当地调整变频器的工作状态,使其工作在接近平方律区域,就能使失真大为减弱。若采用转移特性是平方律的变频器(如场效应管和模拟乘法器),将可大大减小这些失真。

例 7-1 试分析下列现象属于何种干扰?

(1) 在某地,收音机接收到1090 kHz时,可以听到1323 kHz信号;

(2) 收音机接收到1080 kHz时,可以听到540 kHz信号;

(3) 收音机接收到930 kHz时,可以同时收到690 kHz和810 kHz信号,但不能单独收到其中的一个台(例如:另一个台停播)。

分析

在例7-1中列出的三种现象可能的解释为干扰哨声、副波道干扰、交调干扰和互调干扰。这些干扰的产生都是由于混频器中的非线性作用产生出接近中频的组合频率对有用信号形成的干扰。从干扰的形成(参与组合的频率)可以将这四种干扰分开:

① 干扰哨声是有用信号(f_S)与本振(f_L)自身的组合形成的干扰;

② 副波道干扰就是由干扰(f_n)与本振(f_L)的组合形成的干扰;

③ 交调干扰是有用信号(f_S)与干扰(f_n)的作用形成的干扰,它与信号并存;

④ 互调干扰是干扰(f_{n1})与干扰(f_{n1})组合形成的干扰,有频率关系 $f_S - f_{n1} = f_{n1} - f_{n2}$。根据各种干扰的特点,就不难分析出题中三种现象,并分析出形成干扰的原因。

解 (1) 四阶副波道干扰

接收信号1090 kHz,则$f_S = 1090$ kHz,那么收听到的1323 kHz的信号就一定是干扰信号,$f_n = 1323$ kHz,可以判断这是副波道干扰。由于$f_S = 1090$ kHz,收音机中频$f_I = 465$ kHz,则$f_L = f_S + f_I = 1555$ kHz。又由于当$m = 2$、$n = 2$ 时,$2f_L - 2f_S = 2 \times 1555 - 2 \times 1323 = 3110 - 2646 = 464$ kHz $\approx f_I$。因此,这种副波道干扰是一种四阶干扰。

(2) 三阶副波道干扰

接收1080 kHz信号时,听到540 kHz信号,因此,$f_S = 1080$ kHz,$f_n = 540$ kHz,$f_L = f_S + f_I = 1545$ kHz,这是副波道干扰。当$m = 1, n = 2$ 时,由于$f_L - 2f_J = 2 \times 1545 - 2 \times 540 = 1545 - 1080 = 465$ kHz $= f_I$,所以这是三阶副波道干扰。

(3) 三阶互调干扰

当接收930 kHz信号时,同时收到690 kHz和810 kHz信号,但又不能单独收到其中的一个台,这里930 kHz信号是有用信号的频率,即$f_S = 930$ kHz;690 kHz和810 kHz信号应为两个干扰信号,故$f_{n1} = 690$ kHz、$f_{n2} = 810$ kHz。有两个干扰信号同时存在,可能性最大的是互调干扰。考察两个干扰频率与信号频率之间的关系,很明显,互调干扰是两个或多个干扰电压加到接收机高放级或变频级的输入端,由于晶体管的非线性作用,相互混频。如果混频后产生的频率接近所接收的信号频率ω_S(对变频级来说,即为ω_I),就会形成干扰,这就是互调干扰。

由

$$\pm m f_{n1} \pm n f_{n2} = f_S$$

可得,当$m = 1$、$n = 2$ 时,有

$$-1 \times f_{n1} + 2 \times f_{n2} = -1 \times 690 \text{ kHz} + 2 \times 810 \text{ kHz} = 930 \text{ kHz}$$

即$f_S = 930$ kHz,所以这是三阶互调干扰引起的现象。

复习思考题

1. 变频器有哪些干扰？它们是如何产生的？如何抑制？
2. 交调干扰和互调干扰有何不同？

本章小结

1. 变频器是一种频率变换电路，它是把信号从一个频率变换到另外一个频率的电路。

2. 在接收机中使用变频器的原因：有利于放大、有利于选频、使电路结构简化，接收机的性能将得到提高。

3. 变频的基本原理就是利用非线性电子器件的频率作用，将同时作用在它上面的两个不同信号的频率——输入信号及本振信号，在输出端变换为频谱结构、调制变化规律都不变的另一频率（$f_I = f_L - f_S$）的中频信号。

4. 变频电路由非线性器件、中频滤波器和本地振荡器组成。

晶体管变频电路可分为变频器和混频器两种电路。振荡信号可以由完成变频作用的非线性器件（如三极管）产生，也可以由单设振荡器产生。前者叫变频器（或称自激式变频器），后者叫混频器（或称为他激式变频器）。

5. 衡量变频器性能的主要指标是变频增益、选择性、工作稳定性、非线性失真、噪声系数等。

6. 变频的分析方法采用幂级数近似分析法。幂级数项数选取的原则，对变频而言，近似取前三项。如果在非线性元件上同时加上等幅的高频信号电压 $u_L(t)$ 和输入信号电压 $u_S(t)$，就会产生具有新频率的电流成分。由于变频管工作于输入特性曲线的弯曲段，其电流可采用幂级数来表示，即

$$i = a_0 + a_1 \Delta u + a_2 (\Delta u)^2 + \cdots$$

其中，$\Delta u = u_S(t) + u_L(t) = U_{Sm} \cos \omega_S t + U_{Lm} \cos \omega_L t$

7. 关于变频电路。

（1）只要电路元件的伏安特性包含有平方项，就可以实现变频。

（2）原则上，凡是具有相乘功能的元件都可以用来实现变频。目前高质量的通信设备主要使用环形混频电路、双差分对模拟乘法器构成的混频电路，而在一般接收机中为了简化电路，仍采用简单的晶体三极管变频电路。随着大规模线性集成电路的发展，混频电路已作为单元电路被集成到专用芯片中。

8. 为使统调要求能基本满足，而又不使电路太复杂，在本振回路上采取措施，可以满足三点统调的要求。

9. 在实际电路中，根据需要不仅采用一次混频，有时采用二次混频。

10. 关于变频干扰。

（1）信号与本振的自身组合频率干扰（自身干扰）。

变频器在信号电压和本振电压共同作用下产生许多组合频率分量，其中的某些成分接

近中频时,中频和寄生信号都将顺利通过中频放大器进入检波器,与有用信号在检波器中产生差拍,形成低频哨叫干扰。

(2) 外来干扰和本振频率产生的副波道干扰(与外界干扰有关)。

外来的干扰信号和本振信号在变频器中产生混频作用,若形成的组合频率接近中频时,就会形成干扰。包括中频干扰、镜频干扰和组合副波道干扰。

(3) 交调和互调干扰(与外界干扰有关,与本振频率无关)。

交调:当接收机接收的信号和干扰信号同时作用于接收机的输入端时,由接收机中高放管或混频管转移特性的非线性而形成的干扰。

互调:两个或多个干扰电压加到接收机高放级或变频级的输入端,由于晶体管的非线性作用,相互混频,产生的组合频率接近中频时,就会形成干扰。

11. 混频虽然与调幅、检波同属于线性频谱搬移过程,在工作原理上基本相同,但在参数和电路设计上须认真考虑混频干扰的影响,采取措施尽量避免或减小混频干扰的产生及引起的失真。

12. 本章知识结构框图如图 7-16 所示。

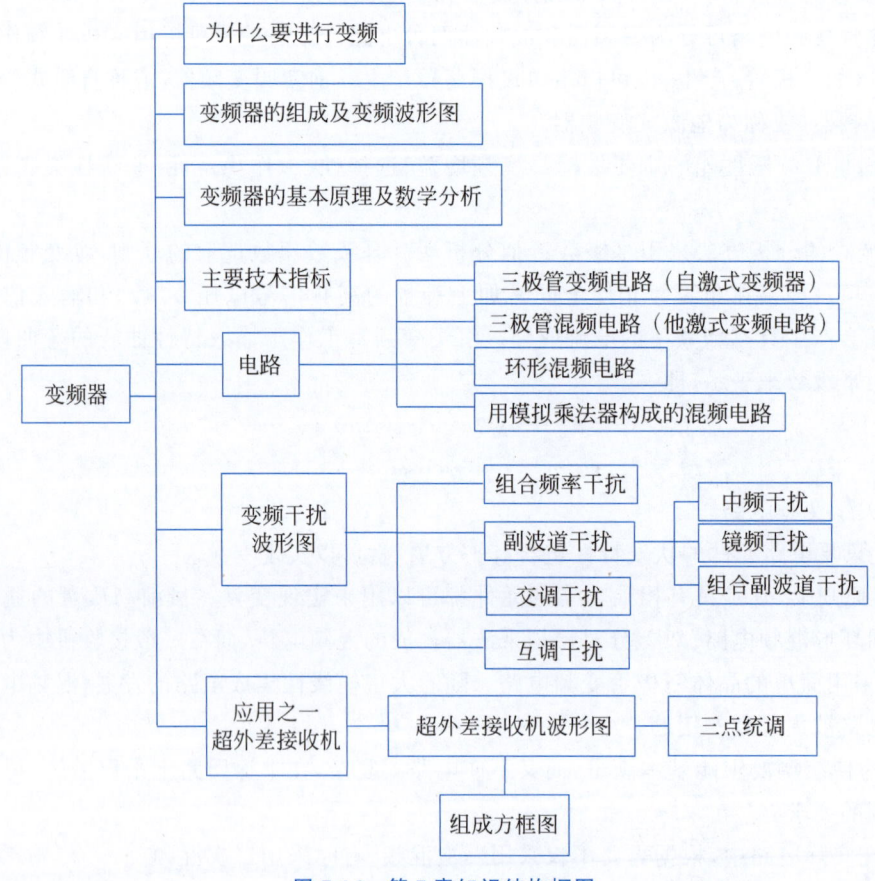

图 7-16 第 7 章知识结构框图

思考题与习题

7-1 为什么进行变频？变频有何作用？

7-2 为什么要用非线性元件才能产生变频作用？变频与检波有何相同点与不同点？

7-3 变频器与混频器有什么异同点，各有哪些优缺点？

7-4 对变频器有什么要求？其中哪几项是主要质量指标？

7-5 设非线性元件的伏安特性是 $i=a_0+a_1u+a_2u^2$，用此非线性元件作变频器件，若外加电压为

$$u=U_0+U_{Sm}(1+m\cos\Omega t)\cos\omega_S t+U_L\cos\omega_L t$$

求变频后中频（$\omega_I=\omega_L-\omega_S$）分量的振幅。

7-6 在超外差收音机中，一般本振频率 f_L 比信号频率 f_S 高 465kHz。试问，如果本振频率 f_L 比 f_S 低 465kHz，收音机能否接收，为什么？

7-7 为什么超外差收音机的本振回路中又串电容又并电容？

7-8 试画出超外差接收机的三点跟踪曲线和三点跟踪示意图。

7-9 晶体管混频电路如图题 7-9 所示，已知中频 $f_I=465$kHz，输入信号 $u(t)=5[1+0.5\cos(2\pi\times10^3 t)]\cos(2\pi\times10^6 t)$mV。试说明 V_1、V_2 管子的作用，L_1C_1、L_2C_2、L_3C_3 三谐振回路分别调谐在什么频率上。画出 F、G、H 三点对地电压波形，并指出 F、H 波形的特点。

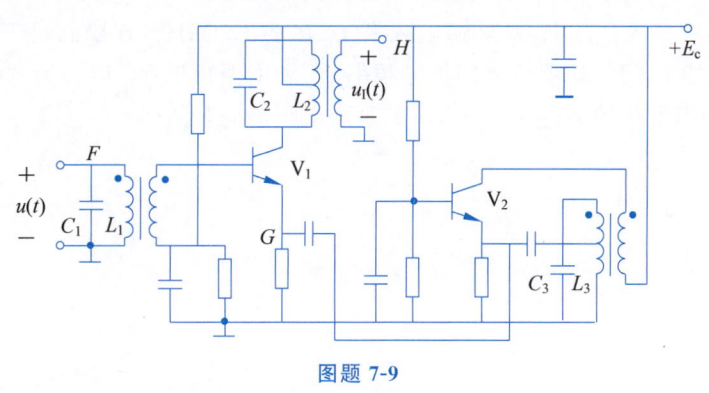

图题 7-9

7-10 若想把一个调幅收音机改成能够接收调频广播，同时又不打算作大的变动，而只是改变本振频率可以吗？并说明原因。

7-11 在一超外差式广播收音机中，中频频率 $f_I=f_L-f_S=465$kHz。试分析下列现象属于何种干扰？又是如何形成的？

(1) 当听到频率 $f_S=931$kHz 的电台播音时，伴有音调约 1kHz 的哨叫声；

(2) 当收听频率 $f_S=550$kHz 的电台播音时，听到频率为 1480kHz 的强电台播音；

(3) 当听到频率 $f_S=1480$kHz 的电台播音时，听到频率为 740kHz 的强电台播音。

7-12 在一个变频器中，若输入频率为 1200kHz，本振频率为 1665kHz。今在输入端混进一个 2130kHz 的干扰信号，变频器输出电路调谐在中频 $f_L=465$kHz，问变频器能否把干扰信号抑制下去？为什么？

7-13 设变频器的输入端除了有用信号 20MHz 外,还作用了两个频率分别为 19.6MHz 和 19.2MHz 的电压。已知中频为 3MHz,$f_L > f_S$,问是否会产生干扰,是哪一种性质干扰?

7-14 一超外差式广播收音机的接收频率范围为 535~1605kHz,中频频率 $f_I = f_L - f_S = 465$kHz。试问当收听 $f_S = 700$kHz 电台的播音时,除了调谐在 700kHz 频率刻度上能接收到外,还可能在接收频段内的哪些频率刻度位置上收听到这个电台的播音(写出最强的两个)?并说明它们各自通过什么寄生通道造成的?

7-15 某超外差接收机工作频段为 0.55~25MHz,中频 $f_I = 455$kHz,本振 $f_L > f_S$。试问波段内哪些频率上可能出现较大的组合干扰(六阶以下)。

7-16 混频器中晶体三极管在静态工作点上展开的转移特性由下列幂级数表示:$i_c = I_0 + au_{be} + bu_{be}^2 + cu_{be}^3 + du_{be}^4$。已知混频器的本振频率为 $f_L = 23$MHz,中频频率为 $f_I = f_L - f_S = 3$MHz。若在混频器输入端同时作用着 $f_{M1} = 19.6$MHz 和 $f_{M2} = 19.2$MHz 的干扰信号。试问在混频器输出端是否会有中频信号输出?它是通过转移特性的几次方项产生的?

7-17 某两个电台频率分别为 $f_1 = 774$kHz、$f_2 = 1035$kHz,问它们对短波($f_S = 2$~12MHz)收音机的哪些接收频率将产生三阶互调干扰?

7-18 某发射机发出某一频率信号,但打开接收机在全波段寻找(设无任何其他信号),发现在接收机上有三个频率(6.5MHz、7.25MHz、7.5MHz)均能听到对方的信号。其中,以 7.5MHz 的信号最强。问接收机是如何收到的?设接收机 $f_I = 0.5$MHz,$f_L > f_S$。

7-19 在某频率综合器中,要求输出频率 f_I 在 2~30MHz,现要满足三阶组合频率干扰落在 f_I 通带之外,问混频器输入的信号频率 f_S 和本振频率 f_L 应如何选择?(提示:先分析三阶组合频率干扰的条件是 $m + n = 3$,再画出频谱分布图。)

第 8 章 锁相环及其他反馈控制电路

CHAPTER 8

内 容 提 要

在无线电技术中,为了改善电子设备的性能,广泛采用各种类型的反馈控制电路。根据需要比较和调节的参量不同,反馈控制电路可分为自动相位控制电路即锁相环、自动增益控制电路以及自动频率控制电路。

锁相环是一个相位误差控制系统,是将参考信号与输出信号之间的相位进行比较,根据产生相位误差电压来调整输出信号的相位,以达到与参考信号同频的目的。利用锁相环可实现锁相调频与鉴频、锁相接收机以及频率合成器等。尤其利用锁相构成的频率合成器,是现代通信系统重要组成部分。

本章介绍锁相环的工作原理,包括锁相环的组成、基本原理、数学模型以及环路的捕捉、锁定、跟踪、同步带和捕捉带等基本概念,同时介绍常用集成锁相环以及锁相环的典型应用电路。此外,本章还涉及其他反馈控制电路,如自动增益控制电路和自动频率控制电路的基本概念和电路。

8.1 锁相环

锁相环(Phase Locked Loop,PLL)是一个相位误差控制系统,是将参考信号与输出信号之间的相位进行比较,产生相位误差电压来调整输出信号的相位,以达到与参考信号同频的目的。

锁相环早期应用于电视机的同步系统,电视图像的同步性能因此得到了很大的改善。20 世纪 50 年代后期,随着空间科学的发展,锁相环在跟踪和接收来自宇宙飞行器(人造卫星、宇宙飞船)的微弱信号方面显示出了很大的优越性。普通的超外差接收机,频带做得相当宽,噪声大,同时信噪比也大大降低。而在锁相环接收机中,由于中频信号可以锁定,所以频带可以做得很窄(几十赫兹以下),则带宽可以下降很多。所以输出信噪比也就大大提高了。只有采用锁相环做成的窄带锁相,跟踪接收机才能把深埋在噪声中的信号提取出来。锁相环在无线基站、有线通信网等通信设备,以及手机、雷达、宽带无线接入、工业应用、仪器仪表和测试设备、航天和 CATV 等领域都获得了广泛的应用。长久以来,高性能锁相环芯片一直被国外垄断,输出低抖动和超低环路带宽一直是锁相环芯片设计的难点,但是我国科学家自主设计出了具有超低抖动、超低环路带宽的锁相芯片,满足了各种应用领域中高速参考时钟的应用需求。

随着电子技术的发展,集成锁相环出现,锁相环在各种电子系统中的用途极为广泛。例如,锁相接收机、微波锁相振荡源、锁相调频器、锁相鉴频器等,在锁相频率合成器中,锁相环具有稳频作用,能够完成频率的加、减、乘、除等运算,可以作为频率的加减器、倍频器、分频器等使用。

锁相环不仅能完成频率合成的任务,而且还具有优良的滤波性能。这种滤波性能不仅能够得到很窄的通频带,而且其中心频率又可变。这些性能是普通的滤波器所不能比拟的。目前在比较先进的模拟和数字通信系统中大都使用了锁相环路。

8.1.1 基本锁相环的构成

基本的锁相环由鉴相器(Phase Detector,PD)、环路滤波器(Loop Filter,LF)和压控振荡器(Voltage Control Oscillator,VCO)三部分组成,其基本组成如图 8-1 所示。

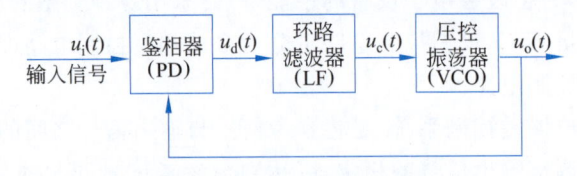

图 8-1 锁相环的基本组成

鉴相器是相位比较装置,用来比较输入信号 $u_i(t)$ 与压控振荡器输出信号 $u_o(t)$ 的相位,它的输出电压 $u_d(t)$ 是对应于这两个信号相位差的函数。

环路滤波器的作用是滤除 $u_d(t)$ 中的高频分量及噪声,以保证环路所要求的性能。

压控振荡器受环路滤波器输出电压 $u_c(t)$ 的控制,使振荡频率向输入信号的频率靠拢,直至两者的频率相同,使得 VCO 输出信号的相位和输入信号的相位保持某种特定的关系,达到相位锁定的目的。

8.1.2 锁相环的基本原理

设输入信号 $u_i(t)$ 和本振信号(压控振荡器输出信号)$u_o(t)$ 分别是正弦和余弦信号,它们在鉴相器内进行比较,鉴相器的输出是一个与两者间的相位差成比例的电压 $u_d(t)$,一般把 $u_d(t)$ 称为误差电压。环路低通滤波器滤除鉴相器中的高频分量,然后把输出电压 $u_c(t)$ 加到 VCO 的输入端,VCO 送出的本振信号频率随着输入电压的变化而变化。如果二者频率不一致,则鉴相器的输出将产生低频变化分量并通过低通滤波器使 VCO 的频率发生变化。只要环路设计恰当,则这种变化将使本振信号的频率一致起来。最后如果本振信号的频率和输入信号的频率完全一致,两者的相位差将保持某一恒定值,则鉴相器的输出将是一个恒定直流电压(高频分量忽略),环路低通滤波器的输出也是一个直流电压,VCO 的频率将停止变化,这时环路处于"锁定状态"。

8.1.3 锁相环的数学模型

1. 鉴相器

鉴相器是锁相环中的关键部件,它的形式很多,本书仅介绍其中常用的"正弦波鉴相器"。

1) 正弦波鉴相器的数学模型

任何一个理想模拟乘法器都可以作为有正弦特性的鉴相器。设输入信号为

$$u_i(t) = U_{1m}\sin[\omega_i t + \theta_i(t)] \tag{8-1}$$

压控振荡器的输出信号为

$$u_o(t) = U_{2m}\cos[\omega_o t + \theta_o(t)] \tag{8-2}$$

式(8-1)中的 U_{1m} 为输入信号的振幅,ω_i 为输入信号的角频率,$\theta_i(t)$ 是以载波相位 $\omega_i t$ 为参考相位的瞬时相位;式(8-2)中的 U_{2m} 为压控振荡器输出信号的振幅,ω_o 为压控振荡器固有振荡角频率,$\theta_o(t)$ 是以其(压控振荡器输出信号)固有振荡相位 $\omega_o t$ 为参考相位的瞬时相位。在一般情况下,ω_i 不一定等于 ω_o,所以为了便于比较两者之间的相位差,现都以 $\omega_o t$ 为参考相位。这样 $u_i(t)$ 的瞬时相位为

$$\omega_i t + \theta_i(t) = \omega_o t + [(\omega_i - \omega_o)t + \theta_i(t)] = \omega_o t + \varphi_i(t) \tag{8-3}$$

其中,$\varphi_i(t)$ 是以 $\omega_o t$ 为参考的输入信号瞬时相位,其表示为

$$\begin{aligned}\varphi_i(t) &= (\omega_i - \omega_o)t + \theta_i(t) \\ &= \Delta\omega t + \theta_i(t)\end{aligned} \tag{8-4}$$

$\Delta\omega = \omega_i - \omega_o$ 是输入信号角频率与 VCO 振荡器信号角频率之差,称为固有频差。

按上面的新定义,可将式(8-1)、式(8-2)改写为

$$u_i(t) = U_{1m}\sin[\omega_o t + \varphi_i(t)] \tag{8-5}$$

$$u_o(t) = U_{2m}\cos[\omega_o t + \theta_o(t)] = U_{2m}\cos[\omega_o t + \varphi_o(t)] \tag{8-6}$$

其中,$\varphi_o(t) = \theta_o(t)$,经乘法器相乘后,其输出为

$$A_m \cdot u_i(t) \cdot u_o(t) = \frac{1}{2}A_m U_{1m} U_{2m}\{\sin[2\omega_o t + \varphi_i(t) + \varphi_o(t)] + \sin[\varphi_i(t) - \varphi_o(t)]\} \tag{8-7}$$

上式中高频分量可通过环路滤波器滤除,则鉴相器输出的有效分量为

$$u_d(t) = \frac{1}{2}A_m U_{1m} U_{2m}\sin[\varphi_i(t) - \varphi_o(t)]$$

即

$$u_d(t) = K_d\sin\varphi(t) \tag{8-8}$$

其中,$K_d = \frac{1}{2}A_m U_{1m} U_{2m}$ 为鉴相器的最大输出电压;A_m 为乘法器的增益系数,单位为 V^{-1};$\varphi(t) = \varphi_i(t) - \varphi_o(t)$ 为 $u_i(t)$ 与 $u_o(t)$ 之间的瞬时相位差。鉴相器的作用是将它的两个输入信号的相位差 $\varphi(t)$ 转变为输出电压 $u_d(t)$。

式(8-8)为鉴相特性,其曲线如图 8-2 所示。

由于 $u_d(t)$ 随 $\varphi(t)$ 作周期性的正弦变化,因此这种鉴相器称为正弦波鉴相器。

2) 鉴相器线性化的数学模型

当 $|\varphi_i(t) - \varphi_o(t)| \leqslant \frac{\pi}{6}$ 时,$\sin[\varphi_i(t) - \varphi_o(t)] \approx \varphi_i(t) - \varphi_o(t)$,因此可以把式(8-8)写成

$$u_d(t) \approx K_d[\varphi_i(t) - \varphi_o(t)] = K_d\varphi(t) \tag{8-9}$$

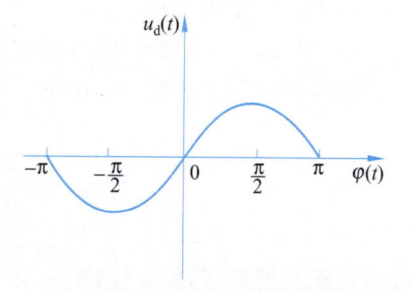

图 8-2 正弦鉴相特性曲线

所以，当 $\varphi(t) \leqslant \dfrac{\pi}{6}$ 时，鉴相器特性近似为直线，$u_d(t)$ 与 $\varphi(t)$ 成正比。

式(8-9)表示时域的关系，若对它进行拉氏变换，便可得到频域内的鉴相特性，可表示为

$$u_d(s) = K_d \varphi(s) \tag{8-10}$$

当强调对相位的贡献时，在时域中鉴相器线性化数学模型如图 8-3 所示，在频域中鉴相器线性化数字模型如图 8-4 所示。

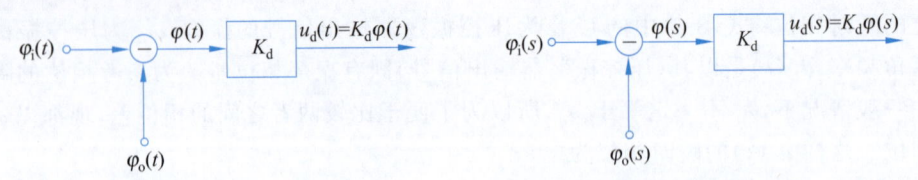

图 8-3 鉴相器线性化数学模型（时域） 　　图 8-4 鉴相器线性化数学模型（频域）

2. 环路滤波器

环路滤波器是线性电路，由线性元件电阻、电感和电容组成，有时还包括运算放大器在内，是低通滤波器。在锁相环中，常用的环路滤波器有三种，如图 8-5 所示。

(a) RC 积分滤波器　　(b) 无源比例积分滤波器　　(c) 有源比例积分滤波器

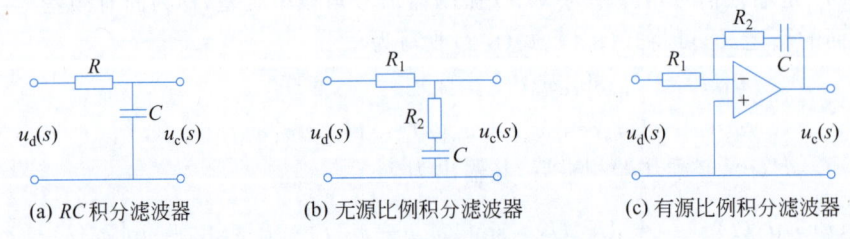

图 8-5 三种常用的环路滤波器

环路滤波器的作用是滤除 $u_d(t)$ 中的高频分量及噪声，以保证环路所要求的性能。环路滤波器是怎样处理鉴相器输出电压呢？如果用的是图 8-5(b) 或图 8-5(c) 所示的比例积分器时，比例积分器把鉴相器输出的即使是非常微小的电压积累起来，形成一个相当大的 VCO 控制电压，并保持到 $\varphi_o = \varphi_i$ 时刻。只要改变环路滤波器的 R_1、R_2、C 就能改变环路滤波器的性能，也就改变了锁相环的性能。

锁相环通过环路滤波器的作用，具有窄带滤波器特性，可以将混进输入信号中的噪声和杂散干扰滤除掉。在设计好时，这个通带能做得极窄。例如，在几十兆赫的频率范围内，实现几十赫甚至几赫的窄带滤波。这种窄带滤波特性是任何 LC、RC 石英晶体等滤波器难以达到的。

1) RC 积分滤波器

图 8-5(a) 为一阶 RC 低通滤波器，它的作用是将 u_d 中的高频分量滤掉，得到控制电压 u_c。滤波器的传递函数为输出电压与输入电压之比，即

$$H(j\omega) = \dfrac{u_c(j\omega)}{u_d(j\omega)} = \dfrac{\dfrac{1}{j\omega C}}{R + \dfrac{1}{j\omega C}} = \dfrac{\dfrac{1}{RC}}{j\omega + \dfrac{1}{RC}}$$

改为拉氏变换形式，用 s 代替 $j\omega$，得

$$H(s) = \frac{\dfrac{1}{RC}}{s + \dfrac{1}{RC}} = \frac{\dfrac{1}{\tau}}{s + \dfrac{1}{\tau}} = \frac{1}{s\tau + 1} \tag{8-11}$$

其中，$\tau = RC$ 为滤波器时间常数。

2) 无源比例积分滤波器

无源比例积分滤波器如图 8-5(b)所示。其传递函数为

$$H(s) = \frac{u_c(s)}{u_d(s)} = \frac{R_2 + \dfrac{1}{sC}}{R_1 + R_2 + \dfrac{1}{sC}} = \frac{s\tau_2 + 1}{s(\tau_1 + \tau_2) + 1} \tag{8-12}$$

其中，$\tau_1 = R_1 C$，$\tau_2 = R_2 C$。

3) 有源比例积分滤波器

有源比例积分滤波器如图 8-5(c)所示。在运算放大器的输入电阻和开环增益趋于无穷大的条件下，其传递函数为

$$H(s) = \frac{u_c(s)}{u_d(s)} = \frac{R_2 + \dfrac{1}{sC}}{R_1} = \frac{s\tau_2 + 1}{s\tau_1} \tag{8-13}$$

其中，$\tau_1 = R_1 C$，$\tau_2 = R_2 C$。

3. 压控振荡器

压控振荡器受环路滤波器输出电压 $u_c(t)$ 的控制，其振荡频率向输入信号的频率靠拢，直至两者的频率相同，使得 VCO 输出信号的相位和输入信号的相位保持某种关系，达到相位锁定的目的。

压控振荡器就是在振荡电路中采用压控元件作为频率控制元件。压控元件一般都是变容二极管。由环路滤波器送来的控制信号电压 $u_c(t)$ 加在压控振荡器振荡回路中的变容二极管，当 $u_c(t)$ 变化时，引起变容二极管结电容的变化，从而使振荡器的频率发生变化。因此，压控振荡器实际上就是一种电压-频率变换器。它在锁相环中起着电压-相位变化的作用。压控振荡器的特性可用调频特性(即瞬时振荡频率 $\omega(t)$ 相对于输入控制电压 $u_c(t)$ 的关系)来表示，如图 8-6(a)所示。在一定范围内，$\omega(t)$ 与 $u_c(t)$ 是线性关系，可用下式表示

$$\omega(t) = \omega_o + K_\omega u_c(t) \tag{8-14}$$

其中，ω_o 为压控振荡器的中心频率；K_ω 是一个常数，其单位为 rad/(s·V) 或 Hz/V，它表示单位控制电压所引起的振荡角频率变化的大小。

但在锁相环中，需要的是它的相位变化，即把由控制电压所引起的相位变化作为输出信号。由式(8-14)可求出瞬时相位为

$$\varphi_{o1}(t) = \int_0^t \omega(t) \mathrm{d}t = \omega_o t + \int_0^t K_\omega u_c(t) \mathrm{d}t \tag{8-15}$$

所以由控制电压所引起的相位变化，即压控振荡器的输出信号为

$$\varphi_o(t) = \varphi_{o1}(t) - \omega_o t = \int_0^t K_\omega u_c(t) \mathrm{d}t \tag{8-16}$$

由此可见压控振荡器在环路中起了一次理想积分作用，因此压控振荡器是一个固有积分环节。

若将式(8-16)改为拉氏变换形式,则

$$\varphi_o(s) = K_\omega \cdot \frac{1}{s} u_c(s)$$

VCO 的传输函数为

$$\frac{\varphi_o(s)}{u_c(s)} = K_\omega \cdot \frac{1}{s} \tag{8-17}$$

其中,$\varphi_o(s)$ 与 $u_c(s)$ 分别为 $\theta_o(t)$ 与 $u_c(t)$ 的象函数。因此,VCO 的数学模型可用图 8-6(b) 表示。

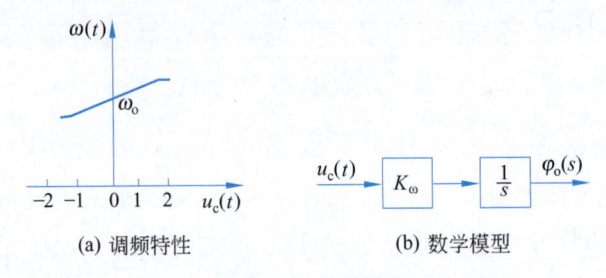

(a) 调频特性　　(b) 数学模型

图 8-6　压控振荡器

4. 锁相环的数学模型

将鉴相器、环路滤波器与压控振荡器的数学模型代换到基本锁相环中,便可得出锁相环的数学模型,如图 8-7 所示。根据此图,即可得出锁相环的基本方程式为

$$\varphi_o(s) = [\varphi_i(s) - \varphi_o(s)] \cdot K_d \cdot H(s) \cdot K_\omega \cdot \frac{1}{s}$$

或写成

$$F(s) = \frac{\varphi_o(s)}{\varphi_i(s)} = \frac{K_d \cdot K_\omega H(s)}{s + K_d \cdot K_\omega H(s)} \tag{8-18}$$

其中,$F(s)$ 表示整个锁相环的闭环传输函数。它表示在闭环条件下,输入信号的相角 $\varphi_i(s)$ 与 VCO 输出信号相角 $\varphi_o(s)$ 之间的关系。

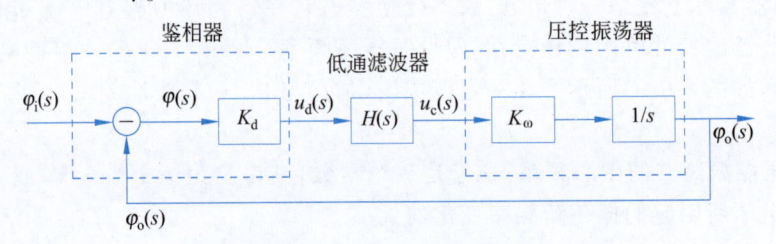

图 8-7　锁相环的数学模型

一个锁相环的阶次(传输函数的极点数)等于环路滤波器的阶次加 1。大多数实用的锁相环都采用一阶环路滤波器,因此这些锁相环均为二阶系统。

相角 $\varphi(s) = \varphi_i(s) - \varphi_o(s)$ 表示误差,因此

$$F_e(s) = \frac{\varphi(s)}{\varphi_i(s)} = 1 - \frac{\varphi_o(s)}{\varphi_i(s)} = 1 - F(s) = \frac{1}{s + K_d \cdot K_\omega H(s)} \tag{8-19}$$

它表示在闭环条件下,$\varphi_i(s)$ 与误差相角 $\varphi(s)$ 之间的关系。

8.1.4 环路的锁定、捕捉和跟踪

1. 环路的锁定

当没有输入信号时，VCO 以自由振荡频率 ω_o 振荡。如果环路有一个输入信号 $u_i(t)$，开始时，输入频率总是不等于 VCO 的自由振荡频率，即 $\omega_i \neq \omega_o$。如果 ω_i 和 ω_o 相差不大，在适当范围内，鉴相器输出一误差电压，经环路滤波器变换后控制 VCO 的频率，使其输出频率变化到接近 ω_i，而且两信号的相位误差为 φ（常数）。这叫环路锁定。

锁定特点：环路对输入的固定频率锁定以后，两个信号的频差为零，只有一个很小的稳态剩余相差，这是一般自动频率微调系统（AFC）做不到的，正是由于锁相环具有可以实现理想的频率锁定这一特性，使它在自动频率控制与频率合成技术等方面获得了广泛的应用。

2. 环路的捕获

从信号的加入到环路锁定以前叫环路的捕捉过程。

3. 环路的跟踪

环路锁定以后，如果输入相位 φ_i 有变化，鉴相器鉴出 φ_i 与 φ_o 之差，产生一个正比于这个相位差的电压，并反映相位差的极性，经过环路滤波器变换去控制 VCO 的频率，使 φ_o 改变，减少它与 φ_i 之差，直到保持 $\omega_i = \omega_o$，相位差为 φ，这一过程叫作环路跟踪过程。

4. 判断环路是否锁定的方法

1）在有双踪示波器的情况下

开始时，$f_i < f_o$，环路处于失锁状态，加大输入信号频率 f_i，用双踪示波器观察压控振荡器的输出信号和环路的输入信号，当两个信号由不同步变成同步，且 $f_i = f_o$ 时，表示环路已经进入锁定状态。

2）单踪-普通示波器

在没有双踪示波器的情况下，在单踪示波器上可以用李沙育图形来判定环路是否处于锁定状态。把鉴相器的输入信号 $u_i(t)$ 加到示波器的垂直偏转板上，把 $u_o(t)$ 加到水平偏转板上（或者相反），并使两信号幅度相等。如果环路已锁定，且在理想情况下，即 $\varphi = 0$，李沙育图形应是一个圆，如图 8-8 所示。对双踪示波器也可用李沙育图形判定。

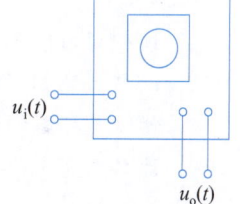

图 8-8 李沙育图形

8.1.5 环路的同步带和捕捉带

设压控振荡器的自由振荡频率与输入基准信号频率相差较远，这时环路未处于锁定状态。随着基准频率 f_i 向压控振荡频率 f_o 靠拢（或反之使 f_o 向 f_i 靠拢），达到某一频率，例如 f_1，这时环路进入锁定状态，即系统入锁。一旦入锁后，压控频率就等于基准频率，且 f_o 随 f_i 而变化，这就称为跟踪。这时，若再继续增大 f_i，当 $f_i > f_2'$ 时，压控振荡频率 f_o 不再受 f_i 的牵引而失锁，又回到其自由振荡频率。但反之，若降低 f_i，则当 f_i 回到 f_2' 时，环路并不入锁，只有当 f_i 降低到一个更低的频率 f_2 时，环路才重新入锁。这时，如再继续降低 f_i，f_o 也有一段跟踪 f_i 的范围。直到 f_i 降到一个低于 f_1 的频率 f_1' 时，环路才失锁。而反过来又要在 f_1 处才入锁。即将系统能跟踪的最大频差 $|f_2' - f_1'|$ 称为同步带，将环路能捕捉成功的最大频差 $|f_2 - f_1|$ 称为环路捕捉带，环路的同步带和捕捉带如图 8-9 所示。

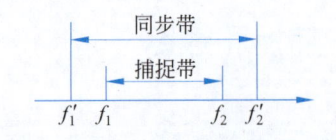

图 8-9　环路的同步带和捕捉带

例 8-1　已知正弦型鉴相器的最大输出电压 $U_d=2\text{V}$，环路滤波器直流增益为 1，压控振荡器的控制灵敏度 $K_\omega=10\text{kHz/V}$，振荡频率 $f_o=10^3\text{kHz}$。试回答下列问题：

（1）当输入信号为固定频率 $f_i=1010\text{kHz}$ 时，控制电压 u_c 和误差电压 u_d 是多少？稳态相差有多大？

（2）缓慢增大输入信号的频率至 1020kHz 时，环路能否锁定？误差电压 u_d 为多少？

（3）求环路的同步带 Δf。

分析　根据题意，$u_d(t)=2\sin\varphi(t)$。环路滤波器直流增益为 1，因此 $u_c(t)=u_d(t)$。同时 $\omega_o(t)=\omega_o+K_\omega u_c(t)\Rightarrow f_o(t)=f_o+K_\omega u_c(t)=1000+10u_c(t)$。

解　（1）$f_i=1010\text{kHz}$，若环路锁定，$f_o(t)=1010\text{kHz}$。根据 $f_o(t)=1000+10u_c(t)$，因此 $u_c(t)=1\text{V}$。

$u_d(t)=u_c(t)=1\text{V}$。再利用 $u_d(t)=2\sin\varphi(t)$，则稳态相差 $\varphi(t)=\pi/6$。

（2）缓慢增大输入信号的频率至 1020kHz 时，$f_o=1020\text{kHz}$，$u_c(t)=2\text{V}$，稳态相差 $\varphi(t)=\pi/2$。环路可以锁定。

（3）根据以上两问，$\Delta f=980\sim1020\text{kHz}$。

复习思考题

1. 锁相环由哪几部分组成，各部分的作用是什么？
2. 试画出锁相环的数学模型，并说明其特点。
3. 什么是环路的锁定、捕捉与跟踪？锁相环锁定有何特点？
4. 什么是锁相环的同步带和捕捉带？分析锁相环的同步带和捕捉带之间的关系，并说明测试方法。

8.2　集成锁相环芯片

集成锁相环芯片类型较多，现介绍 CC4046（CD4046）、J691 以及 NE564（工作频率可达 50MHz）集成锁相环，CC4046 和 J691 均为 CMOS 单片锁相环电路，工作频率为 1MHz，其逻辑结构和引出端功能完全相同，仅电参数略有差异。

8.2.1　CC4046 集成锁相环芯片

1. CC4046 的逻辑图和引出端功能图

CC4046 是 CMOS 低频多功能单片集成锁相环，它主要由数字电路构成，具有电源电压范围宽、功率低、输入阻抗高等优点，最高工作频率为 1MHz。CC4046 的逻辑图和引出端功能图如图 8-10 所示。CC4046 引脚功能说明见表 8-1。引脚 14 为信号输入端，输入 0.1V

左右的小信号或方波，经开环放大器放大和整形后，成为满足鉴相器(相位比较器Ⅰ和相位比较器Ⅱ)所要求的方波。

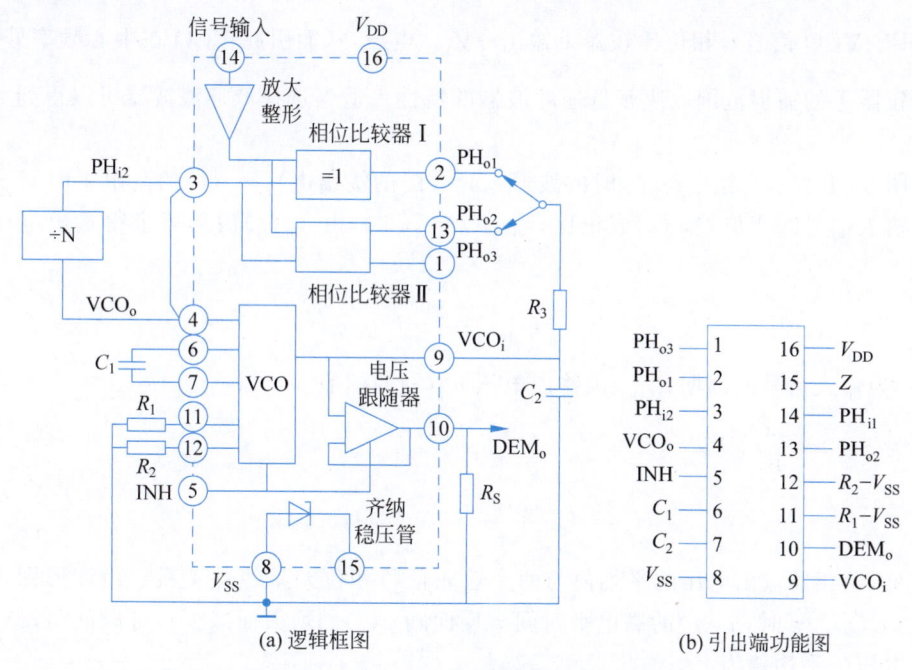

(a) 逻辑框图

(b) 引出端功能图

图 8-10　CC4046 的逻辑图和引出端功能图

表 8-1　CC4046 引脚功能说明

引脚	功能	引脚	功能
1	相位比较器Ⅱ输出端(PH_{o3})	9	压控振荡器输入端(VCO_i)
2	相位比较器Ⅰ输出端(PH_{o1})	10	解调信号输出端(DEM_o)
3	相位比较器Ⅰ、Ⅱ输入端(PH_{i2})	11	压控振荡器的外接电阻端(R_1)
4	压控振荡器输出端(VCO_o)	12	压控振荡器的外接电阻端(R_2)
5	禁止端(INH)	13	相位比较器Ⅱ输出端(PH_{o2})
6	压控振荡器的外接电容端(C_1)	14	相位比较器Ⅰ、Ⅱ输入端(PH_{i1})
7	压控振荡器的外接电容端(C_1)	15	内部提供稳压管负极端(Z)
8	地(V_{SS})	16	电源(V_{DD})

2. 使用说明

CC4046 包含相位比较器、压控振荡器两部分，使用时需外接低通滤波器(阻、容元件)形成完整的锁相环。此外，它们内部设有一个 6.2V 的齐纳稳压管，在需要时作为辅助电源。

1) 压控振荡器(VCO)

VCO 部分需要一个外接电容 C_1 和外接电阻(R_1 或 R_1 及 R_2)，电阻 R_1 和电容 C_1 决定 VCO 的频率范围，电阻 R_2 可以使 VCO 的频率得到补偿。受 VCO 输入电压作用的源极跟随器在 10 端输出(解调输出)。如果使用这一端时，应从 10 端到 V_{SS} 外接一个电阻 R_S (≥10kΩ) 作为负载。如果不使用这个端子，可以允许断开。VCO 输出既可以直接与相位比较器连接，也可以通过分频器连接到相位比较器的输入端。

2) 相位比较器

相位比较器Ⅰ是异或门鉴相器,使用时,要求输入信号的占空比为50%,当输入端无信号时(只有VCO信号),相位比较器Ⅰ输出$\frac{1}{2}V_{DD}$电压,从而引起VCO在中心频率处振荡。

相位比较器Ⅰ的捕捉范围取决于低通滤波器的特性。适当选择低通滤波器可以得到大的捕捉范围。

如图8-11所示为锁定在f_i时的波形。异或门的输出电压$u_d(t)$的高电平时间τ直接与两个输入信号的相位差$\varphi(t)$成正比,当$\varphi(t) \leqslant \pi$时,由$u_d(t)$波形可求得输出电压的平均值为

$$U_d = U_{dm}\frac{\tau}{T/2} = U_{dm}\frac{2\tau}{T}$$

其中,T为输入信号的周期,U_{dm}为输出电压$u_d(t)$的幅值。

因为$\varphi(t) = \frac{2\pi}{T}\tau$,所以

$$U_d = U_{dm}\frac{\varphi(t)}{\pi}, \quad 0 \leqslant \varphi(t) \leqslant \pi$$

可见,鉴相器输出电压的平均值与两个输入信号相位差呈线性关系。由波形图还可以看出,当$\varphi(t) > \pi$时,$u_d(t)$的高电平时间τ反而随$\varphi(t)$的增大而减少。可以证明,$\varphi(t) > \pi$时输出电压的平均值为

$$U_d = U_{dm}\left[2 - \frac{\varphi(t)}{\pi}\right], \quad \pi \leqslant \varphi(t) \leqslant 2\pi$$

根据以上两式可得相位比较器Ⅰ的鉴相特性如图8-12所示。

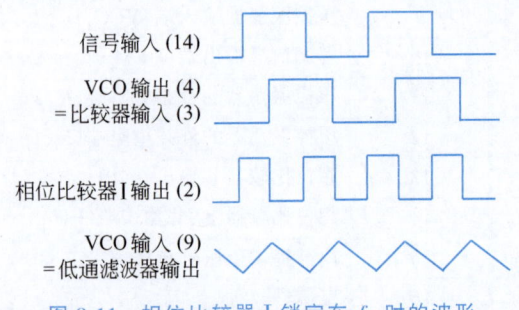

图8-11 相位比较器Ⅰ锁定在f_i时的波形

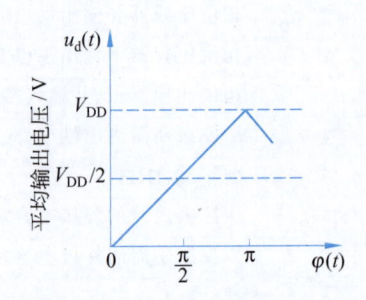

图8-12 相位比较器Ⅰ的鉴相特性

相位比较器Ⅱ为四组边沿触发器。其相位脉冲输出(1端)表示输入信号与比较器输入信号的相位差。当它为高电平时,表示锁相环处于锁定状态。如果无输入信号,则VCO被调整在最低频率上,输出呈高阻抗,必须在12端接入电阻以维持振荡。

因为这种相位比较器只是在输入信号的上升沿起作用,所以不要求波形占空比为50%。相位比较器Ⅱ的捕捉范围与低通滤波器的RC回路的数值无关,其锁定范围可等于捕捉范围。

相位比较器Ⅰ、Ⅱ具有公共输入端,它们的输出端是独立的(图8-10中的13端和2端),以便于选择使用。

8.2.2　NE564 集成锁相环芯片

NE564 的工作频率可达 50MHz，VCO 采用射极耦合多谐振荡器。它是一种更适宜于用作调频信号和频移键控信号解调器的通用器件，它的引出端功能和组成框图如图 8-13 所示。由图可知，在输入端增加了振幅限幅器，用来消除输入信号中的寄生调幅。输出端增加了直流恢复和施密特触发电路，用来对 FSK 信号进行整形。为便于使用，VCO 的输出通过电平变换电路产生 TTL 和 ECL 兼容的电平。

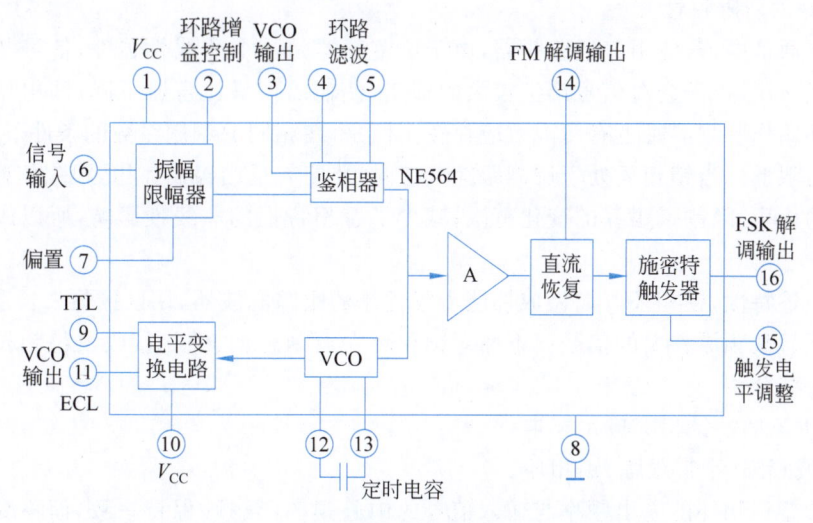

图 8-13　NE564 的引出端功能和组成框图

复习思考题

1. CMOS 单片锁相环电路芯片 CC4046 结构上有何特点？使用中要注意哪些问题？
2. 异或门鉴相器要求输入信号的占空比为多少？异或门鉴相的原理是什么？

8.3　锁相环的应用

1. 锁相环的主要特性

锁相环之所以广泛应用于电子技术的各个领域，是由于它具有一些特殊的性能。

1）锁定特性

锁相环锁定时，压控振荡器输出信号的频率等于输入参考信号的频率。

2）跟踪特性

锁相环的输出信号频率可以精确地跟踪输入参考信号频率的变化，环路锁定后输入参考信号和输出参考信号之间的稳态相位误差可以通过增加环路增益被控制在所需数值范围内。这种输出信号频率随输入参考信号频率变化的特性称为锁相环的跟踪特性。利用此特性可以做载波跟踪型锁相环及调制跟踪型锁相环。

3) 窄带滤波特性

当压控振荡器的输出频率锁定在输入参考频率上时,由于信号频率附近的干扰形式将以低频干扰的成分进入环路,绝大部分的干扰会受到环路滤波器低通特性的抑制,从而减少了对压控振荡器的干扰作用。所以,环路对干扰的抑制作用就相当于一个窄带的高频带通滤波器,其通带可以做得很窄(如在数百兆赫的中心频率上,带宽可做到几赫兹)。不仅如此,还可以通过改变环路滤波器的参数和环路增益来改变带宽,使其成为性能优良的跟踪滤波器,用以接收信噪比低、载频漂移大的空间信号。

4) 良好的门限特性

在调频通信中,若使用普通鉴频器,由于该鉴频器是一个非线性器件,信号与噪声通过非线性相互作用,噪声会对信号产生较大的抑制,使输出信噪比急剧下降,即出现了门限效应。锁相环用作鉴频器时也有门限效应存在。但是,在相同的调制系数的条件下,它比普通鉴相器的门限低。当锁相环处于调制跟踪状态时,环路有反馈控制作用,跟踪相差小,这样,通过环路的作用,限制了跟踪的变化范围,减少了鉴相特性的非线性影响,所以改善了门限特性。

鉴于上述特性,锁相环可以做成性能十分优越的跟踪滤波器,用以接收来自宇宙空间的信噪比很低且载频漂移大的信号。下面对锁相环在调制解调、锁相接收及稳频技术等方面的应用作一些介绍。

2. 两种不同的锁相环应用要求

1) 载波跟踪(窄带跟踪)锁相环

如果希望锁相环的输出频率与输入信号的中心频率(载频)保持一致,而不受已调波中调制信号的影响,可采用载波跟踪锁相环。

2) 调制跟踪(宽带跟踪)锁相环

如果希望锁相环的输出频率能够随着输入已调波的频率变化而变化,则应采用调制跟踪锁相环。

两种类型的锁相环的区别就是它们的低通滤波器的带宽不同。

8.3.1 锁相调频与鉴频

1. 锁相调频电路

在普通的直接调频电路中,振荡器的中心频率稳定度较差,而采用晶体振荡器的调频电路,其调频范围又太窄。采用锁相环的调频器可以解决这个矛盾。其锁相调频电路原理框图如图 8-14 所示。

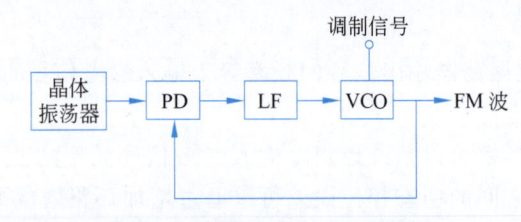

图 8-14 锁相调频电路原理框图

实现锁相调频的条件是调制信号的频谱要处于低通滤波器通带之外。锁相环的作用是利用低通滤波器的输出把压控振荡器的中心频率锁定在稳定度很高的晶振频率上。随着外接输入调制信号的变化,压控振荡器的输出频率在载频 ω_c 的基础上再按照调制信号频率的变化而变换,从而在 VCO 输出端产生随 $u_\Omega(t)$ 变化的调频波。这种锁相环称载波跟踪型 PLL。

如图 8-15 所示为 CC4046 用于锁相调频的实际电路。晶振接在 CC4046 的 14 端,调制信号从 9 端加入,调频波中心频率锁定在晶振频率上,在 3 与 4 的连接端得到调频信号。VCO 的频率可用 100kΩ 的电位器调节。CC4046 的最高工作频率为 1.2MHz。

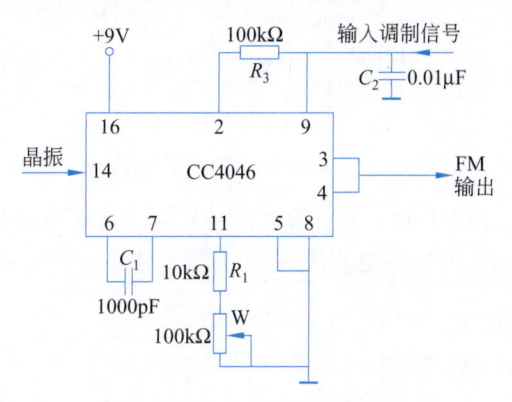

图 8-15 CC4046 锁相调频电路

2. 锁相鉴频电路

用锁相环可实现调频信号的解调,其原理框图如图 8-16 所示。

图 8-16 锁相环解调电路原理框图

如果将环路的频带设计得足够宽,环路入锁后,则压控振荡器的振荡频率跟随输入信号的频率而变。若压控振荡器的电压-频率变换特性是线性的,则加到压控振荡器的电压,即环路滤波器输出电压的变化规律必定与调制信号的规律相同。故从环路滤波器的输出端可得到解调信号。用锁相环进行已调频波解调是利用锁相环的跟踪特性,这种电路称调制解调型环路。

为了实现不失真的解调,要求锁相环的捕捉带必须大于调频波最大频偏的 2 倍,环路带宽必须大于调频波中输入调制信号的频谱宽度。

这种解调方法与普通的鉴频器相比较,在门限值方面可以获得一些改善,但改善的程度取决于信号的调制度。调制指数越高,门限改善的分贝数也越大。一般可以改善几个分贝;调制指数高时,可改善 10dB 以上。

图 8-17 所示为用单片锁相环 CC4046 对调频信号进行解调的实际电路。

调频信号 FM 从相位比较器 I 输入(14 端),PLL 入锁后,VCO 的振荡频率将跟踪调频信号的频率变化,经低通滤波器滤去载频信号后,从 10 端输出解调信号。

NE564 是一种工作频率达 50MHz 的通用集成锁相环,它可用于调制解调、FSK 解码、频率合成等方面。如图 8-18 所示为用 NE564 对调频信号进行解调的实际电路。图 8-18(a)工作

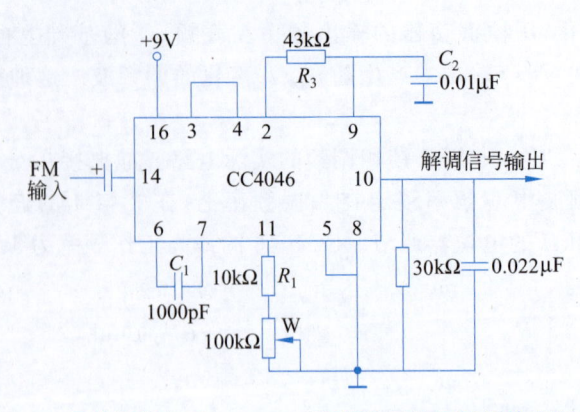

图 8-17　用单片锁相环 CC4046 对调频信号进行解调的实际电路

电压为 5V，图 8-18(b)工作电压为 12V。输入信号采用交流耦合，解调器输出从 14 端输出，环路滤波器带宽由 4、5 端处外接的电容决定。14 端到地接 $0.1\mu F$ 电容，它起抑制载波泄漏的作用。

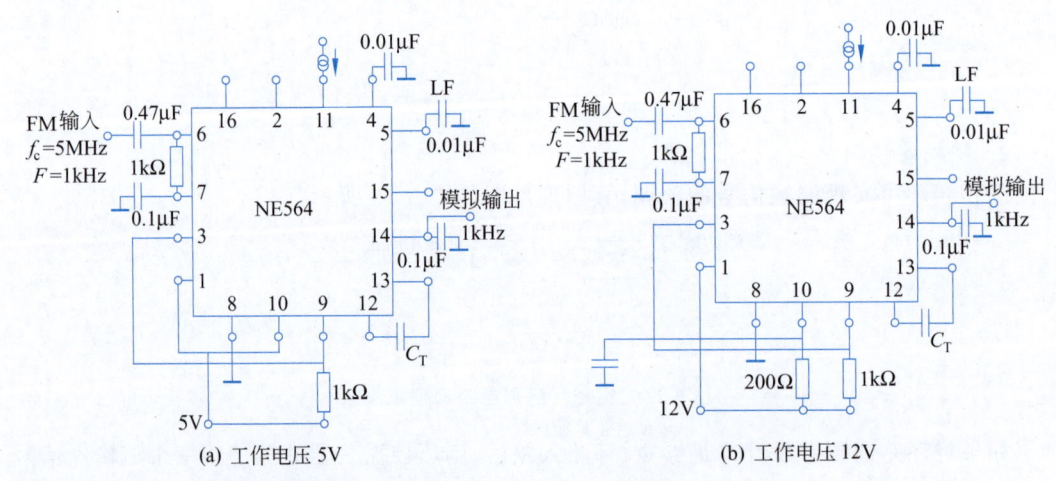

(a) 工作电压 5V　　　　　　　　　(b) 工作电压 12V

图 8-18　用 NE564 对调频信号进行解调的实际电路

3. 锁相调频鉴频电路

如图 8-19 所示为用单片锁相环 CC4046 构成的锁相调频鉴频电路，两块芯片外接电路

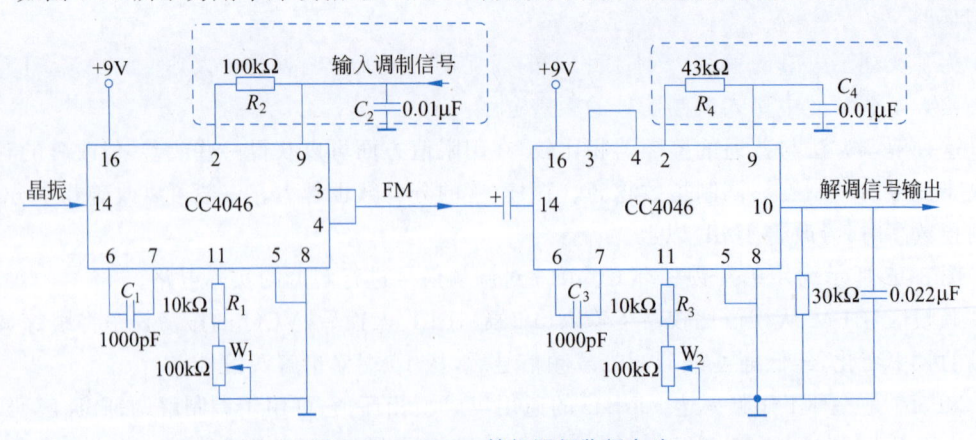

图 8-19　CC4046 锁相调频鉴频电路

主要不同在于低通滤波器的参数不同。在锁相调频电路中,调制信号的频谱要处于低通滤波器通带之外,而在锁相鉴频电路中,调制信号的频谱要处于低通滤波器通带之内,因此图中 $R_2 > R_4$。

8.3.2 锁相接收机

锁相接收机在接收空间信号方面得到广泛应用。由于各种原因,地面接收机接收的信号十分微弱。采用锁相接收机,利用环路的窄带跟踪特性,可以有效接收空间信号,其原理框图如图 8-20 所示。图中若中频信号与本地信号频率有偏差,鉴相器的输出电压就去调整压控振荡器的频率,使混频输出的中频信号的频率锁定在本地标准中频上。由于标准信号可以被锁定,所以中频放大器的频带可以做得很窄,从而使输出信噪比大大提高,接收微弱信号的能力加强。

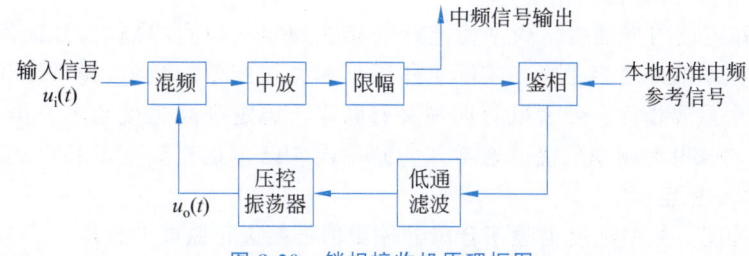

图 8-20 锁相接收机原理框图

由于锁相接收机的中频频率可以跟踪接收信号频率的漂移,且中频放大器带宽又很窄,故又称窄带跟踪滤波器。

8.3.3 振荡器的稳定与提纯

石英晶体振荡器工作于低电平时长期稳定性很好,但是噪声和相位抖动很大。而它工作于中等电平时长期稳定性差,但是短期稳定性高,输出噪声和相位抖动小。如果将这二者结合起来,就可兼顾这两方面。可采用图 8-21 所示的方案。其中,两个晶振的频率都是 f_0,中电平晶振用作压控振荡器。当锁定后,VCO 的输出信号频率就等于环路输入信号的频率,这样长期稳定性即得到保证。而相位噪声通过一个通带很窄的滤波器,绝大部分被滤除,因而输出频谱变纯。

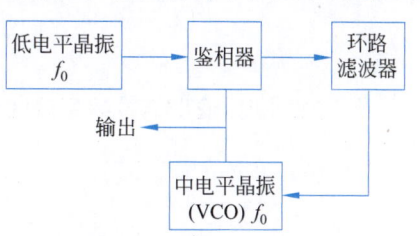

图 8-21 振荡器的稳定与提纯

8.3.4 频率合成器

1. 频率合成的基本概念

频率合成(frequency synthesis)是利用一个或多个高稳定晶体振荡器产生一系列等间隔的离散频率信号的一种技术,这些离散频率的准确度和稳定度与晶体振荡器相同。频率合成的方法包括直接合成法、锁相环法(间接合成法)和直接数字合成(DDS)法。本节介绍锁相环法。其基本思想是利用综合或合成的手段,综合晶体振荡器频率稳定度、准确度高和可变频率振荡器改换频率方便的优点,克服晶振点频工作和可变频率振荡器频率稳定度、准确度不高的缺点。

2. 频率合成器的主要技术指标

在工程应用中,对频率合成器的要求主要是以下五个方面。

(1) 工作频率范围。工作频率范围是指频率合成器输出的最低频率 f_{omin} 和最高频率 f_{omax} 之间的变化范围,范围视用途而定。就其频段而言有短波、超短波、微波等频段。通常要求在规定的频率范围内,在任何指定的频率点(波道)上,频率合成器能正常工作且满足质量指标。

(2) 输出频率间隔。频率合成器的输出频率是不连续的。两个相邻频率之间的最小间隔就是频率间隔,也称频率分辨率 Δf。不同用途频率合成器,对频率要求间隔是不同的。对短波单边带通信,现在多取频率间隔为 100Hz,有的甚至为 10Hz、1Hz;对短波通信,频率间隔多取为 50kHz 或 10kHz。

(3) 频率转换时间。频率转换时间是频率合成器由一个输出频率转换到另一个输出频率并达到稳定所需要的时间。

(4) 频率稳定度与准确度。频率稳定度是指在规定的时间间隔内,合成器频率偏离规定值的数值。频率准确度则是指在实际工作频率偏离规定值的数值,即频率误差。这是频率合成器的两个重要指标。二者既有区别又有联系。稳定度高也就意味着准确度高,亦即只有频率稳定才谈得上频率准确。通常认为频率误差已包括在频率不稳定的偏差之内,因此,一般只提频率稳定度。

(5) 频率纯度。频率纯度为频率合成器输出信号接近正弦波的程度。

3. 锁相频率合成器

利用锁相环可以构成频率合成器,其原理框图如图 8-22 所示。输入信号频率 f_i,经固定分频(M 分频)后得到基准频率 f_1,把它输入相位比较器的一端,VCO 输出信号经可预置分频器(N 分频)后输入相位比较器的另一端,这两个信号进行比较,当 PLL 锁定后得到

$$\frac{f_i}{M} = \frac{f_o}{N}$$

则

$$f_o = \frac{N}{M} f_i \tag{8-20}$$

当 N 变化时,输出信号频率跟随输入信号变化。假设可变分频比 N 的变化范围为 $1 \sim N_{max}$,则输出频率范围为 $\frac{f_i}{M}(1 \sim N_{max})$。输出频率间隔 $\Delta f = \frac{f_i}{M}$。

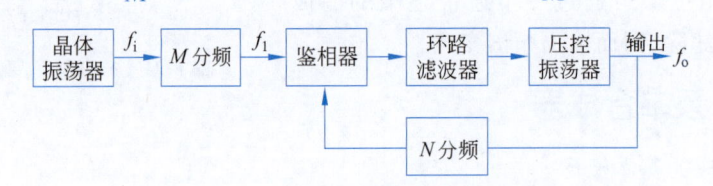

图 8-22 锁相环频率合成器原理框图

例 8-2 调频广播发射机中锁相环频率合成器如图 8-23 所示。已知 $f_i = 1\text{MHz}$,$M = 200$,$P = 10$,输出频率 $f_o = 87 \sim 108\text{MHz}$,求可变分频数 N 及输出频率的频率间隔 Δf。

解 $\dfrac{f_i}{M} = \dfrac{f_o}{PN} \Rightarrow f_o = \dfrac{f_i}{M} PN = \dfrac{f_i}{200} \times 10N = \dfrac{N}{20} f_i$

根据输出频率范围,可得 $N = 20(87 \sim 108) = 1740 \sim 2160$

第8章 锁相环及其他反馈控制电路

图 8-23 调频广播发射机中锁相环频率合成器

输出频率的频率间隔 $\Delta f = \dfrac{1}{20}\text{MHz}$。

如图 8-24 所示为利用锁相环 CC4046 构成的 1～999kHz 频率合成器实用电路。这种 CMOS 锁相环适用于低频率合成器。该电路是由基准频率产生、锁相环及分频器(N 分频)三部分组成。

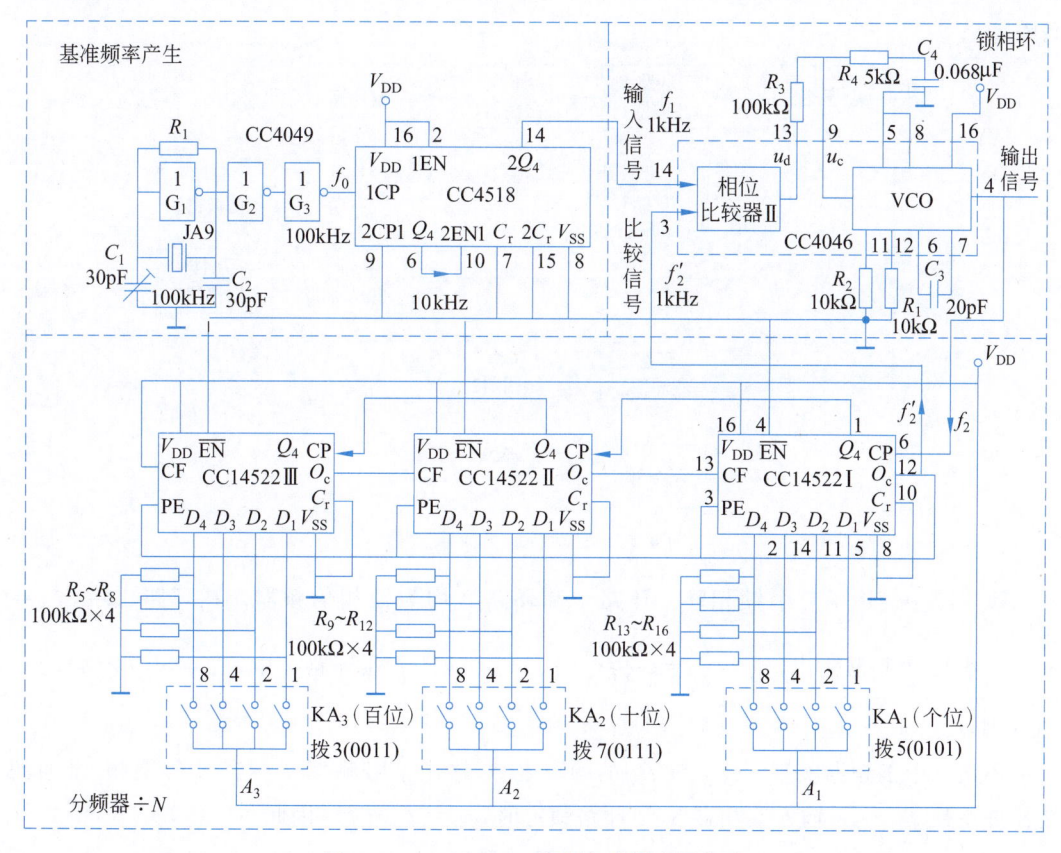

图 8-24 1～999kHz 频率合成器实用电路

基准频率产生电路为石英晶体多谐振荡器。G_1 用于振荡,G_2 用于缓冲整形。R_1 为反馈电阻,使 G_1 处于放大状态。晶体工作在 $f_s \sim f_p$ 时可以等效为一电感。门电路 G_1、电阻 R_1、电容 C_1、电容 C_2 和晶体组成电容三点式振荡电路,经 G_2 和 G_3 缓冲整形后,产生 100kHz 方波信号 f_0 输出。

CC4518 为双 BCD 码上升沿计数器,6 脚 Q_4 与 10 脚 2EN1 相连,实现了两个十进制 BCD 码计数器级联,从而实现了百进制计数,也就实现了 $M=100$ 分频,因此获得了 $f_1 = $ 1kHz 基准频率输出。

基准频率 f_1 经 CC4046 的第 14 脚送至相位比较器 Ⅱ，然后从 VCO(4 端)输出 f_2。

在 VCO 的输出端 4 与相位比较器的输入端 3 之间插接一个分频器(N 分频)，就能起到倍频作用，即 $f_2 = Nf_1$。

CC14522B 为可预置的四位 BCD 码下降沿计数器，图中采用 3 级级联(Ⅰ、Ⅱ、Ⅲ)，当百位、十位和个位开关预置不同数时，可实现 1～999 计数输出。由于 N 从 1 连续变化到 999，就可得到 999 个不同的频率输出。本电路基准频率 f_1 为 1kHz，因此电路可输出间隔为 1kHz 的 999 种频率。若设 $N=375$，即预置开关 $KA_3=0011$、$KA_2=0111$、$KA_1=0101$，则 $f_2 = 375 \times 1\text{kHz} = 375\text{kHz}$。

锁相环的用处很多，利用频率跟踪特性，还可用以实现锁相倍频器或分频器等。

例 8-3 三环锁相频率合成器如图 8-25 所示。已知 $f_i = 100\text{kHz}$，可变分频比 $N_1 = 300\sim399$，$N_2 = 351\sim396$，固定分频比 $M=100$，求输出频率 f_o 的范围和输出频率的频率间隔 Δf。

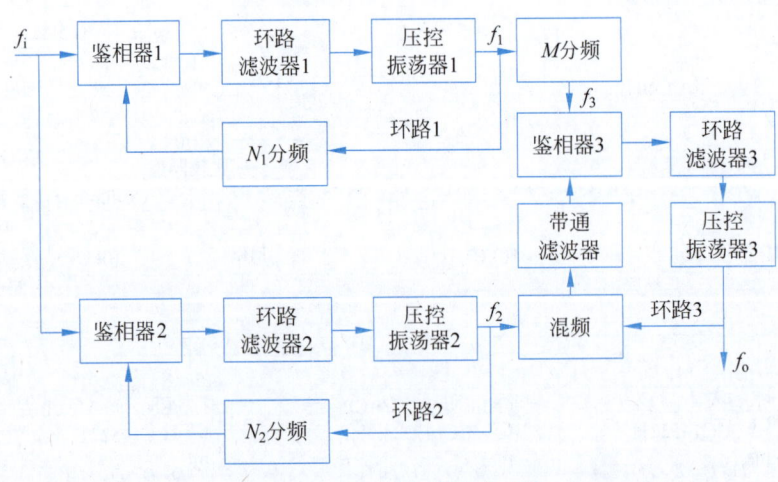

图 8-25 三环锁相频率合成器

解 图中使用了三个锁相环。环路 1 和环路 2 均为锁相倍频器。在环路 1 中，$f_1 = N_1 f_i$，经 M 分频器输出，$f_3 = \dfrac{f_1}{M} = \dfrac{N_1 f_i}{M} = 300\sim399\text{kHz}$；在环路 2 中，$f_2 = N_2 f_i = 35.1\sim39.6\text{MHz}$。

环路 3 中混频器实现了 f_2 与 f_3 的频率之和，输出信号频率 f_o 与 f_2 经混频、带通滤波器得差频 $f_o - f_2$ 输入鉴相器 3，当环路锁定时，$f_3 = f_o - f_2$，因此

$$f_o = f_2 + f_3 = N_2 f_i + \dfrac{N_1 f_i}{M} = 35.4\sim39.999\text{MHz}$$

输出频率的频率间隔 $\Delta f = 1\text{kHz}$。

4. 基于 FPGA 的锁相频率合成器

FPGA 作为现场可编程逻辑阵列，可方便实现高速、高密度数字逻辑系统设计。为此，可结合 FPGA 与 PLL 技术，实现基于 FPGA 的锁相频率合成器。

图 8-26 所示为基于 FPGA 的锁相频率合成器系统原理框图，整个系统包括 FPGA 处理芯片、EPROM 存储芯片 EPC2LC20、CC4046 锁相环及外部电路、40MHz 外部系统时钟、

4×4 键盘控制电路和 TC1602A 液晶显示模块等几部分。其中,FPGA 芯片采用 Altera 公司的 FLEX10K,它是工业界第一个嵌入式 FPGA,具有高密度、低成本、低功耗等特点。当然,也可以采用更先进的英特尔 Cyclone V 系列 FPGA,它具有更低的功耗。

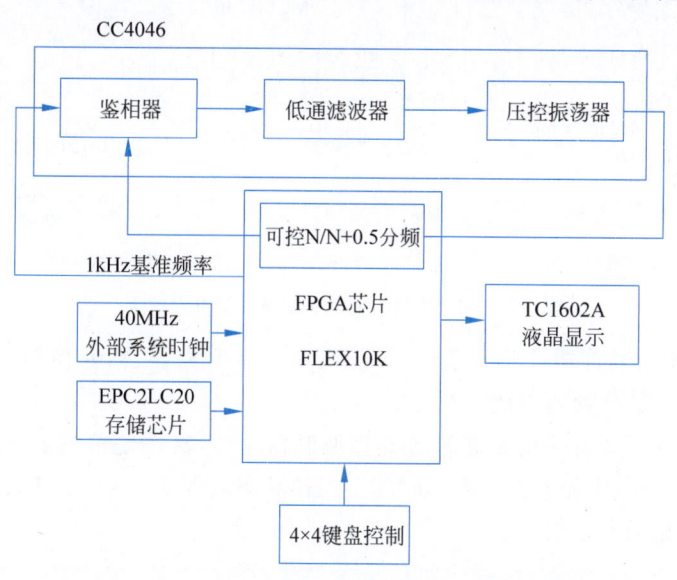

图 8-26 基于 FPGA 的锁相频率合成器系统原理框图

40MHz 外部系统时钟通过 FPGA 分频,得到 1kHz 的频率信号,作为 CC4046 的输入基准频率。FPGA 控制可预置的 N/N+0.5 分频变化,CC4046 中 VCO 的输出信号直接输入可控整数和半整数分频模块,相应分频模块选择可由键盘控制,从而实现输出频率的变化。

系统结合 FPGA 和锁相环技术,实现了整数/半整数频率合成器,输出范围为 1~999.5kHz,步进频率可达到 0.5kHz。值得注意的是集成锁相环使用的是频率范围不高的 CC4046,如果要拓宽频率范围,可以考虑使用锁相环 MC145146 芯片。

5. 采用 MC145146 的直接式频率合成

MC145146 为 Motorola 公司生产的单片大规模集成电路,它内含参考频率分频器、两组可变分频器(A 和 N)、鉴相器和锁存控制电路等。如图 8-27(a)所示为 MC145146 的引出端功能图,如图 8-27(b)所示是采用 MC145146 等组成的 UHF 频率合成器。由于它内含参考频率振荡器电路,只需外接石英晶体和微调电容即可得到参考频率,参考频率经固定分频后便可得到鉴相的基准信号。由于 MC145146 的输入最高频率只能达到 14MHz 左右,必须配用高速前置分频器将频率降低。MC145146 带有模式控制输出,能够控制脉冲。固定分频比最高可达 4095,由内存数据决定。在图 8-27 中选用了 MC12011 配以 MC10154,可使分频比达到÷64/÷65,使加至 MC145146 的频率可降至数兆赫。

MC145146 的鉴相器输出信号经环路滤波器后,加至压控振荡器(VCO)进行频率锁定,得到所需的工作频率。因此,利用性能完善的大规模集成电路后,使整个锁相环的外接元件很少,结构紧凑,耗电低。

6. 采用 HMC837LP6CE 的直接式频率合成

HMC837LP6CE 是 Hittite 微波公司(已被 ADI 公司收购)生产的一款集成压控振荡器的小数 N 分频锁相环频率合成器。频率合成器由带有三频段输出的集成式低噪声 VCO、

(a) MC145146 的引出端功能图

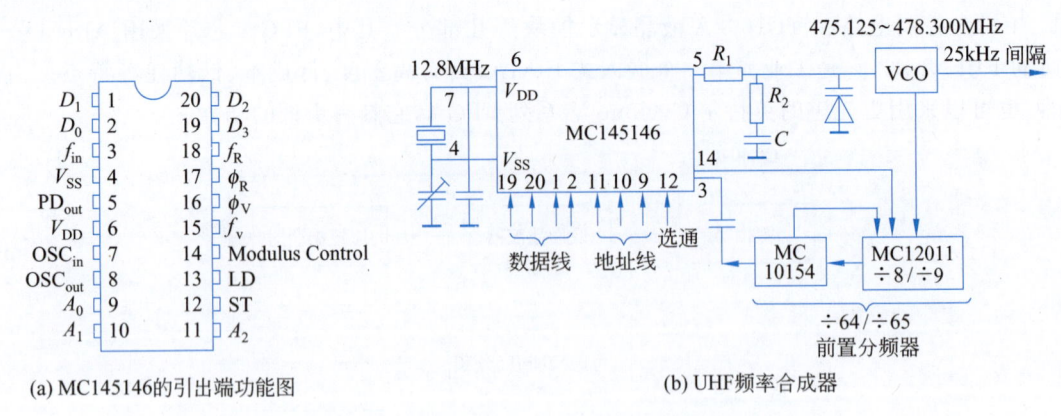

(b) UHF 频率合成器

图 8-27　采用 MC145146 的直接式频率合成

用于低压 VCO 调谐的自动校准子系统、极低噪声数字鉴相器、精密控制电荷泵、低噪声参考路径分频器和小数分频器组成。

小数分频频率合成器采用先进的 $\Sigma\text{-}\Delta$ 型调制器设计,支持超精细步长应用。鉴相器采用防周跳(CSP)技术,具有更快的跳频时间。工作频率范围 $1.025\sim4.6\text{GHz}$,可用于 5G 蜂窝通信中射频电路的本振信号。

复习思考题

1. 什么是载波跟踪锁相环和调制跟踪锁相环?两种类型的锁相环的区别是什么?
2. 说明锁相环调频和鉴频电路的组成和工作原理。
3. 实现锁相调频和鉴频的两个条件分别是什么?
4. 什么是锁相频率合成器,频率合成器的主要技术指标有哪些?画出锁相频率合成器的原理框图。
5. 如何利用锁相环实现倍频器或分频器?

8.4　自动增益控制电路

自动增益控制(AGC)电路是某些电子设备特别是接收设备的重要辅助电路之一,其主要作用是使设备的输出电平保持一定的数值,所以也叫自动电平控制(Automatic Level Control,ALC)电路。

自动增益控制电路是一种反馈控制电路,当输入信号电平变化时,用改变增益的方法,维持输出信号电平基本不变的一种反馈控制系统。

AGC 电路的接收框图如图 8-28 所示。

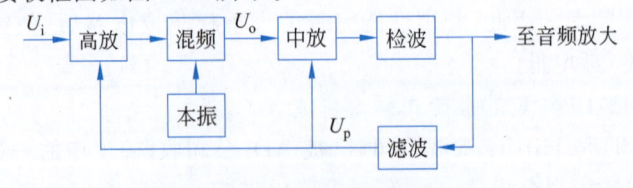

图 8-28　AGC 电路的接收框图

它的工作过程是输入信号 U_i 经放大、变频、再放大后,到中频放大器输出信号,然后把此输出电压经检波和滤波产生的控制电压 U_p,反馈回到中频放大器和高频放大器,对它们的增益进行控制。所以这种增益的自动调整主要由两步来完成:第一,产生一个随输入信号 U_i 而变化的直流控制电压 U_p(叫 AGC 电压);第二,利用 AGC 电压去控制某些部件的增益,使接收机的总增益按照一定规律而变化。

8.4.1 产生控制信号的自动增益控制电路

1. 简单 AGC 电路

图 8-29 所示为简单 AGC 电路,这是一种常用的电路。V_1 是中频放大管,中频输出信号经检波后,除了得到音频信号外,还有一个平均分量(直流)U_p,它的大小和中频输出载波幅度成正比,经滤波器 $R_p C_p$,把检波后的音频分量滤掉,使控制电压 U_p 不受音频电压的影响,然后把此电压(AGC 控制电压)加到 V_1 的基极,对放大器进行增益控制。

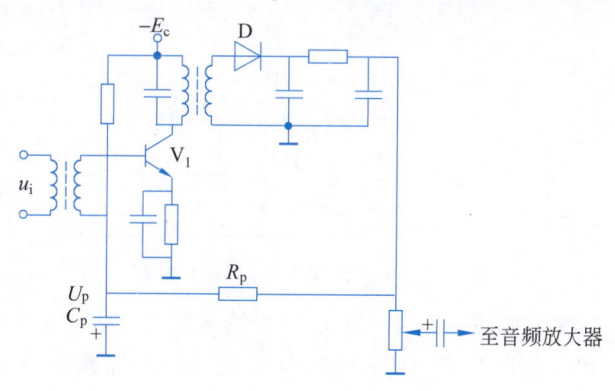

图 8-29 简单 AGC 电路

当未加上 AGC 时,在放大器的正常工作范围内(线性区域内),放大器增益 K 基本上是固定值,与输入信号 U_i 的大小无关,所以 K-U_i 特性是一条与 U_i 轴平行的直线,如图 8-30(a)曲线 1 所示。相应的振幅特性 U_o-U_i 也是一条直线,如图 8-30(a)曲线 2 所示。

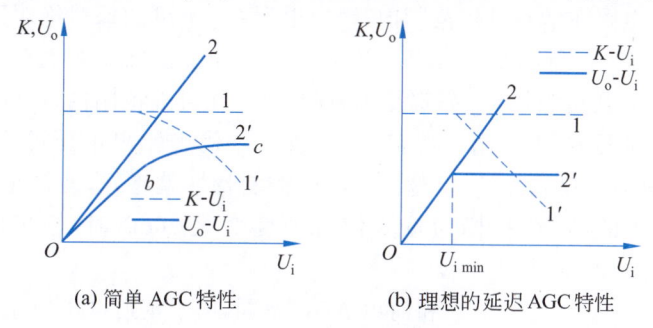

图 8-30 AGC 特性

(a) 简单 AGC 特性　　(b) 理想的延迟 AGC 特性

加上 AGC 后,放大器增益 K 随 U_i 的增大而减小(曲线 1′),振幅特性 U_o-U_i 不再是一条直线,因而输出电压 U_o 和输入电压 U_i 不再是线性关系,而是如图 8-30(a)所示的曲线 2′。从曲线可知,当 U_i 较小时,控制电压 U_p 也较小,这时增益 K 虽略有减小,但变化不大,因此振幅曲线基本上仍是一段直线;当 U_i 足够大时,U_p 的控制作用较强,增益 K 显著减小,这时 U_o 基本保持不变,振幅特性如曲线 2′的 bc 段所示。通常把 U_o 基本上保持不变这部分叫作 AGC 的可控范围。可控范围越大，AGC 的特性越好。

简单 AGC 系统的优点是电路简单，产生控制电压 U_p 的检波器和有用信号的检波器可以共用一个二极管。它的缺点是可控范围较窄，输入信号不分大小，AGC 都起作用，当 U_i 较小时，放大器增益仍受控制而有所减小，使接收机灵敏度降低，这对于接收微弱信号是很不利的。

2. 延迟式 AGC 电路

如图 8-31 所示是一种常用的简单延迟 AGC 电路，其延迟特性由加在 AGC 检波器上的附加偏压 E_d 来实现。它有两个检波器，一个是信号检波器 S，另一个是 AGC 检波器 A。它们主要的区别是后者的检波二极管 D_2 上加有偏置电压（延迟电压）E_d。这样，只有当输出电压 U_o 的幅度大于 E_d 时，D_2 才开始检波，产生控制电压 U_p。

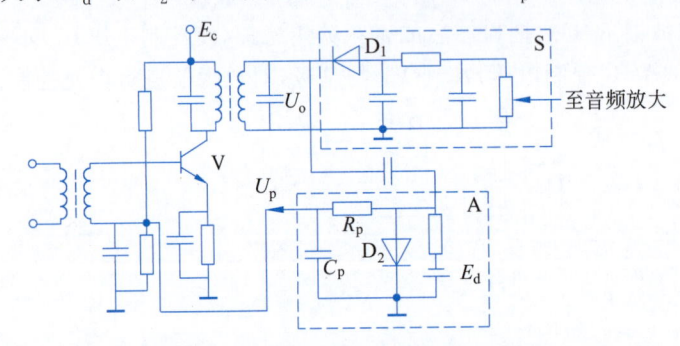

图 8-31　常用的简单延迟 AGC 电路

理想的延迟 AGC 特性如图 8-30(b)所示。当输入信号 U_i 小于某一给定值 U_{min} 时，AGC 电路不起作用，接收机增益 K 不变，输出电压 U_o 随 U_i 而线性增大，接收机灵敏度不受影响，如虚线 1。只有 $U_i > U_{min}$ 时，AGC 电路才开始产生所需的控制电压 U_p，而且增益 K 随 U_p 而减小的程度，恰好和 U_i 的增长相抵消，使输出电压 U_o 保持为固定值，U_o-U_i 是一条与横轴平行的直线如实线 2。由于这种电路延迟至 $U_i > U_{min}$ 之后才开始工作，故称延迟 AGC。

实际上，AGC 电路在增益可控范围内，输出电压 U_o 不可能保持绝对不变。这是因为，当 U_i 增大时，如果 U_o 保持不变，那么 U_p 不会增大，受控放大器的增益就不可能减小，输出电压必然增大。这和最初假设 U_o 固定是矛盾的，所以在可控范围内，曲线 U_o-U_i 应是一条略微倾斜的曲线，如图 8-32 所示。比值 U_{omax}/U_{omin} 代表输出电压的变化程度，是衡量 AGC 性能的一个指标。U_{omax}/U_{omin} 越小，AGC 控制特性就越好，通常是零点几分贝至几分贝。例如，收音机的 AGC 指标为输入信号强度变化 26dB 时，输出电压的变化不超过 5dB。

和简单 AGC 不同，由于延迟电压的存在，信号检波器必然与 AGC 检波器分开，否则延迟电压会加到信号检波器上去，使外来信号小时不能检波，而信号大又会产生线性失真。

这种延迟 AGC，由于输出电压 U_p 不够大，所以增益能力低。

为了提高其控制能力，可在 AGC 检波器的前面或后面再增加放大器，称为延迟放大式 AGC 电路，电路框图分别如

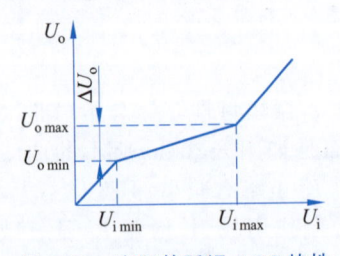

图 8-32　实际的延迟 AGC 特性

图 8-33(a)和图 8-33(b)所示。

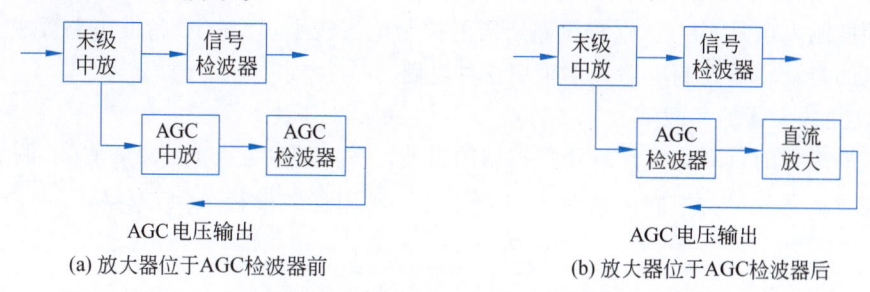

(a) 放大器位于AGC检波器前

(b) 放大器位于AGC检波器后

图 8-33 延迟放大式 AGC 电路框图

8.4.2 控制放大器的增益

在接收设备中，AGC 控制电压通常是用来调整高频放大器及中频放大器的增益，实现自动控制。下面介绍两种控制增益的方法。

1. 改变晶体管的工作电流（I_e 或 I_c）

由第 2 章知，晶体管的电压放大倍数为

$$K_V = \frac{-n_1 n_2 y_{fe}}{n_1^2 y_{oe} + Y_L}$$

当晶体管输出电导 y_{oe} 足够小，且电路已调谐时，上式可简化为

$$K_V = \frac{-n_1 n_2 y_{fe}}{g_L} \tag{8-21}$$

只要设法改变晶体管正向传输导纳 y_{fe} 或负载电导 g_L，就可以改变放大器的增益。而正向传输导纳 $|y_{fe}|$ 与晶体管的工作点有关。改变集电极电流 I_c（或发射极电流 I_e）就可以使 $|y_{fe}|$ 随之改变，从而控制放大器的增益。

图 8-34 所示为两种常用的改变 I_e（或 I_c）的增益控制电路。图 8-34(a)中，控制电压加在晶体管的发射极。当 U_p 增大时，晶体管的偏置电压 U_{be} 减小，集电极电流 I_c 随之减小，则 $|y_{fe}|$ 减小，导致放大器的增益降低。相反，如果控制电压 U_p 减小，则 U_{be} 升高，I_c 和 $|y_{fe}|$ 增大，放大器增益变大。

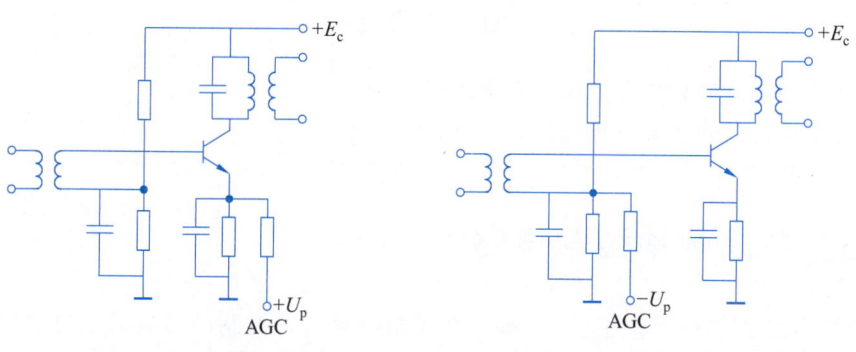

(a) 控制电压加在晶体管的发射极

(b) 控制电压加在晶体管的基极

图 8-34 改变 I_c（或 I_e）的增益控制电路

图 8-34(b)是控制电压加在晶体管基极的增益控制电路。AGC 电压加到基极上，通过

改变基极-发射极间的电压对晶体管基极电流 I_b 进行控制。另外,控制电压是负极性,即加到基极的控制电压是 $-U_p$。这种电路所需的控制电流较小,对 AGC 检波电路要求较低,广播收音机的自动增益控制电路大多采用这种电路。

2. 改变放大器的负载

改变放大器的负载也可达到增益控制的目的。放大器增益与负载 Y_L 有关,调节 Y_L 也可以实现放大器的增益控制。如图 8-35 所示为一种阻尼二极管 AGC 电路。

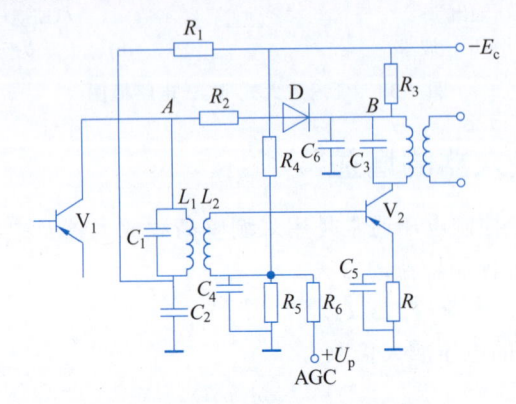

图 8-35 阻尼二极管 AGC 电路

图 8-35 中,除了采用控制基极电流 I_b 的方法实现自动增益控制外,还加上一个变阻二极管 D(阻尼二极管)和电阻 R_1、R_2 和 R_3,来改变回路 L_1C_1 的负载。其原理为:当外来信号较小时,U_p 较小,V_2 集电极电流 I_{c2} 较大,R_3 上的压降大于 R_1 上的压降,这时 B 点电位高于 A 点电位,二极管 D 处于反向偏置,呈现很高的阻抗,对回路 L_1C_1 没有什么影响;当外来信号增大时,U_p 加大,I_{c2} 减小,导致 B 点电位下降,二极管 D 的偏置逐渐变正,阻抗减小(从交流等效电路来看,二极管 D 和电阻 R_2 串联后,并联于 V_1 的输出回路两端),使回路 L_1C_1 的有效 Q 值下降,V_1 的增益降低;当外来信号很强时,二极管 D 导通,使有效 Q 值大大下降,V_1 的增益将显著下降。因此前一级放大器(V_1)的增益随外来信号强弱的变化而改变,实现了增益的自动控制。

复习思考题

1. 自动增益控制电路主要作用是什么?
2. 简述接收机中自动增益控制电路的工作原理。

8.5 自动频率控制电路

自动频率控制(AFC)电路也是一种反馈控制电路。它控制的对象是信号的频率,其主要作用是自动控制振荡器的振荡频率。例如,在调频发射机中如果振荡频率漂移,则利用 AFC 反馈控制作用,可以适当减少频率变化,提高频率稳定度。又如在超外差接收机中,依靠 AFC 系统的反馈调整作用,可以自动控制本振频率,使其与外来信号频率的差值维持在接近中频的数值。

8.5.1 自动频率控制的原理框图

图 8-36 所示为 AFC 的原理框图。被稳定的振荡器频率 f_o 与标准频率 f_r 在频率比较器中进行比较。当 $f_o=f_r$ 时,频率比较器无输出,控制元件不受影响;当 $f_o \neq f_r$ 时,频率比较器有误差电压输出,该电压大小与 $|f_o-f_r|$ 成正比。此时,控制元件的参数即受到控制而发生变化,从而使 f_o 发生变化,直到使频率误差 $|f_o-f_r|$ 减小到某一定值 Δf,自动频率微调过程停止,被稳定的振荡器就稳定在 $f_o=f_r \pm \Delta f$ 的频率上。

图 8-36 AFC 的原理框图

由上可知,自动频率控制即利用误差信号的反馈作用来控制被稳定的振荡器的频率,使之稳定。

需要注意的是,在反馈环路中传递的是频率信息,误差信号正比于频率误差 $|f_o-f_r|$,控制对象是输出频率。

8.5.2 自动频率控制电路的应用举例

1. 调幅超外差接收机自动频率控制系统

调幅超外差接收机自动频率控制系统框图如图 8-37 所示。

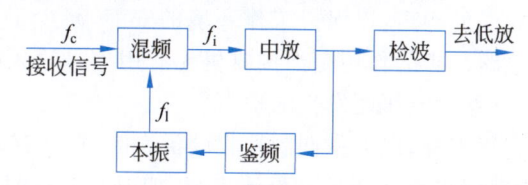

图 8-37 调幅超外差接收机自动频率控制系统框图

鉴频器的中心频率调整在接收机中频频率,接收机的本地振荡器是一个调频振荡电路,它的频率受鉴频器输出电压的控制而变化,所以叫作压控振荡器。这种系统的稳频原理如下。

在正常情况下,接收信号载波频率为 f_c,相应的本振为 f_1,混频输出的中频频率为 $f_i=f_1-f_c$。如果由于某种原因使本振频率发生了一个正的偏离 Δf_o,则中频频率也发生了同样的漂移,成为 $f_i+\Delta f_o$。中放输出信号加到鉴频器,当有 Δf_o 产生时,鉴频器就给出相应的电压 U_o,用这个电压控制本振的频率,使它减小 $\Delta f_o'$,也就是说本振频率虽然偏离了 Δf_o,但由于自动频率控制的反馈作用又把它拉回了 $\Delta f_o'$,即 $f_i'=(f_i+\Delta f_o)-\Delta f_o'$,这样经过反馈系统的反复循环作用以后,使本振频率平衡在偏离值小于 Δf_o 的频率上。

如果本振频率发生一个负的 Δf_o 漂移,也能起到自动频率控制的作用。

2. 调频接收机自动频率控制系统

该系统框图如图 8-38 所示。调频接收机本身有鉴频器,但此鉴频器的输出不仅有反馈调整电压,还包括调频解调信号,它也会控制本振频率的变化,为消除这一影响,在鉴频器之后接入了低通滤波器。因为解调信号的频率一般在几十赫,它们不能通过低通滤波器,相当于解调信号的反馈环断开。而由于某种原因引起本振频率的漂移和接收信号中心频率的漂移都是慢变化,由此引起的鉴频器输出电压的改变,可以通过滤波器去调整本振频率。

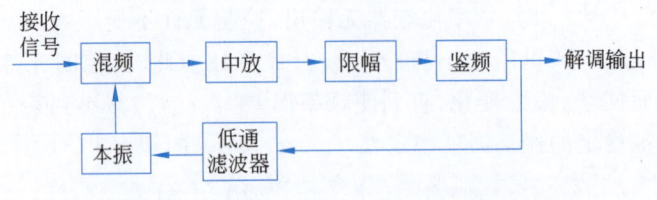

图 8-38 调频接收机自动频率控制系统框图

复习思考题

1. 画出自动频率控制电路的组成框图,并说明它的工作原理。
2. 简述调频接收机中采用自动频率控制电路之后,本振频率的稳定过程。

8.6 静噪电路

对接收设备来说,在无信号输入时,设备有输出噪声;在有输入信号时,设备除了输出被放大信号外,还混有外界噪声及本机噪声。为减少本设备的噪声,希望在无信号输入时,接收设备不输出或输出甚微的噪声,以保持工作环境的安静,减少工作人员的疲劳。为此,多在接收设备设置静噪电路。它的作用是当接收机无有用信号输入时,使噪声电压不被放大,因而避免了扬声器因有噪声电压而发生的噪声。

静噪电路接入方式有很多种,以频率调制接收设备为例,常见有两种方式,如图 8-39 所示。如图 8-39(a)所示为静噪电路接于鉴频器输入端,如图 8-39(b)所示为静噪电路接于鉴相器输出端。

图 8-39 静噪电路的两种接入方式

现以后者为例说明 XC-76 型井筒电话静噪电路的工作原理。其电路如图 8-40 所示。

它由 $V_{14} \sim V_{16}$ 三级噪声放大器组成,第一级 V_{14} 放大器与第二级 V_{15} 放大器之间有高通滤波器,它由电容 C_{44}、$C_{46} \sim C_{50}$ 和电感 L_6、L_7 组成,要求第一级放大器输出阻抗(约为 R_{55} 的阻值)与高通滤波器输入阻抗相匹配,高通滤波器输出阻抗与第二级输入阻抗相匹配。在三级噪声放大器之后是倍压整流电路,它由二极管 V_{33}、V_{34} 和电容 C_{53}、C_{55} 组成。

静噪电路与低频放大器配合才能实现静噪目的,其电路如图 8-41 所示。

其中 V_9 是射极跟随器,它一方面提高输入阻抗减少对前级鉴频器解调灵敏度的影响,

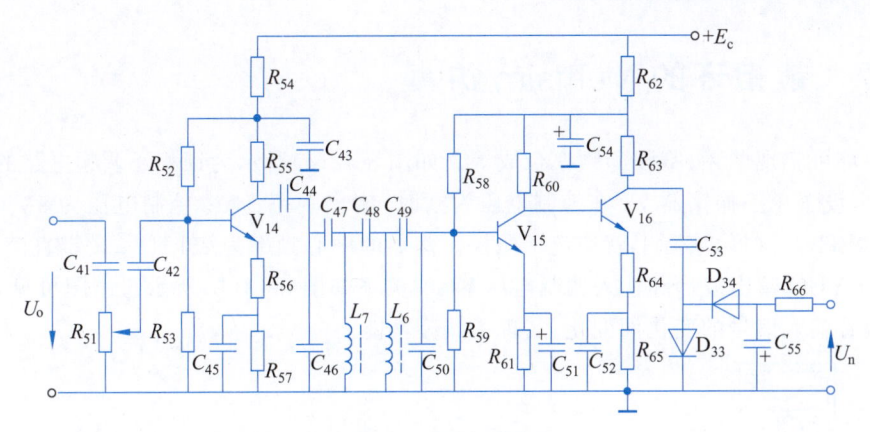

图 8-40　静噪电路举例

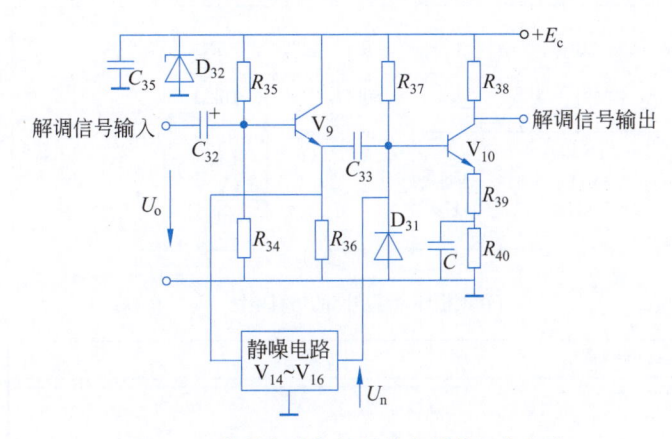

图 8-41　静噪电路与低频放大器的组合电路

另一方面为静噪电路与低频放大器提供信号。V_{10} 为低频放大器的第一级——前置放大，其工作电流为 1mA。静噪电路的输入信号来自射极输出器，而其输出接至 V_{10} 的基极，用以控制 V_{10} 的偏压。当接收机无信号输入时，其鉴频器输出为噪声，它通过 V_9 经 C_{41} 耦合到 V_{14} 的基极进行放大。由于噪声含有丰富的高频成分，它可以通过高通滤波器而加到噪声放大器件 V_{15}、V_{16} 的输入端，放大后经 D_{33}、D_{34} 倍压整流，在电容 C_{55} 上形成一个直流电压 U_n，此电压通过 R_{66} 引到 V_{10} 的基极，相对二极管 D_{31} 而言是正偏，D_{31} 导通，V_{10} 处于截止状态，无噪声输出，这样虽然 V_{10} 有噪声输入，但却无噪声输出，从而起到扬声器不发声的静噪作用。当接收机收到正常调频信号时，鉴频器的输出主要是话音信号，高频噪声大大减少。由于话音信号不能通过高通滤波器，噪声放大器的输入输出电压均大大降低，相应地整流后在 C_{55} 上建立的直流电压甚小，并不影响 V_{10} 的正常放大作用。

图 8-40 中电位器 R_{51} 用来调节 V_{14} 输入，从而可以调整静噪电路的灵敏度。

复习思考题

静噪电路的作用是什么？它有哪两种接入方式？

8.7 锁相环的 Multisim 仿真

锁相环可实现调频、鉴频和频率合成等。如图 8-42(a)所示为锁相环调频电路的仿真电路。图中,设置压控振荡器 V_4 在控制电压为 0 时,输出频率为 0;控制电压为 5V 时,输出频率为 50kHz。这样,实际上就选定了压控振荡器的中心频率为 25kHz。设定直流电压 V_3 为 2.5V。VCO 输出波形和输入调制电压 V_2 的关系如图 8-42(b)所示。由图可见,输出信号频率随着输入信号的变化而变化,实现了调频功能。

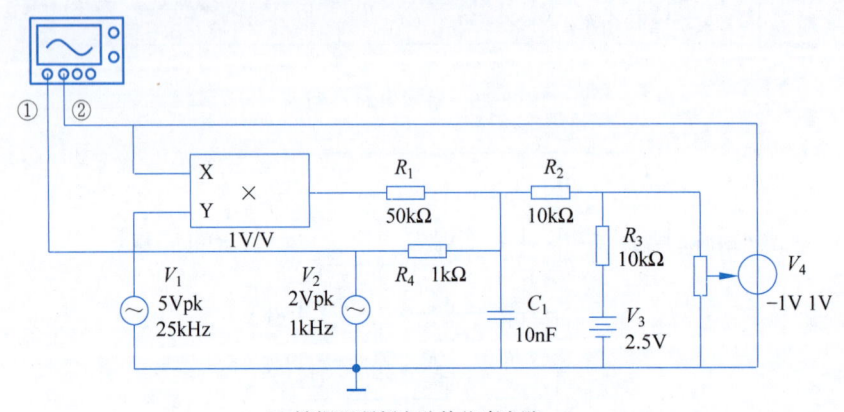

(a) 锁相环调频电路的仿真电路

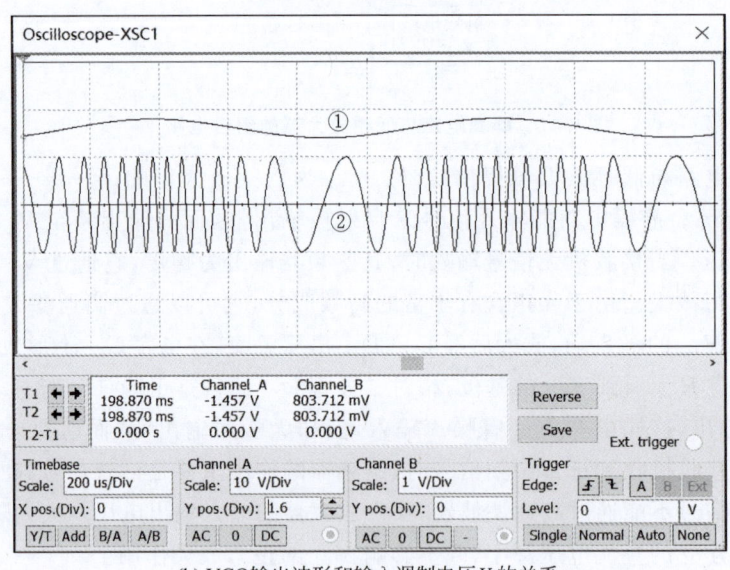

(b) VCO 输出波形和输入调制电压 V_2 的关系

图 8-42 锁相环调频电路的仿真电路及实验波形

本章小结

1. 在通信与电子设备中,广泛采用的反馈控制电路有锁相环(PLL)即自动相位控制电路、自动增益控制(AGC)电路以及自动频率控制(AFC)电路。

2. 锁相环是一个相位误差控制系统，它是将参考信号与输出信号之间的相位进行比较，通过产生相位误差电压来调整输出信号的相位，以达到与参考信号同频的目的。

3. 锁相环是由鉴相器、环路滤波器和压控振荡器组成。当环路锁定时，环路输出信号频率与输入信号频率相等，但两信号之间保持一恒定的相位误差。环路锁定特点：环路对输入的固定频率锁定以后，两个信号的频差为零，只有一个很小的稳态剩余相差，这是一般自动频率微调系统(AFC)做不到的，正是由于锁相环具有可以实现理想的频率锁定这一特性，使它在自动频率控制与频率合成技术等方面获得了广泛的应用。

判断环路是否锁定的方法：一般用双踪示波器，也可用单踪示波器。

4. 锁相环的数学模型：将鉴相器、环路滤波器与压控振荡器的数学模型代换到基本锁相环中，便可得出锁相环的数学模型。

5. 锁相环作为一种无频差的反馈控制电路，且又易于集成，所以锁相环广泛应用于调制与解调、滤波、频率合成等方面。目前在比较先进的模拟和数字通信系统中大都使用了锁相环。

6. 锁相频率合成器由基准频率产生器和锁相环两部分组成。基准频率产生器为合成器提供高稳定的参考频率，锁相环则利用其良好的窄带跟踪特性，使输出频率保持在参考频率的稳定度上。

7. 自动增益控制电路用来稳定通信与电子设备输出电平。自动频率控制电路用于维持工作频率的稳定。自动相位控制电路又称为锁相环。

反馈控制系统实际上是一个负反馈系统，系统的环路增益越高，控制效果就越好，即被控制参数的值越接近基准值。

8. 多在接收设备设置静噪电路。它的作用是当接收机无有用信号输入时，噪声电压不会被放大，从而避免了扬声器因有噪声电压而发生的噪声。

9. 本章知识结构框图如图 8-43 所示。

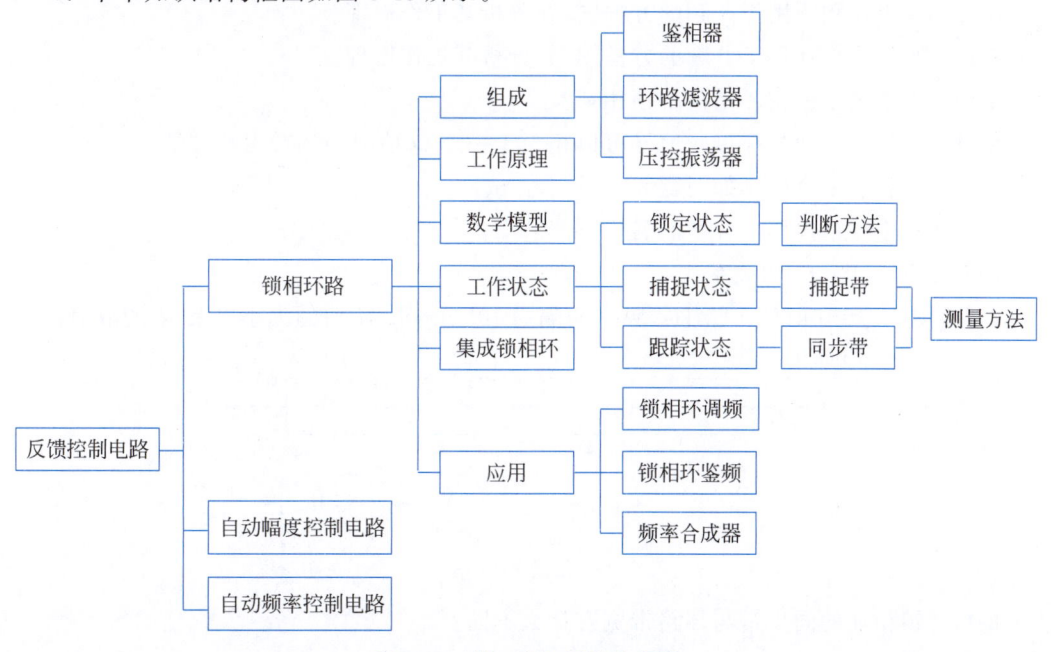

图 8-43 第 8 章知识结构框图

思考题与习题

8-1 锁相与自动频率微调有何区别？为什么说锁相环相当于一个窄带跟踪滤波器？

8-2 在锁相环中，常用的滤波器有哪几种？并写出它们的传输函数。

8-3 什么是环路的跟踪状态？它和锁定状态有什么区别？什么是失锁？

8-4 测量锁相环的同步带和捕捉带需要哪些仪器？

8-5 分析锁相环的同步带和捕捉带之间的关系。

8-6 锁定状态应满足什么条件？锁定状态下有什么特点？

8-7 根据锁相环的锁定状态和失锁状态下的不同特性，拟定用一个示波器如何判别环路是否锁定，并加以简短的说明。

8-8 为什么把压控振荡器输出的瞬时相位作为输出量？为什么说压控振荡器在锁相环中起了积分的作用？

8-9 试画出锁相环的方框图，并回答以下问题：

(1) 环路锁定时压控振荡器的频率 ω_o 和输入信号频率 ω_i 是什么关系？

(2) 在鉴相器中比较的是何种参量？

8-10 写出锁相环的数学模型及锁相环的基本方程式。

8-11 已知正弦型鉴相器的最大输出电压 $U_d = 4\text{V}$，环路滤波器直流增益为 1，压控振荡器的控制灵敏度 $K_\omega = 10^4 \text{Hz/V}$，振荡频率 $f_o = 10^3 \text{kHz}$。

(1) 当输入信号为固定频率 $f_i = 1020\text{kHz}$ 时，控制电压是多少？稳态相差有多大？

(2) 缓慢增大输入信号的频率至 1040kHz 时，环路能否锁定？控制电压 u_c 为多少？

(3) 求环路的同步带 Δf。

8-12 画出锁相环用于调频的方框图，并分析其工作原理。

8-13 画出锁相环用于鉴频的方框图，并分析其工作原理。

8-14 一个基本锁相环是几阶锁相环？

8-15 为什么用锁相环接收信号可以相当于一个 Q 值很高的带通滤波器？

8-16 锁相频率合成器如图题 8-16 所示。试：

(1) 在图中空格内填上合适的名称；

(2) 导出 f_o 与 f_s 的关系式；

(3) 要求 $f_o = 10\text{kHz} \sim 1\text{MHz}$，频率间隔为 10kHz，求 M 值的大小以及 N 的取值范围。

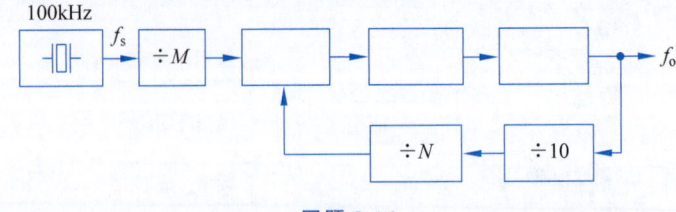

图题 8-16

8-17 锁相环的同步带与环路带宽有什么不同？

8-18 在图题 8-18 所示频率合成器中，晶体振荡器的频率 $f_i = 100\text{kHz}$，若可变分频器的分频比 $N = 760 \sim 860$，固定分频器的分频比 $M = 10$，计算该频率合成器的频率间隔 Δf 及输出频率范围。

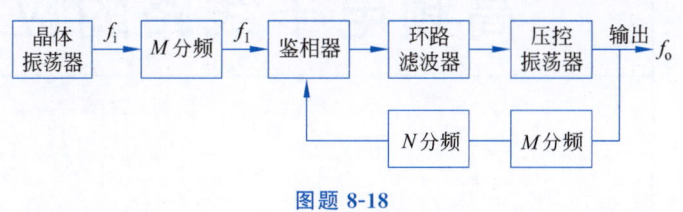

图题 8-18

第 9 章 高频电子线路的应用
CHAPTER 9

内 容 提 要

高频电子电路在现代通信系统、遥控遥测系统中具有广泛的应用。本章介绍高频电子电路的应用电路，包括通信无线收发系统、移动通信收发信机、脉宽调制全集成化载波多路遥讯装置、蓝牙收发芯片 RF2968、智能手机射频收发电路、软件无线电和全球卫星导航系统接收芯片 AT6558R 等七个应用，涵盖高频电子电路的多个应用场景。

9.1　通信无线收发系统

通信收发信机是现代通信系统、遥控遥测系统等必不可少的核心电路。本部分结合前面各章学习的收发信机单元电路，构建一个完整的收发系统。

无线收发系统按照调制方式可分为调幅收发系统和调频收发系统等。本部分以这两种调制方式为例，介绍系统组成及实现电路。

9.1.1　调幅收发信机电路与分析

1. 调幅发射机

调幅发射机包括振荡器、高频小信号调谐放大器、大信号集电极调幅、功率放大电路和音频放大器几部分，其原理图如图 9-1 所示。

振荡器是由 V_1 构成的皮尔斯振荡电路，产生频率稳定的高频正弦波，为后级提供激励信号。晶体等效为电感和电容 C_1、C_2 组成并联型晶体振荡电路。

由 V_2 等元件组成的共射级放大器构成了高频小信号调谐放大器。C_6 与 Tr_1 组成谐振回路作为集电极负载，晶体管采用部分接入。信号放大后经并联谐振回路选频后，输出至下级。

V_3 等元件构成分压式共射放大电路，调制信号经 V_3 放大后，通过 Tr_2 耦合到 V_4 的集电极回路，充当集电极综合电源电压 E_{cc} 的一部分。

V_4 等元件组成大信号集电极调幅电路。高频振荡信号由 Tr_1 耦合至 V_4 基极，调制信号经 Tr_2 耦合至集电极回路。

功放电路由 V_5 及外围元件组成，放大后调幅信号经 Tr_4 耦合至发射天线。

2. 调幅接收机

调幅接收机包括变频器、中频放大器、检波电路、低频电压和功率放大电路几部分，如

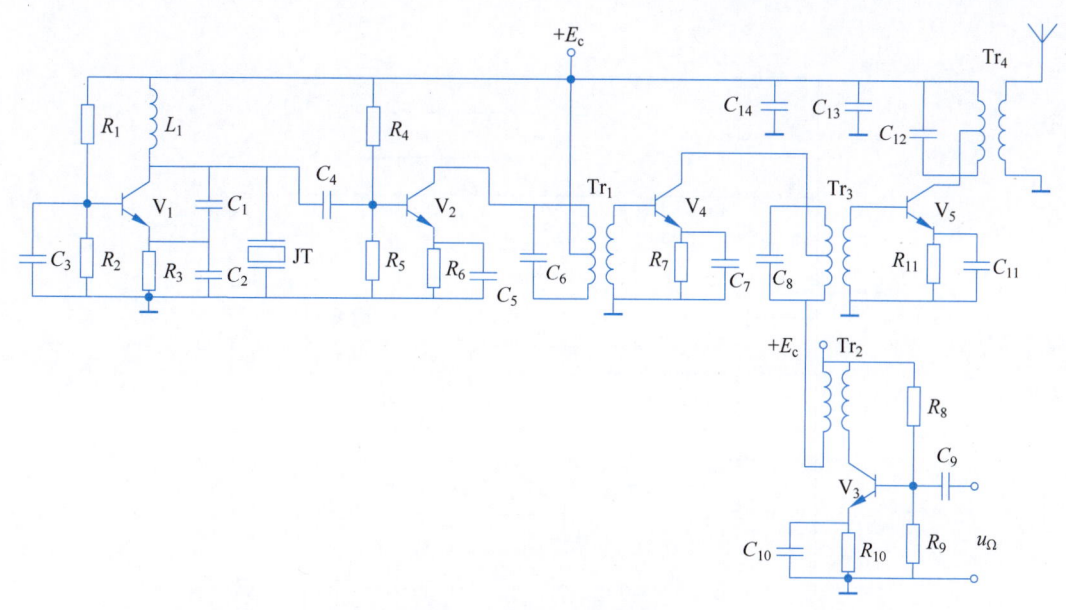

图 9-1　调幅发射机原理图

图 9-2 所示为中波段七管超外差式调幅接收机的原理图。

输入电路由 C_1、C_{2a}、L_1 组成。变频管 V_1 及相邻元件构成自激式变频电路。外来调幅信号经天线耦合后加至 V_1 基极，V_1 与电容 C_6、C_7、C_{2b} 和互感线圈构成了互感反馈型振荡器，产生的本振信号由 V_1 的发射极注入。变频后产生的中频 465kHz 信号，通过变压器 Tr_1 和 C_5 组成的谐振回路选频后，经 Tr_1 送到中放回路。

V_2、V_3 及与其相连的元件构成两级中频放大器，集电极调谐回路谐振于中频。

D_2 等元件构成二极管检波器。R_7、C_8 滤波后形成直流 AGC 信号，反馈至 V_2 基极，以控制 V_2 发射结的变化。

V_4 和 V_5 构成两级低频共射小信号放大电路，V_6 和 V_7 构成 OTL 功放输出级。

9.1.2　调频收发信机电路与分析

1. 调频发射机

调频广播发射机的载频 $f_c=88\sim108\text{MHz}$，调制信号频率 50Hz～15kHz，输出调频波的最大频偏为 75kHz，实现框图如图 9-3 所示。图中，调频波的产生采用间接调频方式，频率稳定度高，但频偏较小，所以采用了倍频和混频来扩展频偏。

调频发射机包括变容二极管调频电路、小信号调谐放大器和输出功率放大器等几部分，其原理图如图 9-4 所示。

V_1 构成了变容二极管调频电路，高频振荡回路由 C_1、C_2、C_7、L_1 和 D_1、D_2 构成。V_3 构成小信号调谐放大器，V_2 构成射随器。V_4 构成功率放大器，放大后调频信号经 Tr_2 耦合至发射天线。

2. 调频接收机

调频接收机的实现框图如图 9-5 所示，依然采用超外差接收机，所不同是在鉴频器输出端增加了静噪和去加重电路。

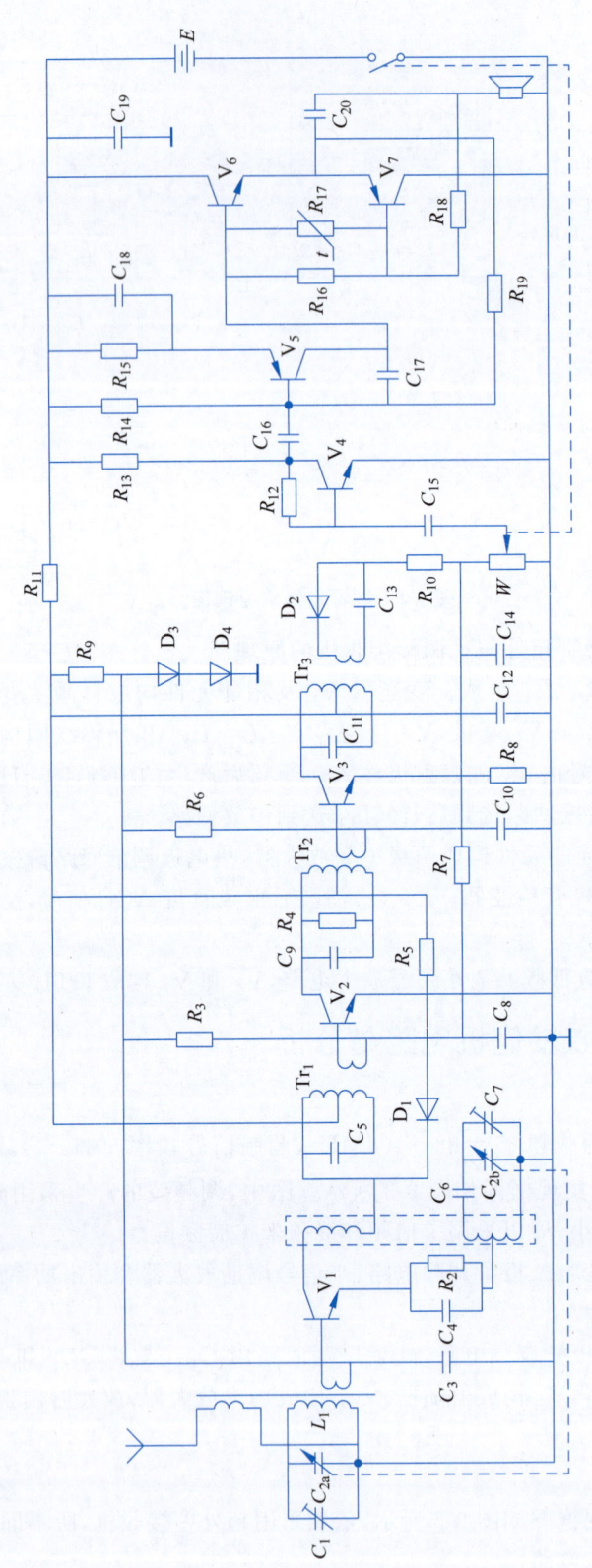

图 9-2 中波段七管超外差式调幅接收机原理图

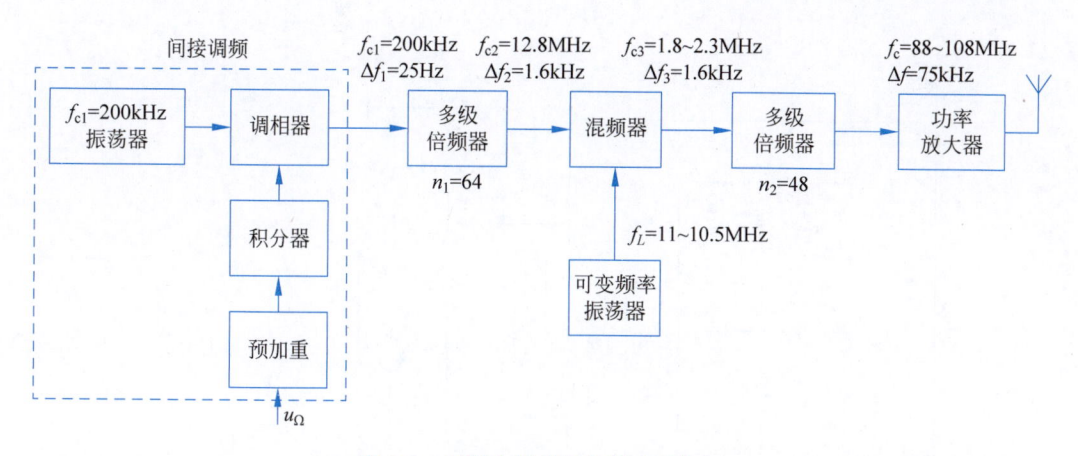

图 9-3　调频广播发射机的实现框图

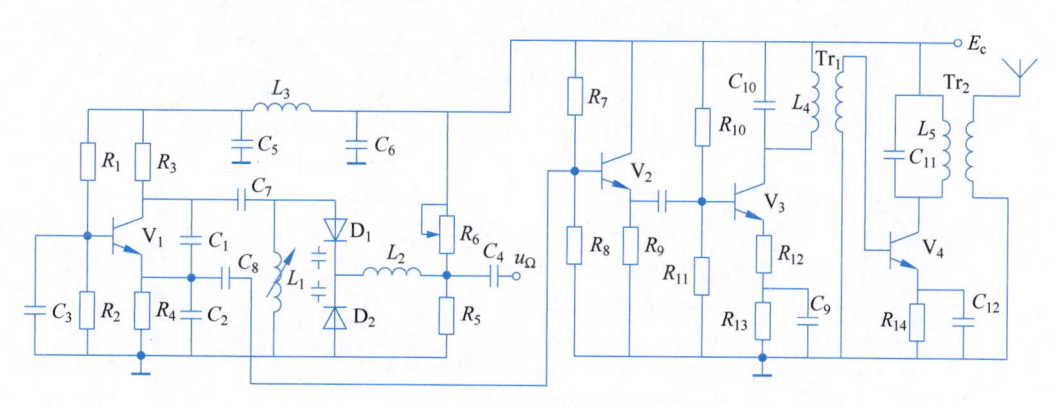

图 9-4　调频发射机原理图

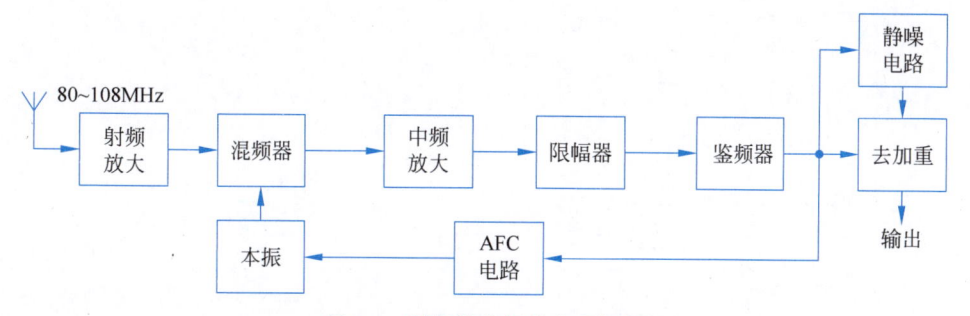

图 9-5　调频接收机的实现框图

调频接收机电路包括混频器、中放、鉴频、低放等几部分,其电路如图 9-6 所示。

V_2 构成了三极管它激式混频器,本振由 V_1 构成的西勒振荡器产生,L_1 和 C_1、C_2、C_3、C_4 构成振荡电路的选频网络。中频放大器为 V_3、V_4 构成的两级中频放大器。鉴频电路为比例鉴频器,Tr_6 与 C_{17}、C_{19} 构成频相转换网络。V_5 为前置音频放大器,V_6、V_7 构成变压器耦合推挽功放电路。

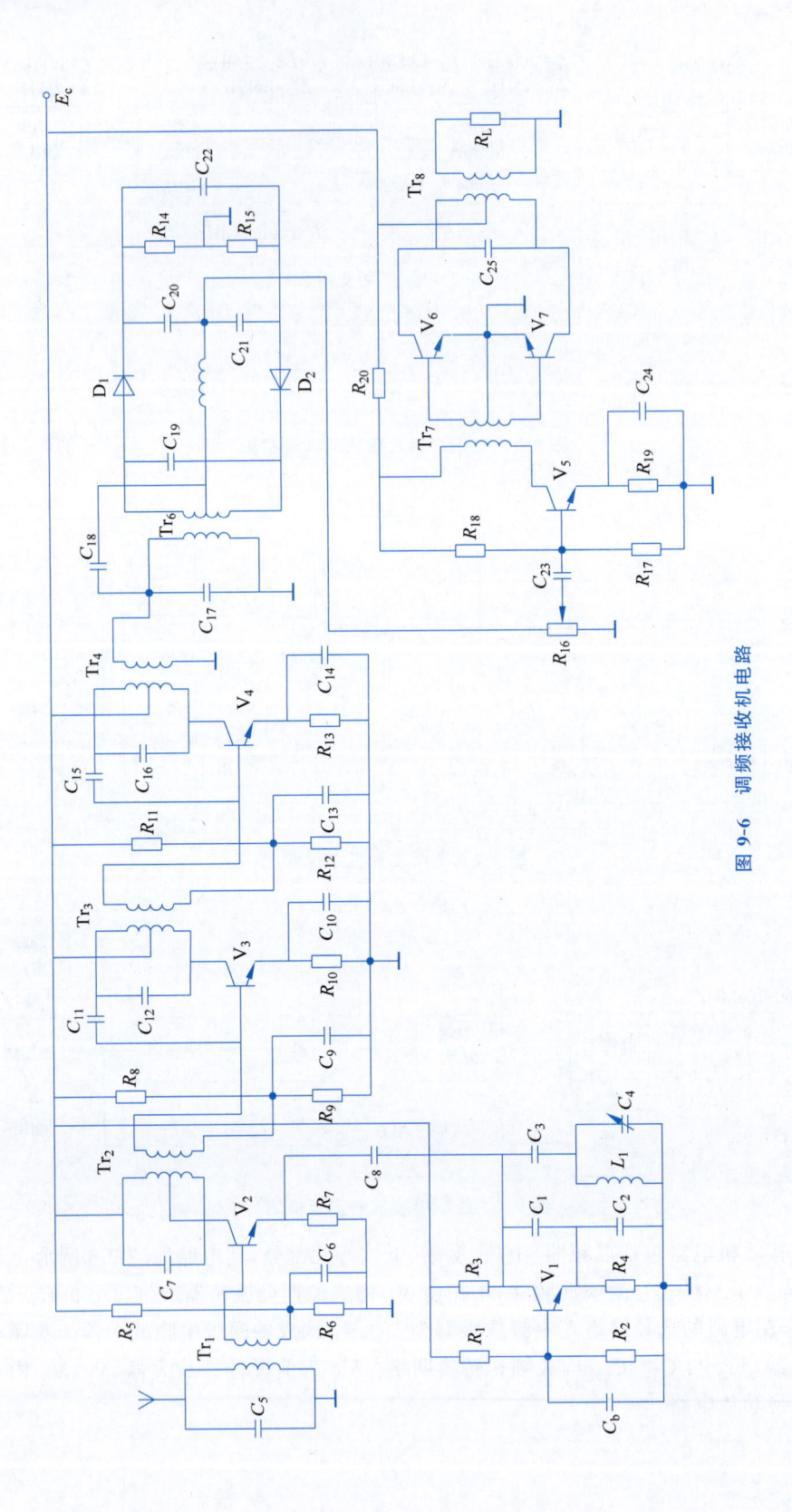

图 9-6 调频接收机电路

9.2 移动通信收发信机

移动通信系统包括两部分设备,即固定台(站)和移动台。但不管是固定台还是移动台,它们都含发信机和收信机。

9.2.1 发信机的主要性能指标

1. 载波额定功率

它是指无调制时馈送给负载(天线或等效电阻)的平均功率。载波功率是决定通信距离与通信质量的重要因素之一。对于调频(或调相)方式,其载波功率不因有无调制而变化。我国规定移动通信设备的功率等级为 0.5W、2W、3.5W、10W、15W、25W 和 50W。

2. 载波频率容限

它是指实测发射载波频率与其标称值之间的最大允许差值,它决定了对频率稳定度的要求。

表 9-1 列出了不同工作频段和不同信道间隔的移动通信中,对载波频率的容限要求。

表 9-1 载波频率的容限

频段/MHz	频道间隔/kHz	频率容限 绝对值/kHz	频率容限 相对值/10^{-6}
50～100	20,25,30 12.5	±1.35 ±1.0	±20 ±12
100～300	20,25,30 12.5	±1.60 ±1.3	±10 ±8
300～500	20,25,30 12.5	±2.25 ±1.55	±5 ±3
900	20,25,30 12.5	±2.7 —	±3 —

由于一般晶体振荡器的相对稳定度为 2×10^{-6} 量级,只能满足低频段的要求。对于频率较高的 450MHz 频段,需采用温度补偿,晶体振荡器才能达到 2×10^{-6} 量级的频率稳定度。对于更高的工作频段,需采用恒温晶振。

3. 调制频偏

调制频偏是指已调信号瞬时频率与载频的差值,它是表征发信机调制性能的指标,主要包括以下几个方面。

1) 最大允许频偏

它是根据信道间隔规定的,不同信道间隔的最大允许频偏不同,如表 9-2 所示。

表 9-2 最大允许频偏与信道间隔的对应表

信道间隔/kHz	25	20	12.5
最大允许频偏/kHz	±5	±4	±2.5

2) 调制灵敏度

它是指发信机输出获得额定频偏时,其音频输入端所需音频调制信号电压(一般指 1kHz)的大小。所谓额定频偏通常规定为最大允许频偏的 60%。如表 9-2 中,信道间隔为 25kHz 时的最大频偏为 ±5kHz,则额定频偏为 ±(5×60%)kHz＝±3kHz。

3) 高音频调制特性

它是指当音频调制频率超过 3kHz 时,调频信号频偏下降的情况。通常用相对于 1kHz 时额定频偏的相对值表示。此外。还有剩余频偏、呼叫音频偏等指标要求。

4) 音频响应

发信机音频响应是指调制音频在 300～3000Hz 的范围内变化时,射频频偏与预加重特性的要求(通常认为每倍频程 6dB 提升)之间的一致程度。实际电路的偏差值,要求基地台的偏差值在 −1～+3dB 范围内,移动台的偏差值在 ±3dB 之间。

5) 音频非线性失真系数

它是指音频输入端加入标准测试音(1kHz)调制时,发信机输出调频信号经解调后测得的音频各谐波成分的总有效值与整个信号的有效值之比。通常要求基地台的非线性失真系数不大于 7%,移动台的非线性失真系数在 ±10% 之间。

6) 寄生调幅

它是指调频发信机已调频信号呈现的寄生调幅。通常用输出调频信号幅度变化对载波幅度的百分数表示,一般不大于 3%。

7) 邻道辐射功率

它是指发信机在额定调制状态下,总输出功率中落在邻道频率接收带宽内的那部分功率。邻道辐射功率对邻道接收机会形成干扰,它应比载波功率低 70dB 以上。

此外,还有杂散辐射、启动时间、互调衰减等指标。

表 9-3 列出了频道间隔为 25kHz 的发信机的主要电气性能指标。

表 9-3　发信机主要电气性能指标(频道间隔为 25kHz)

电性能名称		技 术 要 求
载波功率/W		基站：10～50 车(船)台：5～25
载频容差		100～300MHz：±10×10⁻⁶ 300～500MHz：±5×10⁻⁶
调制特性	调制灵敏度	由产品技术条件规定
	最大允许频偏	±5kHz
	高音频调制特性	6kHz 时,频偏比额定频率偏低 6dB；6～20kHz,以 14dB/oct 递减
	剩余频偏	＜−35dB(54Hz)
	呼叫音频偏	±3.5～5kHz
寄生调幅		≤3%
音频响应		相对于 6dB/oct 的加重特性的偏离 基站：−1～+3dB；车(船)台：≤±3dB
音频非线性失真		基站：≤7%　　车(船)台：≤10%
收信机辐射带宽 (30～470MHz)		在允许带宽的 50%～100% 范围内,各离散成分≤−25dB 在允许带宽的 100% 以外,各离散成分≤−35dB

续表

电性能名称	技 术 要 求
邻道辐射功率	比载频功率低 70dB 以上
发信机杂散辐射	当载波功率＞25W 时,任一离散频率的杂散辐射功率应低于载波功率 70dB; 当载波功率≤25W 时,任一离散频率的杂散辐射功率应不超过 2.5μW
互调衰耗	＞60dB
发信机启动时间	≤100ms

不同的业务系统,如无线传呼系统、无线电话系统、调度系统、自动电话系统等,它们对收、发信设备的要求有所不同,但都要求传输可靠性高、通信容量大、覆盖区域大、抗干扰性好、体积小、省电等。对于固定台和移动台(包括手持机、车载台等),因其工作环境、使用条件等的不同,对其性能和要求也有所不同。移动台的工作环境远比固定台恶劣,如环境温度可能从-30℃到70℃,相对湿度可高达95%,还要考虑抗冲击、震动、电源供给和节电等,这就给移动台的设计提出了更严格的要求。

9.2.2 发信机的组成及电路

1. 发信设备的组成

发信设备的功能是对要传送的基带信号经调制、混频或倍频将频谱搬移到发信频率,再经功率放大器放大后通过天线对空发射出去。它的组成框图如图 9-7 所示。

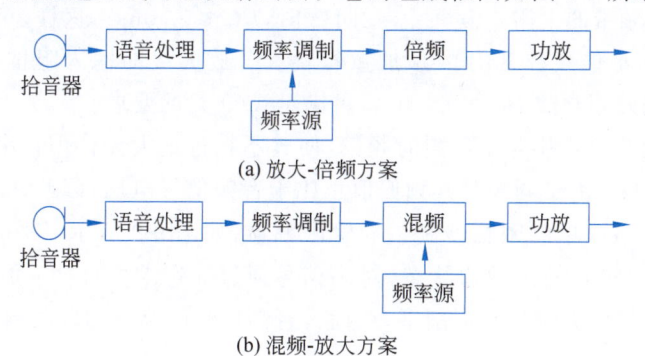

(a) 放大-倍频方案

(b) 混频-放大方案

图 9-7 发信设备组成框图

语音信号是最简单的基带信号,在移动通信中规定语音信号的频率范围为 300～3000Hz。在与公用电话网相连接时,也有将上限频率扩展至 3400Hz 的。

目前,移动通信系统大多采用频分制或调相制(也称间接调频)。按照频谱搬移方式的不同,发信机的组成可分为放大-倍频(如图 9-7(a)所示)方案和混频-放大(如图 9-7(b)所示)方案。

1) 放大-倍频方案

这种方案的特点是:调制是在较低的频率上进行,调制频偏(或相偏)小,调制线性易保证,使用压控振荡器易解决调制频偏与载波频率稳定度间的矛盾。已调信号经倍频后,其载波频率和调制频偏便可达到所要求的值。倍频时虽然会使由振荡器频率不稳引起的频差成倍地加大,但其相对频率稳定度并未变化。如某移动通信发信机的工作频率为 481MHz,最大频偏为±5kHz,若使用 36 次倍频,则晶振调制器的载频只要 13.36MHz 左右,其频偏只需约 139Hz 即可。在这样低的频率上进行调制可保证较高的调制线性,其非线性失真可低于 2%,相对频率稳定度则高达 2×10^8,绝对频差不到 1kHz。因此,放大-倍频方案是以放大倍频链来保证发信机的各项性能的。

2) 混频-放大方案

这种方案的调制性能由工作在较低频率的调频振荡器来保证,而它的载波频率及稳定度由晶体振荡器或频率合成器来保证。两者互不影响,改变工作频率只需调整频率合成器的输出频率,对调制性能不会产生影响。调制器的工作频率低,其频率稳定度对发射载频的影响甚微。

2. 发信电路

1) 语音信号处理电路

不同调制方式对语音信号的处理和要求不同。对于窄带调频制,语音信号处理通常包括预加重、放大、限幅和滤波等电路。

由于调频信号解调后的噪声功率呈抛物线分布,在语音信号的频带高端噪声大。为了改善信噪比,在发信端预先将信号的高频分量加强(每倍频程 6dB),这就是所谓预加重。在收信端,为要恢复原基带信号,还需将语音信号按每倍频程压低 6dB,这就是去加重。

最简单的预加重电路是由 RC 组成的微分电路,如图 9-8 所示。它的时间常数应满足

$$RC \ll \frac{1}{f_{max}} \tag{9-1}$$

式中,f_{max} 是语音频带的上限,当 $f_{max}=3kHz$ 时,$RC\ll 0.3ms$。这样,可在 300~3000Hz 的语音频带内得到每倍频程 6dB 的预加重特性。若放大级的输入阻抗 R 为 10kΩ,选取 1000pF 的电容,则时间常数 $RC\approx 0.01ms$,可满足式(9-1)的要求。

语音处理的另一个作用是限制瞬时频偏,使其不超过最大允许值。窄带调频制规定最大频偏 $\Delta f_m = 5kHz$。由于调频时其频偏值正比于音频信号电压,因此,需事先对音频信号的幅度加以限制。最简单的限幅器是二极管限幅器,如图 9-9 所示。平时,由于恒流源 I_c 的偏置作用,两个二极管处于导通状态,对小信号通过无影响;而对于加进的大信号,V_b、V_a 可使其正、负半周的大信号波形削平,从而对音频信号的幅值加以限制,使瞬时频偏不超过规定值。

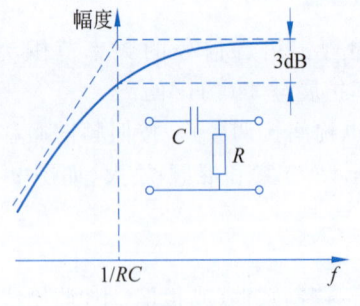

图 9-8 微分电路及其预加重特性

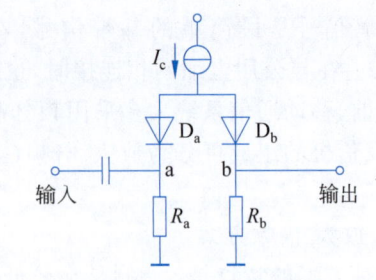

图 9-9 二极管限幅器

限幅会导致高次谐波出现,使调频信号的频带加宽,造成对邻道的干扰。因此,限幅器后常加装 LC-Ⅱ型低通滤波器,以抑制 3000Hz 以上的谐波分量。

通过语音处理电路后再将语音送入调制器,就会使得载频得到足够的频偏而又不超过

允许的最大频偏值,因此,这部分电路通常称为瞬时频偏控制(Instantaneous Deviation Control,IDC)电路。

2) 频率信号源

我国规定窄带调频移动通信系统的频率允许容差,VHF 为 10×10^{-6},UHF 的 450MHz 段为 5×10^{-6},UHF 的 900MHz 频段为 3×10^{-6}。要达到这样高的要求,通常需使用晶体振荡器作信号源,并采取稳频措施。采用 MC145146 等组成的 UHF 频率合成器已在第 8 章中进行分析。

MC145146 的鉴相器输出信号经环路滤波器后,加至压控振荡器 VCO 进行频率锁定,得到所需的工作频率。因此,采用性能完善的大规模集成电路后,使整个锁相环的外接元件很少、结构紧凑、耗电量低,可为各种信源设备提供足够的点频源。

3) 调制器

在频分制移动通信中,频率调制可分为直接调频法和间接调频法。

直接调频法是用音频信号去直接改变载波频率,常将受调制信号控制的可变电抗元件接入载波振荡回路,直接改变载波频率,实现线性调频。最常用的电抗元件是电容二极管。

间接调频法是用音频信号改变载波的相位,常用的调相电路有可变调谐回路移相器和桥式移相器。由于通过移相获得的调频信号的频偏很小,间接调频常在较低的频率上进行,然后再通过倍频使频偏随着载波频率的倍乘得到足够的频偏。

因直接调频法是直接改变载波的频率,故存在频偏和频率稳定度的矛盾。在调频电路中加进有晶体振荡器作为参考频率源的锁相环,能较好地解决这一矛盾,锁相环调频电路的组成框图如图 9-10 所示。

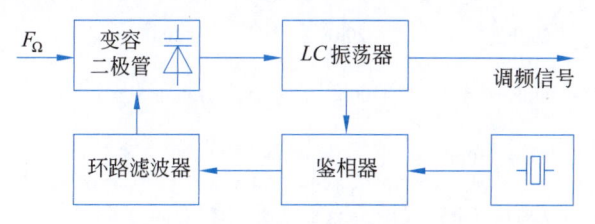

图 9-10 锁相环调频电路的组成框图

在图 9-10 中,只要锁相环的通频带远低于调制音频的最低频率,压控振荡器的控制电压中就可以加入调制信号,从而得到足够的频偏,而频率稳定度与参考信号源(晶振)保持一致。单片集成锁相环的相继面世,可使调频电路进一步简化,性能也更好。

4) 倍频器

前面已提到,调频一般是在较低的频率上进行的,且调频频偏较小。因此,在移动通信设备中,常通过倍频使频偏随着载波频率的倍乘增大,尤其在采用间接调频的场合更是如此。

当使用晶体振荡器作为频率源时,一般的基频大都在 25MHz 以下,对 160MHz 频段需要 6~9 次倍频;若用于 UHF 频段,则需要的倍频次数会更高。为了抑制倍频器中不需要的谐波分量,每级倍频器的次数不宜过高,一般为 2~3 次倍频即可。倍频器工作在丙类放大状态。倍频器的倍频次数、导通角和谐波系数的关系可通过查关系曲线获得。导通角取决于半导体管的直流工作点和输入激励电平,高次倍频的最佳导通角约为 $\dfrac{120°}{n}$(n 为倍频次数)。如图 9-11 所示为一典型的倍频电路(9 次倍频器),分为二级,每级三倍频。

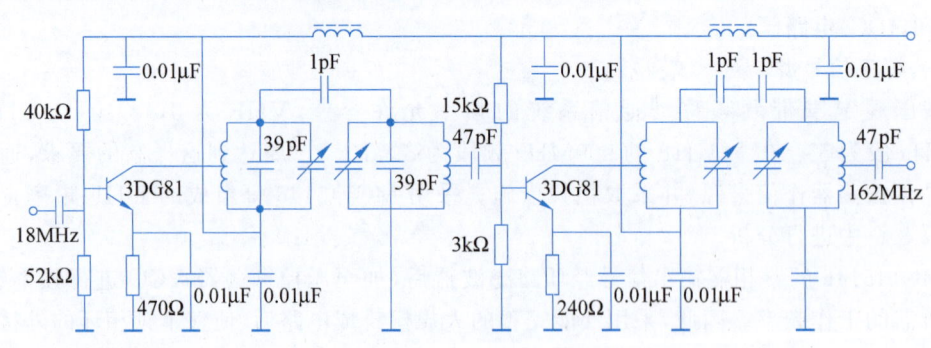

图 9-11　9 次倍频器电路图

5)功放电路和功率控制

功率放大器的作用是将倍频器产生的射频信号放大到额定功率。倍频器的输出一般较小,不足以推动功率放大器,为此,常在功放前加几级预放,以得到足够的激励信号电平。基站的功率放大器要求输出功率较大,通常采用效率高的丙类放大器。

目前,功率放大器用的高频大功率半导体管已系列化,如国产 FA532、FA533、FA642 系列和 3DA194、3DA195、3DA197 系列,都可工作在 470MHz 频率,输出功率达 10W,增益可达 24dB。图 9-12 是工作在 470MHz 频段的功放电路。

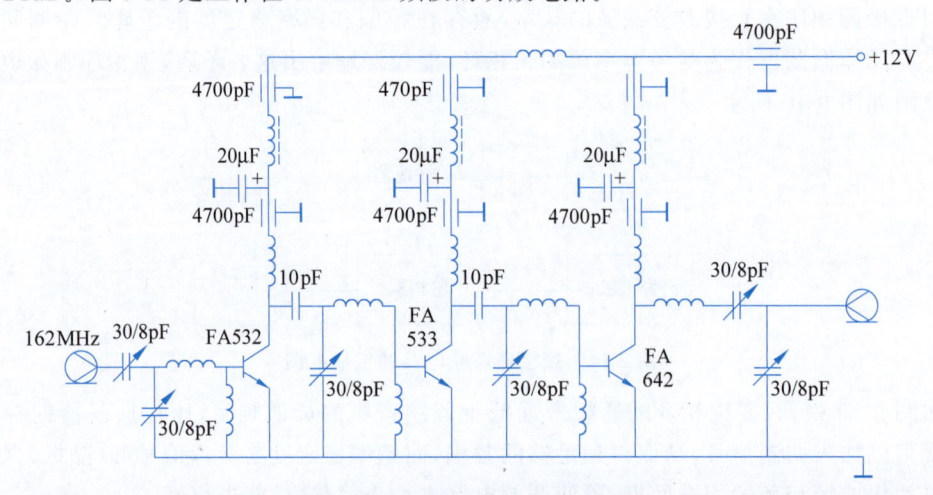

图 9-12　470MHz 频段的功放电路

功放输出电路为加大功率,可采用两管并联电路或推挽电路。图 9-13 是采用两管并联的 160MHz 末级功放电路,在电源电压为 26V 时,其输出功率约为 100W。

近些年来,一种新的功率放大器件——厚膜混合集成功放块,在移动通信中被广泛采用。它是一种有源和无源器件的组合体,具有体积小、工作频带宽、外接元件少、可靠性高等特点,装调、测试很方便。

9.2.3　收信机的主要性能指标

1. 灵敏度

前面已介绍过,灵敏度是衡量接收机对微弱信号接收能力的指标。在调频接收系统中,

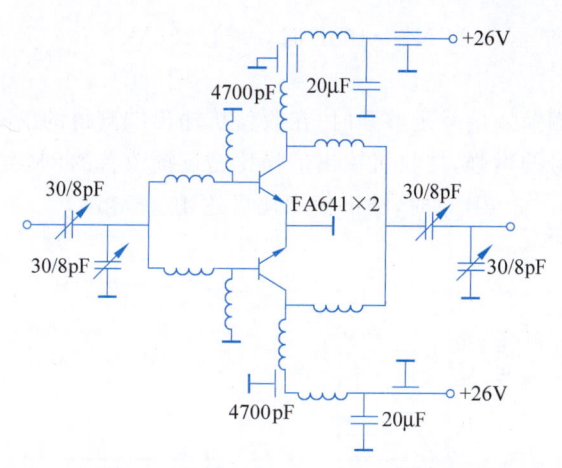

图 9-13 采用两管并联的 160MHz 末级功放电路

按照定义和测试方法的不同,灵敏度可分为可用灵敏度和静噪门限开启灵敏度。

1) 可用灵敏度

它是指用标准测试音(1000Hz)调制时,在接收机输出端得到规定的信纳比或信噪比且输出功率不小于音频额定功率的 50% 的情况下,接收机输入端所需要的最小信号电平。通常用 μV 或 $dB_{\mu V}$(相对于 $1\mu V$ 的 dB 数)表示。

所谓信纳比是指 $(S+N+D)/(N+D)$,式中的 N 和 D 分别是噪声和信号失真 D 的分量。调频收信机的输出端的信纳比通常规定为 12dB,输入端最小信号电平通常以电动势标称。

一般说来,性能良好的移动台收信机的可用灵敏度均在 $1\mu V$(或 $0dB_{\mu V}$)以下。

2) 静噪门限开启灵敏度

由于调频收信机通常均接有静噪电路,因而,它相应有静噪开启灵敏度。它是指静噪控制置于门限位置时,收信机静噪电路不工作时输入标准测试信号的最低电平。通常,静噪开启灵敏度比可用灵敏度低 6dB 以上。

2. 噪声系数(N_F)

噪声系数也是衡量收信机接收微弱信号能力的指标。它是指收信机输入端信噪比与输出端信噪比的比值。如果收信机内部没有噪声,则 $N_F=1$。实际上,任何收信机都存在内部噪声,其噪声系数是大于 1 的。

灵敏度只适用于线性系统。对于调频收信机来说,限幅器之前为线性系统,而限幅解调是非线性的。若设限幅器输入端的载噪比为 C/N,则以收信机输入电动势表示的灵敏度 e 与噪声系数 N_F 存在如下互换关系:

$$e = \sqrt{4kTB \cdot N_F \cdot \frac{C}{N} \cdot R} \tag{9-2}$$

式中,B 为收信机的等效噪声带宽;k 为玻耳兹曼常量(1.37×10^{23} J/K);T 为信号源的绝对温度(K),对于常温收信机,$T=290$K。

若取 $C/N=10$dB(实际上典型值为 12dB),等效带宽 B 近似等于收信机中频带宽 16kHz,在室温 $T=290$K 条件下,由上式可求得

$$e = \sqrt{4 \times 1.37 \times 10^{-23} \times 290 \times 16 \times 10^3 \times 10 \times 5 \times N_F \times 10^6} = 0.356\sqrt{N_F}\,(\mu V)$$

当 $N_F=3\text{dB}$ 时,$e=0.50\mu\text{V}$;当 $N_F=10\text{dB}$ 时,$e=1.12\mu\text{V}$。

3. 大信号信噪比

它是当收信机射频输入信号足够强时,在收信机输出端测得的信噪比值。

随着输入射频信号的增强,接收机输出信噪比是逐渐改善的,典型曲线如图 9-14 所示。通常,在射频输入达 $26\sim30\text{dB}_{\mu\text{V}}$ 时,输出信噪比可达 $40\sim50\text{dB}$。

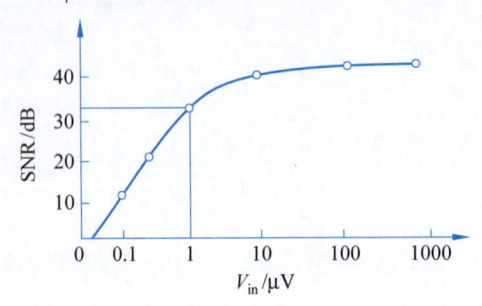

图 9-14 收信机输出信噪比与输入信号电平的关系

4. 音频输出功率和谐波失真

音频输出功率是指收信机输入端加入标准测试音调制的射频信号时,在其输出端能提供的最大不失真(或失真符合指标规定)音频功率;谐波失真是指输出音频功率为额定值时,各次音频谐波分量总和的有效值与总输出信号有效值之比。

按技术要求,收信机的额定音频输出功率由产品技术规范规定,一般不小于 0.5W;固定站的谐波失真应不大于 7%;移动台的谐波失真应不大于 10%。

5. 音频响应

它是指输入信号的频偏保持不变,调制音频在 $300\sim3000\text{Hz}$ 变化时,收音机音频输出电平的频率特性与 -6dB 每倍频程的去加重特性之间的重合程度。

按技术要求,对于固定站,其差值应在 $-1\sim+3\text{dB}$;对于移动台,其差值应在 $\pm3\text{dB}$ 内。

6. 调制接收带宽

当收信机接收一个输入电平比实测可用灵敏度高 6dB 时,加大信号频偏使输出信纳比降回到 12dB 时,这个频偏的 2 倍就称调制接收带宽。

调制接收带宽直接反映了收信机工作时的动态带宽,它不仅与中频滤波器的带宽有关,而且与解调失真、本振频率及中频滤波器中心频率的准确度有关。

对于信道间隔为 25kHz 的收信机,调制接收带宽不应在 $-6.5\sim6.5\text{kHz}$ 的范围内。

7. 限幅特性

它是指收信机的输入射频信号电平在一个规定范围内变化时,输出音频电平的稳幅特性。如射频电平变化范围为 94dB 时,音频输出电平的变化应不大于 3dB。

8. 邻道选择性

它是指在相邻频道上存在已调无用信号时,收信机接收已调有用信号的能力,它用无用信号与可用灵敏度的相对电平(dB 数)来表示。当输入有用信号的电平比可用灵敏度高 3dB 时,该无用信号的存在使收信机的输出信噪比降回到 12dB,或使音频输出功率下降 3dB。

按技术要求,对于固定台或移动台,25kHz 频道间隔的邻道选择性应大于 70dB。

9. 阻塞

它是指在有用信号频率附近的一定范围(如 1～10MHz)内,存在一个为调制的干扰信号,导致收信机的输出信纳比降低或音频输出功率减小。

阻塞用干扰信号与灵敏度的相对电平(dB 数)表示。按技术要求,在规定的频率范围内,任何频率成分的阻塞指标应不低于 90dB。

除上述指标外,还有杂散辐射、杂散响应抑制、抗互调干扰、同频道抑制等指标要求。

9.2.4 收信机的组成及电路

1. 收信设备的组成及电平配置

在窄带调频通信设备中,为了获得良好的频道选择性能,大都采用两次混频的超外差接收方案。通常,第一中频采用 10.7MHz(或 21.4MHz),第二中频为 455kHz(或 465kHz)。如图 9-15(a)所示是一典型收信设备的组成框图。如图 9-15(b)所示是接收系统的电平配置图。

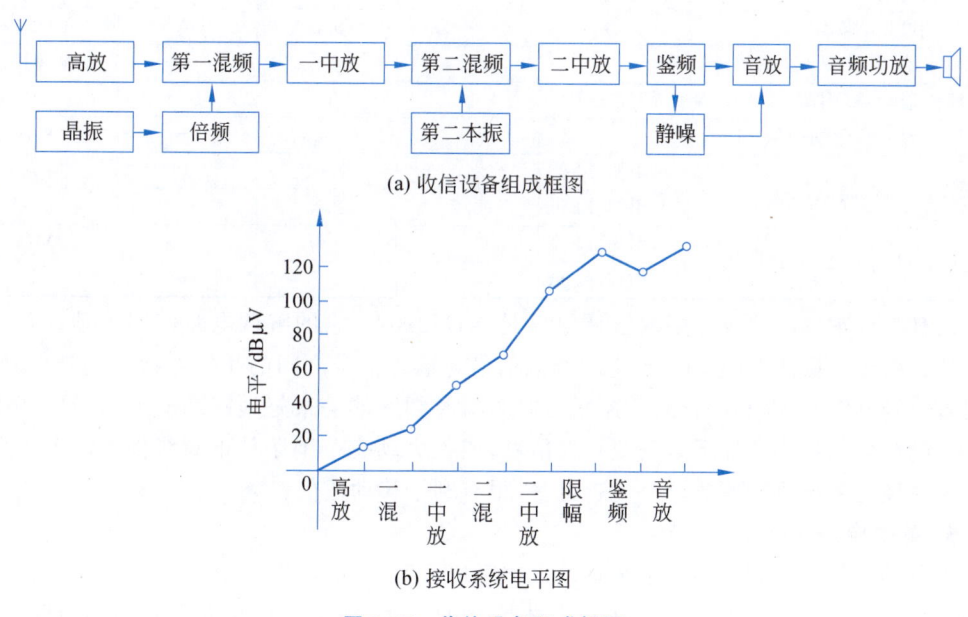

图 9-15 收信设备组成框图

2. 高频放大器

接收系统的灵敏度主要取决于高频放大器的噪声性能和增益。一般要求高放的增益在 10dB 左右。常用的高放电路为共发射极电路和共发射极-共基极串接放大器,它们既有较高的增益,也具有良好的稳定性。常使用的器件是低噪声双极型晶体管和场效应管。场效应管具有动态范围大、线性好、噪声低(低至 2～3dB)等优点,近年来被大量采用。

3. 混频器

二次混频式接收机的第一混频器,对收信灵敏度和非线性指标影响较大,应选用混频噪声低、非线性失真小、动态范围大、有一定混频增益的器件和电路。

采用双栅场效应管的混频电路是比较理想的电路。也有采用两只晶体管做成交叉耦合式混频电路的,其优点是可以抵消本振信号和非线性的奇次项,减小其组合频率干扰。

半导体二极管混频器动态范围大，而环形平衡混频器能抵消奇次组合频率，但二极管混频器要求输入的本振信号大，且变频为负增益。

4. 集成化中放解调电路

采用 MC3359 的中放、解调集成电路。MC3359 的主要电性能如表 9-4 所示。

表 9-4 MC3359 的主要电性能

电　性　能		最小值	典型值	最大值	单　　位
4.8 脚的输入电流	静噪关断	—	3.6	6.0	mA
	静噪接入	—	5.4		
静噪 20dB 输入		—	8.0	7.0	μV_{rms}
限幅曲线—3dB(拐点)		—	2	—	μV_{rms}
混频电压增益(引脚 18 到引脚 3)			48(33dB)		倍
混频输入电阻			3.6		kΩ
混频输入电容			2.2		pF
引脚 10 音频输出　输入信号为 1mV$_{rms}$		450	700		mV$_{rms}$
鉴相灵敏度(引脚 10)			0.3		V/kHz
AFC 中心斜率引脚 11(不加负载)			12		V/kHz
有源滤波器增益(引脚 12 和引脚 13 间接 1MΩ)		40	51		dB
静噪门限经 10kΩ 到引脚 11			0.62V		V$_{DC}$
引脚 15 扫描控制电流	引脚 14 高	2.0	0.01		μA
	引脚 14 低	2.0	2.4		mA
静噪开关阻抗引脚 16 到地	引脚 14 高		5.0		MΩ
	引脚 14 低		1.5		Ω

还有一种常见的集成化中放解调电路是 NJM2202。它的解调电路使用了锁相环。由于它是利用压控振荡器(VCO)产生的调频信号与输入信号之间的相位差检出调制信号，并将误差信号反馈至 VCO，因此，压控振荡器的瞬时频率能够很好地跟踪输入信号的频率变化。它能在低信噪比条件下解调宽频偏信号，或在大动态范围条件下高线性地解调多路信号。这些性能要比普通鉴频电路优越得多，很有利于移动通信。

5. 静噪电路

当调频收信机收到的信号电平在鉴频门限以下时，它的输出信噪比便会急剧下降，解调出的信号中会出现大量噪声。为防止上述情况的发生，需将收信机的音频输出及时切断。这种附加电路即为静噪电路。静噪方式常见的有以下三种。

(1) 噪声控制方式。

它是根据语音频带以外的噪声作为判别依据，并对静噪电路进行控制。MC3359 即采用此种方式，用有源滤波器取出 10kHz 左右的噪声进行判别，这种控制方式是目前应用最为广泛的一种方式。

(2) 载频控制方式。

以载频的强弱为依据进行控制，即当接收信号的载频下降到一定电平时，将音频输出切断，载频信号从中放、检波后取得。这种方式的控制效果较差，应用不多。

(3) 带外音控制方式。

它是在发信端语言频带外专门发一单音参考信号，接收端解调后用滤波器滤出该单音信号，以它的强弱作为判别和控制的依据。这种方式由于附加电路多，应用也不多。

9.3 脉宽调制全集成化载波多路遥讯装置

本装置采用时分制,可以用一个载波从集中发送点向调度室传送多路信号,以达到节省载频、增加信号数目的目的。

9.3.1 主要性能特点

信号用脉冲宽度区别,窄脉冲代表开机,宽脉冲代表停机,传送一路信号(检测一台设备)所需时间(包括间歇时间)为 0.8s,一个循环所需时间为 12.8s。载波发射机、载波接收机采用 CMOS 电路,抗干扰能力强、耗电量小。系统由控制台集中点发射机和调度室集中点接收机组成,可采用电话线或专用载波传输线。

集中点发射机将 9 部设备(还能扩展为更多的设备)的状态(开、停)信号,依次用一个载波将一串宽窄脉冲送到调度室接收机。

集中点接收机将收到的载频脉冲信号进行解调,恢复原来一串宽窄脉冲,然后再对宽窄脉冲加以鉴别、记忆,用红绿灯显示。红灯表示设备正常运行,绿灯表示设备停止运行。

9.3.2 主要技术指标

(1) 脉冲宽度调制:窄脉冲为 0.1ms;宽脉冲为 0.4ms。
(2) 检测信号速度:一个循环需 12.8ms。
(3) 载波发射机中心频率:150kHz。
(4) 载波发射机输出电压:10V。
(5) 遥测 9 路开关信号。

9.3.3 工作原理

本装置由集中点发射机和接收机两部分组成,中间连接传输线。多路遥讯机方框图如图 9-16 所示。

1. 集中点发射机

它由多谐振荡器、除 2 电路、时间分配器、控制门电路、脉冲组合电路及载波发射机等环节组成,其框图如图 9-17 所示。

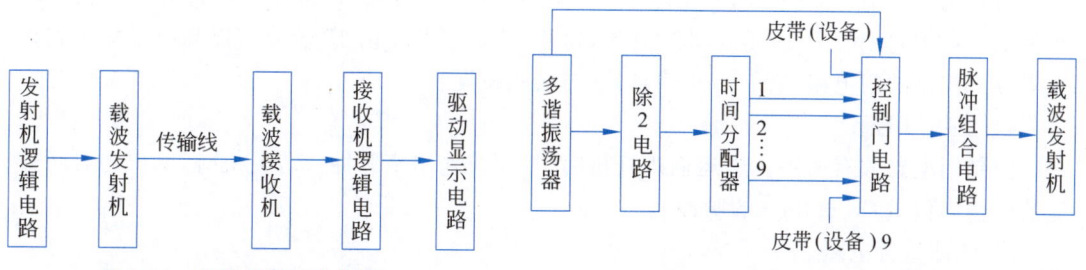

图 9-16 多路遥讯机方框图　　　　图 9-17 集中点发射机框图

1) 多谐振荡器

多谐振荡器由两个与非门、三个电阻(R_1、R_2、R_3)、两个二极管(D_1、D_2)、电位器 R_W 及电容 C 组成。其电路图如图 9-18 所示。调整 R_W,可改变占空比,它能产生占空比为 1/4 的矩形脉冲。

脉冲宽度为 0.1ms,周期为 0.4ms,它是反映开机状态的窄脉冲源,也是开机的脉冲源,其波形如图 9-19(a)所示。

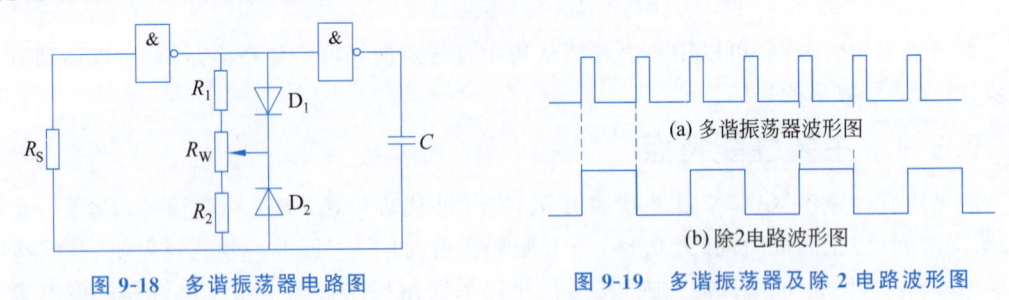

图 9-18 多谐振荡器电路图

图 9-19 多谐振荡器及除 2 电路波形图

2) 除 2 电路

除 2 电路由 D 触发器组成,把 D 触发器的 $\bar{Q}$ 端输出反馈到 D 输入端。其电路示意图如图 9-20 所示。把多谐振荡器产生的波形作为除 2 电路的时钟脉冲,这样在 Q 端就能产生占空比为 1/2 的方波。它是反映停机状态的宽脉冲源,也是时间分配器的时钟信号。波形如图 9-19(b)所示。

3) 时间分配器

时间分配器由 CC4520 四位二进制同步加法计数器的 $\frac{1}{2}$ 单元及 CC4514(四输入-十六输出译码器)组成。它把一个循环的时间(12.8ms)分成 16 份,即 16 步,每步 0.8ms。其中前 9 步分别以高电平输出到相应皮带机控制的电路。后 7 步间隙,作为一个循环的结束,让接收机置零同步,其原理电路如图 9-21 所示。

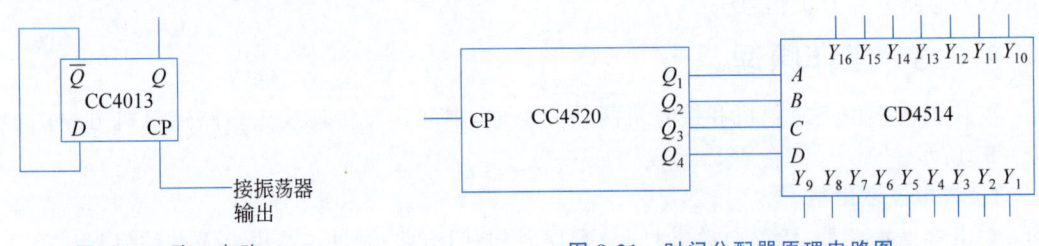

图 9-20 除 2 电路

图 9-21 时间分配器原理电路图

如果用 CC4017 和 CC4013 组成时间分配器,则可宽展成 18 路信号。它的一个循环时间为 16ms,把它划分为 20 等份,即 20 步,每步 0.8ms,其中前 18 步分别以高电平输出到相应皮带机控制的门电路,后 2 步间隙,用于与接收机同步。

4) 控制门电路

控制门电路共有 9 路。当运输机开机时,控制机输出窄脉冲。若关机时,输出为时间分配器的输出信号,即 0.8ms 的脉冲。

5) 脉冲组合电路

脉冲组合电路把各路控制门的输出信号,按时间分配器分给的先后次序,把串成的序列最后七拍(即 10~16 拍)排成空拍,用于同步,然后再与除 2 电路输出的信号相与,形成反映各运输机工作状态的宽、窄脉冲(开机脉冲为 0.1ms,停机脉冲为 0.4ms)。其波形如图 9-22 所示。

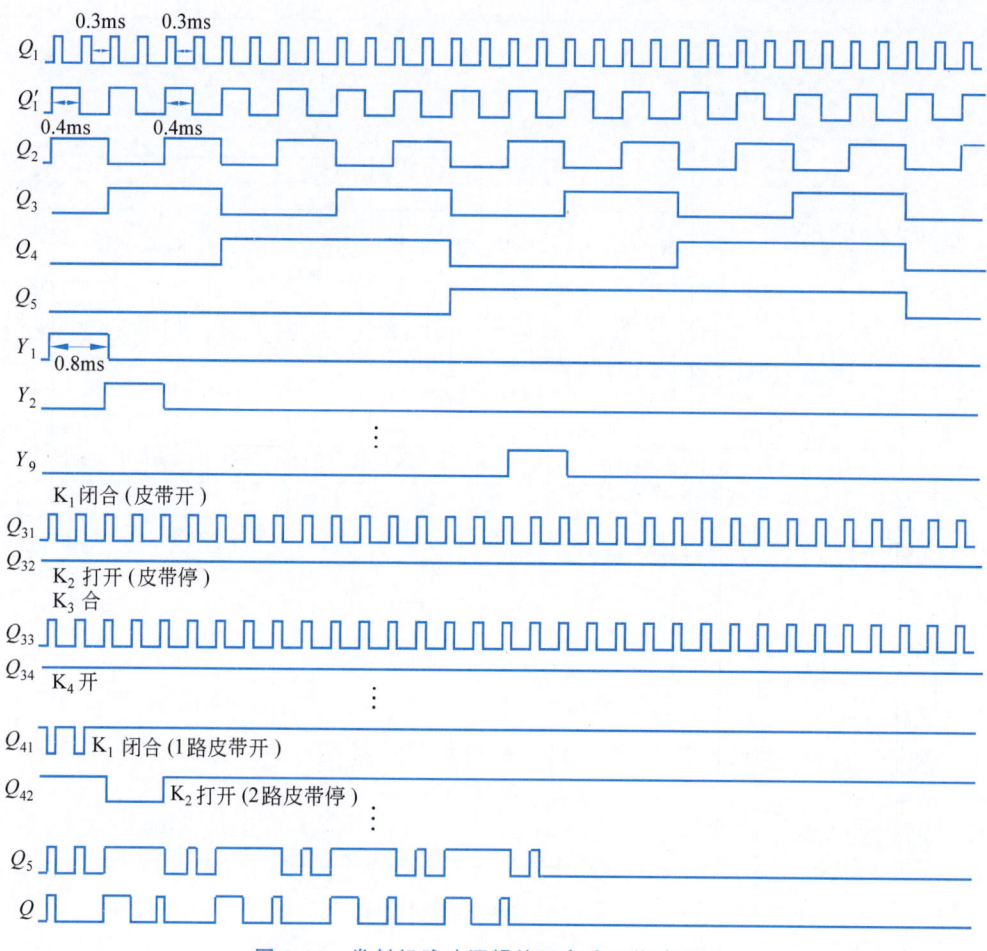

图 9-22 发射机脉冲逻辑编码电路工作波形图

6) 载波发射机

载波发射机由 COMS 门电路及 RC 元件组成。宽、窄脉冲序列调制载波幅值（键控调幅），得到宽、窄调幅波。载波振荡中心频率是 150kHz。发射机逻辑电路如图 9-23 所示。

下面结合发射机框图、波形及逻辑电路，以三路工作为例，简要介绍发射机的工作。为了分析方便，设第一路、第三路为皮带机启动运转，第二路为停机。

由于皮带机运转，启动器辅助接点 K_1K_2 闭合，有 10V 的高电平输入控制门，经和脉冲源"非"信号"与非"，再和时间分配器"与非"输出信号，波形图如图 9-24③所示，由图可知输出为脉宽 0.1ms 的负双脉冲，后经组合门和除 2 电路输出相"与"，得到单个正脉冲（0.1ms），它反映了皮带机开机的情况。第二路皮带机因处于停机状态，控制门 1 输入为低电平，经和脉冲源"非"信号"与非"，再和时间分配器"与非"输出信号为 0.8ms 宽负脉冲，如图 9-24③所示。后经组合门和除 2 电路输出相"与"为 0.4ms 的宽脉冲，它反映了皮带机停机的情况。逻辑电路输出的是一串宽窄脉冲，再经载波发射机，得到键控调幅波形，送到传输线，其波形如图 9-24④所示。

2. 集中点接收机

由载波接收机、时间分配器、宽窄脉冲鉴别电路、同步电路及电路驱动显示电路等环节组成，其组成框图如图 9-25 所示。

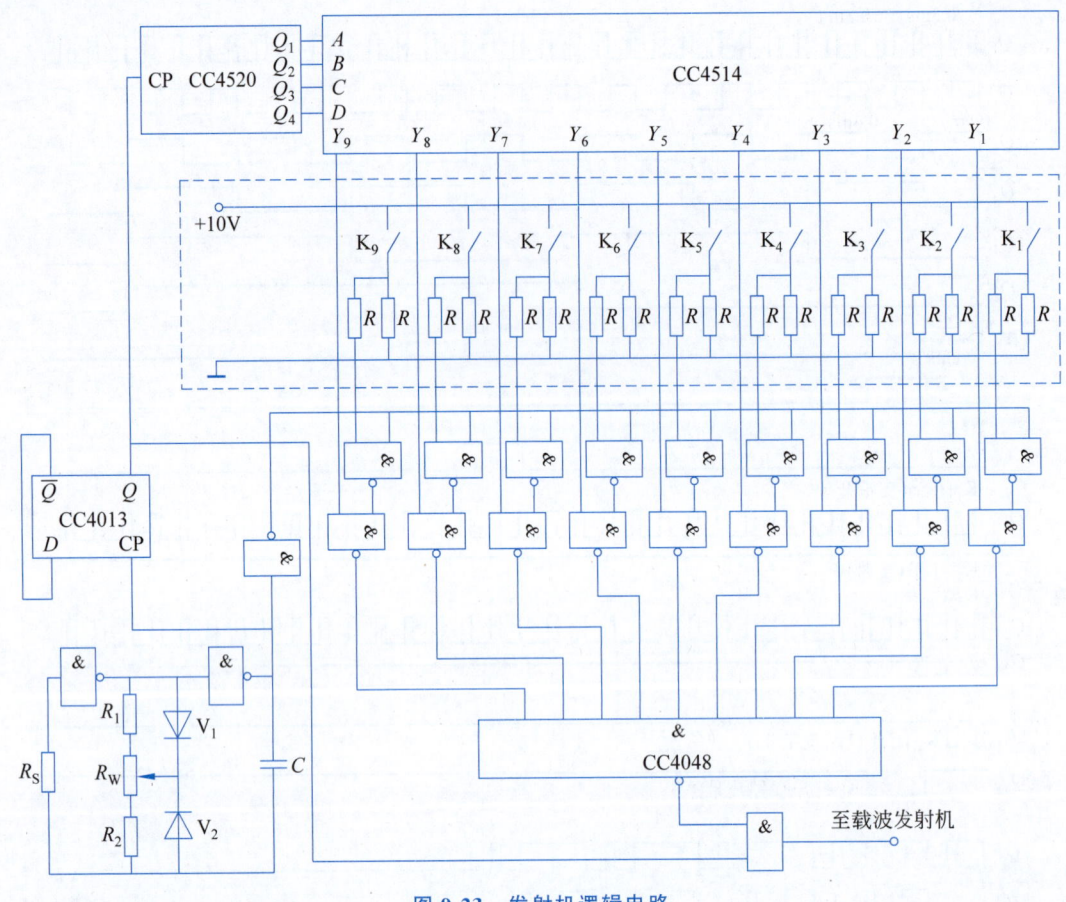

图 9-23　发射机逻辑电路

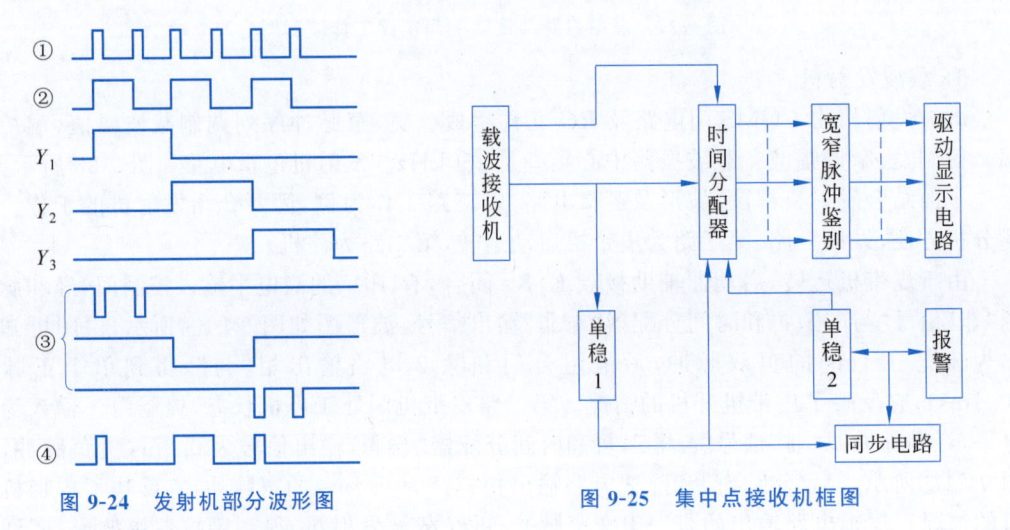

图 9-24　发射机部分波形图

图 9-25　集中点接收机框图

现将主要电路分别介绍如下。

1) 单稳电路

单稳电路由 CC4098 双单稳态触发器的 $\frac{1}{2}$ 单元构成。它的作用是将载波接收机输出的宽窄不同的脉冲定宽为 0.2ms 的等宽脉冲序列,然后分成两路输出,一路送到时间分配器 CD4514 的禁止端,另一路送到同步电路。

2) 时间分配器

时间分配器由 CC4520 四位二进制计数器的 $\frac{1}{2}$ 单元和 CD4514 四线-十六线译码器组成。载波接收机输出的宽窄脉冲序列的前沿触发计数器,四线-十六线译码器依次输出节拍脉冲。

因单稳电路 1 输出的 0.2ms 脉冲加在它的禁止端,所以它的脉冲都比输入的宽窄脉冲前沿延时 0.2ms。当时间分配器采用和集中发射机同样的 CC4017 集成器件和 CC4013 时,可扩大为 18 路。

3) 宽窄脉冲鉴别电路

宽窄脉冲鉴别电路由五块 CC4013 双触发器构成。触发器的 D 端接宽窄脉冲序列,C 端接时间分配器的相应输出端。当宽窄脉冲序列中某个为宽脉冲 0.4ms,其相应的时间分配输出到来触发时,D 触发器的 D 端仍为高电平,D 触发器的 Q 端为高电平;当脉冲序列中某个为窄脉冲 0.1ms 时,由于时间分配器延时 0.2ms 触发 D 触发器,加到 D 触发器 D 端的窄脉冲序列已消失,故 D 触发器输出 $\bar{Q}$ 为高电平。其波形的时间关系如图 9-26 所示。

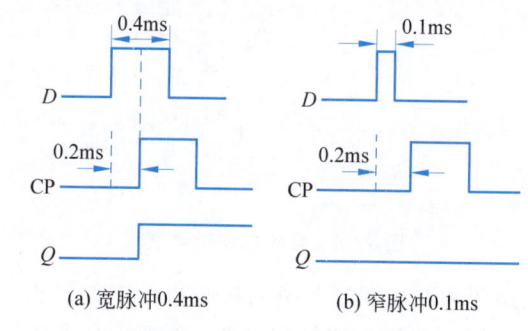

图 9-26 宽窄脉冲鉴别波形图

4) 同步电路

同步电路是由阻容延时电路、施密特触发器和单稳电路 2 构成。同步电路如图 9-27 所示。

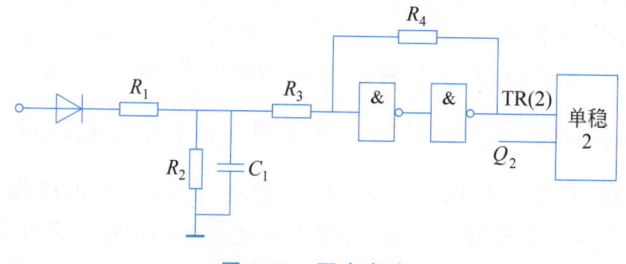

图 9-27 同步电路

当单稳电路 1 输出的等宽窄脉冲连续到来时,经过 R_1、R_2、C_1 快充慢放的充放电环节,使施密特触发器输入端和输出端为高电平。当一个循环结束,要空 7 拍时间无脉冲到来,电容放电,电压降到低于施密特电路的翻转电平,施密特电路翻转输出低电平,下跳触发单稳电路 2,单稳电路 2 输出高电平,使时间分配器的计数器置零,为下一循环做准备。

5) 其他电路

报警电路是一个延时电路,当较长时间无信号时,电路发出灯光信号,表示电路有故障。

驱动显示电路。由于宽窄脉冲鉴别电路带负载能力较小,不能直接驱动信号灯,故驱动电路采用集成度高、驱动能力大的 MC1413。接收机逻辑电路如图 9-28 所示。

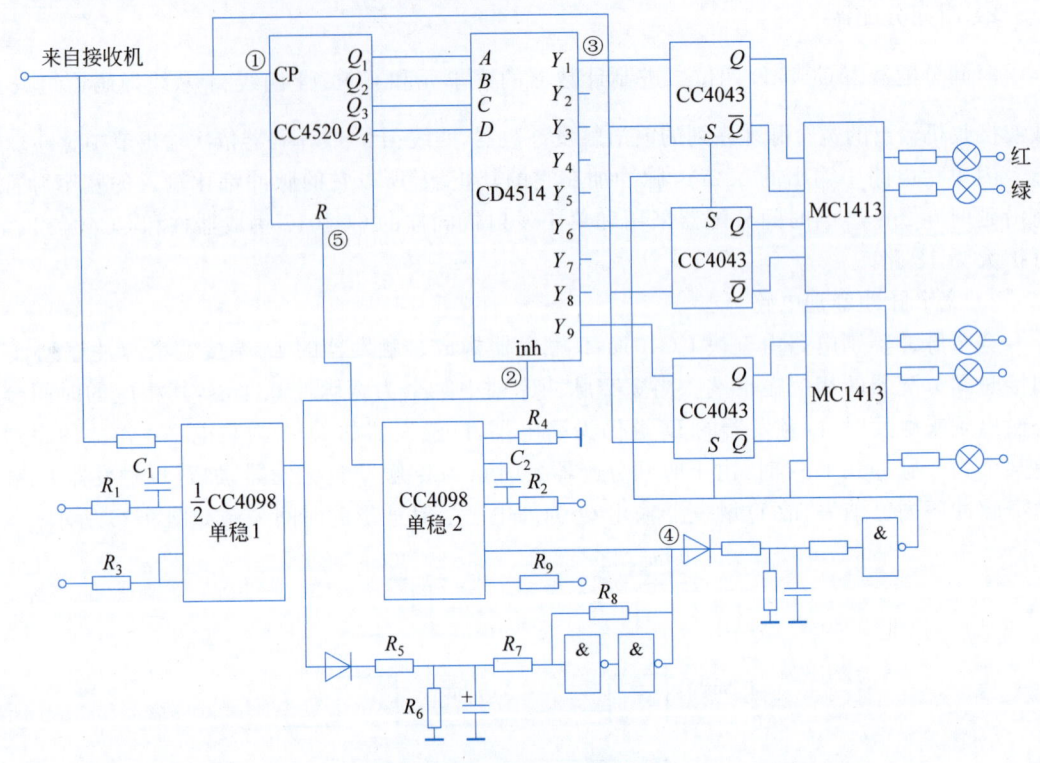

图 9-28 接收机逻辑电路

下面结合方框图、电路图和波形图简要说明接收机的工作过程。当接收机收到反映运输机工作状态的脉冲后,经解调整形电路输出波形,如图 9-29①所示。脉冲序列作为计数器 CC4520 的 $\frac{1}{2}$ 单元的时钟脉冲,上升沿触发计数、时间分配器 CD4514 译码输出波形,如图 9-29 所示。时间分配器输出加到 D 触发器 CP 端,整形后的脉冲序列加到 D 触发器的 D 端,进行宽窄脉冲鉴别,由图知第一路为窄脉冲,D 触发器 Q 为高电平,绿灯亮,表示第一路运输机正在运行。第二路为宽脉冲,D 触发器 Q 为低电平,红灯亮,表示第二路运输机处于停机状态,其他路情况相同。在正常情况下,接收机序列上升沿触发单稳电路 CC4098 的 $\frac{1}{2}$ 单元,Q_1 输出等宽脉冲,波形如图 9-29②所示,脉宽 0.2ms,它的输出分两路,一路加到 CC4514 的禁止端,使其输出延迟 0.2ms,为鉴别脉宽作准备;另一路给 RC 充放电环节,断续充电,使其电平能保持施密特电路输出高电平,当输出一组 9 路信号后,空 7 拍时间内,由于 RC 放电,其电平降低,施密特触发翻转器低电平加到单稳电路 CC4098 的 $\frac{1}{2}$ 单元,Q_2 输出正脉冲,加到计数器 R 端,使计数器清零,为下一循环计数器作好准备。在这种情况下,由于报警电路还要经过一个 RC 电路环节,放电时间长,故报警电路不工作。

3. 电源部分

(1) 集中点发射机所用电源规格为输出电压 +12V,输出电流 0~1A,用 220V、50Hz 交

图 9-29　接收机逻辑编码电路工作波形图

流,经变压器变压、整流桥(QL50V3A)整流,大电容 $C(1000\mu F)$ 滤波,再经三端集成稳压器(SW7812)稳压后,输出电压为+12V,供集中发射机用,其电路如图 9-30 所示。

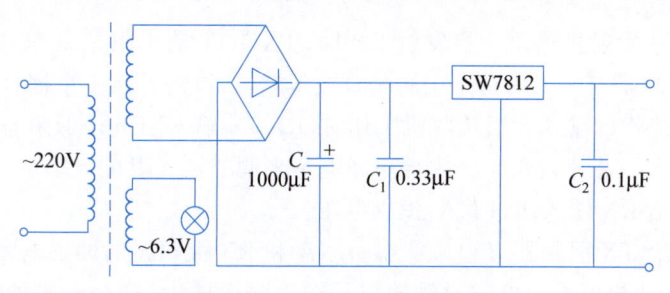

图 9-30　集中点发射机用稳压电源电路

(2) 集中点接收机所用电源规格为输出电压+12V、输出电流 2A,用 220V、50Hz 交流,经变压器变压、整流桥(QL5A)整流、大电容滤波,三端集成稳压块(SW7812)稳压,但由于其最大电流为 1.5A,所以还需经过扩流装置(加大功率三极管及电阻 R),其电路如图 9-31 所示。

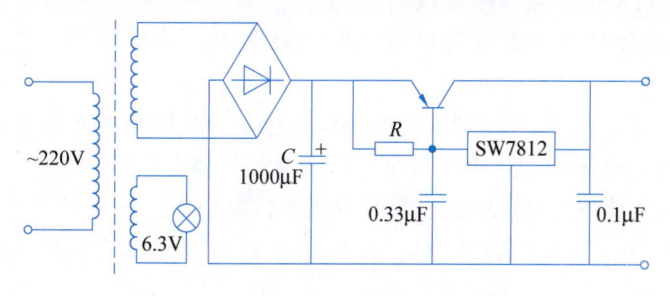

图 9-31　集中点接收机用稳压电源电路

9.4　蓝牙收发芯片 RF2968

9.4.1　概述

RF2968 是一个单片蓝牙收发集成电路,芯片内含有射频发射、射频接收、FSK 调制/解调等电路,能够接收和发送数字信号,符合蓝牙无线电规范 1.1 要求。RF2968 是为低成本的蓝牙应用而设计的单片收发集成电路,RF 频率范围为 2400～2500MHz,有 79 个信道,步长 1MHz,数据速率 1MHz,频偏 140～175kHz,输出功率 4dBm,接收灵敏度 −85dBm,电源电压 3V,发射消耗电流 59mA,接收电流消耗 49mA,休眠模式电流消耗 250μA。芯片提供给全功能的 FSK 收发功能,中频和解调部分不需要滤波器或鉴频器,具有镜像抑制前端、集成振荡器电路、可高度编程的合成等电路。自动校准的接收和发射 IF 电路能优化连接的性能,并消除人为的变化。RF2968 可应用在蓝牙 GSM/GPRS/EDGE 蜂窝电话、无绳电话、蓝牙无线局域网、电池供电的便携设备等系统中。

9.4.2 引脚功能

集成电路采用 32 脚的塑料 LCC 形式封装,RF2968 的引脚功能图和内部框图如图 9-32 所示。各引脚功能说明如下。

(1) VCC1:给 VCO(压控振荡器)倍频和 LO(本机振荡器)放大器电路提供电压。

(2) VCC2:给 RX(接收)混频器、TXPA(发射功率放大器)和 LNA(低噪声放大器)偏置电路提供电压。

(3) TXOUT:发射机输出。当发射工作时,TXOUT 输出阻抗是 50Ω;当发射机不工作时,TXOUT 为高阻态。因为这个引脚是直流偏置,所以需外接 1 个耦合电容。

(4) RXIN:接收机输入。当接收机工作时,RX IN 输入阻抗是低阻态;接收机不工作时,RXIN 为高阻态。芯片内用 1 个内部串联电感来调节输入阻抗。

(5) VCC3:给 RX 输入级(LNA)提供电压。

(6) VCC4:给 TX 混频器、LO 放大器、LNA 和 RX 混频器的偏置电路提供电压。

(7) LPO:低功耗模式的低频时钟输出。在休眠模式中,这个引脚能给基带提供一个 3.2kHz 或 32kHz、占空比为 50% 的时钟。在其他工作方式没有输出。

(8) DVDDH:给 RX IF VGA(接收中频电压增益放大器)电路提供电压。

(9) IREF:外部接 1 个精密电阻以产生恒定的基准电流。

(10) VCC5:给模拟中频电路提供电压。

(11) D1:这是为时钟恢复电路提供的电荷泵输出。外接 1 个 RC 网络到地以确定 PLL 的带宽。

(12) BPKTCTL:在发射模式时,这个脚作为启动 PA 级的选通脉冲;在接收模式时,基带控制器可以有选择地使用这个引脚来给同步字的检测发信号。

(13) BDATA1:输入信号到发射机/接收机的数据输出。输入的数据是速率为 1MHz 的没有被滤波的数据。这个引脚是双向的,根据发射和接收模式转换为数据输入或数据输出。

(14) RVECCLK:恢复时钟输出。

(15) RECDATA:恢复数据输出。

(16) BXTLEN:功率控制电路的一部分,用来接通/关键芯片的"休眠"模式。在电路从"OFF"状态上电之后,当低功耗时钟不工作时,BRCLK 被 BXTLEN 的状态控制(上电期间,BRCLK 先写 BXTLEN 激活且被设为高电平,以进入空闲状态)。

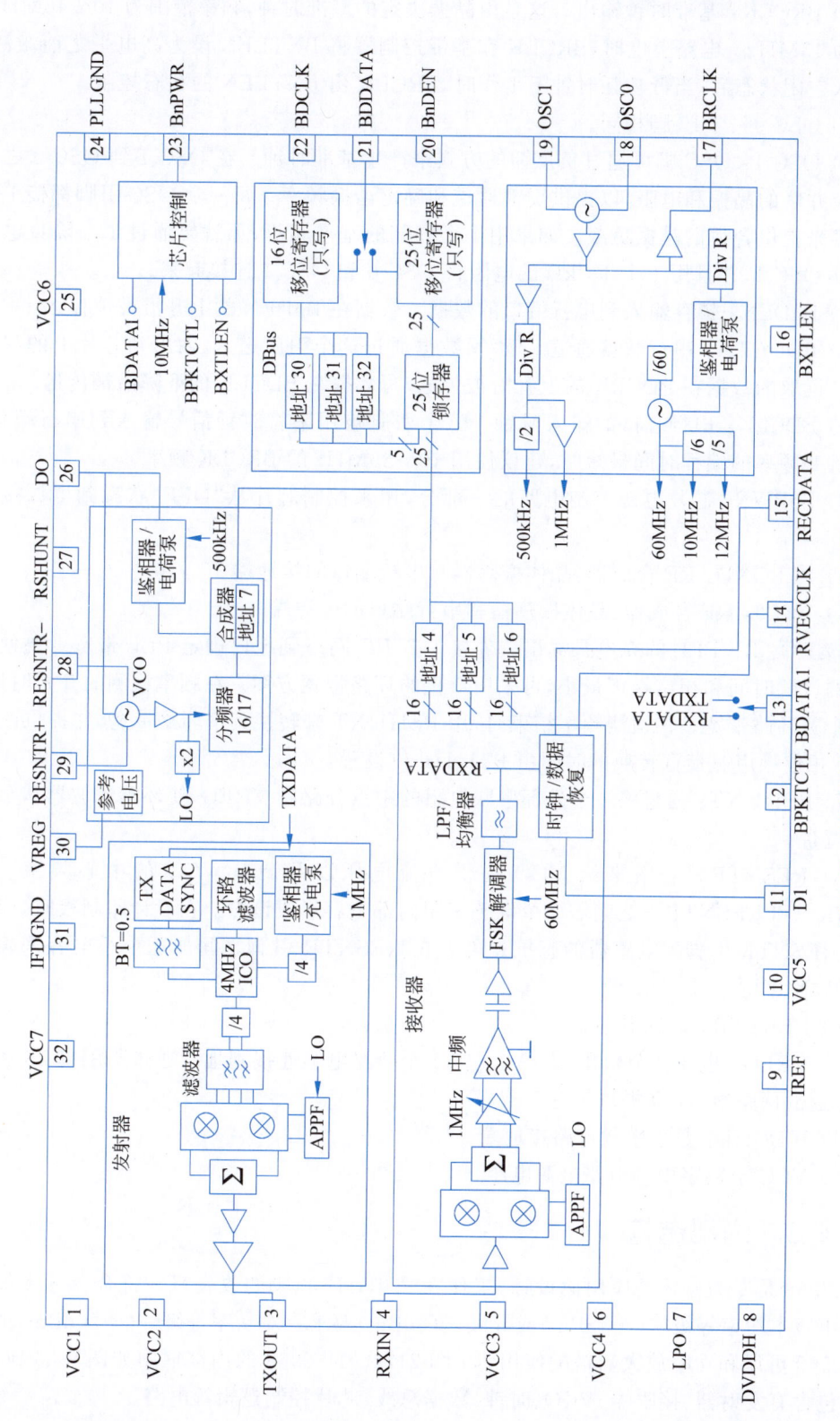

图 9-32 RF2968 的引脚功能图和内部框图

(17) BRCLK：基准时钟输出。这是由晶振决定的基准时钟，频率范围为 10~40MHz，典型值为 13MHz。电路上电时，BRCLK 在基带控制器将 BXTLEN 设为高电平之前激活。电路进入空闲状态后，当低功耗时钟不工作时，BRCLK 由 BXTLEN 的状态控制。

(18) OSC 0：与 19 脚相同。

(19) OSC 1：OSC 脚可通过负反馈的方式来产生基准时钟。在 OSC 1 到 OSC 0 之间连接 1 个并联的晶振和电阻，以提供反馈通道和确定谐振频率。每一个 OSC 引脚都接 1 个旁路电容来提供合适的晶振负载。如果用 1 个外部的基准频率，那就要通过 1 个隔直电容来连接到 OSC 1，并且用 1 个 470kΩ 的电阻将 OSC 0 和 OSC 1 连接起来。

(20) BnDEN：锁存输入到串行端口的数据。数据在 BnDEN 的上升沿被锁存。

(21) BDDATA：串行数据通道。读/写数据通过这个引脚送入/输出到芯片上的移位寄存器。读取的数据在 BDCLK 的上升沿被传送，写数据在 BDCLK 的下降沿被传送。

(22) BDCLK：串行端口的输入时钟。这个引脚被用来将时钟信号输入到串行端口。要使得跳变频率的编程时间最短时，建议使用 10~20MHz 的 BRCLK 频率。

(23) BnPWR：芯片电源控制电路的一部分，用来控制芯片从"OFF"状态到电源接通状态。

(24) PLLGND：RF 合成器、晶体振荡器和串行端口的接地端。

(25) VCC6：RF 合成器、晶体振荡器和串行端口的电源端。

(26) DO：RF PLL 的充电泵输出。外接 1 个 *RC* 网络到地以确定 PLL 带宽。要使得合成器的设置时间和相位噪声最小，可采用双重的环路带宽方案。在频率检测的开始时期，使用 1 个宽环路带宽。在检测频率结束时，用 RSHUNT 来转换到窄环路带宽，并提供改进的 VCO 相位噪声。带宽转换的时间由 PLL Del 位设置。

(27) RSHUNT：通过将 2 个外部串联电阻的中点分路到 VREG，使环路滤波器从窄带转换到宽带。

(28) RESNTR－：用来给 VCO 提供直流电压以及调节 VCO 的中心频率。在 RESNTR－和 RESNTR＋之间需 2 个电感来跟内部电容形成谐振。在设计印制板时，应该考虑从 RESNTR 引脚到电感器的感抗。可以在 RESNTR 引脚之间加 1 个小电容来确定 VCO 的频率范围。

(29) RESNTR＋：见引脚 28。

(30) VREG：电压调节输出(2.2V)。需 1 个旁路电容连接到地。通过与引脚 28 和引脚 29 相连的回路给 VCO 提供偏置。

(31) IFDGND：数字中频电路接地端。

(32) VCC7：数字中频电路电源电压。

9.4.3 内部结构

RF2968 是专为蓝牙的应用而设计，工作在 2.4GHz 频段的收发机。符合蓝牙无线电规范 1.1 版本功率等级二(＋4dBm)或等级三(0dBm)要求。对功率等级一(＋20dBm)的应用，RF2968 可以和功率放大器搭配使用，如 RF2172。RF2968 的内部框图如图 9-33 所示。芯片内包含有发射器、接收器、VCO、时钟、数据总线、芯片控制逻辑等电路。

由于芯片内集成了中频滤波器，RF2968 只需最少的外部器件，避免外部如中频 SAW

滤波器和对称-不对称变换器等器件。接收机输入和发射输出的高阻状态可省去外部接收机/发射机转换开关。RF2968 和天线、RF 带通滤波器、基带控制器连接,可以实现完整的蓝牙解决方案。除 RF 信号处理外,RF3968 同样能完成数据调制的基带控制、直流补偿、数据和时钟恢复功能。

RF2968 发射机输出在内部匹配到 50Ω,需要 1 个 AC 耦合电容。接收机的低噪声放大器输入在内部匹配 50Ω 阻抗到前端滤波器。接收机和发射机在 TXOUT 和 RXIN 间连接 1 个耦合电容,共用 1 个前端滤波器。此外,发射通道可以通过外部的放大器放大到 +20dBm,接通 RF2968 的发射增益控制和接收信号强度指示,可使蓝牙工作在功率等级一。RSSI 数据经串联端口输入,超过 −20~80dBm 的功率范围时提供 1dB 的分辨率。发射增益控制在 4dB 步阶内调制,可经串联端口设置。

基带数据经 BDATA1 引脚送到发射机。BDATA1 引脚是双向传输引脚,在发射模式作为输入端,接收模式作为输出端。RF2968 实现基带数据的高斯滤波、FSK 调制中频电流控制的晶体振荡器(ICO)和中频 IF 上变频到 RF 信道频率。

片内压控振荡器(VCO)产生的频率为本振(LO)频率的一半,再通过倍频到精确的本振频率。在 RESNTR+ 和 RESNTR− 间的 2 个外部回路电感设置 VCO 的调节范围,电压从片内调节器输给 VCO,调节器通过 1 个滤波网络连接在两个回路电感的中间。由于蓝牙快速跳频的需要,环路滤波器(连接到 DO 和 RSHUNT)特别重要,它们决定 VCO 的跳变和设置时间。所以,极力推荐使用电路图中提供的元件值。

RF2968 可以使用 10MHz、11MHz、12MHz、13MHz 或 20MHz 的基准时钟频率,并能支持这些频率的 2 倍基准时钟。时钟可由外部基准时钟通过隔直电容直接送到 OSC1 引脚。如果没有外部基准时钟,可以用晶振和两个电容组成基准振荡电路。无论是外部或内部产生的基准频率,使用 1 个连接在 OSC1 和 OSC2 之间的电阻来提供合适的偏置。基准频率的频率公差须为 20×10^{-6} 或更好,以保证最大允许的系统频率偏差保持在 RF2968 的解调带宽之内。LPO 引脚用 3.2kHz 或 32kHz 的低功率方式时钟给休眠模式下的基带设备提供低频时钟。考虑到最小的休眠模式功率消耗,并灵活选择基准时钟频率,可选用 12MHz 的基准时钟。

接收机用低中频结构,使得外部元件最少。RF 信号向下变频到 1MHz,使中频滤波器可以植入到芯片中。解调数据在 BDATA1 引脚输出,进一步的数据处理用基带 PLL 数据和时钟恢复电容完成。D1 是基带 PLL 环路滤波器的连接脚。同步数据和时钟在 RECDATA 和 RVECCLK 引脚输出。如果基带设备用 RF2968 做时钟恢复,D1 环路滤波器可以略去不用。

9.4.4 应用

RF2968 射频收发机作为蓝牙系统的物理层(PHY),支持在物理层和基带设备之间的 Blue RF(蓝牙射频)接口。

RF2968 和基带间有两个接口。串行接口提供控制数据交换的通道,双向接口提供调制解调、定时和芯片功率控制信号的通道。基带控制器与 RF2968 接口如图 9-33 所示。

控制数据通过 DBUS 串行接口协议的方式在 RF2968 和基带控制器之间交换。BDCLK、BDDATA 和 BnDEN 都是符合串行接口的信号。基带控制器是主控设备,它启动

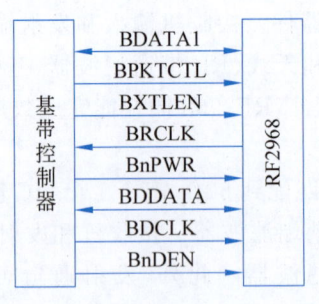

图 9-33 基带控制器与 RF2968 接口

所有到 RF2968 寄存器存取操作，RF2968 数据寄存器可被编程，或者根据具体命令格式和地址被检索。数据包首先传送最高有效位(二进制中代表最高值的 Bit 位)。串行数据包的格式如表 9-5 所示。

表 9-5 串行数据包的格式

域	位　数	注　释
设备地址	3[A7:A5]	物理层为"101"
读/写	1[R/W]	"1"为读，"0"为写
寄存器地址	5[A4:A0]	32 个寄存器的最大值
数据	16[D15:D0]	RF2968 在写模式编程，在读模式返回寄存器的内容

在"写"周期，基带控制器在 BDCLK 下降沿驱动数据包的每一位，RF2968 在数据寄存器设为高状态后，在 BDCLK 第 1 个下降沿到来时被移位寄存器的内容更新，DBUS 写编程图如图 9-34 所示。

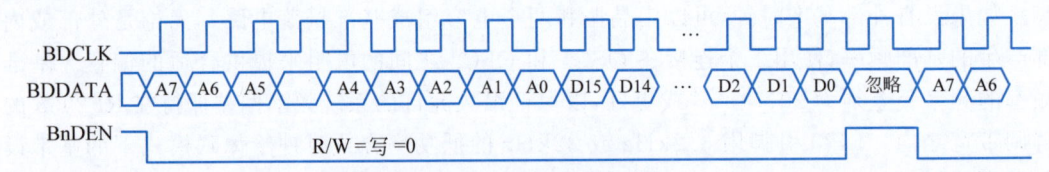

图 9-34 DBUS 写编程图

在"读"操作中，基带控制器发出设备地址、READ 位($R/W = 1$)和寄存器地址给 RF2968，再跟 1 个持续半个时钟周期的翻转位。这个翻转位允许 RF2968 在 BDCLK 的上升沿通过 BDDATA 驱动它的请求信号。数据位传输后，基带控制器驱动 BnDEN 为高电平，在第 1 个 BDCLK 脉冲的下降沿到来时重新控制 BDDATA，DBUS 读编程图如图 9-35 所示。

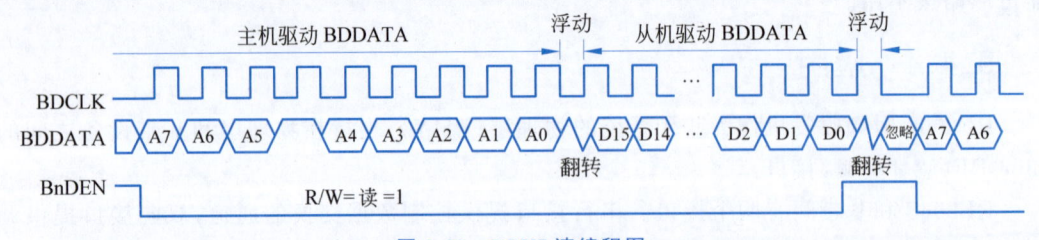

图 9-35 DBUS 读编程图

寄存器地址域可寻址 32 个寄存器，RF2968 仅提供 3～7 和 30、31 的寄存器地址。通过设置寄存器的数据可实现不同的功能。

双向接口完成数据交换、定时和状态机控制。所有双向同步(定时)来自 BRCLK，BRCLK 由 RF2968 产生。RF2968 使用 BRCLK 的下降沿。图 9-36 给出当数据从 RF2968 传给基带控制器时的通用定时。

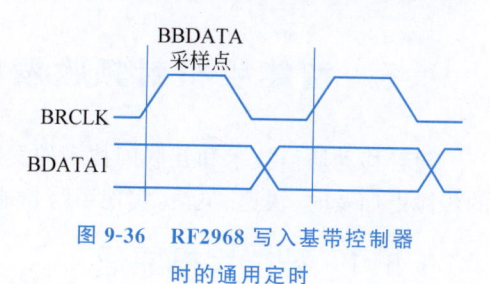

图 9-36　RF2968 写入基带控制器时的通用定时

RF2968 的芯片控制电路控制芯片内其他电路的掉电和复位状态，把设备设置为所需要的发射、接收或功率节省模式。芯片的控制输入经双向接口从基带控制器(BNPWR、BXTLEN、BPKTCTL、BDATA1)输入，也可从 DBUS 提供(RXEN、TXEN)输出端的寄存器输入。基带控制器和 RF2968 内的状态机维持在控制双向数据线方向的状态。基带控制器控制 RF2968 内的状态机，并保证数据争用不会在复位和正常工作期间发生。RF2968 常用的状态有以下几种。

OFF 状态——所有电路掉电且复位，设置数据丢失。

IDLE 状态——待机模式。数据被读入控制寄存器中，振荡器保持工作，所有其他电路掉电。

SLEEP 状态——芯片通常从 IDLE 模式进入这种模式。此时，所有电路掉电，但不复位，因此数据得以保留。电路同样可从其他模式进入 SLEEP 模式，但 TXEN 和 RXEN 状态不变，以便 TX 和 RX 电路保持导通。

TX DATA 状态——数据在这种模式发射(合成器稳定，数据信道同步)。

RX DATA 状态——接收的数据经 BDATA1(不同步)和 REDATA(和 RECCLK 同步)发送到基带电路。

RF2968 的一个典型的应用电路(GSM 电话)如图 9-37 所示。

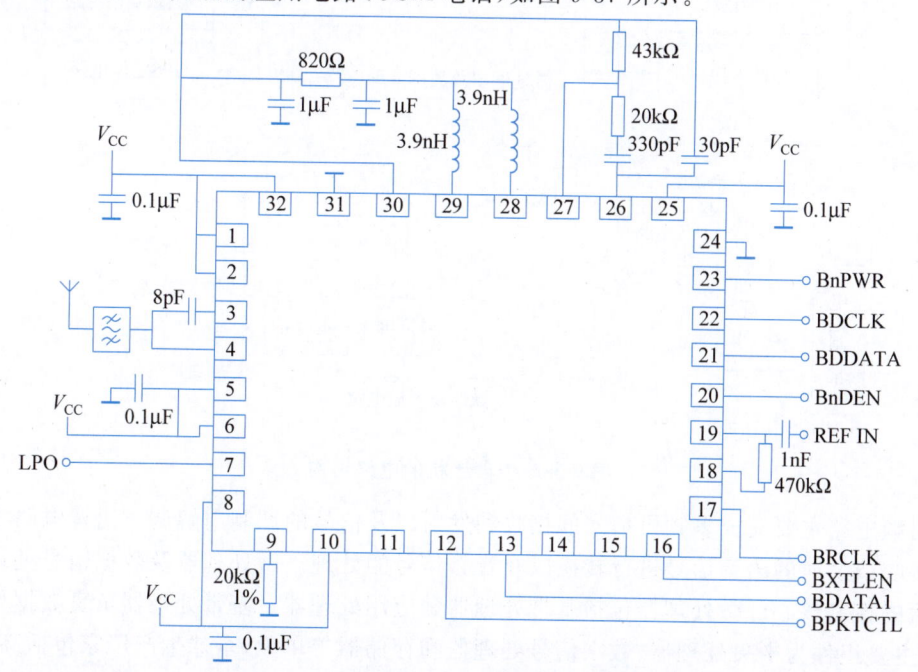

图 9-37　RF2968 的 GSM 电话应用电路

9.5 智能手机射频收发电路

随着移动通信技术和互联网技术的发展,智能手机打破了传统媒体的技术限制,使信息的传播更加及时、快速、灵活,实现了跨越地域、时间和计算机终端设备的通信。

9.5.1 智能手机原理

智能手机电路可分为射频电路、语音电路、微处理器及数据处理电路、电源及充电电路、操作及屏显电路、接口电路以及其他功能电路等 7 个单元模块电路,图 9-38 为智能手机的电路结构。

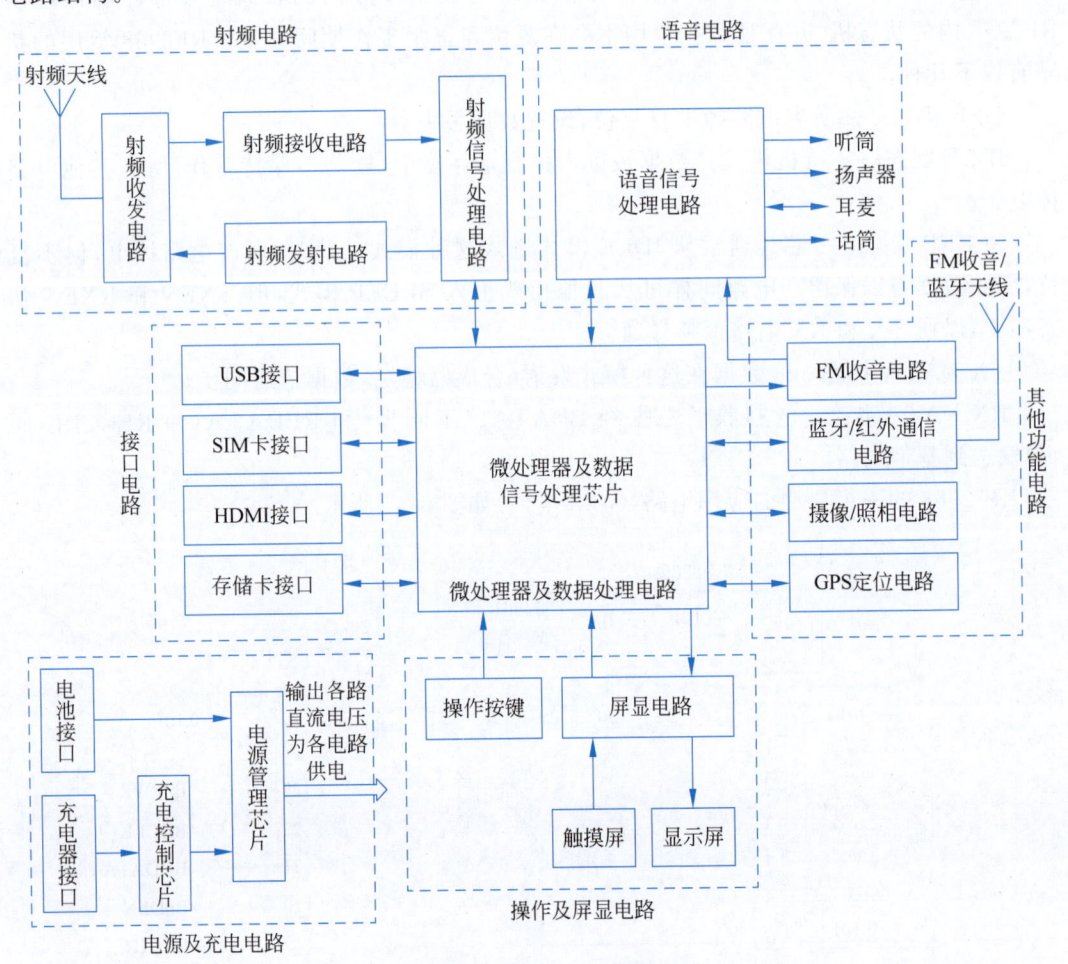

图 9-38 智能手机的电路结构

射频电路主要完成多频段信号的接收和发射以及信号的调制与解调。语音电路主要用于对接收或发射的语音信号进行转换以及音频信号的处理。微处理器及数据信号处理电路是整机的控制核心。微处理器包括基带处理器和应用处理器。基带处理器负责数据处理与存储,主要组件为中央处理器、数字信号处理器和存储器等单元,全球生产厂家包括高通、英特尔、华为、联发科、展讯、中兴和三星,共 7 家。应用处理器为多媒体应用处理器,它是在低功耗 CPU 基础上扩展音视频和专用接口的超大规模集成电路,主要用于多媒体应用处理,生产厂家如海思、松果、三星、高通、联发科、苹果、德州仪器、英伟达。电源及充电电路主要用于为各单元电路提供所需的工作电压,使各单元模块能够正常工作。操作及屏显电路主要用于对智能手机相关功能的控制及显示。接口电路主要用于与外部设备的连接,从而实现数据交换。其他功能电路则为智能手机的一些扩展功能电路,如 FM 收音电路、摄像电路、蓝牙/红外通信电路等,使智能手机不仅仅局限于接打电话或收发信息。

如图 9-39 所示为 GSM 手机信号处理过程。射频天线接收基站天线发射的电磁波(935～960MHz 频段的 GSM-900 或 1805～1880MHz 频段的 DCS-1800),并感生出电流送入天线开关,由天线开关将手机切换到接收状态,经集中选频滤波器、低噪声放大器加入混频器输入端。PLL 频率合成器提供一本振和二本振频率输出,分别接入混频和中频解调输入端,实现射频接收信号的解调,再经语音接收电路处理后驱动听筒发声。发射时,语音信号由话筒送入语音发送电路,经 A/D 转换、语音编码、信道编码等一系列处理后,送入射频发射电路中,然后由天线开关将手机切换至发射状态,由天线发射出去。

9.5.2 射频收发电路

1. 射频接收电路

天线接收到无线信号,经过天线匹配电路和接收滤波电路滤波后加入低噪声放大器放大,放大后的信号被送入混频器,得到中频信号,然后经解调器得到 67.707kHz 模拟基带信号。模拟基带信号进一步经 GMSK 解调(模数转换),再经过均衡、解密、去交织、信道解码等处理,得到 64kbit/s 的数字信号,最后通过 PCM 解码,还原为模拟语音信号。如图 9-40 所示为超外差一次混频接收机原理框图。

除此之外,智能手机中还广泛使用零中频接收机。零中频接收机中没有中频电路,直接解调出基带信号。

2. 射频发射电路

麦克风将语音信号转换为模拟音频信号,经 PCM 编码转换为数字信号,然后在语音电路中进行数字处理和数模转换,得到中心频率为 67.707kHz 的 TX I/Q 基带信号。TX I/Q 基带信号通过调制器得到已调中频信号,再用发射压控振荡器(TX-VCO)把已调中频信号上变为已调射频信号。射频发射电路原理框图如图 9-41 所示。

图 9-41 中,发射压控振荡器输出的 890～915MHz(例如 GSM-900)频率信号一路送入功率放大器,经发送滤波器、天线转换为电磁波辐射出去;一路送回中频内部,与一本振 RX VCO 进行混频,得到一个与发射已调中频相等的发射参考中频信号。调制器输出的已调中频信号与发射参考中频信号在鉴相器中进行比较,若 TX-VCO 输出振荡出频率不符合手机的工作信道,则鉴相器会输出一个包含发射数据的脉动直流误差信号 TX-CP,经低通滤波器 LPF 后形成直流电压,去控制 TX VCO 内部变容二极管的电容量,达到调整 TX VCO 输出频率准确性的目的。这样,由 TX VCO 输出的发射信号就十分稳定。

工程师在编程时将接收信号分为八个等级,每个等级对应一级发射功率,称为功率等级。发射电路工作时,CPU 根据接收信号强度来判断手机与基站距离远近,送出适当的发射等级信号。比较器(功控电路)将发射功率电流取样信号和功率等级信号进行比较,得到合适的电压信号去控制功放的放大量,从而实现功率控制。

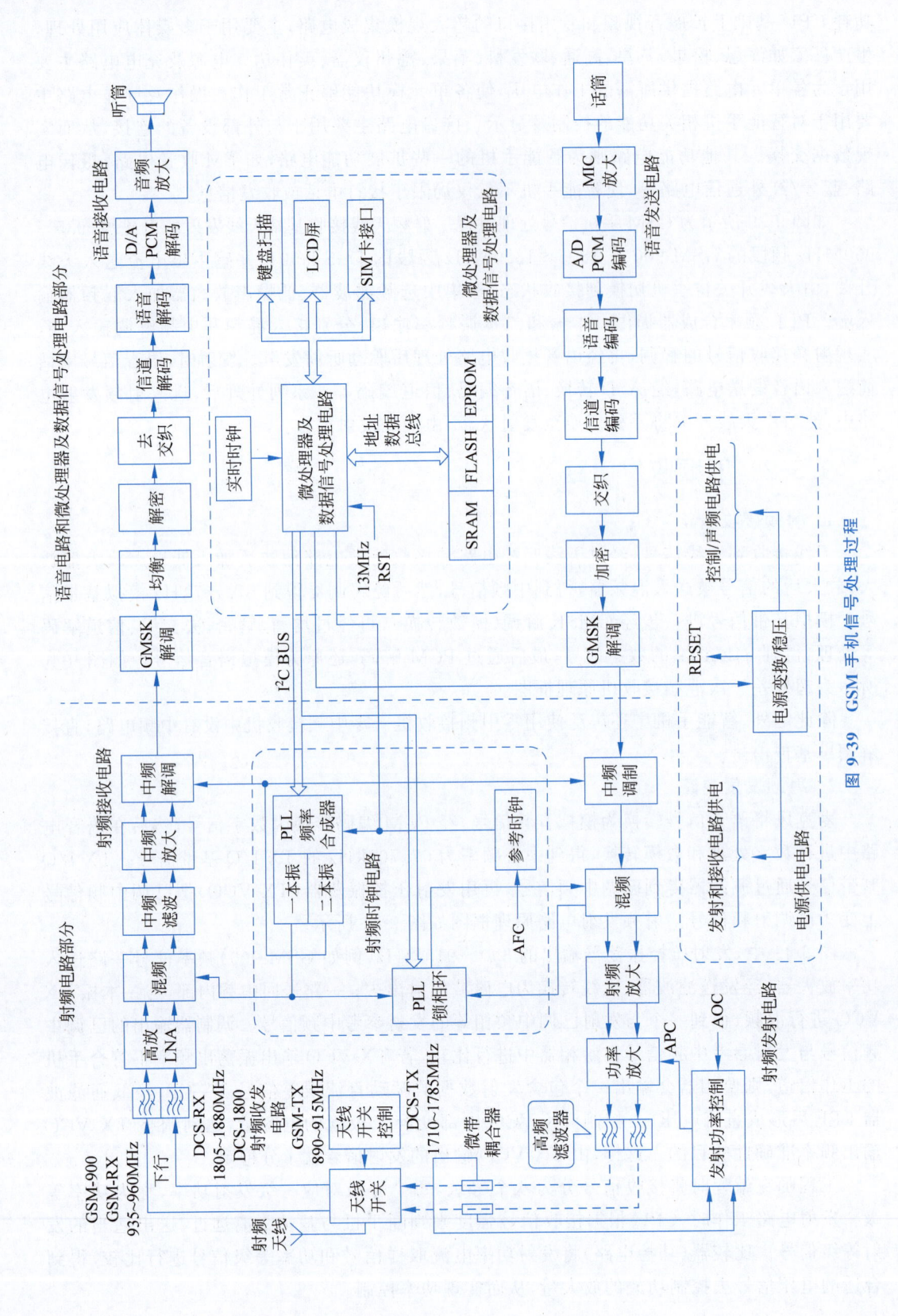

图 9-39 GSM 手机信号处理过程

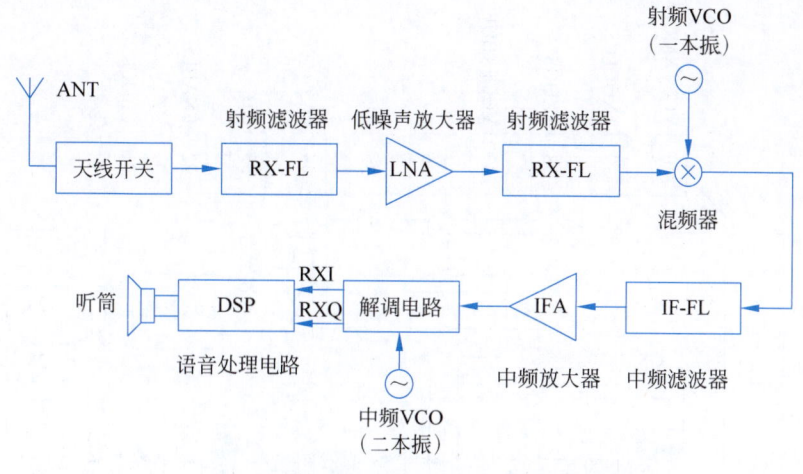

图 9-40　超外差一次混频接收机原理框图

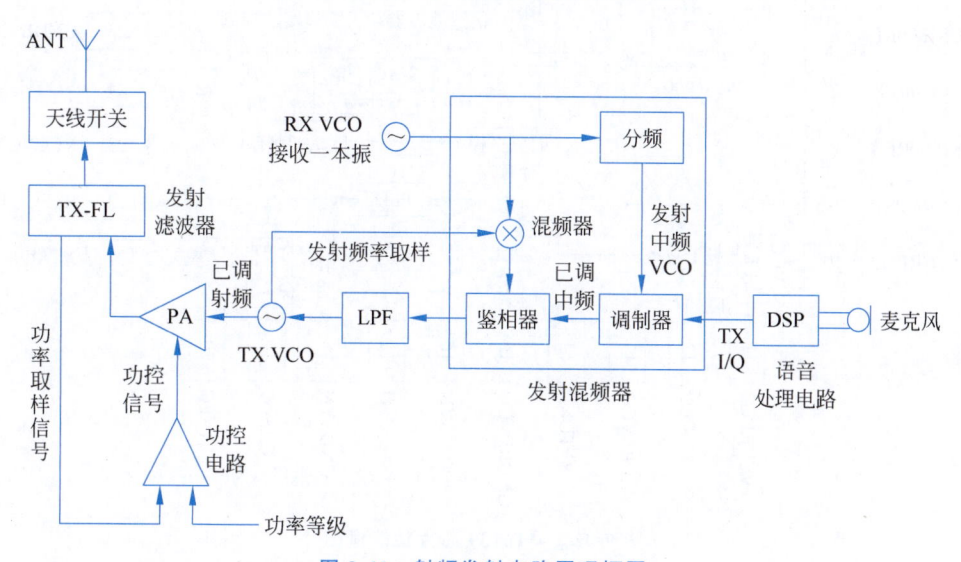

图 9-41　射频发射电路原理框图

MT6139 为联发科生产的 MT6139 射频处理器芯片，适用于全球移动通信系统（GSM 850，GSM 900）、数字蜂窝通信系统（DCS 1800）和个人通信服务（PCS 1900）四代蜂窝系统。如图 9-42 所示为 MT6139 芯片的功能框图。

接收器包括四个低噪声放大器（LNA）、射频正交混频器、片上信道滤波器、可编程增益放大器（PGA）和直流偏置校准（DCOC）环路。完全集成的信道滤波器无须任何外部组件可消除干扰和阻断信号。MT6139 包括用于 GSM850（869～894MHz）、GSM900（925～960MHz）、DCS1800（1805～1880MHz）和 PCS1900（1930～1990MHz）的四个差分 LNA。差分输入使用 LC 网络与 200ΩSAW 滤波器匹配。LNA 的增益可以控制为高或低，以获得额外的 37dB 动态范围控制。放大后 RF 信号经正交 RF 混频器下变频到 IF 频率，然后通过信道滤波器和 PGA 对中频信号进行滤波和放大。PGA 的增益步长为 2dB，动态范围为 60dB，可确保基带（BB）获得满足要求的信号电平。

发射机由 BB I/Q 滤波器、I/Q 调制器、分频器和缓冲放大器组成。BB I/Q 信号被馈入

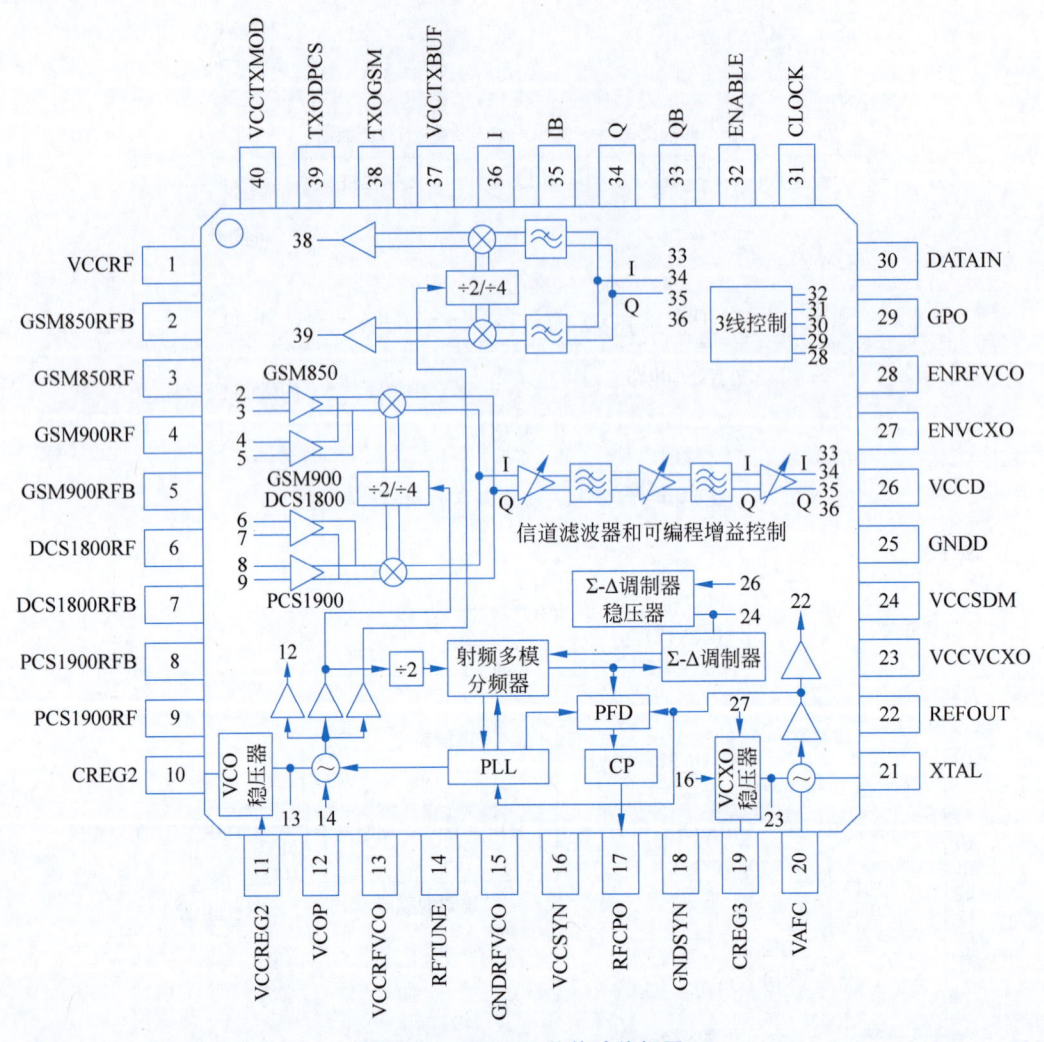

图 9-42 MT6139 芯片功能框图

RC 低通滤波器以降低带外噪声。I/Q 调制器负责将 BB I/Q 信号转换为 Tx 输出频率。为避免牵引问题，Tx 载波由合成器的本地振荡器（LO）频率分频产生。分频器由 2 分频和 4 分频电路组成，分别适用于 GSM850/GSM900 和 DCS1800/PCS1900 应用。采用缓冲放大器将 I/Q 调制器输出信号放大到足够的水平，以满足 PA 输入功率要求。

MT6139 内置稳压器，可为收发器中的关键模块提供低噪声、稳定、不受温度和工艺影响的电源电压。

3. 5G 射频处理电路结构

5G 频谱主要分为两个区域，分别是 450MHz～6GHz(Sub 6G) 和 24～52GHz(毫米波频段)，其中 Sub 6G 是当前 5G 主要使用的频谱区域。大部分运营商采用 5G NSA(非独立组网，Non-Standalone) 模式。NSA 模式是一种 4G 与 5G 融合组网，以 4G 频段作为锚点开展 5G 服务的过渡性模式。

骁龙 X50 是高通推出的全球首款 5G 调制解调器，支持在 6GHz 以下和多频段毫米波频谱运行，可用于非独立组网模式。如图 9-43 所示为骁龙 X50 构建的 5G Sub 6G 电路结构。图 9-43 中,5G 射频链路独立于现有的 LTE 射频链路,5G 调制解调器需要独立的外部存储和电源管理芯片。

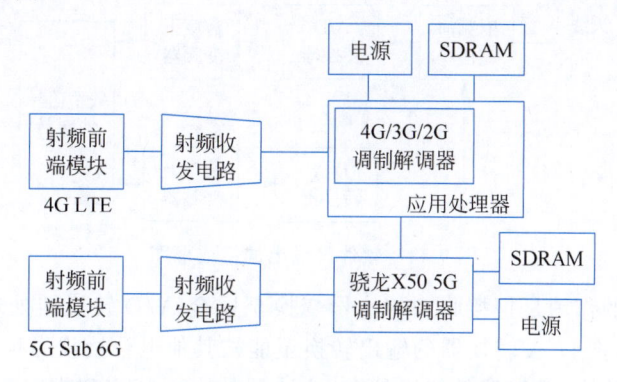

图 9-43 骁龙 X50 构建的 5G Sub 6G 电路结构

骁龙 X50 使用的是 10 纳米工艺制程,2022 年发布的骁龙 X70 为 4nm 工艺制程的一款 5G AI 处理器,支持从 600MHz 到 41GHz 的全部 5G 商用频段。

巴龙 5000 是我国华为 2019 年研发的 5G 基带芯片,支持 SA(独立组网,Standalone)和 NSA 两种组网方式,目前仅支持 Sub 6G 的射频频段。采用 SA 组网方式时,5G 调制解调器为多模调制解调器,可用于 5G/4G/3G/2G 通信。

9.6 软件无线电

9.6.1 基本概念

软件无线电(Software Defined Radio,SDR)是指使用计算机软件来实现各种无线电通信方式的技术,其基本思想就是将硬件作为其通用的基本平台,把尽可能多的无线及个人通信的功能通过可编程软件来实现,使其成为一种多工作频段、多工作模式、多信号传输与处理的无线电系统。也可以说,它是一种用软件来实现物理层连接的无线通信方式。软件无线电的基本特点有:①灵活性强,可以根据需要进行定制开发;②功能丰富,可以实现多种不同的无线通信方式;③易于调试和修改,方便维护;④支持数字信号处理,能够实现高质量的信号传输。

软件无线电的概念是由美国人 Joseph Mitola 在 1992 年 5 月的美国电信会议上首次明确提出的。当时这个技术的提出主要是为了解决美国军方不同军种之间通信装备不同而引起的通信不畅的问题,后来则引起了越来越多的民用研究机构的注意。它的出现是无线通信继从模拟到数字、从固定到移动后的第三次变革,即从硬件到软件。我国的华为、中兴在一些网络基础设施上也采用了 SDR 技术。2015 年联芯科技发布的 28nm SoC 智能手机芯片平台 LC1860 直接让 SDR 技术应用到了小米公司的红米 2A。SDR 在手机上的成功应用,也意味着一个无线新时代的到来。

9.6.2 软件无线电的硬件组成

软件无线电主要由天线、射频前端模块、A/D 转换器(ADC)和 D/A 转换器(DAC)、数字下变频器和数字上变频器以及数字信号处理器(DSP)组成,其组成框图如图 9-44 所示。

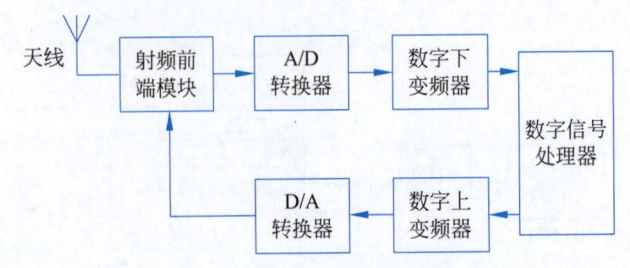

图 9-44　软件无线电的组成框图

射频前端电路的作用是把接收到的信号变换至适合 A/D 转换器处理的信号频率和电平,同时,在发送时,把 D/A 转换器的输出转换至能被其他电台接收的频率和电平。传统模拟接收机的前端电路中,模拟器件使用较多,滤波器的中心频率和带宽通常固定,接收通道中由于使用较多的窄带滤波器,使得信号幅度和相位畸变较大。软件无线电射频前端采用电调谐滤波器,而放大器为宽带放大器。

在超外差式软件无线电收发信机中,数字变频器是核心部件。影响数字变频器性能的主要因素是表征数字本振、输入信号以及变频乘法运算的样本数值因有限字长效应引起的误差,以及数字本振相位因分辨率不够而引起的数字本振样本值近似。

模拟信号进行数字化后的处理任务全部由 DSP 实现。目前,DSP 生产厂商包括 TI、ADI、Motorola、Lucent 和 Zilog 等。作为第一块 DSP 产品的生产商和 DSP 行业的领头羊,TI 公司的产品包括从低端低速率到高端大运算量的一系列产品。

9.6.3　软件无线电的应用

软件无线电的核心技术是用宽频带的无线接收机来代替原来的窄带接收机,并将宽带的 A/D 转换器、D/A 转换器尽可能地靠近天线,从而使通信电台的功能尽可能多地采用可编程软件来实现。目前,软件无线电技术在许多领域都得到了广泛应用,主要包括：①军事领域,作为软件定义无线电的核心技术,在通信、雷达等方面起着重要的作用;②民用通信,可用于移动通信、卫星通信等领域,提供高质量、高速率的通信服务;③航空航天,在飞行控制、导航定位、通信等方面得到广泛应用。

SDR 正在逐步应用到更多的产品和领域,芯片技术的发展是 SDR 技术发展的推动力。SDR 可以支持无限量的通信协议和多媒体应用,这得益于其芯片的计算能力。物联网、5G 等网络的发展会给 SDR 带来新的发展空间。而近几年发展起来的"异构系统架构(Heterogeneous System Architecture,HSA)"技术将会为 SDR 技术发展注入带来新的活力。

9.7　全球卫星导航系统接收芯片 AT6558R

9.7.1　概述

目前世界上有四大全球卫星导航系统(Global Navigation Satellite System,GNSS),分别是美国的全球定位系统(Global Positioning System,GPS)、俄罗斯的全球卫星导航系统(Global Navigation Satellite System,GLONASS)、欧洲的伽利略卫星导航系统(Galileo Satellite

Navigation System)和中国的北斗卫星导航系统(Beidou Navigation Satellite System，BDS)。这些系统可提供高精度的定位、导航和授时服务，广泛应用于军事、民用、商业领域。

GPS 全球定位系统是一种以人造地球卫星为基础的高精度无线电导航定位系统，能够提供全球范围内的位置、速度和时间信息。系统最初是为了军事目的而设计，但现在已经广泛应用于民用领域，如导航、车辆追踪、航空和海洋定位等。GPS 系统主要由空间部分、地面控制部分和用户部分构成，通过接收来自多个卫星的信号，用户设备可以计算出其精确的位置。

1. GPS 全球定位系统组成

(1) 空间部分：由 24 颗工作卫星组成，分布在六个轨道面上，每个轨道面有四颗卫星。这些卫星不断向地面发送载有卫星轨道参数和时间信息的无线电导航信号，以供地面用户使用。

(2) 地面控制部分：地面控制系统由监测站、主控制站和地面天线组成。主控制站位于美国科罗拉多州的春田市。地面控制部分主要负责收集由卫星传回之信息，并计算卫星星历、相对距离，大气校正等数据。

(3) 用户设备部分：用户设备部分即 GPS 信号接收机。其主要功能是能够捕捉到按一定卫星截止角所选择的待测卫星，并跟踪这些卫星的运行。当接收机捕捉到跟踪的卫星信号后，就可测量出接收天线至卫星距离的变化率，解调出卫星轨道参数等数据。根据这些数据，接收机中的微处理计算机就可按定位解算方法进行定位计算，计算出用户所在地理位置的经纬度、高度、速度、时间等信息。

2. 接收机主机单元

GPS 接收机主机单元主要包含以下几个部件。

(1) 变频器：变频器的主要功能是将 GPS 前置放大器输出的信号进行频率变换。由于从卫星接收到的信号频率是 L 波段的射频信号，这种信号对于接收机通道来说过于高频，不易处理。因此，需要利用变频器将射频信号转变为低频信号，以便于后续的信号处理。

(2) 信号通道：信号通道是 GPS 接收机中用于处理卫星信号的部分。它负责接收、放大、滤波和解调卫星信号，以便从中提取出导航数据、伪距测量等关键信息。每个信号通道通常能够同时跟踪一颗卫星的信号。

(3) 微处理器：微处理器是 GPS 接收机的核心部件，它负责控制整个接收机的运行，执行各种复杂的计算任务。微处理器会根据接收到的卫星信号和导航数据，计算出接收机的位置、速度和时间等信息。

(4) 存储器：存储器用于存储 GPS 接收机的程序、数据和其他相关信息。它可以是 RAM(随机存取存储器)或 ROM(只读存储器)等不同类型的存储器。存储器中的程序和数据是 GPS 接收机正常运行所必需的。

这些部件共同协作，使得 GPS 接收机能够准确地接收到卫星信号并计算出接收机的位置、速度和时间等信息。

9.7.2 卫星定位原理

为了描述卫星定位原理，可以用如图 9-45 所示的原理图来示意。假设某时刻地球表面物体 O 的位置坐标为 (X_O, Y_O, Z_O)，为了计算得到 O 点的准确位置，设 O 点在 T 时刻接收

到卫星 A 的定位信号,且卫星 A 的位置 (X_A, Y_A, Z_A) 固定且已知,则根据卫星 A 发射的测距码信号到达用户接收机天线(观测站)的传播时间 $(T_A - T)$ 以及无线电波传播速度 c 可以得到方程为

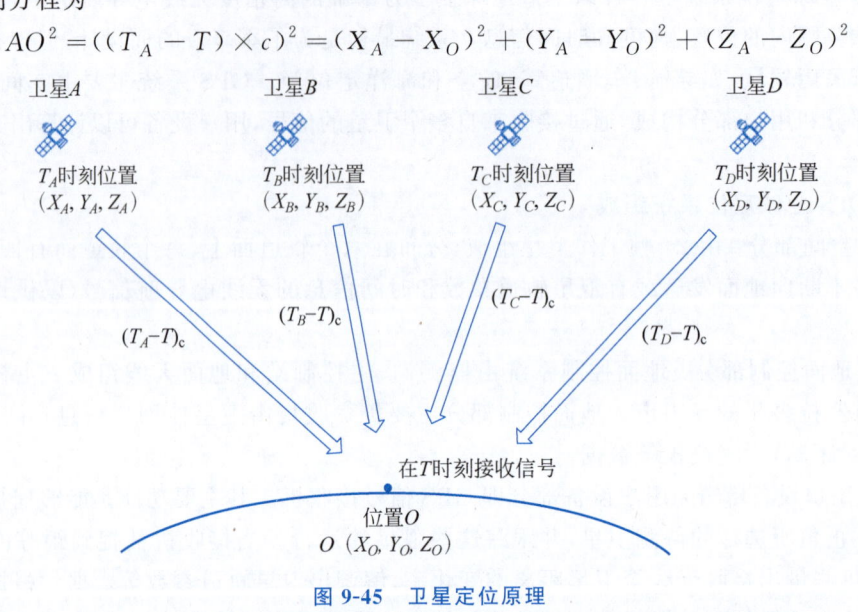

$$AO^2 = ((T_A - T) \times c)^2 = (X_A - X_O)^2 + (Y_A - Y_O)^2 + (Z_A - Z_O)^2$$

图 9-45 卫星定位原理

基于三点定位法则,如果地面接收机能同时接收到另外两颗星的定位信息,就可获得三个方程。此时,三个方程有三个未知数,就可以计算出地面上 O 点的位置坐标为 (X_O, Y_O, Z_O)。导航卫星采用精密的原子钟作为时钟,并且有地面站监控和修正,可以保证卫星时刻是一致的。然而,接收机和卫星的时刻并不一致,需要引入接收器时钟误差 δ,这样可以增加一颗接收卫星信号,于是获得了以下四个方程构成的方程组,即

$$\begin{cases} AO^2 = \{[T_A - (T - \delta)] \times c\}^2 = (X_A - X_O)^2 + (Y_A - Y_O)^2 + (Z_A - Z_O)^2 \\ BO^2 = \{[T_B - (T - \delta)] \times c\}^2 = (X_B - X_O)^2 + (Y_B - Y_O)^2 + (Z_B - Z_O)^2 \\ CO^2 = \{[T_C - (T - \delta)] \times c\}^2 = (X_C - X_O)^2 + (Y_C - Y_O)^2 + (Z_C - Z_O)^2 \\ DO^2 = \{[T_D - (T - \delta)] \times c\}^2 = (X_D - X_O)^2 + (Y_D - Y_O)^2 + (Z_D - Z_O)^2 \end{cases}$$

此时,有四个位置量 X_O, Y_O, Z_O 与 δ,同时有四个方程,所以可以解出所有四个位置量,也就得出了地面 O 点的位置。

9.7.3　AT6558R 芯片

AT6558R 是一款高性能多模卫星导航接收机芯片,芯片内含射频前端、数字基带处理器、32 位的中央处理器、电源管理等电路。AT6558R 是为低成本的定位、导航应用而设计的卫星定位信号接收处理集成电路,主要应用在车载定位与导航、可穿戴设备、手机、平板电脑等系统中。芯片支持多种卫星导航系统,包括:中国的北斗卫星导航系统,中心频率 1575.42MHz;美国的全球定位系统,中心频率 1575.42MHz;俄罗斯的格罗纳斯导航系统,中心频率 1602MHz;欧盟的伽利略导航系统,中心频率 1575.42MHz。通过软件或通用输入输出口(GPIO)的配置,可实现单模定位或多模联合定位。

AT6558R 芯片冷启动时间不大于 32s，热启动时间不大于 1s，重捕捉时间不大于 1s，冷启动捕捉灵敏度为 −148dBm，热启动捕捉灵敏度为 −156dBm，重捕捉灵敏度为 −160dBm，跟踪灵敏度为 −162dBm，定位精度小于 2.5m，测速精度小于 0.1m/s，定位更新频率为 1Hz。

芯片支持全工作模式、休眠模式和电池备份模式。全工作模式时，所有电源正常供电，芯片处于全工作模式，进行正常的信号接收和解析；休眠模式时，所有电源正常供电，射频电路和基带电路停止工作，进入低功耗模式；电池备份模式时，关闭除时钟和 RAM 之外的所有电源，这时只需要极小的电流维持 RTC 时钟和备份 RAM 即可。电源恢复后，导航程序可以从 RAM 恢复，以实现快速的热启动。

芯片采用灵活的供电方案，可选择使用片上 DCDC（直流-直流转换器）供电或不使用片上 DCDC 直接单电源供电。使用 DCDC 时，支持 2.7～3.6V 单电源供电。不使用片上 DCDC 供电时，支持 1.8～3.3V 单电源直接供电。芯片有较小的功耗，BDS、GPS 双模连续运行时，3.3V 供电，功耗约 23mA；待机时，3.3V 供电，功耗约 8μA。

1. 引脚功能

AT6558R 芯片采用 40 脚的 QFN 封装形式，AT6558R 的引脚排列和内部框图如图 9-46（芯片封装引脚排列）所示，各引脚功能说明如下。

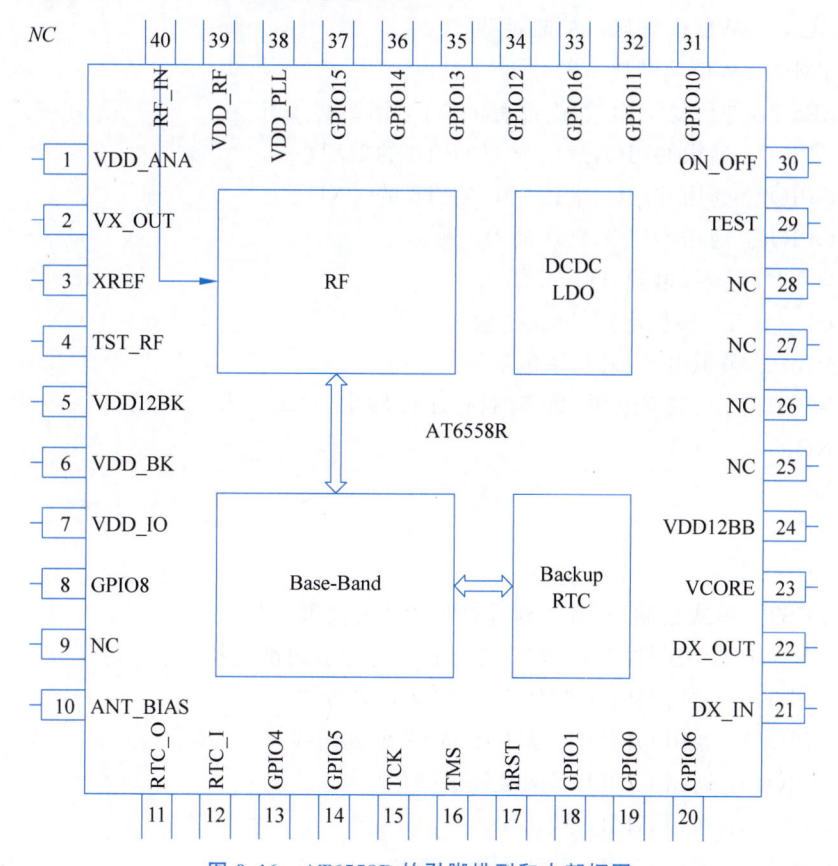

图 9-46 AT6558R 的引脚排列和内部框图

（1）VDD_ANA：模拟 LDO（低压差线性稳压器，Low Dropout Regulator）输出，给芯片内部射频电路提供电压。

(2) VX_OUT：输出给 TCXO(温度补偿晶体振荡器，Temperature Compensate X'tal Oscillator)的电源，给芯片内部 TCXO 提供电压。

(3) XREF：时钟输入端，外接 TCXO，给锁相环电路提供输入参考信号。

(4) TST_RF：射频测试端口，默认输出高电平电压。

(5) VDD12BK：模拟 IO，备份 LDO 的输出。

(6) VDD_BK：模拟电源，备份电源的输入。

(7) VDD_IO：数字 IO 电源的输入。

(8) GPIO8：通用 GPIO，默认为模式配置。高电平或者悬空时为 BDS＋GPS，低电平为 GPS＋GLONASS。

(9) NC。

(10) ANT_BIAS：有源天线供电和检测，与 VDD_IO 电压相同。

(11) RTC_O：模拟 IO，RTC OSC 的输出。

(12) RTC_I：RTC OSC 的输入。

(13) GPIO4：通用 GPIO，默认为 UART1 的 TXD。

(14) GPIO5：通用 GPIO，默认为 UART1 的 RXD。

(15) TCK：SWD 调试接口的时钟线。

(16) TMS：SWD 调试接口的数据线。

(17) nRST：外部复位输入，内部有上拉，不用则必须悬空。

(18) GPIO1：通用 GPIO，默认为 UART0 的 RXD。

(19) GPIO0：通用 GPIO，默认为 UART0 的 TXD。

(20) GPIO6：通用 GPIO，默认输入。

(21) DX_IN：模拟电源，DCDC 输入。

(22) DX_OUT：模拟电源，DCDC 输出。

(23) Vcore：模拟电源，芯片主电源输入。

(24) VDD12BB：数字电源，数字内核 LDO 输出。

(25) NC。

(26) NC。

(27) NC。

(28) NC。

(29) TEST：模式控制，正常工作保持低电平；内部下拉。

(30) ON_OFF：关断控制，正常工作保持高电平；内部上拉。

(31) GPIO10：通用 GPIO，默认 I2C 的 SCL 时钟线。

(32) GPIO11：通用 GPIO，默认 I2C 的 SDA 数据线。

(33) GPIO16：通用 GPIO，默认必须悬空。

(34) GPIO12：通用 GPIO，默认输入。

(35) GPIO13：通用 GPIO，默认 1PPS 输出。

(36) GPIO14：通用 GPIO，默认输入。

(37) GPIO15：通用 GPIO，默认输入。

(38) VDD_PLL：锁相环 LDO 输出。

(39) VDD_RF：模拟电源，射频 LDO 输出。

(40) RF_IN：射频 IO、RF 输入。

2. 内部结构

AT6558R 芯片包含了射频前端集成电路、基带处理器、电源管理电路、外部接口电路、时钟管理和复位、芯片逻辑控制等电路。

作为 GPS 应用的工作频段为 1575.42MHz 的接收机，AT6558R 通过与天线、外部 LNA、RF 带通滤波器和 CPU 芯片连接，可以实现完整的 GPS 解决方案。AT6558R 内部功能框图如图 9-47 所示。

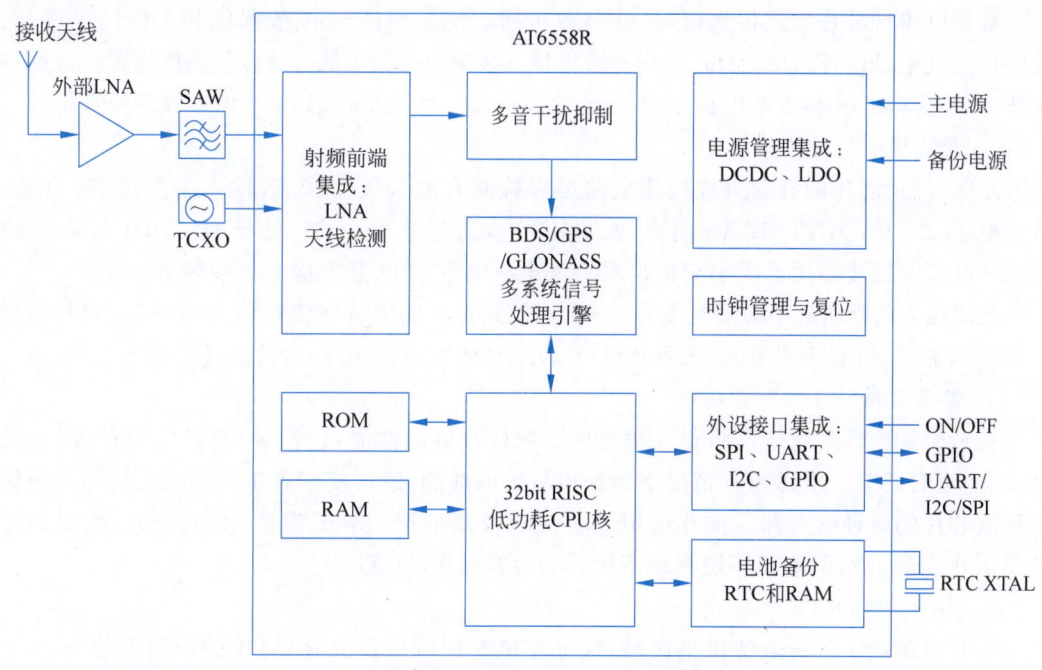

图 9-47　AT6558R 内部功能框图

GPS 信号经天线感应进入外部 LNA，经外部 LNA 放大后，经过 SAW 滤除杂波，进入如图 9-48 所示的 AT6558R 芯片的射频前端电路。

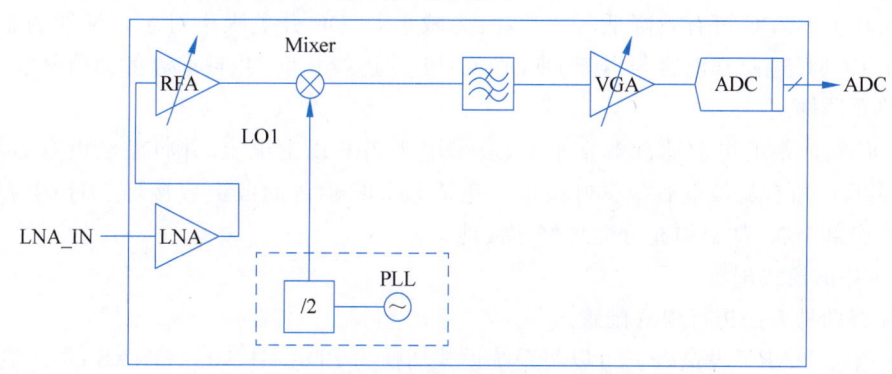

图 9-48　AT6558R 芯片的射频前端电路

射频前端支持全星座的卫星信号频点：BDS B1、GPS L1、GLONASS L1。数据通道共用 LNA/RFA 和 PLL，支持多种参考频率。集成有源天线检测电路、集成时钟倍频电路，

ADC 采样频率可配置。

GPS 经 AT6558R 射频前端集成电路处理后,形成数字信号,经基带处理器的多系统卫星处理引擎处理后,实现位置定位。

3. AT6558R 的应用

如图 9-49 所示为 AT6558R 的应用电路。

1) MCU 与 AT6558R 数据传输

AT6558R 接收机兼容国际标准 NMEA0183 协议,默认支持 NMEA0183 V4.1 版本,兼容 V2.3 及 V3.x 版本,通过发送命令支持 NMEA0183 V4.0 标准以及 V2.3 之前的标准。

数据以串行异步方式传送,传送的参数包括 1 位起始位、8 位数据位和 1 位停止位,无校验位。其中,第一位为起始位,其后是数据位。数据位遵循最低有效位优先的规则。数据传送波特率支持 4800bits、9600bits、19 200bits、38 400bits、57 600bits、115 200bps 等多种模式。

2) 天线供电与检测

AT6558R 芯片的有源天线检测电路可以检测有源天线的状态,输入为系统 IO 电源,最大电压 3.6V。ANT_BIAS 向有源天线馈电,通过连接一个 33nH 或 47nH 的电感和 0.1μF 电容的滤波器用于阻隔交流信号。该电感电容在 PCB 上应靠近射频输入端。

天线接入的默认最小检测电流为 2.5mA,短路保护的限流电流默认为 50mA。射频信号从 RF_IN 输入,外置天线单元(无源介质+LNA,或者有源天线)的增益建议为 18~35dB。

3) 参考时钟

参考时钟的频率稳定度将很大程度地影响接收机的性能,包括灵敏度、定位精度、授时精度、定位时间等。所以通常情况下为获得最优的性能,建议使用者选用高稳定度的晶振作为导航芯片的时钟参考源。推荐选用频率初始误差小于 2ppm、温度 −40~85℃ 范围稳定度小于 0.5ppm、对温度和环境振动不敏感的温补晶振 TCXO。

4) 实时时钟(RTC)

实时时钟位于备份电池供电区域,保证主电源掉电后备份 RAM 中的数据不丢失,当主电源重新上电后能够快速重新定位。RTC OSC 采用无源晶体,接在芯片的 RTC_I 和 RTC_O 引脚,无须片外电容和反馈电阻。

5) 供电方式

采用片上 DCDC 可有效降低芯片功耗,为减小 DCDC 开关噪声对芯片性能的影响,应尽量减小 DCDC 电感和电容与引脚 DCDC_OUT 的连线长度,并且远离射频信号输入口及射频相关元器件。

DCDC 输入端的电源滤波非常重要,应采用 2.2μF 以上电容,并将滤波电容尽量靠近 DX_IN 引脚。所有滤波电容应良好接地。包括 DCDC 输入滤波电容接地、输出电容接地,以及芯片底部金属,都必须充分而良好地接地。

6) 芯片的模式配置

芯片有两种方法进行模式配置。

(1) 通过 UART 发命令。可以将系统模式切换为 BDS/GPS/GLONASS 的组合,比如 BDS+GPS 双模或者 GPS+GLONASS 双模或者 GPS 单模等。

(2) 通过 GPIO8 设置。GPIO8 悬空或者高电平,芯片工作在 BDS+GPS 双模状态。GPIO8 低电平时,芯片工作在 GPS+GLONASS 双模状态。

第9章 高频电子线路的应用

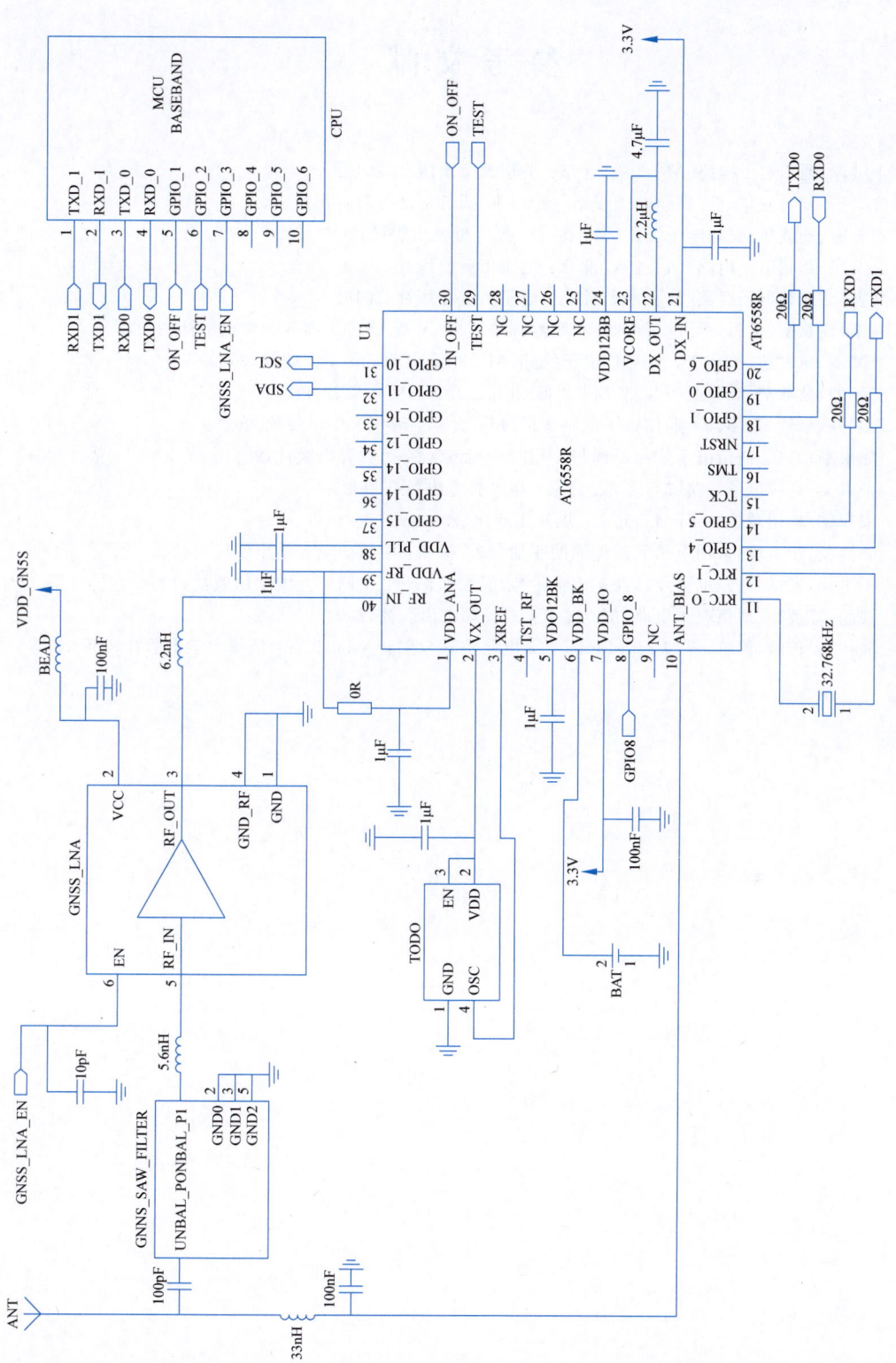

图 9-49 AT6558R 的应用电路

参 考 文 献

[1] 于洪珍.通信电子电路[M].3版.北京:清华大学出版社,2016.
[2] 曾兴雯,刘乃安,陈健.高频电子线路[M].3版.北京:高等教育出版社,2016.
[3] 刘彩霞,刘波粒.高频电子线路[M].北京:高等教育出版社,2020.
[4] 王卫东.高频电子电路[M].4版.北京:电子工业出版社,2020.
[5] 高吉祥.高频电子线路[M].4版.北京:电子工业出版社,2016.
[6] 冯军,谢嘉奎,王蓉,等.电子线路(非线性部分)[M].6版.北京:高等教育出版社,2021.
[7] 严国萍,龙占超,黄佳庆,等.通信电子线路[M].3版.北京:科学出版社,2020.
[8] 胡宴如,耿苏燕.高频电子线路[M].2版.北京:高等教育出版社,2015.
[9] 韩东升,李然,余萍,等.通信电子电路案例[M].北京:清华大学出版社,2022.
[10] 陈永泰,刘泉.通信电子线路原理与应用[M].北京:高等教育出版社,2011.
[11] 张肃文.高频电子线路[M].6版.北京:高等教育出版社,2023.
[12] 朱建铭.矿用载波技术[M].北京:煤炭工业出版社,1981.
[13] 陈鸿茂,于洪珍.常用电子元器件简明手册[M].徐州:中国矿业大学出版社,1991.
[14] 于洪珍,武增.高频电路及其在矿山上的应用[M].徐州:中国矿业大学出版社,1993.
[15] 钱聪,陈英梅.通信电子电路[M].北京:人民邮电出版社,2004.
[16] 熊伟,侯传教,梁青,等.基于Multisim14电路仿真与创新[M].北京:清华大学出版社,2021.

附录 A 部分习题参考答案
APPENDIX A

第 2 章

2-1 $L \approx 20.3\mu H, Q_0 = 33.3, \alpha(dB) \approx -16.57dB$,应在回路两端并联一个 $21.2k\Omega$ 的电阻。

2-2 $f_0 = 39.8MHz, R_0 = 20k\Omega, Q_L = 25, B = 1.59MHz$。

2-3 $N_1/N_2 = 0.25$。

2-4 $L = 586\mu H, B = 26.57kHz$。

2-5 (1) $L = 1.27\mu H, B = 2.14MHz$；(2) $U_1 = 0.54\cos(2\pi \times 30 \times 10^6 t)V, U_2 = 1.34\cos(2\pi \times 30 \times 10^6 t)V, U_3 = 0.31\cos(2\pi \times 30 \times 10^6 t)V$；(3) 展宽频带。$n_1$ 与 n_2 应加大，C 减小，接入 R_1 合适。

2-6 (1) $L = 586\mu H$；(2) $n_1 = 0.28, n_2 = 0.06$；(3) $M = 8.9\mu H$。

2-11 $2\Delta f_{0.7(总)} = 5.93kHz, Q_L = 23.72$。

2-12 (1) $|K_{V0}| \approx 30$；(2) $B = 15.98kHz$；(3) $C = 201pF$。

2-13 (1) $n_1 = 0.262, n_2 = 0.108$；(2) $|K_{V0}| = 19.71$。

2-14 (1) $C = 335pF$；(2) $n = 0.237$；(3) $|K_{V0}|(dB) = 53.64dB$。

2-16 $B \approx 14kHz, 4.9dB$。

第 3 章

3-14 $P_C = 1W, R_c = 57.6\Omega, \eta_c = 83.2\%, I_{c1m} = 416mA$。

3-15 (1) $P_C = 3.33W, I_{c0} = 0.34A$；(2) P_C 减少 $2.08W$。

3-16 $P_o = 10.19W, P_S = 13.36W, \eta_c = 0.76, R_{cp} = 22.16\Omega$。

3-17 $BV_{ceo} \geq 2E_c = 24V, P_{CM} > P_C = 0.044W, I_{CM} > I_{cmax}, f_T > 10MHz$。

3-22 (1) $P_S = 19.4W, P_C = 4.4W, \eta_c = 77.3\%, R_{cp} = 15.89\Omega$；(2) 过压，输出功率不变。

3-23 η_c 提高了 $20\%, I_{cmax}$ 变化了 33%。

3-24 (2) $\theta = 72°, P_o = 6.66W, P_C = 2.664W, R_{cp} = 16.89\Omega$。

3-28 二倍频器和三倍频器的最佳导通角分别为 $60°$ 或 $40°$。

3-30 功率和效率之比均为 1.68。

第 4 章

4-1 (a)图中的 X_{cb} 为容性,有可能振荡;(b)图、(c)图与(d)图不可能振荡;(e)图中的 X_{cb} 呈感性,有可能振荡;(f)图当 L_2、C_2 支路呈感性,L_3、C_3 支路呈容性时,有可能振荡;(g)图计振荡器输入电容时,有可能振荡;(h)图当 L、C_3 支路呈感性时,有可能振荡。

4-2 (1)、(2)和(4)电路可能振荡。

4-7 (2)$C_1=C_2\approx 100\mathrm{pF}$。

4-8 (2)$f_0=\dfrac{1}{2\pi\sqrt{(L_1+L_2)\dfrac{C_1C_2}{C_1+C_2}}}$,$F=\dfrac{\omega_0 L_2}{\omega_0 L_1-\dfrac{1}{\omega_0 C_1}}$

4-9 (1)$L=245\mu\mathrm{H}$;(2)$F\approx 0.23$,$C_1=462\mathrm{pF}$,$C_2=3986\mathrm{pF}$。

4-11 $R_2<160\mathrm{k}\Omega$

4-12 (1)并联型晶体振荡电路;(2)能;(3)能;(4)$f_0=5\mathrm{MHz}$;(5)构成泛音选择电路;(6)射随器。

4-14 (1)5 端与 1 端为同名端;(4)1.35~3.52MHz。

第 5 章

5-2 包含频率为 $10^6\mathrm{Hz}$,幅度为 25;1005kHz,幅度为 8.75;995kHz,幅度为 8.75;1010kHz,幅度为 3.75;990kHz,幅度为 3.75。

5-4 $m_a=1$ 时,上、下边频率均为 250W,总功率 1500W;$m_a=0.7$ 时,上、下边频率均为 122.5W,总功率 1245W。

5-5 (1)$P_{边}=1.225\mathrm{W}$;(2)$P_{S1}=12.45\mathrm{W}$;(3)$P_{S2}=10\mathrm{W}$。

5-6 $u_{AM}(t)=10(1+0.4\cos 2\pi\times 10^3 t)\cos 4\pi\times 10^6 t(\mathrm{V})$,$P_{AV}=54\mathrm{W}$,$B=2\mathrm{kHz}$。

5-9 $u_1(t)$是普通调幅波,$P_{边}=0.01\mathrm{W}$,$P_{AV}=2.01\mathrm{W}$,$B=10\mathrm{Hz}$;$u_2(t)$是抑制载波双边带调幅波。$P_{AV}=P_{边}=0.01\mathrm{W}$,$B=10\mathrm{Hz}$。

5-14 (1)$R_L=11.9\mathrm{k}\Omega$;(2)$R_i\geqslant 47.6\mathrm{k}\Omega$。

5-15 $C<0.85\mu\mathrm{F}$,$R_{in}=2.5\mathrm{k}\Omega$,不会发生。

5-16 (1)普通调幅波,$u(t)=2[1+0.3\cos(2\pi\times 4\times 10^3 t)]\cos(2\pi\times 465\times 10^3 t)(\mathrm{V})$,$B=8\mathrm{kHz}$,$P_{边}=0.09\mathrm{W}$,$P_{AV}=2.09\mathrm{W}$;(2)$C=2.48\times 10^{-2}\mu\mathrm{F}$,$R_i=2.186\mathrm{k}\Omega$。

第 6 章

6-3 $u_{FM}(t)=5\cos(2\pi\times 10^8 t+20\sin 2\pi\times 10^3 t+40\sin 2\pi\times 10 t)$

6-4 (1)$u_{FM}(t)=4\cos(2\pi\times 25\times 10^6 t+25\sin 2\pi\times 400 t)$,$u_{PM}(t)=4\cos(2\pi\times 25\times 10^6 t+25\cos 2\pi\times 400 t)$;(2)$u_{FM}(t)=4\cos(2\pi\times 25\times 10^6 t+5\sin 2\pi\times 2\times 10^3 t)$,$u_{PM}(t)=4\cos(2\pi\times 25\times 10^6 t+25\cos 2\pi\times 2\times 10^3 t)$。

6-5 (1)$B_{AM}=2\mathrm{kHz}$,$B_{FM}=2\mathrm{kHz}$;(2)$B_{AM}=2\mathrm{kHz}$,$B_{FM}=42\mathrm{kHz}$。

6-6 若为 FM,$m_f=128$;若为 PM,$m_p=80$。

6-7　(1)$P_{载}=15.21\text{W}$；(2)$P_{边总}=84.79\text{W}$；(3)$P_{2边}=25.92\text{W}$。

6-8　(1)西勒；(2)$U_Q=2\text{V}$；(4)$f_c=13\text{MHz},\Delta f=2.9\text{MHz}$；(5)$u_{FM}(t)=2\cos[2\pi\times 13\times 10^6 t+145\sin(4\pi\times 10^4 t)]\text{V}$。

6-9　500。

6-10　(1)$g_D=-0.01\text{V/kHz}$；(2)$u_{FM}(t)=U_m\cos(2\pi f_c t-50\sin 4\pi\times 10^3 t)(\text{V})$，$u_\Omega=-U_{\Omega m}\cos 4\pi\times 10 t(\text{V})$。

6-14　(1)$f_c=79.57\text{MHz},\Delta f=0.23\text{MHz}$；(2)$u_{FM}(t)=\cos[2\pi\times 79.57\times 10^6 t+23\sin(2\pi\times 10^4 t)]\text{V}$；(3)$u_o(t)=-23\cos(2\pi\times 10^4 t)\text{mV}$。

6-15　(1)$\Delta f=30\text{kHz},U_{\Omega m}=0.75\text{V},F=2\times 10^3\text{Hz},B=64\text{kHz}$；(2)$u_o(t)=0.3\cos(4\pi\times 10^3 t)\text{V}$。

第 7 章

7-5　$a_2 U_S U_L$。

7-9　V_1构成混频电路，V_2构成本振电路；1000kHz，465kHz，1465kHz。

7-11　(1)组合频率干扰；(2)镜频干扰；(3)组合副波道干扰。

7-13　三阶互调干扰

7-14　(1)$f_{n1}=1630\text{kHz}$，镜频干扰；(2)$f_{n2}=815\text{kHz}$或$f_{n2}=700\text{kHz}$，三阶副波道干扰。

7-15　0.910MHz(3阶)、1.365MHz(5阶)和0.6825(6阶)。

7-16　有中频信号输出，这是三阶互调干，它是通过转移特性的三次方项和四次方项产生的。

7-17　2.583MHz和2.844MHz。

7-22　$f_S>60\text{MHz},f_L>62\sim 90\text{MHz}$。

第 8 章

8-11　(1)2V，$\pi/6$；(2)能，$\pi/2$；(3)960～1040kHz。

8-16　(2)$f_o=\dfrac{f_s}{M}10N$；(3)$M=100,N=1\sim 100$。

8-18　$\Delta f=10^5\text{Hz}$，输出频率范围为76～86MHz